安徽省高等学校"十一五"规划教材

电机拖动与 PLC 技术

袁清萍　主编

合肥工业大学出版社

前　言

本书是安徽省高等学校"十一五"规划教材(高职高专电气工程类系列)。该书集编者多年电气类专业教学、技能培训和工厂工作实践经验编写而成。在编写过程中,本书依据高等职业教育"淡化理论,够用为度,培养技能,重在应用"的原则,按照教学改革方案的要求,将"电机拖动基础"、"工厂电气控制技术"与"PLC应用技术"等三门课进行有机整合,使其融为一体、前后呼应。为使教材通俗易懂,便于自学,本书在内容上做了较大的改动,删除了陈旧过时、偏多、偏深的内容,增加了新技术、新元件、新材料等知识及应用。在理论阐述方面则力求做到叙事简明、概念清晰、突出重点,侧重于基本原则和基本概念的阐述,并强调基本理论的实际应用。全书以培养高级应用型人才为目标,以技能和工程应用能力的培养为出发点,突出实际应用。

全书共分十章。内容包括:变压器、异步电动机、直流电动机、特殊电动机、低压电器、电动机的基本控制线路、常用机床的电气控制、可编程序控制器及其工作原理、S7-200系列可编程序控制器、可编程序控制器的程序设计等。本书的教学内容具有针对性和可选择性,便于不同专业选修。

参加本书编写的有铜陵职业技术学院袁清萍,安徽水利职业技术学院何强,安徽职业技术学院马卫民。袁清萍编写了第1章、第4章、第5章、第6章、第7章,何强编写了第8章、第9章、第10章,马卫民编写了第2章、第3章。全书由袁清萍统稿并任主编。

由于编写时间仓促,编者水平有限,书中的缺点和错误之处在所难免,敬请广大读者批评指正。

编　者

2009年9月

目　　录

第 1 章

变压器

内容提要与学习要求：

本章通过对单相变压器空载及负载运行性能的分析，阐明了变压器的工作原理、基本结构和运行情况，并对其他用途的变压器作简单介绍。通过学习本章节内容，掌握变压器的变电压、变电流和变换阻抗原理，掌握三相变压器并联运行条件；了解变压器绕组极性的判断方法。

1.1 变压器的工作原理、用途及分类

变压器是一种常见的静止电气设备，它利用电磁感应原理，将某一数值的交变电压变换为同频率的另一数值的交变电压。变压器对电力系统中电能的传输、分配和安全使用有重要意义，被广泛应用于电气控制领域、电子技术领域、测试技术领域以及焊接技术领域等等。

1.1.1 变压器的基本工作原理

变压器是利用电磁感应原理工作的，图1-1为其工作原理示意图。变压器的主要部件是铁心和绕组。两个互相绝缘且匝数不同的绕组分别套装在铁心上，两绕组间只有磁的耦合而没有电的联系。其中，接电源 u_1 的绕组称为一次绕组（又称为原绕组、初级绕组），用于接负载 u_2 的绕组称为二次绕组（又称为副绕组、次级绕组）。

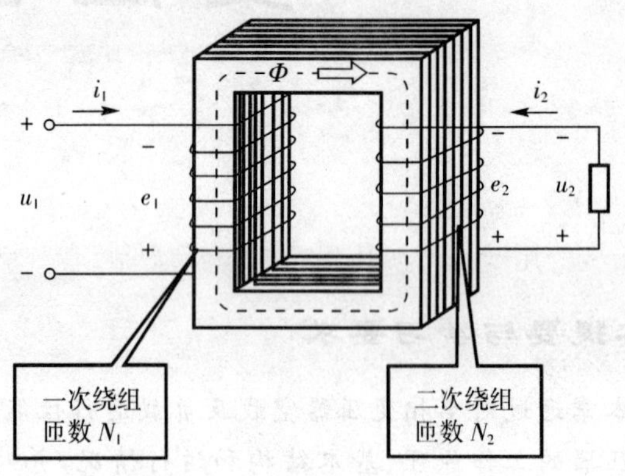

图1-1 单相变压器原理图

一次绕组加上交流电压 u_1 后，绕组中便有电流 i_1 通过，在铁心中产生与 u_1 同频率的交变磁通 Φ，根据电磁感应原理，在两个绕组中将分别产生感应电动势 e_1 和 e_2。

$$e_1 = -N_1\frac{\mathrm{d}\Phi}{\mathrm{d}t} \tag{1-1}$$

$$e_2 = -N_2\frac{\mathrm{d}\Phi}{\mathrm{d}t} \tag{1-2}$$

式中，“－”号表示感应电动势总是阻碍磁通的变化。若把负载接在二次绕组上，则在电动势 e_2 的作用下，有电流 i_2 流过负载，实现了电能的传递。由式(1-1)、式(1-2)可知，一、二次绕组感应电动势的大小（近似于各自的电压 u_1 及 u_2）与绕组匝数成正比，故只要改变一、二次绕组的匝数，就可达到改变电压的目的，这就是变压器的基本工作原理。

1.1.2 变压器的用途

变压器最主要用在输、配电技术领域。根据 $P=\sqrt{3}UI\cos\Phi$，当输送功率 P 和负载的功率因数 $\cos\Phi$ 一定时，输电线路上的电压 U 越高，则流过输电线路中的电流 I 就越小。这不仅可以减小输电线的截面积，节约导体材料，同时还可减小输电线路的功率损耗。因此目前

世界各国在电能的输送与分配方面都朝建立高电压、大功率的电力网系统方向发展，以便集中输送、统一调度与分配电能。这就促使输电线路的电压由高压（110～220kV）向超高压（330～750kV）和特高压（750kV以上）不断升级。目前我国高压输电的电压等级有110kV、220kV、330kV和500kV等多种。

变压器除用于改变电压外，还可以用来改变电流、变换阻抗以及产生脉冲等。

1.1.3 变压器的分类

变压器种类很多，通常可按其用途、绕组结构、铁心结构、相数、冷却方式等进行分类。

1. 按用途分类

（1）电力变压器。用作电能的输送与分配。按其功能不同又可分为升压变压器、降压变压器、配电变压器等。电力变压器的容量从几十千伏安到几十万千伏安，电压等级从几百伏到几百千伏。

（2）特种变压器。在特殊场合使用的变压器，如作为焊接电源的电焊变压器；专供大功率电炉使用的电炉变压器；将交流电整流成直流电时使用的整流变压器等。

（3）仪用互感器。用于电工测量，如电流互感器、电压互感器等。

（4）控制变压器。容量一般比较小，用于小功率电源系统和自动控制系统。如电源变压器、输入变压器、输出变压器、脉冲变压器等。

（5）其他变压器。如试验用的高压变压器；输出电压可调的调压变压器；产生脉冲信号的脉冲变压器等。

2. 按绕组构成分类

有双绕组变压器、三绕组变压器、多绕组变压器和自耦变压器等。

3. 按铁心结构分类

有叠片式铁心结构变压器、卷制式铁心结构变压器、非晶合金铁心结构变压器。

4. 按相数分类

有单相变压器、三相变压器、多相变压器。

5. 按冷却方式分类

有干式变压器、油浸自冷变压器、油浸风冷变压器、强迫油循环变压器、充气式变压器等。

1.2 三相变压器的基本结构

三相变压器可以由三台同容量的单相变压器组成，按需要将一次绕组及二次绕组分别接成星形或三角形联结。图1-2所示为一、二次绕组均为星形联结的三相变压器组。三相变压器的另一种结构类型是把三个单相变压器合成一个三铁心柱的结构型式，称为三相心式变压器，如图1-3所示。由于三相绕组接至对称的三相交流电源时，三相绕组中产生的主磁通也是对称的，故有$\dot{\Phi}_U+\dot{\Phi}_V+\dot{\Phi}_W=0$，即中间铁心柱的磁通为零，因此中间铁心柱可以省略，成为图1-3(b)形式。实际上为了简化变压器铁心的剪裁及叠装工艺，均采用将U、V、W三个铁心柱置于同一个平面上的结构型式，如图1-3(c)所示。

在三相电力变压器中，目前使用最广的是油浸式电力变压器，其外形如图1-4所示。它主要由铁心、绕组、油箱和冷却装置、保护装置等部件组成。

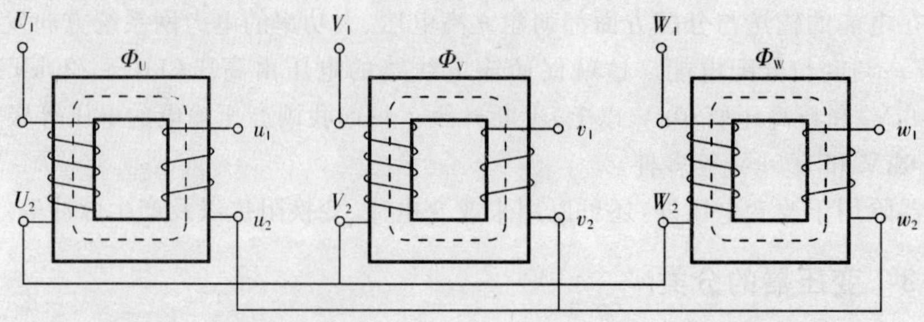

图 1-2 三相变压器组

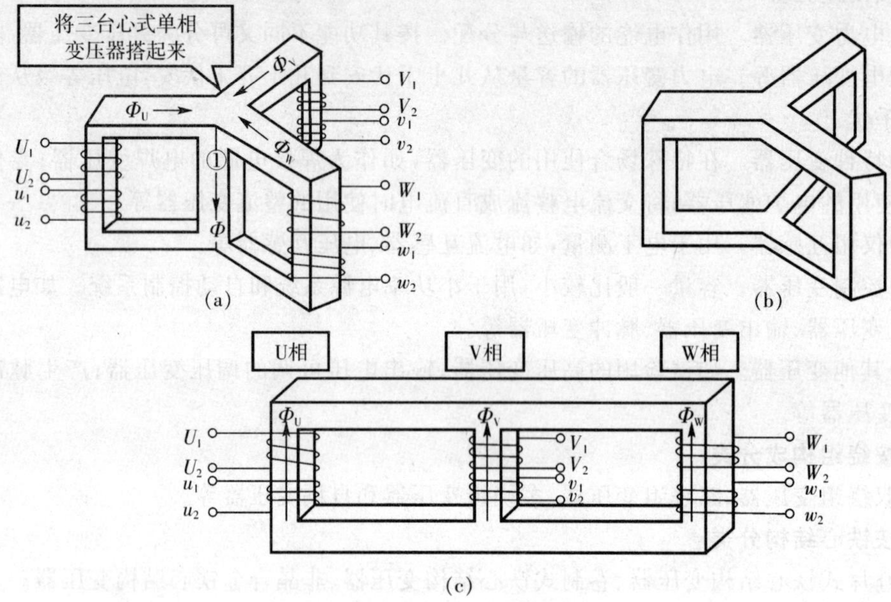

图 1-3 三相心式变压器

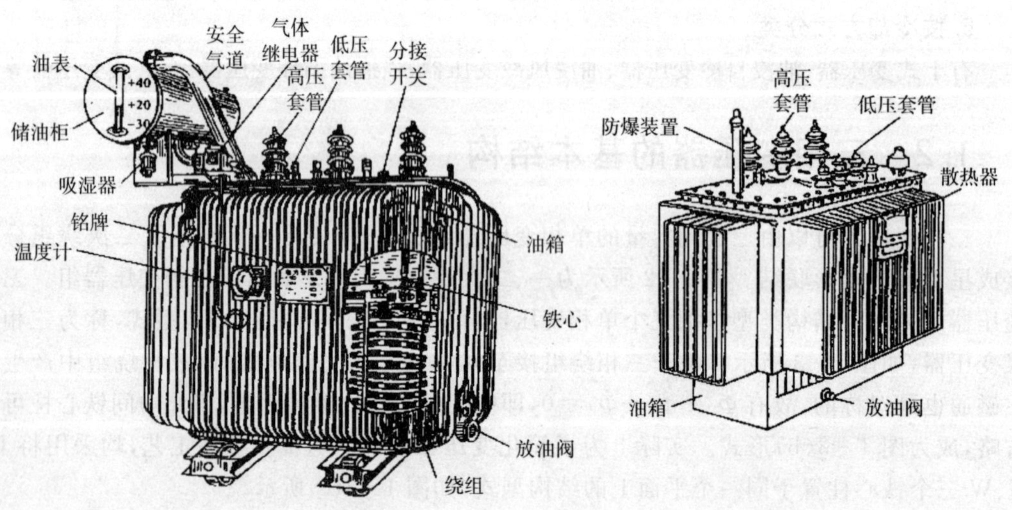

(a)SJ1 系列变压器　　(b)S 系列变压器

图 1-4 油浸式电力变压器

1. 铁心

铁心是三相变压器的磁路部分,与单相变压器一样,它也是由 0.35mm 厚的硅钢片叠压(或卷制)而成。20 世纪 70 年代以前生产的电力变压器铁心采用热轧硅钢片,其主要缺点是变压器体积大,损耗大,效率低。20 世纪 80 年代以后生产的新型电力变压器铁心均用高磁导率、低损耗的冷轧晶粒取向硅钢片制作,以降低其损耗,提高变压器的效率,这类变压器称为低损耗变压器,以 S7(SL7)及 S9 为代表产品。电力部规定从 1985 年起,新生产及新上网的必须是低损耗电力变压器。三相电力变压器铁心均采用心式结构,如图 1-5所示。通常心式结构的铁心采用交叠式的叠装工艺,即把剪成条状的硅钢片用两种不同的排列法交错叠放,每层将接缝错开叠装,如图 1-6 所示。交叠式铁心的优点是:各层磁路的接缝相互错开,气隙小,故空载电流较小。另外,由于交叠式铁心的夹紧装置简单经济,且可靠性高,因而在国产电力变压器中得到广泛采用。主要不足之处是铁心及绕组的装配工艺较复杂。

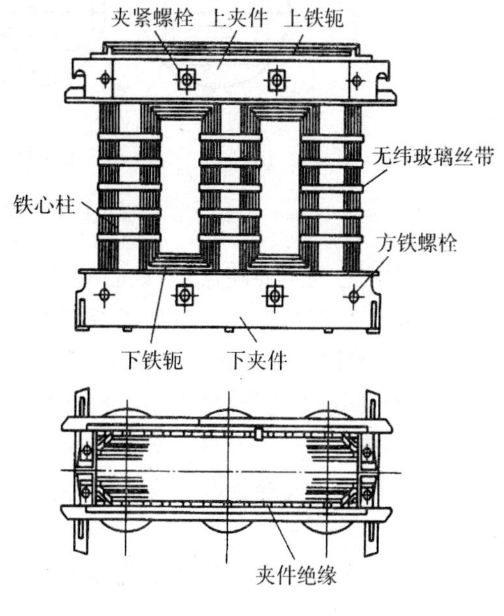

图 1-5 三相三铁心柱铁心外形图

随着高磁导率、低损耗的冷轧晶粒取向硅钢片在电力变压器中被广泛采用,由于该类硅钢片在顺轧制方向有较小的损耗和较高的磁导率,如仍采用图 1-6 所示的叠装方式,当磁通从垂直轧制的方向通过时,则在转角处会引起附加损耗。因此,广泛采用图 1-7 所示的 45°的斜切硅钢片进行叠装。

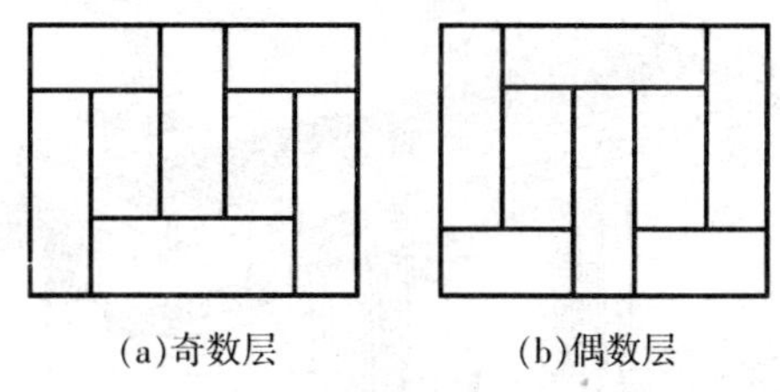

(a)奇数层 (b)偶数层

图 1-6 三相交叠式铁心叠片方式

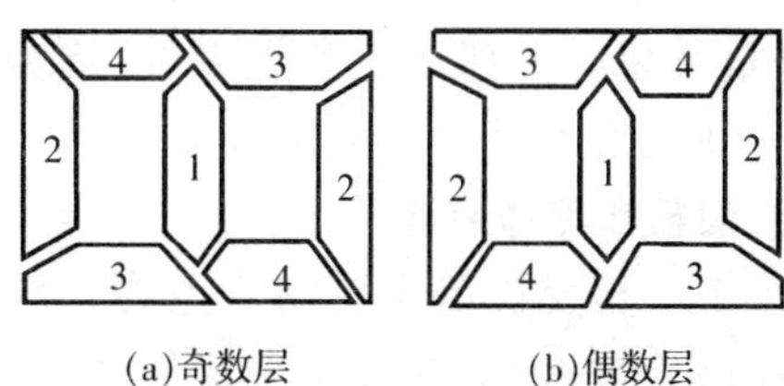

(a)奇数层 (b)偶数层

图 1-7 斜切冷轧硅钢片的叠装方式

铁心叠装好以后,必须将铁心柱及铁轭部分固紧成为一个整体,老的产品均在硅钢片中间冲孔,再用夹紧螺栓穿过圆孔固紧。夹紧螺栓与硅钢片之间必须有可靠的绝缘体,否则,硅钢片会被夹紧螺栓短路,使涡流增加而引起过热,造成硅钢片及绕组烧坏。目前生产的变压器,铁心柱部分已改用环氧无纬玻璃丝带绑扎,如图 1-5 所示。而铁轭部分仍用夹紧螺栓及上、下夹件夹紧,使整台变压器铁心成为一个坚实的整体。

铁心柱的截面形状与变压器的容量有关,单相变压器及小型三相电力变压器采用正方形或长方形截面,如图 1-8(a)所示;在大、中型三相电力变压器中,为了充分利用绕组内圆的空间,通常采用阶梯形截面,如图 1-8(b)、(c)所示。阶梯形的级数越多,则变压器结构越紧凑，但叠装工艺越复杂。

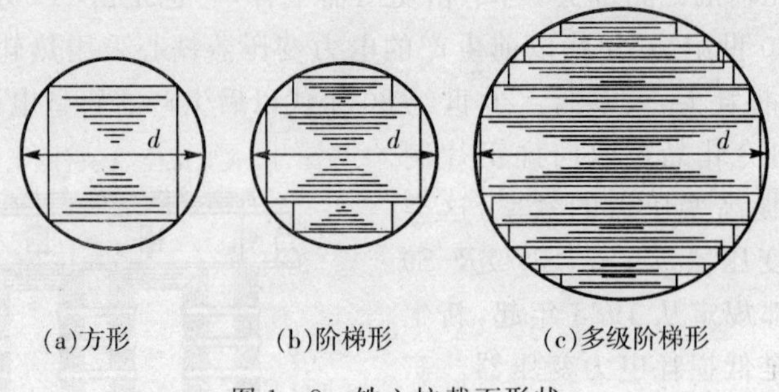

(a)方形　(b)阶梯形　(c)多级阶梯形

图 1-8　铁心柱截面形状

叠片式铁心的主要缺点是：铁心的剪冲及叠装工艺比较复杂，给制造和修理带来许多麻烦，同时，由于接缝的存在也增加了变压器的空载损耗。随着制造技术的不断成熟，像单相变压器一样，采用卷制式铁心结构的三相电力变压器已在 500kV·A 以下容量中被采用，其优点是体积小，损耗低，噪声小，价格低，极有推广前景。

变压器铁心的最新发展趋势是采用铁基、铁镍基、钴基等非晶带材料代替硅钢。我国已生产 SH11 系列非晶合金电力变压器，它具有体积小、效益高、节能等优点，极有发展前景。

2. 绕组

绕组是三相电力变压器的电路部分。一般用绝缘纸包的扁铜线或扁铝线绕成，绕组的结构型式与单相变压器一样，有同心式绕组和交叠式绕组。当前新型的绕组结构为箔式绕组电力变压器，绕组用铝箔或铜箔氧化技术和特殊工艺绕制，使变压器整体性能得到较大的提高，我国已开始批量生产。

绕组制作完成后，将图 1-5 变压器铁心的上夹件拆开，并将上部的铁轭硅钢片拆去，后将三相高、低压绕组套在三个铁心柱上，再重新装好上部铁轭和上夹件，成为如图 1-9 所示的电力变压器器身。

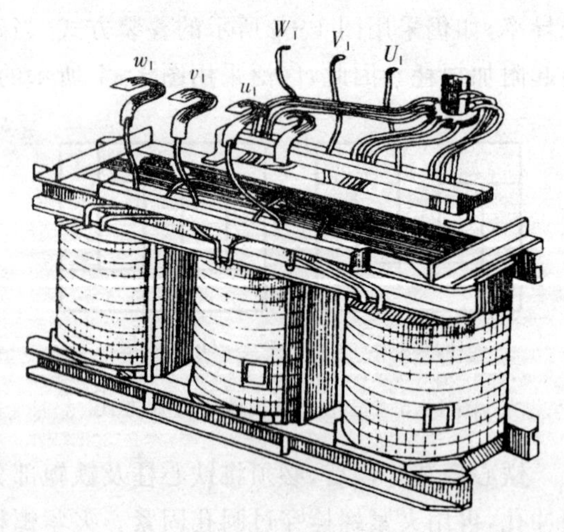

图 1-9　电力变压器器身

3. 油箱和冷却装置

由于三相变压器主要用于电力系统进行电能的传输，因此其容量都比较大，电压也比较高，目前国产的高电压、大容量三相电力变压器 OSFPSZ-360000/500 已批量生产(容量为 36 万 kV·A，电压为 500kV，每台变压器重量达到 250t)。为了铁心和绕组能更好地散热和绝缘，均将其置于绝缘的变压器油内，而油则盛放在油箱内，如图 1-4 所示。为了增加散热面积，一般在油箱四周加装散热装置，老型号电力变压器采用在油箱四周加焊扁形散热油管，如图 1-4(a)所示；新型电力变压器多采用片式散热器散热，如图 1-4(b)所示。容量大于 10000kV·A 的电力变压器，则采用风吹冷却或强迫油循环冷却装置。

大多数变压器在油箱上部还安装有储油柜，它通过连接管与油箱相通。储油柜内的油面高度随变压器油的热胀冷缩而变动。储油柜使变压器油与空气的接触面积大为减小，从而减缓了变压器油的老化速度。新型的全充油密封式电力变压器则取消了储油柜，运行时变压器油的体积变化完全由设在侧壁的膨胀式散热器（金属波纹油箱）来补偿，变压器端盖与箱体之间焊为一体，设备免维护，运行安全可靠。以 S9－M 系列、S10－M 系列全密封波纹油箱电力变压器为代表的产品，我国现已开始批量生产。

4. 保护装置

（1）气体继电器。在油箱和储油柜之间的连接管中装有气体继电器，当变压器发生故障时，内部绝缘物汽化，使气体继电器动作，发出信号或使开关跳闸。

（2）防爆管（安全气道）。装在油箱顶部，它是一个长的圆形钢筒，上端用酚醛纸板密封，下端与油箱连通。若变压器发生故障，油箱内压力骤增时，则油流可冲破酚醛纸板，不会造成变压器箱体爆裂。近年来，国产电力变压器已广泛采用压力释放阀来取代防爆管，其优点是动作精度高，延时短，能自动开启及自动关闭，克服了停电更换防爆管的缺点。

5. 铭牌

在每台电力变压器的油箱上都有一块铭牌，标志其型号和主要参数，作为正确使用变压器时的依据，如图 1－10 所示。

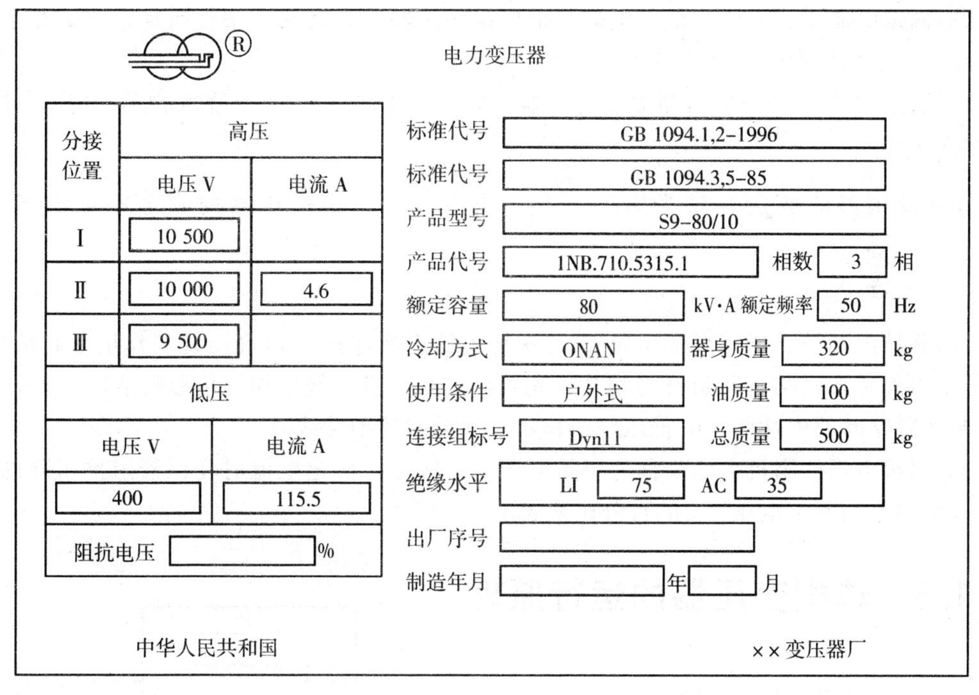

图 1－10　电力变压器铭牌

图 1－10 所示的变压器是配电站用的降压变压器，将 10kV 的高压降为 400V 的低压，供三相负载使用。铭牌中的主要参数说明如下：

（1）型号。型号说明，例如：

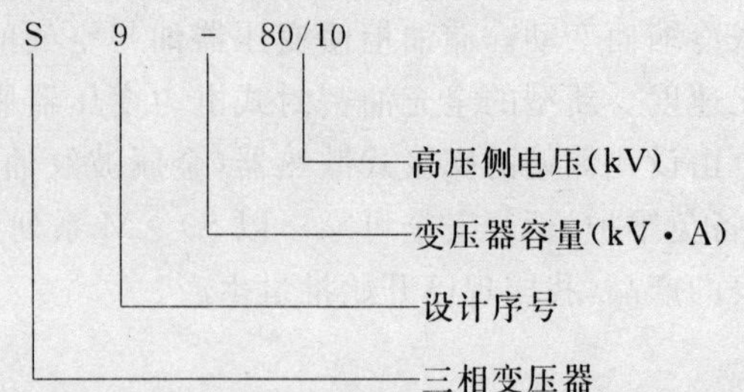

(2)额定电压 U_{1N} 和 U_{2N}。高压侧(一次绕组)额定电压 U_{1N} 是指加在一次绕组上的正常工作电压值。它是根据变压器的绝缘强度和允许发热等条件规定的。高压侧标出的三个电压值,可以根据高压侧供电电压的实际情况,在额定值的±5%范围内加以选择,当供电电压偏高时可调至10500V,偏低时则调至9500V,以保证低压侧的额定电压为400V左右。

低压侧(二次绕组)额定电压 U_{2N} 是指变压器在空载时,高压侧加上额定电压后,二次绕组两端的电压值。变压器接上负载后,二次绕组的输出电压 U_2 将随负载电流的增加而下降,为保证在额定负载时能输出380V的电压,考虑到电压调整率为5%,故该变压器空载时二次绕组的额定电压 U_{2N} 为400V。

在三相变压器中,额定电压均指线电压。

(3)额定电流 I_{1N} 和 I_{2N}。额定电流是指根据变压器容许发热的条件而规定的满载电流值。在三相变压器中额定电流是指线电流。

(4)额定容量 S_N。额定容量是指变压器在额定工作状态下,二次绕组的视在功率,其单位为kV·A。

单相变压器的额定容量为 $S_N=\dfrac{U_{2N}I_{2N}}{1000}$ kV·A,三相变压器的额定容量为 $S_N=\dfrac{\sqrt{3}U_{2N}I_{2N}}{1000}$ kV·A。

(5)联结组标号。指三相变压器一、二次绕组的连接方式。Y(高压绕组作星形联结)、y(低压绕组作星形联结);D(高压绕组作三角形联结)、d(低压绕组作三角形联结);N(高压绕组作星形联结时的中性线)、n(低压绕组作星形联结时的中性线)。

(6)阻抗电压。阻抗电压又称为短路电压。它标志在额定电流时变压器阻抗压降的大小。通常用它与额定电压 U_{1N} 的百分比来表示。

1.3 单相变压器的运行原理

1.3.1 变压器的空载运行

1. 原理图及正方向

变压器一次绕组接额定交流电压,而二次绕组开路,即 $I_2=0$ 的工作方式称为变压器的空载运行,如图1-11所示。

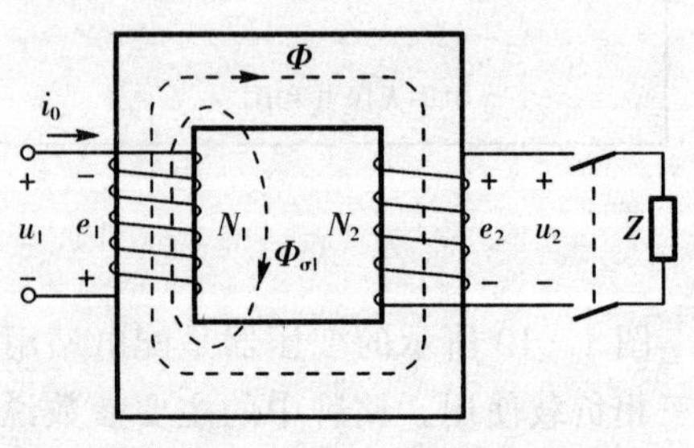

图1-11 单相变压器空载运行

由于变压器在交流电源上工作，因此通过变压器中的电压、电流、磁通及电动势的大小及方向均随时间在不断地变化，为了正确地表示它们之间的相位关系，必须首先规定它们的参考方向，或称为正方向。

参考方向在原则上可以任意规定，但是参考方向的规定方法不同。由楞次定律可以知道，同一电磁过程所列出的方程式，其正、负号也将不同。为了统一，习惯上都按照“电工惯例”来规定参考方向：

(1)在同一支路中，电压的参考方向与电流的参考方向一致。

(2)磁通的参考方向与电流的参考方向之间符合右手螺旋定则。

(3)由交变磁通 Φ 产生的感应电动势 e，其参考方向与产生该磁通的电流参考方向一致(即感应电动势 e 与产生它的磁通 Φ 之间符合右手螺旋定则时为正方向)。图 1-1 及图 1-11中各电压、电流、磁通、感应电动势的参考方向即按此惯例标出。

下面分析变压器空载运行时，各物理量之间的关系。

2. 理想变压器

空载时，在外加交流电压 u_1 作用下，一次绕组中通过的电流称为空载电流 i_0。在电流 i_0 的作用下，铁心中产生交变磁通。磁通按性质可分为两部分，一部分通过整个铁心磁路闭合，即与一次、二次绕组共同交链的磁通，称为主磁通 Φ。它是总磁通的主要部分，是变压器一次、二次绕组进行能量传递的媒介。另一部分是只与一次绕组交链，通过空气等非磁性物质构成的一次侧漏磁通 $\Phi_{\sigma1}$。由于该磁路磁阻很大，故 $\Phi_{\sigma1}$ 仅占总磁通的很小一部分。为了分析问题方便，先假定不计漏磁通 $\Phi_{\sigma1}$，也不计一次绕组的电阻 r_1 及铁心的损耗。这种变压器称为理想变压器。当主磁通 Φ 同时穿过一次及二次绕组时，分别在其中产生感应电动势 e_1 和 e_2，其值正比于$\dfrac{d\Phi}{dt}$。

设 $\Phi=\Phi_m \sin\omega t$，则

$$e=-N\frac{d\Phi}{dt}=-N\frac{d}{dt}(\Phi_m \sin\omega t)=-\omega N\Phi_m \cos\omega t$$

$$=2\pi fN\Phi_m \sin(\omega t-90°)=E_m \sin(\omega t-90°)$$

可见在相位上，e 滞后于 Φ90°，在数值上，其有效值为

$$E=\frac{E_m}{\sqrt{2}}=\frac{2\pi Nf\Phi_m}{\sqrt{2}}=4.44Nf\Phi_m$$

由此可得

$$E_1=4.44fN_1\Phi_m \quad (V) \tag{1-3}$$

$$E_2=4.44fN_2\Phi_m \quad (V) \tag{1-4}$$

式中，Φ_m 为交变磁通的最大值，Wb；N_1 为一次绕组匝数；N_2 为二次绕组匝数；f 为交流电的频率，Hz。

由式(1-3)及式(1-4)可得

$$\frac{E_1}{E_2}=\frac{N_1}{N_2}$$

由于空载电流 i_0 很小，在一次绕组中产生的电压降可以忽略不计，则外加电源电压 U_1 与一次绕组中的感应电动势 E_1 可近似看做相等，即

$$U_1 \approx E_1$$

而 U_1 与 E_1 的参考方向正好相反，即电动势 E_1 与外加电压 U_1 相平衡。

在空载情况下，由于二次绕组开路，故端电压 U_2 与电动势 E_2 相等，即

$$U_2 = E_2$$

因此

$$U_1 \approx E_1 = 4.44 f N_1 \Phi_m \tag{1-5}$$

$$U_2 = E_2 = 4.44 f N_2 \Phi_m \tag{1-6}$$

及

$$\frac{U_1}{U_2} \approx \frac{E_1}{E_2} = \frac{N_1}{N_2} = K \tag{1-7}$$

式中，K 为变压器的变比，这是变压器中最重要的参数之一。

由式(1-7)可见：变压器一次、二次绕组的电压与一次、二次绕组的匝数成正比，即变压器有变换电压的作用。

由式(1-3)可见：对某台变压器而言，f 及 N_1 均为常数，因此当加在变压器上的交流电压 U_1 恒定时，则变压器铁心中的磁通 Φ_m 基本上保持不变。这个恒磁通的概念很重要，在以后的分析中经常会用到。

理想变压器空载运行时，u_1、e_1、Φ 三者的波形如图 1-12 所示。

由于不计变压器中的损耗，此时空载电流 $\dot{I}_0$ 只用来产生磁通 Φ，一次绕组电路为纯电感电路，空载电流 $\dot{I}_0$ 的相位滞后于电压 $\dot{U}_1 90°$，空载电流 $\dot{I}_0$ 很小，一般只为额定电流的 2%～10%。又由于感应电动势 $\dot{E}_1$ 的相位滞后于电压 $\dot{U}_1 180°$，故 $\dot{E}_1$ 的相位滞后于电流 $\dot{I}_0 90°$。另外，由前面分析知道 $\dot{E}_1$ 的相位也滞后于 $\dot{\Phi}_m 90°$，故 $\dot{I}_0$ 与 $\dot{\Phi}_m$ 同相位，由此可以作出理想变压器(不计损耗的变压器)空载运行时的相量图，如图 1-13 所示。

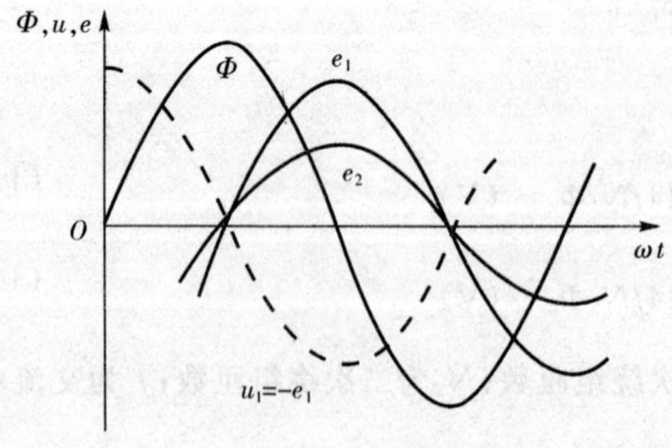

图 1-12　主磁通及其感应电动势波形

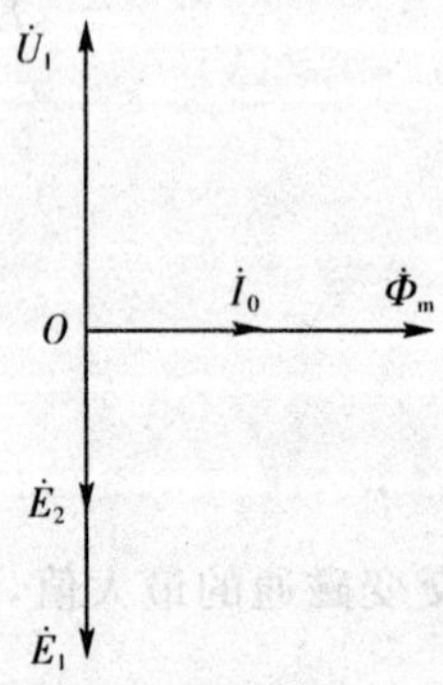

图 1-13　理想变压器空载运行相量图

例 1-1 如图 1-11 所示，低压照明变压器一次绕组匝数 $N_1=770$ 匝，一次绕组电压 $U_1=220\text{V}$，现要求二次绕组输出电压 $U_2=36\text{V}$，求二次绕组匝数 N_2 及变比 K。

解：由式(1-7)可得

$$N_2=\frac{U_1}{U_2}N_1=\frac{36}{220}\times 770\text{ 匝}=126\text{ 匝}$$

$$K=\frac{U_1}{U_2}=\frac{220}{36}=6.1$$

通常把 $K>1$，即 $U_1>U_2$，$N_1>N_2$ 的变压器称为降压变压器；$K<1$ 的变压器称为升压变压器。

3. 实际变压器

实际的变压器空载运行时，由空载电流励磁的磁通分为两部分：一部分通过铁心同时与一次、二次绕组交链，称为主磁通，其幅值用 Φ_m 表示，它在一次、二次绕组中产生的感应电动势 E_1、E_2 分别由式(1-3)及式(1-4)确定；另一部分通过一次绕组周围的空间形成闭路，只与一次绕组交链，称为漏磁通，用 $\Phi_{\sigma1}$ 表示，如图 1-11 所示。它在一次绕组中产生的感应电动势称为漏抗电动势，用 $E_{\sigma1}$ 表示。相应的漏抗用 $x_{\sigma1}$ 表示，则漏抗电动势相量为

$$\dot{E}_{\sigma1}=-jx_{\sigma1}\dot{I}_0 \tag{1-8}$$

由于漏磁通经过铁心及空气形成闭合回路，磁路不会饱和，使得漏磁通保持与 I_0 成正比，所以 $x_{\sigma1}$ 是一个常数。漏磁通只占主磁通的千分之几，因此相应的漏抗和漏抗电动势是很小的。

理想变压器空载运行时，一次绕组对于电源来说近似于一个纯电感负载，所以它的空载电流 $\dot{I}_0$ 的相位比电压 $\dot{U}_1$ 滞后 90°，是无功电流，它用来产生主磁通 Φ_m。而实际变压器空载运行时，空载电流除产生主磁通和漏磁通外，还具有有功分量，以供绕组电阻和铁心中的损耗。这时的空载电流 $\dot{I}_0$ 的相位比电压 $\dot{U}_1$ 滞后不到 90°。空载电流中的有功分量用 I_q 表示，另一部分无功分量用 I_d 表示，它们与空载电流 $\dot{I}_0$ 的相位超前磁通的角度 δ(铁损耗角)有关，可按式(1-9)求得

$$\begin{cases} I_q=I_0\sin\delta \\ I_d=I_0\cos\delta \end{cases} \tag{1-9}$$

δ 角通常是很小的，所以 $\dot{I}_0$ 的相位滞后电压 $\dot{U}_1$ 的角度仍接近 90°。在一般的电力变压器中，I_0 只有一次额定电流的 2%～10%，因而是相当小的。

实际变压器的一次绕组有很小的电阻 r_1，空载电流流过它要产生电压降 $r_1\dot{I}_0$，它和感应电动势 $\dot{E}_1$、漏抗电动势 $\dot{E}_{\sigma1}$ 一起为电源电压 $\dot{U}_1$ 所平衡。故可得电动势平衡方程式为

$$\begin{aligned}\dot{U}_1&=-\dot{E}_1-\dot{E}_{\sigma1}+r_1\dot{I}_0\\&=-\dot{E}_1+jx_{\sigma1}\dot{I}_0+r_1\dot{I}_0\\&=-\dot{E}_1+\dot{Z}_{\sigma1}\dot{I}_0\end{aligned} \tag{1-10}$$

式中，$Z_{\sigma1}=r_1+jx_{\sigma1}$ 是变压器绕组的漏阻抗。由于 r_1、$x_{\sigma1}$ 均很小，$Z_{\sigma1}$ 也是很小的，很小的空

载电流在漏阻抗上产生的压降当然也是很小的。所以实际变压器在空载运行时仍然是

$$\begin{cases} U_1 \approx E_1 \\ U_2 = E_2 \end{cases}$$

要画出实际变压器空载运行时的相量图，可在图 1－13 的基础上，把 $\dot{I}_0$ 反时针转过 δ 角，并按式(1－9)作出 $\dot{I}_q$ 和 $\dot{I}_d$，再在 $-\dot{E}_1$ 的末端作 $r_1\dot{I}_0$（它与 $\dot{I}_0$ 同相位)，在 $r_1\dot{I}_0$ 末端作出 $jx_{\sigma1}\dot{I}_0$，它超前 $\dot{I}_0 90°$。最后按式(1－10)作出 $\dot{U}_1$，即为实际变压器空载运行时的相量图，如图 1－14 所示。在图中，为了表示明显，δ、r、、$\dot{I}_0$ 等均被扩大了。

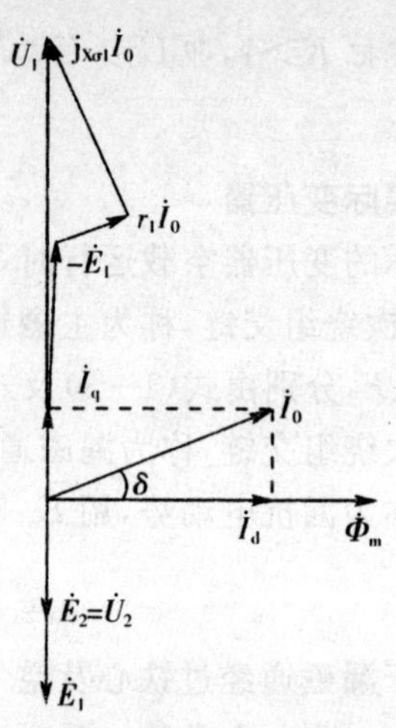

图 1－14　变压器空载运行时的相量图

下面介绍实际变压器空载运行时的等效电路。由于在变压器中存在电与磁两者的相互关系问题，给变压器的分析计算带来很多麻烦，如果能将电与磁的关系用纯电路的形式“等效”地表现出来，就可简化变压器的分析计算，这就是引出等效电路的目的。由式(1－8)可见，由漏磁通产生的漏抗电动势 $E_{\sigma1}$ 可以表达成空载电流 I_0 在漏抗 $x_{\sigma1}$ 上的电压降。同样，由主磁通产生的感应电动势 E_1 也可类似地引入一个参数来处理，但由于主磁通在铁心中还有铁损耗，因此不能简单地引入一个电抗，而应引入一个阻抗 Z_m 把 E_1 和 I_0 联系起来，这时 E_1 的作用可看做是空载电流 I_0 流过 Z_m 时所产生的电压降，即

$$-\dot{E}_1 = Z_m\dot{I}_0 = (r_m + jX_m)\dot{I}_0 \tag{1-11}$$

式中，Z_m 为变压器的励磁阻抗，$Z_m = r_m + jX_m$，单位为 Ω；r_m 为励磁电阻，对应于铁心损耗的等效电阻，单位为 Ω；X_m 为励磁电抗，表示主磁通的作用，单位为 Ω。

将式(1－11)代入式(1－10)后可得

$$\dot{U}_m = -\dot{E}_1 + Z_{\sigma1}\dot{I}_0 = Z_m\dot{I}_0 + Z_{\sigma1}\dot{I}_0$$
$$= (Z_M + Z_{\sigma1})\dot{I}_0 \tag{1-12}$$

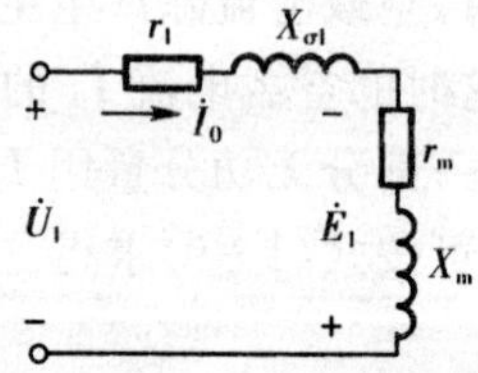

图 1－15　变压器空载时的等效电路图

上式的等效电路如图 1－15 所示。

1.3.2　变压器的负载运行

1. 磁通势平衡方程式

当变压器二次绕组接上负载后，在 E_2 的作用下，二次绕组流过负载电流 I_2，并产生去磁磁通势 N_2I_2。为保持铁心中的磁通 Φ 基本不变，一次绕组中的电流由 I_0 增加为 I_1，磁通势变为 N_1I_1，以抵消二次绕组电流产生的磁通势的影响，由此可得磁通势平衡方程式为

$$N_1\dot{I}_1 + N_2\dot{I}_2 = N_1\dot{I}_0 \tag{1-13}$$

将式(1-13)变化后可得

$$\dot{I}_1=\dot{I}_0+(-\frac{N_2}{N_1}\dot{I}_2)=\dot{I}_0+(-\frac{\dot{I}_2}{K})=\dot{I}_0+\dot{I}_1' \tag{1-14}$$

式(1-14)表明，负载时一次侧的电流 $\dot{I}_1$ 由两个分量组成，一个是励磁电流 $\dot{I}_0$，用来建立主磁通 Φ；另一个是供给负载的负载电流分量 $\dot{I}_1'$，用以抵消二次绕组磁通势的去磁作用，保持主磁通不变。

上式还表明变压器在负载运行时，可通过磁通势的平衡关系，将一次、二次绕组中的电流联系起来，二次绕组输出功率增加，则二次绕组中的电流增加，导致一次绕组中的电流及输入功率也随之增加。

通常变压器空载电流 I_0 很小，因此由式(1-13)可得

$$\dot{I}_1\approx\frac{N_2}{N_1}\dot{I}_2$$

上式表明，$\dot{I}_1$ 与 $\dot{I}_2$ 在相位上相差约 180°，其大小为

$$\frac{\dot{I}_1}{\dot{I}_2}=\frac{N_2}{N_1} \tag{1-15}$$

式(1-15)表明，变压器一次、二次绕组中的电流与一次、二次绕组匝数成反比，即变压器也有变换电流的作用。

$$\frac{U_1}{U_2}\approx\frac{I_2}{I_1}\approx\frac{N_1}{N_2}=K \tag{1-16}$$

式(1-16)是变压器的最基本公式，由此可见，变压器的高压绕组匝数多，则通过的电流小，因此绕组所用的导线细；反之低压绕组匝数少，则通过的电流大，所用的导线较粗。

2. 电动势平衡方程式

变压器负载运行时一次绕组的电动势平衡方程式为

$$\dot{U}_1=-\dot{E}_1+jx_{\sigma1}\dot{I}_1+r_1\dot{I}_1=-\dot{E}_1+Z_{\sigma1}\dot{I}_1 \tag{1-17}$$

与一次绕组相仿，由于二次绕组也有电阻 r_2 存在，同时在二次绕组内也存在有漏磁通 $\Phi_{\sigma2}$，如图 1-16 所示。$\Phi_{\sigma2}$ 将产生漏抗电动势 $\dot{E}_{\sigma2}=-jx_{\sigma1}\dot{I}_2$，故二次绕组的电动势平衡方程式为

$$\begin{aligned}\dot{U}_2&=\dot{E}_2+\dot{E}_{\sigma2}-r_2\dot{I}_2\\&=-\dot{E}_2-(r_2+jx_{\sigma2})\dot{I}_2\\&=\dot{E}_2-Z_{\sigma2}\dot{I}_2=Z\dot{I}_2=(r+jX)\dot{I}_2\end{aligned} \tag{1-18}$$

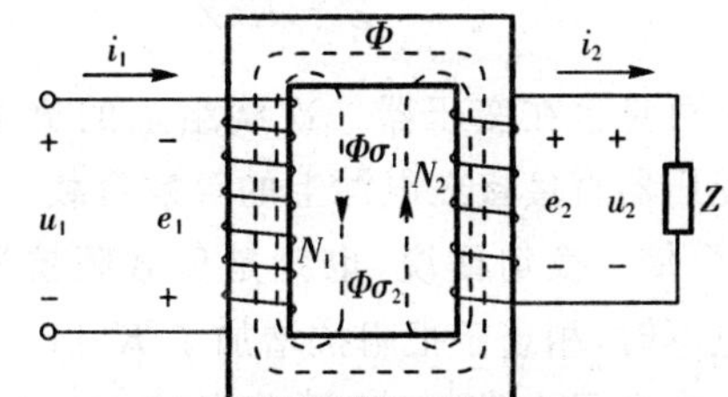

图 1-16 单相变压器负载运行

式中，$Z_{\sigma2}$ 为二次绕组漏阻抗，Ω；Z 为二次绕组的负载阻抗，Ω；r 为二次绕组的负载电阻，Ω；X 为二次绕组的负载电抗，Ω。

3. 负载运行相量图

一般情况下，Z 均为感性负载，因此 $\dot{I}_2$ 滞后于 $\dot{U}_2$ 一个 φ_2 角，据此作出变压器负载运行

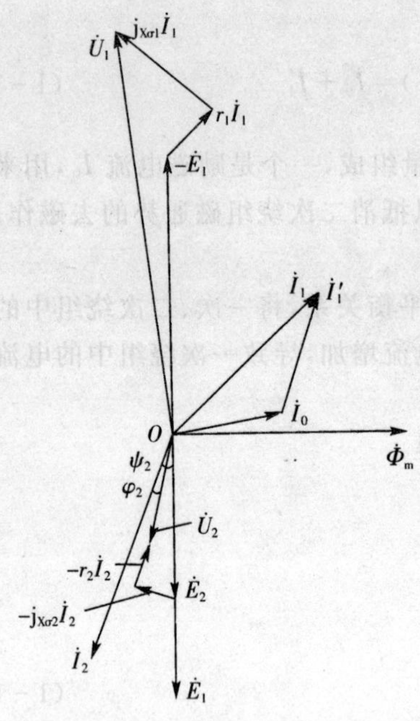

图 1-17 感性负载运行时的相量图

时的相量图,如图 1-17 所示。先仿照图 1-14 空载运行相量图作出一次绕组的电动势相量图,此时一次绕组电流已由 $\dot{I}_0$ 增加为 $\dot{I}_1$,电流的变化规律可由式(1-14)中得出,即

$$\dot{I}_1=\dot{I}_0+\dot{I}_1'$$

式中,$\dot{I}_1'$为负载电流反映到一次绕组的电流分量。

二次绕组中的电动势相量图的作法如下:根据式(1-18)先求出 $\dot{I}_2$ 的大小及相角为

$$I_2=\frac{E_2}{\sqrt{(r_2+r)^2+(X_{\sigma2}+X)^2}}$$

$$\varphi_2=\arctan\frac{X_{\sigma2}+X}{r_2+r}$$

然后,可按相位滞后于 $\dot{E}_2$ 一个 φ 角作出 $\dot{I}_2$,接着在 $\dot{E}_2$ 末端作出 $-jx_{\sigma1}\dot{I}_2$ 的相位滞后 $\dot{I}_2 90°$,在 $-jx_{\sigma2}\dot{I}_2$ 末端作出 $\dot{I}_2$ 与相位相反的 $-r_2\dot{I}_2$,连接原点和 $-r_2\dot{I}_2$ 的末端的相量就是 $\dot{U}_2$。

1.3.3 变压器的阻抗变换

变压器不但具有电压变换和电流变换的作用,还具有阻抗变换的作用,如图 1-18 所示。当变压器二次绕组接上阻抗为 Z 的负载后,则

$$Z=\frac{U_2}{I_2}=\frac{\frac{N_2}{N_1}U_1}{\frac{N_1}{N_2}I_1}=\left(\frac{N_2}{N_1}\right)^2\frac{U_1}{I_1}=\frac{1}{K}Z'$$

式中,$Z'=\dfrac{U_1}{I_1}$相当于直接接在一次绕组上的等效阻抗,故

$$Z'=K^2Z \qquad (1-19)$$

可见接在变压器二次绕组上的负载 Z 与不经过变压器直接接在电源上的等效负载 Z' 相比,减小了 K^2 倍。换句话说,也就是负载阻抗通过变压器接电源时,相当于把阻抗增加了 K^2 倍。

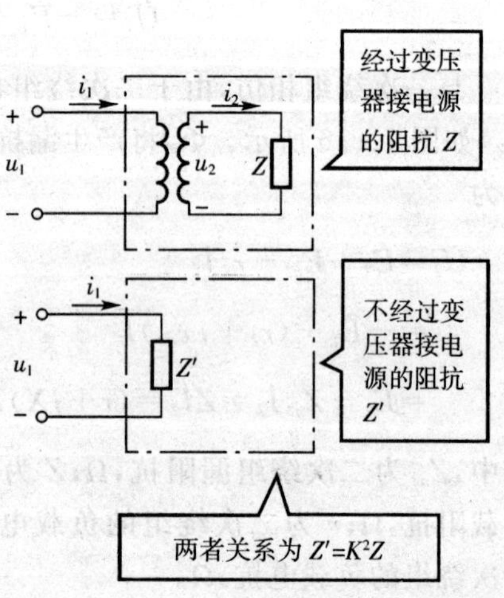

图 1-18 变压器的阻抗变换

在电子电路中,为了获得较大的功率输出,往往对输出电路的输出阻抗与所接的负载阻抗之间有一定的要求。例如对音响设备来讲,为了能在扬声器中获得最好的音响效果(获得最大的功率输出),要求音响设备输出的阻抗与扬声器的阻抗尽

量相等。但实际上，扬声器的阻抗往往只有几欧到十几欧，而音响设备等信号的输出阻抗恰恰很大，一般在几百欧、几千欧以上，为此通常在两者之间加接变压器(称为输出变压器、线间变压器)来达到与阻抗匹配的目的。

例1-2　25W扩音机输出电路的输出阻抗为$Z'=500\Omega$，接入的扬声器阻抗为$Z=8\Omega$，现加接线间变压器使两者实现阻抗匹配，求该变压器的变比K。若该变压器一次绕组匝数$N_1=560$匝，问二次绕组匝数N_2为多少？

解：由式(1-19)得

$$K=\sqrt{\frac{Z'}{Z}}=\sqrt{\frac{500}{8}}\approx 7.9$$

$$N_2=\frac{N_1}{K}=\frac{560}{7.9}\text{匝}\approx 71\text{匝}$$

1.4　变压器的空载试验和短路试验

1.4.1　空载试验

变压器空载试验的目的是测定变压器在空载运行时的变压比K、空载电流I_0、空载损耗功率P_0和励磁阻抗Z_m等。试验线路如图1-19所示。

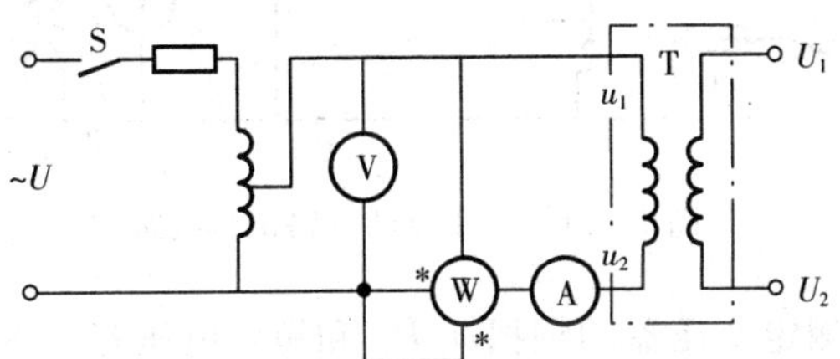

图1-19　变压器的空载试验电路

由于变压器空载运行时的空载电流很小，功率因数很低，所用的功率表应为低功率因数功率表，并将电压表接在功率表前面，以减少误差。空载试验在高压侧或低压侧都可以进行，但考虑到空载试验要加额定电压，为了安全起见，通常在低压侧进行，而将高压侧开路。试验时，调节自耦调压器手柄，使加在低压侧的电压为额定电压U_{2N}，这时，由功率表测得的读数就是空载损耗P_0，由电压表读得U_{2N}和电流表读得空载电流$\dot{I}'_0$，再通过电压互感器和电压表测量高压侧电压U_{1N}。根据这些读数可计算出变压器的空载参数：

(1)变比K：

$$K=\frac{U_{1N}}{U_{2N}}$$

(2)空载电流I_0：　$I_0=\dfrac{\dot{I}'_0}{U_{2N}}$　(折算到高压侧)。

(3)空载损耗 P_0:即变压器的铁损耗。

(4)励磁阻抗 Z_m: $Z_m=K^2Z'_m=K^2\dfrac{U_{2N}}{I'_0}$ (折算到高压侧)。

需要说明的是,空载损耗 P_0 应该是变压器铁损耗和铜损耗之和,但由于空载电流 I_0 很小,约为(0.02~0.1)I_N,故铜损耗可以忽略不计,因此可近似认为 P_0 即是变压器的铁损耗。P_0 越小,说明变压器的铁心和绕组的质量越好。因而可以通过空载试验来检查铁心的质量和绕组的匝数是否恰当以及是否有匝间短路等。

空载试验时,如果外加可调电压,可以作出变压器空载特性曲线,它是外加电压与空载电流的关系曲线,通常用百分值来表示,如图 1-20 所示。从空载特性曲线可以看出变压器磁路的饱和程度是否恰当。

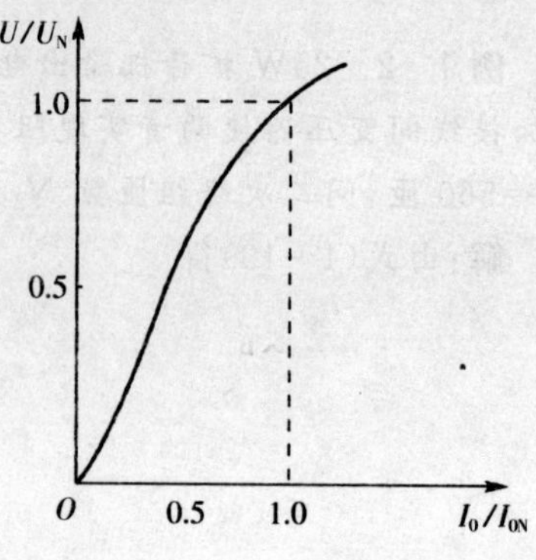

图 1-20 变压器的空载特性

1.4.2 短路试验

变压器的短路试验是在低压侧短路的条件下进行的。高压侧加上很低的电压,使得高压侧的电流等于额定值。试验线路如图 1-21 所示。

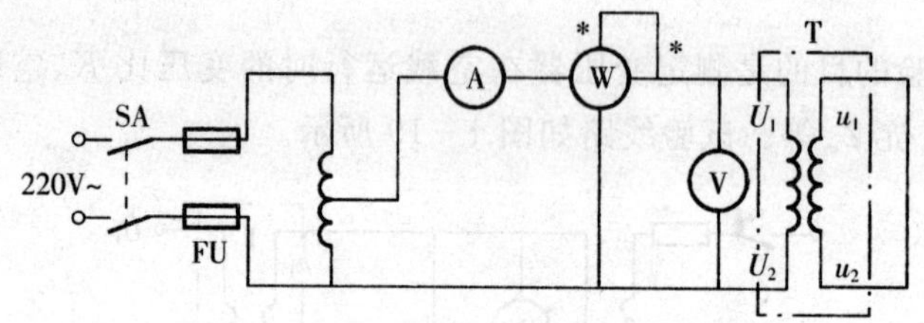

图 1-21 变压器的短路试验线路

短路试验的目的是测定变压器的铜损耗 P_{Cu} 和短路电压 U_{SC}、短路阻抗 Z_{SC}。

短路试验时,高压侧加上的电压应从零缓慢上升到高压绕组电流达到额定值时为止。这时功率表的读数就是短路试验所消耗的功率,称为短路功率,用 P_{SC} 表示。而电流表的读数 I_{SC} 和电压表的读数 U_{SC} 则用来确定短路阻抗 Z_{SC}。即

$$Z_{SC}=\frac{U_{SC}}{I_{SC}}=\frac{U_{SC}}{I_{1N}}$$

在短路试验中,低压侧并不输出功率,却流过额定电流 I_{2N},它在二次绕组电阻 r_2 上的铜损耗为 $r_2I_{2N}^2$,而一次绕组流过额定电流 I_{2N},它在一次绕组电阻 r_1 上的铜损耗为 $r_1I_{1N}^2$。由于所加的电压很低,磁通很少,这时的铁损可以忽略不计,而近似地认为短路功率就等于一次、二次绕组的铜损耗。即

$$P_{SC}\approx r_1I_{1N}^2+r_2I_{2N}^2$$

考虑到电流 I_{1N} 和 I_{2N} 之间的正比关系 $I_N=I_{2N}/K$,显然

$$P_{SC}=r_1^2 I_{1N}^2+K^2 r_2 I_{1N}^2$$
$$=(r_1+K^2 r_2)I_{1N}^2$$
$$=r_{SC}I_{1N}^2$$

式中，r_{SC}为变压器的短路电阻，可由短路试验的数据求得

$$r_{SC}=\frac{P_{SC}}{I_{1N}^2}=r_1+K^2 r_2 \tag{1-20}$$

短路电阻的数值随温度变化而变化，而试验时的温度与变压器实际运行时的温度往往不同。按国家标准规定，试验所得的电阻值必须换算成规定工作温度时的数值。对于油浸式电力变压器而言，规定的工作温度为75℃，于是

$$r_{SC}(75℃)=\frac{234.5+75}{234.5+\theta}r_{SC} \tag{1-21}$$

式中，θ为试验时的室温。

然后，由式(1-22)求得短路电抗

$$X_{SC}=\sqrt{Z_{SC}^2-r_{SC}^2(75℃)} \tag{1-22}$$

短路试验时要注意，切不可在一次绕组加上额定电压的情况下把二次绕组短路，因为这会使变压器一次、二次绕组中的电流都很大，变压器将会立即损坏。

在短路试验中，使得一次绕组电流等于额定值时的电压称为短路电压，或称为变压器的阻抗电压，用U_{SC}表示。它是变压器的一个重要参数。为了便于比较，常把它表示为对一次绕组额定电压的相对值的百分数。即

$$U_{SC}^*=\frac{U_{SE}}{U_{1N}} \tag{1-23}$$

短路电压的大小直接反映了短路阻抗的大小，而短路阻抗又直接影响到变压器的运行性能。从正常运行角度看，希望它小些，从而使变压器输出电压随负载的变动小些。而从短路故障的角度看，又希望它大些，可使相应的短路电流小些。一般中、小型变压器$U_{SC}^*=4\%\sim10.5\%$，大型的$U_{SC}^*=12.5\%\sim17.5\%$。

1.5 变压器的运行特性

要正确、合理地使用变压器，必须了解变压器在运行时的主要特性及性能指标。变压器在运行时的主要特性有外特性与效率特性，而表征变压器运行性能的主要指标则有电压变化率和效率两种。下面分别加以讨论。

1.5.1 变压器的外特性及电压变化率

变压器空载运行时，若一次绕组电压U_1不变，则二次绕组电压U_2也是不变的。变压器加上负载之后，随着负载电流I_2的增加，I_2在二次绕组内部的阻抗压降也会增加，使二次绕组输出的电压U_2随之发生变化。另一方面，由于一次绕组电流I_1随I_2增加，因此I_2增加

时，使一次绕组漏阻抗上的压降也增加，一次绕组电动势 E_1 和二次绕组电动势 E_2 也会有所下降，这也会影响二次绕组的输出电压 U_2。变压器的外特性是用来描述输出电压 U_2 随负载电流 I_2 的变化而变化的情况。

当一次绕组电压 U_1 和负载的功率因数 $\cos\varphi_2$ 一定时，二次绕组电压 U_2 与负载电流 I_2 的关系称为变压器的外特性。它可以通过实验求得。功率因数不同时的几条外特性在图1-22中可见，当 $\cos\varphi_2=1$ 时，U_2 随 I_2 的增加而下降不明显；当 $\cos\varphi_2$ 降低时，即在感性负载时，U_2 随 I_2 增加而下降的程度加大，这是因为滞后的无功电流对变压器磁路中的主磁通的去磁作用更为显著，而使 E_1 和 E_2 有所下降的缘故；但当 $\cos\varphi_2$ 为负值时，即在容性负载时，超前的无功电流有助于磁作用，主磁通会有所增加，E_1 和 E_2 亦相应加大，使得 U_2 会随 I_2 的增加而提高。以上叙述表明，负载的功率因数对变压器外特性的影响是很大的。

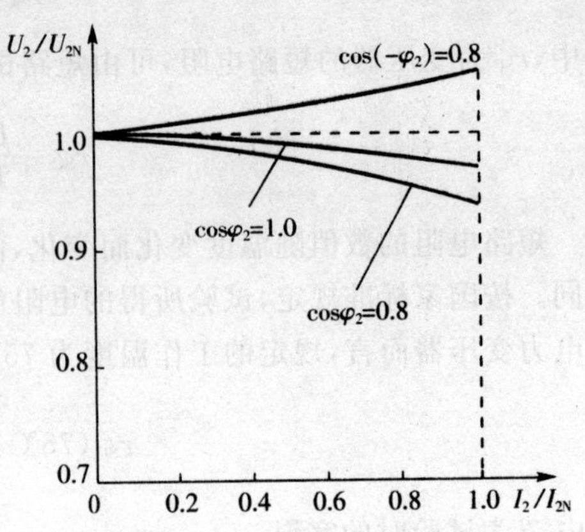

图1-22 变压器的外特性

在图1-22中，纵坐标用 U_2/U_{2N} 表示，而横坐标用 I_2/I_{2N} 表示，使得在坐标轴上的数值都在0～1之间，或稍大于1，这样便于不同容量和不同电压的变压器进行相互比较。

一般情况下，变压器的负载大多数是感性负载，因而当负载增加时，输出电压 U_2 总是下降的，其下降的程度常用电压变化率来描述。当变压器从空载到额定负载（$I_2=I_{2N}$）运行时，二次绕组输出电压的变化值 ΔU 与空载电压（额定电压）U_{2N} 之比的百分值就称为变压器的电压变化率，用 $\Delta U\%$ 来表示。

$$\Delta U\%=\frac{U_{2N}-U_2}{U_{2N}}\times 100\% \tag{1-24}$$

式中，U_{2N} 为变压器空载时二次绕组的电压（称为额定电压）；U_2 为二次绕组输出额定电流时的电压。

电压变化率反映了供电电压的稳定性，是变压器的一个重要性能指标。$\Delta U\%$ 越小，说明变压器二次绕组输出的电压越稳定，因此要求变压器的 $\Delta U\%$ 越小越好。常用的电力变压器从空载到满载，电压变化率约为3%～5%。

例1-3 某台供电电力变压器将 $U_{1N}=10\,000\text{V}$ 的高压降压后对负载供电，要求该变压器在额定负载下的输出电压为 $U_2=380\text{V}$，该变压器的电压变化率 $\Delta U\%=5\%$，求该变压器二次绕组的额定电压 U_{2N} 及变比 K。

解：由式（1-24）得

$$\Delta U\%=\frac{U_{2N}-380}{U_{2N}}\times 100\%=5\%$$

则 $U_{2N}=400\text{V}$

$$K=\frac{U_{1N}}{U_{2N}}=\frac{10000}{400}=25$$

这样就能理解，在电力变压器的铭牌中，为什么给额定线电压为380V的负载供电时，变压器二次绕组的额定电压不是380V，而是400V。

1.5.2 变压器的损耗及效率

变压器从电源输入的有功功率 P_1 和向负载输出的有功功率 P_2 可分别用下式计算

$$P_1 = U_1 I_1 \cos\varphi_1 \tag{1-25}$$

$$P_2 = U_2 I_2 \cos\varphi_2 \tag{1-26}$$

两者之差为变压器的损耗 ΔP，它包括铜损耗 P_{Cu} 和铁损耗 P_{Fe} 两部分，即

$$\Delta P = P_{Cu} + P_{Fe} \tag{1-27}$$

1. 铁损耗 P_{Fe}

变压器的铁损耗包括基本铁损耗和附加铁损耗两部分。基本铁损耗包括铁心中的磁滞损耗和涡流损耗，它决定于铁心中的磁通密度的大小、磁通交变的频率和硅钢片的质量等。附加损耗则包括铁心叠片间因绝缘损伤而产生的局部涡流损耗、主磁通在变压器铁心以外的结构部件中引起的涡流损耗等，附加损耗约为基本损耗的15%～20%左右。

变压器的铁损耗与一次绕组上所加的电源电压大小有关，而与负载电流的大小无关。当电源电压一定时，铁心中的磁通基本不变，故铁损耗也就基本不变，因此铁损耗又称不变损耗。

2. 铜损耗 P_{Cu}

变压器的铜损耗也分为基本铜损耗和附加铜损耗两部分。基本铜损耗是由电流在一次、二次绕组电阻上产生的损耗；附加铜损耗是指由漏磁通产生的集肤效应，使电流在导体内分布不均匀而产生的额外损耗。附加铜损耗约占基本铜损耗的3%～20%。在变压器中铜损耗与负载电流的平方成正比，所以铜损耗又称为可变损耗。

3. 效率

变压器的输出功率 P_2 与输入功率 P_1 之比称为变压器的效率 η，即

$$\eta = \frac{P_2}{P_1} \times 100\% = \frac{P_2}{P_2 + \Delta P} \times 100\% = \frac{P_2}{P_2 + P_{Cu} + P_{Fe}} \times 100\% \tag{1-28}$$

变压器由于没有旋转的部件，不像电机那样有机械损耗，因此变压器的效率一般都比较高。中、小型电力变压器效率在95%以上，大型电力变压器效率可达99%以上。

例1-4 S9-500/10低损耗三相电力变压器额定容量为500kV·A，设功率因数为1，二次电压 $U_{2N}=400\text{V}$，铁损耗 $P_{Fe}=0.98\text{kW}$，额定负载时铜损耗 $P_{Cu}=4.1\text{kW}$，求二次额定电流 I_{2N} 及变压器效率 η。

解：

$$I_{2N} = \frac{S_N}{\sqrt{3}U_{2N}} = \frac{500\times 1000}{\sqrt{3}\times 400}\text{A} \approx 722\text{A}$$

$$P_2 = S_N \cos\varphi = 500\text{kW}$$

$$\eta=\frac{P_2}{P_1}\times 100\%=\frac{P_2}{P_2+P_{Fe}+P_{Cu}}\times 100\%=\frac{500}{500+0.98+4.1}\times 100\%\approx 99\%$$

前面已经讲过，降低变压器本身的损耗，提高其效率，是供电系统中一个极为重要的课题，世界各国都在大力研究。制成高效节能变压器的主要途径有以下两点：一是采用低损耗的冷轧硅钢片来制作铁心。例如，容量相同的两台电力变压器，用热轧硅钢片制作铁心的SJ1－1000/10变压器铁损耗约4440W。用冷轧硅钢片制作铁心的S7－1000/10变压器铁损耗仅为1700W。后者比前者每小时可减少2.7kW·h的损耗，仅此一项每年可节电23652kW·h。由此可见，为什么我国要强制推行使用低损耗变压器。二是减小铜损耗。如果能用超导材料来制作变压器绕组，则可使其电阻为零，铜损耗也就不存在了。世界上有许多国家正在致力于该项研究，目前已有330kV·A单相超导变压器问世，其体积比普通变压器要小70%左右，损耗可降低50%。

4. 效率特性

变压器在不同的负载电流 I_2 时，输出功率 P_2 及铜损耗 P_{Cu} 都在变化，因此变压器的效率 η 也随负载电流 I_2 的变化而变化，其变化规律通常用变压器的效率特性曲线来表示，如图1－23所示。

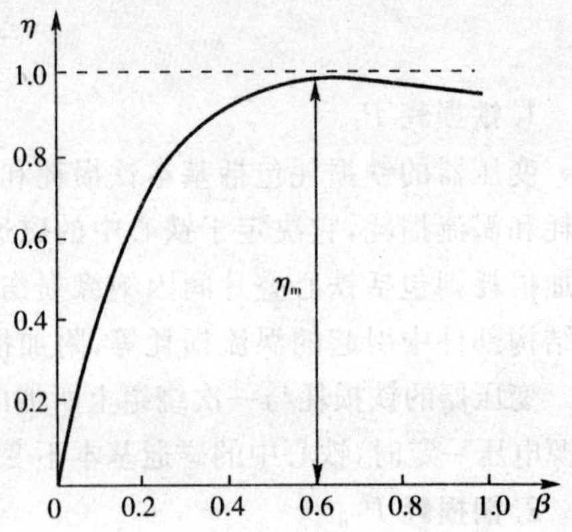

图1－23　变压器的效率特性曲线

图中，$\beta=\frac{I_2}{I_{2N}}$ 称为负载系数。

通过数学分析可知：当变压器的铁损耗等于铜损耗时，变压器的效率最高。通常变压器的最高效率为 $\beta=0.5\sim0.6$。

1.6　变压器的极性及三相变压器的联结组

1.6.1　变压器的极性

因为变压器的一次、二次绕组绕在同一个铁心上，都被磁通 Φ 交链，故当磁通交变时，在两个绕组中感应出的电动势有一定的方向关系，即当一次绕组的某一端点瞬时电位为正时，二次绕组也必有一电位为正的对应端点。这两个对应的端点，就称为同极性端或同名端，通常用符号“·”表示。

在使用变压器或其他磁耦合线圈时，经常会遇到两个线圈极性的正确连接问题。例如某变压器的一次绕组由两个匝数相等绕向一致的绕组组成，如图1－24(a)中绕组1—2和3—4。如每个绕组额定电压为110V，则当电源电压为220V时，应把两个绕组串联起来使用，如图1－24(b)所示接法；如电源电压为110V时，则应将它们并联起来使用，如图1－24(c)所示接法。当接法正确时，则两个绕组所产生的磁通方向相同，它们在铁心中互相叠加。如接法错误时，则两个绕组所产生的磁通方向相反，它们在铁心中互相抵消，使铁心中的合成磁通为零(如图1－25所示)，在每个绕组中也就没有感应电动势产生，相当于短路状态，会把变压器烧毁。因此在进行变压器绕组的连接时，事先确定好各绕组同名端是十分必要的。

1.6.2　变压器极性的判定

1. 分析法

对两个绕向已知的绕组而言，可这样判断：当电流从两个同极性端流入（或流出）时，铁心中所产生的磁通方向是一致的。如图 1－24 所示，1 端和 3 端为同名端，电流从这两个端点流入时，它们在铁心中产生的磁通方向相同。同样可判断图 1－26 中的两个绕组，则 1 端和 4 端为同名端。弄清同名端的概念后，就不难理解为什么在图 1－1 及图 1－11 中一次绕组的绕向及电压电流方向均一样，而二次绕组中的电压和电流方向在两个图中却正好相反。

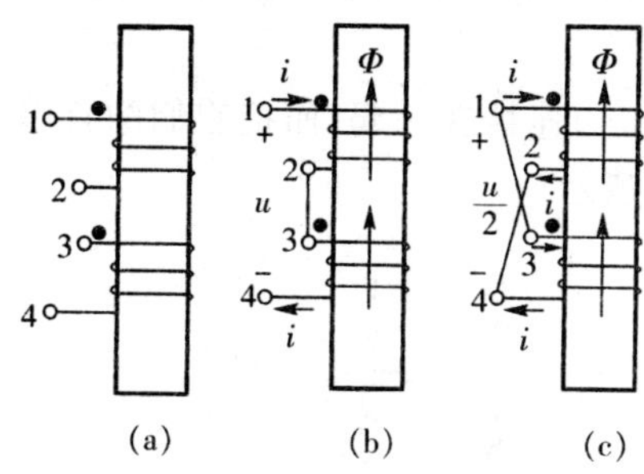

图 1－24　变压器绕组的正确连接

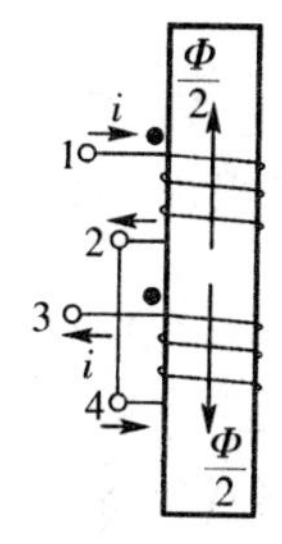

图 1－25　变压器绕组连接错误

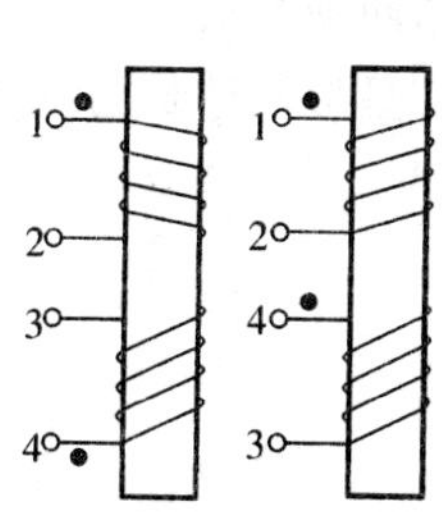

图 1－26　同名端的判定

2. 实验法

对于一台已经制成的变压器，无法从外部观察其绕组的绕向，因此无法辨认其同名端，此时可用实验的方法进行测定。测定的方法有交流法和直流法两种。

（1）交流法。如图 1－27 所示，将一次、二次绕组各取一个接线端连接在一起，如图中的 2 端（即 U_2）和 4 端（即 u_2），并在一个绕组上（图中为 N_1 绕组），加一个较低的交流电压 u_{12}，再用交流电压表分别测量 U_{12}、U_{13}、U_{34} 各值，如果测量结果为：$U_{13}=U_{12}-U_{34}$，则说明 N_1、N_2 绕组为反极性串联，故 1 端和 3 端为同名端。如果 $U_{13}=U_{12}+U_{34}$，则 1 端和 4 端为同名端。

（2）直流法。用 1.5V 或 3V 的直流电源，按图 1－28 所示连接，直流电源接在高压绕组上，而直流毫伏表接在低压绕组两端。当开关 S 合上的一瞬间，如毫伏表指针向正方向摆动，则接直流电源正极的端子与接直流毫伏表正极的端子为同名端。

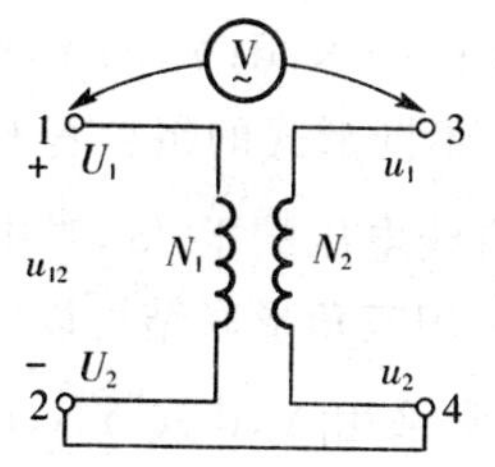

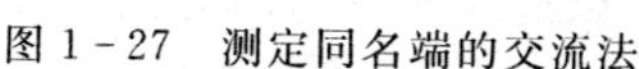

图 1－27　测定同名端的交流法

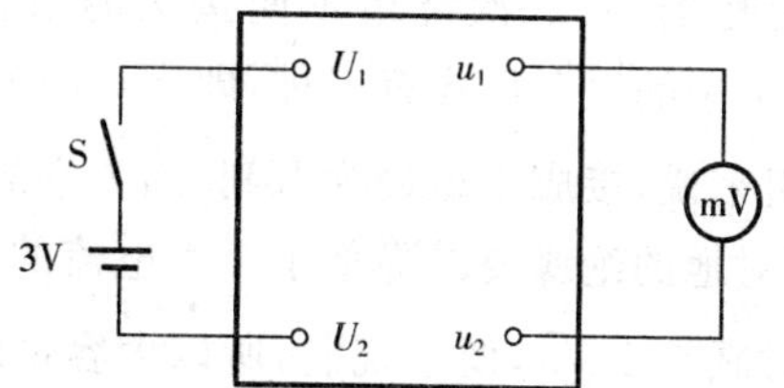

图 1－28　测定同名端的直流法

1.6.3　三相变压器的联结组

1. 三相变压器绕组的连接方法

三相电力变压器高、低压绕组的出线端都分别给予标记，以供正确连接及使用变压器，其出线端标记见表 1-1。

表 1-1　绕组的首端和末端的标记

绕组名称	单相变压器		三相变压器		中性点
	首 端	末 端	首 端	末 端	
高压绕组	U_1	U2	U_1、V_1、W_1	U_2、V_2、W_2	N
低压绕组	u_1	u_2	u_1、v_1、w_1	u_2、v_2、w_2	n
中压绕组	U_{1m}	U_{2m}	U_{1m}、V_{1m}、W_{1m}	U_{2m}、V_{2m}、W_{2m}	N_m

在三相电力变压器中，不论是高压绕组，还是低压绕组，我国均采用星形联结及三角形联结两种方法。

星形联结是把三相绕组的末端 U_2、V_2、W_2（或 u_2、v_2、w_2）连接在一起，而把它们的首端 U_1、V_1、W_1（或 u_1、v_1、w_1）分别用导线引出，如图 1-29(a)所示。

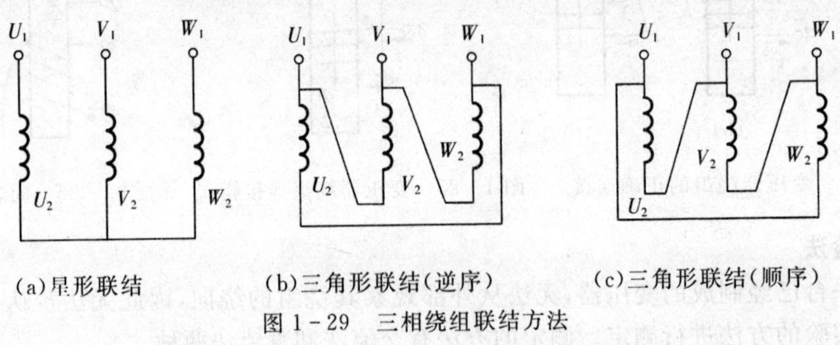

(a)星形联结　(b)三角形联结(逆序)　(c)三角形联结(顺序)

图 1-29　三相绕组联结方法

三角形联结是把一相绕组的末端和另一相绕组的首端连在一起，顺次连接成一个闭合回路，然后从首端 U_1、V_1、W_1（或 u_1、v_1、w_1）用导线引出，如图 1-29(b)及 1-29(c)所示。其中图 1-29(b)的三相绕组按 U_2W_1、W_2V_1、V_2U_1 的次序连接，称为逆序（逆时针）三角形联结。而图 1-29(c)的三相绕组按 U_2V_1、W_2U_1、V_2W_1 的次序连接，称为顺序（顺时针）三角形联结。

三相变压器高、低压绕组用星形联结和三角形联结时，在旧的国家标准中分别用 Y 和 △表示。新的国家标准规定：高压绕组星形联结用 Y 表示，三角形联结用 D 表示，中性线用 N 表示。低压绕组星形联结用 y 表示，三角形联结用 d 表示，中性线用 n 表示。

三相变压器一、二次绕组不同接法的组合形式有：Y，y；YN，d；Y，d；Y，yn；D，y；D，d 等，其中最常用的组合形式有三种，即 Y，yn；YN，d；Y，d。不同形式的组合各有优缺点。对于高压绕组来说，接成星形最为有利，因为它的相电压只有线电压的 $1/\sqrt{3}$，当中性点引出接地时，绕组对地的绝缘要求降低了。大电流的低压绕组，采用三角形联结可以使导线截面比星形联结时减小 $1/\sqrt{3}$，便于绕制，所以大容量的变压器通常采用 Y，d 或 YN，d 联结。容量不太大而且需要中性线的变压器广泛采用 Y，yn 联结，以适应照明与动力混合负载需要的两种电压。

在上述各种接法中，一次绕组线电压与二次绕组线电压之间的相位关系是不同的，这就是所谓三相变压器的联结组别。三相变压器联结组别不仅与绕组的绕向和首末端的标记有关，而且还与三相绕组的连接方式有关。理论与实践证明，无论怎样，一次、二次绕组线电动势的相位差总是 30°的整数倍。因此，国际上规定，标志三相变压器一次、二次绕组线电动势的相位关系用时钟表示法，即规定一次绕组线电动势 $\dot{E}_{UV}$ 为长针，永远指向钟面上的"12"；二次绕组线电动势 $\dot{E}_{uv}$ 为短针，它指向钟面上的哪个数字，该数字则为该三相变压器联结组别的标号。现就 Y，y 联结和 Y，d 联结的变压器分别加以分析。

2. Y，y **联结组**

如图 1－30 所示，变压器一次、二次绕组都采用星形联结，且首端为同名端，故一次、二次绕组相互对应的相电动势之间相位相同，因此对应的线电动势之间的相位也相同，如图 1－30(b)所示。当一次绕组线电动势 $\dot{E}_{UV}$（长针）指向时钟的"12"时，二次绕组线电动势 $\dot{E}_{uv}$（短针）也指向"12"，这种连接方式称为 Y，y0 联结组，如图 1－30(c)所示。

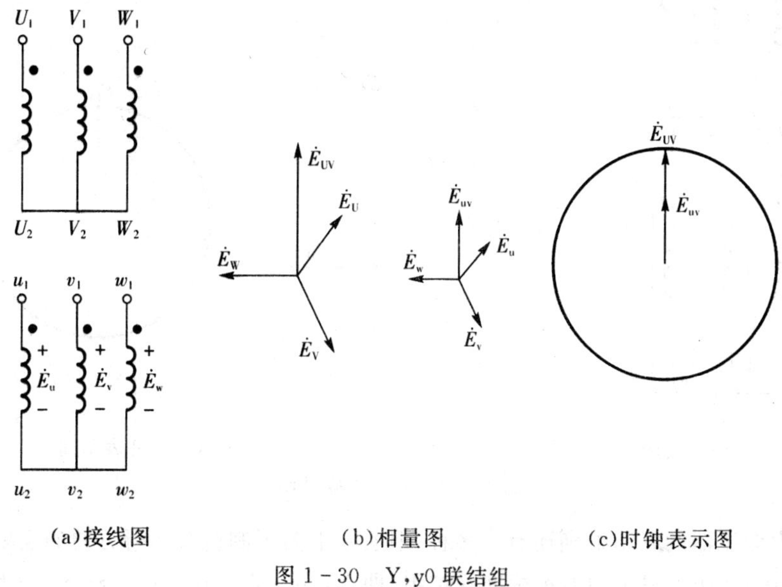

(a)接线图　(b)相量图　(c)时钟表示图

图 1－30　Y，y0 联结组

若在图 1－30 的联结中，变压器一次、二次绕组的首端不是同名端，而是异名端，则二次绕组的电动势相量均反向，$\dot{E}_{uv}$ 将指向时钟的"6"，成为 $Y,y6$ 联结组，如图 1－31 所示。

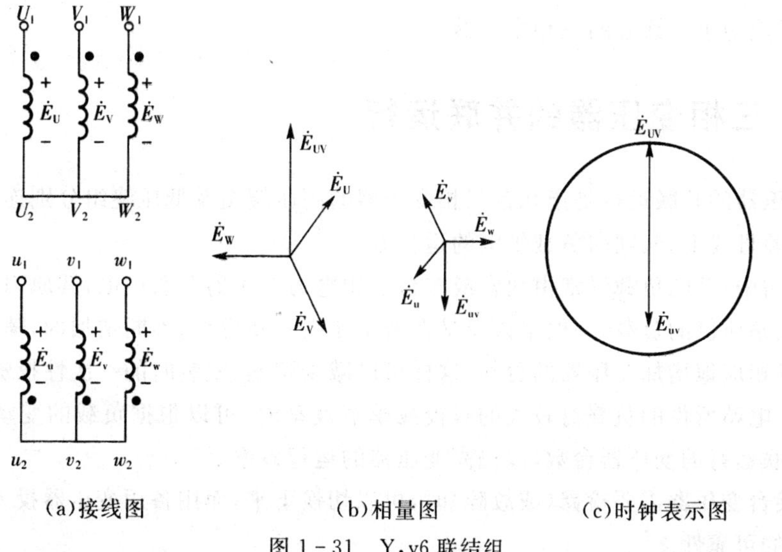

(a)接线图　(b)相量图　(c)时钟表示图

图 1－31　Y，y6 联结组

3. Y,d 联结组

如图 1－32 所示,变压器一次绕组用星形联结,二次绕组用三角形联结,且二次绕组 u 相的首端 u_1 与 v 相的末端 v_2 相连,即如图 1－32(a)所示的逆序连接,且一次、二次绕组的首端为同名端,则对应的相量图如图 1－32(b)所示。其中 $\dot{E}_{uv}=-\dot{E}_{u}$,它超前 $\dot{E}_{UV}30°$,指向时钟“11”,故为 $y,d11$ 联结组,如图 1－32(c)所示。

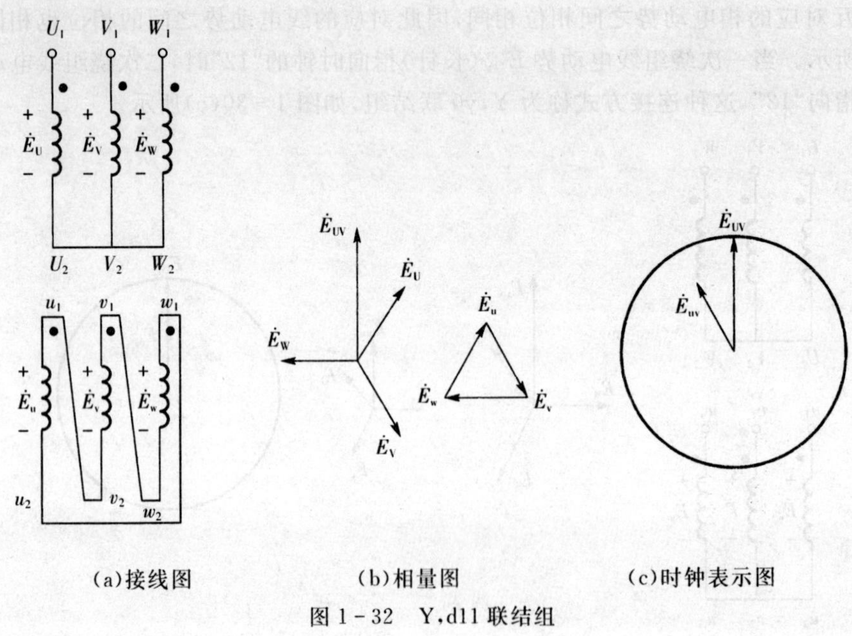

(a)接线图　　(b)相量图　　(c)时钟表示图

图 1－32　Y,d11 联结组

三相电力变压器的联结组别还有许多种,但实际上为了制造及运行方便的需要,国家标准规定了三相电力变压器只采用五种标准联结组,即 Y,yn0;YN,d11;YN,y0;Y,y0 和 Y,d11。

在上述五种联结组中,Y,yn0 联结组是经常碰到的,它用于容量不大的三相配电变压器,低压侧电压为 400V～230V,用以供给动力和照明的混合负载。一般这种变压器的最大容量为 1800kV · A,高压方面的额定电压不超过 35kV。此外,Y,y0 联结组不能用于三相变压器组,只能用于三铁心的三相变压器。

1.7　三相变压器的并联运行

三相变压器的并联运行是指几台三相变压器的高压绕组及低压绕组分别连接到高压电源及低压电源母线上,共同向负载供电的运行方式。

在变电站中,总的负载经常由两台或多台三相电力变压器并联供电,其原因为:

(1)变电站所供的负载,一般来讲总是在若干年内不断发展、不断增加的,随着负载的不断增加,可以相应地增加变压器的台数,这样可以减少建站、安装时的一次性投资。

(2)当变电站所供的负载有较大的昼夜或季节波动时,可以根据负载的变动情况,随时调整投入并联运行的变压器台数,以提高变压器的运行效率。

(3)当某台变压器需要检修(或故障)时,可以切换下来,而用备用变压器投入并联运行,以提高供电的可靠性。

为了使变压器能正常地投入并联运行，各并联运行的变压器必须满足以下条件：

(1)一次、二次绕组电压应相等，即变比应相等；

(2)联结组别必须相同；

(3)短路阻抗(即短路电压)应相等。

实际并联运行的变压器，其变比不可能绝对相等，其短路电压也不可能绝对相等，允许有极小的差别，但变压器的联结组别则必须要相同。下面分别说明这些条件：

1.变比不等时的并联运行

设两台同容量的变压器 T_1 和配并联运行，如图 1-33(a)所示，其变压比有微小的差别。其一次绕组接在同一电源电压 U_1 下，二次绕组并联后，也应有相同的 U_2，但由于变压比不同，两个二次绕组之间的电动势有差别。设 $E_1 > E_2$，则电动势差值 $\Delta\dot{E}=\dot{E}_1-\dot{E}_2$ 会在两个二次绕组之间形成环流 I_C，如图 1-33(b)所示，这个电流称为平衡电流，其值与两台变压器的短路阻抗 Z_{S1} 和 Z_{S2} 有关。即

$$I_C=\frac{\Delta E}{Z_{S1}+Z_{S2}} \quad (1-29)$$

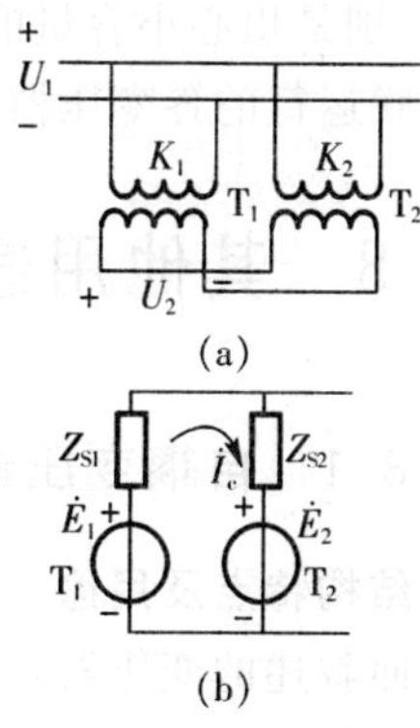

图 1-33 变压比不等时的并联运行

变压器的短路阻抗不大，故在不大的 ΔE 下也会有很大的平衡电流。变压器空载运行时，平衡电流流过绕组，会增大空载损耗，平衡电流越大则损耗会更多。变压器负载时，二次侧电动势高的那一台电流增大，而另一台则减少，并能使前者超过额定电流而过载，后者则小于额定电流值。所以，在有关变压器的标准中规定，并联运行的变压器，其变压比误差不允许超过±0.5%。

2.联结组别不同时变压器的并联运行

如果两台变压器的变比和短路阻抗均相等，但是联结组别不同时并联运行，则其后果十分严重。因为联结组别不同时，两台变压器二次绕组电压的相位差就不同，它们线电压的相位差至少为30°，因此会产生很大的电压差 $\Delta\dot{U}_2$。图 1-34 为 Y,y0 和 Y,d11 两台变压器并联，二次绕组线电压之间的电压差为 $\Delta\dot{U}_2$。其数值为

$$\Delta U_2=2U_{2N}\sin\frac{30^\circ}{2}=0.518U_{2N} \quad (1-30)$$

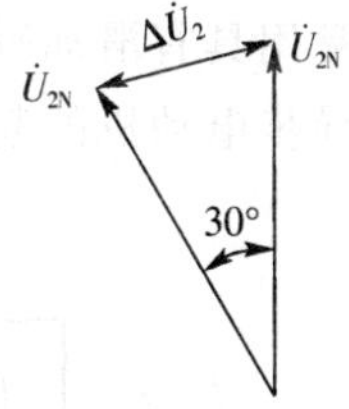

图 1-34 Y,y0 和 Y,d11 两台变压器并联运行的电压差

这样大的电压差将在两台并联变压器二次绕组中产生比额定电流大得多的空载环流，导致变压器损坏，故联结组别不同的变压器绝对不允许并联运行。

3.短路阻抗(短路电压)不等时变压器的并联运行

设有两台容量相同、变比相等、联结组别也相同的三相变压器并联运行，现分析它们的负载如何均衡分配。设负载为对称负载，则可取其一相来分析。

如这两台变压器的短路阻抗也相等，则流过两台变压器中的负载电流也相等，即负载均匀分布，这是理想状况。如果短路阻抗不等，设 $Z_{S1} > Z_{S2}$，则由于两台变压器一次绕组接在

同一电源上，变比及联结组又相同，故二次绕组的感应电动势及输出电压均应相等。但由于Z_S不等，参看图1-33(b)，由欧姆定律可得 $Z_{S1}I_1=Z_{S2}I_2$，其中 I_1为流过变压器 T_1 绕组的电流(负载电流)，I_2为流过变压器 T_2绕组的电流(负载电流)。由此公式可见，并联运行时，负载电流的分配与各台变压器的短路阻抗成反比，短路阻抗小的变压器输出的电流要大，短路阻抗大的输出电流较小，则其容量得不到充分利用。因此，国家标准规定：并联运行的变压器其短路电压比不应超过10%。

变压器的并联运行，还存在一个负载分配的问题。两台相同容量的变压器并联，由于短路阻抗的差别很小，可以做到接近均匀的分配负载。当容量差别较大时，合理分配负载是困难的，特别是担心小容量的变压器过载，而使大容量的变压器得不到充分利用。为此，要求投入并联运行的各变压器中，最大容量与最小容量之比不宜超过三比一。

1.8 其他用途变压器

1.8.1 自耦变压器

1. 结构特点及用途

前面叙述的变压器，其一次、二次绕组是分开绕制的，它们虽装在同一铁心上，但相互之间是绝缘的，即一次、二次绕组之间只有磁的耦合，而没有电的直接联系。这种变压器称为双绕组变压器。

如果把一次、二次绕组合二为一，使二次绕组成为一次绕组的一部分，这种只有一个绕组的变压器称为自耦变压器，如图1-35所示。可见自耦变压器的一次、二次绕组之间除了有磁的耦合外，还有电的直接联系。由下面的分析可知，自耦变压器可节省铜和铁的消耗量，从而减小变压器的体积、重量，降低制造成本，且有利于大型变压器的运输和安装。在高压输电系统中，自耦变压器主要用来连接两个电压等级相近的电力网，作联络变压器之用。在实验室常用具有滑动触点的自耦调压器获得可任意调节的交流电压。此外，自耦变压器还常用作异步电动机的起动补偿器，对电动机进行降压起动。

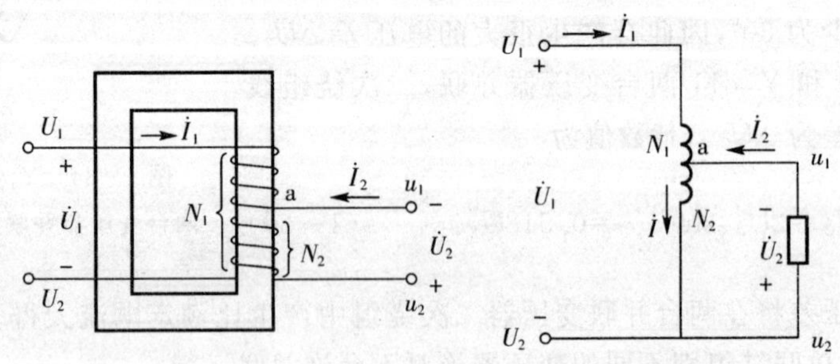

图1-35 自耦变压器工作原理

2. 电压、电流及容量关系

自耦变压器也是利用电磁感应原理工作的，当一次绕组 U_1、U_2 两端加交变电压 U_1时，铁心中产生交变的磁通，并分别在一次绕组及二次绕组中产生感应电动势 E_1及 E_2，它们也

有下述关系

$$U_1 \approx E_1 = 4.44 f N_1 \Phi_m$$

$$U_2 = E_2 = 4.44 f N_2 \Phi_m$$

故自耦变压器的变比 K 为

$$\frac{U_1}{U_2} \approx \frac{E_1}{E_2} = \frac{N_1}{N_2}$$

$$K = \frac{E_1}{E_2} = \frac{N_1}{N_2} \approx \frac{U_1}{U_2} \tag{1-31}$$

当自耦变压器二次绕组加上负载后，由于外加电源电压不变，故主磁通近似不变，因此总的励磁磁通势仍等于空载磁通势，即

$$N_1 \dot{I}_1 + N_2 \dot{I}_2 = N_1 \dot{I}_0 \tag{1-32}$$

若忽略空载磁通势，则

$$N_1 \dot{I}_1 + N_2 \dot{I}_2 = 0$$

即

$$\dot{I}_1 = -\frac{N_2}{N_1} \dot{I}_2 = -\frac{\dot{I}_2}{K} \tag{1-33}$$

式(1-33)说明：自耦变压器一次、二次绕组中的电流大小与匝数成反比，在相位上互差180°。因此，流经公共绕组中的电流 I 的大小为

$$I = I_2 - I_1 \tag{1-34}$$

可见流经公共绕组中的电流总是小于输出电流 I_2。当变比 K 接近于1时，则 I_1 与 I_2 的数值相差不大，即公共绕组中的电流 I 很小，因而这部分绕组可用截面积较小的导线绕制，以节约用铜量，并减小自耦变压器的体积与重量。

自耦变压器输出的视在功率为

$$S_2 = U_2 I_2$$

将式(1-34)中的 I_2 代入上式，可得

$$S_2 = U_2 (I + I_1) = U_2 I + U_2 I_1 \tag{1-35}$$

从式(1-35)可看出，自耦变压器的输出功率由两部分组成，其中 $U_2 I$ 部分是依据电磁感应原理从一次绕组传递到二次绕组的视在功率，而 $U_2 I_1$ 则是通过电路的直接联系从一次绕组直接传递到二次绕组的视在功率。由于 I_1 只在一部分绕组的电阻上产生铜损耗，因此自耦变压器的损耗比普通变压器要小，效率较高，因而较为经济。

例1-5 在一台容量为15kV·A的自耦变压器中，已知 $U_1 = 220$V，$N_1 = 150$ 匝。

(1)如果要使输出电压 $U_2 = 210$V，应该在绕组的什么地方有抽头？满载时 I_1 和 I_2 各是多少？此时一、二次绕组公共部分的电流是多少？

(2)如果输出电压 $U_2 = 110$V，那么公共部分的电流又是多少？

解:

(1)由公式 $\frac{U_1}{U_2}=\frac{N_1}{N_2}$ 可知抽头处的匝数为

$$N_2=\frac{U_2}{U_1}N_1=\frac{210}{220}\times 150 \text{ 匝}=143 \text{ 匝}$$

由于自耦变压器的效率很高,可以认为

$$U_1I_1=U_2I_2=S_N=15\times 10^3 \text{ V}\cdot\text{A}$$

所以满载时的电流为

$$I_1=\frac{S_N}{U_1}=\frac{15\times 10^3}{220}\text{A}=68.2\text{A}$$

$$I_2=\frac{S_N}{U_2}=\frac{15\times 10^3}{210}\text{A}=71.4\text{A}$$

而一次、二次绕组公共部分的电流则按式(1-34)计算

$$I=I_2-I_1=(71.4-68.2)\text{A}=3.2\text{A}$$

可见自耦变压器一次、二次绕组公共部分的电流比普通变压器二次绕组在相应情况下的电流小得多。

(2)如果输出电压 $U_2=110\text{V}$,则

$$I_2=\frac{S_N}{U_2}=\frac{15\times 10^3}{110}\text{A}=136.4\text{A}$$

此时绕组公共部分的电流为

$$I=I_2-I_1=(136.4-68.2)\text{A}=68.2\text{A}$$

上例表明,当一次、二次绕组的电压较接近时,采用自耦变压器,其绕组公共部分的电流是很小的,这一部分绕组的导线可以用得细一些,而公共部分的匝数几乎就是绕组的全部匝数,小电流在这里引起的损耗也小,因此经济效果显著。

理论分析和实践都可以证明:当一次、二次绕组电压之比接近于1时,或者说不大于2时,自耦变压器的优点比较显著。当变比大于2时,优点就不明显了。所以实际应用的自耦变压器,其变比一般在1.2~2.0的范围内。因此在电力系统中,用自耦变压器把110kV、150kV、220kV和330kV的高压电力系统连接成大规模的动力系统。自耦变压器的缺点在于一次、二次绕组的电路直接连在一起,造成高压侧的电气故障会波及低压侧,这是很不安全的。因此,自耦变压器在使用时要求必须正确接线,且外壳必须接地,并规定安全照明变压器不允许采用自耦变压器结构形式。

自耦变压器不仅用于降压,也可作为升压变压器。

如果把自耦变压器的抽头做成滑动触点,就可构成输出电压可调的自耦变压器。为了使滑动接触可靠,这种自耦变压器的铁心做成圆环形,其上均匀分布绕组,滑动触点由碳刷构成,由于其输出电压可调,因此称为自耦调压器,其外形和原理电路如图1-36所示。自耦变压器的一次绕组匝数 N_1 固定不变,并与电源相连,一次绕组的另一端点 U_2 和滑动触点a之间的绕组 N_2 就作为二次绕组。当滑动触点a移动时,输出电压 U_2 随之改变,这种调

压器的输出电压 U_2 可低于一次绕组电压，也可稍高于一次绕组电压。如实验室中常用的单相调压器，一次绕组输入电压 $U_1=220\text{V}$，二次绕组输出电压 $U_2=0\sim250\text{V}$，在使用时，要注意：一次、二次绕组的公共端 U_2 或 u_2 接中性线，U_1 端接电源相线（火线），u_1 端和 u_2 端作为输出。此外还必须注意，自耦调压器在接电源之前，必须把手柄转到零位，使输出电压为零，以后再慢慢顺时针转动手柄，使输出电压逐步上升。

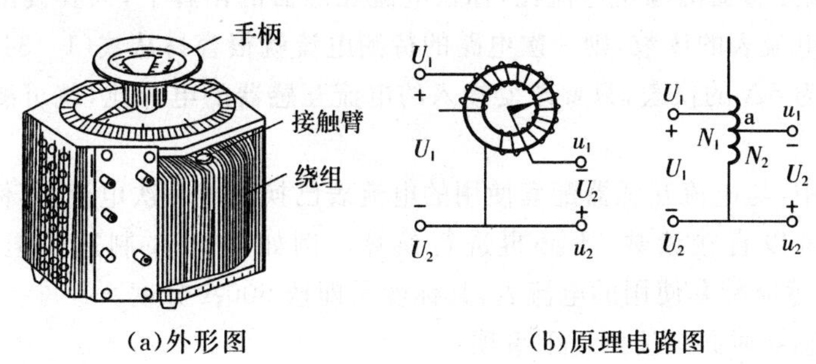

图 1-36　自耦调压器

1.8.2　仪用互感器

电工仪表中的交流电流表一般可直接用来测量 5A～10A 以下的电流，交流电压表可直接用于测量 450V 以下的电压。而在实践中有时往往需测量几百、几千安的大电流及几千、几万伏的高电压，此时必须加接仪用互感器。

仪用互感器是作为测量用的专用设备，分电流互感器和电压互感器两种，它们的工作原理与变压器相同。

使用仪用互感器的目的：一是为了测量人员的安全，使测量回路与高压电网相互隔离；二是扩大测量仪表（电流表及电压表）的测量范围。

仪用互感器除用于交流电流及交流电压的测量外，还用于各种继电保护装置的测量系统，因此仪用互感器的应用很广，下面分别介绍。

1. 电流互感器

在电工测量中用来按比例变换交流电流的仪器称为电流互感器。

电流互感器的基本结构形式及工作原理与单相变压器相似，它也有两个绕组：一次绕组串联在被测的交流电路中，流过的是被测电流 I，它一般只有一匝或几匝，用粗导线绕制；二次绕组匝数较多，与交流电流表（或瓦时计、功率表）相接，如图 1-37 所示。

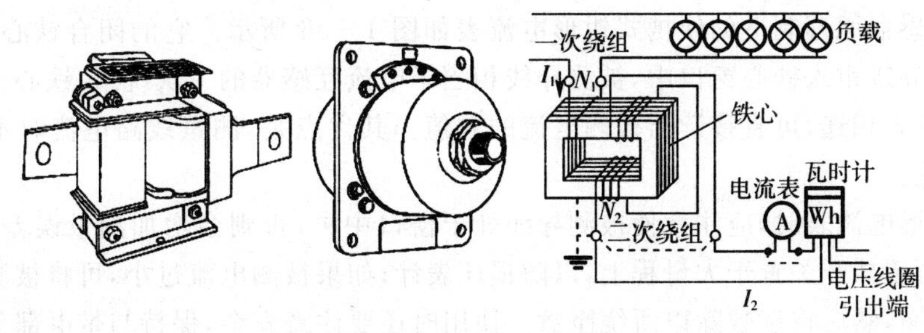

图 1-37　电流互感器

由变压器工作原理可得

$$\frac{I_1}{I_2}=\frac{N_2}{N_1}=K$$

故

$$I_1=K_i I_2 \tag{1-36}$$

式中，K_i 称为电流互感器的额定电流比，标在电流互感器的铭牌上，只要读出接在电流互感器二次线圈一侧电流表的读数，则一次电路的待测电流就很容易从式(1-34)中得到。一般二次电流表量程为5A的仪表，只要改变接入的电流互感器的电流比，就可测量大小不同的一次电流。

在实际应用中，与电流互感器配套使用的电流表已换算成一次电流，其标度尺即按一次电流分度，这样可以直接读数，不必再进行换算。例如，按5A制造的但与额定电流比600/5A的电流互感器配套使用的电流表，其标度尺即按600A分度。

使用电流互感器时必须注意以下事项：

(1)电流互感器的二次绕组绝对不允许开路。因为二次绕组开路时，电流互感器处于空载运行状态，此时一次绕组流过的电流(被测电流)全部为励磁电流，使铁心中的磁通急剧增大，一方面使铁心损耗急剧增加，造成铁心过热，烧损绕组；另一方面将在二次绕组感应出很高的电压，可能使绝缘击穿，并危及测量人员和设备的安全。因此，在一次电路工作如需检修或拆换电流表、功率表的电流线圈时，必须先将电流互感器的二次绕组短接。

(2)电流互感器的铁心及二次绕组一端必须可靠接地，如图1-37(b)所示，以防止绝缘击穿后，电力系统的高压危及工作人员及设备的安全。

例1-6 有一台三相异步电动机，型号为'Y280S-4，额定电压380V，额定电流140A，额定功率75kW，试选择电流互感器规格，并计算流过电流表的实际电流。

解：为了测量准确，又考虑到电机允许可能出现的短时过负荷等因素，应使被测电流大致为满量程的1/2～3/4，因此选择电流互感器额定电流为200A。电流比为

$$K_i=\frac{200}{5}=40$$

流过电流表的电流 I_2 可由式(1-36)计算得到

$$I_2=\frac{I_1}{K_i}=\frac{140}{40}\text{A}=3.5\text{A}$$

利用互感器原理制造的便携式钳形电流表如图1-38所示。它的闭合铁心可以张开，将被测载流导线钳入铁心窗口中，被测导线相当于电流互感器的一次绕组，铁心上绕二次绕组，与测量仪表相连，可直接读出被测电流的数值。其优点是，测量线路电流时不必断开电路，使用方便。

使用钳形电流表时，应注意使被测导线处于窗口中央，否则会增加测量误差；不知电流大小时，应将选挡开关置于大量程上，以防损坏表计；如果被测电流过小，可将被测导线在钳口内多绕几圈，然后将读数除以所绕匝数。使用时还要注意安全，保持与带电部分的安全距离，如被测导线的电压较高时，还应戴绝缘手套和使用绝缘垫。

与变压器一样，式(1-34)仅是一个近似计算公式，即用电流互感器进行电流测量时存

在一定的误差，根据误差的大小，电流互感器分下列各级：0.2、0.5、1.0、3.0、10.0。如0.5级的电流互感器表示在额定电流时，测量误差最大不超过±0.5%。电流互感器精确度等级越高，测量误差越小，但价格越贵。

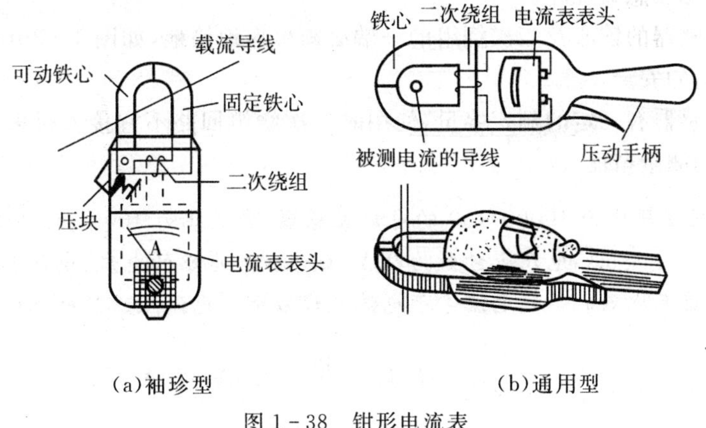

(a)袖珍型　　(b)通用型

图1-38　钳形电流表

2. 电压互感器

在电工测量中用来按比例变换交流电压的仪器称为电压互感器。如图1-39所示。

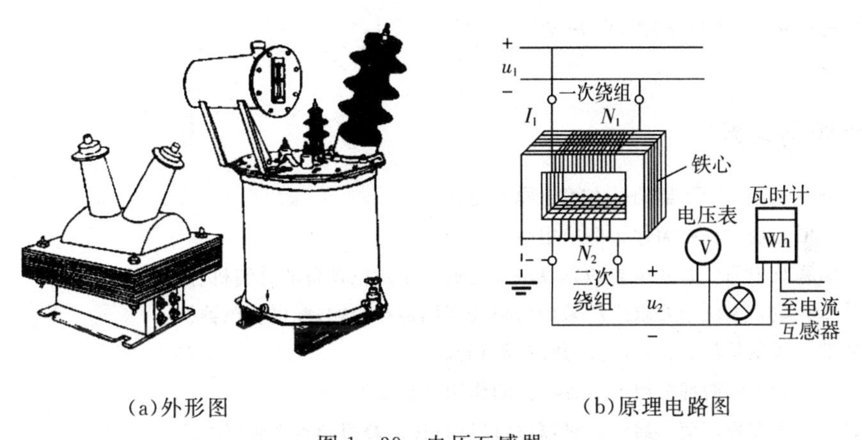

(a)外形图　　(b)原理电路图

图1-39　电压互感器

电压互感器的基本结构形式及工作原理与单相变压器很相似。它的一次绕组（一次线圈）匝数为 N_1，与待测电路并联；二次绕组（二次线圈）匝数为 N_2，与电压表并联。一次电压为 U_1，二次电压为 U_2，因此电压互感器实际上是一台降压变压器，其变压比 K_u 为

$$K_u=\frac{U_1}{U_2}=\frac{N_1}{N_2} \tag{1-37}$$

式中，K_u 常标在电压互感器的铭牌上，只要读出二次电压表的读数，一次电路的电压即可由式(1-37)得出。一般二次电压表均用量程为100V的仪表。只要改变接入的电压互感器的变压比，就可测量高低不同的电压。在实际应用中，与电压互感器配套使用的电压表已换算成一次电压，其标度尺即按一次电压分度，这样可以直接读数，不必再进行换算。例如按100V制造但与额定电压比10000/100V的电压互感器配套使用的电压表，其标度尺即按

10000V分度。

使用电压互感器时必须注意以下事项：

(1)电压互感器的二次绕组在使用时绝不允许短路。如二次绕组短路，将产生很大的短路电流，导致电压互感器烧坏。

(2)电压互感器的铁心及二次绕组的一端必须可靠地接地，如图1-39(b)所示，以保证工作人员及设备的安全。

(3)电压互感器有一定的额定容量，使用时二次绕组回路不宜接入过多的仪表，以免影响电压互感器的测量精度。

例1-7 用变压比为10000/100的电压互感器，变流比为100/5的电流互感器扩大量程，其电流表读数为3.5A，电压表读数为96V，试求被测电路的电流、电压各为多少？

解：因为电流互感器的负载电流等于电流表读数乘上电流互感器电流比，即

$$I_1=\frac{N_2}{N_1}I_2=K_iI_2=\frac{100}{5}\times3.5\text{A}=70\text{A}$$

而电压互感器所测电压等于电压表读数乘上电压比，即

$$U_1=\frac{N_2}{N_1}U_2=K_uU_2=\frac{10000}{100}\times96\text{V}=9600\text{V}$$

被测电路的电流为70A，电压为9600V。

思考题与习题

1. 什么叫变压器？变压器的基本工作原理是什么？
2. 在电能的输送过程中为什么都采用高电压输送？
3. 在电力系统中为什么变压器的总容量要远远大于发电设备的总装机容量？
4. 为什么在电力系统中要求广泛采用低损耗变压器作为输、配电变压器？
5. 变压器的作用是什么？它可分为哪些类别？
6. 单相变压器由哪两部分组成？各部分的作用是什么？
7. 为什么工人在叠装变压器铁心时，总是设法将接缝叠得越整齐越好？
8. 从铁心结构上看，为什么用卷制铁心，其性能是否优于叠片铁心？
9. 如在变压器的一次绕组上加额定电压值的直流电压，将产生什么后果？为什么？
10. 不用变压器来改变交流电压，而用一个滑线电阻来变压，问：(1)能否变压？(2)在实际中是否可行？
11. 额定电压220/36V的单相变压器，如果不慎将低压端接到220V的电源上，问将产生什么后果？
12. 某低压照明变压器$U_1=380\text{V}$，$I_1=0.263\text{A}$，$N_1=1\,010$匝，$N_2=103$匝，求二次绕组对应的输出电压U_2及输出电流I_2。该变压器能否给一个60W且电压相当的低压照明灯供电？
13. 有一台单相照明变压器，容量为2kV·A，电压为380/36V，现在低压侧接上$U=36\text{V}$，$P=40\text{W}$的白炽灯，使变压器在额定状态下工作，问能接多少盏？此时的I_1及I_2各为多少？
14. 某晶体管扩音机的输出阻抗为250Ω(即要求负载阻抗为250Ω时能输出最大功率)，接负载为8Ω的扬声器，求线间变压器变比。
15. 什么叫变压器的空载试验？进行空载试验的目的是什么？
16. 什么叫变压器的短路试验？进行短路试验的目的是什么？

17. 什么叫变压器的外特性？一般希望电力变压器的外特性曲线呈什么形状？

18. 什么叫变压器的电压变化率？电力变压器的电压变化率应控制在什么范围内为好？

19. 三相电力变压器的电压变化率 $\Delta U\% = 5\%$，要求该变压器在额定负载下输出的相电压为 $V=220V$，求该变压器二次绕组的额定相电压 U_{2N}。

20. 变压器在运行中有哪些基本损耗？它们各与什么因素有关？

21. 一台单相变压器 $S_N = 50kV \cdot A$，$U_1 = 10kV$，$U_2 = 0.4kV$，不计损耗，求 I_1 及 I_2。若该变压器的实际效率为98%，在 U_1 及 U_2 保持不变的情况下，实际的 I_1 将比前面计算得到的数值大还是小？为什么？

22. 一台三相变压器 $SN = 300kV \cdot A$，$U_1 = 10kV$，$U_2 = 0.4kV$，Y，yn 联结，求 I_1 及 I_2。

23. 一台单相变压器 $SN = 10kV \cdot A$，$U_1 = 10kV$，$U_2 = 0.23kV$，当变压器在额定负载下运行时，测得低压侧电压为 $U_2' = 220V$，求 I_1、I_2 及电压变化率 $\Delta U\%$。

24. 什么叫变压器的同极性端？如何判定变压器的同极性端？

25. 什么叫三相变压器的联结组？常用的联结组有哪几种？

26. 什么叫变压器的并联运行？研究并联运行有什么实用意义？

27. 变压器并联运行必须满足哪些条件？

28. 自耦变压器的结构特点是什么？自耦变压器的优点有哪些？

29. 使用自耦变压器的注意事项有哪些？

30. 电流互感器的作用是什么？能否在直流电路中使用？为什么？

31. 使用电流互感器进行测量时应注意哪些事项？

32. 电压互感器的作用是什么？能否在测量直流电压时使用？为什么？

33. 使用电压互感器进行测量时应注意哪些事项？

第 2 章 异步电动机

内容提要与学习要求：

本章具体介绍了三相异步电动机的工作原理及基本结构，同时通过对三相异步电动机机械特性的分析，重点讲解了异步电动机工作在各种运行状态(包括起动、调速、正反转及制动)下的运行性能及实现方法。同时，介绍了单相异步电动机的结构及运行特点。掌握三相异步电动机的工作原理，了解三相异步电动机的基本结构。重点掌握三相异步电动机工作在各种状态下的运行性能及实现方法，同时了解单相异步电动机的结构及运行特点。

异步电动机和其他电机相比较，具有结构简单、容易制造、价格低廉、运行可靠、坚固耐用、运行效率较高和适用性强的工作特征，因此应用广泛。同时异步电动机也具有以下缺点：功率因数较差；运行时，必须从电网里吸收落后性的无功功率，它的功率因数总是小于1。

异步电动机的种类很多，从不同角度看，有不同的分类法：

(1)按定子相数分：有单相异步电动机；两相异步电动机；三相异步电动机。

(2)按转子结构分：有绕线式异步电动机；鼠笼式异步电动机。

此外，根据电机定子绕组上所加电压的大小，又有高压异步电动机、低压异步电动机之分。从其他角度看，还有高起动转矩异步电动机、高转差率异步电动机、高转速异步电动机等等。

2.1 三相异步电动机的结构和工作原理

2.1.1 三相异步电动机的结构

三相异步电动机是由静止的定子与转动的转子两大部分组成。异步电动机的定、转子之间为气隙，比其他类型电机的气隙要小，一般为0.25～2.0mm，气隙的大小对其性能的影响很大。

1. 定子部分

(1)定子铁心：是电动机磁路的一部分，装在机座里。为了降低定子铁心里的铁损耗，定子铁心用0.5mm厚的硅钢片叠压而成，在硅钢片的两面还应涂上绝缘漆。

(2)定子绕组：大、中型容量的高压异步电动机定子绕组常采用Y接，只有三根引出线，如图2-1(a)所示。对中、小容量的低压异步电动机，通常把定子三相绕组的六根出线头都引出来，根据需要可接成Y形或△形，如图2-1(b)所示。定子绕组用绝缘的铜(或铝)导线绕成，嵌在定子槽内。

(3)机座：主要是为了固定与支撑定子铁心。如果是端盖轴承电机，还要支撑电机的转子部分。因此，机座应有足够的机械强度和刚度。对中、小型异步电动机，通常用铸铁机座；对大型电机，一般采用钢板焊接的机座，整个机座和座式轴承都固定在同一个底板上。根据电动机的防护方式、冷却方式和安装方式的不同，机座的形式也不同。

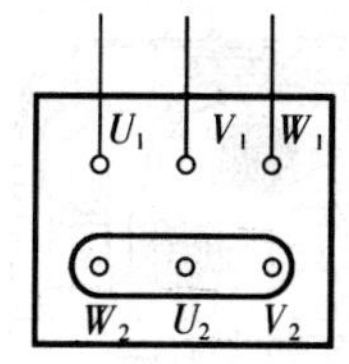

(a)Y型接法

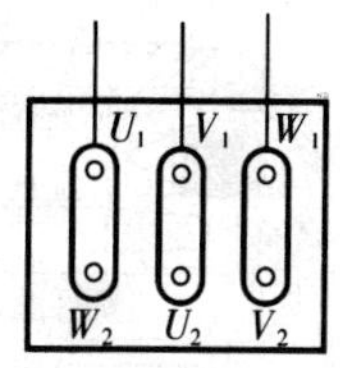

(b)△型接法

图2-1 三相异步电动机定子绕组接线图

2. 转子部分

(1)转子铁心：作用与定子铁心相同，一方面作为电动机磁路的一部分，另一方面用来安放转子绕组。转子铁心也是用0.5mm厚的硅钢片叠压而成，固定在转轴或转子支架上。

(2)转子绕组:分为笼型和绕线型两类。

① 笼型转子:笼型绕组是一个自己短路的绕组。在转子的每个槽里放上一根导体,在铁心的两端用端环连接起来,形成一个短路的绕组。如果把转子铁心去掉,则可看出,剩下来的绕组形状像个松鼠笼子,如图 2-2(a)所示,因此又称为鼠笼转子。导条的材料有铜的,也有铝的。如果用的是铜料,就需要把事先做好的裸铜条插入转子铁心上的槽里,再用铜端环套在伸了两端的铜条上,最后焊在一起,如图 2-2(b)所示。如果用的是铸铝,就连同端环、风扇一次铸成,如图 2-2(c)所示。笼型转子结构简单、制造方便,是一种经济、耐用的电机,所以应用极广。

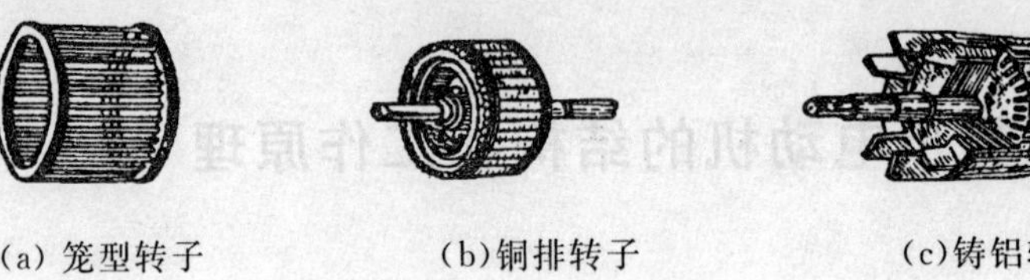

(a) 笼型转子　　(b)铜排转子　　(c)铸铝转子

图 2-2　笼型转子绕组

② 绕线型转子:绕线型转子的槽内嵌放有用绝缘导线组成的三相绕组,一般都联结成 Y 形。转子绕组的三条引线分别接到三个滑环上,用一套电刷装置引出来,如图 2-3 所示。这就可以把外接电阻串联到转子绕组回路里去,以改善电动机的起动性能或调节电动机的转速。

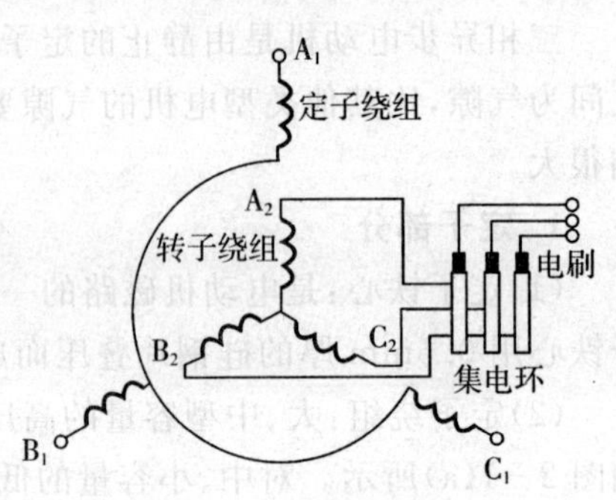

图 2-3　绕线型转子

与笼型转子相比较,绕线型转子结构稍复杂,价格稍贵,因此只在要求起动电流小,起动转矩大,或需平滑调速的场合使用。

3. 其他部分

包括端盖、风扇等。端盖除了起防护作用外,在端盖上还装有轴承,用以支撑转子轴。风扇则用来通风冷却电动机。

图 2-4、图 2-5 分别表示笼型异步电动机和绕线转子异步电动机的结构图。

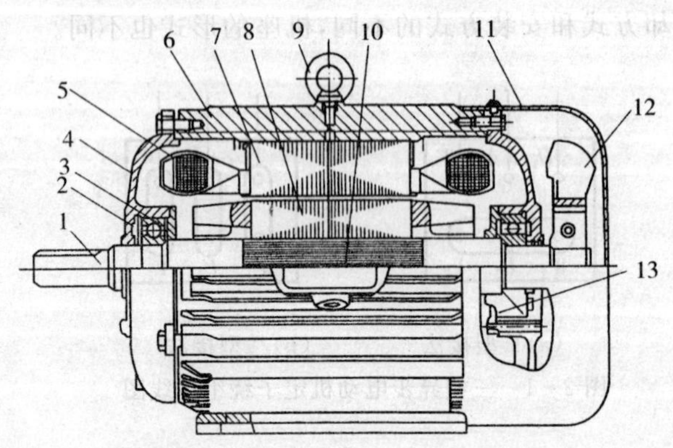

图 2-4　笼型异步电动机的结构图

1—轴　2—弹簧片　3—轴承　4—定子绕组　5—端盖　6—机座
7—转子铁心　8—定子铁心　9—吊环　10—出线盒　11—风罩　12—风扇　13—轴承内盖

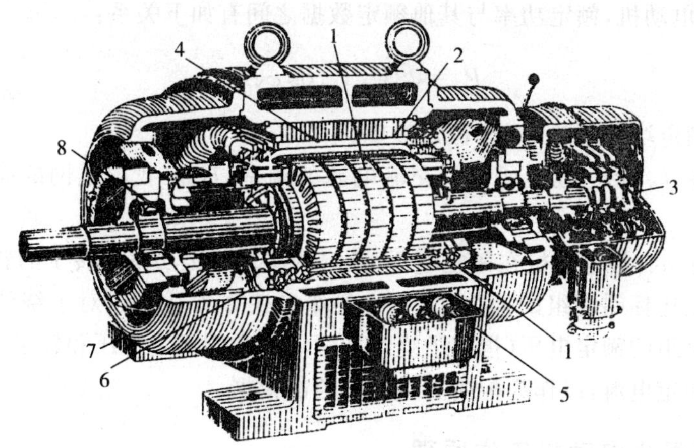

图 2-5 绕线转子异步电动机的结构图

1—转子 2—定子 3—集电环 4—定子绕组
5—出线盒 6—转子绕组 7—端盖 8—轴承

2.1.2 三相异步电动机的铭牌

每一台三相异步电动机,在其机座上都有一块铭牌,铭牌上标注有型号、额定值等,如图 2-6 所示。

三相异步电动机		
型号 Y112M-2	功率 4kW	频率 50Hz
电压 380V	电流 8.2A	接法 △
转速 2890 r/min	绝缘等级 B	工作方式 连接
××年××月	编号××××	××电机厂

图 2-6 三相异步电动机的铭牌

1. 型号

异步电动机型号的表示方法与其他电动机一样,一般由大写字母和数字组成,可以表示电动机的种类、规格和用途等。

例如,Y112M-2 的"Y"为产品代号,代表 Y 系列异步电动机;"112"代表机座中心高为 112mm;"M"为机座长度代号(S、M、L 分别表示短、中、长机座);"2"代表磁极数为 2,即两个磁极。

2. 额定值

额定值规定了电动机正常运行的状态和条件,它是选用、安装和维修电动机的依据。异步电动机铭牌上标注的额定值主要有:

(1)额定功率 P_N:指电动机额定运行时轴上输出的机械功率,kW。

(2)额定电压 U_N:指电动机额定运行时加在定子绕组出线端的线电压,V。

(3)额定电流 I_N:指电动机在额定电压下使用轴上输出额定功率时,定子绕组中的线电流,A。

对三相异步电动机，额定功率与其他额定数据之间有如下关系：

$$P_N=\sqrt{3}U_N I_N \cos\varphi_N \eta_N \tag{2-1}$$

式中，$\cos\varphi_N$ 为额定功率因数；η_N 为额定效率。

(4)额定频率 f_N：指电动机所接的交流电源的频率，Hz。我国电网的频率(即工频)规定为 50Hz；

(5)额定转速 n_N：指电动机在额定电压、额定频率及额定功率下转子的转速，r/min。

此外，铭牌上还标明绕组的连接法、绝缘等级及工作方式等。对于绕线转子异步电动机，还标明转子绕组的额定电压(指定子绕组加额定频率的额定电压和转子绕组开路时集电环间的电压)和额定电流，以作为配用起动变阻器的依据。

2.1.3 相异步电动机工作原理

1. 三相交流电动机的旋转磁场

三相异步电动机转子能旋转、实现能量转换，是因为转子气隙内有一个旋转磁场。

旋转磁场就是一种极性和大小不变且以一定转速旋转的磁场。根据磁场理论可知，对称三相绕组流过对称三相电流就会产生一种圆形旋转磁场。假设三相绕组中每相绕组仅由一个线圈组成，如图 2-7 所示。A-X、B-Y、C-Z 三个线圈彼此相隔 120°，分布在定子铁心内圆的圆周上，构成对称三相绕组。这个对称三相绕组在空间的位移是 B 相从 A 相后移 120°，C 相从 B 相后移 120°。当对称三相绕组接上对称三相电源后，则在该绕组中通过对称三相交流电流。每相电流的瞬时表达式为：

$$i_A=I_m\cos\omega t,\quad i_B=I_m\cos(\omega t-120°),\quad i_C=I_m\cos(\omega t+120°)$$

为了便于了解对称三相电流产生的合成磁效应，我们可以通过几个特定的瞬间来分析。为此，选择 $\omega t=0°(t=0)$、$\omega t=120°(t=T/3)$、$\omega t=240°(t=2T/3)$、$\omega t=360°(t=T)$四个特定瞬间。并规定：电流为正值时，从每相线圈的首端(A、B、C)流出，由线圈的末端(X、Y、Z)流入；电流为负值时，从每相线圈的末端流出，首端流入。用符号⊙表示电流流出，⊗表示电流流入。先看 $\omega t=0$ 这个瞬间，当 $\omega t=0$ 时，$i_A=I_m$，$i_B=i_c=-I_m/2$，将各相电流方向表示在各相线圈剖面图上，A 相电流为正值，从 A 流出，由 X 流入，而 B、C 两相电流为负值，由 B、C 流入，从 Y、Z 流出，如图 2-7(a)所示。从图中看出，Y、A、Z 三个线圈边中电流都从图面流出，且 Y、Z 边中的电流数值相等。根据右手螺旋定则，可知该三个线圈中电流产生的合成磁场磁力线分布必以 A 边为中心，左右反向对称，磁力线通过转子时，其方向为从下向上。同理，可决定 B、X、C 三个线圈边中，电流产生的合成磁场磁力线分布。整个磁场的磁力线分布左右对称。因此，从磁力线的图像上看，和一对磁极产生的常常一样。用同样方法可以画出 $\omega t=120°$、$\omega t=240°$、$\omega t=360°$这三个特定瞬间的电流方向与磁力线分布情况，分别如图 2-7(b)、(c)、(d)所示。从瞬间 $\omega t=0°$到 $\omega t=120°$、$\omega t=240°$、$\omega t=360°$的瞬间，三相电流相应的变化，三相电流合成磁场在空间相应转过 120°、240°、360°。旋转的方向是从 A 相转向 B 相，再转向 C 相，即 A→B→C 顺序旋转(图中为逆时针方向)。由此可证实，当对称三相电流通入对称三相绕组时，必然会产生一个大小不变、转速一定的旋转磁场。

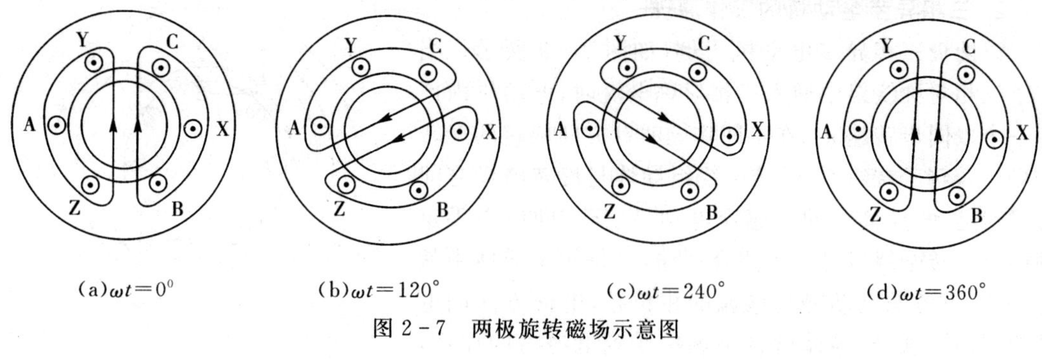

(a)$\omega t=0^{0}$　　(b)$\omega t=120^{\circ}$　　(c)$\omega t=240^{\circ}$　　(d)$\omega t=360^{\circ}$

图 2-7　两极旋转磁场示意图

$i_A=i_m$	$i_B=i_m$	$i_C=i_m$	$i_A=i_m$
$i_B=i_C=-\frac{1}{2}i_m$	$i_C=i_A=-\frac{1}{2}i_m$	$i_A=i_B=-\frac{1}{2}i_m$	$i_B=i_C=-\frac{1}{2}i_m$

由图 2-7 可知，当三相电流随时间变化经过一个周期 T，旋转磁场在空间相应地转过 360°，即电流变化一次，旋转磁场转过一周。三相交流电的频率为 f_1，因此，电流每秒钟变化 f_1（即频率）次，则旋转磁场每秒钟转过 f_1 转。由此可知，旋转磁场为一对磁极情况下，其转速 n_1 与交流电频率的关系 f_1 为

$$n_1=f_1 \tag{2-2}$$

如果把三相绕组排列成如图 2-8 所示。A、B、C 三相绕组每相分别由两个 A-X、A′-X′，B-Y、B′-Y′，C-Z、C′-Z′，串联组成。每个线圈的跨距为 1/4 圆周，用同样方法决定三相电流所建立的磁场仍然是旋转磁场。不过磁场的极数变为 4 个，即具有两对磁极。并且当电流变化一次，旋转磁场仅转过 1/2 周。如果将绕组按一定规律排列，可得到 3 对、4 对或一般说 p 对磁极的旋转磁场。用同样方法去考察旋转磁场的转速 n_1 与磁场极对数 p 的关系，可看出它们之间是一种反比例关系，即具有 p 对磁极的旋转磁场，电流变化一次，磁场转过 $1/p$ 转。由于交流电源每秒钟变化 f_1 次，所以极对为 p 的旋转磁场的速度 n_1（r/min）为

$$n_1=\frac{60f}{p} \tag{2-3}$$

用 n_1 表示旋转磁场的这种转速，称之为同步转速。

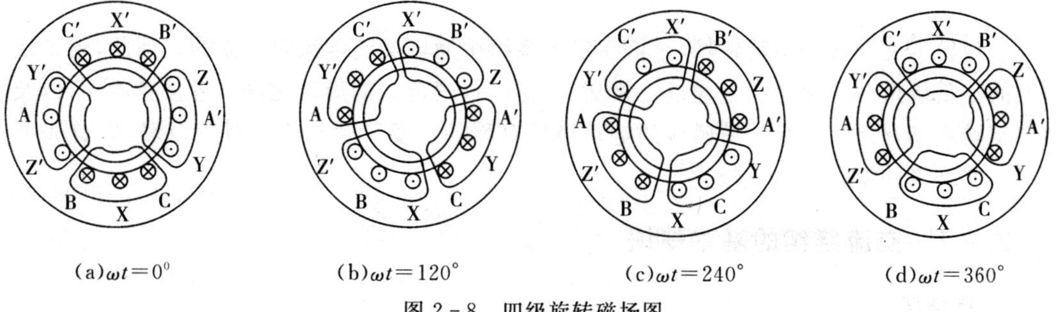

(a)$\omega t=0^{\circ}$　　(b)$\omega t=120^{\circ}$　　(c)$\omega t=240^{\circ}$　　(d)$\omega t=360^{\circ}$

图 2-8　四级旋转磁场图

2. 三相异步电动机的工作原理

以两极三相异步电动机为例，如图 2-9 所示。当定子三相对称绕组中通入三相对称电流时，电动机内产生一个以同步转速 n_1、在空间作顺时针方向旋转的旋转磁场。若转子绕组不动，转子绕组导体与旋转磁场之间有相对运动，导体中便有感应电动势，其方向由右手定则确定。转子绕组是一个闭合回路，于是转子导体中就有电流，不考虑电动势与电流的相位差，电流方向同电动势方向。这样，导体就在磁场中受到电磁力的作用，其方向可用左手定则确定。由此电磁力产生电磁转矩 T，由图 2-9 中看出，电磁转矩方向与旋转磁场的方向一致，在电磁转矩的作用下，异步电动机的转子便沿着旋转磁场的方向以转速 n 旋转。如果此时电动机带动生产机械，则转子上受到的电磁转矩将克服负载转矩而做功，从而实现了电能与机械能之间的能量转换。

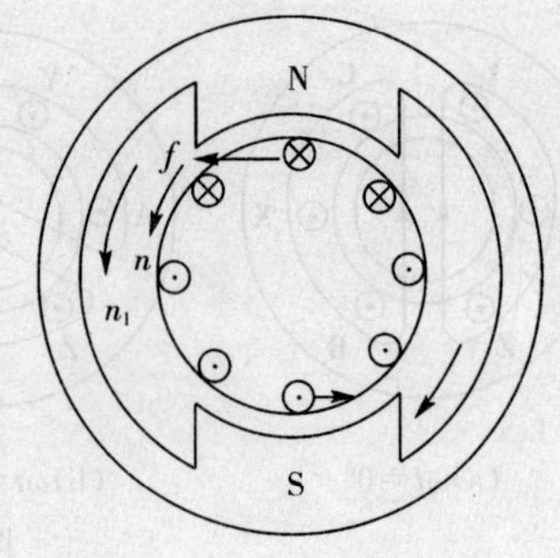

图 2-9 异步电动机的工作原理示意图

只有当转子转速 n 低于旋转磁场转速 n_1，即 $n<n_1$ 时，转子导体与旋转磁场之间才有相对运动，转子导体才会感应出电动势和电流，产生电磁力和电磁转矩，使电动机转子继续旋转。由此可见，$n\neq n_1$ 且 $n<n_1$，是异步电动机工作的必要条件，“异步”的名称也由此而来。

3. 转差率

旋转磁场转速 n_1 与转子转速 n 之比为异步电动机的转差率 s，即

$$s=\frac{n_1-n}{n_1} \tag{2-4}$$

转差率是异步电动机的一个基本参数，对分析和计算异步电动机的运行状态及其机械特性，有着重要的意义。当异步电动机处于电动状态运行时，电磁转矩 T 和转速 n 同向。转子尚未转动时，$n=0$、$s=(n_1-0)/n_1=1$；当 $n=n_1$ 时，$s=(n_1-n_1)/n_1=0$，可知异步电动机处于电动状态，转差率的变化范围总在 0 与 1 之间，即$(0<s<1)$。一般运行情况下，额定运行时 $s_N=1\%\sim5\%$。

2.2 三相异步电动机定子绕组

三相异步电动机的旋转磁场，是依靠定子绕组中通以交流电流来建立的。因此，定子绕组上的三相绕组必须保证当它通以三相交流电流后，其建立的旋转磁场接近正弦波形，以及由该旋转磁场在绕组本身中所感应的电动势是对称的。要了解绕组的排列及联结，首先要了解一些绕组的基本知识及分类。

2.2.1 交流绕组的基本知识

1. 电角度

电机圆周在几何上分成 360°，这个角度称为机械角度。从电磁学观点来看，若磁场在空间按正弦波分布，则经过 N、S 一对磁极恰好相当于正弦曲线的一个周期。如有导体去切

割这种磁场，经过 N、S 一对磁极，导体中所感应产生的正弦电动势的变化亦为一个周期，变化一个周期即经过 360°电角度，因而一对磁极占有的空间是 360°电角度。若电机有 p 对磁极，电机圆周按电角度计算就为 $p\times360°$，而机械角度总是 360°，因此

$$电角度=p\times机械角度 \tag{2-5}$$

2. 线圈

组成交流绕组的单元是线圈。它有两个引出线，一个叫首端，另一个叫末端。在简化实际线圈的描述时，可用一匝线圈来等效多匝线圈，使绕组展开图的描述简单一些，如图 2-10 所示。

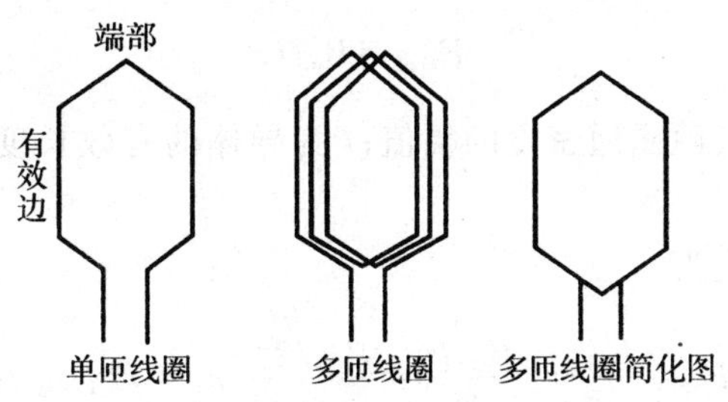

图 2-10　交流绕组线圈示意图

3. 节距 y

一个线圈的两个边跨定子圆周上的距离称为节距，用 Y 表示。一般用槽数表示，节距应接近一个极距 τ。$y=\tau$ 的绕组称为整距绕组，$y<\tau$ 的绕组称为短距绕组，$y>\tau$ 的绕组称为长距绕组。常用的是整距绕组和短距绕组。

4. 槽距角 α

相邻两槽轴线之间的电角度叫槽距角 α。由于定子槽在定子内圆周上是均匀分布的，则

$$\alpha=\frac{360°p}{Q} \tag{2-6}$$

其中，Q 为槽数；p 为极数。

5. 每极每相槽数 q

每一个极下每相绕组所占有的槽数，称为每极每相槽数。

$$q=\frac{Q}{2pm} \tag{2-7}$$

式中 m 为定子绕组的相数。

6. 极距 τ

两相邻磁极轴线之间的距离称为极距。一般用槽数表示，也可以用长度或电角度表示。

$$\tau=\frac{Q}{2p} \tag{2-8}$$

2.2.2 绕组的感应电动势

如果在电动机中有一个旋转的气隙磁场，极数 $2p=2$，转速为 n_1，则此旋转磁场必然会在定子绕组中产生感应电动势。在分析绕组的感应电动势时，首先讨论定子绕组一个线圈的感应电动势，进而讨论一个线圈组和一个相绕组的感应电动势。分析中，假定磁场在空间为正弦分布，幅值不变。

1. **导体电动势**

当磁场在空间中为正弦分布并以恒定的转速 n_1 旋转时，导体感应的电动势亦为一正弦波，其最大值为

$$E_{\mathrm{c1m}}=B_{\mathrm{m1}}lv \tag{2-9}$$

式中，B_{m1} 为正弦分布的气隙磁通密度的幅值；l 为导体的有效长度；v 为导体与旋转磁场的相对速度。

导体电动势的有效值为

$$E_{\mathrm{c1}}=\frac{E_{\mathrm{c1m}}}{\sqrt{2}}=\frac{B_{\mathrm{m1}}lv}{\sqrt{2}}=\frac{B_{\mathrm{m1}}l}{\sqrt{2}}\frac{2p\tau}{60}n_1=\sqrt{2}fB_{\mathrm{m1}}l\tau \tag{2-10}$$

式中，τ 为极距；f 为电动势频率。

因为磁通密度作正弦分布，所以每极磁通量 $\varphi_1=\frac{2}{\pi}B_{\mathrm{m1}}l\tau$，即

$$B_{\mathrm{m1}}=\frac{\pi}{2}\varphi_1\frac{1}{l\tau} \tag{2-11}$$

代入式(2-10)，得

$$E_{\mathrm{c1}}=\frac{\pi}{\sqrt{2}}f\varphi_1=2.22f\varphi_1 \tag{2-12}$$

若取磁通 φ_1 的单位为 Wb，频率的单位为 Hz 时，电动势 E_{c1} 的单位为 V。

2. **整距线圈的电动势**

设线圈的匝数为 N_{c}，每匝线圈都有两个有效边。对于整距线圈，如果一个有效边在 N 极中心的下面，则另一个有效边就刚好处在 S 极中心的下面，此时两有效边内的电动势瞬时值大小相等而方向相反。但就一个线匝来说，两个电动势正好相加。若把每个有效边的电动势的正方向都规定为从上向下，如图 2-11(a)所示，则用相量表示时，两有效边的电动势 $\dot{E}_{\mathrm{c1}}$ 和 $\dot{E}'_{\mathrm{c1}}$ 的方向正好相反，如图 2-11(b)所示，即它们的相位差为 180°，此时每个线匝的电动势为

$$\dot{E}_{\mathrm{t1}}=\dot{E}_{\mathrm{c1}}-\dot{E}'_{\mathrm{c1}}=2\dot{E}_{\mathrm{c1}} \tag{2-13}$$

有效值为

$$E_{\mathrm{t1}}=2E_{\mathrm{c1}}=4.44f\varphi_1 \tag{2-14}$$

在一个线圈内，每一匝电动势在大小和相位上都是相同的，所以整距线圈的电动势为

$$\dot{E}_{\mathrm{y1}}=N_{\mathrm{c}}\dot{E}_{\mathrm{t1}} \tag{2-15}$$

有效值为　　$E_{y1}=4.44fN_c\varphi_1$　　(2-16)

3. 短距线圈的电动势

对于短距线圈，其节距 $y<\tau$，如图 2-11(a)中虚线所示，则电动势 $\dot{E}_{c1}$ 和 $\dot{E}'_{c1}$ 相位差不是 180°而是相差 γ 角度，γ 是线圈节距 y 所对应的电角度。

$$\gamma=\frac{y}{\tau}\times 180^\circ \tag{2-17}$$

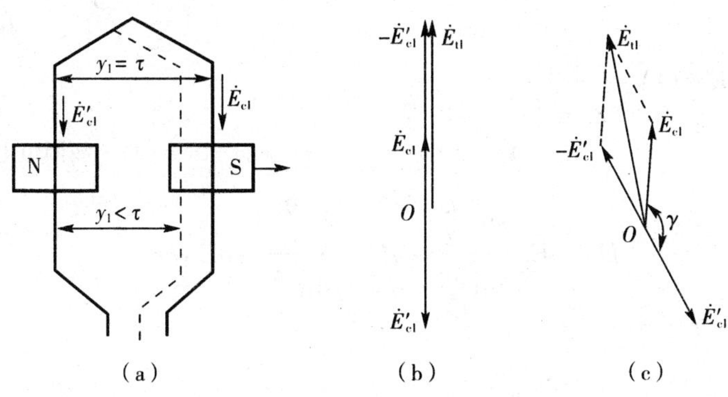

图 2-11　匝电动势计算

图 2-11(c)为电动势矢量图，$\dot{E}_{c1}$ 领先 $\dot{E}'_{c1}$，因此匝电动势为

$$\dot{E}_{t1(y<\tau)}=\dot{E}_{c1}-\dot{E}'_{c1}=\dot{E}_{c1}+(-\dot{E}'_{c1}) \tag{2-18}$$

有效值　$E_{t1(y<\tau)}=2E_{c1}\cos\frac{180^\circ-\gamma}{2}=2E_{c1}\sin\frac{\gamma}{2}=2E_{c1}k_{y1}$　　(2-19)

式中，k_{y1} 为短距系数，　　$k_{y1}=\sin\frac{\gamma}{2}$　　(2-20)

这样便可以得出短距线圈的电动势

$$E_{y1(y<\tau)}=4.44fN_c\varphi_1 k_{y1} \tag{2-21}$$

由此可见

$$k_{y1}=\frac{E_{y1(y<\tau)}}{4.44fN_c\varphi_1}=\frac{E_{y1(y<\tau)}}{E_{y1(y=\tau)}} \tag{2-22}$$

4. 线圈组电动势

电动机每相绕组总是由若干个线圈组成，每个线圈组又由 q 个线圈串联而成，每个线圈的电动势大小相等，但相位依次相差一个槽距角 α。这里必须说明一点，对于单层绕组，构成线圈组的各个线圈的电动势大小可能不相等，相位差也不等于槽距角 α，但在电气性能上，一个单层绕组都相当于一个等元件的整距绕组。所以线圈组电动势 $\dot{E}_{q1}$ 应为 q 个线圈电动势的相量和。即

$$\dot{E}_{q1}=E_{y1}\angle 0^\circ+E_{y1}\angle\alpha+E_{y1}\angle 2\alpha+\cdots+E_{y1}\angle(q-1)\alpha \tag{2-23}$$

由于这 q 个向量大小相等，又依次位移 α 角，所以它们依次相加便构成了一个正多边形的一部分，如图 2-12 所示（图中以 $q=3$ 为例）。图中 O 为正多边形外接圆的圆心，$\overline{OA}=\overline{OB}=R$ 为外接圆的半径，于是便可求得线圈组电动势 E_{q1} 为

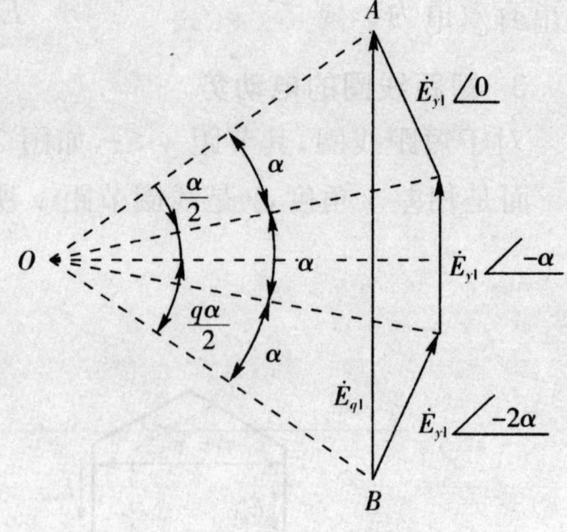

图 2-12　线圈组电动势计算

$$E_{q1}=\overline{AB}=2R\sin\frac{q\alpha}{2}$$

而
$$R=\overline{OA}=\frac{E_{y1}}{2\sin\frac{\alpha}{2}}$$

所以
$$E_{q1}=E_{y1}\frac{\sin\frac{q\alpha}{2}}{\sin\frac{\alpha}{2}}=qE_{y1}\frac{\sin\frac{q\alpha}{2}}{q\sin\frac{\alpha}{2}}=qE_{y1}k_{q1} \tag{2-24}$$

式中，k_{q1} 为分布系数，$k_{q1}=\dfrac{\sin\frac{q\alpha}{2}}{q\sin\frac{\alpha}{2}}$

由式(2-24)得

$$k_{q1}=\frac{E_{q1}}{qE_{y1}}=\frac{q\text{ 个线圈分布后的合成电动势}}{q\text{ 个线圈集中时的合成电动势}}$$

将式(2-21)代入式(2-24)，得

$$E_{q1}=4.44qN_{c}k_{y1}k_{q1}f\varphi_{1}=4.44fqN_{c}k_{N1} \tag{2-25}$$

式中，k_{N1} 为绕组系数，$k_{N1}=k_{y1}k_{q1}$。

5. 相电动势

每相绕组的相电动势等于每一条并联支路的电动势。每条支路所串联的几个线圈组的电动势大小相等，相位相同，可以直接相加。

对于双层绕组，每条支路由 $\frac{2p}{a}$ 个线圈串联而成。

对于单层绕组，每条支路由 $\frac{p}{a}$ 个线圈串联而成。

所以每相绕组电动势为

双层绕组
$$E_{\varphi1}=4.44fqN_{c}\frac{2p}{a}\varphi_{1}k_{N1} \tag{2-26(a)}$$

单层绕组
$$E_{\varphi1}=4.44fqN_{c}\frac{p}{a}\varphi_{1}k_{N1} \tag{2-26(b)}$$

式中，$\frac{2p}{a}qN_{c}$ 和 $\frac{p}{a}qN_{c}$ 分别表示双层绕组和单层绕组每条支路的串联匝数 N，这样就可以

写出绕组电动势的一般公式

$$E_{\varphi1}=4.44fN_{\varphi1}k_{N1} \quad (2-27)$$

2.3 三相异步电动机的运行原理与工作特性

2.3.1 三相异步电动机的空载运行

三相异步电动机的定、转子电路之间没有直接的电联系，它们之间的联系是通过电磁关系而实现的，这一点和变压器完全相似。三相异步电动机的定子绕组相当于变压器的一次绕组，转子绕组相当于变压器的二次绕组，因此对三相异步电动机的运行分析，可以仿照变压器的方式进行。

1. 电磁关系

当三相异步电动机的定子绕组接到对称三相电源时，定子绕组中就通过对称三相交流电流 $\dot{I}_{1A}$、$\dot{I}_{1B}$、$\dot{I}_{1C}$（下标"1"表示定子；"2"表示转子），若不计谐波磁动势和齿槽的影响，这个对称三相交流电流将在气隙内形成按正弦规律分布，并以同步转速旋转的磁动势 F_1。由转速旋转磁动势建立气隙主磁场 B_m。这个旋转磁场切割定、转子绕组，分别在定、转子绕组内感应出对称定子电动势 $\dot{E}_{1A}$、$\dot{E}_{1B}$、$\dot{E}_{1C}$，转子绕组亦为三相时，转子电动势为 $\dot{E}_{2a}$、$\dot{E}_{2b}$、$\dot{E}_{2c}$。若转子绕组闭合，转子绕组内有对称三相电流 $\dot{I}_{2a}$、$\dot{I}_{2b}$、$\dot{I}_{2c}$通过，于是在气隙磁场和转子电流作用下产生了电磁转矩，使转子顺旋转磁场方向转动。由于空载运行时，电动机的电磁转矩仅需克服机械摩擦、风阻引起的空载阻转矩 T_0（很小），因此转子转速 n 接近同步转速 n_1，转差率 s 很小，即转子和旋转磁场之间的相对转速很小，可以认为旋转磁场不切割转子绕组，则 $\dot{E}_{2s}\approx0$（下标"s"表示转子电动势的频率与定子电动势的频率不同），$\dot{I}_2\approx0$。由此可见，异步电动机空载运行时，定子上的三相基波合成磁动势 F_1 即为空载磁动势 F_{10}，则建立气隙磁场 B_m 的励磁磁动势 F_{m0}就是 F_{10}，即 $F_{m0}=F_{10}$，产生的磁通为 Φ_{m0}。异步电动机空载运行时的这种电磁关系可用图 2-13 来表明。

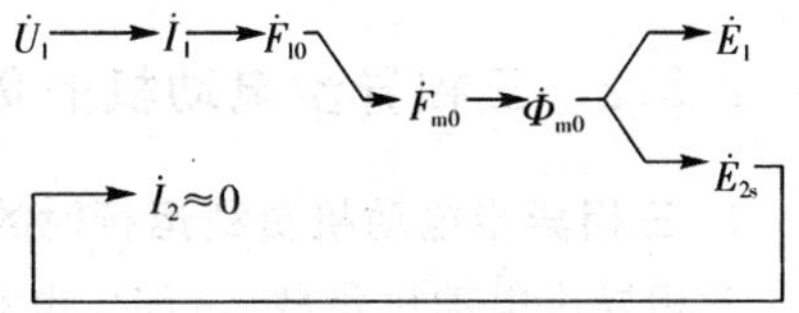

图 2-13 异步电动机空载运行时的电磁关系

励磁磁动势产生的磁通绝大部分同时与定、转子绕组交链，这部分称为主磁通，用 Φ_m 表示，主磁通参与能量转换，在电动机中产生有用的电磁转矩。主磁通的磁路由定、转子铁心和气隙组成，它受饱和的影响，为非线性磁路。此外还有一小部分磁通仅与定子绕组交链，称为定子漏磁通。漏磁通不参与能量转换，并且主要通过空气闭合，受磁路饱和的影响较小，在一定条件下漏磁通的磁路可以看做是线性磁路。

2. 空载时的定子电压平衡关系

设定子绕组上每相所加的端电压为 $\dot{U}_1$，相电流为 $\dot{I}_1$，主磁通 Φ_m 在定子绕组中感应的每相电动势为 $\dot{E}_1$，定子漏磁通在每相绕组中感应的电动势为 $\dot{E}_{1s}$，定子绕组的每相电阻为 r_1，类似于变压器空载时的一次侧，则可以列出电动机空载时每相的定子电压平衡方程式为

$$\dot{U}_1=-\dot{E}_1-\dot{E}_{1s}+\dot{I}_1r_1 \quad (2-28)$$

与变压器的分析方法相似，可写出

$$\dot{E}_1=-\dot{I}_1(r_m+jX_m) \qquad (2-29)$$

式中，$r_m+jX_m=z_m$ 为励磁阻抗。其中，r_m 为励磁电阻，是反映铁耗的等效电阻；X_m 为定子励磁电抗，与主磁通 Φ_m 相对应。

$$E_{1s}=I_1X_1=4.44f_1N_1k_{N1}\Phi_{1s} \qquad (2-30)$$

式中，X_1 为定子漏磁电抗，与漏磁通 Φ_{1s} 相对应；N_1 为定子每相绕组的总匝数。于是电压平衡方程式可以改写为

$$\dot{U}_1=-\dot{E}_1+\dot{I}_1(r_1+jX_1)=-\dot{E}_1+\dot{I}_1z_1 \qquad (2-31)$$

式中，z_1 为定子每相漏阻抗，　$z_1=r_1+jX_1$

因为 $E_1\gg I_1z_1$，可近似地认为

$$\dot{U}_1=-\dot{E}_1 \quad 或 \quad U_1=E_1$$

对于一定的电动机，当频率 f_1 一定时，$U_1\propto\Phi_m$。由此可见，在异步电动机中，若外加电压一定，主磁通 Φ_m 大体上也为一定值，这和变压器的情况一样。

3. 空载时的等效电路

由式(2－28)，即可画出异步电动机空载时的等效电路，如图 2－14 所示。

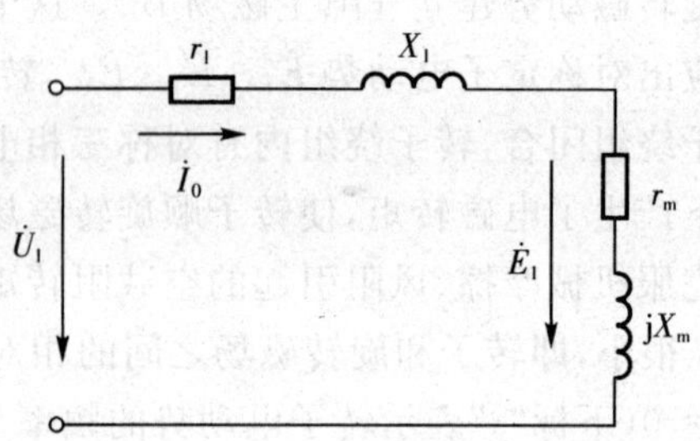

图 2－14　异步电动机空载时的等效电路

上述分析表明，异步电动机空载时的物理现象和电压平衡关系式与变压器十分相似。但是，在变压器中不存在机械损耗，主磁通所经过的磁路气隙也很小，因此变压器的空载电流很小，仅为额定电流的 2%～10%；而异步电动机的空载电流则较大，在小型异步电动机中，甚至可达额定电流的 60%。

2.3.2　三相异步电动机的负载运行

1. 三相异步电动机负载运行时的电磁关系

三相异步电动机负载运行时，电动机将以低于同步转速 n_1 的速度 n 旋转，其转向则仍与气隙旋转磁场的转向相同。因此，气隙磁场与转子的相对转速为 $\Delta n=n_1-n=sn_1$（Δn 也就是气隙旋转磁场切割转子绕组的速度），于是在转子绕组中感应出电动势，产生电流，其频率为

$$f_2=\frac{p\Delta n}{60}=s\frac{pn_1}{60}=sf_1 \qquad (2-32)$$

负载运行时，除了定子电流 $\dot{I}_1$ 产生一个定子磁动势 F_1 外，转子电流 $\dot{I}_2$ 还产生一个转子磁动势 F_2，而总的气隙磁动势则是 F_1 与 F_2 的合成。

在异步电动机中，无论绕线型还是笼型，其转子都是一个对称的多相系统。但是，二者绕组中感应的电流所产生的磁极对数 p_2 与定子的磁极对数 p 始终是相等的，则转子合成

电动势相对转子的旋转速度为 $n_2=\dfrac{60f_2}{p_2}=s\dfrac{60f_1}{p}=sn_1$。若定子旋转磁场的转向为顺时针方向，因为 $n<n_1$，因此感应而形成的转子电动势或电流的相序也必然按顺时针方向排列。由于合成磁动势的转向决定于绕组中电流的相序，所以转子合成磁动势 F_2 的转向与定子磁动势 F_1 的转向相同，也为顺时针方向。于是转子磁动势 F_2 在空间的(即相对于定子)旋转速度为

$$n_2+n=sn_1+n=n_1 \tag{2-33}$$

即等于定子磁动势 F_1 在空间的旋转速度。也就是说，无论异步电动机的转速如何变化，定、转子磁动势总是相对静止的。

(1)磁动势平衡

由于定、转子磁动势在空间相对静止，因此可以合并为一个合成磁动势 F_m，即

$$F_1+F_2=F_m \tag{2-34}$$

式中，F_m 为励磁磁动势，它产生气隙中的旋转磁场。

式(2-34)就称为异步电动机的磁动势平衡方程式。也可以写成

$$F_1=-F_2+F_m \tag{2-35}$$

对上式所代表的物理意义可作如下分析：

定子绕组中的感应电动势 $\dot{E}_1$ 与电源电压 $\dot{U}_1$ 之间相差一个漏阻抗压降。当异步电动机从空载到额定负载范围内运行时，定子漏阻抗压降所占的比重很小，在 $\dot{U}_1$ 不变的情况下，电动势 $\dot{E}_1$ 与主磁通 Φ_m 成正比。当 E_1 值近似不变时，Φ_m 也近似不变，因此励磁磁动势也应不变。由此可见，在转子绕组中通过电流产生磁动势 F_2 的同时，定子绕组中就必然要增加一个电流分量，使这一电流分量产生磁动势 $-F_2$ 抵消转子电流产生的磁动势 F_2，从而保持总磁动势 F_m 近似不变，显然 F_m 等于空载时的定子磁动势 F_{10}。

(2)电动势平衡方程式

负载时，定子电流为 $\dot{I}_1$，根据式(2-31)，可列出负载时定子的电动势平衡方程式

$$\dot{U}_1=-\dot{E}_1+\dot{I}_1(r_1+jX_1)=-\dot{E}_1+\dot{I}_1z_1 \tag{2-36}$$

负载时转子电动势 $\dot{E}_{2s}$ 的频率为 $f_2=sf_1$，大小为

$$E_{2s}=4.44f_2N_2k_{N2}\Phi_m \tag{2-37}$$

式中，N_2 为转子绕组每相的总匝数；k_{N2} 为转子的绕组系数。

转子漏电动势　　$$E_{2ss}=4.44f_2N_2k_{N2}\Phi_{2ss} \tag{2-38}$$

式中，Φ_{2ss} 为转子漏磁通。式(2-38)也可以用转子每相漏电抗 X_{2s} 的形式表示，即

$$E_{2ss}=I_2X_{2s} \tag{2-39}$$

因为异步电动机的转子电路闭合，端电压 $U_2=0$，所以转子的电动势平衡方程式为

$$\dot{E}_{2s}-\dot{I}_2(r_2+jX_{2s})=0$$

即
$$\dot{E}_{2s}-\dot{I}_2 z_2=0 \tag{2-40}$$

式中，r_2 为转子每相电阻，对绕线型转子还应包括外加电阻；z_2 为转子每相漏阻抗。

(3)电磁关系

根据磁动势及电动势平衡方程式可绘出电磁关系，如图 2-15 所示。

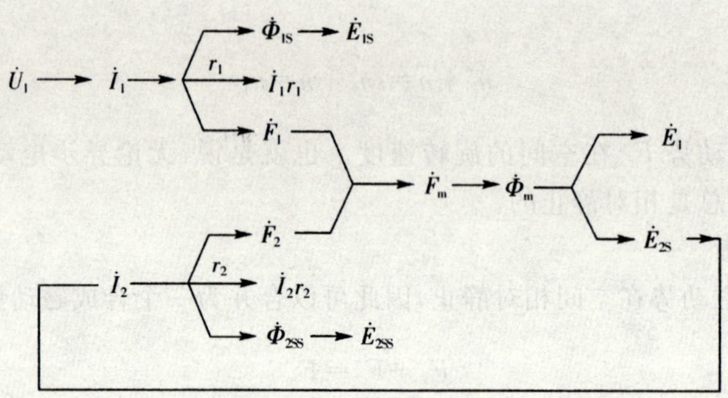

图 2-15 异步电动机负载运行时的电磁关系

2. 异步电动机的等效电路

异步电动机定、转子之间没有电路上的联系，只有磁路上的联系，不便于实际工作的计算，所以必须像变压器那样进行等效电路的分析。等效要在不改变定子绕组中的物理量(定子的电动势、电流及功率因数等)的情况下进行。为了找到异步电动机的等效电路，除了进行转子绕组的折合外，还需要进行转子频率的折算。

(1)频率折算

在进行频率折算时，可以用一个不动的等效转子去代替实际运转的转子。实际转子不动时，转子电流的频率为 f_1，电阻为 r_2，转子每相感应电动势、转子电流的大小和相位角分别为

$$E_2=4.44 f_1 N_2 \Phi_m \tag{2-41}$$

$$I_2=\frac{E_2}{\sqrt{r_2^2+X_2^2}} \tag{2-42}$$

$$\Phi_2=\mathrm{tg}^{-1}\frac{X_2}{r_2} \tag{2-43}$$

实际转子转动后，转子感应电动势的频率为

$$f_2=sf_1$$

转子感应电动势为

$$E_{2s}=4.44 f_2 N_2 \Phi_m=4.44 s f_1 N_2 \Phi_m=sE_2 \tag{2-44}$$

转子漏电抗为 $X_{2s}=sX_2$

转子电流的大小和相位角为

$$I_{2s}=\frac{E_{2s}}{\sqrt{r_2^2+X_{2s}^2}}=\frac{sE_2}{\sqrt{r_2^2+(sX_2)^2}}=\frac{E_2}{\sqrt{(\frac{r_2}{s})^2+X_2^2}} \tag{2-45}$$

$$\Phi_{2s}=\mathrm{tg}^{-1}\frac{X_{2s}}{r_2}=\mathrm{tg}^{-1}\frac{X_2}{\frac{r_2}{s}} \tag{2-46}$$

频率折合前后转子的电磁效应不能变，即转子电流的大小和相位不变，则除了改变与频率有关的参数和电动势以外，只要用等效的电阻$\frac{r_2}{s}$代替实际转子中的电阻 r_2 即可。这就是转子频率折合的结果。

$$\frac{r_2}{s}\text{可分解为}\qquad \frac{r_2}{s}=r_2+\frac{1-s}{s}r_2$$

式中，$\frac{1-s}{s}r_2$ 为异步电动机的等效负载电阻，即附加电阻。它在附加电阻中会发生损耗 $I_2^2(1-s)r_2/s$，而实际电路中并不存在这部分损耗，只产生机械功率。因此，等效转子电路中这部分虚拟的损耗，实际上表征了异步电动机的机械功率。

频率折合后的定、转子电路如图 2-16 所示。

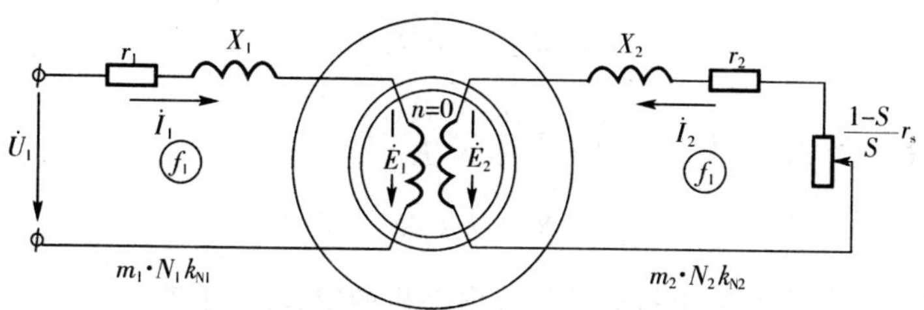

图 2-16　频率折算后异步电动机的定、转子电路图

(2)绕组折算

对异步电动机进行频率折算后，因定、转子频率不同而产生的问题解决了，但还不能把定、转子电路连接起来，因为两个电路的电动势还不相等。和变压器的绕组折算一样，异步电动机绕组折算也就是人为地用一个相数、每相串联匝数以及绕组系数和定子绕组一样的绕组去代替相数为 m_2、每相串联匝数为 N_2 以及绕组系数为 k_{N2} 而经过频率折算的转子绕组。但仍然要保证折算前后转子对定子的电磁效应不变，即转子的磁动势、转子总的视在功率、转子铜耗及转子漏磁场储能均保持不变。转子折算值上均加“′”表示。

根据电机学原理知道定子、转子、气隙磁动势分别为

$$F_1=0.9\frac{m_1}{2}\frac{N_1k_{N1}}{p}I_1 \tag{2-47}$$

$$F_2=0.9\frac{m_2}{2}\frac{N_2k_{N2}}{p}I_2 \tag{2-48}$$

$$F_m=0.9\frac{m_1}{2}\frac{N_1k_{N1}}{p}I_m \tag{2-49}$$

式中，m_1、m_2 为定、转子绕组的相数；I_m 为对应于励磁磁动势的励磁电流。

由转子磁动势保持不变，得出

$$0.9\frac{m_1}{2}\frac{N_1k_{N1}}{p}\dot{I}'_2=0.9\frac{m_2}{2}\frac{N_2k_{N2}}{p}\dot{I}_2 \tag{2-50}$$

所以折算后的转子电流有效值为

$$I'_2=\frac{m_2N_2k_{N2}}{m_1N_1k_{N1}}I_2=\frac{1}{k_i}I_2 \tag{2-51}$$

式中，k_i 为电流比。

由式(2-34)、式(2-47)、式(2-48)、式(2-49)、式(2-50)可得

$$\dot{I}_1+\dot{I}'_2=\dot{I}_m \tag{2-52}$$

由转子总视在功率保持不变，可得出

$$m_1E'_2I'_2=m_2E_2I_2 \tag{2-53}$$

所以

$$E'_2=\frac{N_1k_{N1}}{N_2k_{N2}}E_2=k_eE_2=E_1 \tag{2-54}$$

由转子铜耗和漏磁场储能不变，得出

$$m_12^2r'_2=m_2I_2^2r_2 \tag{2-54}$$

所以

$$r'_2=\frac{N_1k_{N1}}{N_2k_{N2}}\cdot\frac{m_1N_1K_{N1}}{m_2N_2K_{N2}}r_2=k_ek_ir_2 \tag{2-55}$$

同理

$$X'_2=k_ek_iX_2 \tag{2-56}$$

图 2-17 表示经频率和绕组折算后异步电动机的定、转子电路图。

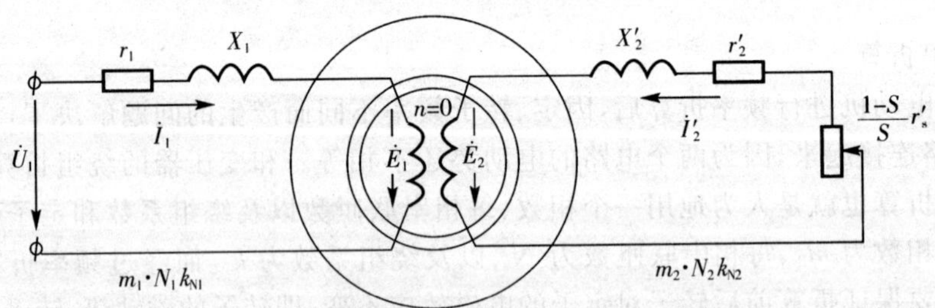

图 2-17　转子绕组折算后的异步电动机的定、转子电路

经频率和绕组的折算后，异步电动机转子绕组的频率、相数、每相电动势和定子绕组一样。如果从电路中的等电位点直接连接而不影响整个电路的物理情况这个角度来考虑，由于 $\dot{E}_1=\dot{E}'_2$，也可以把图 2-17 中的 $\dot{E}_1$ 与 $\dot{E}'_2$ 两端设想用导线直接连结起来，而得到图2-18所示的 T 型等效电路。

由于 $I_m=I_0\approx0$（空载电流近似为零），则励磁回路相当于开路处理，顾可得到三相异步电动机简化后等效电路，如图 2-19 所示。

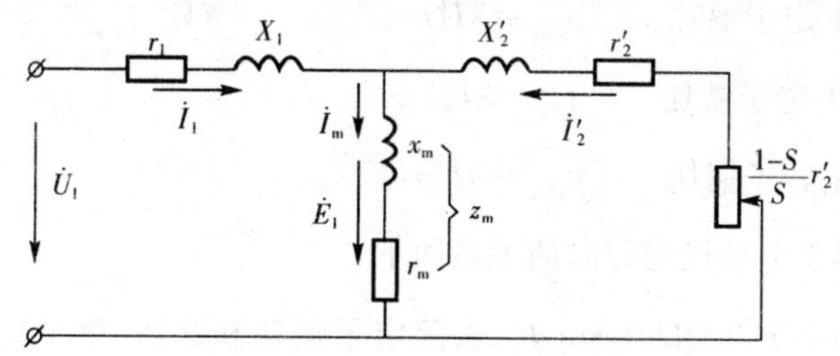

图 2-18　三相异步电动机的 T 型等效电路

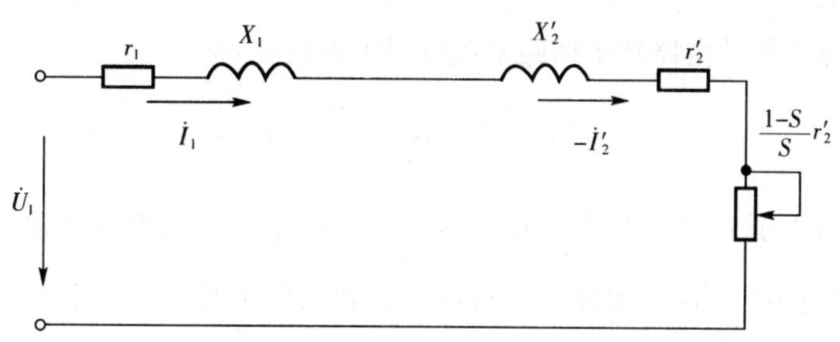

图 2-19　三相异步电动机简化后等效电路

3. 基本方程式

异步电动机负载时的基本方程式为

$$\dot{U}_1 = -\dot{E}_1 + \dot{I}_1(r_1 + jX_1)$$

$$-\dot{E}_1 = \dot{I}_0(r_m + jX_m)$$

$$\dot{E}_1 = \dot{E}_2'$$

$$\dot{I}_1 + \dot{I}_2' = \dot{I}_m$$

由 T 型等效电路可得

$$\dot{E}_2' = \dot{I}_2'(\frac{r_2'}{s} + jX_2') \tag{2-57}$$

下面再分析异步电动机运行的两种特殊情况。

(1)空载运行时：$n \to n_1, s \to 0, \frac{1-s}{s}r_2' \to \infty$，由图 2-14 可见，相当于转子开路。

(2)转子堵转时(接上电源，转子被堵住不动)时：$n=0, s=1, \frac{1-s}{s}r_2'=0$，相当于变压器二次侧短路。因此，当异步电动机接上电源时，就相当于短路状态。这会使电动机的电流过大，很快过热而烧坏电机。异步电动机起动初始也属于此种情况。

2.3.3　三相异步电动机的功率和转矩关系

1. 功率关系

异步电动机的功率关系可用 T 型等效电路图 2-17 及图 2-18 来分析。当异步电动机通电运行时，T 型等效电路中每个电阻山均产生一个损耗，如

定子电阻 r_1 产生定子铜耗　　$p_{Cu1}=3I_1^2r_1$

励磁电阻 r_m 产生定子铁耗　　$p_{Fe}=3I_m^2r_m$

转子电阻 r_2 产生转子铜耗　　$p_{Cu2}=3I_2'^2r_2'$

从而得到三相异步电动机运行时的关系如下：

从电源输入电功率 $P_1=3U_1I_1\sin\Phi_1$，去除定子铜耗和铁耗，便是定子传递给转子回路的电磁功率，即

$$P_M=P_1-p_{Cu1}-p_{Fe}$$

电磁功率又等于等效电路转子回路全部电阻上的损耗，即

$$P_M=3I_2'^2\left[r_2'+\frac{1-s}{s}r_2'\right]=3I_2'^2\frac{r_2'}{s} \tag{2-58}$$

电磁功率也可表示为 $P_M=3E_2'I_2'\sin\varphi_2=mE_2I_2\sin\varphi_2$。电磁功率去除转子绕组上的损耗，就是等效负载电阻 $\frac{1-s}{s}r_2'$ 上的损耗。这部分损耗实际上是传输给电机转轴上的机械功率，用 P_m 表示。它是转子绕组中电流与气隙旋转磁场共同作用产生的电磁转矩，带动转子以转速 n 旋转所对应的功率

$$P_m=P_M-p_{Cu2}=3I_2'^2\frac{1-s}{s}r_2'=(1-s)P_M \tag{2-59}$$

电动机运行时，还存在由于轴承等摩擦产生的机械损耗 p_m 及附加损耗 p_s。大型电机中，p_s 约为 0.5%P_N，小型电机的 $p_s=(1\sim3)\%P_N$。

转子的机械功率 P_m 减去机械损耗 p_m 和附加损耗 p_s，才是转轴上真正输出的功率，用 P_2 表示。

$$P_2=P_m-p_m-p_s \tag{2-60}$$

可见异步电动机运行时，从电源输入电功率 P_1 到转轴上输出机械功率的全过程为

$$P_2=P_1-p_{Cu1}-p_{Fe}-p_{Cu2}-p_m-p_s \tag{2-61}$$

用功率流程图表示所图 2-20 所示。

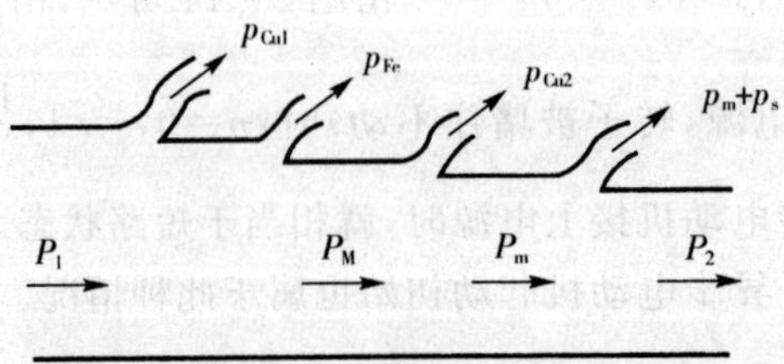

图 2-20　异步电动机功率流程图

从以上功率关系定量分析看出，异步电动机运行时电磁功率 P_M、转子铜耗 p_{Cu2} 和机械功率 P_m 三者之间的定量关系是

$$P_M : p_{Cu2} : P_m = 1 : s : (1-s) \tag{2-62}$$

也可写成下列关系式：

$$P_M = p_{Cu2} + P_m$$

$$p_{Cu2} = sP_M$$

$$P_m = (1-s)P_M$$

上式表明，当电磁功率一定时，转差率 s 越小，转子铜耗越小，机械功率越大，效率越高。电动机运行时，若 s 增大，转子铜耗也增大，电机易发热，效率降低。

2. 转矩关系

机械功率 P_m 除以轴的角速度 Ω 就是电磁转矩 T，即

$$T = \frac{P_m}{\Omega}$$

还可以找出电磁转矩与电磁功率的关系，为

$$T = \frac{P_m}{\Omega} = \frac{P_m}{\frac{2\pi n}{60}} = \frac{P_m}{(1-s)\frac{2\pi n_1}{60}} = \frac{P_M}{\Omega_1} \tag{2-63}$$

式中，Ω_1 为同步角速度(用机械角速度表示)。

式(2-60)两边同时除以角速度，可得到

$$T_2 = T - T_0$$

式中，T_0 为空载转矩，$T_0 = \frac{p_m + p_s}{\Omega} = \frac{p_0}{\Omega}$；$T_2$ 为输出转矩。

在电力拖动系统中，常可忽略 T_0，则有

$$T \approx T_2 = T_L$$

式中，T_L 为负载转矩。

2.3.4 三相异步电动机的工作特性

异步电动机的工作特性是指定子的电压及频率为额定时，电动机的转速 n、定子电流 I_1、功率因数 $\cos\varphi_1$、电磁转矩 T、效率 η 等与输出功率 P_2 的关系。

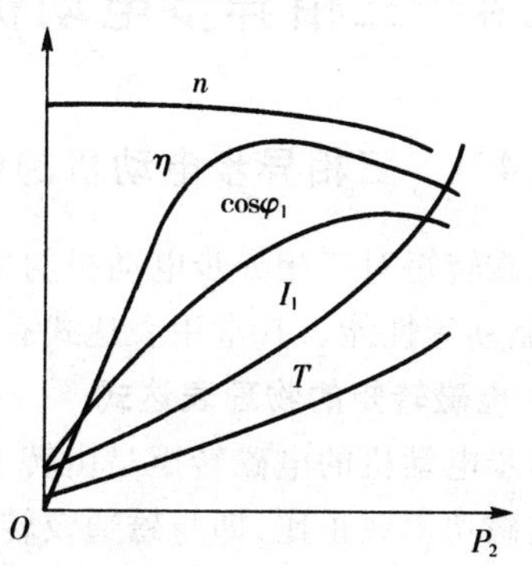

图 2-21 三相异步电动机的工作特性

上述关系曲线可以通过直接给异步电动机带负载测得，也可以利用等效电路参数经计算得出。图 2-21 为三相异步电动机的工作特性。

1. 转速特性 $n = f(P_2)$

三相异步电动机空载时，转子的转速 n 接近同步转速 n_1。随着负载的增加，转速 n 要略微降低，

这时转子电动势 $E_{2s}=sE_2$ 增大，从而使转子电流 I_{2s} 增大，以产生较大的电磁转矩来平衡负载转矩。

2. 定子电流特性 $I_1=f(P_2)$

当电动机空载时，转子电流 I_2' 近似为零，定子电流等于励磁电流 I_0。随着负载的增加，转速下降（s 增大），转子电流增加，定子电流也增大。当 $P_2>P_N$ 时，由于此时 $\cos\varphi_2$ 降低，I_1 增长更快。

3. 定子边功率因数 $\cos\varphi_1=f(P_2)$

三相异步电动机运行时必须从电网吸收感性无功功率，它的功率因数总是滞后的，且永远小于1。电动机空载时，定子电流基本上只有励磁电流，功率因数很低，一般不超过0.2。当负载增加时，定子电流中的用功电流增加，使功率因数提高。接近额定负载时，功率因数提高。超过额定负载时，由于转速降低较多，转差率增大，使转子电流与电动势之间的相位角 φ_2 增大，转子的功率因数下降较多，引起定子电流中的无功电流分量也增大，因而电动机的功率因数 $\cos\varphi_1$ 趋于下降。

4. 电磁转矩特性 $T=f(P_2)$

稳定运行时，异步电动机的转矩方程为 $T=T_2+T_0$

输出功率 $P_2=T_2\Omega$，所以 $T=\dfrac{P_2}{\Omega}+T_0$

当电动机空载时，电磁转矩 $T=T_0$，随着负载增加，P_2 增大，由于机械角速度 Ω 变化不大，电磁转矩 T 随 P_2 的变化近似地为一条直线。

5. 效率特性 $\eta=f(P_2)$

根据
$$\eta=\frac{P_2}{P_1}=1-\frac{\sum p}{P_2+\sum p}$$

知道，电机空载时 $P_2=0$，$\eta=0$ 随着输出功率 P_2 的增加，效率 η 也增加。在正常运行范围内，因主磁通变化很小，所以铁耗变化不大，机械损耗变化也很小，合起来叫不变损耗。定、转子铜耗与电流平方成正比，随负载变化很大，叫可变损耗。当不变损耗等于可变损耗时，电动机的效率最大。对于中、小型异步电动机，大约 $P_2=(0.75\sim1)P_N$ 时效率最高。如果负载继续增大，效率反而降低。一般来说，电动机的容量越大，效率越高。

2.4 三相异步电动机的机械特性

2.4.1 三相异步电动机的电磁转矩

电磁转矩对三相异步电动机的拖动性能起着极其重要的作用，直接影响电动机的起动、调速、制动等性能。其常用表达式有以下三种形式。

1. 电磁转矩的物理表达式

异步电动机的电磁转矩是由转子电流与主磁通相互作用产生的。它的大小与电磁场传递的电磁功率成正比，即与磁通及转子电流的有功分量的乘积成正比。电磁转矩的物理表达式为

$$T=C_T\Phi_m I_2'\cos\varphi_2 \tag{2-64}$$

式中，T 为电磁转矩，N·m；Φ_m 为每极磁通，Wb；I'_2 为转子每相电流的折算值，A；C_T 为转矩常数，$C_T=\frac{3pN_1k_{N1}}{\sqrt{2}}$。

电磁转矩的物理表达式用于定性分析异步电动机电磁转矩 T 与 Φ_m、$I'_2\cos\varphi_2$ 之间的关系。

2. 电磁转矩参数表达式

式(2-64)在具体应用时，由于 I'_2 和 $\cos\varphi_2$ 都随转差率 s 而变化，因而不便于分析异步电动机的各种运行状态。下面导出电磁转矩的参数表达式。

$$T=\frac{P_m}{\Omega}=\frac{(1-s)P_M}{\Omega}=\frac{1-s}{\frac{2\pi n}{60}}P_M$$

其中

$$n=(1-s)n_1, n_1=\frac{60f_1}{p}, P_M=3I'^2_2\frac{r'_2}{s}$$

则

$$T=\frac{p}{2\pi f_1}3I'^2_2\frac{r'_2}{s} \tag{2-65}$$

式中，p 为磁极对数；P_M 为电磁功率，kW。

根据简化等效电路图2-19，得

$$I'_2=\frac{U_1}{\sqrt{\left(r_1+\frac{r'_2}{s}\right)^2+(X_1+X'_2)^2}} \tag{2-66}$$

将式(2-66)代入式(2-65)，得电磁转矩的参数表达式

$$T=\frac{3p}{2\pi f_1}U_1^2\frac{\frac{r'_2}{s}}{\left(r_1+\frac{r'_2}{s}\right)^2+(X_1+X'_2)^2} \tag{2-67}$$

由式(2-67)可见，当外加电压 U_1 不变，频率 f_1 不变，电机参数 r_1、r'_2、X_1、X'_2 为常数时，电磁转矩 T 是转差率 s 的函数。

式(2-67)为一个二次方程，当 s 为某一个值时，电磁转矩有一最大值 T_{max}。令 $dT/ds=0$，即可求得产生最大电磁转矩 T_{max} 时的临界转差率 s_m，即

$$s_m=\frac{r'_2}{\sqrt{r_1^2+(X_1+X'_2)^2}} \tag{2-68}$$

将式(2-68)代入式(2-67)，求得对应 s_m 的最大电磁转矩 T_{max}，即

$$T_{max}=\frac{3p}{4\pi f_1}U_1^2\frac{1}{r_1+\sqrt{r_1^2+(X_1+X'_2)^2}} \tag{2-69}$$

由式(2-68)和式(2-69)可见：

(1)当电源的频率及电机的参数不变时，最大转矩与电压的平方成正比。

(2)最大转矩和临界转差率都与定子电阻 r_1 及定、转子漏抗 X_1、X'_2 有关。

(3)最大转矩与转子回路中的电阻 r_2' 无关，而临界转差率则与 r_2' 成正比，调节转子回路电阻，可使最大转矩在任意 s 时出现。

转矩的参数表达式便于分析参数变化对电动机性能的影响。

3. 电磁转矩的实用表达式

在工程上，利用转矩的参数表达式比较繁琐，为了使用方便，希望通过电动机产品目录或手册中所给的一些技术数据来求得机械特性，因而需导出电磁转矩的实用表达式。

通常 $r_1 \ll (X_1+X_2')$，$S \to 0$，故可忽略 r_1 不计，则式(2-67)、式(2-68)、式(2-69)可简化为

$$T=\frac{3p}{2\pi f_1}U_1^2\frac{r_2'/s}{(r_2'/s)^2+(X_1+X_2')^2} \tag{2-70}$$

$$s_m=\frac{r_2'}{X_1+X_2'} \tag{2-71}$$

$$T_{max}=\frac{3p}{4\pi f_1}U_1^2\frac{1}{X_1+X_2'} \tag{2-72}$$

将式(2-70)与式(2-72)相除得

$$\frac{T}{T_{max}}=\frac{\frac{r_2'}{s}2(X_1+X_2')}{\left(\frac{r_2'}{s}\right)^2+(X_1+X_2')^2}=\frac{2}{\frac{\frac{r_2'}{s}}{X_1+X_2'}+\frac{X_1+X'}{\frac{r_2'}{s}}}=\frac{2}{\frac{\frac{r_2'}{X_1+X_2'}}{s}+\frac{s}{\frac{r_2'}{X_1+X_2'}}}$$

将(2-70)代入上式整理得

$$\frac{T}{T_{max}}=\frac{2}{\frac{s_m}{s}+\frac{s}{s_m}} \tag{2-73}$$

式(2-73)即为电磁转矩实用表达式。如已知 T_{max} 和 s_m，应用该式可方便地做出异步电动机的转矩-转差率曲线。

2.4.2 三相异步电动机的机械特性

机械特性是指在一定条件下，电动机的转速与转矩之间的关系，即 $n=f(T)$。因为异步电动机的转速 n 与转差率 s 之间存在一定的关系，异步电动机的机械特性往往用 $T=f(s)$ 的形式表示，称 $T-s$ 曲线。当电压与频率不变时，式(2-67)就是机械特性方程。机械特性分固有机械特性和人为机械特性两种。

1. 固有机械特性

异步电动机的固有机械特性是指异步电动机在电压、频率均为额定值不变，定、转子回路不串入任何电路元件时的机械特性，即 $T=f(s)$ 曲线。

固有机械特性曲线如图 2-22 所示。

(1)图 2-22(a)为 $T=f(s)$ 曲线，其分析如下：

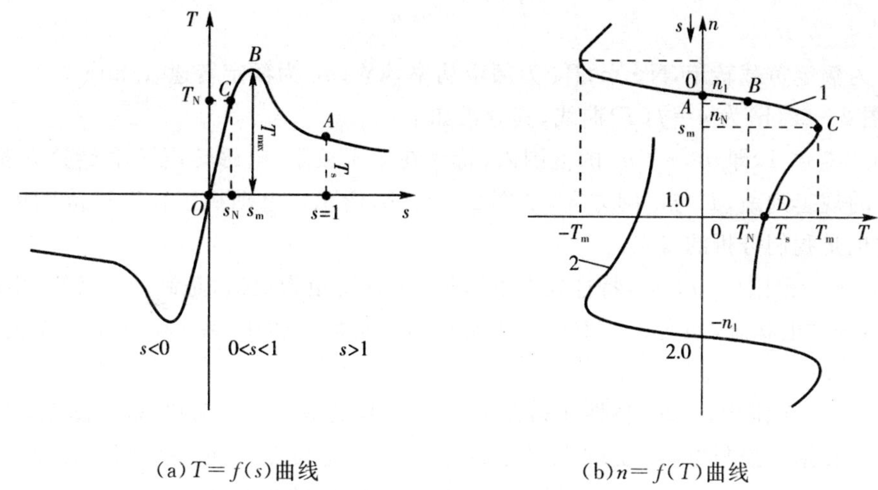

(a) $T=f(s)$ 曲线　　(b) $n=f(T)$ 曲线

图 2-22 异步电动机的固有机械特性曲线

① AB 段。因 s 较大，且异步电动机中 $r_1+r_2' \ll X_1+X_2'$，$T \approx \dfrac{3pU_1^2 \dfrac{r_2'}{s}}{2\pi f_1 (X_1+X_2')^2}$，近似为双曲线，随着 s 减小，T 反而增大。

② BO 段。因 s 很小，$T \approx \dfrac{3pU_1^2}{2\pi f_1 \dfrac{r_2'}{s}} = \dfrac{3pU_1^2 s}{2\pi f_1 r_2'}$，近似为直线，随着 s 减小，T 亦减小。

③ 曲线几个特殊点分析如下：

Ⅰ. 起动点 A。在电动机刚接入电网但尚未开始转动的瞬间，轴上产生的转矩叫电动机起动转矩（又称堵转转矩），此时 $n=0$，$s=1$，$T=T_s=\dfrac{3pU_1^2 r_2'}{2\pi f_1 [(r_1+r_2')^2+(X_1+X_2')^2]}$。只有当起动转矩 T_s 大于负载转矩 T_L 时，电动机才能起动。通常起动转矩与额定电磁转矩的比值称为电机的转矩倍数，用 K_T 表示，$K_T=T_s/T_N$。它表示起动转矩的大小，是异步电动机的一项重要指标，对于一般的笼型电动机，起动转矩倍数 K_T 约为 0.8～1.0。

Ⅱ. 临界点 B。一般电动机的临界转差率约为 0.1～0.2，在 s_m 下，电动机产生最大电磁转矩 T_m。

电动机经常工作在不超过额定负载的情况下。但在实际运行中，负载免不了会发生波动，出现短时超过负载转矩的情况。只有当最大转矩大于波动时的峰值时，电动机才能带动负载，否则便带不动。最大转矩 T_{max} 与额定转矩 T_N 之比为过载能力 λ，它也是异步电动机的一个重要指标，异步 $\lambda=1.6$～2.2。

Ⅲ. 同步点 O。在理想电动机中，$n=n_1$，$s=0$，$T=0$。

Ⅳ. 额定点 C。根据电力拖动稳定运行条件，$T-s$ 曲线中的 AB 段为不稳定区，BO 段是稳定运行区，即异步电动机稳定运行区域为 $0<s<s_m$。为了使电动机能够适应短时间过载而不停转，电动机必须留有一定的过载能力，额定运行点不宜靠近临界点，一般 $s_N=0.02$～0.06。

异步电动机额定电磁转矩等于空载转矩加上额定负载转矩，因空载转矩比较小，有时可认为额定电磁转矩等于额定负载转矩。额定负载转矩可从铭牌数据中求得，即

$$T_N = 9550\frac{P_N}{n_N} \tag{2-74}$$

式中，T_N 为额定负载转矩，N·m；P_N 为额定功率，kW；n_N 为额定转速，r/min 。

(2)图 2-22(b)为 $n=f(T)$ 曲线，其分析如下：

① 在 $0\leqslant s\leqslant 1$，即 $0\leqslant n<n_1$ 的范围内，特性在第Ⅰ象限，电磁转矩 T 和转速 n 都为正，从正方向的规定判断，T 与 n 同方向，如图 2-22(b)所示。电动机工作在这范围内是电动状态。这也是我们分析的重点。

② 在 $s<0$ 范围内，$n>n_1$，特性在第Ⅱ象限，电磁转矩为负值，是制动性转矩，电磁功率也是负值，是发电状态，如图 2-22(b)左上部所示。机械特性在 $s<0$ 和 $s>0$ 两个范围内近似对称。

③ 在 $s>1$ 范围内，$n<0$，特性在第Ⅳ象限，$T>0$，也是一种制动状态，如图 2-22(b)右下部所示。在第Ⅰ象限电动状态的特性上，B 点为额定运行点，其电磁转矩与转速均为额定值。A 点 $n=n_1$，$T=0$，为理想空载运行点。C 点是电磁转矩最大点。D 点 $n=0$，转矩为 T_s，是起动点(见图 2-23)。

2. 人为机械特性

人为机械特性就是人为地改变电源参数或电机参数而得到的机械特性。

(1)降低定子电压的人为机械特性

由公式(2-67)可见，当定子电压 U_1 降低时，电磁转矩与 U_1^2 成正比地降低。同步点不变，s_m 不变，最大转矩 T_{max} 与起动转矩 T_s 都随电压平方降低，其特性曲线如图 2-23 所示。

(2)转子串电阻时的人为机械特性

此法适用于绕线转子异步电动机。在转子回路串入三相对称电阻时，同步点不变，s_m 与转子电阻成正比变化，最大转矩 T_{max} 与转子电阻无关而不变，其机械特性如图 2-24 所示。

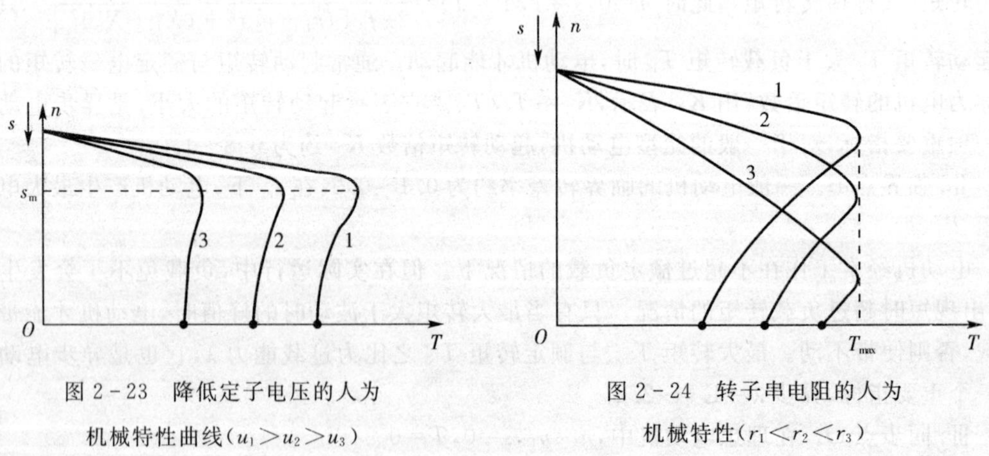

图 2-23 降低定子电压的人为机械特性曲线($u_1>u_2>u_3$)

图 2-24 转子串电阻的人为机械特性($r_1<r_2<r_3$)

2.5 三相异步电动机的起动

异步电动机的起动就是转速从零开始到稳定运行为止的这一过程。衡量异步电动机起动性能的好坏要从起动电流、起动转矩、起动过程的平滑性、起动时间及经济性等方面来考

虑,其中主要是:

(1)电动机应有足够大的起动转矩;

(2)在保证一定大小的起动转矩的前提下,起动电流越小越好。

异步电动机在刚起动时 $s=1$,若忽略励磁电流,则起动电流为

$$I_s \approx \frac{U_1}{\sqrt{(r_1+r_2')^2+(X_1+X_2')^2}} \tag{2-75}$$

起动电流即短路电流,数值很大,一般电动机的起动电流可达额定电流值的 4~7 倍。这样大的起动电流,一方面会在电源和线路上产生很大的压降,影响其他用电设备的正常运行,使电灯亮度减弱,电动机的转速下降,欠电压继电保护动作而将正在运转的电气设备断电等;另一方面由于电流很大将引起电机发热,特别是频繁起动的电机,发热更为厉害。

起动时虽然电流很大,但定子绕组阻抗压降变大,电压为定值,则感应电动势将减小,主磁通 Φ_m 将减小;又因 $r_2'<X_2'$(f_2 很大),起动时的功率因数 $\cos\varphi_2=\frac{r_2'}{\sqrt{2^2+2^2}}$很小,从转矩的物理表达式 $T=C_T\Phi_m I_2'\cos\varphi_2$ 可看出,此时起动转矩并不大。

从上面分析看出,要限制起动电流,可以采取降压或增大电机参数的起动方法。为增大起动转矩,可适当加大转子的电阻。下面介绍几种异步电动机常用的起动方法。

2.5.1　直接起动

直接起动是最简单的起动方法。起动时用刀开关、电磁起动器或接触器将电动机定子绕组直接接到电源上,其接法如图 2-25 所示。直接起动时,起动电流很大,一般选取熔体的额定电流为电机额定电流的 2.5~3.5 倍。

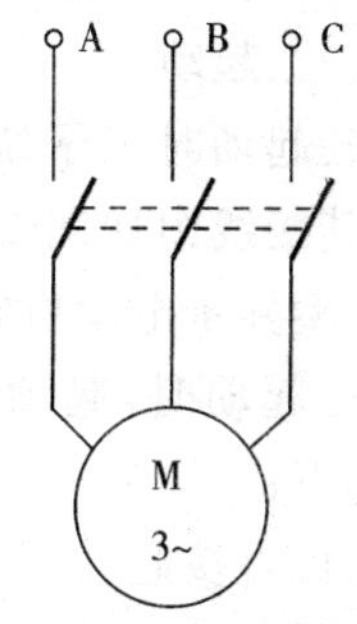

图 2-25　异步电动机直接起动

对于一般小型笼型异步电动机,如果电源容量足够大,应尽量采用直接起动方法。对于某一电网,多大容量的电动机才允许直接起动,可按下列经验公式来确定:

$$K_I=\frac{I_s}{I_N}\leqslant\frac{1}{4}\left[3+\frac{\text{电源总容量}}{\text{电动机额定功率}}\right] \tag{2-76}$$

电动机的起动电流倍数 K_I 应符合式(2-76)中电网允许的起动电流倍数,才允许直接起动;否则应采取降压起动。一般 10kW 以下的电动机都可以采用直接起动。随着电网容量的增大,允许直接起动的电动机容量也变大。

2.5.2　三相笼型异步电动机的减压起动

减压起动是指电动机在起动时降低加在定子绕组上的电压,起动结束时加额定电压运行的起动方式。

减压起动虽然能降低电动机起动电流,但由于电动机的转矩与电压的平方成正比,因此减压起动时电动机的转矩减小较多,故此法适用于电动机空载或轻载起动。减压起动的方法有以下几种:

1. 定子串接电抗器或电阻的减压起动

方法:起动时,电抗器或电阻接入定子电路;起动后,切除电抗器或电阻,进入正常运行。如图 2-26 所示。

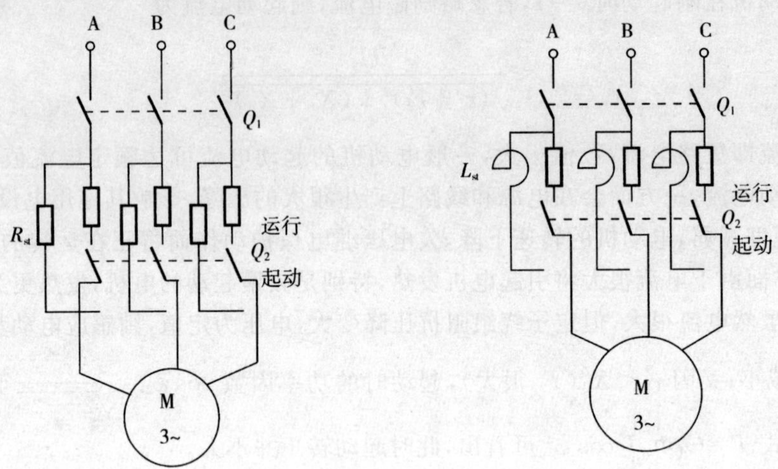

图 2-26 定子串接电抗器或电阻减压起动原理图

三相异步电动机定子边串接电抗器或电阻起动时,定子绕组实际所加电压降低,从而减小起动电流。

但定子边串接电阻起动时,能耗较大,实际应用不多。

2. Y-△起动

方法:起动时定子绕组接成 Y 形,运行时定子绕组则接成△形,其接线图如图 2-27 所示。对于运行时定子绕组为 Y 形的笼型异步电动机则不能采用 Y-△起动方法。

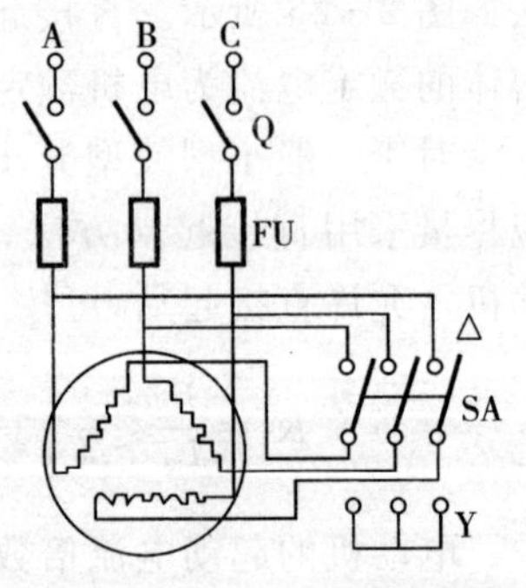

图 2-27 Y-△起动原理图

Y-△起动时,起动电流 I'_s 与直接起动时的起动电流 I_s 的关系如下:

电动机直接起动时,定子绕组接成△形,如图 2-28(a)所示,每相绕组所加电压大小为 $U_1=U_N$,电流为 $I_\triangle$,则电源输入的线电流为 $I_s=\sqrt{3}I_\triangle$。Y 形起动时如图2-28(b)所示,每相绕组所加电压为 $U'_1=\dfrac{U_1}{\sqrt{3}}=\dfrac{U_N}{\sqrt{3}}$,电流 $I_s=I_Y$

$$\frac{I'_s}{I_s}=\frac{I_Y}{\sqrt{3}I_\triangle}=\frac{U_N/\sqrt{3}}{\sqrt{3}U_N}=\frac{1}{3}$$

所以

$$I'_s=\frac{1}{3}I_s \qquad (2-77)$$

由式(2-77)可见,Y-△起动时,对供电变压器造成冲击的起动电流是直接起动时的1/3。

直接起动时起动转矩为 T_s,Y-△起动时起动转矩为 T'_s,则

$$\frac{T_s'}{T_s}=\left(\frac{U_1'}{U_1}\right)^2=\frac{1}{3},\qquad 即\ T_s'=\frac{1}{3}T_s \tag{2-78}$$

由式(2－78)可见，Y－△起动时起动转矩也是直接起动时的 1/3。

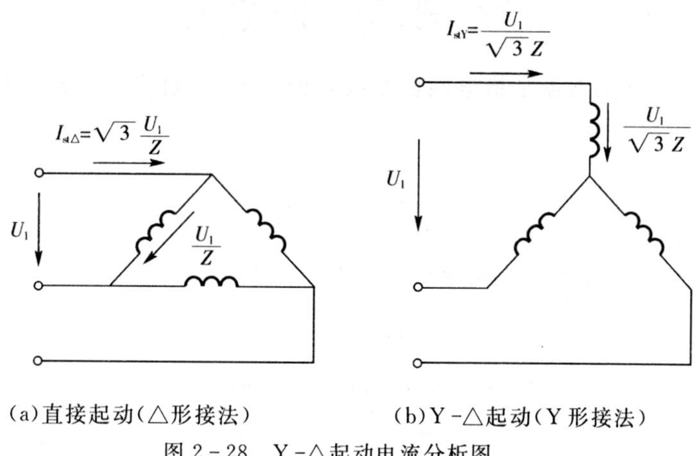

(a)直接起动(△形接法)　　(b)Y－△起动(Y 形接法)

图 2－28　Y－△起动电流分析图

Y－△起动比定子串电抗器起动性能要好，可用于推动 $T_L\leqslant\frac{T_s'}{1.1}=0.3T_s$ 的轻负载起动。

Y－△起动方法简单，价格便宜，因此在轻负载起动条件下，应优先采用。我国采用 Y－△起动方法的电动机额定电压都是 380V，绕组是△接法。

3. 自耦变压器(起动补偿器)起动

方法：自耦变压器也称起动补偿器。起动时，电源接自耦变压器一次侧，二次侧接电动机；起动后，电源直接加到电动机上。

三相笼型异步电动机采用自耦变压器减压起动的接线，如图 2－29(a)所示，起动的某一相线路如图 2－29(b)所示。

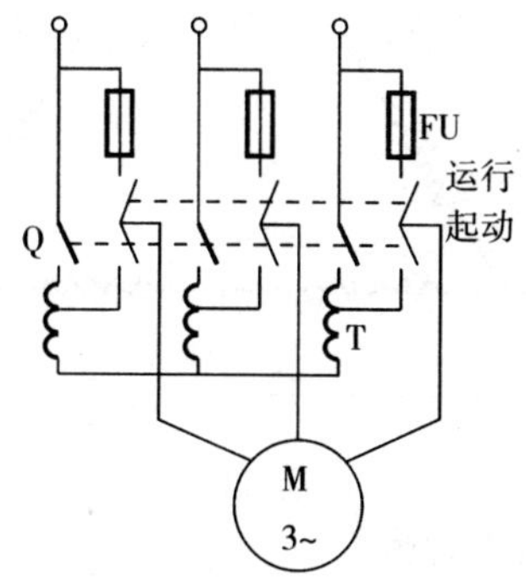

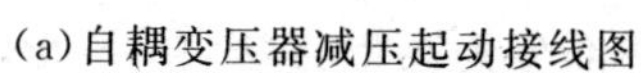

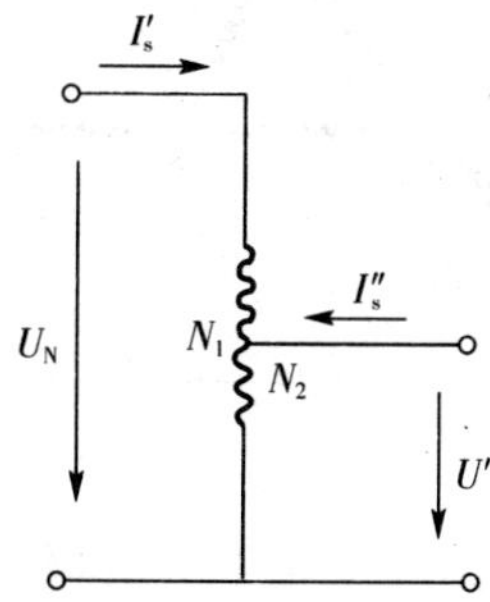

(a)自耦变压器减压起动接线图　　(b)自耦变压器减压起动某一相等效电路图

图 2－29　自耦变压器减压起动

设自耦变压器的变比为 $K=\frac{N_2}{N_1}<1$，则直接起动时定子绕组的电压 U_N 电流 I_s 与减压起动时承受的电压 U' 电流 I'_s 关系为

$$\frac{U_N}{U'}=\frac{N_1}{N_2}=\frac{1}{K},\quad \frac{I''_s}{I_s}=\frac{N_1}{N_2}=\frac{1}{K},$$

而我们所谓的起动电流是指电网供给线路的电流，即自耦变压器一次电流 I'_s，它与二次侧起动电流 I''_s 关系为

$$\frac{I''_s}{I'_s}=\frac{N_1}{N_2}=\frac{1}{K}$$

因此，减压起动电流 I'_s 与直接起动电流 I_s 的关系为

$$I'_s=K^2 I_s \quad (K<1) \tag{2-79}$$

而自耦变压器减压起动时的转矩 T'_s 与直接起动时转矩 T_s 的关系为

$$\frac{T'_s}{T_s}=\left(\frac{U'}{U_N}\right)^2=K^2 \quad 即\ T'_s=K^2 T_s (K<1) \tag{2-80}$$

可见，采用自耦变压器减压起动，起动电流和起动转矩都降低 K^2 倍。自耦变压器一般有 2～3 组抽头，其电压可以分别为一次电压 U_1 的 80%、65%或 80%、60%、40%。

该种方法对定子绕组采用 Y 形或△形接法都可以使用。其缺点是设备体积大，投资较贵。可带较重负载起动。

4. 延边三角形起动

延边三角形减压起动如图 2-30 所示，它介于自耦变压器起动与 Y-△起动方法之间。

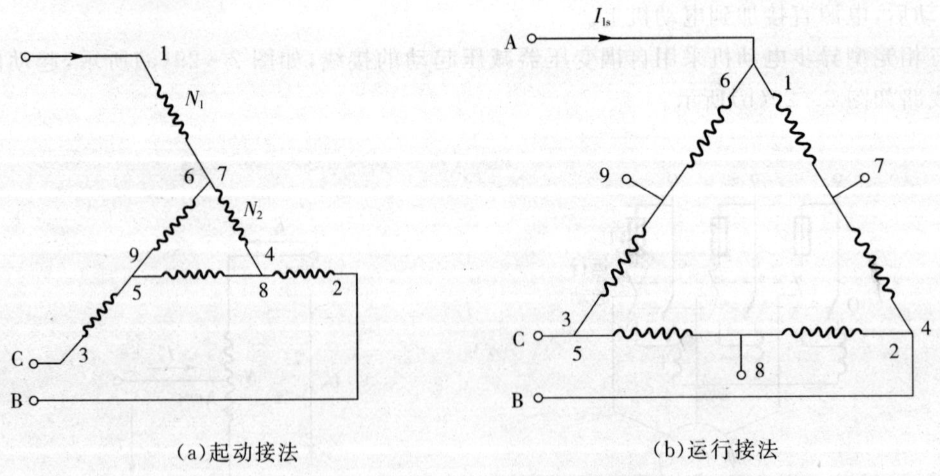

图 2-30 延边三角形起动原理图

如果将延边三角形看成一部分为 Y 形接法，另一部分为△形接法，则 Y 形部分比重越大，起动时电压降得越多。根据分析和试验可知，Y 形和△形的抽头比例为 1∶1 时，电动机每相电压是 268V；抽头比例为 1∶2 时，每相绕组电压为 290V。可见延边三角形可采用不

同的抽头比，来满足不同负载特性的要求。

延边三角形起动的优点是节省金属，重量轻，起动电流小，起动转矩大；缺点是内部接线复杂。主要适用于功率较大重载起动的电动机。

笼型延边电动机除了可在定子绕组上想办法减压起动外，还可以通过改进笼的结构来改善起动性能，这类电机主要有深槽式和双笼式。

2.5.3 绕线转子异步电动机的起动

前面在分析机械特性时已经说明，适当增加转子电路的电阻可以提高起动转矩。绕线转子延边电动机正是利用这一特性，起动时在转子回路串入电阻器或频敏变阻器来改善起动性能。

1. 转子串接电阻器起动

方法：起动时，在转子电路串接起动电阻器，借以提高起动转矩，同时因转子电阻增大也限制了起动电流；起动结束，切除转子所串接电阻。为了在整个起动过程中得到比较大的起动转矩，需分几级切除起动电阻。起动接线图和特性曲线如图 2 - 31 所示。

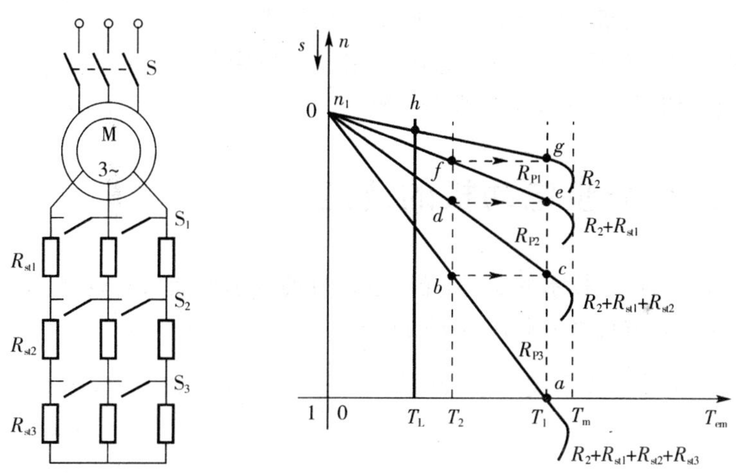

图 2 - 31　绕线转子电动机起动接线图和特性曲线

起动过程如下：

(1)开关 S_1、S_2、S_3 全断开，电动机定子接额定电压，转子每相串入全部电阻。如正确选取电阻的阻值，使转子回路的总电阻值 $r_2'=X_1+X_2'$，则由式(2 - 71)可知，此时 $S_m=1$，即最大转矩产生在电动机起动瞬间，如图 2 - 31 中特性曲线中的 a 点，起动转矩为 T_1。

(2)由于 $T_1>T_L$，电机加速到 b 点时，$T=T_2$，为了加速起动过程，开关 S_3 闭合，切除起动电阻 R_{st3}，特性变为 R_{P2} 对应的曲线，因机械惯性，转速瞬时不变，工作点水平过渡到 c 点，使该点 $T=T_1$。

(3)因 $T_1>T_L$，转速沿 R_{P2} 对应的曲线继续上升，到 d 点时 s_2 闭合，R_{st2} 被切除，电机运行点从 d 转变到 R_{P1} 对应的特性曲线上的 e 点……。以次类推，直到切除全部电阻，电动机便沿着固有机械特性曲线加速，最后运行于 h 点($T=T_L$)。

在上述起动过程中，电阻切除分为三级，故称为三级起动。在整个起动过程中产生的转矩都是比较大的，适合于重载起动，广泛用于桥式起重机、卷扬机、龙门吊床等重载设备。其缺点是所需的起动设备较多，起动时有一部分能量消耗在起动电阻上，起动级数也较少。

2. 转子串频敏变阻器起动

频敏变阻器的结构特点：它是一个三相铁心线圈，其铁心不采用硅钢片而用厚钢板叠放。铁心中产生涡流损耗和一部分磁滞损耗，铁心损耗相当于一个等值电阻，其线圈又是一个电抗，故电阻和电抗都随频率变化而变化，故称频敏变阻器。它与绕组转子异步电动机的转子绕组相接，如图 2-32 所示。其工作原理如下：

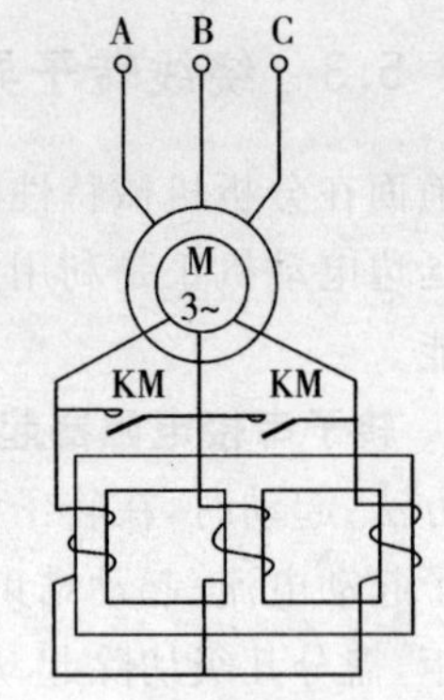

图 2-32 异步电动机串频敏变阻器起动

起动时，$s=1$，$f_2=f_1=50\text{Hz}$，此时频敏变阻器的铁心损耗大，等效电阻大，既限制了起动电流、增大起动转矩，又提高了转子回路的功率因数。

随着转速 n 升高，s 下降，f_2 减小，铁心损耗和等效电阻也随之减小，相当于逐渐切除转子电路所串接的电阻。

起动结束后，$n=n_N$，$f_2=s_N f_1=(1\sim3)\text{Hz}$，此时频敏变阻器基本不起作用，可以闭合接触器触点 KM，予以切除。

频敏变阻器起动结构简单，运行可靠，但与转子串电阻起动相比，在同样起动电流下，起动转矩要小一些。

2.6 三相异步电动机的调速

近年来，随着电力电子技术的发展，异步电动机的调速性能大有改善，交流调速应用日益广泛，在许多领域有取代直流调速系统的趋势。

从异步电动机的转速关系式 $n=n_1(1-s)=\dfrac{60f_1}{p}(1-s)$ 可以看出，异步电动机调速可分为以下三大类：

(1)改变定子绕组的磁极对数 p，方法是变极调速；

(2)改变供电电网的频率 f_1，方法是变频调速；

(3)改变电动机的转差率 s，方法有改变电压调速、绕线式电动机转子串电阻调速和串极调速。

2.6.1 变极调速

在电源频率不变的条件下，改变定子绕组接线方法，将每一相定子绕组分成两个“半相绕组”，改变它们之间的接法，使其中一个“半相绕组”中的电流反向，磁极对数就成倍改变。对于绕线转子异步电动机，当通过改变定子绕组的接线来改变定子磁极对数时，必须同时改变转子绕组的接线才能保持定、转子磁极对数相等，这将使改变磁极接线及控制变得复杂。而对于笼型异步电动机，当改变定子磁极对数时，其转子磁极对数能自动地保持与定子磁极对数相等。因此变极调速仅用于笼型异步电动机。

下面以一相绕组来说明变极调速的原理。先将其两个半相绕组 A_1X_1 与 A_2X_2 采用顺向串联，如图 2-33(a)所示。再将 A 相绕组中的半相绕组 A_2X_2 反向(反向串联或并联)，如图 2-33(b)所示。

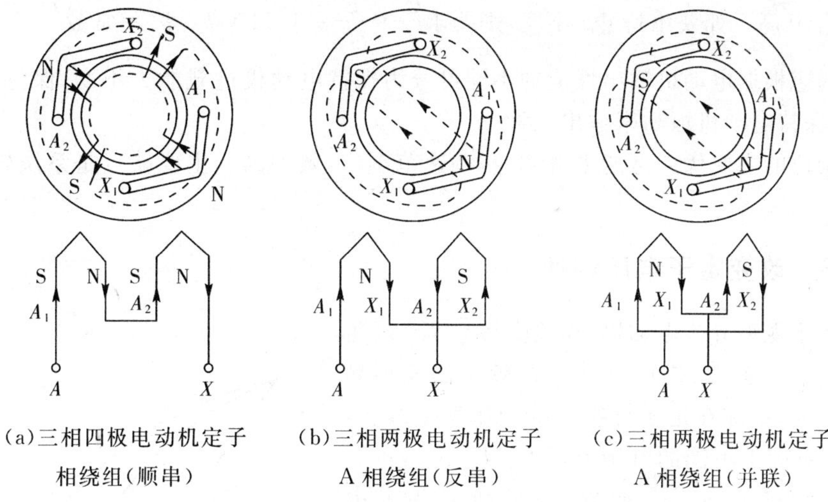

(a)三相四极电动机定子相绕组(顺串) (b)三相两极电动机定子A相绕组(反串) (c)三相两极电动机定子A相绕组(并联)

图 2-33 三相异步电动机变极调速原理图

三相异步电动机变极调速的典型线路有 Y-YY 和△-YY 两种。如图 2-34 所示。这两种接法可使电机级数减少一半。在改接两种时,为了使电机转向不变,应把绕组的相序改接一下。

变极调速主要用于各种机床及其他设备上。它所需要的设备简单、体积小、重量轻,但电动机绕组引出头多,调速级数少。

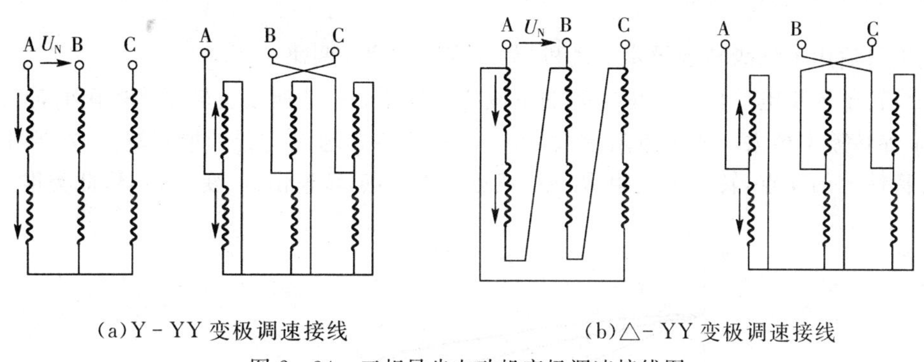

(a)Y-YY 变极调速接线 (b)△-YY 变极调速接线

图 2-34 三相异步电动机变极调速接线图

2.6.2 变频调速

改变电源的频率 f_1,可使旋转磁场的同步转速 n_1 发生变化,电动机的转速 n 亦随之而变化。电源频率提高,电动机转速提高;频率下降,则转速下降。若电源频率可以做到均匀调节,则电动机的转速就能平滑地改变。这是一种较为理想的调速方法,能满足无级调速的要求,且调速范围大,调速性能与直流电动机相近。变频调速时,当频率增高,如果保持电源电压不变,则主磁通 Φ_m 将减小,不会引起磁路饱和。但是,如将频率降低,则主磁通 Φ_m 增大,会引起磁路饱和,使空载电流增大很多,损耗增大,电动机甚至不能运行。因此,当 f_1 下降时总希望主磁通保持不变,这时可使端电压 U_1 随频率下降而同时下降。这是因为当略去定子漏阻抗压降时 $U_1 \approx E_1 = 4.44 f_1 N_1 k_{N1} \Phi_m$（其中 N_1、k_{N1} 不变），如果 U_1、E_1 不变，f_1 下降，则 Φ_m 升高。如要维持 Φ_m 不变，则要求 $\frac{U_1}{f_1} \approx \frac{E_1}{f_1} = 4.44 N_1 k_{N1} \Phi_m =$ 常数。

变频调速根据电动机输出性能的不同可分为保持电动机过载能力不变；保持电动机恒转矩输出；保持电动机恒功率输出三种。

变频调速的主要优点是能平滑调速，调速范围广，效率高。主要缺点是系统较为复杂，成本较高。

2.6.3 改变定子电压调速

此法用于笼型异步电动机，靠改变转差率 s 调速。

对于转子电阻大，机械特性曲线较软的笼型异步电动机而言，如加在定子绕组上的电压发生改变，则负载 T_L 对应于不同的电源电压 U_1、U_2、U_3，可获得不同的工作点 a_1、a_2、a_3，如图 2-35 所示，显然电动机的调速范围很宽。缺点是低压时机械特性太软，转速变化大，可采用带速度负反馈的闭环控制系统来解决。改变电源电压调速时，过去都采用定子绕组串电抗器来实现，目前已广泛采用晶闸管交流调压线路来实现。

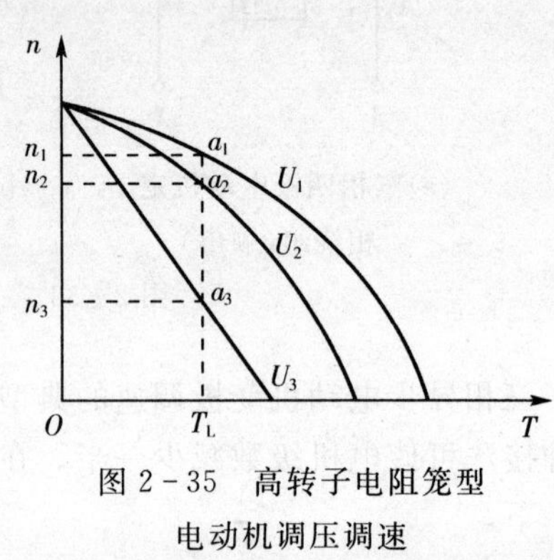

图 2-35 高转子电阻笼型电动机调压调速

2.6.4 转子串电阻调速

此法只适用于绕线转子异步电动机，靠改变转差率 s 调速。

绕线转子异步电动机转子串电阻的机械特性如图 2-36 所示。转子串电阻时最大转矩不变，临界转差率增大。所串电阻越大，运行段特性斜率越大。若带恒转矩负载，原来运行在固有特性上的 a 点，转子串电阻 R_1 后，就运行于 b 点，转速由 n_a 变为 n_b，依此类推。

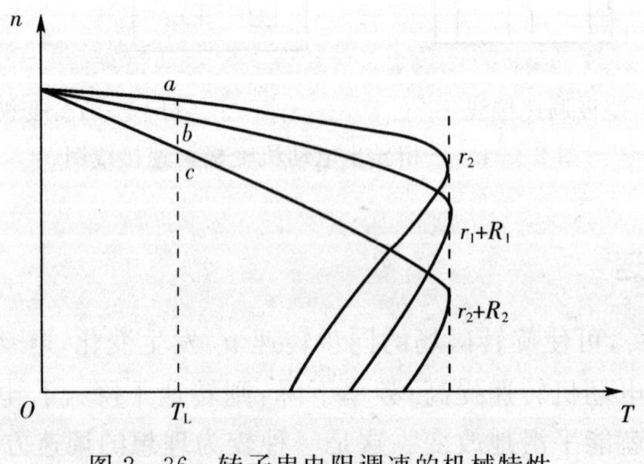

图 2-36 转子串电阻调速的机械特性

根据电磁转矩参数表达式，当 T 为常数且电压不变时，

则有
$$\frac{r_2}{s_a} = \frac{r_2 + R_1}{s_b} = \text{常数} \tag{2-81}$$

因而绕线转子异步电动机转子串电阻调速时调速电阻的计算公式为

$$R_1=\left(\frac{s_b}{s_a}-1\right)r_2 \tag{2-82}$$

式中，s_a 为转子串电阻前电机运行的转差率；s_b 为转子串入电阻 R_1 后新稳态时电机的转差率；r_2 为转子每相绕组电阻，$r_2=\dfrac{s_N E_{2N}}{\sqrt{3}I_{2N}}$。

如果已知转子串入的电阻值，要求调速后的电动机转速，则只要将式(2-81)稍加变换，先求出 s_1，再求转速 n。

由于在异步电动机中，电磁功率 P_M、机械功率 P_m 与转子铜耗 p_{Cu2} 三者之间的关系为

$$P_M : P_m : p_{Cu2}=1:(1-s):s \tag{2-83}$$

若转速越低，转差率 s 越大，转子损耗越大，低速时效率不高。

转子串电阻调速的优点是方法简单，主要用于中、小容量的绕线转子异步电动机，如桥式起动机等。

2.6.5　串级调速

所谓串级调速，就是在异步电动机的转子回路串入一个三相对称的附加电动势 $\dot{E}_f$，其频率与转子电势 $\dot{E}_{2s}$ 相同，改变 $\dot{E}_f$ 的大小和相位，就可以调节电动机的转速。它也是适用于绕线转子异步电动机，靠改变转差率 s 调速。

1. 低同步串级调速

若 $\dot{E}_f$ 与 $\dot{E}_{2s}$ 相位相反，则转子电流 I_2 为

$$I_2=\frac{sE_{20}-E_f}{\sqrt{r_2^2+(sX_2)^2}}$$

电动机的电磁转矩

$$T=C_T\varphi_m I_2\cos\varphi_2=C_T\varphi_m\frac{sE_{20}-E_f}{\sqrt{r_2^2+(sX_2)^2}}\cdot\frac{r_2}{\sqrt{r_2^2+(sX_2)^2}}$$

$$=C_T\varphi_m\frac{sE_{20}r_2}{r_2^2+(sX_2)^2}-C_T\varphi_m\frac{E_f r_2}{r_2^2+(sX_2)^2}=T_1+T_2 \tag{2-84}$$

式中，T_1 为转子电势产生的转矩，而 T_2 为附加电势所引起的转矩。若拖动恒转矩负载，因 T_2 总是负值，可见串入 $\dot{E}_f$ 后，转速降低了，串入附加电势越大，转速降得越多。引入 $\dot{E}_f$ 后，使转速降低，称低同步串级调速。

2. 超同步串级调速

若 $\dot{E}_f$ 与 $\dot{E}_{2s}$ 同相位，则 T_2 总是正值。当拖动恒转矩负载时，引入 $\dot{E}_f$ 后，导致转速升高，则称为超同步串级调速。

串级调速性能比较好，过去由于附加电势 $\dot{E}_f$ 获得比较难，长期以来没能得到推广。近年来，随着可控硅技术的发展，串级调速有了广阔的发展前景。现已广泛用于水泵和风机的节能调速，应用于不可逆轧钢机、压缩机等很多生产机械。

2.7 三相异步电动机的反转与制动

2.7.1 三相异步电动机的反转

从三相异步电动机的工作原理可知，电动机的旋转方向取决于定子旋转磁场的旋转方向。因此只要改变旋转磁场的旋转方向，就能使三相异步电动机反转。图 2－37 是利用控制开关 SA 来实现电动机正、反转的原理线路图。

当 SA 向上合闸时，电动机正传；当 SA 向下合闸时，即将电动机任意两相绕组与电源接线互调，则旋转磁场反向，电动机跟着反转。

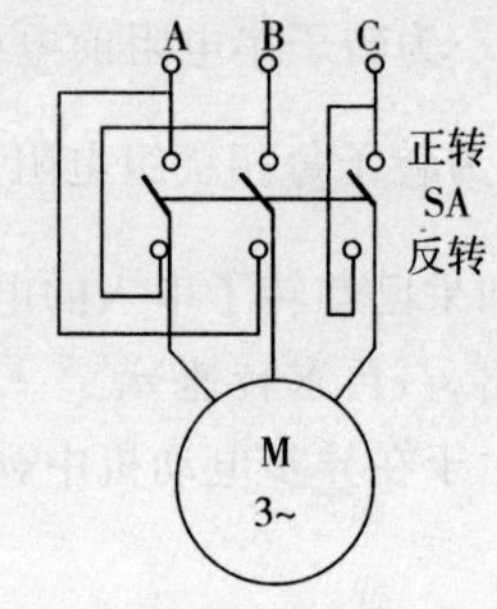

图 2－37 异步电动机正、反转原理线路图

2.7.2 三相异步电动机的制动

电动机除了上述电动状态外，在下述情况运行时，则属于电动机的制动状态。

(1)在负载转矩为位能转矩的机械设备中(例如起重机下放重物时，运输工具在下坡运行时)使设备保持一定的运行速度。

(2)在机械设备需要减速或停止时，电动机能实现减速和停止。

三相异步电动机的制动方法有下列两类：机械制动和电气制动。机械制动是利用机械装置使电动机在电源切断后能迅速停转。它的结构有好几种型式，应用较普遍的是电抱闸。它主要用于起重机上吊重物时，使重物迅速而又准确地停留在某一位置上。

电气制动是使异步电动机所产生的电磁转矩和电动机的旋转方向相反。电气制动可分为能耗制动、反接制动和再生制动等三大类。

1. 能耗制动

方法：将运行着的异步电动机的定子绕组从三相交流电源上断开后，立即接到直流电源上，如图 2－38 所示，用断开 Q_1，闭合 Q_2 来实现。

当定子绕组通入直流电源时，在电动机中将产生一个恒定磁场。转子因机械惯性继续旋转时，转子导体切割恒定磁场，在转子绕组中产生感应电动势和电流，转子电流和恒定磁场作用产生电磁转矩，根据右手定则可以判定电磁转矩的方向与转子转动的方向相反，为制动转矩。在制动转矩作用下，转子转速迅速下降，当 $n=0$ 时，$T=0$，转动过程结束。这种方法是将转子的动能转变为电能，消耗在转子回路的电阻上，所以称能耗制动。

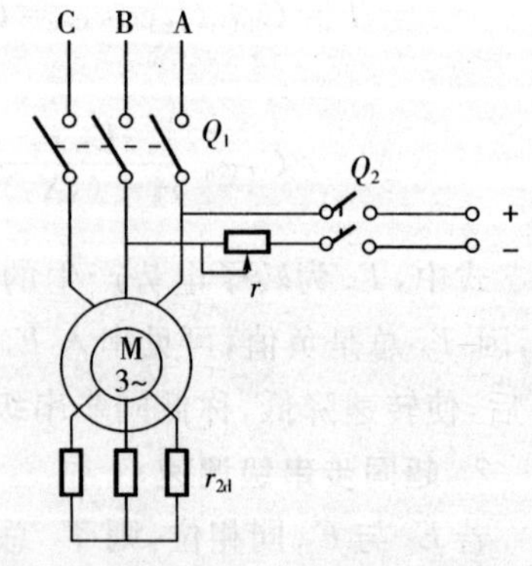

图 2－38 能耗制动原理图

如图 2－39 所示，电动机正向运行时工作在固有机械特性 1 上的 a 点。定子绕组改接直流电源后，因电磁转矩与转速反向，因而能耗制动时机械特性位于第二象限，如曲线 2。电机运行点也移至 b 点，并从 b 点顺曲线 2 减速到 O 点。

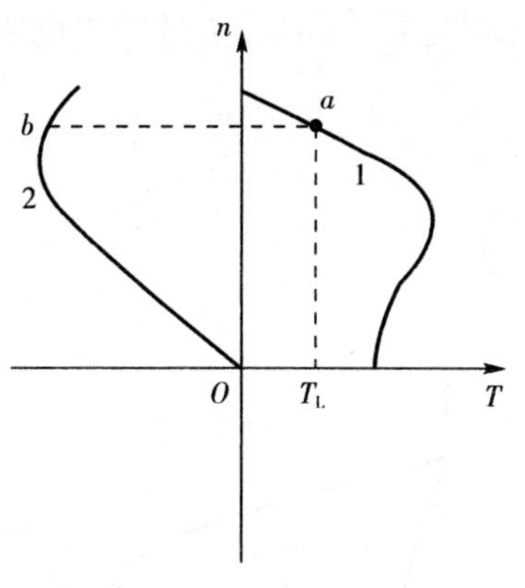

图 2-39　能耗制动机械特性图

对于采用能耗制动的异步电动机，既要求有较大的制动转矩，又要求定、转子回路中电流不能太大而使绕组过热。根据经验，能耗制动时对笼型异步电动机取直流励磁电流为(4～5)I_0，对绕线转子异步电动机取(2～3)I_0，制动所串接电阻 $r=(0.2\sim0.4)\frac{E_{2N}}{\sqrt{3}I_{2N}}$。

能耗制动的优点是制动力强，制动较平稳。缺点是需要一套专门的直流电源供制动用。

2. 反接制动

反接制动可分为电源反接制动和倒拉反接制动两种。

(1)电源反接制动

方法：改变电动机定子绕组与电源的连接相序，如图 2-40 所示，断开 Q_1 接通 Q_2 即可。电源的相序改变，旋转磁场立即反转，而使转子绕组中感应电动势、电流和电磁转矩都改变方向，因机械惯性，转子转向不变，电磁转矩与转子的转向相反，电机进行制动，此称电源反接制动。如图 2-41 所示，制动前，电机工作在曲线 1 的 a 点，电源反接制动时，$n_1<0$，$n>0$，相应的转差率 $s=\frac{-n_1-n}{-n_1}>1$，且电磁转矩 $T<0$，机械特性如曲线 2 所示。因机械惯性，转速瞬时不变，工作点由 a 点移至 b 点，并逐渐减速，到达 c 点时 $n=0$，此时切断电源并停车，如果是位能性负载则需使用机械抱闸，否则电机会反向起动旋转。一般为了限制制动电流和增大制动转矩，绕线转子异步电动机可在转子回路串入制动电阻，其特性如图 2-41 中曲线 3 所示，制动过程同上。

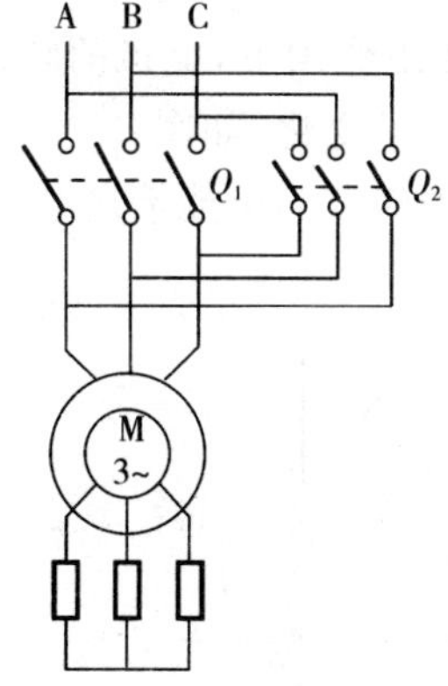

图 2-40　绕线转子电机电源反接制动图

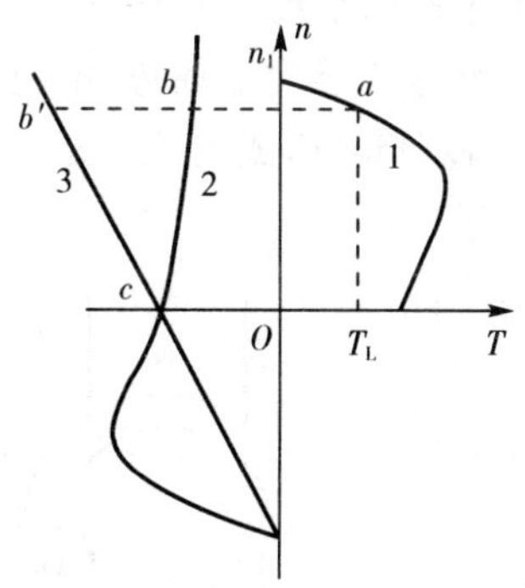

图 2-41　电源反接制动的机械特性

制动电阻 r 的计算公式为

$$r=\left(\frac{s_m'}{s_m}-1\right)r_2 \tag{2-85}$$

式中，s_m 为对应固有机械特性曲线的临界转差率，$s_m = s_N(\lambda + \sqrt{\lambda^2 - 1})$；$s'_m$ 为转子串电阻后机械特性的临界转差率；s 为制动瞬间电动机转差率。

$$s'_m = s\left[\frac{\lambda T_N}{T} + \sqrt{\left(\frac{\lambda T_N}{T}\right)^2 - 1}\right]$$

(2)倒拉反接制动

方法：当绕线转子异步电动机拖动位能性负载时，在其转子回路串入阻值很大的电阻。其机械特性如图2-42所示。

当异步电动机提升重物时，其工作点为曲线1上的 a 点。如果在转子回路串入阻值很大的电阻，机械特性变为斜率很大的曲线2，因机械惯性，工作点由 a 点移至 b 点，因此时电磁转矩小于负载转矩，则转速下降。当电机减速至 $n=0$ 时，电磁转矩仍小于负载转矩，在位能性负载的作用下，使电动机反转，直至电磁转矩等于负载转矩，电机才稳定运行于 d 点。因这是由于重物倒拉引起的，所以称为倒拉反接制动(或倒拉反接运行)，其转差率 $s=\frac{n_1-(-n)}{n_1}=\frac{n_1+n}{n_1}>1$ 与电源反接制动一样，s 都大于1。

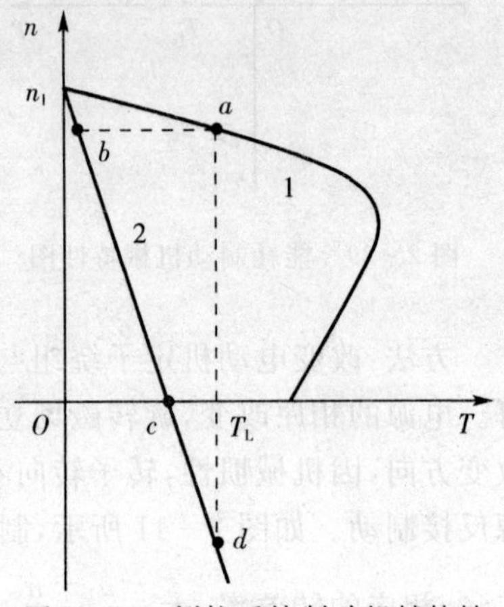

图2-42 倒拉反接制动机械特性

绕线转子异步电动机倒拉反接制动状态，常用于起重机低速下放重物。

3. 回馈制动

方法：使电动机在外力(如起重机下放重物)作用下，其电机的转速超过旋转磁场的同步转速，如图2-43所示。起重机下放重物，在下放开始时，电机的转速 n 小于同步转速 n_1 时，电动机处于电动状态，如图2-43(a)所示。在位能转矩作用下，电机的转速 n 大于同步转速 n_1 时，转子中感应电动势、电流和转矩的方向都发生了变化，如图2-43(b)所示，转矩方向与转子转向相反，成制动转矩。此时电动机将机械能转变为电能馈送电网，所以称回馈制动。

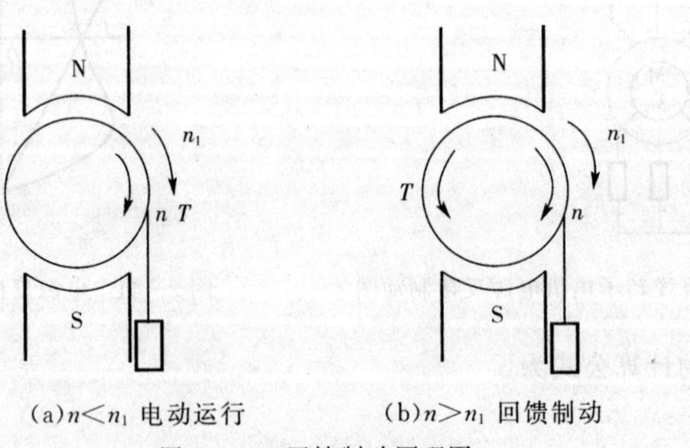

(a) $n<n_1$ 电动运行　　(b) $n>n_1$ 回馈制动

图2-43 回馈制动原理图

2.8　单相异步电动机

单相异步电动机是指用单相交流电源供电的异步电动机。单相异步电动机具有结构简单、成本低、噪声小、运行可靠等优点，另外单相异步电动机功率比较小，从几瓦到几百瓦，它广泛应用于家用电器（如电风扇、电冰箱、空调、洗衣机、吸尘器等）、医疗器械和小型机械中。

2.8.1　单相单绕组异步电动机的工作原理

1. 一相定子绕组通电的异步电动机

一相定子绕组通电的异步电动机是指单相异步电动机定子上的主绕组是一个单相绕组。当主绕组加单相交流电后，在定子气隙中产生一个脉振（脉动）磁场，该磁场振幅位置空间固定不变，大小随时间做正弦变化。如图 2-44 所示。

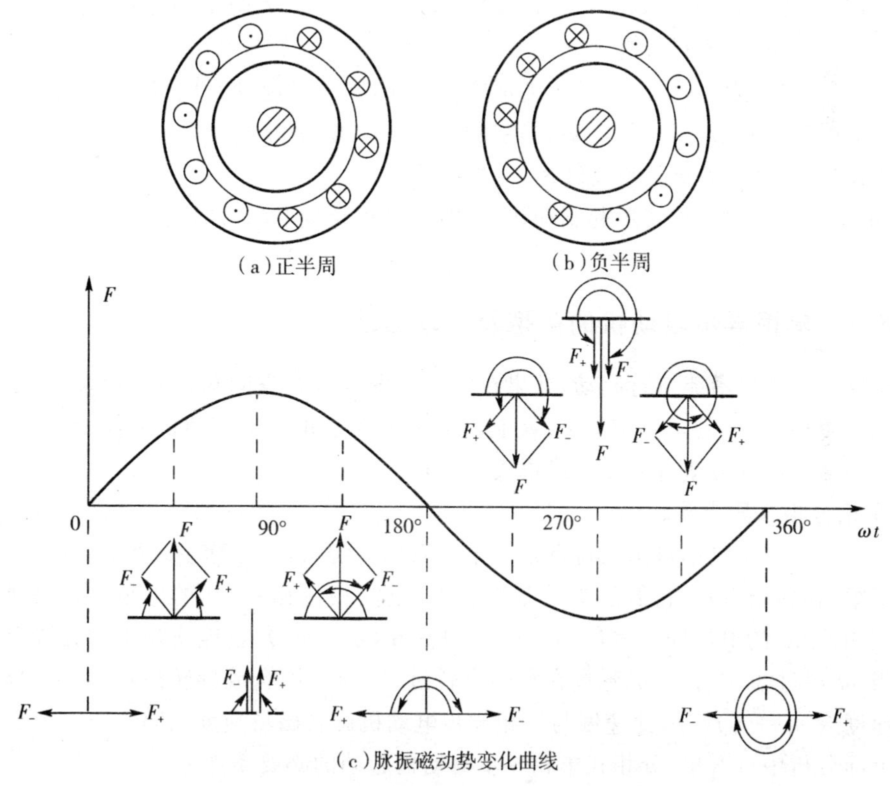

图 2-44　单相绕组通电时的脉振磁场

通过对图 2-44 的分析可知，一个脉振磁动势可由一个正转磁动势 F_+ 和一个反转磁动势 F_- 组成，它们的幅值大小相等（大小为脉振磁动势的一半）、转速相同、转向相反，由磁动势产生的磁场分别为正向和反向旋转磁场。同理，正、反向旋转磁场合成一个脉振磁场。

2. 单相异步电动机的机械特性

单相单绕组异步电动机通电后产生的脉振磁场，可以分解为正、反向旋转磁场。因此，电动机的电磁转矩是由两个旋转磁场产生的电磁转矩合成的。当电动机旋转后，正、反向旋转磁场产生电磁转矩 T_+、T_-，它的机械特性变化与三相异步电动机相同。图 2-45 中的曲线 1 和曲线 2 分别表示 $T_+=f(s_+)$、$T_-=f(s_-)$ 的特性曲线，它们的转差率为

$$s_+=\frac{n_1-n}{n_1} \tag{2-86}$$

$$s_-=\frac{-n_1-n}{-n_1} \tag{2-87}$$

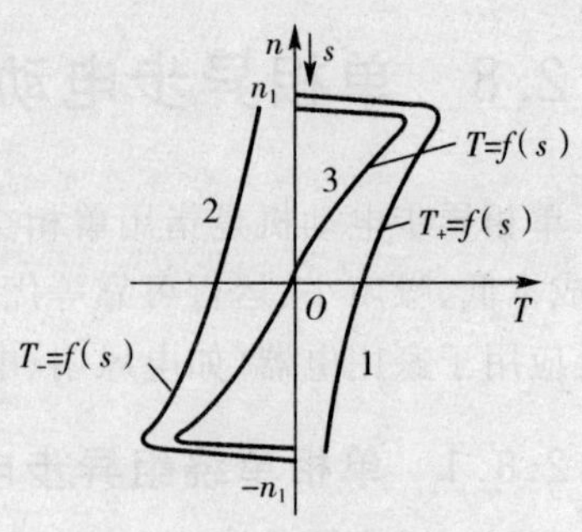

图 2-45　单相单绕组异步电动机机械特性

曲线 3 表示单相单绕组异步电动机机械特性。当 T_+ 为拖动转矩，T_- 为制动转矩时，其机械特性具有下列特点：

(1)当转子转动时，$n=0$，$T_+=-T_-$，$T=T_++T_-=0$，表明单相异步电动机一相绕组通电时无起动转矩，不能自行起动。

(2)旋转方向不固定时，由外力矩确定旋转方向，并一经起动，就会继续旋转。当 $n>0$，$T>0$ 时，机械特性在第一象限，电磁转矩属拖动转矩，电动机正转运行；当 $n<0$，$T<0$ 时，机械特性在第二象限，T 仍是拖动转矩，电机反转运行。

(3)由于存在反向电磁转矩起制动作用，因此单相异步电动机的过载能力、效率、功率因数较低。

2.8.2　单相异步电动机的类型及起动方法

单相异步电动机不能自行起动，如果在定子上安放具有空间相位相差 90°的两套绕组，然后通入相位相差 90°的正弦交流电，就能产生一个像三相异步电动机那样的旋转磁场，实现自行起动。常用的方法有分相式或罩极式两种。

1. 单相分相式异步电动机

单相分相式异步电动机结构特点是定子上有两套绕组，一相称主绕组(工作绕组)；另一相为副绕组(辅助绕组)。它们的参数基本相同，空间相位相差 90°的电角。如果通入两相对称相位相差 90°的电流即 $i_v=I_m\sin\omega t$，$i_u=I_m\sin(\omega t+90°)$，就能实现单相异步电动机的起动。当 ωt 经过 360°后，合成磁场在空间也转过了 360°，即合成旋转磁场旋转一周。其磁场旋转速度为 $n_1=60f_1/p$，此速度与三相异步电动机旋转磁场速度相同。

从上面分析中可看出，分相式单相异步电动机起动的必要条件为：

(1)定子具有空间不同相位的两套绕组；

(2)两套绕组中通入不同相位的交流电。

根据上面的起动要求，单相分相式异步电动机按起动方式分为如下几类：

(1)单相电阻分相起动异步电动机

单相电阻分相起动异步电动机的定子上嵌放两相绕组，如图 2-46 所示。两个绕组接在同一单相电源上，辅助绕组中串一个离心开关。开关作用是当转速上升到 80%的同步转速时，断开副绕组，使电动机运行在只有主绕组工作的情况下。

为了使起动时产生起动转矩，通常可采取两种方法：①副绕组中串入适当电阻；②副绕

组采用的导线比主绕组截面细，匝数比主绕组少。这样两相绕组阻抗就不同，促使通入两相绕组的电流相位不同，达到起动目的。

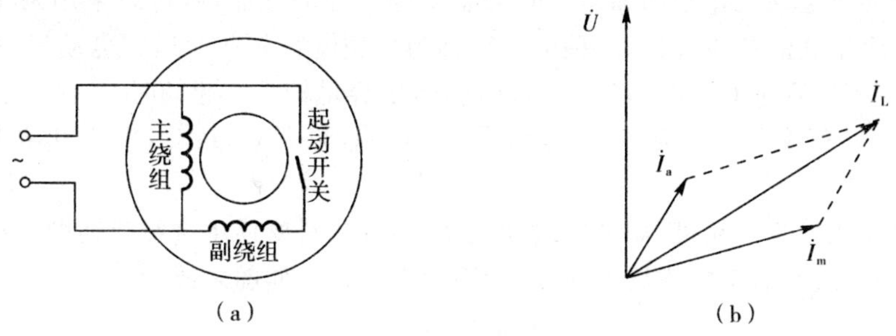

图 2-46 单相电阻分相起动异步电动机

由于电阻分相起动时，电流的相位移较小，小于 90°电角，起动时，电动机的气隙中建立的是椭圆形旋转磁场，因此电阻分相式异步电动机起动转矩较小。

单相电阻分相异步电动机的转向由气隙磁场方向决定，若要改变电动机转向，只要把主绕组或副绕组中任何一个绕组电源接线对调，就能改变气隙磁场，达到改变转向的目的。

(2)单相电容分相起动异步电动机

单相电容分相式异步电动机电路，如图 2-47 所示。

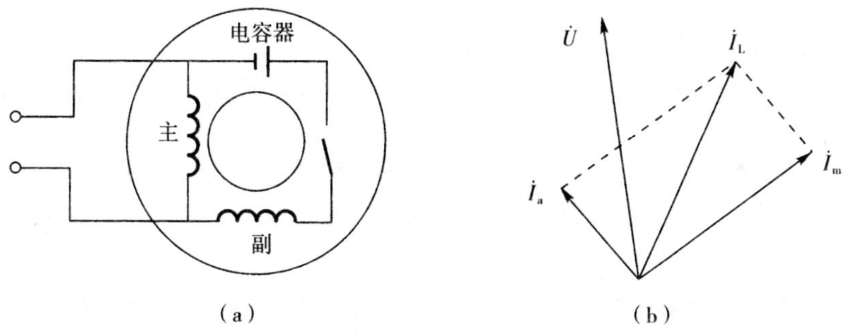

图 2-47 单相电容分相起动异步电动机

从图中可以看出，当辅助绕组串联一个电容器和一个开关时，如果电容器容量选择适当，则可以在起动时通过辅助绕组的电流在时间和相位上超前主绕组电流 90°电角，这样在起动时就可以得到一个接近圆形旋转磁场，从而有较大起动转矩。电动机起动后转速达到 75％～85％同步转速时，辅助绕组通过开关自动断开，主绕组进入单独稳定运行状态。

(3)单相电容运转异步电动机

若单相异步电动机辅助绕组不仅在起动时起作用，而且在电动机运转中也长期工作，则这种电动机称为单相电容运转电动机，如图 2-48 所示。

单相电容运转异步电动机实际上是一台两相异步电动机，其定子绕组产生的气隙磁场接近圆形旋转磁场。因此，其运行性能较好，功率因数、过载能力比普通单相分相式异步电动机好。电容器容量的选取较重要，对起动性能和运行影响较大。如果电容量大，则起动转矩大，而运行性能下降；反之，则起动转矩小，运行性能好。综合以上因素，为了保证有较好的运行性能，单相电容运转异步电动机的电容器容量比同功率的单相电容起动异步电动机的电容容量要小。起动性能如单相电容起动异步电动机。

(4)单相双值电容起动异步电动机(单相电容起动及运转异步电动机)

如果单相异步电动机在起动和运行时都能得到较好的性能,则可以采用两个电容并联后再与辅助绕组串联的接线方式,这种电动机称为单相电容起动和运转电动机,如图 2-49 所示。图中,电容器容量 C_1 较大;C_2 为运转电容,电容量较小。起动时 C_1 和 C_2 并联,总电容器容量大,所以有较大的起动转矩;起动后,C_1 切除,只有 C_2 运行,因此电动机有较好的运行特性。

对电容分相式异步电动机,如果要改变电动机转向,只要使主绕组或辅助绕组的接线端对调即可,对调接线端后旋转磁场方向改变,因而电动机转向随之改变。

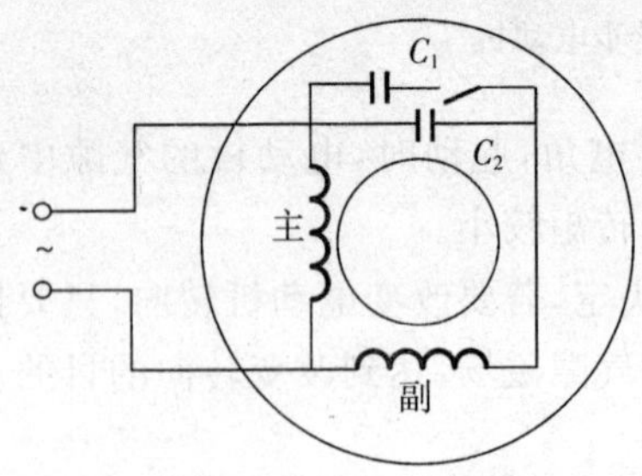

图 2-48 单相电容运转异步电动机

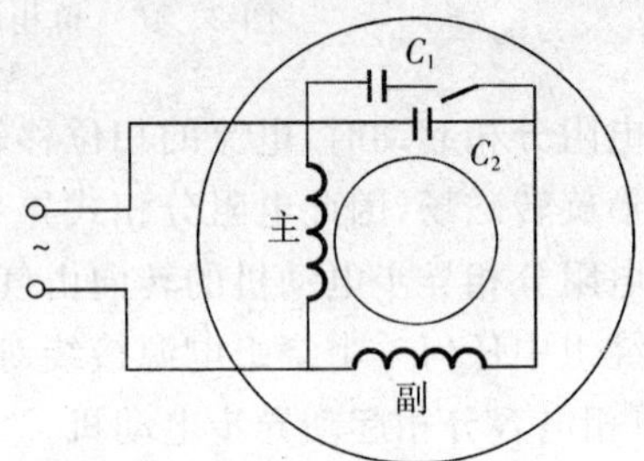

图 2-49 单相电容起动与运转异步电动机

2. 单相罩极式(磁通分相式)异步电动机

单相罩极式异步电动机的结构有凸极式和隐极式两种,以凸极式结构最为常见,如图 2-50所示。

凸极式异步电动机定子做成凸极铁心,然后在凸极铁心上安装集中绕组,组成磁极,在每个磁极 1/3~1/4 处开一个小槽,槽中嵌放短路环,将小部分铁心罩住。转子均采用笼型绕组结构。

罩极式异步电动机当定子绕组通入正弦交流电后,将产生交变磁通 Φ,其中一部分磁通 Φ_A 不穿过短路环;另一部分磁通 Φ_B 穿过短路环。由于短路环作用,当穿过短路环的磁通发生变化时,短路环必然产生感应电动势和感应电流,感应电流总是阻碍磁通变化,这就使穿过短路环部分的磁通 Φ_B 滞后未罩部分的磁通 Φ_A,使磁场中心线发生移动。于是,电动机内部产生了一个移动的磁场或扫描磁场,将其看成是椭圆度很大的旋转磁场,在该磁场作用下,电动机将产生提高电磁转矩,使电动机旋转,如图 2-51 所示。

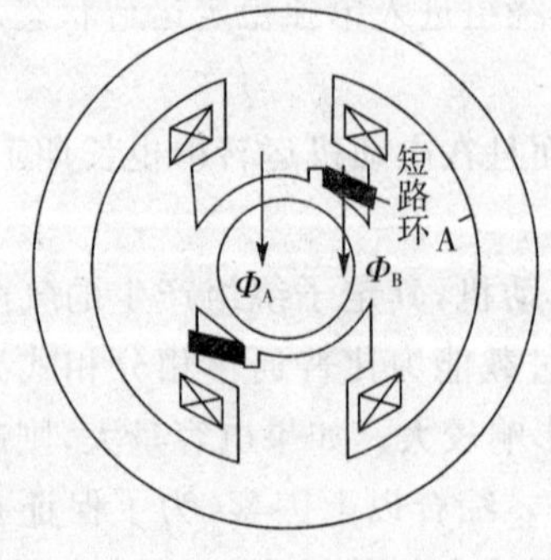

图 2-50 罩极异步电动机示意图

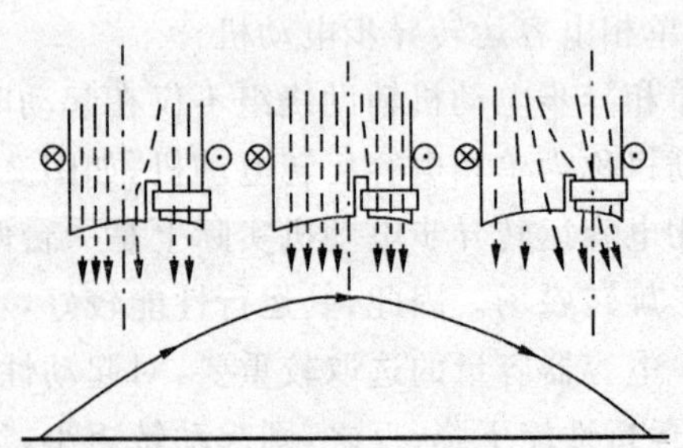

图 2-51 罩极式电动机移动磁场示意图

图 2－51 可以看成，罩极式电动机的转向总是从未罩部分向被罩部分移动，即转向不能改变。

单相罩极式异步电动机的主要优点是结构简单、成本低、维护方便。但起动性能和运行性能较差，所以主要用于小功率电动机的空载起动场合，如电风扇等。

2.8.3 单相异步电动机的调速

单相异步电动机在某些场合要求有不同的速度。如电动工具、电风扇等有变速要求的负载。为此单相电动机常用的调速方法有变频调速、串电抗调速、串电容调速和抽头法调速等。下面简单介绍串电抗调速和抽头法调速。

1. 串电抗调速

在电动机的电源线路中串入起分压作用的电抗器，由电抗器的电抗值来改变电动机的端电压，达到调速的目的，这种方法称串电抗调速，如图 2－52 所示。

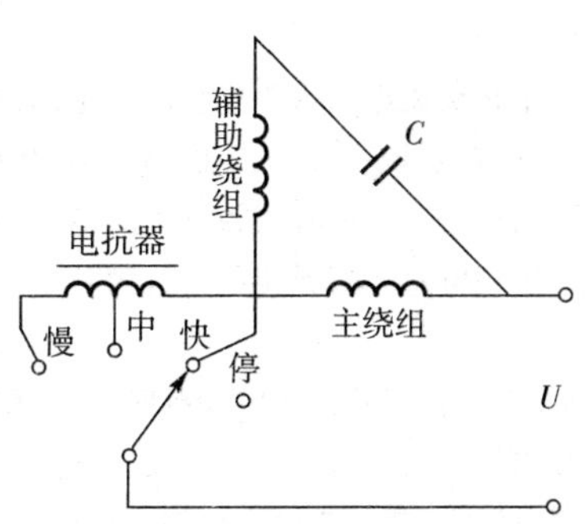

图 2－52　串电抗调速的线路图

串电抗调速的优点是结构简单、调速方便、耗电材料多。

2. 抽头法调速

在电动机定子铁心的主绕组上嵌放一个调速绕组，由调速开关改变调速绕组串入主绕组匝数，达到改变气隙磁场目的，从而改变电动机的速度，这种方法称为抽头法调速。如图 2－53 所示。

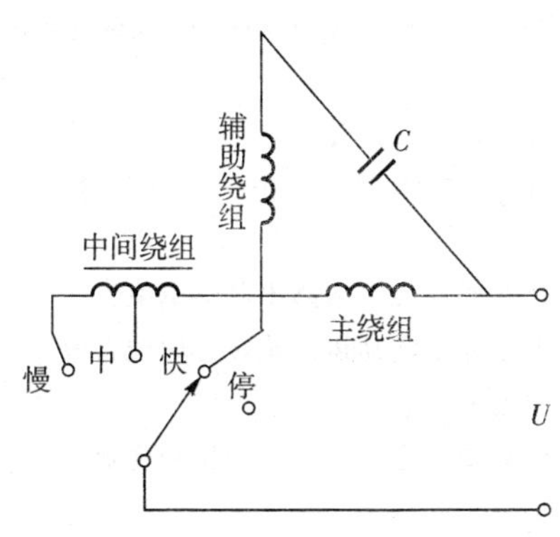

(a) T 形接法

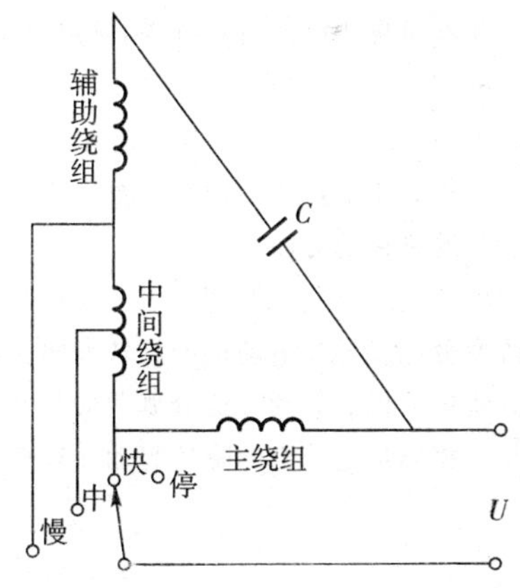

(b) L 形接法

图 2－53　抽头法调速的线路图

抽头法调速的优点是节省材料、耗电少，但绕组嵌放比较复杂。

以上的调速方法适用于分相式和罩极式单相异步电动机。

思考题与习题

1.什么叫旋转磁场？三相交流旋转磁场产生的条件是什么？如果三相电源的一相断线，三相异步电动机能否产生旋转磁场？为什么？

2.三相异步电动机旋转磁场的转速由什么决定？两极、四极、六极三相异步电动机的同步速度是多少？

3.旋转磁场的转向由什么决定？如何改变旋转磁场的转向？

4.定子绕组通入三相电源，转子三相绕组开路，电动机能否转动？为什么？

5.转差率 s 是分析异步电动机运行性能的一个重要参数，电动机转速越快，则转差率 s 就越大。(　　)

6.三相异步电动机接在380V电源上工作，不论三相绕组接成三角形还是星形，其输出功率均是相等的。(　　)

7.单相交流电通入单相绕组产生的磁场是(　　)

(1)旋转磁场　(2)恒定磁场　(3)脉动磁场

8.家用吊扇的电容器损坏拆除后，每次起动时用手拨动一下扇叶，可以正常运行。(　　)

9.单相电容运行异步电动机因其工作绕组与起点绕组中的电流是同相的，所以称为单相异步电动机。(　　)

10.在选择三相异步电动机时，总希望选功率大一点的电动机，使它在工作时能轻载运行，以保护电动机不会损坏。(　　)

11.试述三相异步电动机的工作原理，并解释“异步”的意义。

12.两台三相异步电动机额定功率都是 $P_N=40\text{kW}$，而额定转速分别为 $n_{N1}=2960\text{r/min}$，$n_{N2}=1460\text{r/min}$，求对应的额定转矩为多少？说明为什么这两台电动机的额定功率一样但转轴上产生的转矩不同？

13.一台三相八极异步电动机数据为：额定容量 $P_N=260\text{kW}$，额定电压 $U_N=380\text{V}$，额定频率为50Hz，额定转速 $n_N=722\text{r/min}$，过载能力 $\lambda=2.13$。求

(1)额定转差率；(2)最大转矩对应的转差率；(3)额定转矩；(4)最大转矩；(5)$s=0.02$ 时的电磁转矩。

14.什么叫三相异步电动机的调速？对三相绕线转子异步电动机通常用什么方法调速？对三相笼型异步电动机，有哪几种调速方法？

15.能耗制动的接线与制动原理如何？反接制动时为什么要在转子回路串制动电阻？

16.如何改变分相式异步电动机的旋转方向？罩极式单相异步电动机的旋转方向能否改变？为什么？

17.三相异步电动机的起动方法分哪两大类？说明适用范围。

18.什么是三相异步电动机的降压起动？有哪几种降压起动的方法？并分别比较优缺点。

第3章

直流电动机

内容提要与学习要求：

本章具体介绍了直流电动机的基本工作原理及其结构。同时通过对直流电动机及负载的机械特性的描述，重点介绍了直流电动机的运行特性，包括直流电动机的起动、调速、正反转及制动等各种运行状态的实现方法及特性。掌握直流电动机的基本工作原理，了解直流电动机的基本结构，通过学习直流电动机的机械特性及负载的机械特性，重点掌握直流电动机工作在起动、调速、正反转及制动等各种运行状态下的运行特性及实现方法。

3.1 直流电动机的结构和基本原理

直流电动机是实现直流电能和机械能相互转换的电气设备。其中，将直流电能转换为机械能的叫做直流电动机；将机械能转换为直流电能的叫做直流发电机。

直流电动机的主要优点是起动性能和调速性能好，过载能力大，因此，应用于对起动和调速性能要求较高的生产机械。例如大型机床、轧钢机、矿井卷扬机、造纸机等都广泛采用直流电动机作为原动机。

直流电动机的主要缺点是存在电流换向问题。由于换向问题的存在，使其结构、生产工艺复杂化，且使用有色金属多，价格昂贵，运行可靠性差。

3.1.1 直流电动机的结构和铭牌

1. 直流电动机的结构

直流电动机的结构是由定子和转子两大部分组成，直流电动机运行时静止不动的部分称为定子。定子的主要作用是产生磁场，由机座、主磁极、换向极、端盖、轴承和电刷装置等组成。运行时转动的部分称为转子，其主要作用是产生电磁转矩和感应电动势。它是直流电动机进行能量转换的枢纽，所以通常又称为电枢。由转轴、电枢铁心、换向器和风扇等组成。定、转子间因有相对运动，故留有一定的气隙，气隙大小与电动机容量有关。图 3-1 是小型直流电动机的纵剖面图。直流电动机由于有各种不同的用途和产品系列，其结构也是多种多样的。下面对图中各主要结构部件分别作一简单介绍。

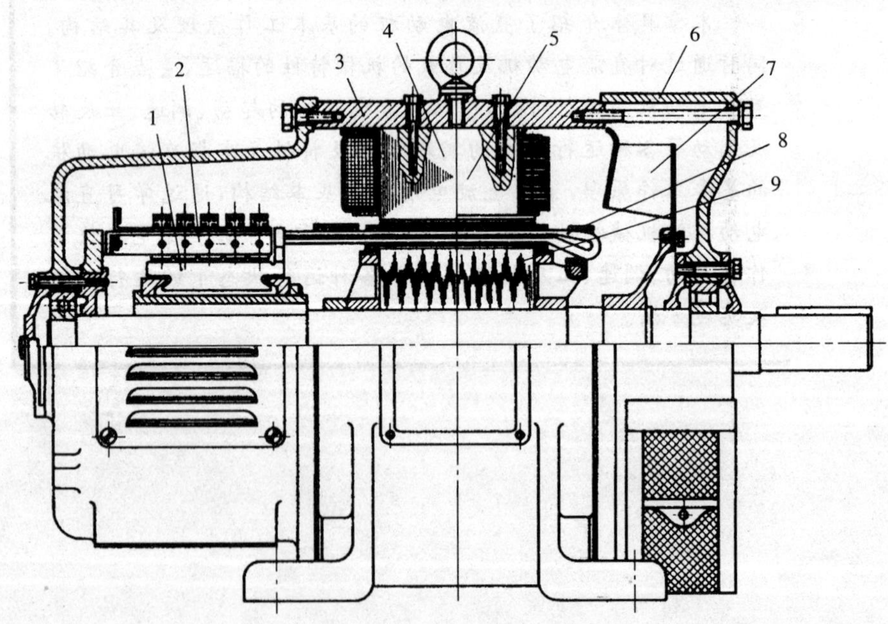

图 3-1 小型直流电动机的结构

1—换向器 2—电刷装置 3—机座 4—主磁极 5—换向极 6—端盖 7—风扇 8—电枢绕组 9—电枢铁心

(1)定子

直流电动机定子主要由机座、主磁极、换向极及电刷装置等部分构成。

① 机座。直流电动机机座是用来固定主磁极、换向极和端盖的，起支撑、保护作用，也作为磁轭，构成了主磁极的闭合路径。机座通常由铸钢或钢板焊接而成，目前由薄钢板或硅钢片制成的叠片机座应用也相当广泛。

② 主磁极。主磁极的作用是在电动机气隙中产生一定发布形状的气隙磁密。主磁极由主磁极铁心和主磁极绕组组成。主磁极铁心通常用厚 121.5mm 的低碳钢板冲片叠成。绝大多数直流电动机的主磁极是由直流电流来励磁的，所以主磁极装有励磁绕组。图 3－2 是主磁极的装配图。

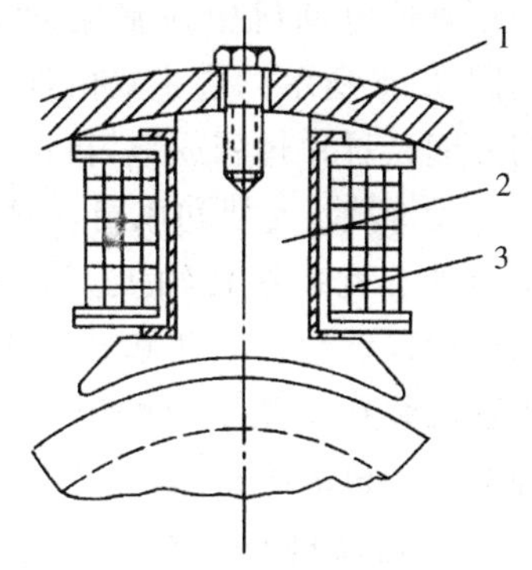

图 3－2　主磁极装配图

1—固定主磁极丝

2—主磁极铁心　3—励磁绕组

③ 换向极。换向极的作用是改善电动机的换向性能。换向极由换向极铁心和换向极绕组组成，如图 3－3 所示。中小型电动机的换向极由整块钢制成，而大型电动机则做成钢板叠片磁极。换向极应装在电动机两主极间的几何中性线上。换向极绕组应与电枢绕组串联。

④ 电刷装置。电刷的作用前面已作介绍。电刷装置就是安装、固定电刷的机构，如图 3－4 所示。电刷装置通常固定在电动机的端盖、轴承内盖或者机座上。

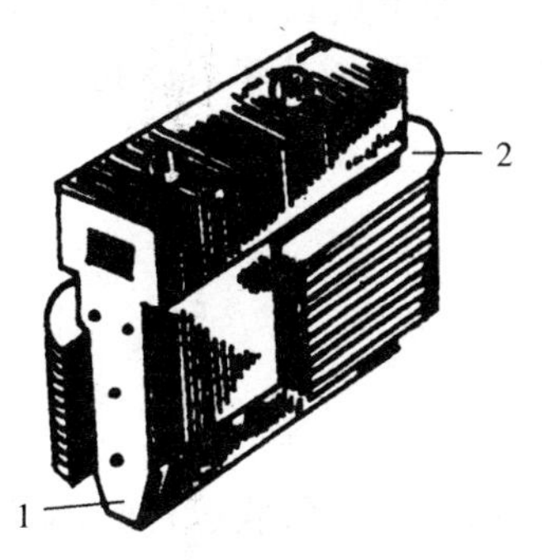

图 3－3　换向极

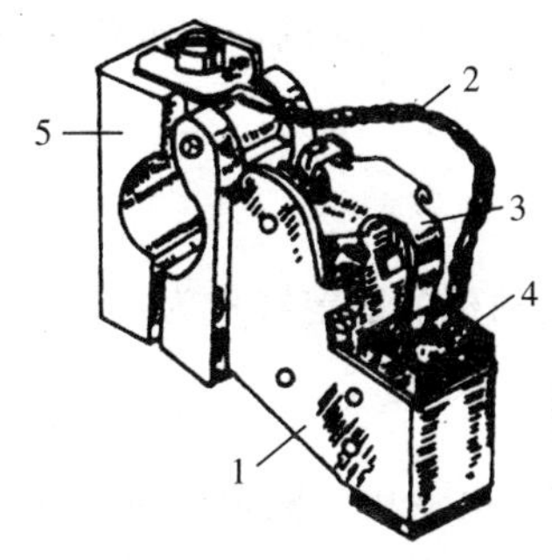

图 3－4　刷握与电刷

1—刷盒　2—电刷　3—压紧弹簧　4—铜丝软线　5—刷握

(2)转子

直流电动机转子常称为电枢，主要由电枢铁心、电枢绕组、换向器和转轴等部件构成。

① 电枢铁心。电枢铁心一方面用来嵌放电枢绕组，另一方面构成主磁路闭合路径。当电枢旋转时，铁心中磁通方向发生变化，会产生涡流和磁滞损耗。为了减少这部分损耗，通常用 0.35～0.5mm 厚的硅钢片经冲剪叠压而制成电枢铁心。电枢铁心外圆上有均匀分布的槽，以嵌放电枢绕组。

② 电枢绕组。电枢绕组的作用是产生感应电动势和电磁转矩，从而实现机、电能量转换。它是直流电动机的重要部件。电枢绕组由许多用绝缘导线绕制的电枢线圈组成，各电枢线圈分布嵌放在不同的电枢铁心槽内，两端按一定规律通过换向片构成闭合回路。

③ 换向器。换向器是直流电流的关键部件，它与电刷配合，在发电机中，能使电枢线圈中交变电动势转换成电刷间的直流电动势；在电动机中将外面通入电刷的直流电流转换成电枢线圈中所需的交变电流。换向器种类很多，这主要与电动机的容量与转速有关。在中

小型直流电动机中最常用的是拱形换向器，其结构如图 3-5 所示。它主要由许多燕尾形的铜质换向片与片间云母片排列成形，再由套筒、螺母等紧固而成。

④ 转轴、支架和风扇。对于小容量直流电动机，电枢铁心就装在转轴上。对于大容量直流电动机，为减少硅钢片的消耗和转子重量，轴上装有支架，电枢铁心装在支架上，此外，在轴上还装有风扇，以加强对电动机的冷却。

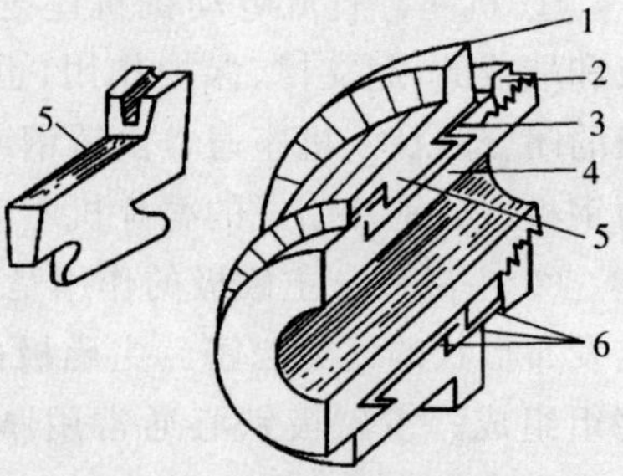

图 3-5 换向器的结构

1—片间云母片 2—锁紧螺母 3V 形环 4—套筒 5—换向片 6—云母绝缘

2. 电动机的铭牌

电动机的铭牌上标明了电动机的型号及额定数据，供用户选择和使用电动机时参考。

(1)铭牌数据

根据国家标准，直流电动机的额定数据有：额定容量（功率）P_N（kW），额定电压 U_N（V），额定电流 I_N（A），额定转速 n_N（r/min），励磁方式和额定励磁电流 I_{fN}（A）。

有些物理量虽然不标在电动机铭牌上，但它也是额定值。例如在额定运行状态下的转矩、效率分别称为额定转矩和额定效率等，这些额定数据也叫铭牌数据。

关于额定容量，对直流发电机而言，是指发电机带额定负载时，电刷端输出的功率；对直流电动机而言，是指电动机带额定负载时，转轴上输出的机械功率。因此，直流发电机的额定容量应为

$$P_N = U_N I_N \tag{3-1}$$

而直流电动机的额定容量为

$$P_N = U_N I_N \eta_N \tag{3-2}$$

式中，η_N 是直流电动机的额定效率。它是直流电动机带额定负载运行时，输出的机械功率与输入的电功率之比。

电动机轴上输出的额定转矩用 T_N 表示，其大小应该是输出的额定机械功率除以转子额定角速度，即

$$T_N = \frac{P_N}{\Omega_N} = \frac{P_N}{\frac{2\pi n_N}{60}} = 9.55\frac{P_N}{n_N} \tag{3-3}$$

直流电动机运行时，若各个物理量都为额定值，就称为额定运行状态。由于电动机是根据额定值设计的，因此，在额定运行状态下，电动机能可靠运行，并具有良好的性能。

实际运行中，电动机不可能总是工作在额定运行状态的。如果运行时电动机的负载小于额定容量，称为欠载运行；而运行时电动机的负载超过额定容量，称为过载运行。长期的过载或欠载运行都不好。长期过载有可能因过热而损坏电动机，长期欠载则由于运行效率不高而浪费容量。为此，在选择电动机时，应根据负载的要求，尽可能让电动机工作在额定状态。

例 3-1 一台直流电动机其额定功率 $P_N = 160\text{kW}$，额定电压 $U_N = 220\text{V}$，额定效率 η_N

=90%，额定转速 $n_N=1500\text{r/min}$，求该电动机额定运行状态时的输入功率、额定电流及额定转矩。

解：额定输入功率　$$P_1=\frac{P_N}{\eta_N}=\left(\frac{160}{0.9}\right)\text{kW}=177.8\ \text{kW}$$

额定电流　$$I_N=\frac{P_N}{U_N\eta_N}=\left(\frac{160\times10^3}{220\times0.9}\right)\text{A}=808.1\ \text{A}$$

额定转矩　$$T_N=9.55\frac{P_N}{n_N}=\left(9.55\ \frac{160\times10^3}{1500}\right)\text{N}\cdot\text{m}=1018.7\ \text{N}\cdot\text{m}$$

(2)国产直流电动机的型号

为了满足各行各业的不同要求，电动机被制造成不同型号的系列产品。所谓同系列电动机，就是指用途基本相同，结构和形状基本相似，技术要求基本相同，功率、电压、转速、中心高、铁心长度和安装尺寸等都有一定的标准等级的电动机。通常将其中使用范围广、产量大的一般用途电动机作为基本系列。为满足某些特殊用途的要求，在基本系列的基础上作部分改动，则形成派生系列电动机。

电动机的产品型号一般用大写印刷体的汉语拼音字母和阿拉伯数字表示。其中，汉语拼音字母是根据电动机的全名称来选择有代表意义的汉字，再从该字的拼音中得到。例如：

$$Z_A-112/2-1$$

其中，Z 为直流电动机；A 为设计系列号；112 为中心高 112mm；2 为极数；1 为 1 号铁心。

国产的直流电动机种类很多，Z 系列是一般用途的小型电动机，其中 Z_2 系列有电动机、发电机和调压发电机；Z_3 系列是在 Z_2 系列的基础上发展而来的，用途与 Z_2 系列相同，但性能有所改善；Z_4 系列种类电动机是 20 世纪 80 年代研制的新一代一般用途的小型直流电动机，该机采用八角形叠片机座，适用于整流电源供电，具有调速范围广、转动惯量小及过载能力大等优点。

3.1.2　直流电动机的工作原理

1. 直流电动机的基本工作原理

直流电动机的工作原理，可以用一个简单的模型来说明。图 3-6 是一台最简单的直流电动机的模型。N 和 S 是一对固定的磁极，可以是电磁铁，也可以是永久磁铁。磁极之间有一个可以转动的铁质圆柱体，称为电枢铁心。铁心表面固定一个用绝缘导体构成的电枢线圈 *abcd*，线圈的两端分别接到相互绝缘的两个弧形铜片上，弧形铜片称为换向片，它们的组合体称为换向器。换向器是跟转轴一起转动的。在换向器上放置固定不动而与换向片滑动接触的电刷 A 和 B，线圈 *abcd* 通过换向器和电刷接通外电路。电枢铁心、电枢线圈和换向器构成的整体称为电枢。

此模型作为直流电动机运行时，将直流电源加于电刷 A 和 B。例如将电源正极加于电刷 A，电源负极加于电刷 B，则线圈 *abcd* 中流过电流，在导体 *ab* 中，电流由 *a* 流向 *b*。在导体 *cd* 中，电流由 *c* 流向 *d*。载流导体 *ab* 和 *cd* 均处于 N、S 极之间的磁场中，*ab* 导体在 N 极正下方，*cd* 导体在 S 极正下方，如图 3-6(a)所示。受电磁力的作用，电磁力的方向用左手定则确定，可知这一对电磁力形成一个转矩，称为电磁转矩。转矩的方向为逆时针方向，使整个电枢逆时针方向旋转。当电枢旋转180°时，导体 *cd* 转到N极正下方，*ab* 转到S极正下方，如图3-6(b)所示。由于电流仍从电刷A流入，使 *cd* 中的电流变为由 *d* 流向 *c*，而 *ab* 中的电流由 *b* 流向 *a*。从电刷B流出，用左手定则判别可知，电磁转矩的方向仍是逆时针方向。

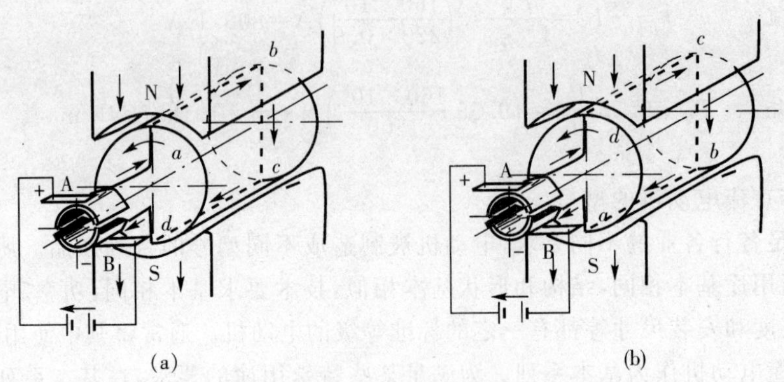

图3-6　直流电动机的工作原理

由此可见，加于直流电动机的直流电源，借助于换向器和电刷作用，使直流电动机电枢线圈中流过交变的电流，从而使电枢产生的电磁转矩的方向恒定不变，确保直流电动机朝着确定的方向连续旋转。这就是直流电动机的基本工作原理。

实际的直流电动机，电枢圆周上均匀地嵌放着许多线圈，相应地，换向器由许多换向片组成，使电枢线圈所产生的总的电磁转矩足够大并且比较均匀，电动机的转速也就比较均匀。

2. 直流发电机的基本工作原理

直流发电机的模型与直流电动机相同，不同的是电刷上不加直流电压，而是用原动力机拖动电枢朝某一方向例如逆时针方向旋转，如图3-7所示。这时导体 *ab* 和 *cd* 分别切割N极和S极下的磁力线，产生感应电动势，电动势的方向由右手定则确定。在图3-7(a)中，导体 *ab* 中电动势的方向由 *b* 指向 *a*，导体 *cd* 中电动势的方向由 *d* 指向 *c*，所以电刷A与 *a* 所连接的换向片接触，为正极性，电刷B与 *d* 所连接的换向片接触，为负极性。电枢旋转180°时，导体 *cd* 转至N极下，感应电动势由 *c* 指向 *d*，电刷A与 *d* 所连接的换向片接触，仍为正极性；导体 *ab* 转至S极下，感应电动势的方向变为 *a* 指向 *b*，电刷B与 *a* 所连接的换向片接触，仍为负极性，如图3-7(b)所示。可见直流发电机电枢线圈中的感应电动势的方向是交变的，而通过换向器和电刷的作用，在电刷A、B两端输出的电动势是方向不变的直流电动势。若在电刷A、B之间接上负载(如灯泡)，发电机就能向负载供给直流电能(灯泡会发亮)。

由以上分析看成：一台直流电动机原则上既可以作为电动机运行，也可以作为发电机运行，电动机的实际运行方式取决于外界不同的条件。将直流电源加于电刷，输入电能，将电能转换为机械能，作电动机运行；如用原动力机拖动直流电动机的电枢旋转，输入机械能，将机械能转换为直流电能，从电刷上引出直流电动势，作发电机运行。同一台电动机，既能作为电动机运行，又能作为发电机运行的原理，称为电动机的可逆原理。但是在设计电动机时，需考虑两者运行特点上的差别。例如，如果作发电机用，则同一电压等级下发电机的额定电压值应稍高,以补偿从电源至负载沿路的损失。

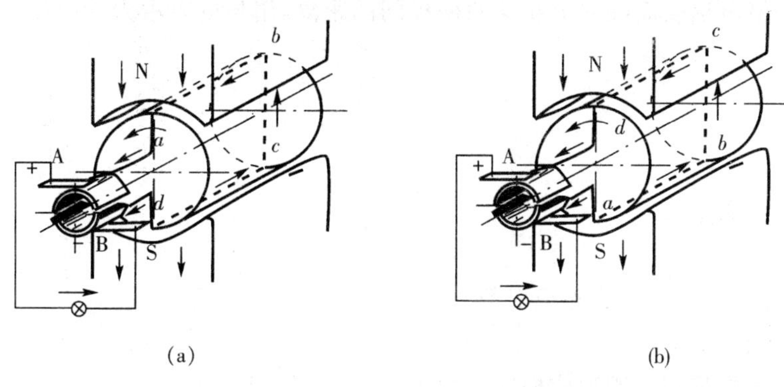

(a) (b)

图 3-7 直流发电机的工作原理

3.2 直流电动机的电枢绕组

电枢绕组是直流电动机的核心部分,在电动机的机电能量转换过程中起着重要的作用。因此,电枢绕组须满足以下要求:在能通过规定的电流和产生足够的电动势前提下,尽可能节省有色金属和绝缘材料,并且要结构简单、运行可靠等。

电枢绕组元件由绝缘铜线绕制而成,每个元件有两个元件边嵌放在电枢槽中。能与磁场作用产生转矩或电动势的有效边,称为元件边。元件的槽外部分亦即元件边以外的部分称为端接部分,如图 3-8 所示。

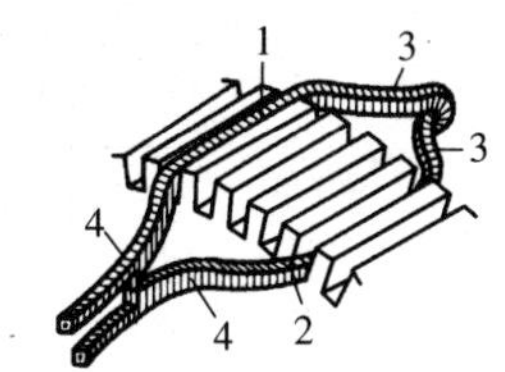

图 3-8 绕组元件在槽内的放置

1—上层元件边 2—下层元件边 3—端接线 4—出线端

3.2.1 电枢绕组的常用术语

1. 实槽与虚槽

电动机电枢上实际开出的槽叫做实槽。电动机往往有较多的元件来构成电枢绕组,但由于制造工艺等原因,电枢铁心开的槽数不能够太多。通常在每个槽的上、下层各放置若干个元件边,见图 3-9。为了明确说明每个元件边所处的位置,引入“虚槽”概念。所谓“虚槽”,即单元槽。设槽内每层有 μ 个虚槽,每个虚槽的上、下层各有一个元件边。图 3-9 中所示情况 $\mu=3$。若实槽数为 Q,虚槽数为 Q_μ,则 $Q_\mu=\mu Q$。以后在说明元件的空间分布情况时,用虚槽作为计算单位。

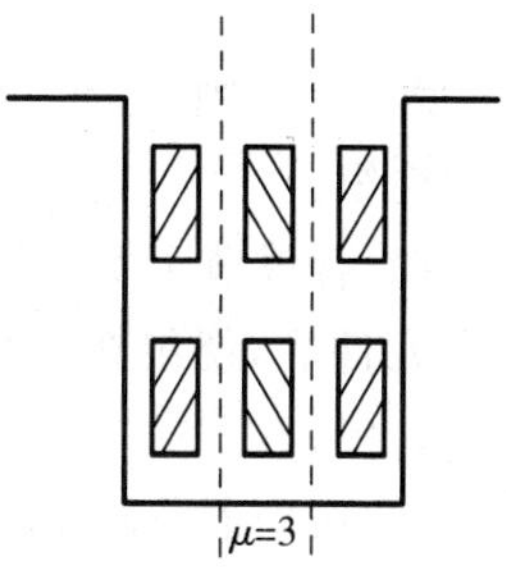

$\mu=3$

图 3-9 实槽与虚槽

2. 元件数、换向片数和虚槽数

因为每个元件有两个元件边,而每个换向片连接两个元件边,又因为每个虚槽包含两个元件边,所以一般来讲,绕组的元件数 S、换向片数 K 和虚槽数 Q_μ 三者应相等,即:

$$S=K=Q_\mu \tag{3-4}$$

3. 极距

极距就是沿电枢表面圆周上相邻两磁极间的距离，用长度表示为

$$\tau=\frac{\pi D_a}{2p} \tag{3-5}$$

若用虚槽数表示为
$$\tau=\frac{Q_\mu}{2p} \tag{3-6}$$

式中，D_a 为电枢外径，m；p 为磁极对数。

4. 绕组节距

绕组节距通常都用虚槽数或换向片数表示，见图 3-10。

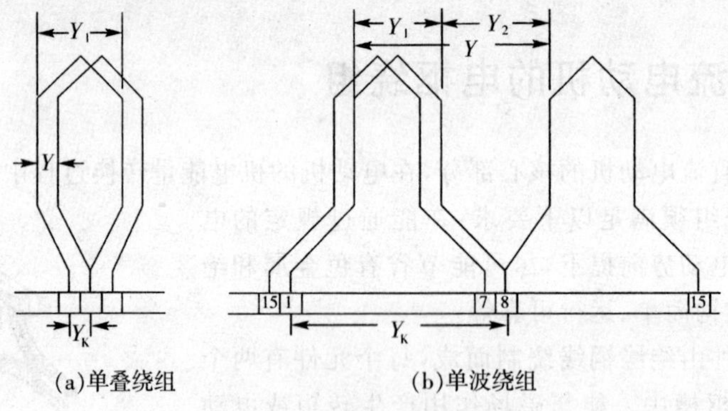

(a)单叠绕组　　(b)单波绕组

图 3-10　电枢绕组的节距

(1)第一节距 Y_1：同一个元件的两个有效边之间的距离称为第一节距。在电动机中为了获得较大的感应电动势，应等于或接近于一个极距。由于极距不一定是整数，而 Y_1 必须是整数，所以应使

$$Y_1=\frac{Q_\mu}{2p}\pm\varepsilon=\text{整数} \tag{3-7}$$

若 $\varepsilon=0$，则 $Y_1=\tau$，称为整距绕组。若 $\varepsilon\neq0$，当 $Y_1>\tau$ 时称为长距绕组；当 $Y_1<\tau$ 时称为短距绕组。

(2)合成节距 Y：相串联的两个元件的对应边之间的节距称为合成节距。它表示每串联一个元件后，绕组在电枢表面前进或后退了多少个虚槽，是反映不同形式绕组的一个重要标志。

(3)换向器节距 Y_K：一个元件的两个出线端所连接的换向片之间的距离称为换向器节距。由于元件数等于换向片数，因此元件边在电枢表面前进或后退多少个虚槽，其出线端在换向片上也必然前进或后退多少个换向片，所以换向器节距等于合成节距，即

$$Y=Y_K \tag{3-8}$$

(4)第二节距 Y_2：它表示相串联的两个元件中，第一个元件的下层边与第二个元件的上层边之间的距离。

3.2.2　单叠绕组

元件依次相连，元件的出线端接到相邻的换向片上，$Y_K=1$，第一个元件的下层边（虚线）连接着第二个元件的上层边，它放在第一元件上层边相邻的第二个槽内。下面通过例子说明单叠绕组如何连接，有何特点。

例 3-2　已知某直流电动机的极对数 $p=2$，槽数 Q_μ、元件数 S 及换向片数为 $S=Q_\mu=K=16$，$\mu=1$，试画出单叠绕组展开图。

1. 计算绕组数据

第一节距　$Y_1=\dfrac{Q_\mu}{2p}\pm\varepsilon=4$

换向器节距和合成节距　$Y=Y_K=1$

第二节距，对于单叠绕组　$Y_2=Y_1-Y=3$

2. 画绕组展开图

为了清晰和直观，工程上都把电动机的电枢绕组图画成沿电枢轴线切开，展成平面的绕组展开图。如图 3-11 所示。

(1)先画 16 根等长、等距的平行实线，代表各槽上层元件边；再画 16 根等长、等距的平行虚线，代表各槽下层元件边。一根实线和一根虚线代表一个槽，编上槽号，如图 3-11 所示。

(2)根据 Y_1 连接一个元件。如将 1 号元件上层边放在 1 号槽上层，其下层边应放在 $1+Y_1=5$ 号槽的下层，令上层边所在的槽号为元件号。由于一般情况下，元件是左右对称的，因此可把 1 号槽的上层（实线）和 5 号槽的下层（虚线）用左右对称的端接部分连成 1 号元件（注意：首端和末端之间相隔一片换向片宽度）。为使图形规整，取换向片宽度等于一个槽距，从而画出与 1 号元件首端相连的 1 号换向片和相邻的与末端相连的 2 号换向片，并依次画出 3 号～16 号换向片。显然，元件号、上层边所在槽号和该元件首尾所连接换向片的编号相同。

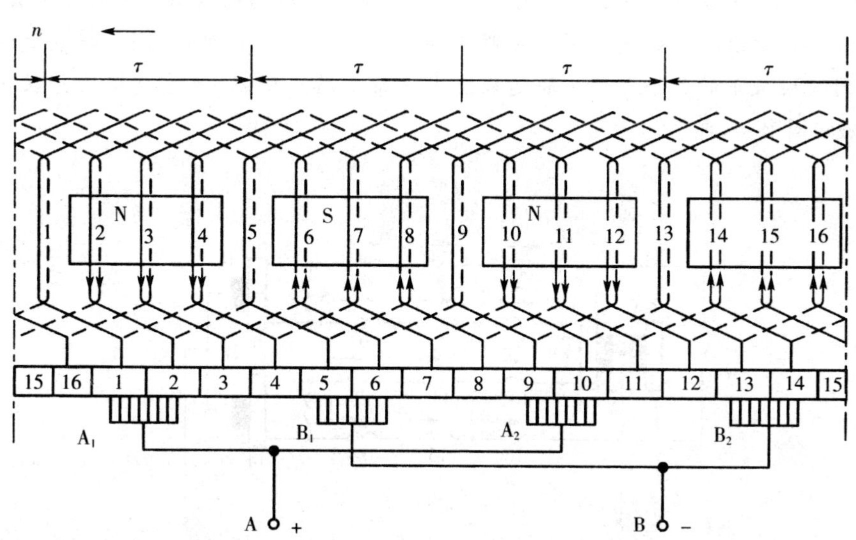

图 3-11　单叠绕组展开图

(3)画 1 号元件的平行线,可以依次画出 2 号～16 号元件,从而将 16 个元件通过 16 片换向片连成一个闭合的回路。

(4)单叠绕组的展开图已经完成,但为帮助理解绕组工作原理和电刷位置的确定,一般在展开图上还应画出磁极和电刷。

(5)画磁极。本例有 4 个主磁极,在圆周上应该均匀分布,即相邻磁极中心之间应间隔 4 个槽。设某一瞬间,4 个磁极中心分别对准 3 号、7 号、11 号、15 号槽,并且主磁极宽度约为极距的 0.6～0.7 左右,画出 4 个磁极,如图 3－11 所示。依次标出极性 N、S、N、S,一般假设磁极在电枢绕组的上面。

(6)画电刷。电刷组数也就是刷杆数等于极数(本例中为 4),必须均匀分布在换向器表面圆周上,相互间隔 4 片换向片。为使被电刷短路的元件中感应电动势最小,正负电刷之间引出的电动势最大,由图 3－11 分析可看出:当元件左右对称时,电刷中心线应对准磁极中心线。图中设电刷宽度等于一片换向片的宽度。

3. 单叠绕组连接顺序表

绕组展开图比较直观,但画起来比较麻烦。为简便起见,绕组连接规律也可用连接顺序表来表示。本例的连接顺序表如图 3－12 所示。表中上排数字同时代表上层元件边的元件号、槽号和换向片号,下排带"′"的数字代表下层元件边所在的槽号。

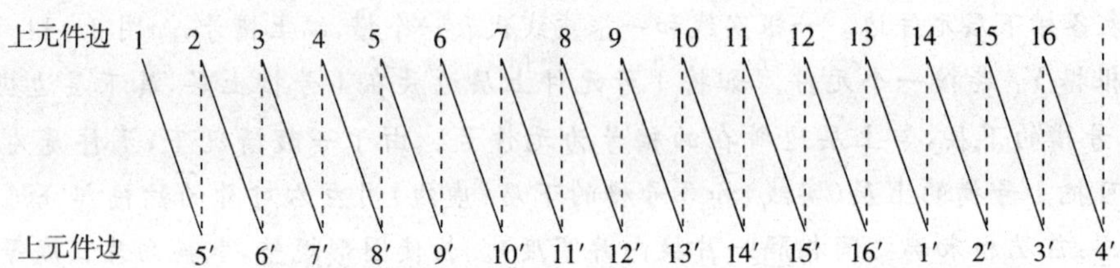

图 3－12 单叠绕组连接顺序表

4. 单叠绕组的并联支路图

保持图 3－12 中各元件的连接顺序不变,将此瞬间不与电刷接触的换向片省去不画,可以得到图 3－13 所示的并联支路图。对照图 3－13 和图 3－11,可以看出,单叠绕组的连接规律是将同一磁极下的各个元件串联起来组成一条支路。所以,单叠绕组的并联支路对数 a 总等于磁极对数 p,即

$$a=p$$

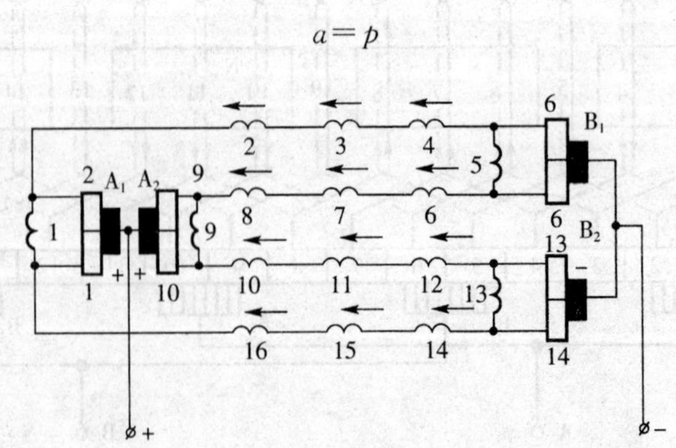

图 3－13 单叠绕组并联支路图

5. 单叠绕组的特点

(1)同一磁极下的各元件串联起来组成一条支路，并联支路对数等于磁极对数，即 $a=p$。

(2)当元件形状左右对称，电刷在换向器表面的位置对准磁极中心线时，正、负电刷短路元件中的感应电动势最小。

(3)电刷个数等于磁极数。

3.2.3 单波绕组

单波绕组的元件如图 3-10(b)所示。首末端之间的距离接近两个极距，$Y_K > Y_1$，两个元件串联起来成波浪形，故称为波绕组。p 个元件串联后，其末尾应该落在起始换向片前 1 片的位置，才能继续串联其余元件，为此，换向器节距必须满足以下关系：

$$pY_K = K-1$$

换向器节距 $$Y_K=\frac{K-1}{p}=\text{整数} \tag{3-9}$$

合成节距 $$Y=Y_K$$

第二节距 $$Y_2=Y-Y_1$$

第一节距 Y_1 的确定原则与单叠绕组相同。

下面亦以一例说明单波绕组的连接规律和特点。

例 3-3　一台直流电动机：$Q_\mu=S=K=15$，$2p=4$，$\mu=1$ 接成单波绕组。

1. 计算节距

$$Y_1=\frac{Q_\mu}{2p}\pm\varepsilon=\frac{15}{4}-\frac{3}{4}=3, Y=Y_K\ \frac{K-1}{p}=\frac{15-1}{2}=7$$

$$Y_2=Y-Y_1=7-3=4$$

2. 绘制展开图

绘制单波绕组展开图的步骤与单叠绕组相同，本例的展开图如图 3-14 所示。电刷在换向器表面上的位置也是在主磁极的中心线上。需要注意的是，因为本例的极距不是整数，所以相邻主磁极中心线之间的距离不是整数，相邻电刷中心线之间的距离用换向片数表示时也不是整数。

3. 单波绕组的连接顺序表

按图 3-14 所示的连接规律可得相应的连接顺序表，如图 3-15 所示。

4. 单波绕组的并联支路图

按图 3-15 中各元件的连接顺序，将此刻不与电刷接触的换向片省去不画，可以得到单波绕组的并联支路图，如图 3-16 所示。将并联支路与展开图对照分析可知：单波绕组是将同一磁极下的所有元件串联起来组成的一条支路，由于磁极极性只有 N 和 S 两种，所以单波绕组的并联支路对数总是恒定的，并联支路对数恒等于 1。

5. 单波绕组的特点

(1)上层边位于同一极性磁极下的所有元件串联起来组成一条支路，并联支路对数恒等于 1，与磁极对数无关。

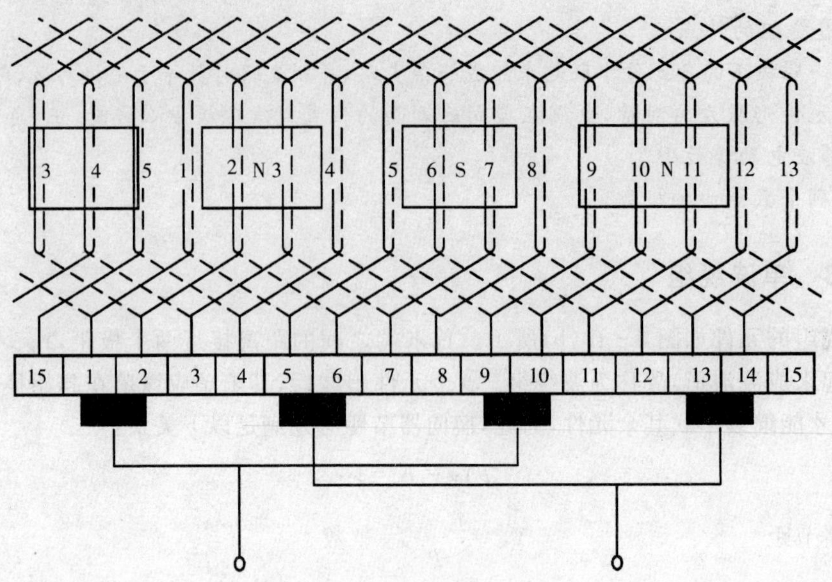

图 3-14　单波绕组展开图

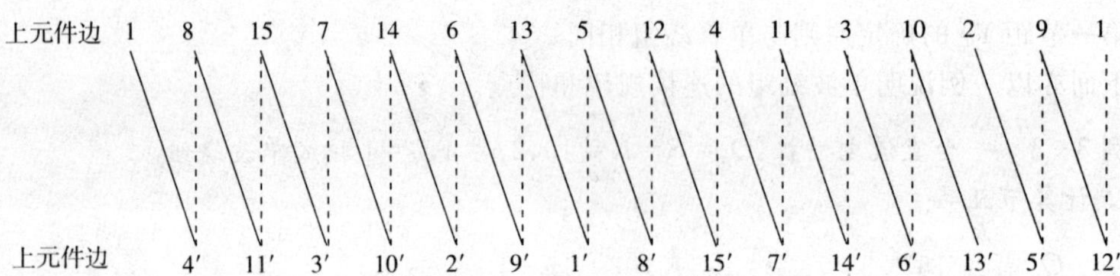

图 3-15　单波绕组的连接顺序表

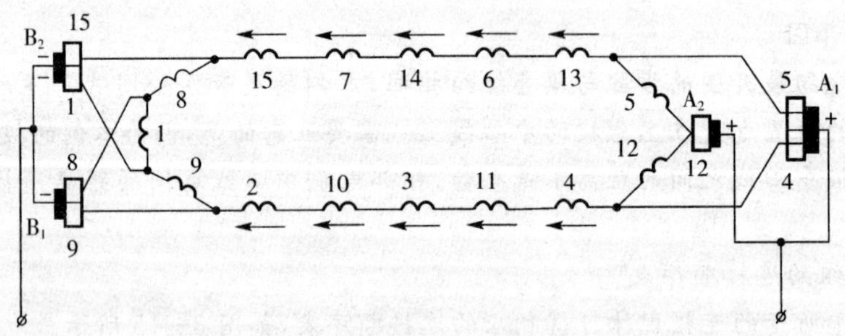

图 3-16　单波绕组的并联支路图

(2)当元件形状左右对称、电刷在换向器表面上的位置对准主磁极中心线时，支路电动势最大。

(3)单从支路数来看，单波绕组可以只要两组电刷，但为了减少换向器的轴向长度，降低成本，仍按主磁极数来装置电刷，称为全额电刷。在单波绕组中，电枢电动势仍等于支路电动势，电枢电流也等于支路电流之和，即

$$I_a = 2ai_a$$

单叠绕组与单波绕组的主要区别在于并联支路对数的多少。单叠绕组可以通过增加极对数来增加并联支路对数。适用于低电压大电流的电动机；单波绕组的并联支路对数 $a=1$，但每条支路串联的元件数较多，故适用于小电流较高电压的电动机。

3.3　直流电动机的磁场

直流电动机运行时除了主磁极外，若电枢绕组中有电流流过，还将产生电枢磁场。这两个磁场在气隙中互相影响，互相叠加，合成了气隙磁场，它直接影响电枢电动势和电磁转矩的大小。要了解气隙磁场的情况，就要首先了解主磁场和电枢磁场，然后再进行合成。

3.3.1　空载时的主磁场

电动机的空载是指发电机不输出电功率，电动机不输出机械功率，这时电枢电流很小，电枢电动势也很小，所以电动机空载时的气隙磁场就可以看做是主磁场。

考虑到磁极的对称性，我们只讨论一对磁极的情况。其空载磁场的分布如图 3-17 所示。磁通从 N 极出来，分成两路：一路磁通经过气隙、电枢齿、电枢轭进入 S 极，再经过定子轭回到 N 极形成一个闭合回路。这部分磁通同时和电枢绕组、励磁绕组相连，电枢转动时，能在电枢绕组中产生感应电动势，一旦电枢绕组中有电流流过，能够产生电磁转矩，这路磁通称为主磁通 Φ。另一路磁通不经过电枢而直接经过气隙进入磁轭或相邻的磁极，形成闭合回路，它不与电枢绕组匝链，因而不能在电枢绕组中产生感应电动势和电磁转矩，称为漏磁通 Φ_s。一般漏磁通占主磁通的 15%～20%。

磁通密度 B 在极靴下分布情况如图 3-18 所示。由图可见，在极靴下气隙小，气隙中各点磁通密度自极尖处开始显著减小，至两极间的几何中性线处磁通密度为零。磁通密度 B 按梯形波分布。

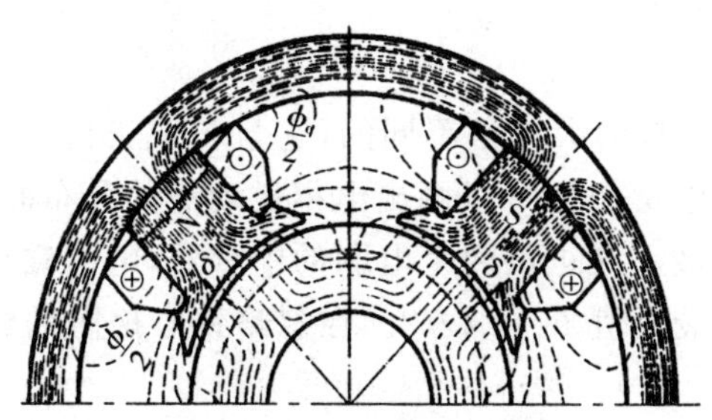

图 3-17　直流电动机的磁通及其分布

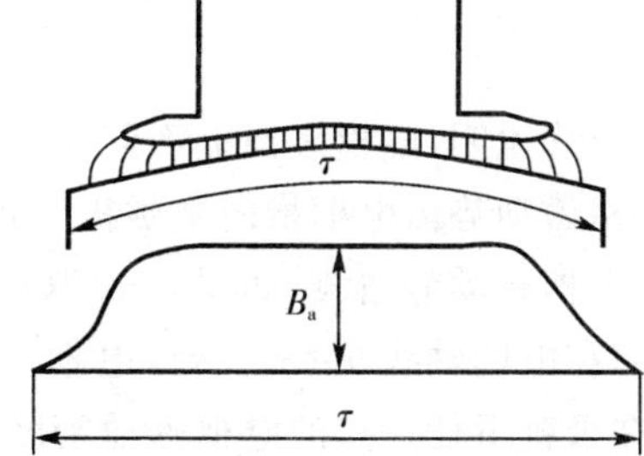

图 3-18　直流电动机空载时气隙中的磁通密度分布

电动机磁极的几何中性线是指主磁极 N 极与 S 极的机械分界线。而把 N 极与 S 极磁场为零处的分界线称作为物理中性线。显然空载时，几何中性线处的磁场也为零，即空载时物理中性线与几何中性线重合。

3.3.2　负载时的电枢磁场

电动机负载运行时，电枢绕组中有电流流过，它将产生一个电枢磁场。电枢磁场的磁力线分布如图 3-19(a)中虚线所示，在磁极轴线处，电枢磁场为零。

若电枢绕组的总导体数为 N,导体中的电流(即支路电流)为 i_a,电枢直径为 D_a,并将图3-19(a)展开为图3-19(b),以电枢磁场为零处 O 点为坐标原点,距原点 $\pm x$ 处取以闭合回路,根据全电流定律,可知作用在这个闭合回路上的磁动势为

$$2x\frac{Ni_a}{\pi D_a}=2xA \tag{3-10}$$

式中,A 是电枢线负载,表示电枢圆周单位长度上的安培数。

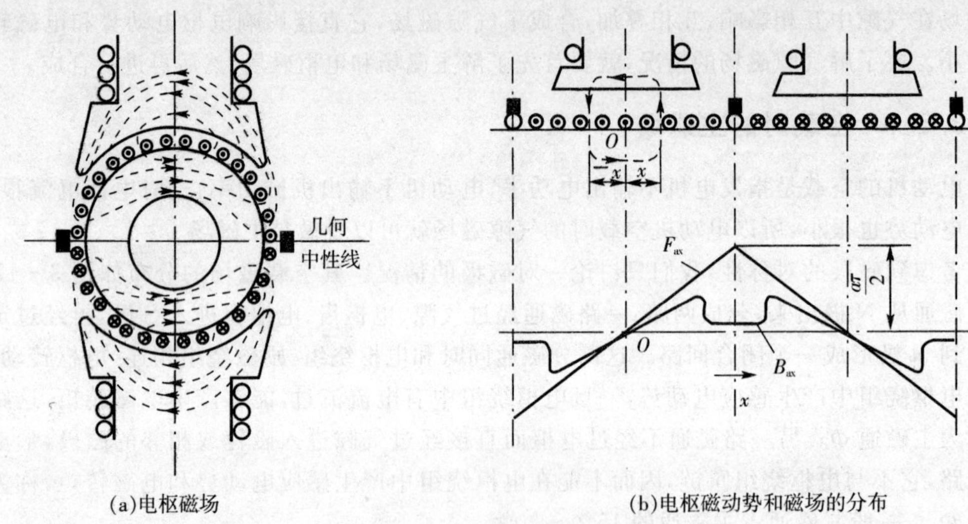

(a)电枢磁场　　(b)电枢磁动势和磁场的分布

图3-19　直流电动机的磁场

若略去铁心中磁阻不计,那么磁动势就全部消耗在两个气隙中,故离原点 x 处一个气隙所消耗的磁动势为

$$F_{ax}=\frac{2xA}{2}=Ax \tag{3-11}$$

上式说明,电枢表面上不同 x 处的电枢磁动势的大小是不同的,它与 x 成正比。若规定电枢磁动势由电枢指向主磁极为正,则根据式(3-11)可以画出电枢磁动势的分布曲线,称为电枢磁动势曲线,如图3-19(b)中的三角波。在正负两个电刷的中点处,电枢磁动势为零;在电刷轴线 $x=\tau/2$ 处,电枢磁动势达到最大值 $F_a=A\tau/2$。在忽略铁心磁阻的情况下,在极靴下任一点的电枢磁通密度为

$$B_{ax}=\mu_0 H_{ax}=\mu_0\frac{F_{ax}}{\delta} \tag{3-12}$$

在极靴范围内,δ=常数,B_{ax} 是一条直线;在两极靴之间,气隙 δ 逐步增加,磁通密度 B_{ax} 曲线呈马鞍形。

3.3.3　电枢反应

有负载时电枢磁动势对主磁极的影响叫做电枢反应。电刷在几何中性线处时,电枢磁场和主磁极磁场相互垂直,此时的电枢反应叫做交轴电枢反应。下面就分析交轴电枢反应。

利用叠加原理，得到图 3-20，将空载时的主磁极磁通密度 B_{ox} 与负载时的电枢磁通密度 B_{ax} 逐点相加，便得到负载时气隙中的磁场 B_x 分布曲线，比较 B_{ox} 与 B_x 可以看出，交轴电枢反应的性质有以下两点。

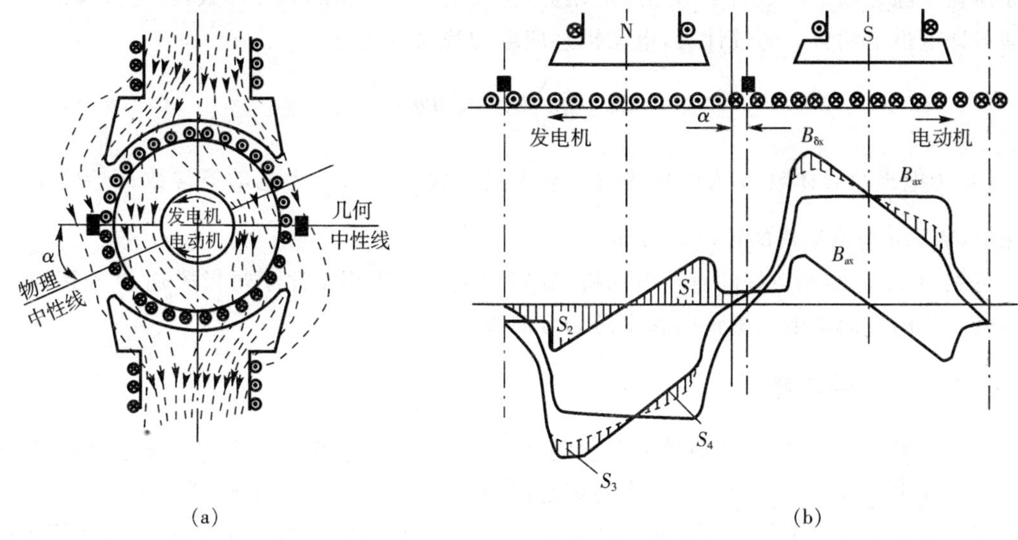

图 3-20　交轴电枢反应

(1)气隙磁场发生畸变。每一磁极下，主磁极磁场的一半被削弱，另一半被增强。此时物理中性线与几何中性线发生偏离。

(2)对主磁极磁场起附加去磁作用。在磁路不饱和时，主磁极磁场被削弱的数量恰好等于被增强的数量，因此负载时每极下的合成磁通量与空载时相同。但实际上电动机一般运行于磁化曲线的膝部，主磁极的增磁部分因磁饱和的影响，比不饱和时增加得要少些，从而使合成磁通量比空载时略为减小，起到了去磁作用。

若电刷不在几何中性线处，此时的电枢磁动势可分解为交轴和直轴磁动势两部分，产生的电枢反应处交轴电枢反应外，还存在直轴电枢反应。由于直轴电枢磁动势与主磁极轴线重合，将对主磁极磁场起增磁或去磁作用。可见电刷的位置对于直流电动机的运行性能影响极大，通常为了电动机的换向，不允许利用移动电刷来达到增磁目的。

3.4　电枢绕组的感应电动势与电磁转矩

直流电动机运行时，电枢绕组在气隙磁场中做切割磁场运动，会产生感应电动势；同时，由于电枢绕组中又有电流流通，因此，会产生电磁转矩。这种同时存在于直流发电机和电动机中电枢绕组的感应电动势和电磁转矩对电动机的运行起着重要的作用。下面对电枢绕组的感应电动势及电磁转矩进行分析。

3.4.1　电枢电动势

电枢电动势是指直流电动机正、负电刷之间的感应电动势，也就是电枢绕组每条支路的感应电动势，即一条支路中各元件感应电动势之和。

电枢旋转时，电枢元件也随之旋转，由于气隙合成磁密在一个极下的分布不均匀，因此，导体中的感应电动势的大小是变化的。但是在任何时候，电枢绕组中每一条支路所包含的元件数量是不变的，同一支路中各元件产生的感应电动势方向是相同的。因此可先求出一根导体在气隙磁场中产生的平均感应电动势，再乘上一条支路的总导体数，就可计算出支路电动势即电枢电动势。通过计算，电动机感应电动势表达式为

$$E_a = \frac{pN}{60a}\Phi n = C_e \Phi n \tag{3-13}$$

式中，N 为电枢总导体数；a 为电枢绕组并联支路对数；$C_e = \frac{pN}{60a}$ 为电动势常数；Φ 为气隙每极磁通，Wb；n 为电动机的转速，r/min。

可见，对于已经制造好的直流电动机，其感应电动势大小正比于每极磁通 Φ 和转速 n，感应电动势的方向由电动机转向和主磁场方向决定。

3.4.2 电磁转矩

在直流电动机中，电磁转矩是由电枢电流与气隙磁场相互作用产生的电磁力所形成的。由于电枢绕组中各元件所产生的电磁转矩是同向的，因此可以根据电磁理论先求出一根导体在气隙磁场中所产生的平均电磁力和电磁转矩，然后再乘以电枢总导体数，即可计算出电枢的总电磁转矩。通过计算，电动机的总电磁转矩为

$$T = \frac{pN}{2\pi a}\Phi I_a = C_T \Phi I_a \tag{3-14}$$

式中，$C_T = \frac{pN}{2\pi a}$ 为转矩常数。

可见，对于已经制造好的直流电动机，其电磁转矩大小正比于每极磁通 Φ 和电枢电流 I_a，方向由主磁场方向和电枢电流方向决定。在同一台电动机中，电枢电动势常数和转矩常数是恒定的，两者之间有如下关系式

$$C_T = 9.55 C_e \tag{3-15}$$

电枢电动势和电磁转矩同时存在于发电机和电动机中，但起的作用却各不相同。在图 3-7 所示的直流发电机工作原理图中，转速 n 的方向是原动机的拖动方向，电枢电动势的方向是从电刷 B→d→c→b→a→电刷 A；若接上负载，通过外电路负载形成的电枢电流方向是从电刷 A→负载→电刷 B→d→c→b→a→电刷 A。由此可以看出，电枢电动势与电刷电流方向相同。再根据左手定则确定电磁转矩的方向。此时，电磁转矩与转向相反，即与原动机的输入转矩方向相反，起制动作用。在图 3-6 所示的直流电动机工作原理图中，外电源通过电刷加在电刷绕组上的电枢电流方向是从电刷 A→a→b→c→d→电刷 B，根据左手定则确定的电刷电动势方向是从电刷 B→d→c→b→a→电刷 A，正好与电枢电流方向相反。由以上分析可以得出这样一个结论：电枢电动势在直流发电机中对外电路来说相当于电源电动势，与电流同方向；在直流电动机中则相当于反电动势，与电流方向相反。电磁转矩在直流发电机中是制动转矩，与转向相反；在直流电动机中则是驱动转矩，与转向相同。

电枢电动势的方向由电动机的转向和主磁场方向决定，其中只要有一个方向改变，电动势方向也就随之改变。电磁转矩的方向由电枢电流和主磁极磁场的方向决定，同样，只要改

变其中的一个方向，电磁转矩方向随之改变，而两个方向同时改变时，则电磁转矩方向不变。

例 3－2　一台直流发电机 $2p=4$，$2a=2$，31 槽，每槽元件数为 12，$E=115\text{V}$，额定转速 $n_N=1450\text{r/min}$。求：(1)每极磁通。(2)此发电机作为电动机使用，当电枢电流为 500A 时，能产生多大电磁转矩。

解：(1)

$$c_e=\frac{pN}{60a}=\frac{20\times31\times12}{60\times1}=12.4$$

$$\Phi=\frac{E}{C_e n_N}=\left(\frac{115}{12.4\times1450}\right)\text{Wb}=6.4\times10^{-3}\ \text{Wb}$$

(2)

$$C_T=9.55C_e=118.42$$

$$T=C_T\Phi I_a=(118.42\times6.4\times10^{-3}\times500)\text{N}\cdot\text{m}=378.94\ \text{N}\cdot\text{m}$$

3.5　直流电动机中的换向

在介绍电动机的基本结构时曾提到换向器和电刷配合构成机械整流装置，它的作用是将电动机内部交流电流(或电动势)变为外部直流电流(或电动势)。这套装置的工作过程有一个“换向”过程。换向是指整流电动机的电枢绕组元件从一条支路经过电刷进入另一条支路，该元件电流从一个方向变换为另一方向。若换向不良，其现象是在电刷下产生很大的火花，这直接影响直流电动机的安全运行。

3.5.1　换向过程的基本概念

我们以单叠绕组为例来说明换向过程。图 3－21 所示为电枢绕组中 *abcd* 线圈的换向过程(图中粗实线所示)。当电刷仅与换向片 1 接触时，如图 3－21(a)所示，*abcd* 线圈中电流等于电枢绕组的支路电流 i_a，电流方向为顺时针。当电刷同时与换向片 1、2 相接触时，如图 3－21(b)所示，导体线圈 *abcd* 正处于磁场的几何中性线上，感应电动势为零，并且被电刷短路，*abcd* 线圈中没有电流，此时电刷电流是由 *efmn* 导体提供的。当电枢再向右移动使电刷只与换向片 2 接触时，如图 3－21(c)所示，线圈 *abcd* 进入另一条支路，流过电流 i_a 的方向变为逆时针方向。直流电动机绕组中的每个元件在经过电刷时，都要经历上述的换向过程。正在换向的元件被称为换向元件。

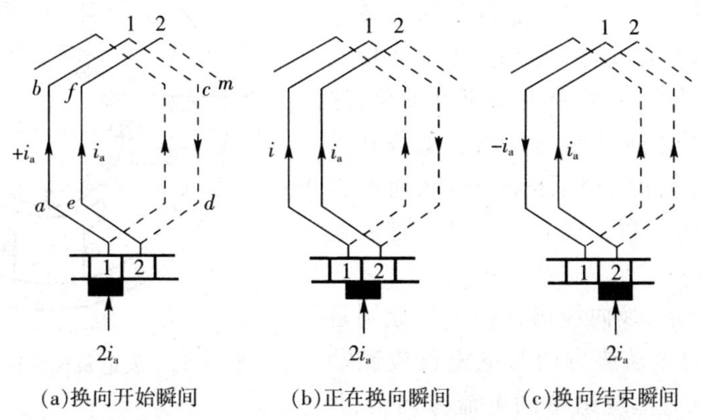

(a)换向开始瞬间　(b)正在换向瞬间　(c)换向结束瞬间

图 3－21　直流电动机电枢绕组元件的换向过程

直流电动机换向时，会在电刷与换向片之间产生火花。当火花超过一定限度时，将可能损坏电刷和换向片表面，使直流电动机不能正常运行。换向时产生火花的原因有：电磁、机械、化学等原因。下面仅指出产生火花的电磁原因。

3.5.2 换向元件中的电动势

从电磁理论方面来对换向过程进行分析，可将换向元件与换向过程中的电动势分为两类：电抗电动势和电枢反应电动势。

1. 电抗电动势

换向时，换向元件中的电流由$+i_a$变为$-i_a$，换向元件本身就是一个线圈，线圈必有自感作用。同时进行换向的元件不止一个，而且换向元件与换向元件之间又有互感作用，因此换向元件中电流变化时，必然出现由自感与互感作用所引起的感应电动势，这个电动势，就称为电抗电动势。这个电动势与元件换向前的电流同方向，是阻碍电流变化的，也就是阻碍换向的。

2. 电枢反应电动势

由于电刷放置在磁极轴线下的换向器上，换向元件的有效边一般处于磁极几何中性线上。虽然在几何中性线处主磁场的磁密等于零，但是电枢磁场的磁密不等于零。因此换向元件必然切割电枢磁场，而在其中产生一种旋转电动势，称为电枢反应电动势，该电动势方向也与元件换向前的电流方向一致，所以它也是阻碍电流变化的。

电抗电动势和电枢反应电动势都在换向元件内产生阻碍换向的附加电流，在换向过程中，由于电流突变，使线圈内存储的存储能以火花形式释放出来。

3.5.3 改善换向的方法

改善换向减小火花就是设法限制换向元件中的附加电流，使它越小越好。常用的方法有四种。

1. 安装换向极

这是目前改善换向最有效的方法。

换向极装在相互磁极之间，换向极绕组产生的磁动势的方向是电枢反应磁动势的相反方向，大小比电枢反应磁动势略大。这样换向极磁动势可以抵消电枢反应磁动势，剩余的磁动势形成换向极磁通，在换向元件里产生感应电动势，这个电动势可以抵消换向元件的自感电动势和互感电动势，就可以消除电刷下的火花，从而改善了换向。容量为1kW以上的直流电动机都装换向极。

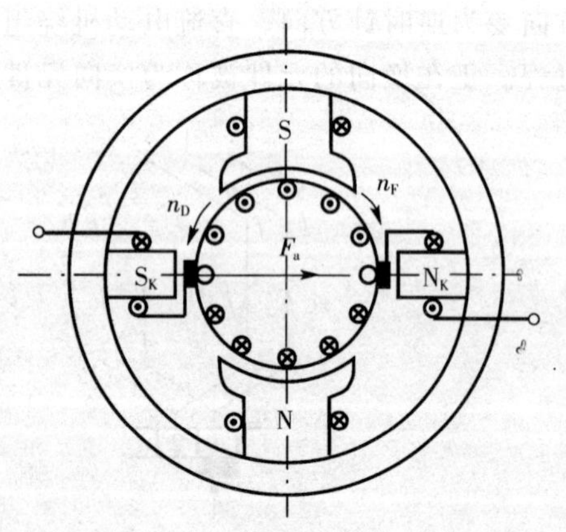

图3-22 发电机的换向极电路及极性

如图3-22所示，换向极极性确定的原则是换向极绕组产生的磁动势方向与电枢反应磁动势方向相反，图中电枢绕组中的电流方向为：N

极下导体是⊕,S 极下的导体为⊙,故电枢磁动势的方向是从左指向右。为了抵消电枢反应磁动势,则换向极的磁动势方向必须与电枢磁动势方向相反,即从右指向左,因此换向极绕组中的电流方向必须是如图 3-22 中所示方向。为了在负载变化时能始终有效地改善换向,换向极绕组中应流过电枢电流,即换向极绕组与电枢绕组串联,图 3-22 表示一台发电机的换向极电路和极性。上述原则同样适用于电动机。

运用上述结论,直流发电机顺着电枢旋转方向看,换向极和下面主磁极极性一致。对直流电动机而言,应和下面主磁极极性相反。但是一台直流电动机按照发电机确定了换向极绕组串联于电枢绕组的方向后,运行于电动机状态时不必改换接法,因为已同时改变了电枢电流和换向极绕组电流的方向。

装有换向磁极的直流电动机,电刷一般都应放在换向器的主磁极中心线上。

2. 调整电刷的位置

在小容量无换向极的直流电动机中,常用适当移动电刷位置的方法来改善换向。将电刷从电枢几何中性线移开一个适当角度,用主磁场来代替换向极磁场,也可以改善换向。移动电刷是有方向规定的:当电动机运行于电动机状态时,电刷应逆着电枢旋转方向移动;而运行于发电机状态时,电刷应顺着电枢旋转方向移动。如电刷移动方向不正确,不但起不到改善换向的作用,反而会使电动机换向更加恶化。

3. 增加换向回路的电阻

电刷与换向器之间的接触电阻是换向回路中最重要的电阻,不同牌号的电刷具有不同的接触电阻,选择合适的电刷能改善换向。例如小容量电动机用石墨电刷;在换向问题突出的场合,采用硬质电化石墨电刷。

在更换电动机的电刷时,应注意选用同一牌号的电刷,以免造成电刷间电流分配不均。

4. 装设防止环火的补偿绕组

电动机防止时电枢反应把主磁极下气隙磁密扭歪,这样就增大了某几个换向片之间的电压,在负载变化剧烈的大型直流电动机中可能出现环火现象。所谓环火,是指电动机正、负电刷之间出现电弧,电弧被拉长,直接从一种极性的电刷跨过换向器表面到达相邻的另一极性的电刷,使整个换向器表面布满环形电弧。电动机出现环火,可在短时间内损坏电动机。为了避免出现环火现象,采用补偿绕组是有效方法之一。补偿绕组嵌置在主磁极极靴上专门冲制的槽内。其中流过的是电枢电流,所以补偿绕组应与电枢绕组串联,其电流方向与对应极下电枢绕组的电流方向相反,显然它产生的磁动势与电枢反应磁动势方向相反,从而补偿了电枢反应的影响。

3.6 直流电动机的分类

直流电动机,按结构形式可分为开启式、防护式、封闭式和防爆式几种;按容量大小可分为小型、中型和大型直流电动机;按励磁方式可分为他励、并励、复励和串励。励磁方式不同的直流电动机在接线上有很大的差异,如图 3-23 所示为各种励磁方式的接线图。

1. 他励式直流电动机

他励式直流电动机的励磁绕组和电枢绕组分别由两个不同的电源供电,这两个电源的电压可以相同,也可以不同,其接线图见图 3-23(a)。永磁式直流电动机亦可归属这一类。

他励式直流电动机的励磁电流与电枢电流无关，不受电枢回路的影响。这种励磁方式的直流电动机具有较硬的机械特性，一般用于大型和精密直流电动机驱动系统中。

2. **并励式直流电动机**

并励式直流电动机的励磁绕组和电枢绕组由同一电源供电，其接线图见图 3-23(b)。并励式直流电动机的特性与他励式基本相同，但比他励式节省了一个电源。并励式直流电动机一般用于恒压系统。中小型直流电动机多为并励式。

3. **串励式直流电动机**

串励式直流电动机的励磁绕组与电枢回路串联，其接线图见图 3-23(c)。串励式直流电动机具有很大的起动转矩，但其机械特性很软，且空载时有极高的转速，串励式直流电动机不准空载或轻载运行。串励式直流电动机常用于要求很大起动转矩且转速允许有较大变化的负载，如电瓶车、起货机、起锚机、电车、电传动机车等。

4. **复励直流电动机**

复励直流电动机的每个主磁极上套有两个励磁绕组：一个与电枢绕组并联，称为并励绕组；另一个与电枢绕组串联，称为串励绕组，如图 3-23(d)所示。两个绕组产生的磁动势方向相同时称为积复励，磁动势方向相反时称为差复励，通常采用积复励方式。积复励式直流电动机具有较大的起动转矩，其机械特性较软，介于并励式和串励式之间。多用于要求起动转矩较大，转速变化不大的负载，如拖动空气压缩机、冶金辅助传动机械等。差复励式直流电动机起动转矩小，但其机械特性较硬，有时还可能出现上翘特性。一般用于起动转矩小，而要求转速平稳的小型恒压驱动系统中。由于复励式直流电动机在两个不同旋转方向上的转速和运行特性不同，因此不能用于可逆驱动系统中。

直流电动机的励磁方式不同，运行特性和适用场合也不同。

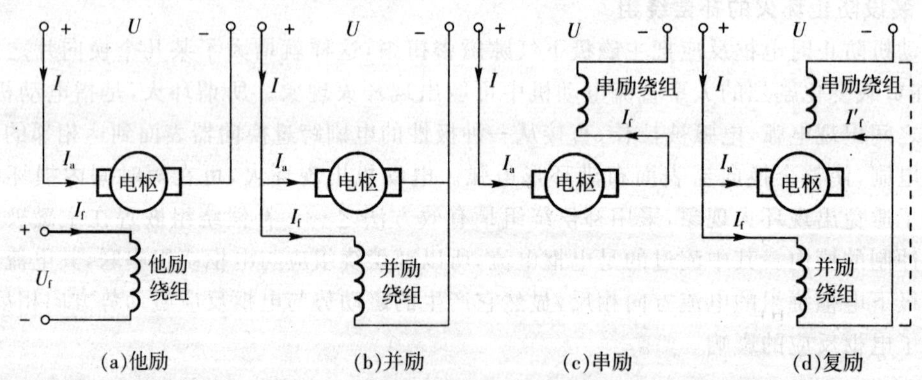

图 3-23　直流电动机的励磁方式

3.7　他励直流电动机的基本方程式、机械特性及负载的机械特性

3.7.1　电力拖动系统的运动方程式

用各种原动机带动生产机械的工作机构运转，完成一定生产任务的过程称为拖动。用电动机作为原动机的拖动称为电力拖动。电力拖动系统一般是由电动机、生产机械的工作

机构、传动机构、控制设备以及电源五部分组成。

如图 3-24 所示为单轴电力拖动系统，电动机直接与生产机械的工作机构相连接，电动机与负载用同一轴，以同一转速运行。由于电动机负载运行时，一般情况下 $T_L \gg T_0$，故可忽略 T_0（T_0 为电动机空载转矩，T_L 为负载转矩）。若转速、电磁转矩负载转矩都为正值时，那么电磁转矩是拖动性质的转矩，负载转矩则为制动性质的转矩。单轴电力拖动系统中，电磁转矩、负载转矩与转速变化的关系用运动方程式描述为

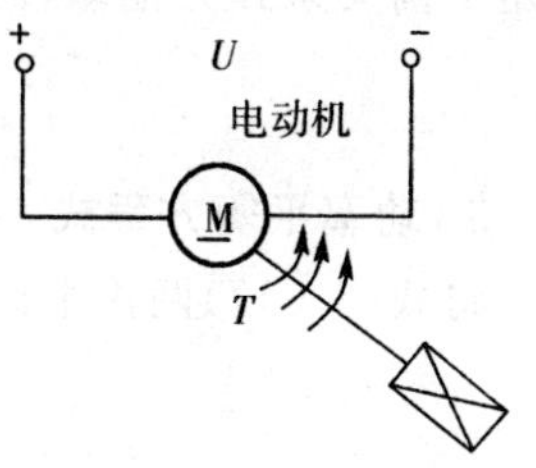

图 3-24　单轴电力拖动

$$T - T_L = \frac{GD^2}{375}\frac{dn}{dt} \qquad (3-16)$$

式中，GD^2 是转动部分的飞轮矩，表示拖动系统的机械惯性。375 是一个系数。

T 与 T_L 正负号的规定：T 的方向与旋转方向一致时取同号；T_L 方向与旋转方向相反时取同号。即 T 与 n 同向取同号，反向取异号；T_L 与 n 反向取同号，同向取异号。$(T-T_L)$ 为动转矩。动转矩等于零，系统处于恒转速运行的稳态；动转矩大于零时，系统处于加速运动的过渡过程中；动转矩小于零时，系统处于减速运动的过渡过程中。

3.7.2　他励直流电动机的基本方程式

图 3-25 为一台他励直流电动机的示意图。接通直流电源时，励磁绕组中流过励磁电流 I_f，建立主磁场，电枢绕组中流过电枢电流 I_a，一方面形成电枢磁动势 F_a，通过电枢反应使气隙磁场发生改变，另一方面使电枢元件导体中流过支路电流 I_a，与气隙合成磁场作用产生电磁转矩 T，使电枢朝 T 方向以转速 n 旋转。电枢旋转时，电枢导体切割气隙合成磁场，产生电枢电动势 E_a。在电动机中，此电动势的方向与电枢电流 I_a 方向相反，称为反电动势。当电动机稳态运行时，有几个平衡关系，分别用方程式表示如下。

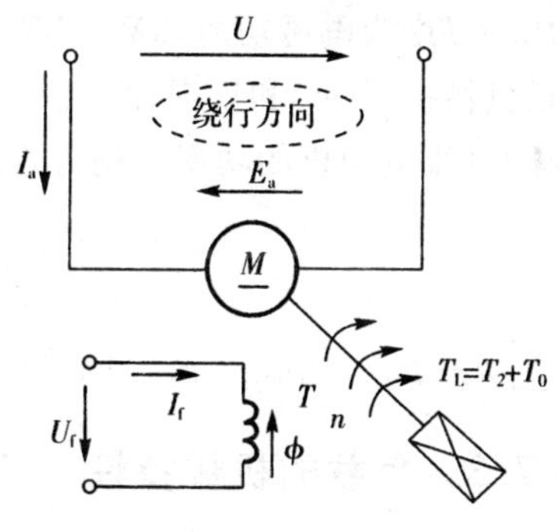

图 3-25　他励直流电动机

1. 电压平衡方程式

根据图 3-25 中用电动机惯性所设各量的正方向，用基尔霍夫电压定律可以列出电压平衡方程式

$$U = E_a + I_a R_a \qquad (3-17)$$

式中，R_a 为电枢回路电阻，其中包括电刷和换向器之间的接触电阻。此式表明：直流电动机在电动机运行状态下的电枢电动势 E_a 总小于端电压 U。

2. 转矩平衡方程式

稳态运行时，作用在电动机轴上的转矩有三个。一个是电磁转矩 T，方向与转速 n 相同，为拖动转矩；一个是电动机空载损耗转矩 T_0，是电动机空载运行时的制动转矩，方向总与转速 n 相反；还有一个是轴上所带生产机械的转矩 T_2，一般为制动转矩。稳态运行时的

转矩平衡关系式为拖动转矩，其等于总的制动转矩，即

$$T = T_2 + T_0 \tag{3-18}$$

3. 功率平衡方程式

将式(3-17)两边乘以电枢电流 I_a，得

$$UI_a = E_a I_a + I_a^2 R_a$$

可以写成

$$P_1 = P_M + p_{aCu} \tag{3-19}$$

式中，$P_1 = UI_a$ 为电动机从电源输入的电功率，kW；$P_M = E_a I_a$ 为电磁功率；$p_{aCu} = I_a^2 R_a$ 为电枢回路的铜损耗。

4. 电磁功率

$$P_M = E_a I_a = \frac{pN}{2\pi a}\Phi I_a \frac{2\pi n}{60} = T\Omega \tag{3-20}$$

式中，$\Omega = \frac{2\pi n}{60}$ 为电动机的机械角速度，rad/s。

从式(3-20)中 $P_M = E_a I_a$ 可知，电磁功率具有电功率性质；从 $P_M = T\Omega$ 可知，电磁功率又具有机械功率性质。实质上电磁功率是电动机由电能转换为机械能的那一部分功率。

将式(3-18)两边乘以机械角速度 Ω，得

$$T\Omega = T_2\Omega + T_0\Omega$$

可写成

$$P_M = P_2 + p_0 = P_2 + p_m + p_{Fe} \tag{3-21}$$

式中，$P_M = T\Omega$ 为电磁功率，kW；$P_2 = T_2\Omega$ 为轴上输出的机械功率，kW；$p_0 = T_0\Omega$ 为空载损耗，包括机械损耗 p_m 和铁损耗 p_{Fe}。

他励直流电动机的功率平衡方程式

$$P_1 = P_2 + p_{aCu} + p_{Fe} + p_m = P_2 + \sum p \tag{3-22}$$

式中，$\sum p = p_{aCu} + p_{Fe} + p_m$ 为他励直流电动机的总损耗。

3.7.3 负载的机械特性

生产机械工作机构的负载转矩 T_L 与转速之间的关系，即 $n = f(T_L)$ 称为负载的机械特性。生产机械品种繁多，它们的机械特性各不相同，但根据统计分析，可以归纳为以下三类。

1. 恒转矩负载的机械特性

(1)反抗性恒转矩负载的机械特性

它的特点是：工作机构转矩的绝对值是恒定不变的，转矩的性质总是阻碍运动的制动性转矩。即：$n>0$ 时，$T_L>0$(常数)；$n<0$ 时，$T_L<0$(也是常数)，T_L 的绝对值相等。其机械特性如图 3-26 所示，位于第一、第三象限。由于摩擦力的方向总与运动方向相反，摩擦力的大小只与正压力和摩擦系数有关，而与运动无关。所以轧钢机、电车平地行驶、机床的刀架平移和行走机构等由摩擦力产生转矩的机械，都属于反抗性恒转矩负载。

(2)位能性恒转矩负载机械特性

它的特点是:工作机构转矩的绝对值是恒定的,而且方向不变(与运动方向无关),总是重力作用方向。当 $n>0$ 时,$T_L>0$,是阻碍运动的制动性转矩;当 $n<0$ 时,$T_L>0$,是帮助运动的拖动性转矩,其机械特性如图 3-27 所示,位于第一、第四象限。起重机提升和下放重物就属于这个类型。

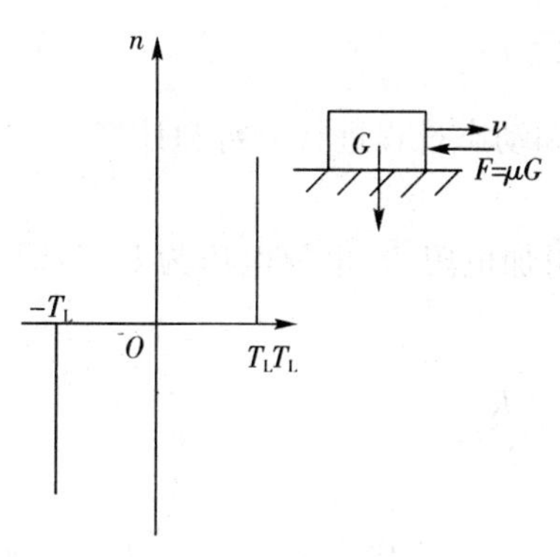

图 3-26　反抗性恒转矩负载的机械特性

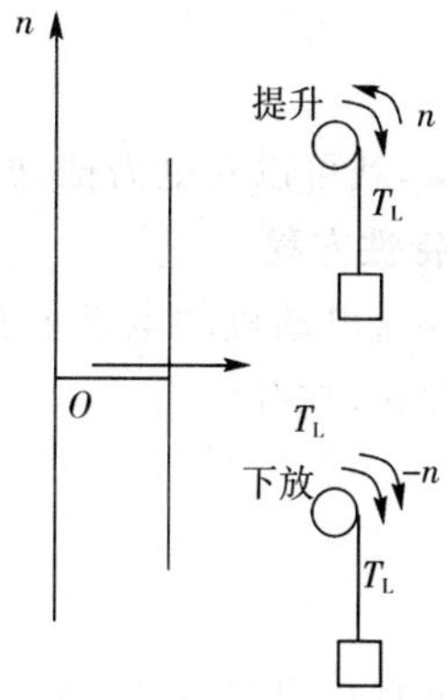

图 3-27　位能性恒转矩负载的机械特性

2. 泵类负载的机械特性

水泵、油泵、通风机(煤气压送机)和螺旋桨等,其转矩的大小与转速的平方成正比,即 $T_L \propto n^2$,转矩特性如图 3-28 所示。

3. 恒功率负载的机械特性

某些车床,在粗加工时,切削量大,切削阻力大,这时宜用低速;在精加工时,切削量小,切削阻力小,往往用高速。因此,在不同转速下,负载转矩基本上与转速成反比,而机械功率 $P_2=T_L\Omega=T_L\dfrac{2\pi n}{60}=$常数,称为恒功率负载,其负载转矩特性如图 3-29 所示。轧钢机轧制钢板时,工件小时需要高速度低转矩,工件大时需要低速度高转矩,这种工艺要求也是恒功率负载。

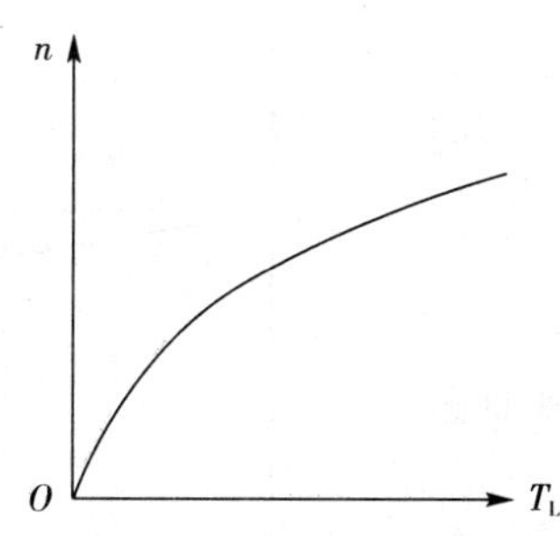

图 3-28　泵类负载的机械特性

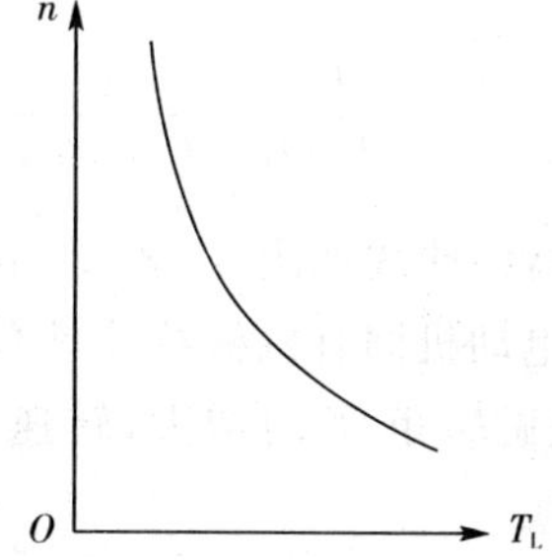

图 3-29　恒功率负载的机械特性

以上恒转矩负载、泵类负载及恒功率负载,都是从各种实际负载中概括出来的典型负载形式,实际上的负载可能是以某种典型为主,或者几种典型的结合。例如水泵,主要是泵类负载特性,但是轴承摩擦又是反抗性的恒转矩负载特性,只是运行时后者较小而已。

3.7.4 他励直流电动机的机械特性

他励直流电动机的机械特性是指电动机的转速 n 与电磁转矩 T 之间的关系 $n=f(T)$。它是电动机机械特性的主要表现，也是电动机最重要的特性。因为将电动机的机械特性 $n=f(T)$ 与生产机械工作机构的负载机械特性 $n=f(T_L)$ 用运动方程式

$$T-T_L=\frac{GD^2}{375}\frac{dn}{dt}$$

联系起来，就可以对电力推动系统稳态运行和动态过程进行分析和计算。

1. 机械特性方程

在他励直流电动机的电枢电路中串入一个附加电阻 R，电枢电压为 U，磁通为 Φ，根据电压平衡方程式，则有

$$n=\frac{U}{C_e\Phi}-\frac{R_a+R}{C_e\Phi}I_a \tag{3-23}$$

又根据电磁转矩公式 $T=C_T\Phi I_a$ 得 $I_a=\frac{T}{C_T\Phi}$，将此式代入式(3-23)中，得他励直流电动机的机械特性方程为

$$n=\frac{U}{C_e\Phi}-\frac{R_a+R}{C_eC_T\Phi^2}T=n_0-\beta T \tag{3-24}$$

式中，$n_0=\frac{U}{C_e\Phi}$为理想空载转速，r/min；$\beta=\frac{R_a+R}{C_eC_T\Phi^2}$为机械特性的斜率。

2. 固有机械特性

当电枢两端加额定电压、气隙每极磁通量为额定值、电枢回路不串电阻时，即

$$U=U_N,\Phi=\Phi_N,R=0$$

这种情况下的机械特性，称为固有机械特性。其表达式为

$$n=\frac{U_N}{C_e\Phi_N}-\frac{R_a}{C_e\Phi_N}I_a \tag{3-25}$$

或

$$n=\frac{U_N}{C_e\Phi_N}-\frac{R_a}{C_eC_T\Phi_N^2}T \tag{3-26}$$

固有机械特性曲线如图3-30所示。

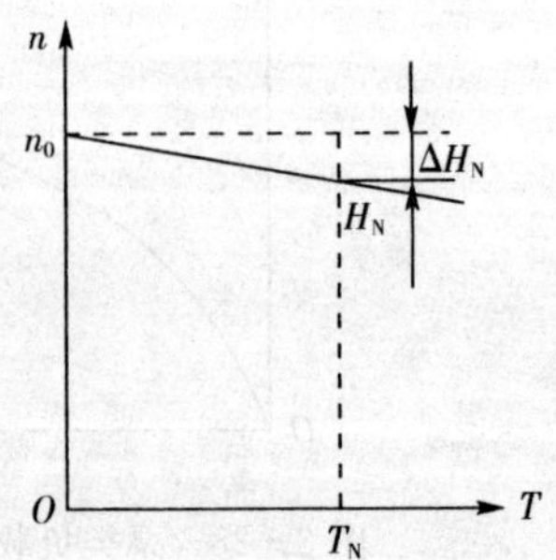

图3-30 他励直流电动机固有机械特性

他励直流电动机固有机械特性具有以下几个特点：

(1)随着电磁转矩 T 的增大，转速 n 降低，其特性是略向下倾斜的直线。

(2)当 $T=0$ 时，$n=n_0=\frac{U_N}{C_e\Phi_N}$为理想空载转速。

(3)机械特性斜率 $\beta=\frac{R_a}{C_eC_T\Phi_N^2}$，其值很小，特性较平，习惯上称之为硬特性。

(4)当 $T=T_N$ 时，$n=n_N$，此点为电动机的额定工作点，此时，转速差 $\Delta n_N=n_0-n_N=\beta T_N$，为额定转速差。一般 $\Delta n_N\approx 0.05n_N$。

(5)$n=0$，即电动机起动时，$E_a=C_e\Phi_N n=0$，此时电枢电流 $I_a=\dfrac{U_N}{R_a}=I_s$，称为起动电流；电磁转矩 $T=C_T\Phi_N I_s=T_s$，称为起动转矩。由于电枢电阻 R_a 很小，I_s 和 T_s 都比额定值大很多(可达几十倍)，这将会给电动机和传动机构等带来危害。

3. 人为机械特性

一台电动机只有一条固有机械特性，对于某一负载转矩，只有一个固定的转速，这显然无法达到实际拖动对转速变化的要求。为了满足生产机械加工工艺的要求，例如起动、调速和制动等各种工作状态的要求，还需要人为地改变电动机的参数，如电枢电压、电枢回路电阻和气隙每极磁通，相应地便得到三种人为机械特性。

(1)电枢回路串电阻 R 时的人为机械特性

电枢加额定电压 U_N，每极磁通为额定值 Φ_N，电枢回路串入电阻 R 后的人为机械特性表达式为

$$n=\frac{U_N}{C_e\Phi_N}-\frac{R_a+R}{C_eC_T\Phi_N^2}T \tag{3-27}$$

电枢串入不同电阻(R)时的人为机械特性曲线如图 3-31 所示。电枢回路串电阻人为机械特性有以下特点：

① 理想空载转速 $n_0=\dfrac{U_N}{C_e\Phi_N}$，与固有机械特性的相同，即 R 改变时，n_0 不变。

② 特性效率 β 与电枢回路串入的电阻有关，R 增大，β 也增大。故电枢回路串电阻的人为机械特性是通过理想空载点的一簇放射形直线。

(2)改变电枢电压的人为机械特性

保持每极磁通额定值不变，电枢回路不串电阻，只改变电枢电压的大小及方向的人为机械特性如图 3-32 所示。

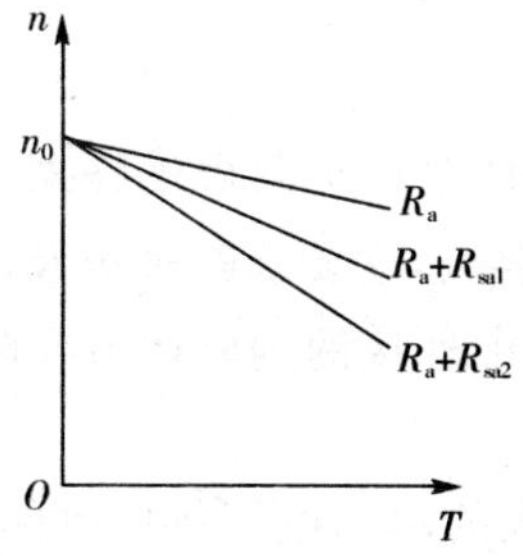

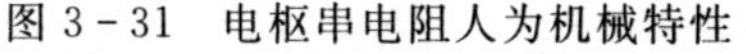

图 3-31 电枢串电阻人为机械特性

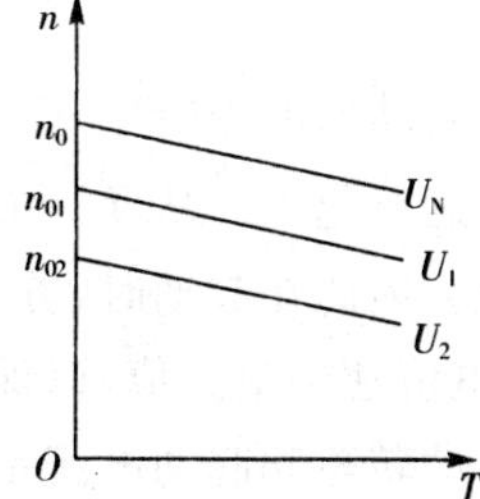

图 3-32 改变电枢电压人为机械特性

改变电枢电压人为机械特性的特点如下：

① 理想空载转速 n_0 与电枢电压成正比，即 $n_0\propto U$，且 U 为负时，n_0 也为负。

② 特性斜率不变，与固有机械特性相同。因而改变电枢电压 U 的人为机械特性是一组平行于固有机械特性的直线。

(3)减弱磁通的人为机械特性

减弱磁通的方法是通过减小励磁电流(如增大励磁回路调节电阻)来实现的。电枢电压为额定值不变,电枢回路不串电阻,仅改变每极磁通的人为机械特性表达式为

$$n=\frac{U_{\mathrm{N}}}{C_{\mathrm{e}}\Phi}-\frac{R_{\mathrm{a}}}{C_{\mathrm{e}}C_{\mathrm{T}}\Phi^{2}}T \tag{3-28}$$

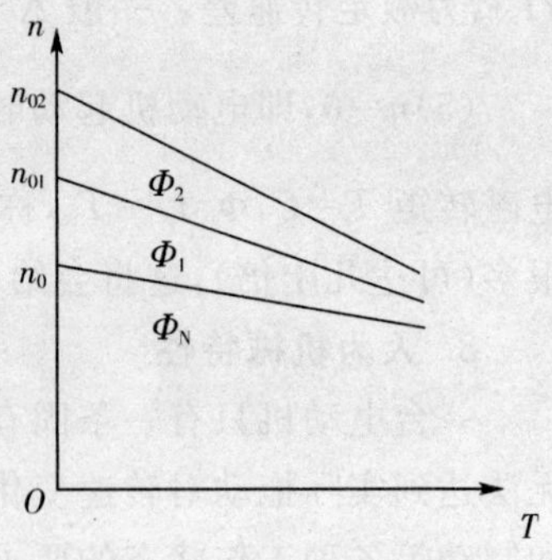

图 3-33 减弱磁通人为机械特性

其特点是理想空载转速随磁通的减弱而上升,机械特性斜率 β 则与每极磁通 Φ 的平方成反比而增大,机械特性变软。不同磁通时的人为机械特性如图 3-33 所示。对于一般电动机,当 $\Phi=\Phi_{\mathrm{N}}$ 时,磁路已经饱和,再要增加磁通已不容易,所以人为机械特性一般只能在 $\Phi=\Phi_{\mathrm{N}}$ 的基础上减弱磁通。值得注意的是,他励直流电动机起动和运行过程中,绝不允许励磁回路断开。

3.8 他励电动机的起动和反转

3.8.1 起动转矩和起动电流

要使电动机起动的过程达到最优的要求,起动时应考虑的问题包括起动电流 I_{s} 的大小;起动转矩 T_{s} 的大小;起动时间的长短;起动过程是否平滑,即加速是否均匀;起动过程的能量损耗和散发热量的大小;起动设备是否简单和可靠性如何。在上述问题中,起动电流和起动转矩两项是主要的。

为了提高生产效率,尽量缩短起动过程的时间,首先要求电动机应有足够大的起动转矩。根据运动方程式

$$T_{\mathrm{s}}-T_{\mathrm{L}}=\frac{GD^{2}}{375}\frac{\mathrm{d}n}{\mathrm{d}t} \tag{3-29}$$

电动机起动的电磁转矩 T_{s} 应大于静态转矩 T_{L},才能使电动机获得足够大的动态转矩和加速度而运行起来。从 $T_{\mathrm{s}}=C_{\mathrm{T}}\Phi I_{\mathrm{s}}$ 公式看,要使 T_{s} 足够大,就要求磁通 Φ 及起动时电枢电流足够大。因此在起动时,首先要注意的是将励磁电路中外接的励磁调节变阻器全部切除,使励磁电流达到最大值,以保证磁通 Φ 最大。

要求起动转矩和起动电流足够大,并非越大越好,过大的起动电流将使电网电压波动,电动机换向困难,甚至产生环火;而且由于电动机产生的起动转矩过大,可能损坏电动机的传动机构等等。所以起动电流也不能太大。

除小容量直流电动机外,一般电动机不允许全电压直接起动。为此在起动时必须设法限制电枢电流。一般 Z_2 型直流电动机的瞬时过载电流按规定不得超过额定电流的 1.5～2 倍,对于专为起重机、轧钢机、冶金辅助机械等设计的 ZZJ 和 ZZY 型电动机不超过额定电流的 2.5～3 倍。为了限制起动电流,一般采用电枢回路串电阻起动和减压起动的方法。

3.8.2　电枢回路串电阻起动

1. 起动过程

为了限制起动电流，起动时在电枢回路中串入起动电阻，起动电阻是一个多级切换的可变电阻，一般在转速上升过程中逐级短接切除。下面以三级电阻起动为例说明起动过程。

起动开始瞬间，串入全部起动电阻，使起动电流不超过允许值。

$$I_{s1}=\frac{U_N}{R_a+r_1+r_2+r_3}=\frac{U_N}{R_{s1}} \tag{3-30}$$

式中，$R_{s1}=R_a+r_1+r_2+r_3$ 为电枢回路总电阻。

对应于 I_{s1} 的起动转矩为 T_{s1}，加速转矩（T_s-T_L）使转速上升，起动过程的机械特性如图 3-34 所示，工作点由起始点 Q 沿电枢总电阻为 R_{s1} 的人为机械特性上升，电枢电动势随之增大，而电枢电流和电磁转矩随之减小。至图中 A 点，起动电流和起动转矩下降至 I_{s2} 和 T_{s2}。因 T_{s2} 与 T_L 之差已经很小，加速已经很慢。为加速起动过程，应切除第一段起动电阻 r_1，此时电流 I_{s2} 称为切换电流。切换后，电枢回路总电阻变为 $R_{s2}=R_a+r_2+r_3$。由于机械惯性的影响，电阻切换瞬间电动机转速和反电动势不能突变，电枢回路总电阻减小将使起动电流和起动转矩突增，拖动系统的工作点由 A 点过渡到电枢总电阻为 R_{s2} 的特性上的 B 点。再依次切除起动电阻 r_2、r_3，相应地，电动机工作点就从 B 点到 D 点最后稳定运行在 F 点，电动机起动结束。

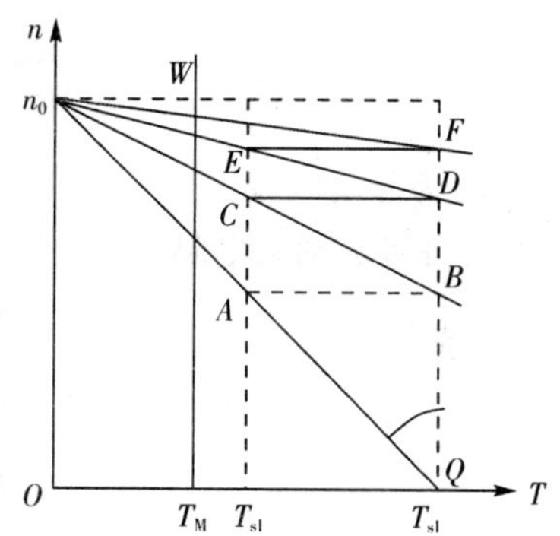

图 3-34　三级电阻起动的机械特性

这种方法广泛应用于中小型直流电动机。技术标准规定，额定功率小于 2kW 的直流电动机，允许采用一级起动电阻起动；额定功率大于 2kW 的，应采用多级电阻起动或降低电枢电压起动。

2. 起动电阻的计算

起动电阻计算的主要任务包括选定最大起动电流 I_{s1} 和切换电流 I_{s2}，确定适当的起动极数 m、计算各分段电阻的阻值和功率等。除工艺上对起动转矩或电流有特殊要求的情况之外，一般均按起动级数较少、起动过程较快的原则设计计算。

技术标准规定，一般直流电动机的起动电流应限制在额定电流的 2.5 倍以内，相应的起动转矩为额定转矩的 2～2.5 倍。因此，一般选取最大起动电流为

$$I_{s1}=(1.5\sim2.2)I_N$$

选定了 I_{s1} 之后，根据式（3-30）即可求出第一级起动时电枢回路应有的总电阻 R_{s1}

$$R_{s1}=U_N/I_{s1} \tag{3-31}$$

一般来说，若 I_{s1} 取得大一些、I_{s2} 取得小一些，则起动级数可以少些。但是，为尽量缩短起动时间，要求各级起动过程均为加速运行状态，故 I_{s2} 必须大于负载电流 I_L。I_{s2} 一般在下述范围内选取：$I_{s2}=(1.1\sim1.3)I_L$。

起动级数 m 可根据控制设备来选取，也可根据经验试选，一般不超过六级为宜。

对于如图 3-34 所示的三级起动，考虑到第一段电阻 r_1 切除前后（$A\to B$），电枢反电动势保持不变，即 $U_N-I_{s2}R_{s1}=U_N-I_{s1}R_{s2}$，故有 $I_{s2}R_{s1}=I_{s1}R_{s2}$，或者

$$\frac{R_{s1}}{R_{s2}}=\frac{I_{s1}}{I_{s2}}$$

同理，根据 r_2 和 r_3 切除前后电动势不变，可得到

$$\frac{R_{s2}}{R_{s3}}=\frac{I_{s1}}{I_{s2}},\frac{R_{s3}}{R_a}=\frac{I_{s1}}{I_{s2}}$$

因此，对于三级电阻起动可得

$$\frac{R_{s1}}{R_{s2}}=\frac{R_{s2}}{R_{s3}}=\frac{R_{s3}}{R_a}=\frac{I_{s1}}{I_{s2}}=\lambda \tag{3-32}$$

式中，λ 为起动电流比。

由此得各级起动总电阻

$$\begin{aligned} R_{s3}&=\lambda R_a \\ R_{s2}&=\lambda R_{s3}=\lambda^2 R_a \\ R_{s1}&=\lambda^2 R_{s2}=\lambda^3 R_a \end{aligned} \tag{3-33}$$

分段起动电阻数值

$$\begin{aligned} r_3&=R_{s3}-R_a=(\lambda-1)R_a \\ r_2&=R_{s2}-R_{s3}=\lambda r_3 \\ r_1&=R_{s1}-R_{s2}=\lambda r_2 \end{aligned} \tag{3-34}$$

推广到一般情况，若起动级数为 m 级，则

$$R_{s1}=\lambda^m R_a$$

于是得

$$\lambda=\sqrt[m]{R_{s1}/R_a} \tag{3-35}$$

一般情况下，计算起动电阻可按以下步骤进行：

(1)确定最大起动电流 I_{s1}。

(2)求出 $R_{s1}=\dfrac{U_N}{I_{s1}}$。

(3)选择起动级数（通常可取 $m=3$）。

(4)求出起动电流比 $\lambda=\sqrt[m]{R_{s1}/R_a}$。

(5)求出切换电流 $I_{s2}=\dfrac{I_{s1}}{\lambda}$，如果 $I_{s2}>1.1I_N$ 即可。否则，应重新选取 m（或在容许范围内重选 I_{s1}），至满足 $I_{s2}=(1.1\sim1.3)I_L$ 或 $I_{s2}=(1.1\sim1.3)I_N$ 为止。

(6)λ 值确定后，按式(3-34)算出各分段电阻值。

(7)各分段电阻的额定功率可按下式估算：

$$P_r=I_{s1}I_{s2}r \tag{3-36}$$

3.8.3 减起动压

当他励直流电动机的电枢回路由专用电源供电时，可用降低电压方法来限制最大起动电流，起动电流将随电枢电压降低的程度成正比地减小。起动前先调好励磁，然后把电源电压由低向高调节，最低电压所对应的人为特性上的起动转矩 $T_{s1}>T_L$ 时，电动机开始起动。起动后，随着转速上升，可相应提高电压，以获得需要的加速转矩，起动过程的机械特性如图 3-35 所示。

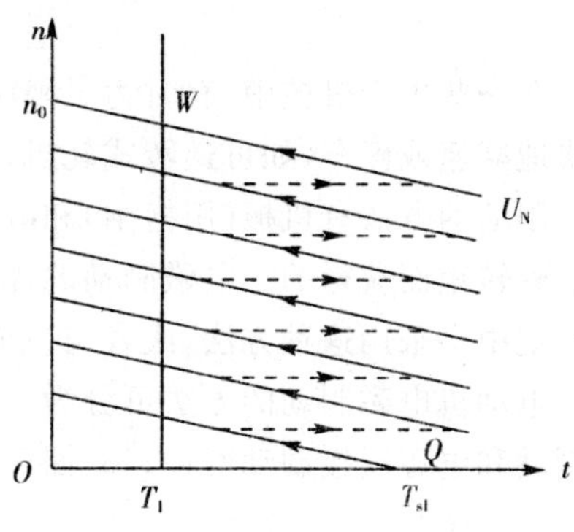

图 3-35 降压起动机械特性

在手动调节电源电压时，注意电压不能升得太快，否则会产生较大的冲击电流。在实际的推动系统中，电压的升高是由自动控制环节自动调节的，它能保证电压连续升高，并在整个起动过程中保持电枢电流为最大允许值，从而使系统在恒定的加速转矩下迅速起动。

减压起动过程中能量损耗很小，起动平滑，但需要专用电源设备，多用于要求经常起动的场合和大中型电动机的起动。

3.8.4 直流电动机的反转

电力拖动系统在工作过程中，常常需要改变转动方向，为此需要电动机反方向起动和运行，即需要改变电动机产生的电磁转矩的方向。因为电磁转矩是由主磁极磁通与电枢电流相互作用产生的，根据左手定则，任意改变两者之一时，作用力方向就改变。所以，改变转向的方法有两个：一是电枢绕组两端极性不变，而将励磁绕组反接；另一是励磁绕组极性不变而将电枢绕组反接。

例 3-3 某他励直流电动机额定功率 $P_N=96\text{kW}$，额定电压 $U_N=440\text{V}$，额定电流 $I_N=250\text{A}$，额定转速 $n_N=500\text{r/min}$，电枢回路电阻 $R_a=0.078\Omega$，拖动额定恒转矩负载运行，忽略空载转矩。

(1)若采用电枢回路串电阻起动，起动电流 $I_{s1}=2I_N$ 时，计算应串入的电阻值及起动转矩。

(2)若采用减压起动，条件同上，电压应降至多少？计算起动转矩。

解：(1)电枢回路串电阻起动

应串电阻 $$R_s=\frac{U_N}{I_{s1}}-R_a=\left(\frac{440}{2\times250}-0.078\right)\Omega=0.802\Omega$$

额定转矩 $$T_N=9.55\frac{P_N}{n_N}=\left(9.55\times\frac{96\times10^3}{500}\right)\text{N}\cdot\text{m}=1833.5\text{N}\cdot\text{m}$$

起动转矩 $$T_s=2T_N=(2\times1833.5)\text{N}\cdot\text{m}=3667\text{N}\cdot\text{m}$$

(2)减压起动

起动电压 $$U_s=I_sR_a=(2\times250\times0.078)\text{V}=39\text{V}$$

起动转矩 $T_s = 2T_N = 3667\text{N} \cdot \text{m}$

3.9 他励直流电动机的制动

在一些生产机械中,有时为了限制电动机转速的升高(例如电车下坡),或需要电动机能很快地减速或停车(如可逆转式轧机),以及紧急停车等,都需要进行制动。

制动的方法有机械(用抱闸)和电磁的。电磁制动是通过使电动机产生与旋转方向相反的电磁转矩而获得的。电磁制动的优点是制动转矩大,制动强度比较容易控制。在电力拖动系统中多采用这种方法,或者与机械制动配合使用。

电动机电磁制动的方法可分为下列三种:(1)能耗制动;(2)反接制动,它又分为倒拉反接制动和电源反接制动两种;(3)回馈制动,又称为再生发电制动。

3.9.1 能耗制动

开关闭合在位置 1 时,电动机作电动机状态运行。电动势、电流、转矩和转动方向如图 3-36(a)所示。将开关闭合到位置 2,电动机被切断了电源而接到一个制动电阻 R_Z 上。在此瞬间,在拖动系统机械惯性作用下,电动机继续旋转,n 来不及改变。由于励磁保持不变,因此电枢仍具有感应电动势 E_a,其方向和大小与处于电动机状态时相同。由于 $U=0$,所以电动机的电流

$$I_a = \frac{U - E_a}{R} = -\frac{E_a}{R}$$

式中的负号说明电流与原来电动机运行状态的方向相反(图 3-36(b)),这个电流叫制动电流。制动电流所产生的电磁转矩和原来的方向相反,变为制动转矩,使电动机回馈减速至停转。

电动机在能耗制动过程中,已转变为发电机运行。和正常发电机不同的是电动机依靠系统本身的动能发电,把动能转变为电能,消耗在电枢回路的电阻上。

在能耗制动时,因 $U=0$,$n_0=0$,因此电动机的机械特性方程变为

$$n = -\frac{R}{C_e \Phi} I_a = -\frac{R}{C_e C_T \Phi^2} T \tag{3-37}$$

式中,$R = R_a + R_Z$。

能耗制动对应的机械特性曲线如图 3-37 所示。

如果制动前电动机工作在电动机状态,在固有特性曲线上 A 点开始制动时,n 来不及改变,则工作点过渡到能耗制动特性上 B 点。在电磁转矩共同作用下,电动机很快减速。当转速下降时,电动机的电动势 E_a 减小,制动电流 I_a 随之减小,电磁制动转矩也随之减小。当转速减小至零时,电动势、电流和电磁制动转矩也减小至零。如果负载为反抗性负载,则旋转系统到此停止。如果负载为位能性负载(吊车),则在位能性负载转矩作用下,电动机将被拖动反方向旋转,此时 n、E_a、I_a 及 T 的方向均与图 3-36(b)所示的方向相反,机械特性延伸到第四象限(图 3-37 用虚线表示)。转速稳定在 C 点时,电动机运行在反向能耗制动状态下,等速下放重物。为了避免过大的制动电流给系统带来的不利影响,通常限制最大制

动电流不超过 2～2.5I_N，即

$$R=R_a+R_Z\geqslant\frac{E_a}{(2\sim2.5)I_N},R_Z=\frac{C_e\Phi_N}{(2\sim2.5)I_N}-R_a$$

式中，E_a 为制动开始时电动机的电动势，V。

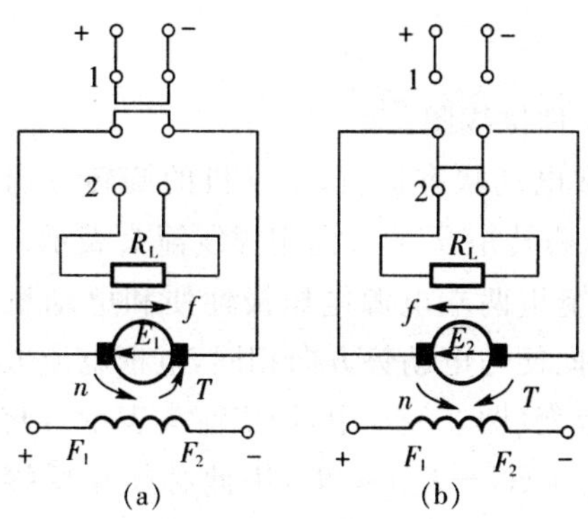

图 3－36　电动机运行状态

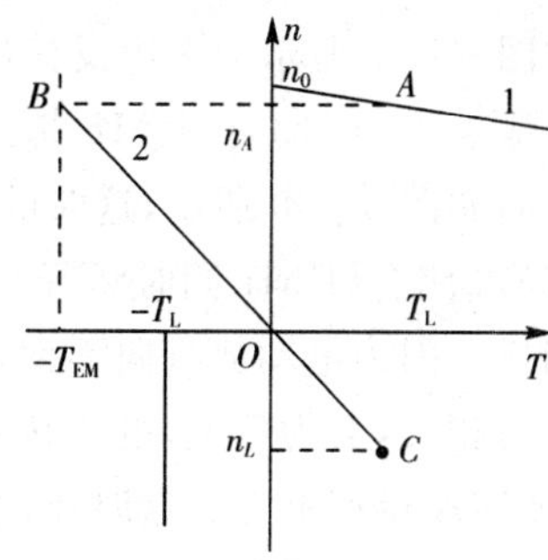

图 3－37　能耗制动的机械特性

3.9.2　倒拉反接制动

当电动机被外力拖动向着与它的接线应有的旋转反向相反的方向旋转时，便成为反接运转。我们仍用起重装置来说明，图 3－38(a)中电动机正在提升负载，它的接线是使电动机逆时针方向旋转，此时电动机稳定运行于图 3－39 固有特性曲线上 A 点。

若以大电阻 R_Z 串联到电枢电路中，使电枢电流大大减小，电动机便转到对应于该电阻的人为特性曲线上的 B 点。由于这时电动机的电磁转矩小于负载转矩，电动机的转速下降，转速与转矩的变化沿着该电阻的人为机械特性曲线箭头所示方向。当转速降至零时，如电动机电磁转矩仍小于负载转矩，则在负载的位能转矩作用下，将电动机倒拉而开始反转，其旋转方向变为下放重物的方向(图 3－38(b))。在此情况下，电动机的电动势方向也随之改变，而与电源电压方向相同。

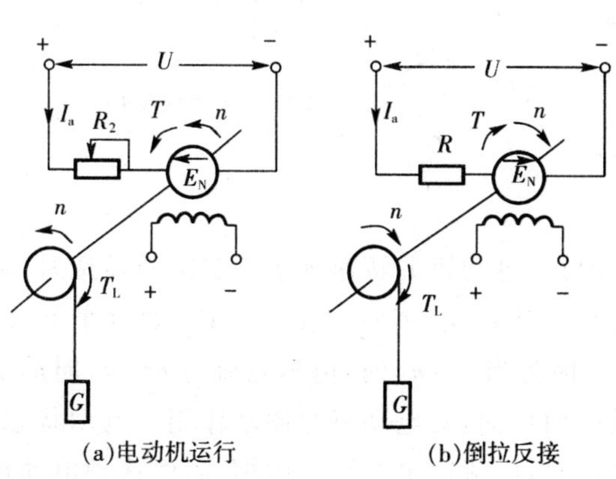

图 3－38　倒拉反接原理

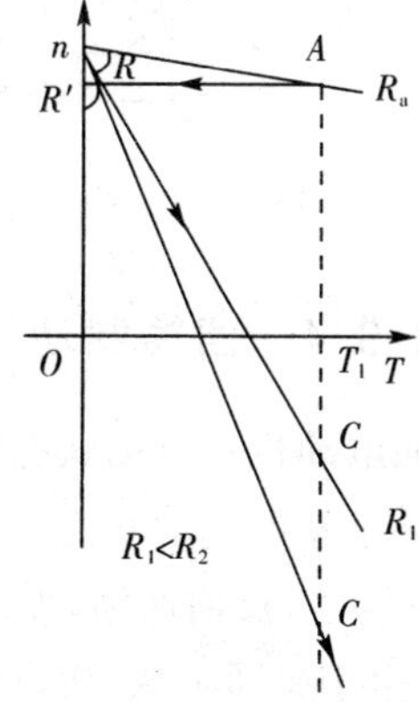

图 3－39　倒拉反接机械特性

由于电枢电流方向未变，所以电动机的电磁转矩方向亦未变，但因旋转方向已改变，所以电磁转矩便成为阻碍反向运动的制动转矩，当 $T=T_L$ 时，电动机的转速最终稳定运行在 C 点。倒拉反接制动时，直流电源仍然向电动机供给电能，而下放重物的位能也变为电能，这两部分电能都消耗在电枢回路内阻 R_a 和制动电阻 R_Z 上。由此可见，反接制动在电能利用方面很不经济。

3.9.3 电源反接制动

如图 3-40 所示为电源反接(或称电枢反接)原理接线图。

当触点 KM1 闭合(KM2 断开)，电动机在正常电动状态运行，电动机的旋转方向和电动势方向如图 3-40 所示，这时的电枢电流 I_a 和电磁转矩 T 的方向用虚线箭头表示。现将触点 KM2 闭合(KM1 同时断开)。这时加到电枢绕组两端电源电压极性便和电动机运行情况相反。因为电动势方向不变，于是外加电压方向便与电动势方向相同，电枢电流方向与电动状态相反，变为负值，电磁转矩方向也就随之改变(图 3-40 中，用实箭头表示)，起增大作用，使转速迅速下降。这时作用在电枢电路的电压 $(U+E_a)\approx 2U$，因此必须在反接的同时在电枢电路串入增大电阻 R_Z，以限制过大的增大电流(增大电流允许最大值 $\leqslant 2.5I_N$)。

电源反接过程的机械特性如图 3-41 所示。在制动前，电动机运行在固有特性曲线上的 a 点。当串加电阻并将电源反接的瞬间，电动机过渡到电源反接的人为特性曲线 2 的 b 点上。电动机的电磁转矩变为制动转矩，开始反接制动，使电动机沿特性曲线 2 而减速。如电动机在 $n=0$ 时(d 点)不立即切断电源，电动机很可能反向起动加速到 c 点。为了防止电动机反转，在制动到快停车时，应切除电源，并使用机械制动进行机械抱闸将电动机止住。

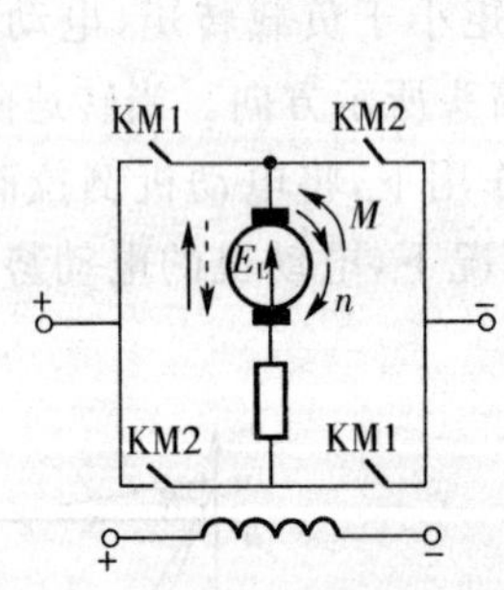

图 3-40　电源反接原理接线

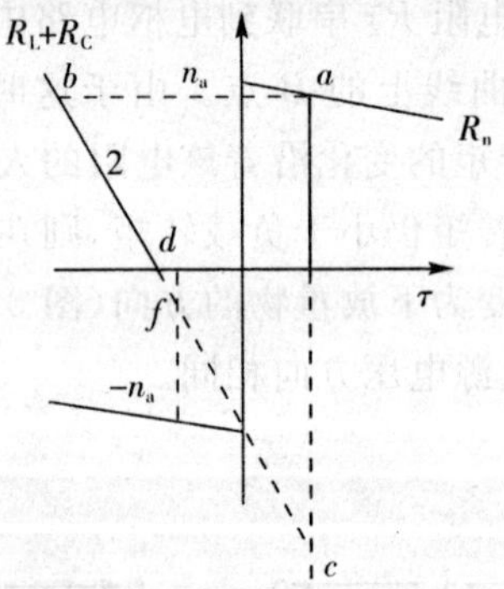

图 3-41　电源反接机械特性

3.9.4 回馈制动(再生制动)

如电动机在电动状态运行中，由于某种因素，电动机的转速等于理想空载转速时，电动机便处于发电制动状态。所以进入回馈制动的条件是：$n>n_0$(正向回馈，如电车下坡)和 $|n|>|n_0|$(反向回馈，如起重机下放重物)。因为当 $n>n_0$ 时，电枢电流与 $n<n_0$ 时的反向相反，由于磁通不变，所以电磁转矩随 I_a 反向而反向，对电动机起制动作用。电动状态时，电枢电流由电网的正端流向电动机；而在制动时，电流由电枢流向电网，因而这种电动机电磁制称为回馈制动。如他励直流电动机降压调速时，使 n_0 突然小于 n，也会自动进入回馈制动状态，加快减速过程。如图 3-43 所示。

例3-4 Z_2-92 型的直流他励电动机额定数据如下：$P_N=40kW, U_N=220V, I_N=210A, n_N=1000r/min$，电枢内阻 $R_a=0.07\Omega$。试求：

(1)在额定负载下进行能耗制动，欲使制动电流等于 $2I_N$ 时，电枢应外接入多大的电阻？

(2)求出它的机械特性的方程。

(3)入电枢直接短接，制动电流应多大？

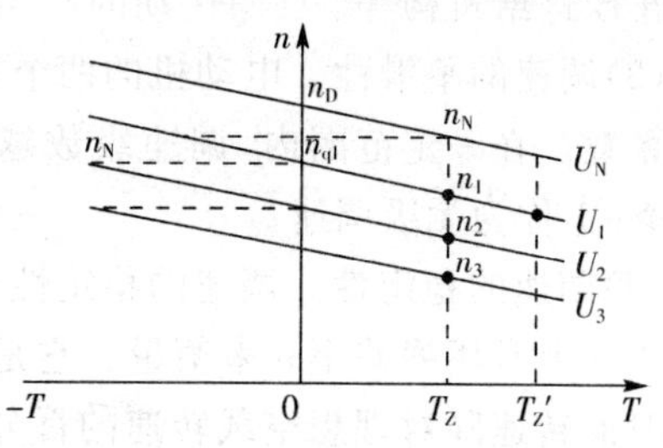

图 3-42 他励直流电动机降压调速时的回馈制动

解：(1)额定负载时，电枢电动势

$$E_{aN}=U_N-I_aR_a=(220-210\times0.07)V=205.3V$$

按要求 $I_a=-2I_N=(-2\times210)A=-420A$

能耗制动时，电枢回路总电阻

$$R=-\frac{E_{aN}}{I_a}=(\frac{-205.3}{-420})\Omega=0.489\Omega$$

(2)电动势系数

$$C_e\Phi_N=\frac{E_{aN}}{n_N}=\frac{205.3}{1000}=0.2053$$

转矩系数

$$C_T\Phi_N=9.55C_e\Phi_N=9.55\times0.2053=1.96$$

所以机械特性方程为

$$n=-\frac{RT}{C_eC_T\Phi_N^2}=-\frac{0.489T}{0.2053\times1.96}=-1.215T$$

(3)如电枢直接短接，则制动电流为

$$I_Z=-\frac{E_{aN}}{R_a}=\left(-\frac{205.3}{0.07}\right)A=-2933A$$

此电流约为额定电流的14倍，所以能耗制动时，不许直接将电枢短接，而必须接入一定数值的制动电阻。

3.10 他励直流电动机的调速

在现代工业中，有大量的生产机械要求能改变工作速度。调速可以用机械的、电气的或机电配合的方法来实现。

电动机速度调节性能的好坏，常用下列各项指标来衡量：

(1)调速范围。调速范围是指电动机拖动额定负载时，所能达到的最大转速与最小转速之比。不同的生产机械要求不同的调速范围，例如轧钢机 $D=3\sim120$，龙门刨床 $D=10\sim$

140,车床进给机构等。

(2)调速的平滑性。电动机的两个相邻调速级的转速之比称为调速的平滑性。Φ 称为平滑系数。在一定范围内,调速级数越多,相邻级转速差则越小,Φ 越接近于1,平滑性越好。$\Phi=1$ 称为无级调速。

(3)调速的稳定性。调速的稳定性是指负载转矩发生变化时,电动机转速随之变化的程度。工程上常用静差率 δ 来衡量。它是指电动机在某一机械特性上运转时,由理想空载至满载时的转速降对理想空载转速的百分比。

(4)调速的经济性。调速的经济性由调速设备的投资及电动机运行时的能量消耗来决定。

(5)调速时电动机的允许输出。它是指当电动机得到充分利用的情况下,在调速过程中所能输出的功率和转矩。

3.10.1 电枢回路串电阻调速

以他励直流电动机拖动恒转矩负载为例,保持电源电压及主极磁通为额定值不变,在电枢回路中串入不同的电阻时,电动机将稳定运行于较低的转速。转速变化过程可用图3-43所示的机械特性来说明:调速前系统稳定运行于负载机械特性与电动机固有特性的点 A,转速为 n_A。在电枢回路串入电阻 R_1 瞬间,因转速及反电动势不能突变,电枢电流及电磁转矩相应地减小,工作点由 A 过渡到 A'。因这时 $T_A'<T_L$,根据运动方程式,系统将减速,工作点由 A' 沿串电阻 R_1 特性下移。随着转速的下降,反电动势减小,I_a 和 T 逐级增加,直至 B 点,此时 $T_B=T_L$ 恢复转矩平衡,系统以较低的转速 n_B 稳定运行。同理,若在电枢回路串入更大的电阻 R_2,则系统进一步降速并以更低的转速 n_C 稳定运行。

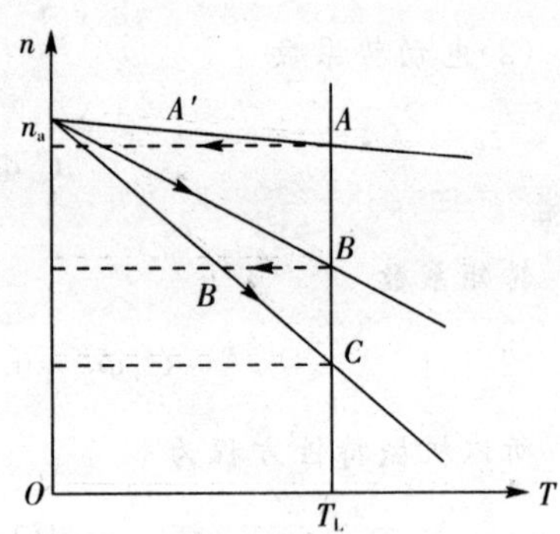

图3-43 电枢回路串电阻调速

电枢回路串电阻调速时,串入的电阻越大,稳定运行转速越低。所以,这种方法只能在低于额定转速的范围内调速,一般称为由基速(额定转速)向下调速。

电枢回路串联电阻后,机械特性变软,系统转速受负载波动的影响较大,而且在空载和轻载时能够调速的范围非常有限,调速效果不明显。另一方面,因调速电阻容量较大,一般多采用电器开关分级控制,不能连续调节,只能有级调速。同时,串入的调速电阻器上若通过很大的电枢电流会产生很大的功率损耗。转速越低,必须串入的电阻值越大,损耗越大,这样将使电动机的效率大为降低。

因此,电枢回路串电阻调速多用于对调速性能要求不高,而且是不经常调速的设备上,如起重机、运输牵引机械等。

3.10.2 降低电源电压调速

以他励直流电动机拖动恒转矩负载为例,保持主极磁通为额定值不变。电枢回路不串电阻,降低电源电压 U 时,电动机拖动负载稳定运行于降低的转速上。降压调速的机械特性如图3-44所示，电压由U_N开始逐级下降时，工作点的变动情况如图中箭头所示，由$A \to A' \to B$……。

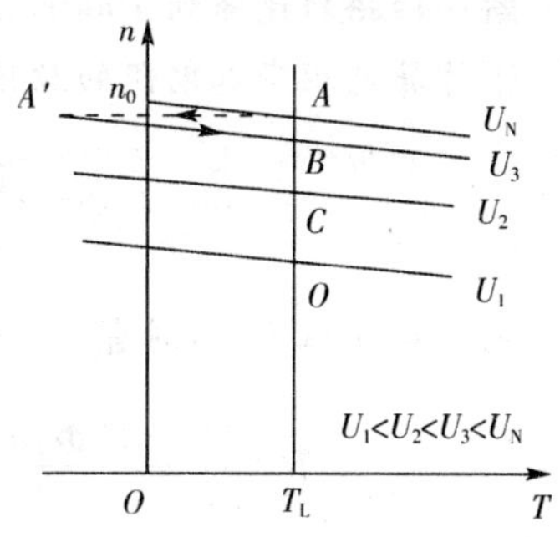

图3-44 降低电源电压调速

降低电压调速时，加在电枢上的电压一般不超过额定电压U_N，所以降压调速也只能在低于额定转速的范围内进行调节，或者说只能由基速向下调速。

降低电源电压调速时，电动机机械特性的硬度不变，因此，在低速运行时，转速受负载波动的影响也很小，转速的稳定性较好。而且，不管拖动哪一类负载，只要电源电压可以连续调节，系统的转速就可以连续变化，这种调速称为无级调速。与电枢串电阻调速相比，降压调速的性能要优越得多，而且电枢电路中没有附加的电阻损耗，电动机的效率高。

因此，降压调速多用于对调速性能要求较高的设备上，如造纸机、轧钢机、龙门刨床等。

3.10.3 弱磁调速

以他励直流电动机拖动恒转矩负载为例，保持电枢电压不变，电枢回路不串电阻，减小电动机的励磁电流，使主极磁通值减弱，则电动机拖动负载运行的转速升高。弱磁调速的机械特性如图3-45所示，若忽略磁通变化的电磁过渡过程，则励磁电流逐级减小时，系统运行工作点的变动过程如图中箭头所示，$A \to A' \to B$……。

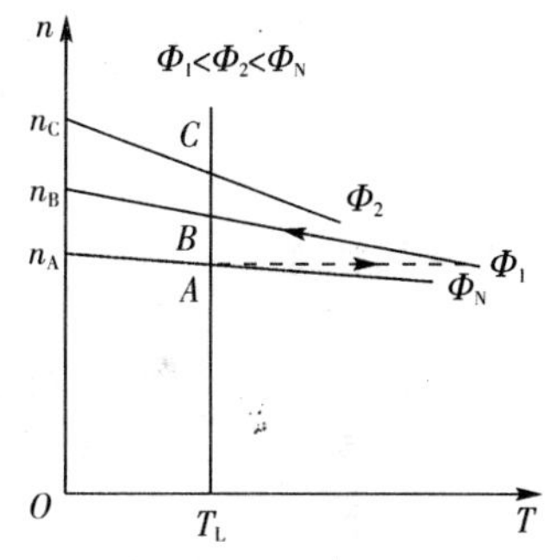

图3-45 减弱磁通调速

弱磁调速时，在电动机正常工作范围内，主极磁通越弱，系统转速越高。因此弱磁调速只能在高于额定转速的范围内进行调节，或者说只能由基速向上调速。但是，电动机的转速越高，换向越困难，电枢反应和换向元件中电流的去磁效应对于转速稳定性的影响较大。所以，弱磁调速所能达到的最高转速受到换向能力、电枢机械强度和稳定性等因素的限制，转速不能升的太高，一般用途的Z_2系列电动机弱磁调速时最高转速可达额定转速的1.2～3倍。为扩大调速范围而设计的ZT_2系列广调速电动机允许的最高转速可达额定转速的3～4倍。

在实际的他励直流电动机调速系统中，为了获得更大的调速范围，常常把降压和弱磁这两种基本调速方法配合起来使用。以额定转速为基速，采取降压向下调速和弱磁向上调速相结合的双向调速方法，从而在极宽的范围内实现平滑的无级调速，而且调速时损耗较小，运行效率较高。

例3-5 某台他励直流电动机，额定功率$P_N=220\text{kW}$，额定电压$U_N=220\text{V}$，额定电流$I_N=115\text{A}$，额定转速$n_N=1500\text{r/min}$，电枢回路电阻$R_a=0.1\Omega$，忽略空载转矩T_0，电动机带额定负载运行，试求：

(1)要求把转速降到1000r/min，可有几种方法，并求出它们的参数。

(2)当减弱磁通至$\Phi=\frac{3}{4}\Phi_N$时，拖动恒转矩负载时，求电动机稳定转速和电枢电流。能否长期运行？为什么？如果拖动恒功率负载，情况又怎样？

解:(1)把转速降到1000r/min,可有两种方法:①电枢回路串电阻;②降低电枢电压。

①计算电枢串入电阻的数值

$$C_e\Phi_N=\frac{U_N-I_NR_a}{n_N}=\frac{220-115\times0.1}{1500}=0.139$$

电枢串电阻为R,则有

$$R=\frac{U_N-C_e\Phi_Nn}{I_N}-R_a=\left(\frac{220-0.139\times1000}{115}-0.1\right)=0.604\Omega$$

②计算降低后的电枢电压值

$$U=C_e\Phi_Nn+I_NR_a=(0.139\times1000+115\times0.1)\text{V}=150.5\text{V}$$

(2)$\Phi=\frac{3}{4}\Phi_N$时,电动机的转速和电枢电流的计算

根据电磁转矩公式　　$T=C_T\Phi I_a$

拖动恒转矩负载　　$T=T_L=$常数

则有

$$I_a=\frac{\Phi_N}{\Phi}I_N=\frac{\Phi_N}{\frac{3}{4}\Phi_N}I_N=\left(\frac{3}{4}\times115\right)\text{A}=153\text{A}$$

电动机转速

$$n=\frac{U_N-I_aR_a}{C_e\Phi}=\left(\frac{200-153\times0.1}{\frac{3}{4}\times0.139}\right)\text{r/min}=1964\text{r/min}$$

可见,由于电动机的电枢电流$I_a>I_N$,故不能长期运行。

如果拖动恒功率负载,由于此时电枢电流

$$I=I_N=\text{常数}$$

电动机转速

$$n=\frac{U_N-I_aR_a}{C_e\Phi}=\left(\frac{200-115\times0.1}{\frac{3}{4}\times0.139}\right)\text{r/min}=2000\text{r/min}$$

故电动机可以长期运行(未考虑最高转速的限制)。

思考题与习题

1. 描述直流电动机工作原理,并说明换向器和电刷起什么作用?

2. 试判断在下列情况下,电刷两端的电压是交流还是直流。

(1)磁极固定,电刷与电枢同时旋转;

(2)电枢固定，电刷与磁极同时旋转。

3. 什么是电动机的可逆性？为什么说发电机作用和电动机作用同时存在于一台电动机中？

4. 直流电动机有哪些主要部件？试说明它们的作用和结构。

5. 直流电动机电枢铁心为什么必须用薄电工钢冲片叠成？磁极铁心何以不同？

6. 试述直流发电机和直流电动机主要额定参数的异同点。

7. 某直流电动机，$P_N=4kW$，$U_N=110V$，$n_N=1000r/min$，$\eta_N=0.8$。若此直流电动机是直流电动机，试计算额定电流 I_N；如果是直流发电机，再计算 I_N。

8. 单叠绕组和单波绕组各有什么特点？其连接规律有何不同？

9. 有一台四极单叠绕组的直流电动机，试问：

(1)若分别取下一只电刷、相邻的两只电刷或相对的两只电刷，对电动机的运行各有什么影响？

(2)如有一元件断线，电刷间的电压有何变化？电流有何变化？

(3)若有一主极失磁，将产生什么后果？

10. 什么叫电枢反应？电枢反应对气隙磁场有什么影响？

11. 一台直流电动机，$p=3$，单叠绕组，电枢绕组总导体数 $N=398$，一极下磁通 $\Phi=2.1\times10-2Wb$。当转速 $n=1500r/min$ 和转速 $n=500r/min$ 时，分别求电枢绕组的感应电动势 E_a。

12. 换向元件在换向过程中可能产生哪些电动势？各是什么原因引起的？它们对换向器各有什么影响？

13. 换向极的作用是什么？装在什么位置？绕组如何连接？

14. 什么叫电力拖动系统？它包括哪几部分？各起什么作用？

15. 试用运动方程式说明系统处于静止、恒速旋转、加速、减速等各种工作状态的条件是什么？

16. 什么叫负载转矩特性？典型的负载转矩特性有哪几种，各有什么特点？试画出共转矩特性。

17. 他励直流电动机稳定运行时，电枢电流的大小与什么量有关？改变电枢回路电阻能否改变电枢电流的稳态值？

18. 直流电动机为什么一般不允许直接起动？如直接起动会产生什么问题？采用什么方法起动比较好？

19. 在他励直流电动机励磁绕组断线的条件下，下面两种情况会有什么后果：空载起动；拖动额定负载起动？

20. 一台他励直流电动机，$P_N=40kW$，$U_N=220V$，$I_N=207.5A$，$R_a=0.067\Omega$。

(1)若电枢回路不串电阻直接起动，则起动电流为额定电流的几倍？

(2)若将起动电流限制为 $1.5I_N$，求电枢回路应串入的电阻大小。

21. 一台他励直流电动机，$P_N=17kW$，$U_N=220V$，$I_N=92.5A$，$R_a=0.16\Omega$，$n_N=1000r/min$，电动机允许的最大电流 $I_{amax}=1.8I_N$，电动机拖动负载 $T_L=0.8T_N$ 电动运行。求：

(1)若采用能耗制动停车，电枢回路应串入多大电阻？

(2)若采用反接制动停车，电枢回路应串入多大电阻？

22. 一台他励直流电动机，$P_N=5.5kW$，$U_N=220V$，$I_N=30.5A$，$R_a=0.45\Omega$，$n_N=1500r/min$。电动机拖动额定负载运行，保持励磁电流不变，要把转速降到 1000r/min，求：

(1)若采用电枢回路串电阻调速，应串入多大电阻？

(2)若采用降压调速，电枢电压应降到多少？

(3)两种方法调速时电动机的效率各是多少？

第 4 章

特殊电动机

内容提要与学习要求：

特殊电动机是相对普通的直流和交流电动机而言的，本章主要介绍伺服电动机、步进电动机、直线电动机、测速发电机、自整角机、交直流两用电动机及微型同步电动机等。就电磁过程所遵循的基本规律而言，特殊电动机和普通电动机没有本质的区别，只是由于两者所起的作用不同。传动生产机械用的传动电动机主要用来完成能量的变换，要求具有较高的性能指标（如效率和功率因数等）；而特殊电动机则主要用来完成控制信号的传递和变换，要求它们的技术性能稳定可靠、动作灵敏、精度高、体积小、耗电少等。当然，特殊电动机和普通的传动电动机相比并没有严格的分界线，因为像步进电动机、微型同步电动机等特殊电动机在控制系统中也起着传动作用。

4.1　伺服电动机

4.1.1　概述

伺服电动机又称为执行电动机或控制电动机。在自动控制系统中，伺服电动机是执行元件，它的作用是把接收到的电信号变为电动机的一定转速或角位移。伺服电动机可分为直流和交流两种类型。其容量一般在 0.1～100W。自动控制系统对伺服电动机的基本要求是：

(1)有较大的调速范围。

(2)快速响应。即要求机电时间常数小、灵敏度高，使转速随着控制电压迅速变动。

(3)具有线性的机械特性和调节特性。即转速随转矩的变化或转速随控制电压的变化呈线性关系，以有利于提高自动控制系统的动态精度。

(4)无自转现象。当控制电压消失，电动机能立即停转。

4.1.2　交流伺服电动机

1. 结构

交流伺服电动机定子的构造基本上与电容分相式单相异步电动机相似，如图 4-1 所示为 SD 系列的交流伺服电动机，它带有齿轮减速机构。其定子上装有两个绕组，位置互差 90°，一个是励磁绕组 f，它始终接在交流电压上；另一个是控制绕组 C，连接控制信号电压。

交流伺服电动机的转子通常为笼型结构，但为了使伺服电动机具有较宽的调速范围、线性的机械特性、无“自转”现象和快速响应的性能，它与普通电动机相比，应具有转子电阻大和转动惯量小这两个特点。目前应用较多的转子结构有两种形式：一种是笼型，采用高电阻率的导电材料青铜或铸铝做成，为了减小转子的转动惯量，转子做得细长；另一种是非磁性杯型转子，采用铝合金制成，杯壁很薄，仅 0.2～0.3mm，为了减小磁路的磁阻，要在空心杯形转子内放置固定的内定子，如图 4-2 所示。空心杯形转子的转动惯量很小，反应迅速，而且运转平稳，因此被广泛采用。

图 4-1　SD 系列伺服电动机的外形

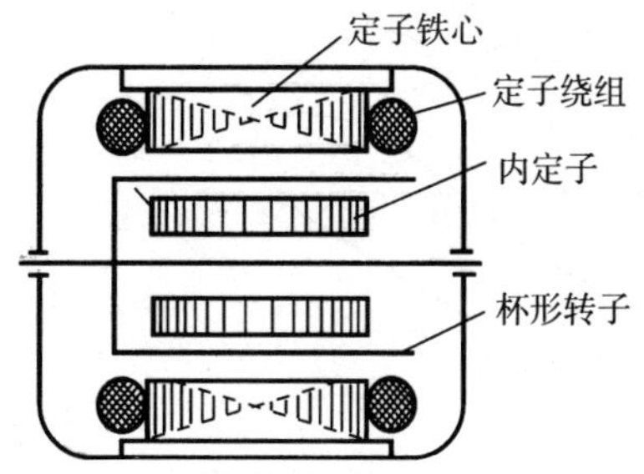

图 4-2　空心杯形转子伺服电动机结构

2. 工作原理及特点

图 4-3 为交流伺服电动机的工作原理图，它与分相式单相异步电动机非常相似。在没有控制电压时，定子内只有励磁绕组产生的脉动磁场，转子静止不动。当有控制电压时，定

子内便产生一个旋转磁场，转子沿旋转磁场的方向旋转，在负载恒定的情况下，电动机的转速随控制电压的大小变化而变化，当控制电压的相位相反时，伺服电动机将反转。

由于交流伺服电动机的转子电阻比分相式单相异步电动机大得多，所以它与单相异步电动机相比，有三个显著特点：

(1)起动转矩大。由于转子电阻大，其转矩特性曲线如图 4-4 中曲线 1 所示，与普通异步电动机的转矩特性曲线 2 相比，有明显的区别。它可使临界转差率 $s_c>1$，这样不仅使转矩特性(机械特性)更接近于线性，而且具有较大的起动转矩。因此，当定子一有控制电压时，转子立即转动，即具有起动快、灵敏度高的特点。

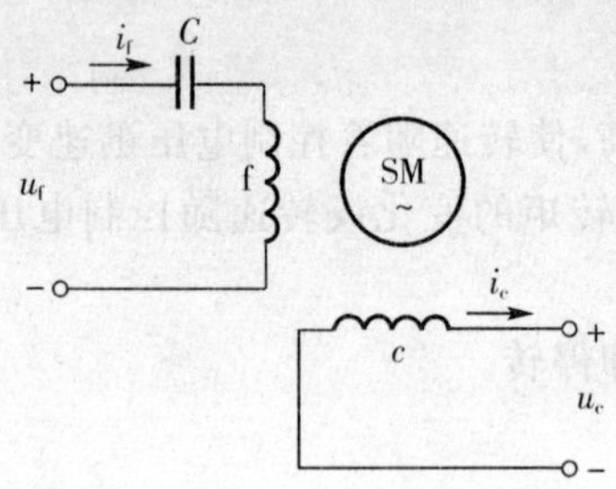

图 4-3 交流伺服电动机原理图

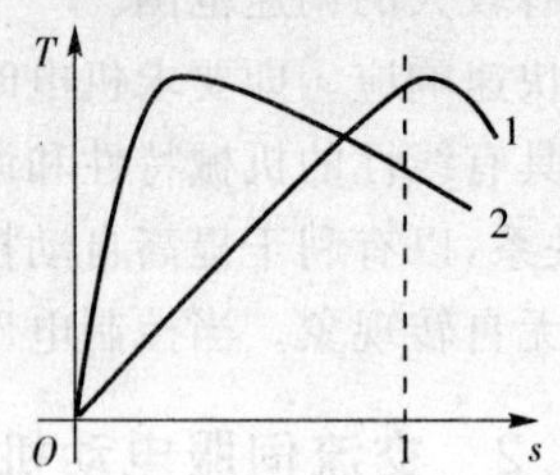

图 4-4 转矩特性曲线

(2)运行范围较宽。如图 4-4 所示，转差率 s 在 0 到 1 的范围内伺服电动机都能稳定运转。

(3)无自转现象。正常运转的伺服电动机，只要失去控制电压，电动机立即停止运转。当伺服电动机失去控制电压后，它处于单相运行状态，由于转子电阻大，定子中两个相反方向旋转的旋转磁场与转子作用所产生的两个转矩特性(T_1-s，T_2-s 曲线)以及合成转矩特性($T-s$ 曲线)如图 4-5 所示，与普通的单相异步电动机的转矩特性(图中 $T'-s$ 曲线)不同。这时的合成转矩 T 是制动转矩，从而使电动机迅速停止运转。

图 4-6 是伺服电动机单相运行时的机械特性曲线。负载一定时，控制电压 U_C 越高，转速也越高，在控制电压一定时，负载增加，转速下降。

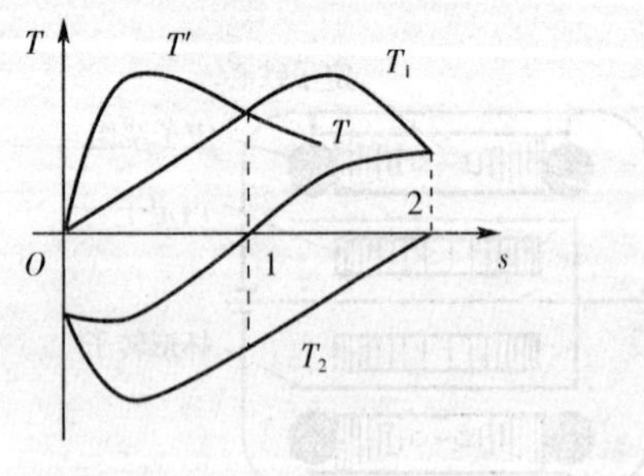

图 4-5 合成转矩特性曲线

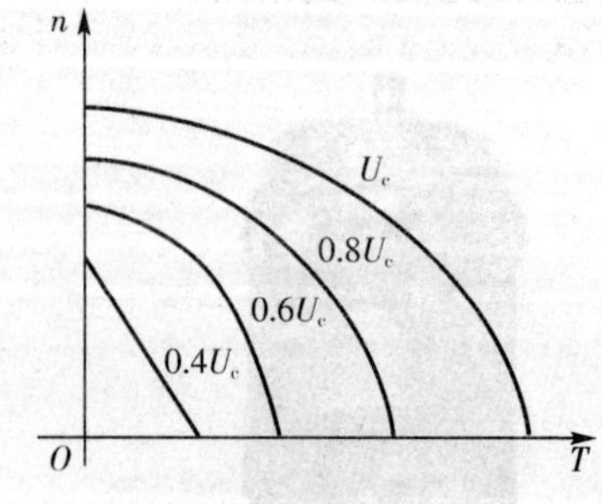

图 4-6 机械特性曲线

交流伺服电动机的输出功率一般是 0.1～100W。当电源频率为 50Hz，电压有 36V、110V、220V、380V 等多种；当电源频率为 400Hz，电压有 20V、26V、36V、115V 等多种。

交流伺服电动机运行平稳、噪音小。但控制特性是非线性，并且由于转子电阻大、损耗大，效率低，因此与同容量直流伺服电动机相比，体积大、质量重，所以只适用于 0.5～100W

的小功率控制系统。

3. 交流伺服电动机的控制方式

对于两相伺服电动机，如果励磁绕组和控制绕组中加的电压是对称的，便可得到圆形的旋转磁场。但如果两者的幅值不同，或是相位差不是90°，得到的便是椭圆形的旋转磁场。改变控制电压的大小或是改变它与励磁电压之间的相位角，都能使电动机气隙中旋转磁场的椭圆度发生变化，从而影响电磁转矩，当负载转矩一定时，达到改变转速的目的。所以，交流伺服电动机的控制方式有三种：

(1)幅值控制方式：即保持励磁电压的相位和幅值不变，通过调节控制电压的大小来改变电动机的转速；通过改变控制电压的相位来改变电动机的转向，如图4-7(a)所示。

(2)相位控制方式：即保持励磁电压和控制电压的幅值不变，通过调节控制电压与励磁电压之间的相位差来改变电动机的转速和转向。此方式一般很少采用。

(3)幅值-相位控制方式：即保持励磁电压的相位和幅值不变，同时改变控制电压的幅值和相位以达到控制的目的，如图4-7(b)所示。

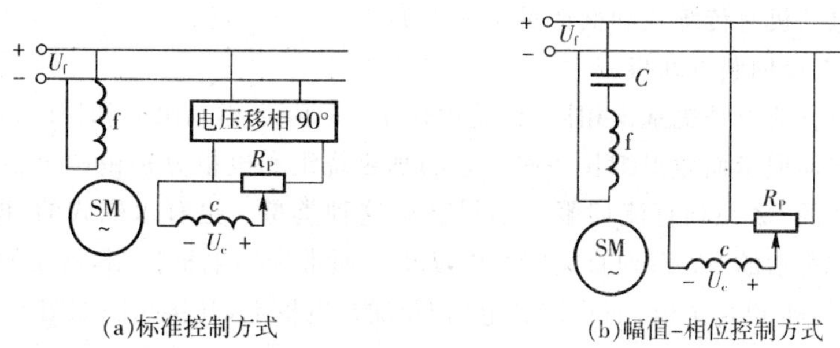

(a)标准控制方式　　(b)幅值-相位控制方式

图4-7　交流伺服电动机的控制方式

4. 交流伺服电动机的性能指标

交流伺服电动机的额定值

(1)额定电压：两相交流伺服电动机的额定电压包括额定励磁电压和额定控制电压。励磁电压允许在小范围内有一定的波动，电压过高容易使电动机过热烧坏绕组；过低则会影响电动机的性能，降低输出功率和转矩等。控制绕组的额定电压有时又称为最大控制电压，在额定励磁电压和额定控制电压相等时，为对称运行状态，此时电动机产生的磁场为圆形旋转磁场。

(2)额定频率：即伺服电动机正常工作时使用的频率。有中频和低频两大类，低频一般为50Hz，中频一般为400Hz。

(3)堵转转矩及堵转电流：定子两相绕组加上额定电压后，转子仍处于静止状态时对应的转矩，称为堵转转矩。这时流过励磁绕组和控制绕组的电流分别是堵转励磁电流和堵转控制电流，比正常工作时的电流大了许多。

(4)空载转速：定子两相绕组加上额定电压，电动机不带任何负载时的转速称为空载转速。它的大小与电动机的极数有关，由于电动机本身阻转矩的影响，它一般略低于同步转速。

(5)机电时间常数：指伺服电动机在不带任何负载时，励磁绕组加额定电压、控制绕组加阶跃的额定电压、电动机由静止加速到0.632空载转速所需的时间。它是反映电动机的快速灵敏性的技术数据，时间常数越小，说明电动机的灵敏度越高，响应越快。

5. 交流伺服电动机的应用

在自动控制系统中，根据被控对象不同，有速度控制和位置控制两种类型。其中的位置控制系统，可以实现远距离角度传递，它的工作原理是将主令轴的转角传递到远距离的执行轴，使之再现主令轴的转角位置。如工业上发电厂锅炉闸门的开启，轧钢机中轧辊间隙的自动控制，军事上火炮和雷达的自动定位。

交流伺服电动机在检测装置中的应用也很多，如电子自动电位差计，电子自动平衡电桥等。

另外，交流伺服电动机还可以和其他控制元件一起组合成各种计算装置，进行加、减、乘、除、乘方、开方、正弦函数、微积分等运算。

4.1.3 直流伺服电动机

1. 结构

直流伺服电动机有传统式和低惯量型两大类。

(1)传统式直流伺服电动机

结构和一般直流电动机基本相同，也是由定子、转子(电枢)、电刷和换向器等部分组成。只是为了减小转动惯量而做得细长一些。它的励磁绕组和电枢分别由两个独立电源供电，如目前我国生产的 SZ 系列直流伺服电动机就属这种类型。也有永磁式的，即磁极是永久磁铁，如图 4－8 所示的 SY 系列直流伺服电动机。通常采用电枢控制，就是励磁电压 U_f 一定，建立的磁通量 Φ 也是定值，而将控制电压 U_C 加在电枢上，其接线图如图 4－9 所示。

图 4－8　SY 直流伺服电动机

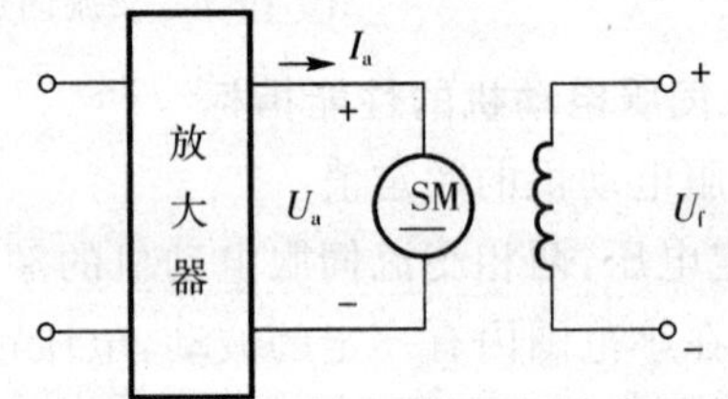

图 4－9　直流伺服电动机接线图

(2)低惯量型直流伺服电动机

① 盘式电枢直流伺服电动机：盘式电枢直流伺服电动机结构如图 4－10 所示。它的定子由永久磁钢和前后磁轭组成。磁钢可在电枢圆盘的一侧放置，也可同时放置在两侧。电动机的气隙位于圆盘的两侧，圆盘上有电枢绕组，绕组可分为印制绕组和绕线盘式绕组两种形式。印制绕组是采用与制造印制电路板相类似的工艺制成的，它可以是单片双面的，也可以是多片重叠的。绕线盘式绕组则是先绕成单个线圈，然后将绕好的全部线圈沿径向圆周排列起来，再用环氧树脂浇注成圆形盘。盘形电枢上电枢绕组中的电流是沿径向流过圆盘表面，并与轴向磁通相互作用而产生转矩。因此，绕组的径向段为绕组的有效部分，弯曲段为端接部分。在这种电动机中也常用电枢绕组有效部分的裸体表面兼作换向器，电刷与它直接接触。

② 空心杯电枢永磁式直流伺服电动机：空心杯电枢永磁式直流伺服电动机的结构如图

4－11 所示。它是由一个外定子和一个内定子构成定子磁路。通常外定子是由两个半圆形的永久磁铁组成，内定子则采用圆形的软磁材料。但也有内定子由永久磁铁做成，外定子采用软磁材料的结构形式。空心杯电枢上的绕组可采用印制绕组，也可以先绕制成单个成型线圈，然后将它们沿圆周的轴向排列成空心杯形，再用环氧树脂固化成型。空心杯电枢直接装在电动机轴上，在内外定子之间的空气隙中旋转。电枢绕组接到换向器上，由电刷引入电流。目前我国生产的 SYK 型号的电动机属于这一类型。

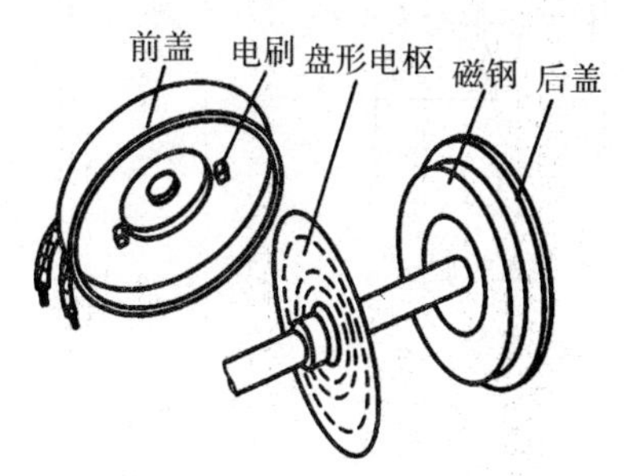

图 4－10　盘式电枢直流伺服电动机结构

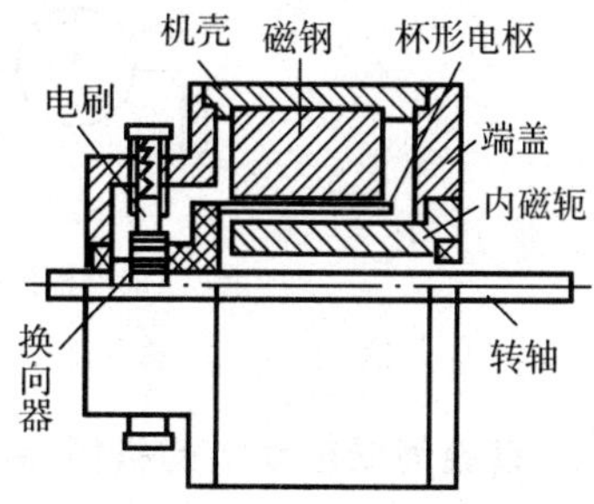

图 4－11　空心杯电枢永磁式直流伺服电动机结构

③ 无槽电枢直流伺服电动机：无槽电枢直流伺服电动机的电枢铁心上不开槽，电枢绕组直接排列在铁心表面，再用环氧树脂将绕组与电枢铁心固化在一起，成为一个整体，如图 4－12 所示。定子磁极可采用电磁式或永久磁铁做成。这种电动机的转动惯量和电枢绕组的电感均比前面介绍的两种无铁心转子的伺服电动机要大些，因而它的性能不如前两种。目前我国生产的 SWC 型号的电动机属于这种类型。

2. 工作原理

直流伺服电动机是根据电磁感应定律中载流导体在磁场中受电磁力作用的原理来工作的，如图 4－13 所示。定子为磁极，电枢绕组的线圈经过换向片和电刷，与直流电源相连接，线圈中的电流方向如图所示，根据左手定则，绕组将受到电磁力的作用，从而产生顺时针方向的电磁转矩。实际电动机中有若干个换向片组成的换向器，将外电路直流电经电刷、换向器变成电枢导体的交流电，从而保证电磁转矩方向不变。

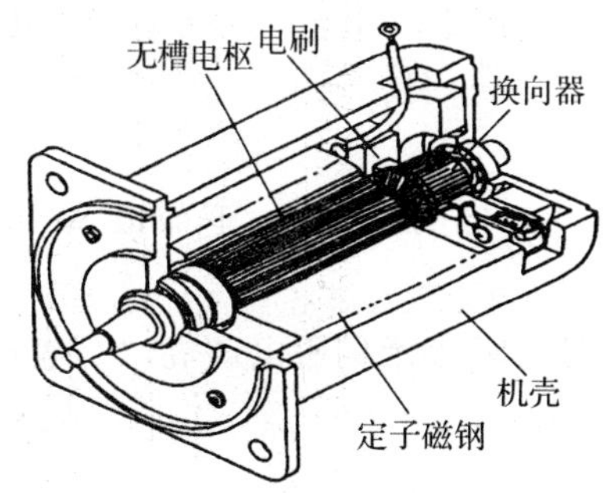

图 4－12　无槽电枢直流伺服电动机

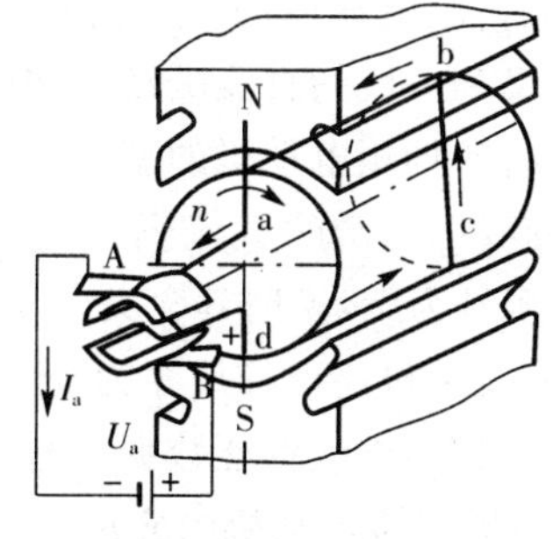

图 4－13　直流伺服电动机原理图

3. 直流伺服电动机的控制方式

直流伺服电动机有电枢控制和磁极控制两种控制方式。电枢控制是将电枢电压 U_a 作为控制信号来控制电动机的转速，如图 4－14(a)所示。磁极控制是通过改变励磁电压 U_f 来控制转速，如图 4－14(b)所示。一般直流伺服电动机多采用电枢控制，只有功率很小的直流伺服电动机才采用磁极控制。

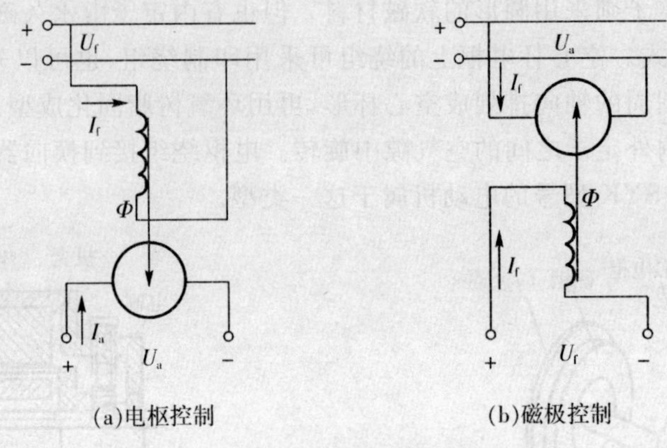

图 4－14　直流伺服电动机控制原理图

4. 直流伺服电动机的机械特性

直流伺服电动机的机械特性 $n=f(T)$ 和他励直流电动机一样，也用式(4－1)表示

$$n=\frac{U_a}{C_E\cdot\Phi}-\frac{R_a}{C_E\cdot C_T\cdot\Phi^2}T \tag{4-1}$$

图 4－15 为直流伺服电动机在不同控制电压下(U_a 为额定控制电压)的机械特性曲线。由图可见：在一定负载转矩下，当磁通不变时，如果升高电枢电压，电动机的转速就升高；反之，降低电枢电压，转速就下降；当 $U_a=0$ 时，电动机立即停转。要电动机反转，可改变电枢电压的极性。

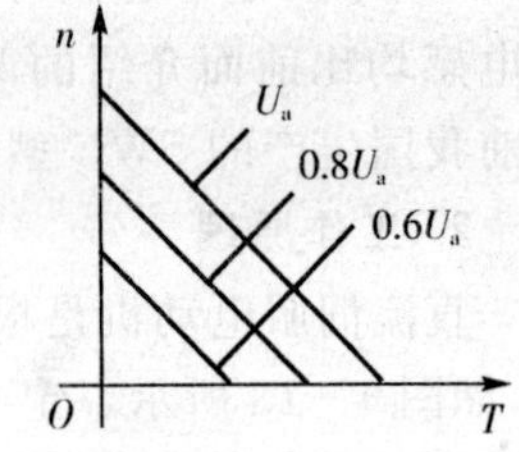

图 4－15　直流伺服电动机的 $n=f(T)$ 曲线

直流伺服电动机和交流伺服电动机相比，它具有机械特性较硬、输出功率较大、不自转、起动转矩大等优点。

5. 直流伺服电动机的性能指标

(1)直流伺服电动机的额定值

直流伺服电动机的额定值指在额定运行状态下的电压 U_N、电流 I_N、功率 P_N、转速 n_N 等，其意义和一般的直流电动机相同。

(2)直流伺服电动机的型号

目前我国生产的直流伺服电动机的型号有 SY 系列和 SZ 系列。下面以 SZ 系列的 36SZ01 型号为例，说明其含义。

“36”表示机座外径尺寸为 36mm；“SZ”为产品代号，“S”表示伺服电动机，“Z”表示直流电磁式；“01”为电气性能数据代号。

6. 直流伺服电动机的应用

直流伺服电动机在自动控制系统中作为执行元件，即在输入控制电压后，伺服电动机能按照控制电压信号的要求驱动工作机械，伺服电动机通常作为随动系统，遥控和遥测系统主传动元件。由直流伺服电动机组成的伺服系统，通常采用速度控制和位置控制两种控制方式。速度控制原理图如图 4－16 所示。

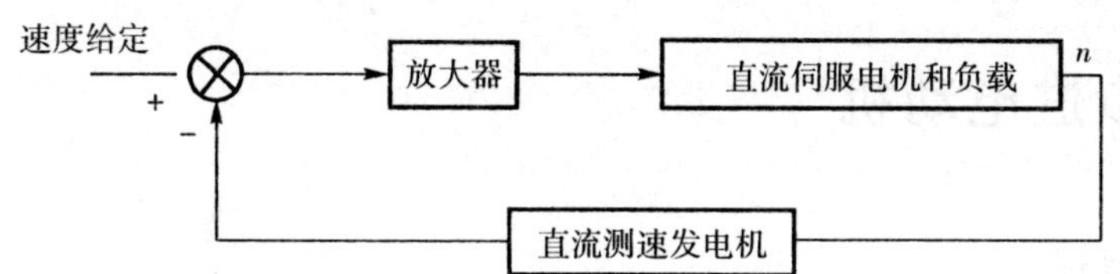

图 4-16　直流伺服电动机速度控制原理图

在此系统中，直流测速发电机将电动机的转速信号转换成电压信号与速度给定量比较，其差值经过放大器放大后向伺服电动机供电，从而控制电动机的转速。

直流伺服电动机在工业上的应用还很多，如发电厂锅炉阀门的控制、变压器有载调压定位等。图 4-17 所示为变压器有载调压随动系统的框图。

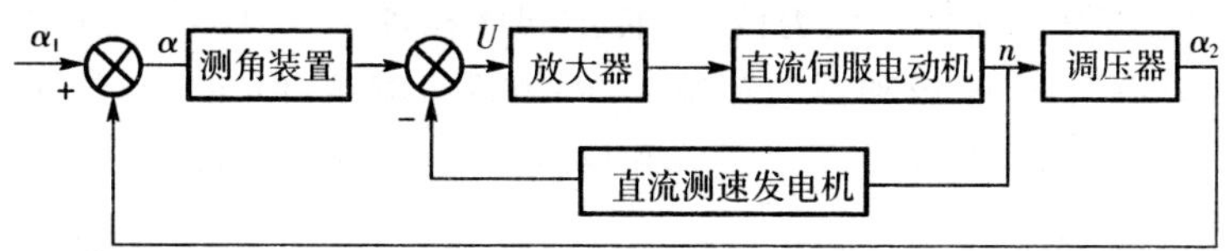

图 4-17　变压器有载调压随动系统的框图

变压器有载调压随动系统可以看做速度和位置的混合控制系统，其任务是使变压器调压器的转角 α_2 与由手轮（或控制器）经减速器减速后所给出的指令角 α_1 相等。当 $\alpha_1 \neq \alpha_2$ 时，测角装置就输出一个与角差 $\alpha=\alpha_1-\alpha_2$ 近似成正比的电压 U，此电压经放大器放大后，驱动直流伺服电动机，带动电力变压器的触点转动机构向着减小角差的方向移动，直到角差为 0，即 $U=0$ 时，直流伺服电动机停止转动，使变压器组抽头达到要求的位置，这就是位置控制系统。为了减小在随动过程中可能会出现的转速变化，可在直流伺服电动机轴上连接一个测量电动机转速的直流测速发电机，它发出与转子转速成正比的电压加在电位器上，从电位器上取了一部分电压反馈到放大器的输入端，组成负反馈环节。如果由于某种原因使电动机转速降低，则直流测速发电机的输出电压降低，反馈电压减小，并与 U 比较后使输入到放大器中的电压增大，直流伺服电动机及变压器的调压器转动机构的转速也随着升高，这种控制属于速度控制方式。

如果将图 4-17 所示用箭头分别代表各元件的输入和输出的作用，方框图用实际电动机的符号图代替，就可以得到系统原理模拟图。各元件的相互连接关系如图 4-18 所示。

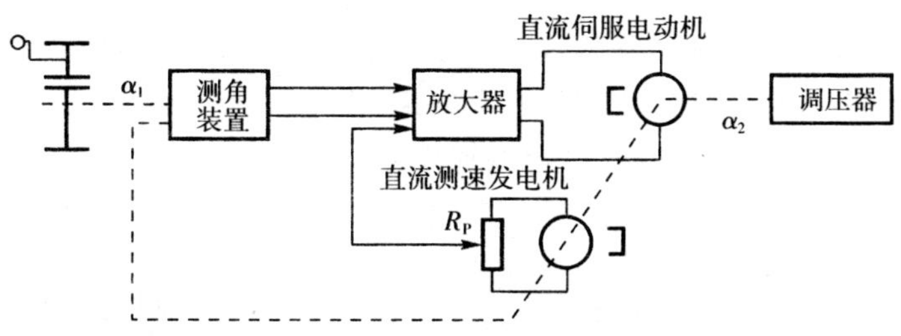

图 4-18　变压器有载调压随动系统原理模拟图

4.2 步进电动机

4.2.1 概述

步进电动机是一种将电脉冲转化为角位移的执行机构。通俗一点讲：当步进驱动器接收到一个脉冲信号，它就驱动步进电动机按设定的方向转动一个固定的角度（步进角）。可以通过控制脉冲个数来控制步进电动机的角位移量，从而达到准确定位的目的；同时也可以通过控制脉冲频率来控制步进电动机转动的速度和加速度，从而达到调速的目的。

步进电动机的种类很多，一般按结构区分，有反应式、永磁式和永磁感应式三种，如图 4-19 所示。永磁式步进电动机一般为两相，转矩和体积较小；反应式步进电动机一般为三相，可实现大转矩输出，但噪声和振动都很大，将被逐步淘汰，但在现阶段依然被应用得最多；永磁感应子式步进电动机综合了永磁式和反应式的优点，所以它的应用非常广泛。

(a)反应式步进电机

(b)永磁式步进电机

(c)永磁感应子式步进电机

图 4-19 步进电动机的外形

从零件的加工过程看，工作机械对步进电动机的基本要求是：

(1)调速范围宽，尽量提高最高转速以提高劳动生产率。

(2)动态性能好，能迅速起动、正反转和停车。

(3)加工精度高，即要求一个脉冲对应的位移量小，并要精确、均匀。这就要求步进电动机步距角小，步距精度高，不丢步或越步。

(4)输出转矩大可直接带动负载。

4.2.2 反应式步进电动机

1. 结构

步进电动机主要由定子和转子构成。定子上嵌有多相星形联结的控制绕组，三相、四相、五相步进电动机分别有三个、四个、五个绕组，由专门的电源输入电脉冲信号。绕组按一定的通电顺序工作，这个通电顺序称为步进电动机的“相序”。转子的主要结构是磁性转轴，当定子中的绕组在相序信号作用下，有规律的通电、断电工作时，转子周围就会产生一个按此规律变化的磁场，因此一个按规律变化的电磁力就会作用在转子上，使转子发生转动。图 4-20 是反应式步进电动机结构示意图，它的定子具有均匀分布的六个

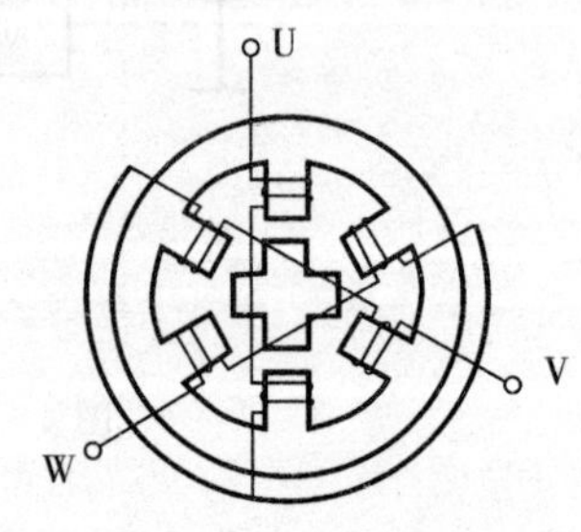

图 4-20 反应式步进电动机结构

磁极,磁极上绕有绕组。两个相对的磁极组成一组,连接方法如图 4－20 所示。

2. 工作原理

(1)三相单三拍通电方式的基本原理

如图 4－21 所示,定子及转子铁心均由硅钢片叠成,定子为凸极式结构,有 6 个均匀分布的磁极,分别装有三相励磁绕组(称控制绕组),并接成三角形联结。转子有 4 个均匀分布的齿,上面无绕组。

步进电动机工作时,定子各绕组轮流通电,设 U 相首先通电,如图 4－21(a)所示,气隙中产生一个沿 U_1U_2 轴线方向的磁场。由于磁通总是沿磁阻最小的路径闭合,于是产生磁拉力使转子铁心齿 1、3 与 U 相绕组轴线 U_1U_2 对齐。如将通入的电脉冲由 U 相绕组转换到 V 相绕组,则根据同样的原理,磁拉力将转子铁心齿 2、4 与 V 相绕组轴线 V_1V_2 对齐。此时转子按顺时针方向转过 30°电角度,如图 4－21(b)所示。如果将电脉冲加到 W 相绕组上,按同样的分析方法,转子又将顺时针方向转过 30°电角度。由此可以得到如下的规律:如果定子绕组按 U→V→W→U→……的顺序轮流通电,则转子就按顺时针方向一步一步地转动,每一步转过 30°电角度,这个角度称为步距角 θ。从一相通电转换到另一相通电称为一拍,每一拍转子转过一个步距角。如果通电的顺序改为 U→W→V→U→……则步进电动机将反方向转动。电动机转速取决于通入电脉冲的频率,频率越高转速越快。

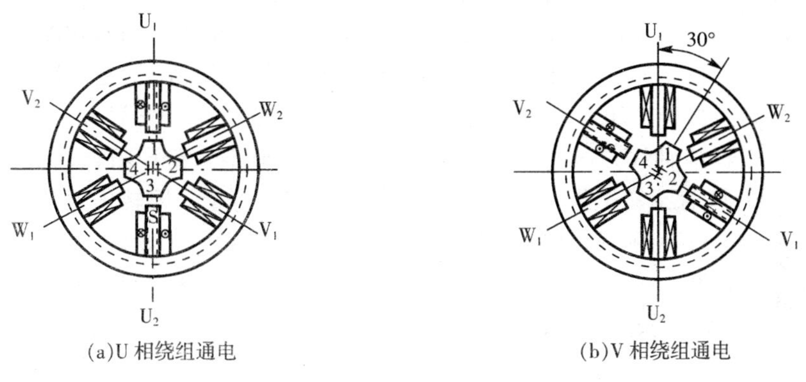

(a)U 相绕组通电　　(b)V 相绕组通电

图 4－21　反应式步进电动机三相单三拍通电方式的工作原理

上述通电方式称为三相单三拍运行。“单”是指每次只有一相绕组通电,“三拍”是指一个循环只换接三次,这种运行方式在实际应用中,由于切换时在一相控制绕组断电而另一相绕组通电的交替时刻容易造成失步,另外由单一控制绕组通电吸引转子也容易造成转子在平衡位置附近产生振荡,故运行稳定性较差,因此实际中很少应用。

(2)三相双三拍控制

为了克服三相单三拍控制的缺点,通常可改为三相双三拍控制,即通电方式按 UV→VW→WU→UV 顺序进行,每次有两相绕组同时通电,如图 4－22(a)、(c)所示。当 UV 两相同时通电时,磁场轴线与未通电的 W 相绕组轴线 W_1W_2 对齐,此时转子齿 1、2(及齿 3、4)间的槽轴线与 W_1W_2 轴线对齐,如图 4－22(a)。当 VW 两相同时通电时,转子齿 2、3(及齿 4、1)间的槽轴线与 U_1U_2 轴线对齐。可见双三拍控制与单三拍控制相同,步距角仍为 30°。

(3)三相六拍控制

图 4－22 为反应式步进电动机三相六拍运行的工作原理图。它的通电顺序为 U→UV

→V→VW→W→WU→U→……即每一循环共六拍，其中三拍为单相通电，三拍为两相通电。单相通电时的情况与前面叙述的三相单三拍控制一样，而当 UV 两相通电时，转子齿 3、4 间的槽轴线与 W_1W_2 轴线对齐，可见，一拍转过 15°电角度。同理，当 V 相通电时，转子齿 2、4 轴线与 V_1V_2 轴线对齐，转子又转过 15°电角度。

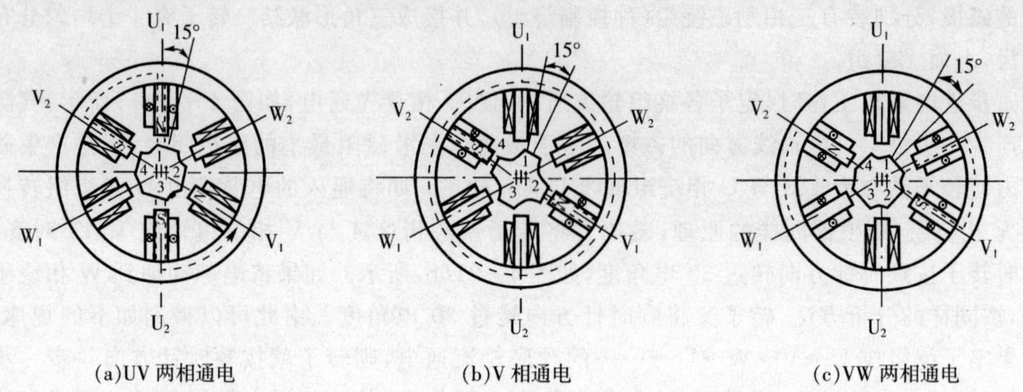

(a)UV 两相通电　　(b)V 相通电　　(c)VW 两相通电

图 4-22　三相反应式步进电动机三相六拍运行的工作原理图

上面讨论的步进电动机其步距角都比较大，往往不能满足传动设备对精度的要求。为了减小步距角，实际应用中的步进电动机通常将定子的每一个极分成许多小齿，转子也由许多小齿组成，如图 4-23(a)所示的结构是最常用的一种小步距角结构形式的三相反应式步进电动机。其定子上有六个极，上面装有控制绕组且连成 U、V、W 三相。转子上均匀分布 40 个齿。定子每个极面上也各有 5 个齿，定、转子的齿距都相同。当 U 相控制绕组通电时，电动机中产生沿 U 极轴线方向的磁场，因磁通要沿磁阻最小的路径闭合，使转子受到磁阻转矩的作用而转动，直至转子齿和定子 U 极面上的齿对齐为止。因转子上共有 40 个齿，每个齿的齿距为 360°/40=9°，而每个定子磁极的极距为 360°/6=60°，所以每一个极距所占的齿数不是整数。从图 4-23(b)给出的步进电动机定、转子展开图中可以看出，当 U 极面下的定、转子齿对齐时，V 极和 W 极极面下的齿就分别和转子齿相错三分之一的转子齿距 t，即 3°。

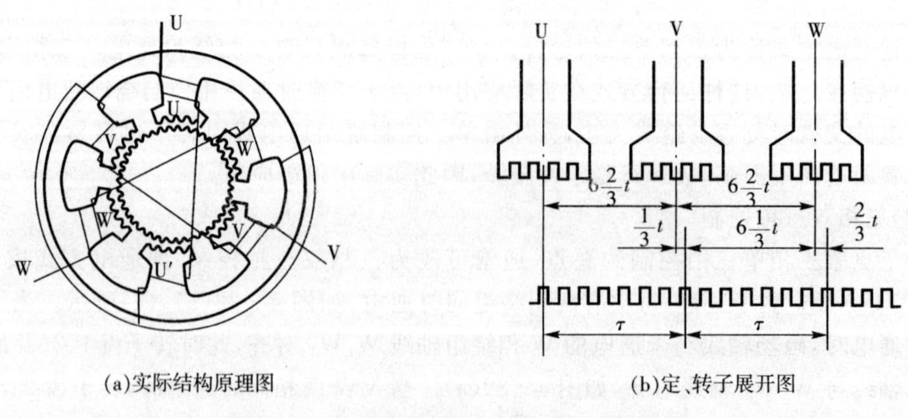

(a)实际结构原理图　　(b)定、转子展开图

图 4-23　小步距角的三相反应式步进电动机

Z=40　m=32p=6

若断开 U 相绕组而由 V 相绕组通电，这时电动机中产生沿 V 极轴线方向的磁场。同

理,在磁阻转矩的作用下,转子按顺时针方向转过 3°使定子 V 极面下的齿和转子齿对齐,相应定子 U 极和 W 极极面下的齿又分别和转子齿相错三分之一的转子齿距。以次类推,当控制绕组按 U→V→W→U 顺序循环通电,转子就沿顺时针方向以每一拍转过 3°的方式转动。若改变通电顺序,即按 U→W→V→U 顺序循环通电,转子就沿逆时针方向同样以每拍转过 3°的方式转动。此为单三拍通电方式的运行情况。

若采用三相六拍通电方式进行,即按 U→UV→V→VW→W→WU→U 顺序循环通电,步距角也将减小一半,即每拍转子仅转过 1.5°。

从上面的分析可以看出,无论是三相单三拍还是三相双三拍,都是转子走三步前进一个齿距角,每走一步前进三分之一齿距角(即步距角);三相六拍时,则转子走六步才前进一个步距角。步进电动机的步距角 θ 可按下式计算

$$\theta=\frac{360^\circ}{mZ} \tag{4-2}$$

式中,Z 为转子的齿数;m 为运行的拍数。

如上面分析的步进电动机,$Z=40$,采用单三拍或双三拍运行时

$$\theta=\frac{360^\circ}{3\times40}=3^\circ$$

当采用六拍运行时

$$\theta=\frac{360^\circ}{6\times40}=1.5^\circ$$

如果脉冲频率为 f,则步进电动机的转速为

$$n=\frac{\theta f}{2\pi}\times60=\frac{60}{mZ}F \tag{4-3}$$

式中,f 为脉冲频率,Hz;θ 为步距角,rad;n 为转速,r/min。

4.2.3 永磁式步进电动机

1. 结构

永磁式步进电动机的典型结构如图 4-24 所示,它的定子为凸极式,定子上有两相或多相绕组,转子是一对极或多对极的星形永久磁钢。转子的极数应与定子每相的极数相同。

2. 工作原理

以图 4-24 所示为例,当定子绕组按 U→V→(-U)→(-V)单四拍方式或 UV→V(-U)→(-U)(-V)→(-V)U 双四拍方式通电时,转子便连续旋转,步距角为 45°。若定子绕组按 U→UV→V→V(-U)……八拍方式通电,则转子旋转步距角为 22.5°。由此可见,这类步进电动机要求电源能输出正负脉冲,电源较复杂。若在每个磁极上绕两套方向相反的绕组,亦可简化电源,但电动机尺寸增大,用铜量增多,利用率降低。

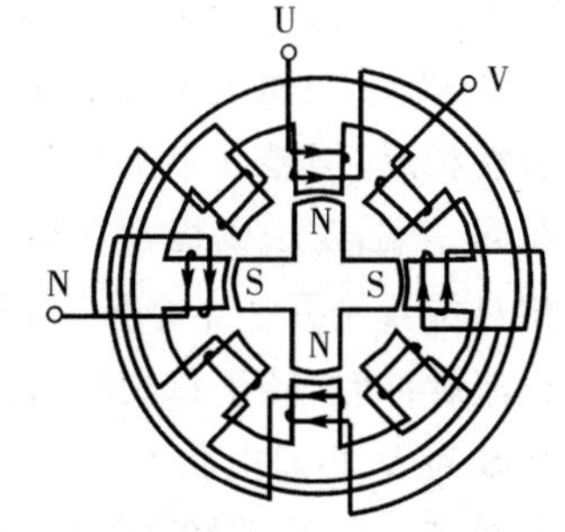

图 4-24 永磁式步进电动机的结构

4.2.4 永磁感应子式步进电动机的工作原理

1. 结构

永磁感应子式步进电动机的典型结构，如图 4-25 所示。其定子结构与反应式步进电动机一样，分为若干大极，每极上有小齿。定子为单段式，当中是一个圆筒形轴向磁钢，两端有两段铁心，转子铁心上开有与定子小齿等齿距的齿槽，两段铁心相互错位 1/2 齿距。

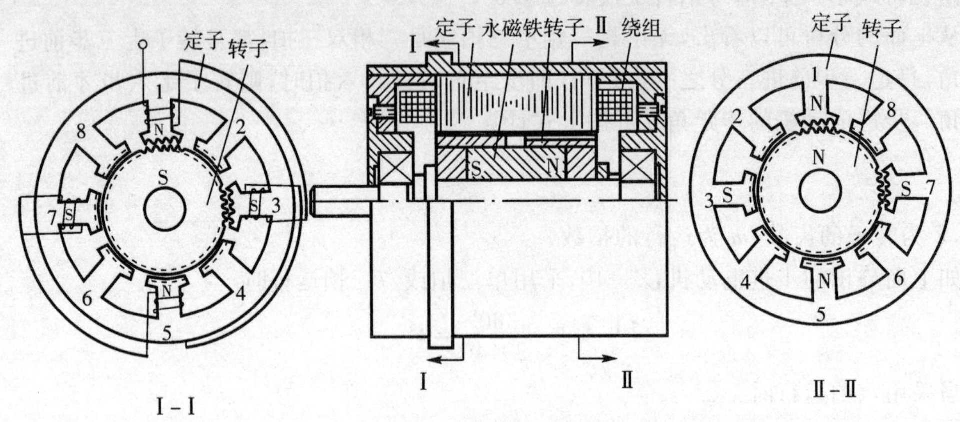

图 4-25 永磁感应子式步进电动机结构示意图

2. 工作原理

如图 4-25 所示，定子控制绕组与永磁式步进电动机相同，为两相集中绕组，每相为两对极，U 相绕组布置在 1,3,5,7 大极上，V 相绕组布置在 2,4,6,8 大极上，按 U→V→(－U)→(－V)→U……次序轮流通以正负电脉冲(也可在同一相的极上绕二套绕向相反的绕组，通以正脉冲)。转子磁钢充磁后一端(如图中Ⅰ端)为 S 极，则Ⅰ端转子铁心整个圆周上都呈 S 极性，Ⅱ端转子铁心则呈 N 极性。

当定子 U 相通电时，定子 1,3,5,7 大极上的极性为 N—S—N—S，这时转子的稳定平衡位置就是图 4-25 所示的位置，即定子磁极 1 和 5 上的齿与Ⅰ端上的转子齿及Ⅱ端上的转子槽对齐，磁极 3 和 7 上的齿与Ⅱ端上的转子齿及Ⅰ端上的转子槽对齐，而 V 相四个极(2、4、6、8 极)上的齿与转子齿都错开 1/4 齿距。由于定子同一个极的两端极性相同，转子两端极性相反，但错开半个齿距，所以当转子偏离平衡位置时，两端作用转矩的方向是一致的。在同一端，定子 1 极与 3 极的极性相反，转子同一端极性相同，但 1 和 3 极下定、转子小齿的相对位置错开了半个齿距，所以作用转矩的方向也是一致的。当定子各相绕组按顺序通以直流脉冲时，转子每次将转过一个步距角。

当改为 V 相通电状态后，Ⅰ-Ⅰ端定子 2 极呈 N 极性，则转子相应转过 1/4 齿距，与 2 极小齿对齐，Ⅱ-Ⅱ端转子同样转过 1/4 齿距与 4 极下小齿对齐，达到新的稳定平衡位置。这样，电源换接一次，转子走过一步。若以 U→V→(－U)→(－V)→U……单四拍或 UV→V(－U)→(－U)(－V)→(－V)U……双四拍方式通以脉冲时，步距角为 1.8°；以 U→UV→V→V(－U)→(－U)→(－UU)(－V)→(－V)→(－V)U……八拍方式通电时，则步距角为 0.9°。

4.2.5　步进电动机的性能指标

步进电动机的性能指标主要有步距角、静态步距角误差、额定电流、额定电压等。

(1)步距角:指三相步进电动机每输入一个脉冲信号电动机转过的角度。反应式步进电动机步距角一般为 1.5°,永磁式步进电动机步距角一般为 7.5°或 15°;混合式两相步进电动机步距角一般为 1.8°,而五相步距角一般为 0.72°。

(2)静态步距角误差:指实际的步距角与理论的步距角之间的差,通常用理论步距角的百分数或绝对值大小来衡量。其值越小,表明电动机的精度越高。

(3)额定电流:指步进电动机不动时第一相绕组容许通过的电流为额定电流。当电动机转动时,每相绕组通过的是脉冲电流。需要说明的是,电流表指示的读数为脉冲电流平均值,不是额定电流。

(4)额定电压:指驱动电源供给的电压,一般不等于加在绕组两端的电压。

4.2.6　步进电动机的特点及应用

步进电动机能够将电脉冲信号变换成直线位移或角位移,其直线位移量和角位移量与电脉冲数成正比,其线速度或转速与脉冲频率成正比。通过改变脉冲频率就可以在很大范围内调节电动机的转速,而且能够快速起动、制动和反转。如果停机后某些相绕组仍保持通电状态,还具有自锁能力。所以步进电动机具有结构简单、维护方便、精确度高、起动灵敏、停车准确等特点。不过步进电动机在控制的精度、速度变化范围、低速性能方面都不如传统的闭环控制的直流伺服电动机。所以常用于精度不是需要特别高的场合,但如果使用恰当,有时也可以和直流伺服电动机性能相媲美。现将几种常用的步进电动机的结构和性能特点列于表 4-1 中。

表 4-1　步进电动机的特点

种类	型号	结构特点	性能特点
反应式步进电动机	BF	定子上有多相绕组,定子磁极和转子上开有小齿,定、转子铁心可做成单段式或多段式	齿距角可以做得很小,起动和运行频率较高。断电时无定位转矩,需用带电定位,消耗功率大
永磁式步进电动机	BY	定子上有多相绕组。但定子磁极上不开小齿,转子用永久磁钢做成,转子极数与定子每相极数相同	步距角较大,起动和运行频率较低,需供给正负脉冲信号,断电时有定位转矩,消耗功率较小
永磁感应子式步进电动机	BYG	为永磁式和反应式的组合,定子结构与反应式相同,转子由位于中部的环形永久磁钢和位于两端的无磁性铁心组成。环形磁钢轴向充磁,两端的铁心上开有小槽	步距角小,有较高的起动和运行频率,消耗功率小,有定位转矩,兼有以上两种步进电动机的优点。但需供给正、负脉冲信号,结构复杂

步进电动机作为执行元件,是机电一体化的关键产品之一,广泛应用在各种自动化控制系统和生产实践的各个领域。它最大的应用是在数控机床的制造中,因为步进电动机不需要 A/D 转换,能够直接将数字脉冲信号转化成为角位移,所以被认为是理想的数控机床的执行元件。早期的步进电动机输出转矩比较小,无法满足需要,在使用中和液压扭矩放大器一同组成液压脉冲电

动机。随着步进电动机技术的发展,步进电动机已经能够单独在系统上使用,成为不可替代的执行元件。例如步进电动机用作数控机床进给伺服机构的驱动电动机,如图 4 - 26 所示。

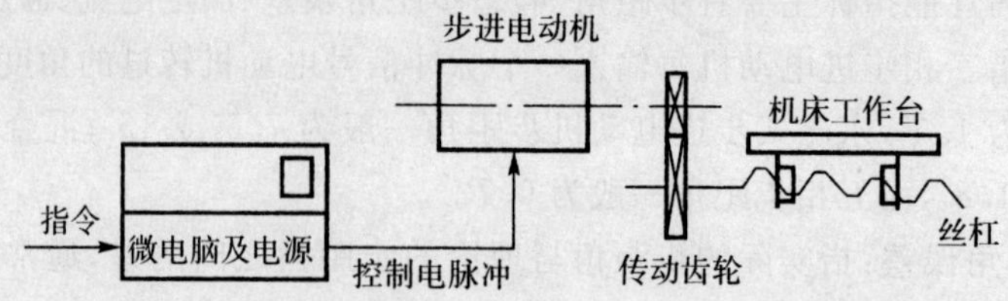

图 4 - 26　步进电动机驱动数控机床工作示意图

在这个应用中,步进电动机可以同时完成两个工作,其一是传递转矩;其二是传递信息。步进电动机也可以作为数控蜗杆砂轮磨边机同步系统的驱动电动机。除了在数控机床上应用,步进电动机也可以应用在其他的机械上,比如作为自动送料机中的驱动装置,作为通用的软盘驱动器的驱动装置。图 4 - 27 所示为计算机的软盘驱动装置。磁盘上有许多宽约 0.5mm(约 75 条或 76 条)的磁道,磁头通过这些磁道时可进行信息的存取。工作时磁盘旋转,磁头借助于由步进电动机驱动的滚珠丝杆装置在磁道间平移,以实现对磁盘的信息存取,步进电动机的动作则靠键盘来操纵。

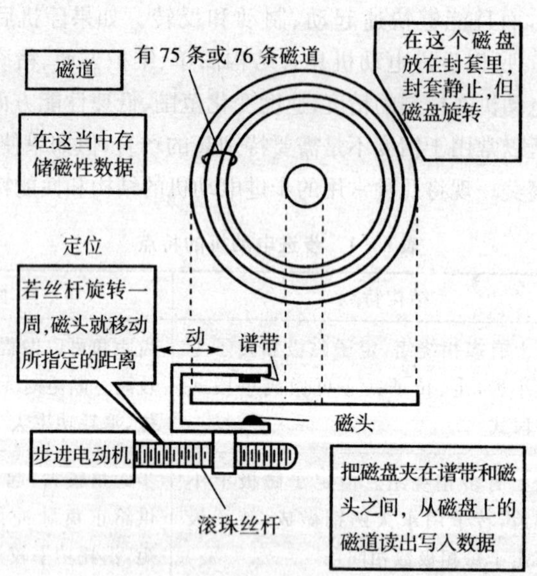

图 4 - 27　软盘的驱动装置

4.3　测速发电动机

4.3.1　概述

测速发电机是一种测量转速的信号元件,它可将输入的机械转速变换为电压信号输出,使输出电压与转速成正比关系,用公式表示为

$$U = K \cdot n \tag{4-4}$$

或

$$U=K'\frac{\mathrm{d}\theta}{\mathrm{d}t} \tag{4-5}$$

式中，K'、K 为比例系数；θ 为测速发电机转子的转角(角位移)。

由于测速发电机的输出电压正比于转子转角对时间的微分。因此，测速发电机在自动控制系统和计算装置中不仅可以作为测速元件，还可以作机电微分、积分元件，广泛用于速度和位置的控制系统中。

测速发电机分为直流测速发电机、交流测速发电机及霍尔效应测速发电机三类，其中直流测速发电机又包括永磁式和电磁式两种；交流测速发电机也可分为同步测速发电机和异步测速发电机。

自动控制系统对测速发电机的要求如下：

(1)输出电压与转速呈正比关系并保持稳定。指测速发电机的输出电压与转速应保持严格的正比关系，且不随外界条件的改变而变化。

(2)测速发电机的转动惯量要小，以保证反应迅速。

(3)测速发电机的灵敏度要高。是指测速发电机的输出电压对转速的变化反应灵敏，即测速发电机的输出特性斜率要大。

此外，还要求它对无线电通信干扰小、噪声小、结构简单、工作可靠、体积小和质量轻等。

4.3.2　直流测速发电机

1. 结构

直流测速发电机是一种用来测量转速的小型他励直流发电机。适用于在各种精度要求的自动控制系统中作反馈元件。直流测速发电机的外形如图 4-28 所示，其结构与普通的小型直流发电机相同，由定子、转子(电枢)、电刷和换向器四个部分组成。按励磁方式可分为永磁式和电磁式两种。永磁式直流测速发电机的定子用永久磁铁制成，一般为凸极式。转子上有电枢绕组和换向器，用电刷与外电路相连。由于不需另加励磁电源，也不存在因励磁绕组温度变化而引起的特性变化，在实际中得到了较为广泛的应用。

图 4-28　直流测速发电机的外形

2. 工作原理

直流测速发电机的结构和一般的直流发电机相似，它的工作原理也和一般直流发电机没有区别。在恒定的磁场中，电枢以转速 n 旋转时，电枢上的导体切割磁通 Φ_0，于是在电刷间产生感应电动势 E_0。

$$E_0=C_E\Phi_0 n$$

在空载时，即电枢电流 $I_a=0$，直流测速发电机的输出电压就是空载电动势，即 $U=E_0$，因而输出电压与转速成正比。

有负载时，电枢电流不为 0，若不计电枢反应的影响，直流测速发电机的输出电压应为

$$U=E_0-R_a I_a$$

式中，R_a 为电枢回路的总电阻，它包括电枢绕组电阻、电刷接触电阻。

有负载时电枢电流为

$$I_a=U/R$$

式中，R 为测速发电机负载电阻。

整理上面两式，可得

$$U=\frac{C_E\Phi_0}{1+\frac{R_a}{R}}n \tag{4-6}$$

在理想情况下，R_a、R 和 Φ_0 均为常数，直流测速发电机的输出电压 U 与转速 n 仍成正比关系。只是对于不同的负载，直流测速发电机的输出特性有所不同。

3. 直流测速发电机的性能指标

直流测速发电机的技术指标主要有线性误差、最大线性工作转速、负载电阻等。

①线性误差 $\Delta U\%$：表示在工作速度范围内，实际输出特性和理想的直线输出特性之间的最大绝对误差值与理想直线输出特性的最大输出电压值之比。一般要求 $\Delta U\%=1\%\sim2\%$，较精密系统要求 $\Delta U\%=0.25\%\sim0.1\%$。

②最大线性工作转速 n_N：指在允许的线性范围内的最高电枢转速，即测速发电机的额定转速 n_N。

③负载电阻 R_L：指保证输出特性在线性范围内的最小电阻值，在使用时，接到电枢两端的电阻应不小于这个值，否则电枢电流会比较大，使线性度变差。

④不灵敏区 Δn：测速发电机在转速小于一定数值时，电枢电动势比电刷换向器的接触压降还要低，发电机输出电压 $U=0$。这个较低转速所在的区域称为不灵敏区。

⑤输出特性的不对称度 K_a：指直流测速发电机正、反转时，在相同的转速下，输出电压绝对值之差与两者平均值之比的百分数。

⑥静态放大系数：指直流测速发电机的输出特性的斜率。通常希望这个值尽可能大一些，因为采用较大的负载电阻可提高测速发电机的静态放大系数。

4. 直流测速发电机的特点及应用

直流测速发电机具有输出电压斜率大、没有剩余电压(即转速为0时，输出电压也为0)、没有相对误差等优点，在自动控制系统中应用较为广泛，可起测量或自动调节转速的作用。并且在随动系统中用来产生电压信号以提高系统的稳定性和精度；在计算解答装置中作为微分和积分元件。图4-29所示为恒速自动调节系统原理图。

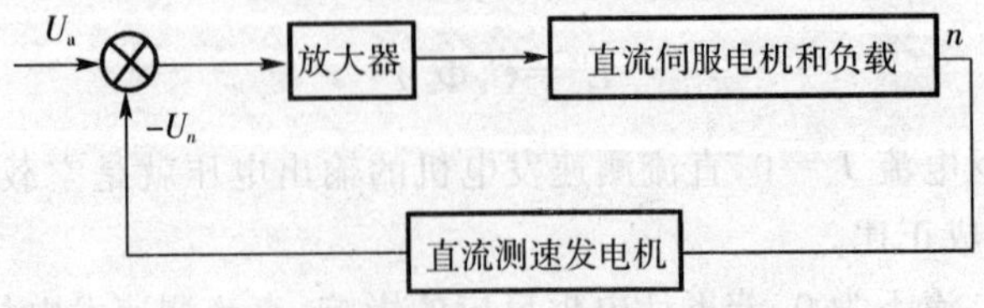

图4-29 恒速自动调节系统原理图

当旋转机械转速发生变化，直流伺服电动机的负载转矩就发生变化，电动机的转速也将发生变化。为了使旋转机械的转速恒定，在电动机的输出轴上，同轴连接一台直流测速发电机，将它的输出电压和给定电压的差值加在放大器的输入端，放大后再供给直流伺服电动机。例如，当负载转矩减小时，电动机转速升高，此时，测速发电机的输出电压 U_n 增大，给定电压 U_a 与 U_n 的差值减小，经放大器放大后加到伺服电动机上的电压减小，电动机开始减速，直到电动机又稳定在给定的转速。

4.3.3　交流测速发电机

交流测速发电机外形如图 4-30 所示，它可分为交流同步测速发电机和交流异步测速发电机两大类。

同步测速发电机又可分为永磁式、感应子式和脉冲式三种。永磁式交流测速发电机实质上就是一台单相永磁转子同步发电机，定子绕组感应的交变电动势的大小和频率都随输入信号(转速)而变化，所以它的输出不再和转速成正比。因此，不适用于自动控制系统，通常只作为指示式转速计。

图 4-30　交流测速发电机的外形

感应子式测速发电机和脉冲式测速发电机的工作原理基本相同，都是利用定、转子齿槽相互位置的变化，使输出绕组中的磁通发生脉动，从而感应出电动势。这种发电机电动势的频率随转速而变化，致使负载阻抗和发电机本身的内阻抗大小均随转速而改变，所以也不宜用于自动控制系统中。但是，采用二极管对这种测速发电机的三相输出电压进行桥式整流后，可取其直流输出电压作为速度信号用于自动控制系统。

脉冲式测速发电机是以脉冲频率作为输出信号的。它的特点是输出信号的频率相当高，即使在较低的转速下(如每分钟几转或几十转)也能输出较多的脉冲数，因而以脉冲个数显示的速度分辨率比较高，适用于转速比较低的调节系统，特别适用于鉴频锁相的速度控制系统。

异步测速发电机又分为笼型转子和空心杯转子两种。笼型转子异步测速发电机的结构和笼型转子交流伺服电动机的结构相似，它的主要性能有输出斜率大、线性度差、相位误差大、剩余电压高的特性，一般用在精度要求不高的控制系统中。空心杯转子异步测速发电机的性能精度比笼型的要高得多，因而在自动控制系统中有着广泛的应用。

1. 空心杯转子异步测速发电机的结构

空心杯转子异步测速发电机的结构如图 4-31 所示，其转子是一个薄壁非磁性杯(杯厚为 0.2～0.3mm)，通常用高电阻率的硅锰青铜或铝锌青铜制成。定子的两相绕组在空间位置上严格保持 90°电角度，其中一相作为励磁绕组，外加频率和电压都稳定的电源励磁；另一相作为输出绕组，其两端的电压 U_0 即为测速发电机的输出电压，如图 4-32 所示。

为了减少由于磁路不对称和转子电气性能的不平衡等因素对性能的不良影响，杯型转子异步测速发电机常采用四极电动机。在机座号较小的电动机中，一般把两相绕组都放在定子上；机座号较大的电动机，常把励磁绕组放在外定子上，把输出绕组放在内定子上。这样，如果在励磁绕组两端加上恒定的励磁电压 U_f，当发电机转动时，就可以从输出绕组两端得到一个大小与转速成正比的输出电压 U_0。

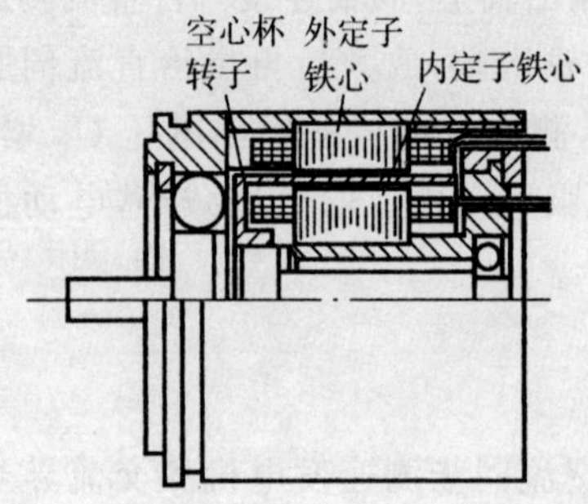

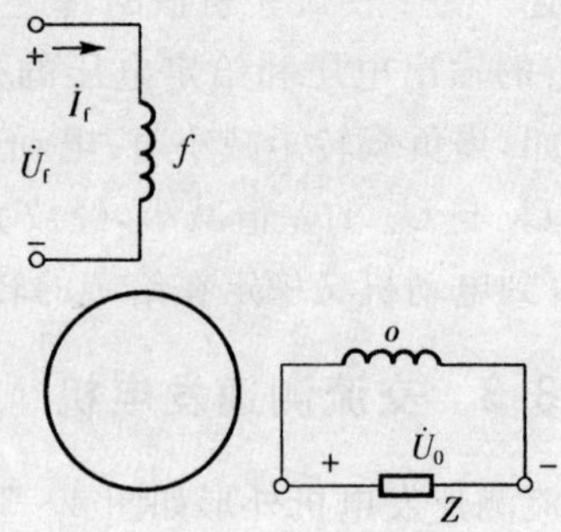

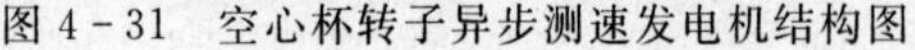

图 4－31　空心杯转子异步测速发电机结构图　　图 4－32　空心杯转子异步测速发电机电路

2. 空心杯转子异步测速发电机的工作原理

图 4－33 是交流测速发电机的工作原理图。励磁绕组接到幅值和频率均不变化的电压 U_f上。

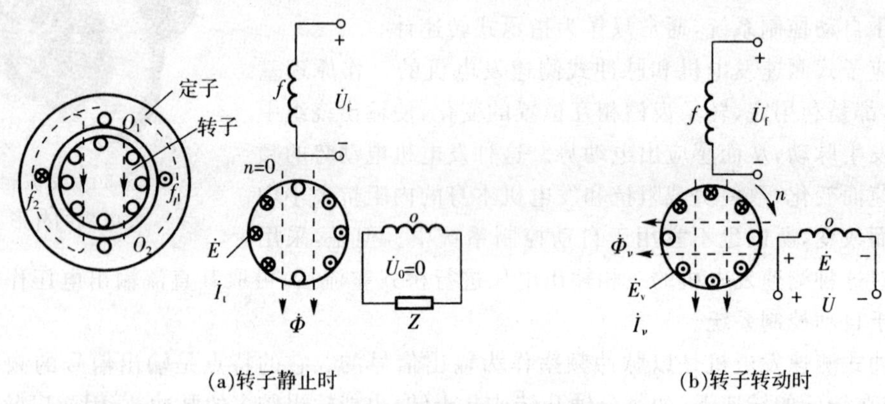

(a)转子静止时　　(b)转子转动时

图 4－33　交流测速发电机原理图

转子静止时，如图 4－33a 所示，由励磁绕组产生的脉动磁通 Φ 为纵轴方向（即励磁绕组轴线方向），其幅值正比于 $\dot{U}_f$。Φ 穿过转子绕组，在转子绕组中产生感应电动势 $\dot{E}_t$和对应的转子电流 $\dot{I}_t$。由于产生的这种电动势的方向与变压器一样，故称为变压器电动势。因转子绕组电阻远大于电抗，故 $\dot{I}_t$可近似看作与 $\dot{E}_t$同相，$\dot{I}_t$所产生的磁场仍沿纵轴方向，不会在输出绕组中感应电动势，故当测速发电机的转速为零时，输出绕组的输出电压 U_0 也为零。

当转子以某一速度 n 旋转时，由于切割纵轴磁通 Φ 而在转子绕组中产生第二个电动势，称为速度电动势 $\dot{E}_v$。$\dot{E}_v$ 与 Φ 成正比，与转速 n 也成正比。在 $\dot{E}_v$ 作用下，转子中有第二个电流 $\dot{I}_v$流过，同样，由于转子电阻远大于电抗 I。$\dot{I}_v$将与 $\dot{E}_v$ 同相，且 $I_0 \propto \Phi_n$。转子电流 $\dot{I}_v$ 也将在气隙中产生脉动磁通 Φ_v，由于 $\dot{E}_v$ 滞后 $\Phi_v 90°$，故 Φ_v 为横轴方向（即输出绕组的轴线方向）如图 4－33(b)所示。由于磁通 $\dot{\Phi}_v$ 与输出绕组 O 交链，因此输出绕组中将产生感应电动势 $\dot{E}$，这个电动势就是测速发电机的输出电动势。显然，$E \propto \Phi_v \propto n$。

由此可见，在励磁电压 U_f的幅值和频率恒定，且输出绕组负载很小时，交流测速发电机的输出电压与转速成正比，而其频率与转速无关，一直保持电源的频率。因此，只要测出其输出电压的大小就可以测出转速的大小。如果被测机械的转向改变，交流测速发电机的输出电压的相位也将相应改变。这样,异步测速发电机就能将转速信号变成电压信号,实现测速的目的。

3. **交流异步测速发电机的性能指标**

交流异步测速发电机的技术指标主要有线性误差、剩余电压和相位误差。

(1)线性误差:交流异步测速发电机在理想状态下其输出电压和转速之间的关系是线性关系,但实际上,它是非线性的。两者的绝对误差与理想状态下对应的最大输出电压之比,称为线性误差。造成线性误差的原因是因为气隙磁通不是常数。

(2)相位误差:在自动控制系统中,希望异步测速发电机的输出电压与励磁电压相位相同。但实际上,它们之间总是存在相位移,并且相位移的大小还随着转子的转速而变化。将最大超前相位移和最大滞后相位移的绝对值之和称为相位误差。可在励磁绕组中串入适当的电容加以补偿。

(3)剩余电压:在理想状态下,交流异步测速发电机的转速为0时,其输出电压也将为0。但实际上并不如此。如果测速发电机已经供电,转子处于静止状态,而输出绕组将输出一个很小的电压,这个电压称为剩余电压。它一般是由磁路不对称、绕组匝间短路、铁心片间短路和转子电压不对称引起的,减小异步测速发电机的剩余电压的措施有:①采用单层集中绕组;②采用定子铁心和空心杯转子。另外还可以采用定子铁心旋转形叠装法、补偿绕组等方法来降低异步测速发电机的剩余电压。

4. **交流异步测速发电机的特点及应用**

与直流测速发电机相比,交流异步测速发电机具有结构简单,维护容易,运行可靠等优点。

由于没有电刷和换向器,因而无滑动接触,输出特性稳定、精度高。但它存在相位误差和剩余电压;输出斜率小,输出特性随负载性质而不同。

交流异步测速发电机可用来作为角加速度的信号元件。其原理是:异步测速发电机的励磁绕组外施稳压直流电源,电动机中产生恒定磁场,因为转子转速不变,则转子空心杯切割恒定磁通感应出转子电动势,并由它在空心杯中产生短路电流,建立交轴磁场 Φ。而交轴磁场也为恒定磁场,所以输出绕组中不会有感应电动势,这时输出电压为0。只有当转子转速变化时,交轴磁场也随之变化,在输出绕组中才感应出变压器电动势,并有输出电压。在这种情况下,输出电压将正比于转子的加速度 $\mathrm{d}\Omega/\mathrm{d}t$。

因为 $$\Phi \propto n$$

而 $$U_2 \propto \mathrm{d}\Phi/\mathrm{d}t \propto \mathrm{d}n/\mathrm{d}t$$

所以,采用直流励磁的交流异步测速发电机在原理上可以作为角加速度信号元件,但是这种角加速度计的灵敏度较低。

4.4 自整角机

4.4.1 概述

自整角机是一种感应式机电元件,主要用于自动控制、同步传递和计算解答系统中。它可将转轴的转角变换为电气信号或将电气信号变换为转轴的转角,实现角度数据的远距离发送、接收和变换,达到自动指示角度、位置、距离和指令的目的。

在系统中,自整角机通常是两个或多个组合使用,用来实现两个或两个以上机械不相连接的转轴同时偏转或同时旋转。

自整角机的外形如图 4-34 所示,按结构的不同,自整角机可分为无接触式和接触式两大类。无接触式没有电刷、滑环的滑动接触,因此可靠性高、寿命长,不产生无线电干扰,但其结构复杂、电气性能较差。接触式自整角机结构简单,性能较好,所以使用较为广泛。我国自行设计的自整角机系列中,均为这种类型。按使用要求不同,自整角机可分为力矩式和控制式两种类型。其中,力矩式自整角机主要用于力矩传输系统作指示元件用;控制式自整角机主要用于随动系统,在信号传输系统中作检测元件用。

图 4-34 自整角机的外形

4.4.2 力矩式自整角机

1. 基本结构

自整角机的定子结构与一般小型绕线转子电动机相似,定子铁心上嵌有三相星形联结对称分布绕组,通常称为整步绕组。转子结构则按不同类型采用凸极式或隐极式,通常采用凸极式,只有在频率较高而尺寸又较大时,才采用隐极式结构。转子磁极上放置单相或三相励磁绕组。

转子绕组通过滑环、电刷装置与外电路连接,滑环是由银铜合金制成,电刷采用焊银触点,以保证可靠接触。接触式自整角机结构如图 4-35 所示。

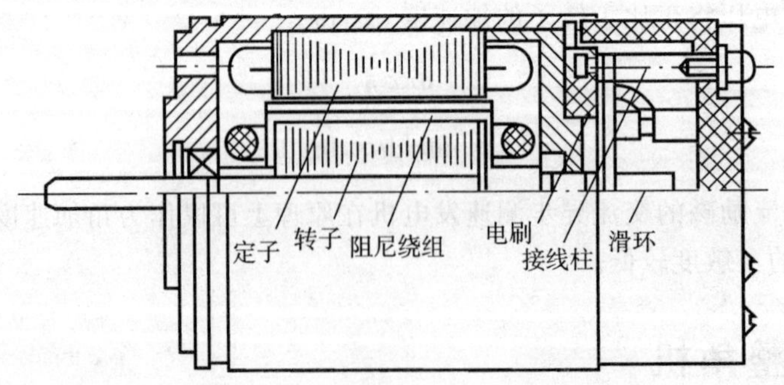

图 4-35 接触式自整角机结构

2. 工作原理

力矩式自整角机的接线如图 4-36 所示。

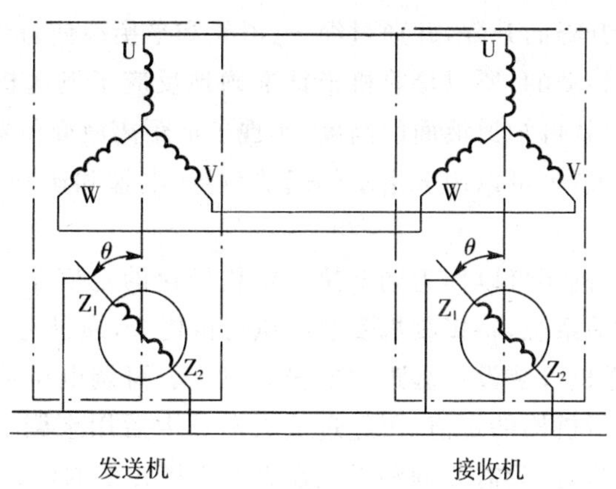

图 4－36　力矩式自整角机的接线图

两台自整角机结构完全相同，一台作为发送机，另一台作为接收机。它们的转子励磁绕组接到同一单相交流电源上，定子整步绕组则按相序对应连接。当两机的励磁绕组中通入单相交流电流时，在两机的气隙中产生脉动磁场，该磁场将在整步绕组中感应出变压器电动势。当发送机和接收机的转子位置一致时，由于双方的整步绕组回路中的感应电动势大小相等，方向相反，所以回路中无电流流过，因而不产生整步转矩，此时两机处于稳定的平衡位置。

如果发送机的转子从一致位置转一角度时，则在整步绕组回路中将出现电动势，从而引起均衡电流。此均衡电流与励磁绕组所建立的磁场相互作用而产生转矩，使接收机也偏转相同角度。

3. 力矩式自整角机的特点及应用

力矩式自整角机在接收机转子空转时，有较大的静态误差，并且随着负载转矩或转速的增高而加大。存在振荡现象，当很快转动发送机时，接收机不能立刻达到协调位置，而是围绕着新的协调位置作衰减的振荡。为了克服这种振荡现象，接收机中均设有阻尼装置。它只适合于指针、刻度盘等接收机轴上负载很轻、而且角度传输精度要求又不很高的控制系统中。

力矩式自整角机被广泛用作示位器。首先将被指示的物理量转换成发送机轴的转角，用指针或刻度盘作为接收机的负载，如图 4－37 所示。

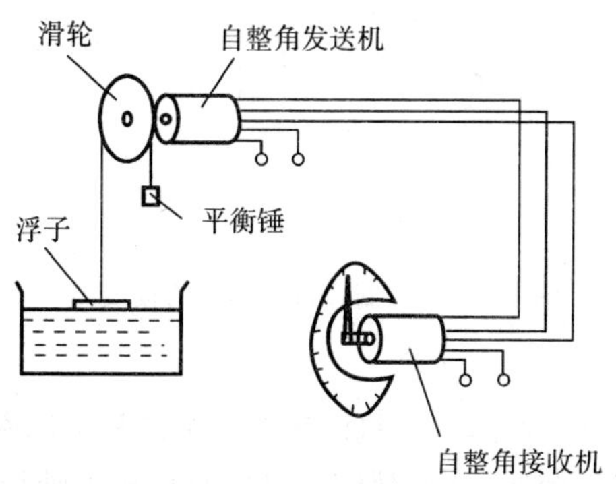

图 4－37　液位指示器的示意图

图中浮子随着液面升降而升降,并通过绳子、滑轮和平衡锤使自整角发送机转动。由于发送机和接收机是同步转动的,所以接收机指针准确地反应了发送机所转过的角度。如果把角位移换算成线位移,就可知道液面的高度,实现了远距离液面位置的传递。这种示位器不仅可以指示液面的位置,也可以用来指示阀门的位置、电梯和矿井提升机位置、变压器分接开关位置等。

此外,力矩式自整角机还可以作为调节执行机构转速的定值器。由力矩式自整角机的发送机和接收机组成随动系统,将接收机安装在执行机构中,通过它带动可调电位器的滑动触点或其他触点,而发送机可装设在远距离的操纵盘上。可调电位器的一个定点与滑动触点之间的电压便作为执行机构的定值,再经过放大器放大后用来调节执行机构的转速。当需要改变执行机构的转速时,只需要调整操纵盘上发送机转子的位置角,接收机转子就自动跟随偏转并带动可调电位器的滑动触点,使执行机构的定值电压发生变化,转速也将随之升高或降低,从而远距离调节执行机构的转速。

4.4.3 控制式自整角机

1. 基本结构

控制式自整角机的结构和力矩式类似。只是其接收机和力矩式不同,它不直接驱动机械负载,而只是输出电压信号,其工作情况如同变压器,因此也称其为自整角变压器。它采用隐极式转子结构,并在转子上装设单相高精度的正弦绕组作为输出绕组。图 4-38 为控制式自整角机的接线图。

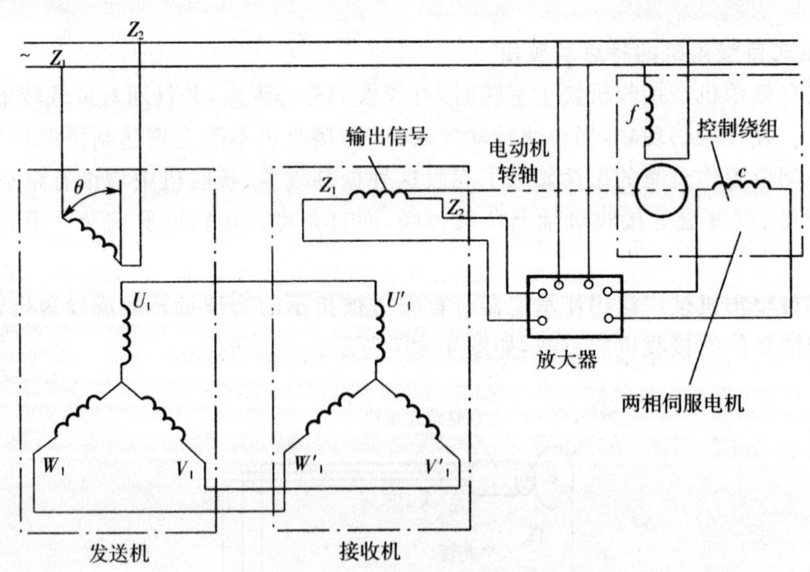

图 4-38 控制式自整角机的接线图

2. 工作原理

从图 4-38 的接线图可以看出,接收机的转子绕组已从电源断开,它将角度传递变为电信号输出,然后通过放大器去控制一台伺服电动机,而且转子轴线位置预先转过了 90°。如果接收机转子仍按图 4-36 的起始位置,则当发送机转子从起始位置逆时针方向转 θ 角时,转子输出绕组中感应的变压器电动势将为失调角 θ 的余弦函数，当 $\theta=0°$ 时，输出电压为最大。当 θ 增大时，输出电压按余弦规律减小，这就给使用带来不便。因随动系统总希望当失调角为 0 时，输出电压为 0，只有存在失调角时，才有输出电压，并使伺服电动机运转。此外，当发送机由起始位置向不同方向偏转时，失调角虽有正负之分，但因 $\cos\theta=\cos(-\theta)$，输出电压都一样，便无法从自整角变压器的输出电压来判别发送机转子的实际偏转方向。为了消除上述不便，按图 4－38 将接收机转子预先转过了 90°，这样自整角变压器转子绕组输出电压信号为：$E=E_m\sin\theta$，式中 E_m 表示接收机转子绕组感应电动势最大值。该电压经放大器放大后，接到伺服电动机的控制绕组，使伺服电动机转动。伺服电动机一方面拖动负载，另一方面在机械上也与自整角变压器转子相连，这样就可以使得负载跟随发送机偏转，直到负载的角度与发送机偏转的角度相等为止。

3. 自整角机的性能指标

力矩式自整角机的额定值主要有：额定电压、额定频率、额定空载电流、额定空载功率等。现以 36KF5 为例来说明。“36”表示机座代号，机壳外径为 36mm；“KF”表示产品代号，表示控制式自整角发送机（如果是“LF”则表示力矩式自整角发送机，“LJ”则表示力矩式自整角接收机）；“5”表示额定频率为 50Hz，如果是“4”，则表示频率为 400Hz。

4. 特点及应用

控制式自整角机只输出信号，负载能力取决于系统中的伺服电动机及放大器的功率，它的系统结构比较复杂，需要伺服电动机、放大器、减速齿轮等设备，因此适用于精度较高、负载较大的伺服系统。现以图 4－39 所示雷达高低角自动显示系统为例加以说明。

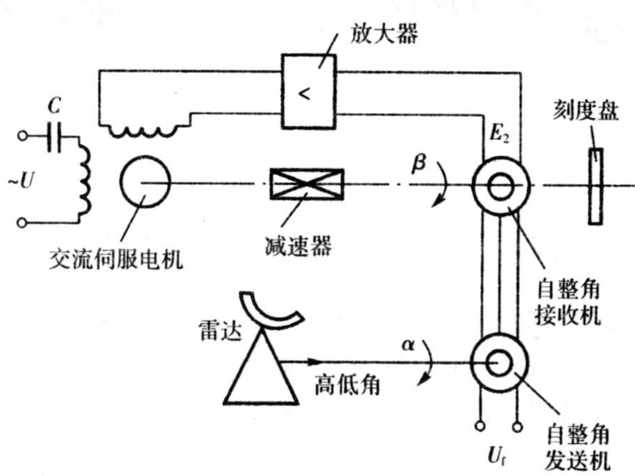

图 4－39　雷达高低角自动显示系统原理图

图中，自整角发送机转轴直接与雷达天线的高低角（即俯仰角）耦合，因此，雷达天线的高低角 α 就是自整角发送机的转角。控制式自整角接收机转轴与由交流伺服电动机驱动的系统负载（刻度盘或火炮等负载）的轴相连，其转角用 β 表示。接收机转子绕组输出电动势 E_2 与两轴的差角 γ 即 $(\alpha-\beta)$ 的值近似成正比，即

$$E_2\approx K(\alpha-\beta)=K\gamma \tag{4-7}$$

式中，K 为常数。

E_2经放大器放大后送至交流伺服电动机的控制绕组，使电动机转动。可见，只要$\alpha\neq\beta$，$\gamma\neq0$，$E_2\neq0$，伺服电动机便要转动，使γ减小，直至$\gamma=0$。如果α不断变化，系统就会使β跟着α变化，以保持$\gamma=0$，这样就达到了自动跟踪的目的。只要系统的功率足够大，接收轴上便可带动火炮一类阻力矩很大的负载。发送机和接收机之间只需要三根线，便实现了远距离显示和操纵。

4.5 微型同步电动机

4.5.1 概述

微型同步电动机是指功率自零点几瓦到数百瓦的各种同步电动机，它的转速就是与供电电源频率相应的同步转速，具有转速稳定、结构简单、应用方便等特点，因而在自动控制系统中有着广泛的应用。微型同步电动机按供电电源的相数分类，有三相同步电动机和单相同步电动机；按电动机的结构可分为电容式和罩极式；按工作原理来分，有永磁式、反应式和磁滞式三种类型，其外形如图 4-40 所示。

(a)42TYZ 型永磁式微型同步电动机

(b)磁滞式微型同步电动机

图 4-40 微型同步电动机的外形图

4.5.2 永磁式微型同步电动机

永磁式微型同步电动机的转子采用永久磁铁励磁，结构简单。由于无励磁电流，也就无励磁损耗，所以电动机的效率高。为了使永磁式微型同步电动机能自行起动，通常在转子上还要安装用于起动的笼型绕组。图 4-40(a)为 42TYZ 型永磁式微型同步电动机，它主要应用于旋转灯具等场合。

1. 基本结构

永磁式微型同步电动机根据起动方式不同，可分为异步起动式、磁滞起动式和爪极自起动式三种结构，根据永磁体在转子上的安装形式分为径向式和轴向式。

(1)异步起动永磁式微型同步电动机

它的结构和异步电动机相似，其定子铁心上嵌放三相或单相绕组，转子有磁极和笼形绕组。其常用的星形转子结构如图 4-41 所示。其极靴成圆环形，内侧开有缺口，极靴上有笼型绕组。星形转子采用剩磁较高的铝钴永磁材料。

(2)磁滞起动永磁式微型同步电动机

它是利用磁滞环起动的，如图 4-42 所示为径向式磁动绕组磁滞起动永磁式微型同步电动机，它是以径向永磁体取代直流励磁的转子磁极。

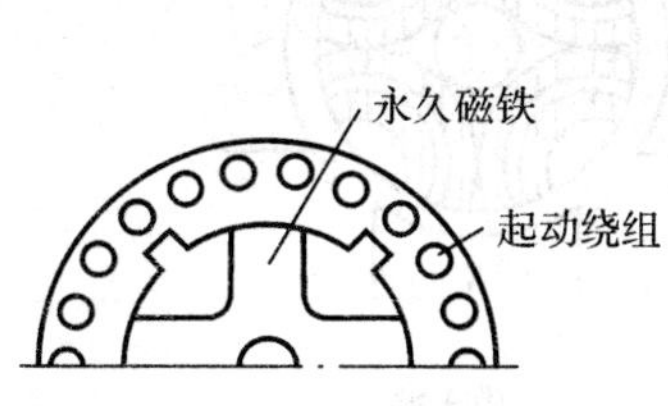

图 4-41　星形转子结构

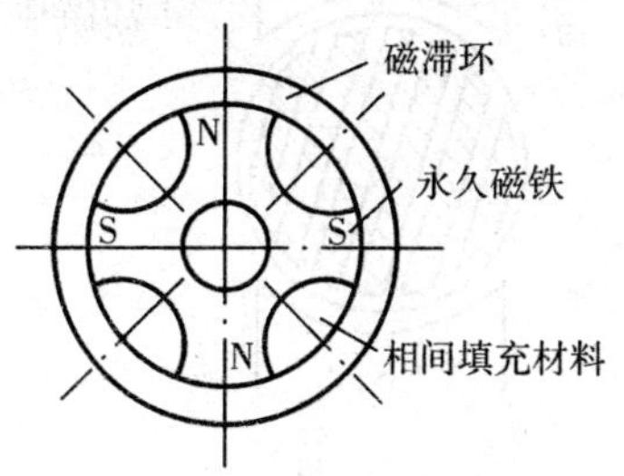

图 4-42　磁滞起动永磁式微型同步电动机的结构(径向式)

(3)爪极自起动永磁式微型同步电动机

这种电动机没有笼形绕组，也没有磁滞环，不能产生异步转矩或磁滞转矩，起动和牵入同步都靠同步转矩。这种电动机极数极多，可达 16～48 极。所以同步转速低，尺寸很小，在同步转矩的作用下转子很快加速而牵入同步。

2. 工作原理

永磁式微型同步电动机根据起动方式不同，虽然有三种不同的结构形式，但是基本原理是相同的。同步电动机工作时，主要是定子绕组通入三相对称电流产生旋转磁场。由于转子的主体是永久磁铁做成的，定子的旋转磁场与转子的磁场相互作用，定子旋转的磁极将转子永久磁极吸住，使得电动机转子磁场在定子磁场的带动下，沿定子旋转磁场的方向以同样的速度旋转，输出转矩，带动工作机构工作。只要负载不超过一定限度，转子就能始终跟着定子旋转磁场以恒定的同步转速旋转，所以称为同步电动机。

永磁式微型同步电动机一般都采用直接起动，即借助于笼型结构使之异步起动。当单相电源供电时，定子起动绕组要加装电容器移相，以便建立旋转磁场。

3. 特点及用途

永磁式微型同步电动机和其他微型同步电动机相比有比较高的效率和功率因数、工作稳定、转速恒定。主要应用于电动窗帘机、小型舞台布景、旋转灯具、自动化仪器仪表、电动室内外装潢、电动传票装置和电动器械上。但其造价高，结构复杂，起动电流倍数较大。

4.5.3　反应式微型同步电动机

反应式微型同步电动机转子本身不具有磁性，它是利用转子对磁通的反应不同而产生转矩的电动机。通常这类电动机也称为磁阻式同步电动机。

1. 基本结构

反应式微型同步电动机通常由笼型异步电动机派生而来，它的定子结构与异步电动机基本相同。其转子可分为隐极式和凸极式。图 4-43 所示为分段式隐极转子结构，它由非磁性材料和钢片叠成。

图 4-44 为凸极转子结构图，转子外缘装有铜或铝制成的笼条，使转子在旋转磁场作用下产生起动转矩而自行起动。笼条同时还起着阻尼绕组的作用。

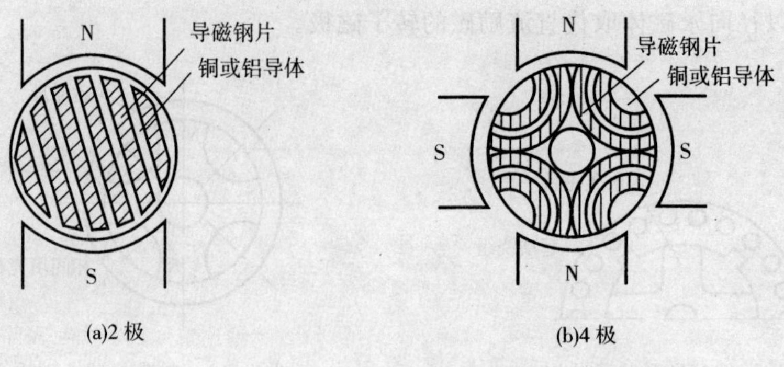

图 4-43 分段式隐极转子结构

2. 工作原理

小功率的反应式微型同步电动机时常做成单相，现以单相反应式微型同步电动机为例，说明其工作原理。

如图 4-45 所示，定子铁心用硅钢片冲制叠压而成，磁极各有一个开口，在对角的半个磁极铁心上各套一只短路环，如同单相罩极异步电动机的定子铁心，定子铁心上装有励磁线圈。转子用硬磁材料做成凸极式，一经磁化便产生固定的磁极。

当定子绕组通入交流电时，由于短路环的电磁感应作用，像罩极异步电动机的定子铁心一样，在电动机的气隙中产生旋转磁场。电流变化一周，定子磁场旋转一周。

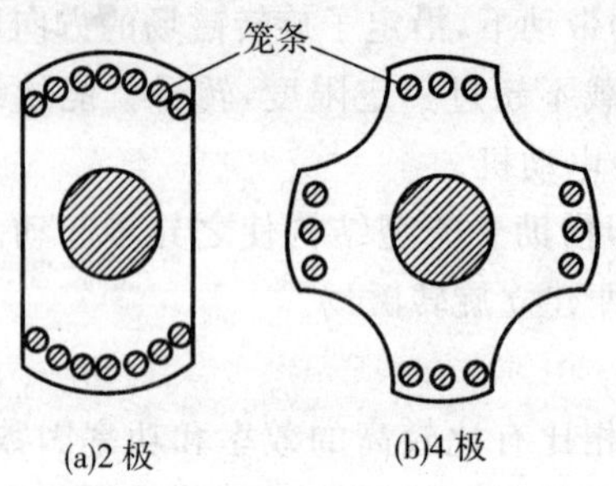

图 4-44 凸极转子结构图

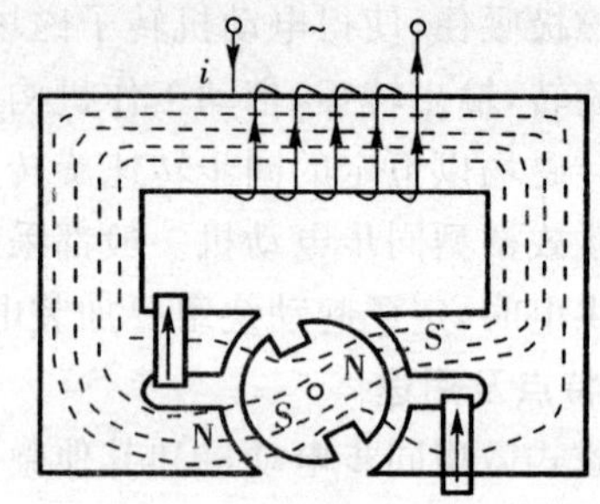

图 4-45 反应式微型同步电动机结构原理图

转子在磁场中被磁化，形成磁性固定不变的磁极。由于磁极的相互作用，转子被定子磁场吸引，由于定子磁场在旋转，转子也就跟随定子磁场以同步转速旋转。

3. 特点及用途

由于反应式微型同步电动机和大型同步电动机一样，必须装起动绕组才能自行起动。所以，其起动转矩是由转子上的笼型起动绕组产生的。在转子加速到接近同步转速时，依靠磁阻转矩将转子牵入同步并在同步下运行，起动绕组失去起动作用。转子上没有励磁绕组和滑环，也不使用永磁材料，其磁场由定子磁通产生。由于没有滑动接触，加上笼型绕组在正常运行时起到阻尼绕组的作用，因此，运行稳定可靠。

这种电动机可以通过改变定子、转子磁极对数来改变转子转速；还可以通过改变交流电的频率改变转速。

反应式微型同步电动机结构简单，价格低，可用于记录仪表、摄影机、录音机及复印机等设备中。

4.5.4　磁滞式微型同步电动机

1. 基本结构

磁滞式微型同步电动机是一种利用磁滞材料产生磁滞转矩而运行的电动机。这类电动机的定子结构和异步电动机相似,可以做成三相或单相。单相磁滞式微型同步电动机常用电容器分相,在容量特别小时,也有用罩极式或与爪极相结合成为罩极-爪极磁滞式微型同步电动机。

磁滞式微型同步电动机转子的有效层由具有显著磁滞特性的硬磁材料制成。但不预先充磁,它的磁化是在电动机起动过程中直接依靠定子磁场进行的。转子为光滑的圆柱体,分内层和外层。外层由磁滞材料构成,内层是非磁性的或磁性的套筒,如图 4 - 46 所示。

2. 工作原理

假设磁滞式微型同步电动机是实心的,定子旋转磁场用永久磁铁代替。在永久磁铁磁场作用下,转子被磁化,其轴线与永久磁铁磁场(旋转磁场)的轴线重合,如图 4 - 47(a)所示。这两个磁场的相互作用是径向的,没有切向力,不能产生力矩。

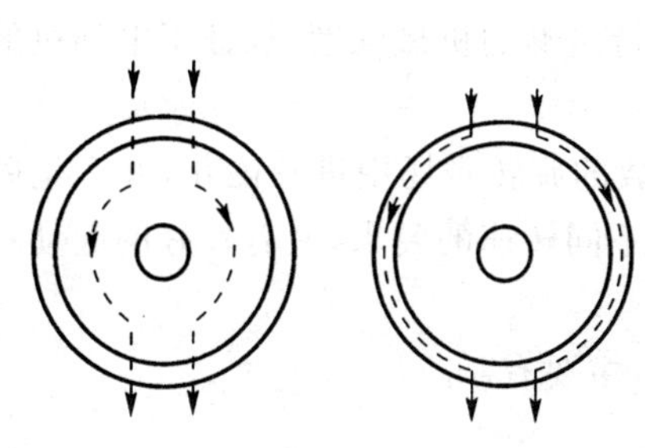

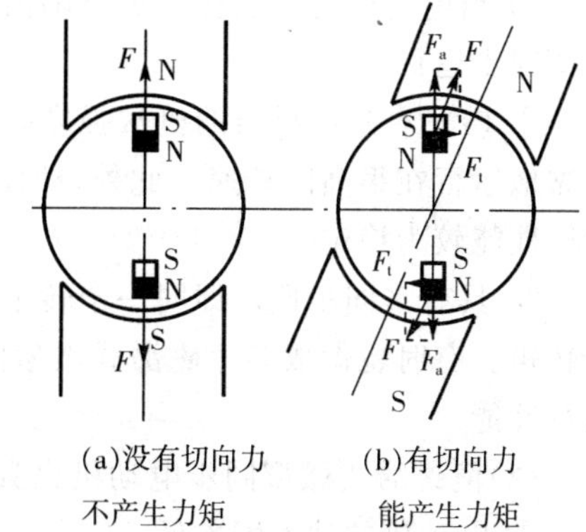

(a)没有切向力
不产生力矩

(b)有切向力
能产生力矩

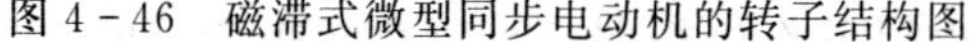
图 4 - 46　磁滞式微型同步电动机的转子结构图

图 4 - 47　磁滞式微型同步电动机的转矩原理图

如果转子由硬磁材料制成,有明显的磁滞特性,转子中无数单元磁体受旋转磁场磁化后形成的总摩擦力,力图保持最初被磁化的方向,使转子磁极落后于定子磁极某一角度 θ,称 θ 角为失调角。这样,定子磁场和转子磁场间的作用力方向发生了改变,不仅有径向力,还产生了切向力。如图 4 - 47(b)所示。这同永磁转子产生的切向力相似,因而产生了转矩使转子旋转起来。由于这一转矩是由磁滞作用而产生的,所以称为磁滞转矩。如果定子永久磁铁空间偏转角继续增大,磁滞角也将随之增加,定、转子磁场相互作用所产生的切向分力 F_t 也会增大,使电动机的磁滞转矩也相应加大。当转子材料一定,定子磁场参数不变时,磁滞角口将有一个最大的稳定值,它决定了磁滞转矩的最大值。在磁滞角已经达到了最大值后,如定子磁场再继续偏转,转子上已被磁化所产生的磁场也会随着定子磁场的偏转而同步偏转,它们之间将保持这一最大的磁滞角。这时电动机的磁滞转矩也相应为最大值。

当磁滞式微型同步电动机的定子绕组接至交流电源后,定子的旋转磁场将以同步转速旋转。电动机中磁滞转矩的产生过程仍与上面的情况相同。若电动机轴上的负载较小时,电动机就在磁滞转矩的作用下使转子朝定子的旋转磁场方向同步旋转。这时电动机中定、转子磁场在空间保持一定的磁滞角 θ,并使相应的磁滞转矩与负载转矩平衡。

随着负载转矩的不断增加，磁滞角 θ 不断增大，但磁滞转矩和负载转矩仍然要达到平衡，电动机处于同步运行状态。此时，转子与定子旋转磁场之间为相对静止状态。若负载转矩继续增大，略超过最大磁滞转矩后，电动机转子上原有的转矩平衡关系将被破坏，转子的转速将降低，电动机进入异步运行状态。此时，由于转子有效层材料的磁滞特性，将使定、转子始终保持最大的磁滞角不变。因此磁滞转矩也始终为最大值，且不随定子的旋转磁场与转子间的相对转速而改变。这时，因定子旋转磁场相对于转子有一定的转差，将对转子的硬磁材料反复磁化，引起磁滞损耗。磁滞损耗的大小与电动机的转差率成正比。

3. 磁滞式微型同步电动机的特点及运用

(1)磁滞式微型同步电动机的主要优点是：

① 电动机的结构简单，转子上无绕组，也不需要滑环、电刷等装置，所以运行可靠，维护方便。

② 具有较大的堵转转矩，起动性能好。在负载具有较大的转动惯量的情况下，仍能自动进入同步运行状态。

③ 当电动机的负载在一定范围内变化或电压在某一范围内发生波动时，它都能稳定地保持同步运行。

④ 转子有效层材料的机械强度高，又为对称结构形式，平衡情况较好，因此电动机能够可靠地运行在很高的转速。此外，即使在高温下也能保持足够的机械强度，保证了电动机的运行性能较为稳定。

⑤ 具有多同步性。即同一个转子可以在不同极对数的旋转磁场中进行磁化，并产生磁滞转矩。有时也做成多速磁滞式微型同步电动机，适应不同转速的要求，又有较好的起动和运行性能。

(2)但磁滞式微型同步电动机也具有一些不足之处，主要有：

① 电动机的功率因数低。

② 电动机转子有效层材料的电阻率较大，所以阻尼作用很弱。当负载转矩变化时，很容易产生振荡现象，特别是叠片式转子。

③ 转子有效层的硬磁材料价格较贵，所以电动机的成本较高。

(3)磁滞式微型同步电动机的应用主要有以下几个方面：

① 作速度保持不变的传动装置，如在录像机、录音机、磁带机、电唱机、传真机、电影机、电钟、自动记录仪、时间机构等装置中。在录像机中，磁滞式微型同步电动机用来驱动磁鼓，是录像机磁头组件的重要元件之一。电动机的轴向端装有四磁头的磁鼓，电动机以15000r/min 的同步速度驱动磁鼓一起旋转。反之，重放经过同样的过程。对于这样的应用，要求磁滞式微型同步电动机具有很高的转速稳定度及非常小的径向跳动和轴向跳动，一般在 3μm 以下。又如：磁滞式微型同步电动机用于机电式时间机构中，此时，电动机由高稳定度频率的电源供电，电动机发出的同步转速作为时间标准。在测量和控制的装置中，使其按预定的时间程序进行工作。

② 传动陀螺仪等大惯量负载，对于磁滞式微型同步电动机而言，只要负载转矩小于最大同步转矩，无论负载惯量有多大，磁滞式微型同步电动机都能起动并牵入同步。异步状态的电流与额定工作的电流相比，没有多大的增加。特别当负载变化时，磁滞式微型同步电动机的转速保持不变，有利于维持陀螺仪的角动量保持恒定，便于精确计算和测量。

③ 作高速和低速的传动装置,由于转子结构对称、简单、坚固,又易校验平衡,故适于高速驱动。如激光系统中的高速同步驱动用的磁滞式微型同步电动机,转速高达 1.2×10^5 r/min以上。其中,解决好高速轴承和轴承润滑脂的发热问题是这种应用的关键。

④ 作多速同步传动装置,同一个转子与不同极对数的定子绕组配合,可以得到两速、三速或四速的同步转速。一般以两速的磁滞式微型同步电动机使用比较多。如:人造卫星上的磁带记录仪中,磁滞式微型同步电动机以两种不同速度传动磁带,以便控制录放的转换。

⑤ 作频率控制的调速传动装置,磁滞式微型同步电动机的极对数固定时,转速与频率成正比,改变电源频率,就可以得到相应的不同转速,调速范围可达十几倍。

⑥ 作与速度无关的恒转矩传动装置,若消除高次谐波和涡流转矩的影响,电网频率保持恒定,可使磁滞式微型同步电动机的输出转矩与转速无关,或在一定范围内保持恒定。如用于纺织系统纺织带网,作恒张力电磁制动器,可保证每根丝或纤维纺织时张力一定并保持恒定。

⑦ 在伺服机构中作伺服元件,磁滞式微型同步电动机若运行在异步状态,可作伺服元件使用。其优点是转动惯量小,体积小,效率高。

⑧ 作磁滞式转速测量仪及特殊用途的磁滞式同步电动机。

综上所述,磁滞式微型同步电动机已被证实是一种结构牢固、使用方便、性能良好、寿命很长的驱动元件,已应用于各种仪器仪表和自动装置中。随着性能的不断改善和成本的降低,磁滞式微型同步电动机的应用范围必将更加广泛。

思考题与习题

1. 交流伺服电动机的理想空载转速为何总是低于同步转速?当控制电压变化时,电动机的转速为何能发生变化?

2. 交流伺服电动机的转子电阻为什么都选得相当大?如果转子电阻选得过大又会产生什么影响?

3. 什么是自转现象?如何消除?

4. 如果直流伺服电动机电刷压力过大或者轴承装配不良以致影响轴的灵活转动时,试问这些因素会不会影响直流伺服电动机的机械特性和调节特性?

5. 如何从电磁关系上说明电枢控制式和磁极控制式直流伺服电动机的性能不同?

6. 什么是步进电动机的步距角?什么是单三拍、单六拍工作方式?

7. 步进电动机为什么必须“自动错位”?自动错位的条件是什么?

8. 影响步进电动机性能的因素有哪些?使用时应如何改善步进电动机的频率特性?

9. 为什么交流伺服电动机的转子常常采用笼型结构,而交流异步测速发电机转子却很少采用笼型结构,一般都为非磁性空心杯式结构?

10. 为什么交流异步测速发电机输出电压的大小与电动机转速成正比,而频率却与转速无关?

11. 交流异步测速发电机的输出特性为什么会存在线性误差?

12. 什么是交流异步测速发电机的剩余电压?简要说明剩余电压产生的原因及减小的方法。

13. 为什么交流异步测速发电机转子采用非磁性空心杯结构,而不采用笼型结构?

14. 为什么直流测速发电机的转速不得超过规定的最高转速?负载阻值不能小于给定值?

15. 若直流测速发电机的电刷没有放在几何中心线位置,试说明这时电动机正、反转时的输出特性。

16. 如果一对自整角机定子绕组的一根连接线的接触不良或脱开,试问是否能同步转动?

17. 试简述交、直流两用电动机的工作原理及特点。

18. 试简述永磁式、反应式、磁滞式三种微型同步电动机在结构、工作原理及应用场合的不同。

第5章

低压电器

内容提要与学习要求：

本章首先介绍低压电器概念、分类及基本结构，然后重点讲述各种低压电器的结构、工作原理及应用，为学习电器控制线路打下基础。

5.1 低压电器概述

在电能的产生、输送、分配和应用中，起着开关、控制、调节和保护等作用的电气设备称为电器。本章主要介绍在电力拖动和自动控制系统中应用广泛的低压控制和配电电器。

5.1.1 电器的分类

电器的用途广泛，种类繁多，构造各异，功能多样。通常分为以下几类：

1. 按工作电压分类

(1)低压电器：工作电压在交流1000V或直流1200V以下的电器。生产机械上大多用低压电器。

(2)高压电器：工作电压在交流1000V或直流在1200V以上的电器。

2. 按动作方式分类

(1)自动电器：按照信号或某个物理量的变化而自动动作的电器。例如接触器、继电器等。

(2)非自动电器：通过人力操作而动作的电器。例如开关、按钮等。

3. 按作用分类

(1)执行电器：用来完成某种动作或传递功率。例如电磁铁、电磁离合器等。

(2)控制电器：用来控制电路的通断。例如开关、继电器等。

(3)主令电器：用来控制其他自动电器的动作，以发出控制"指令"。例如按钮、行程开关、主令开关等。

(4)保护电器：用来保护电源、电路及用电设备，使它们不致在短路、超载状态下运行，免遭损坏。例如熔断器、热继电器等。

4. 按动作原理分类

(1)电磁式电器：根据电磁铁的原理工作的。例如接触器、继电器等。

(2)非电量电器：依靠外力(人力或机械力)或某种非电量的变化而动作的电器。例如行程开关、按钮、速度继电器、热继电器等。

5.1.2 电器的基本结构

各类电器的基本结构，大都由两个主要部分组成：触头系统和推动机构。

1. 触头系统

触头是电器的执行部分，用来接通和分断电路。

(1)触头的结构型式：图5-1(a)是点接触的桥式触头。图5-1(b)是面接触的桥式触头。两个触头串于同一电路中，共同控制电路的通断。点接触型式适用于小电流，面接触型式适用于大电流场合。图5-1(c)是指形触头，其接触区为一直线，适用于通断次数多，电流大的场合。

(2)触头的分类：固定不动的称为静触头，能由联杆带着移动的称为动触头，如图5-2所示。

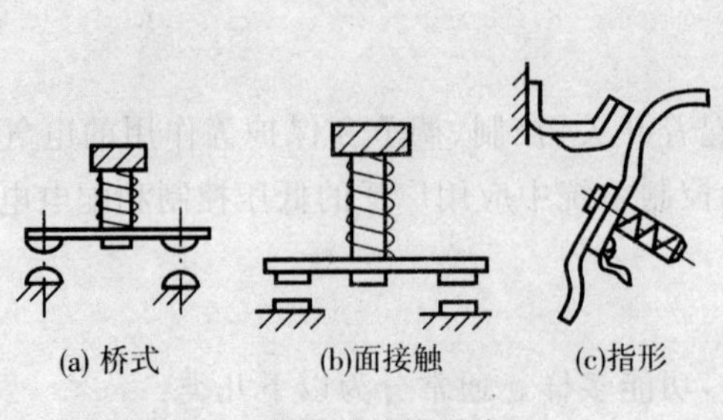

图 5-1 触头的结构型式

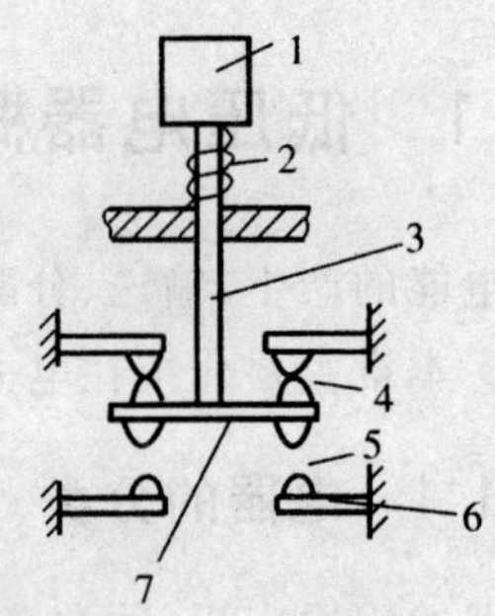

图 5-2 触头的分类

1—按钮帽 2—复位弹簧 3—联杆 4—常闭触头 5—常开触头 6—静触头 7—动触头

触头通常以其初始位置,即"常态"位置来命名的。对电磁式电器来说,是电磁铁线圈未通电时的位置;对非电量电器来说,是在没有受外力作用时的位置。

常闭触头(又称动断触头)——常态时动静触头是相互闭合的。常开触头(又称动合触头)——常态时动静触头是相互分开的。

2. 推动机构

推动机构与动触头的联杆相接,以推动动触头动作。

对于电磁式电器,推动力是电磁铁的电磁力;对于非电量电器,推动力是人力或机械力。当推动力消失后,依靠复位弹簧的弹力使动触头复位。

3. 灭弧装置

在大气中断开电路,由于电感性负载感应电动势的作用,在触头间隙加有电压,若超过一定值,触头间的空气在强电场作用下会发生放电现象,产生高温并发出强光——电弧,将触头烧坏甚至熔焊在一起。因此大容量电器应采取适当措施,将电弧切短、冷却、隔离,以迅速熄灭电弧。

5.2 刀开关与自动开关

5.2.1 刀开关

刀开关又称闸刀开关,是结构最简单、应用较广泛的一种手动电器。

在低压电路中,刀开关常用作电源引入开关,也可用作不经常起停的小容量电动机或局部照明电路的控制开关。

刀开关主要由手柄、刀片(触头)、接线座等组成。按刀片的数目,有单极、双极和三极刀开关。图 5-3 是双极刀开关结构图,图 5-4 是刀开关的图形符号和文字符号。

刀开关安装时,手柄要向上装,不得倒装或平装,否则手柄可能因自动下落而引起误合闸,造成人身和设备安全事故。接线时,电源线接在上端,下端接用电器,这样拉闸后刀片与电源隔离,用电器件不带电,保证安全。

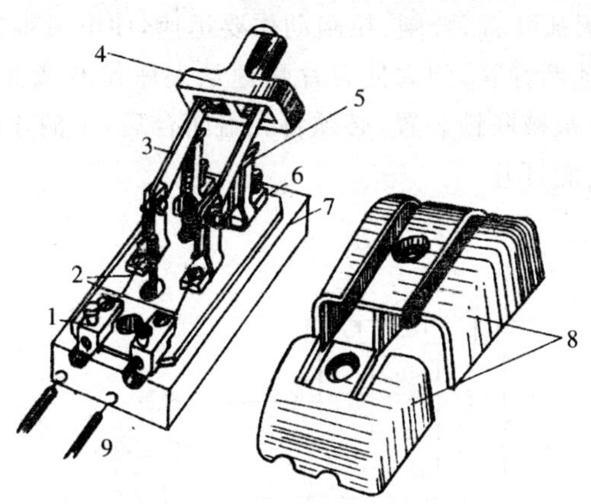

图 5－3　HK 系列刀开关结构

1—出线座　2—熔丝　3—动触头　4—手柄　5—静触头

6—电源进线座　7—瓷座　8—胶盖　9—接用电器

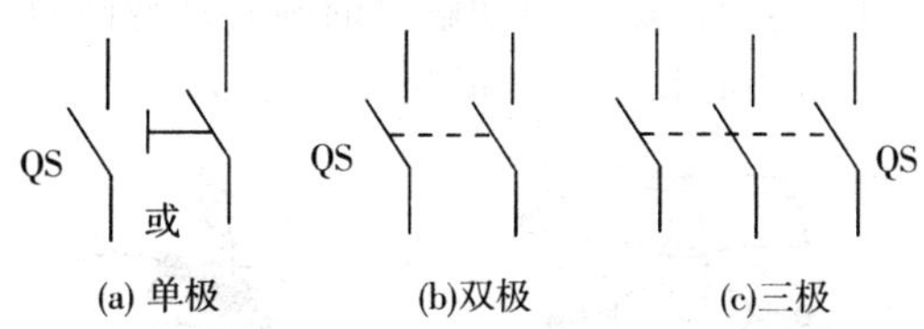

图 5－4　刀开关的图形符号和文字符号

刀开关常用的产品主要系列有：HK 系列瓷底胶盖刀开关（又称开启式负荷开关），其结构如图 5－5 所示；HH 系列铁壳开关（又称封闭式负荷开关），其结构如图 5－5 所示。刀开关额定电压为 500V，额定电流分为 10A、15A、30A、60A、100A、200A、400A、600A、1000A 等。HH 系列开关附有熔断器。

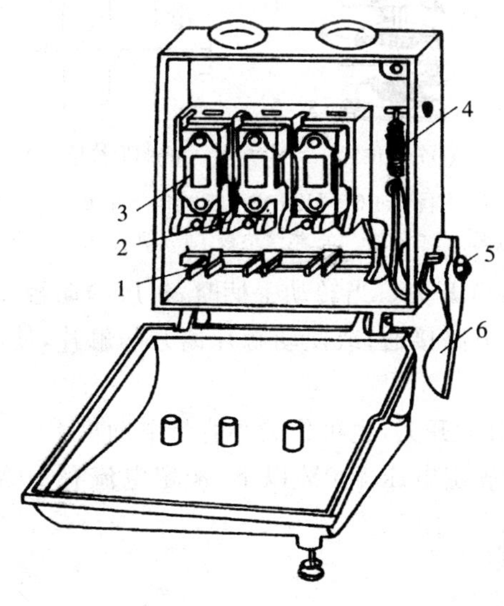

图 5－5　铁壳开关

1—闸刀　2—夹座　3—熔断器　4—速断弹簧　5—转轴　6—手柄

HK系列开关没有灭弧装置，合闸、拉闸动作要迅速，使电弧很快熄灭。

HH系列开关装有速断弹簧，弹力使刀片快速从夹座拉开或嵌入夹座，提高灭弧效果。为了保证用电安全，装有机械联锁装置，必须将壳盖闭合后，手柄才能（向上）合闸；只有用手柄（向下）拉闸后，壳盖才能打开。

2. 刀开关型号含义

型号说明，例如：

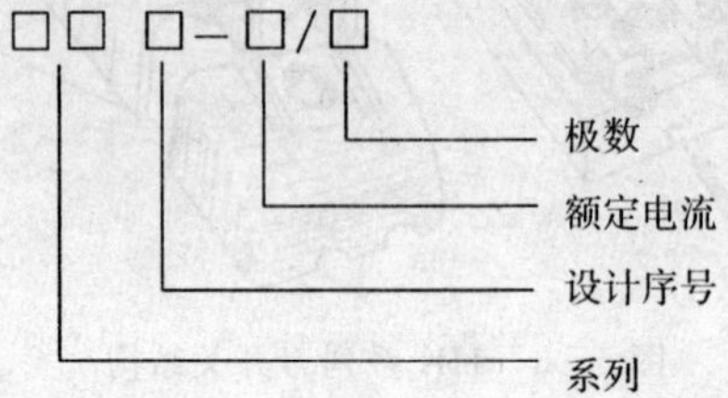

5.2.2 组合开关

组合开关又称转换开关，它的特点是用动触片的旋转代替闸刀的推合和拉开。图5-6是HZ10-25/3型组合开关的外形和它的图形与文字元号。

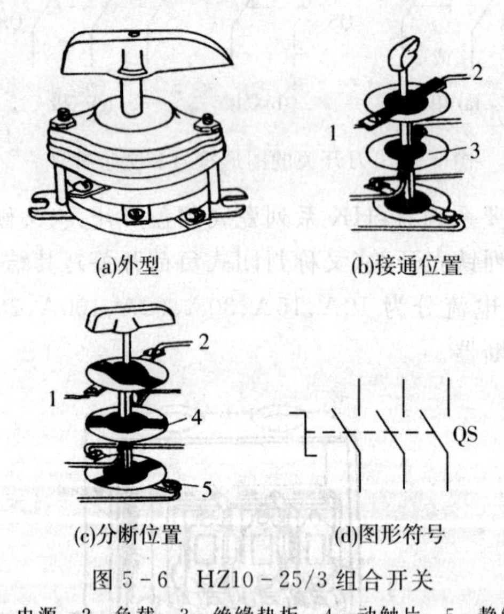

图5-6 HZ10-25/3组合开关

1—电源 2—负载 3—绝缘垫板 4—动触片 5—静触片

HZ10-25/3是三极组合开关。当转动手柄时，每层的动触片随方形转轴一起转动，或使动触片插入静触片中，使电路接通；或使动触片离开静触片，使电路分断。各极是同时通断的。

组合开关常用作电源引入开关，也可作为小容量电动机不经常起停的控制。

HZ10系列组合开关，额定电压500V以下，额定电流有10A、25A、60A、100A几个等级，极数有1～4极。

5.2.3 倒顺开关

倒顺开关属于组合开关类型，是一种手动开关。它不但能接通和分断电源，而且还能改变电源输入的相序，用来直接实现对小容量电动机的正、反转控制，故又称可逆转换开关。

图5-7是HZ3-123型倒顺开关的外形，图5-8是它的控制线路图。

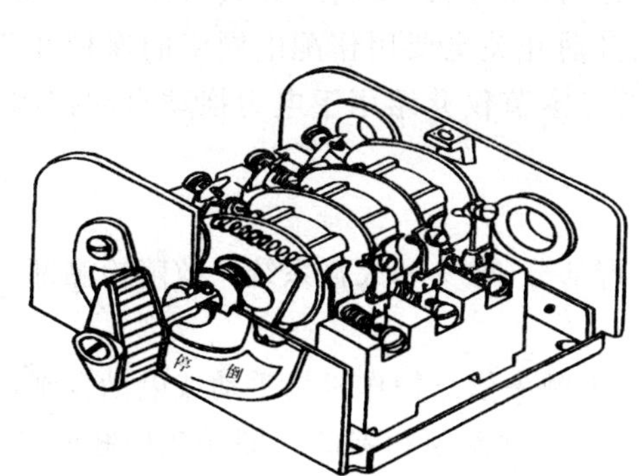

图5-7 倒顺开关

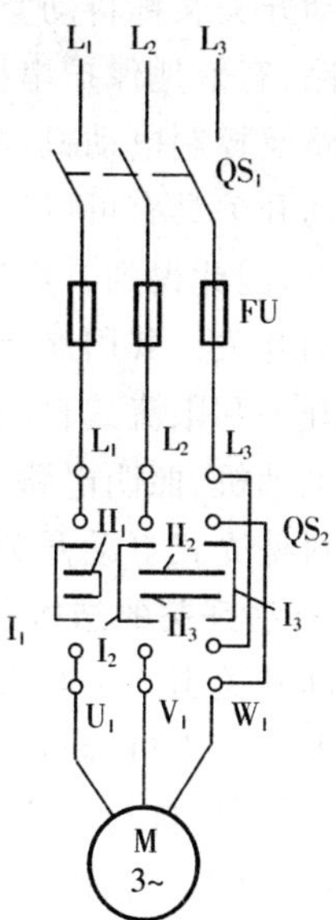

图5-8 倒顺开关控制线路

倒顺开关有六个动触头分为两组，I_1、I_2、I_3为一组，II_1、II_2、II_3为另一组。有六个静触头(接线柱)，L_1、L_2、L_3 接三相电源；U_1、V_1、W_1 接电动机。

倒顺开关手柄有三个位置："顺"、"停"、"倒"。

当手柄处于"停"位置时，开关的动触头都不与静触头接触，电路不通，电动机不转。

当手柄处于"顺"位置时，带动转轴，将一组的动触头I_1、I_2、I_3与静触头接触，电路接通。其通路如下：

$$\text{U 相} \to L_1 \to \text{I}_1 \to U_1$$

$$\text{V 相} \to L_2 \to \text{I}_2 \to V_1$$

$$\text{W 相} \to L_3 \to \text{I}_3 \to W_1$$

这时，输入到电动机的电源相序为U→V→W，电动机顺转。

当手柄处于"倒"位置时，带动轴，将另一组动触头II_1、II_2、II_3与静触头接触，将电源两相相序变换。其通路如下：

$$\text{U 相} \to L_1 \to \text{II}_1 \to U_1$$

$$\text{V 相} \to L_2 \to \text{II}_2 \to W_1$$

$$\text{W 相} \to L_3 \to \text{II}_3 \to V_1$$

这时，输入电动机的电源相序为U→W→V，电动机转向改变，变为反转。

使用时应注意：欲使电动机改变转向时，应先将手柄扳在"停"位置，待电动机停转后，再将手柄转向另一方。切不可不停顿地将手柄由一方直接转向另一方。因为电源突然反接，电动机定子绕组中会产生很大的电流，易使定子绕组过热而损坏。

由于倒顺开关可以改变电源相序，即实现电源反接，故也可用来对电动机实行反接制动。

5.2.4 自动开关

自动开关又称自动空气断路器。当电路发生严重超载、短路以及失压等故障时能自动切断电路，有效地保护串接在其后的电气设备，在正常情况下，也可以用于不频繁地接通和断开电路及控制电动机，因此自动开关是低压线路中常用的具有齐备保护功能的控制电器。由于自动开关具有可以操作、动作值可调、分断能力较强，以及动作后一般不需要更换零部件等优点，因此得到了广泛应用。

自动开关按其用途及结构特点，可分为框架式自动开关、塑料外壳式自动开关、直流快速自动开关和限流式自动开关等。塑料外壳式自动开关主要用作配电网络的保护开关，还可用作电动机、照明电路及电热电路的控制开关。本节仅介绍用于电力拖动自动控制线路中的塑料外壳式自动开关。

1. 自动开关的结构和工作原理

自动开关由 3 个基本部分组成，它们是：执行部分（触头和灭弧系统）、故障检测部分（各种脱扣器）、操作机构与自由脱扣机构。

图 5－9 是自动开关的工作原理图。开关的主触头依靠操作机构手动或电动合闸，主触头闭合后，自由脱扣机构将主触头锁在合闸位置上。过流脱扣器的线圈及热脱扣器的热组件串接于主电路中，失压脱扣器的线圈并联在电路中。当电路发生短路或严重超载时，过流脱扣器线圈 3 中的磁通急剧增加，将衔铁吸合并使之逆时针旋转，使自由脱扣机构动作，主触头在弹簧作用下分开，从而切断电路。当电路超载时，热脱扣器的热组件使双金属片向上弯曲，推动自由脱扣机构动作。当线路发生失压或欠压故障时，失压脱扣器 6 中的磁通下降，使电磁吸力下降或消失，衔铁在弹簧作用下向上移动，推动自由脱扣机构动作，使主触头 1 在弹簧作用下被拉向左方，使电路分断。分励脱扣器 4 用作远距离分断电路。

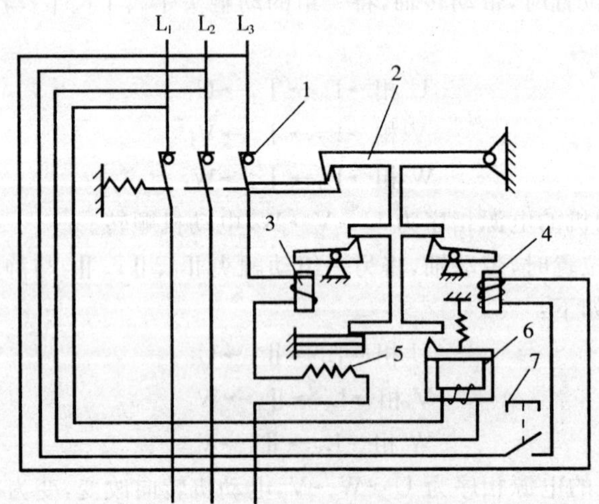

图 5－9　自动开关工作原理图

1—主触头　2—自由脱扣机构　3—过电流脱扣器　4—分励脱扣器
5—热脱扣器　6—失压脱扣器　7—按钮

2. 塑料外壳式自动开关

塑料外壳式自动开关又称装置式自动开关，主要有 DZ5、DZ9 和 DZ10 系列。DZ10 是我国自行设计的新产品，可代替 DZ1 系列。

DZ5－10、DZ5－25、DZ5－50B 及 DZ5－100B 为单极式产品，DZ5－20、DZ5－50 为两极或三极式产品。在保护方面，DZ5 系列自动开关设有过流脱扣器和热脱扣器，但无失压脱扣器和分励脱扣器。其操作机构为贮能式，能快速分断电路，在配电开关板、控制线路、照明电路以及电动机和其他用电设备中，常用作超载及短路保护。表 5－1 列出了 DZ5－20 系列自动开关的基本技术数据。

表 5－1　DZ5—20 系列自动开关基本技术数据

<table>
<tr><th rowspan="2">型号</th><th rowspan="2">额定
电压值
(U/V)</th><th rowspan="2">额定
电流值
(I/A)</th><th rowspan="2">极数</th><th colspan="2">脱扣器</th><th colspan="2">热脱扣器</th><th>极限分断电流值(I/A)</th></tr>
<tr><th>类别</th><th>额定电流值(I/A)</th><th>额定电流值(I/A)</th><th>额定电流调节范围值(I/A)</th><th>交流 380V
$\cos\varphi=0.7$</th></tr>
<tr><td rowspan="14">DZ5－20</td><td rowspan="14">交流 380
直流 220</td><td rowspan="14">20</td><td rowspan="14">2.3</td><td rowspan="14">有复式、电磁式、热脱扣器及无脱扣器等 4 种</td><td>0.15</td><td>0.15</td><td>0.10～0.15</td><td rowspan="14">无脱扣器式为 200，热脱扣器式为 13 倍额定电流，其他为 1200，直流 220V、T=0.01s 时的数据与此相同</td></tr>
<tr><td>0.2</td><td>0.2</td><td>0.15～0.20</td></tr>
<tr><td>0.3</td><td>0.3</td><td>0.20～0.30</td></tr>
<tr><td>0.45</td><td>0.45</td><td>0.30～0.45</td></tr>
<tr><td>0.65</td><td>0.65</td><td>0.45～0.65</td></tr>
<tr><td>1</td><td>1</td><td>0.65～1</td></tr>
<tr><td>1.5</td><td>1.5</td><td>1～1.5</td></tr>
<tr><td>2</td><td>2</td><td>1.5～2</td></tr>
<tr><td>3</td><td>3</td><td>2～3</td></tr>
<tr><td>4.5</td><td>4.5</td><td>3～4.5</td></tr>
<tr><td>6.5</td><td>6.5</td><td>4.5～6.5</td></tr>
<tr><td>10</td><td>10</td><td>6.5～10</td></tr>
<tr><td>15</td><td>15</td><td>10～15</td></tr>
<tr><td>20</td><td>20</td><td>15～20</td></tr>
</table>

3. 自动开关的选择

选择自动开关时，应使自动开关的额定电压和额定电流大于电路的正常工作电压和工作电流，热脱扣器的额定电流应与所控制电动机的额定电流或负载额定电流相等；电磁脱扣器的瞬时脱扣整定电流，应大于负载电路正常工作时的尖峰电流；自动开关用于控制电动机时，电磁脱扣器的瞬时脱扣整定电流为电动机起动电流的 1.7 倍。自动开关的图形符号及文字符号如图 5－10 所示。

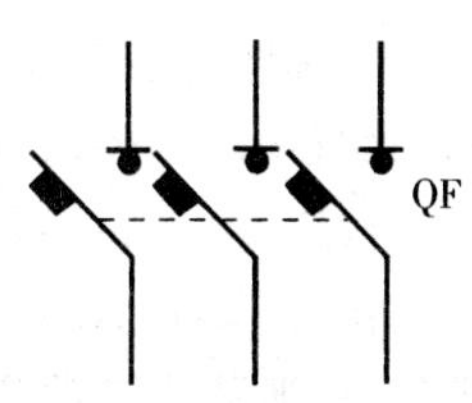

图 5－10　自动开关的图形和文字符号

5.3 主令电器

主令电器属于控制电器，在电路中用来控制其他电器动作，以发送控制“指令”。

主令电器应用广泛，种类繁多，本节仅介绍几种常用的主令电器。

5.3.1 控制按钮

控制按钮又称按钮开关，简称按钮。用来短时间接通或断开小电流(500V，5A)电路的手动主令电器。

按钮由按钮帽、复位弹簧、桥式触头和外壳等组成。通常做成复合触头，即具有常闭触头和常开触头。图5-11是LA19-11型按钮的外形及结构。图5-12是按钮的图形符号。

图5-11 LA19-11型按钮

1—接线柱 2—按钮帽 3—复位弹簧 4—常闭触头 5—常开触头

对于复合式按钮来讲，按下按钮时，常闭触头先分断，经极短时间后，常开触头才闭合；松开按钮时，在复位弹簧作用下，常开触头先分断，经极短时间后，常闭触头才闭合。因此，用复合按钮对电路通断的转换有一定时间的滞后。

按钮在结构上有多种形式，如旋转式——用手动旋钮进行操作；指示灯式——按钮内装有信号灯显示信号；紧急式——装有突起的蘑菇形按钮帽，以便紧急操作。

为了标明各按钮的作用，通常将按钮帽做成不同的颜色，以示区别，避免误操作。常以红色表示停止按钮，绿色表示起动按钮。

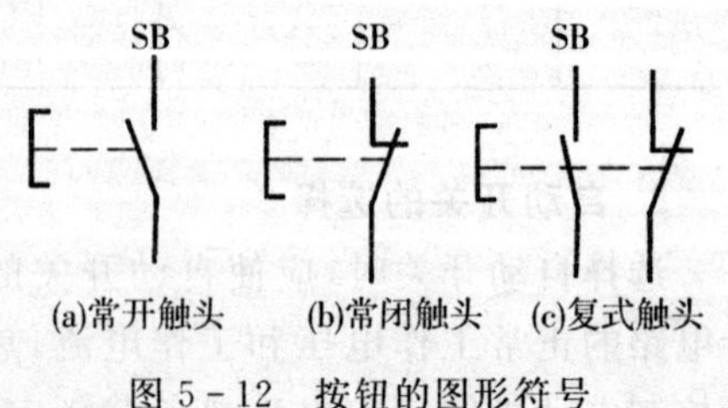

图5-12 按钮的图形符号

按钮有LA18、LA19、LA20等系列，其中LA18系列采用积木式结构，触头数目可按需要拼装，一般装成二常开二常闭，也可拼装成一常开一常闭，一至到六常开六常闭。

5.3.2 行程开关

生产机械中常需要控制某些运动部件的行程，或运动至一定行程后使其停止，或在一定行程内自动返回或自动循环。这种控制机械行程的方式叫“行程控制”或“限位控制”。

行程开关又称限位开关是实现行程控制的小电流(5A 以下)主令电器，它是利用生产机械运动部件的碰撞来发出指令，即将机械信号转换为电信号，通过控制其他电器来控制运动部件的行程大小、运动方向或进行限位保护。

行程开关种类很多，其结构可分为三个部分：操作机构、触头系统和外壳。以下介绍三种常用的系列产品。图 5－13 是行程开关图形符号。

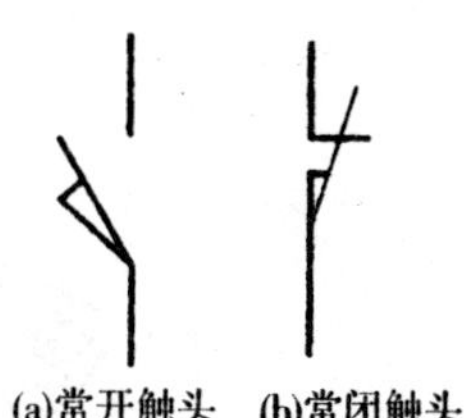

图 5－13　行程开关图形符号

1. **微动开关**

图 5－14 是 JW 系列微动开关的结构图。

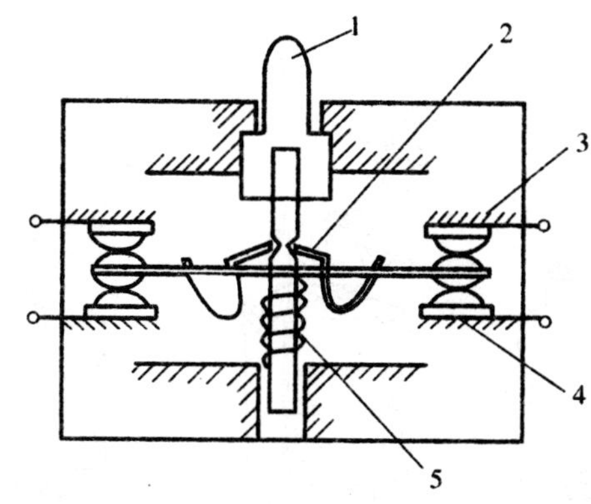

图 5－14　微动开关结构

1—推杆　2—弯形片状弹簧　3—常开触头　4—常闭触头　5—恢复弹簧

微动开关的结构和动作原理与按钮相似，由于弯形弹簧具有放大作用，推杆只需有微小的位移，便可使触头动作，故称为微动开关。

微动开关体积小，动作灵敏，只能承受较小的压力，使用时应对推杆的最大行程在机械上加以保护，以免被压坏。

2. **行程开关**

行程开关有 JLXK1 系列和 LX19 系列。图 5－15 是行程开关结构图，图 5－16 是 JLXK1 系列行程开关外形图。

其工作原理是：当运动机械的挡铁压到滚轮上时，杠杆连同转轴一起转动，并推动撞块，当撞块被压到一定位置时，推动微动开关的动触头，使常开触头分断，常闭触头闭合。当运动机械的挡铁移开后，复位弹簧使行程开关各部件恢复常态。

按钮式和单轮旋转式行程开关为自动复位式。双轮旋转式行程开关没有复位弹簧，在挡铁离开后不能自动复位，必须由挡铁从反方向碰撞后，开关才能复位。这种非自动复位的开关，具有“记忆”曾被撞击的动作顺序的作用。

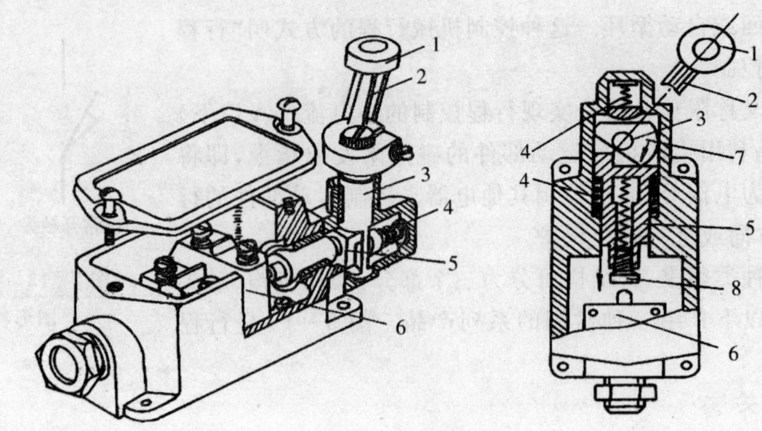

图 5－15　行程开关结构

1—滚轮　2—杠杆　3—转轴　4—复位弹簧　5—撞块　6—微动开关　7—凸轮　8—调节螺钉

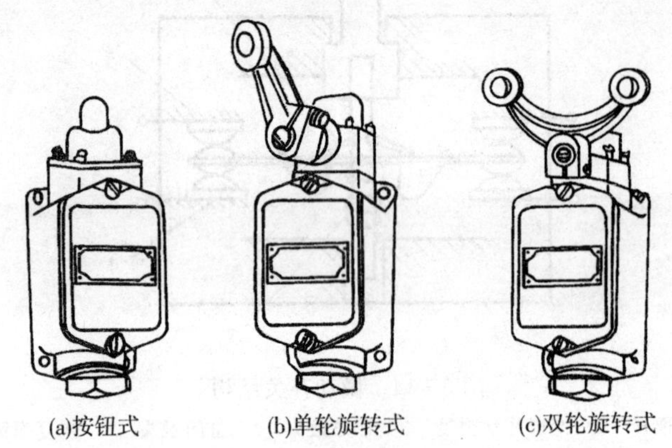

(a)按钮式　(b)单轮旋转式　(c)双轮旋转式

图 5－16　行程开关外形

3. 行程开关型号含义

型号说明，例如：

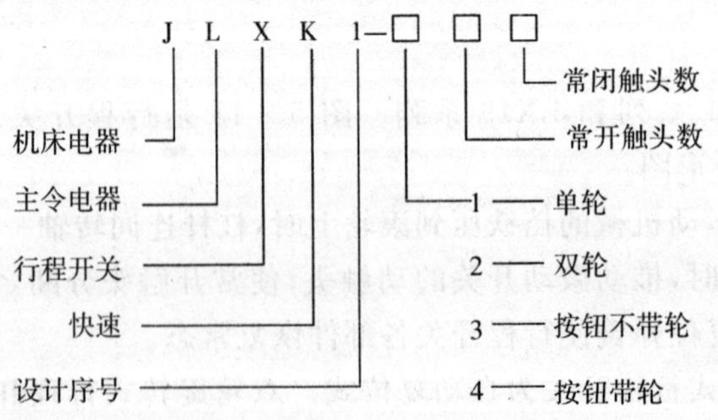

4. 组合型行程开关

图 5－17 是 JW2－11Z/3 型组合行程开关的外形图。它由三个 JW2－11 型的微动开关组合而成。每个微动开关由一块挡铁碰撞，调节挡铁的位置，可使各微动开关按不同的或相同的行程分别控制各有关电路的通断。

5.3.3　接近开关

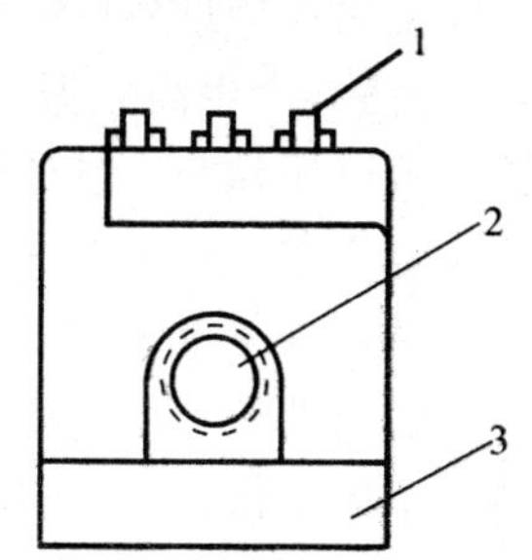

图 5－17　组合型行程开关
1—滚轮　2—进线孔　3—接线盒

接近开关又称无触点行程开关，它不仅能代替有触点行程开关来完成行程控制和限位保护，还可以用于高频计数、测速、检测零件尺寸、加工程序的自动衔接等。

接近开关按工作原理来分有：高频振荡型，感应电桥型，永久磁铁型等。

在这里我们介绍较为常用的高频振荡型接近开关。它的电路是由 LC 振荡电路、放大电路和输出电路三部分组成。其基本工作原理是：当被测物（金属体）接近到一定距离时，不需接触，就能发出动作信号。常用的有 LJ1、LJ12 和 LXJ0 等系列。

图 5－18(a)是 LJ1－24 型接近开关外形图，图 5－18(b)是它的感应头示意图。图 5－19 为这种接近开关原理图。

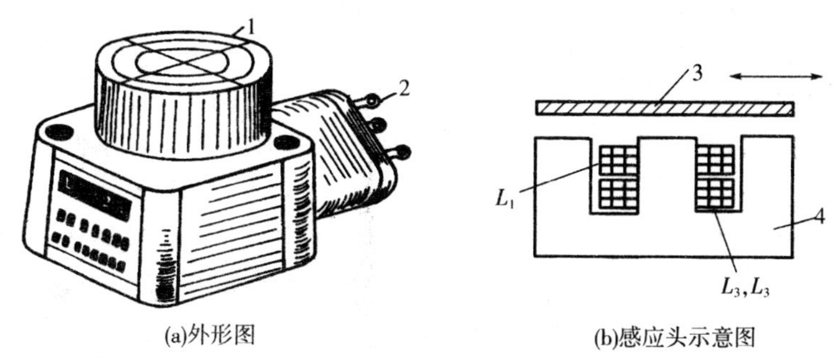

图 5－18　LJ1－24 型接近开关
1—感应头　2—接线端　3—金属片　4—磁心

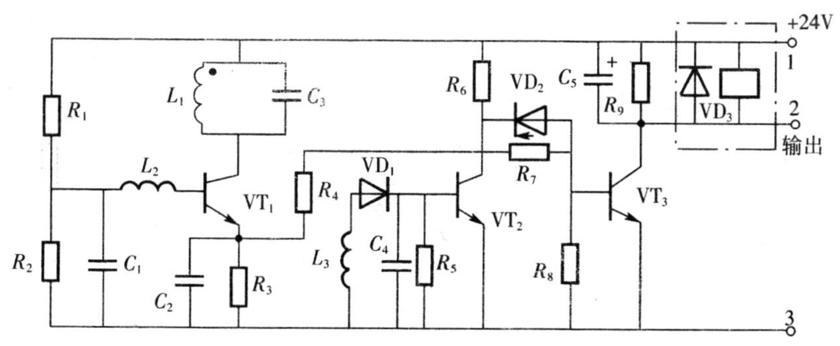

图 5－19　LJ1－24 型接近开关原理图

$R_1=36k\Omega$　$R_2=30k\Omega$　$R_3=51k\Omega$　$R_4=30k\Omega$　$R_5=51k\Omega$　$R_6=4.7k\Omega$　$R_7=4.7k\Omega$
$R_8=51k\Omega$　$R_9=10k\Omega$　$C_1=6800pF$　$C_2=0.047\mu F$　$C_3=2200pF$　$C_4=0.047\mu F$
$C_5=10\mu F$　VT_1、VT_2－3DG6D　VT_3－3DG12B　VD_1－2CP10　VD_2－2CW16

图 5－19 中左边为变压器回馈式振荡器，是接近开关的主要部分，其中 L_1C_3 组成选频电路，L_2 是回馈线圈，L_3 是输出线圈，这三个线圈绕在同一铁心上，组成变压器式的感应头。右边部分为开关电路。R_9 上的电压是接近开关的输出电压。

当无金属体接近感应头时，由于直流电源对L_1C_3充电，L_2把信号回馈到晶体管VT_1的基极，使振荡器产生高频振荡。L_3获得的高频电压，经二极管VD_1整流C_4滤波后，在R_5上产生的直流电压作用在晶体管VT_2基极，使VT_2饱和导通（VT_2的c、e极近似短路），其集电极电位接近为零。这个低电位经R_7耦合，使晶体管VT_3的基极电位也接近于零，因而VT_3截止（VT_3的c、e极近似断路）。由于R_9上的电压降很小，故输出端2的电位接近于24V的高电位。输出端1和2电位差为零，接在输出端的继电器线圈释放。

当有金属体接近感应头时，金属体进入高频磁场感生涡流而消耗能量；当金属体到达某一位置时，振荡器无法补偿涡流损耗而被迫停振。L_3上无高频电压，VT_2因而截止，VT_2集电极电位升高，电源电压通过R_6、R_7及VD_2、R_8在R_8上产生分压，使得VT_3获得基极电流而饱和导通，输出端2的电位降低到接近于零，输出端1和2电位差接近电源电压，继电器线圈得电。

通过继电器线圈得电与否，使其触头闭合或分断，来控制某个电路的通断。

原理图5-19中R_4是回馈电阻，起着加快接近开关动作速度的作用。当金属物接近时，振荡电路停振，R_4将VT_2上升的集电极电压回馈到VT_1的发射极，加快VT_1截止，使振荡迅速可靠地停振。当金属物离去时，R_4将VT_2下降的集电极电压回馈到VT_1，加快VT_1导通，使振动迅速起振。这样，有利于加快接近开关的动作时间。

图5-19中VD_2起着加速起振作用（不作详述），二极管VD_3是继电器线圈的续流二极管（不能接反）。

LJ1-24型接近开关，供电电压为+24V，最大输出电流100mA，动作距离约2.5mm。金属物到位时，输出端输出电压≥22V；金属物离去后，输出电压<50mV，开关的重复定位精度不大于0.03mm。

5.4 保护电器

为了保护电动机和电器设备不受故障的影响而损坏，采用了一些具有保护作用的电器——保护电器。例如行程开关可用作限位保护，防止运动部件冲出行程以外。

本节介绍熔断器、热继电器，它们的特点是在发生故障危及电动机及电器设备安全时，能自动及时地切断电源。

5.4.1 熔断器

熔断器是一种最简单有效的保护电器，它具有分断能力高、安装体积小、使用维护方便等优点，它还可以起到使电路与电源隔离的作用。

使用时，熔断器串接在所保护的电路中，作为短路保护。

1. 熔断器的结构

熔断器主要由熔体和安装熔体的熔管或熔座两部分组成。熔体由易熔金属铅锡合金制成丝状或片状。熔管由陶瓷、绝缘钢纸或玻璃纤维制成，在熔体熔断时兼有熄弧作用。

熔断器的熔体与被保护电路串联，当电路发生短路时，熔体中流过很大的短路电流，电流产生的热量达到熔体的熔点时，熔体熔断切断电路，达到保护目的。

图5-20(a)是熔断器的图形符号，图5-20(b)是RC1系列瓷插式熔断器，图5-20(c)

是RL1系列螺旋式熔断器。

表5-2和表5-3分别列出RC1系列和RL1系列熔断器技术数据。

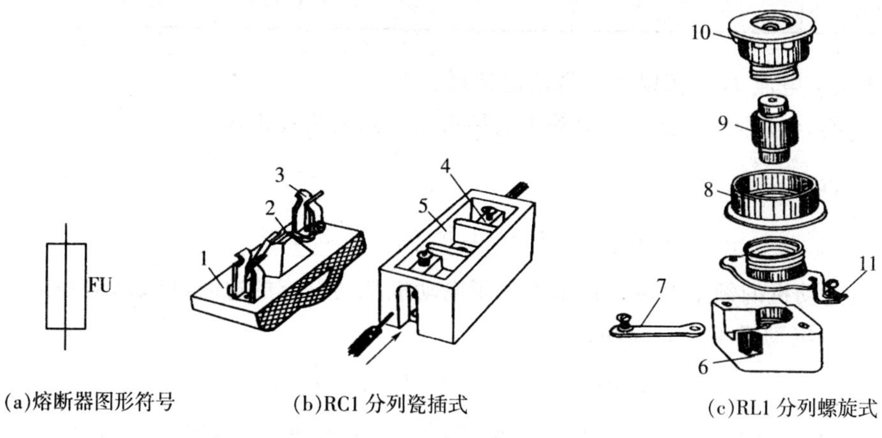

(a)熔断器图形符号　(b)RC1分列瓷插式　(c)RL1分列螺旋式

图5-20　熔断器

1—瓷盖　2—熔丝　3—动触头　4—静触头　5—瓷座　6—座子　7—下接线端
8—瓷套　9—熔断管　10—瓷帽　11—上接线端

表5-2　RC1系列熔断器技术数据　（单位:A）

型号	熔断器额定电流	可装熔丝额定电流	型号	熔断器额定电流	可装熔丝额定电流
RC1-10	10	1、3、4、5、6、10	RC1-60	60	40、50、60
RC1-15	15	6、10、15	RC1—100	100	80、100
RC1—30	30	20、25、30	RC1—200	200	120、150、200

表5-3　RL1系列熔断器技术数据　（单位:A）

型号	熔断器额定电流	可装熔丝额定电流	型号	熔断器额定电流	可装熔丝额定电流
RL1-15	15	2、4、5、6、10、15	RL1-100	100	60、80、100
RL1-60	60	6、10、15	RL1-200	200	100、125、150、200

此外，还有封闭管式熔断器RM7、RM10、RT0系列，用于电力网络；快速熔断器RS0系列，用于硅整流设备；玻璃管型的用于仪器中。

2. 熔断器的选择

熔断器在使用中应选用恰当，才能既保证电路正常工作又能起到保护作用。

熔断器的额定电压应大于或等于被保护电路的工作电压；其额定电流应大于或等于所装熔体的额定电流。

熔体的额定电流是指相当长时间流过熔体而不熔断的电流。额定电流值的大小，与熔体线径粗细有关，越粗的额定电流值越大。表5-4是熔体熔断时间。

表 5-4 熔体熔断时间

熔断电流	1.25~1.3I_N	1.6I_N	2I_N	3I_N	4I_N	8~10I_N
熔断时间	∞	1h	40s	4.5s	2.5s	瞬时

熔体额定电流 I_N可按以下几种情况选择：

(1)照明、电炉阻性负载，I_N应等于或稍大于电路的工作电流。

(2)一台电动机：

$$I_N=(1.5\sim2.5)I'_N \tag{5-1}$$

I'_N是电动机的额定电流。这是考虑了电动机起动电流的短时(例如 8s)冲击影响的。

(3)多台电动机不同时起动：

$$I_N=(1.5\sim2.5)I_{Nmax}+\sum I'_N \tag{5-2}$$

式中，I_{Nmax} 为最大的一台电动机的额定电流；$\sum$ 为其余电动机额定电流的总和。

5.4.2 热继电器

热继电器是用作电动机过载保护的自动电器。电动机在运行中常遇到过载情况，超载时定子绕组电流会增大。若过载不大，时间不长，电动机绕组温升未超过允许值时，这种过载是允许的，即电动机具有一定的过载能力。但是若过载太大或时间过长，绕组温升超过允许值时，就会加剧绕组绝缘老化，缩短电动机使用寿命，严重时甚至烧毁电动机。电动机为了最大限度地发挥电动机的过载能力，又能在长时间过载时切断电路，使电动机得到保护，因此采用热继电器。

1. 热继电器的结构

图 5-21 是 JR10 型热继电器的外形。

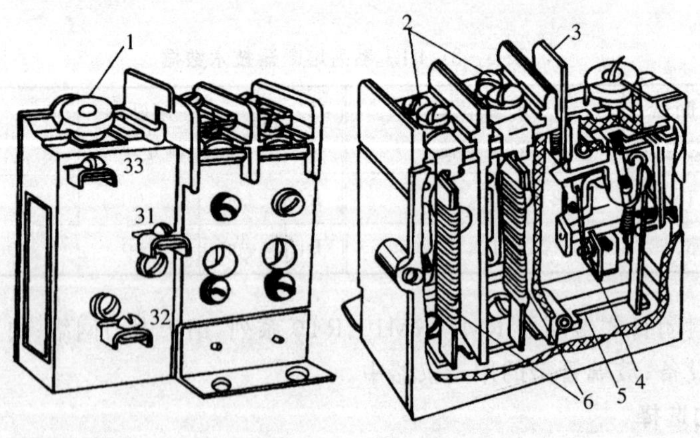

图 5-21 JR10 型热继电器外形

1—整定电流装置 2—主电路接线柱 3—复位按钮 4—常闭触头 5—动作机构
6—热组件 31—常闭触头接线柱 32—公共动触头接线柱 33—常开触头接线柱

热继电器是利用电流的热效应工作的。它由热组件、触头、动作机构、复位按钮和整定电流装置等五部分组成。图 5-22 为热继电器 JR16 型结构图。

（1）热元件：有三块（JR10 型只有两块），是感测组件，由双金属片及绕在其上的电阻丝组成。双金属片 5 由两种不同线膨胀系数的金属贴压而成。电阻丝（图上未画出）串接在电动机电路中。

（2）触头：图 5－22 中由动触头 9 和常闭静触头 8 组成常闭触头。图 5－21 中 32 为公共动触头接线柱，31 为常闭静触头接线柱。常闭触头串接在电动机的控制电路中。33 为常开触头接线柱。

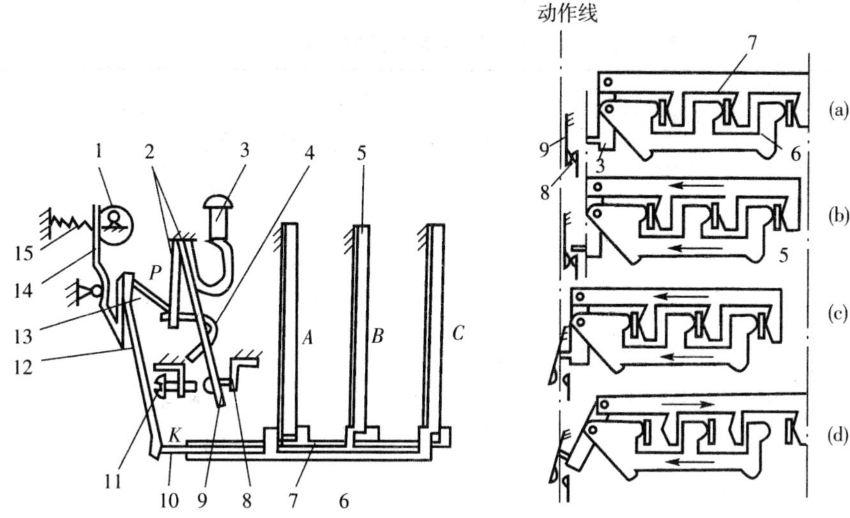

图 5－22　JR－16 型热继电器结构原理图

（a）未通电时　（b）负载正常时　（c）三相均超载时　（d）一相断开时

1—电流调节偏心轮　2—簧片　3—复位按钮　4—弹簧　5—主双金属片（U、V、W 三相）

6—外导板　7—内导板　8—常闭静触头　9—动触头　10—杠杆　11—复位调节螺钉

12—温度补偿双金属片　13—连杆　14—推杆　15—拉簧

（3）动作机构：由外导板 6、内导板 7、温度补偿双金属片 12（补偿环境温度的影响）、杠杆 10、推杆 14 及拉簧 15 等组成。

（4）复位按钮 3：热继电器动作后，待温度降低，用此按钮使各部件复位。

（5）整定电流装置：通过旋钮和偏心轮 1 来调节整定电流。

2. JR16 型热继电器的工作原理

JR16 型热继电器是三相结构，D 型是带有断相保护装置的超载保护电器。

当电动机负载正常时，三个热元件的电流为额定值，主双金属片 5 发热正常，内外导板 6、7 同时推动左移，但未达到动作线，常闭静触头 8 仍闭合，如图 5－22（b）所示。

若电流超过额定值，主双金属片 5 弯曲较大，导板 6、7 左移较多，经杠杆 10 推动推杆 13 弹簧 4 使动触头 9 移动，常闭静触头 8 分断，电动机的控制电路断电，电动机停转，如图 5－22（c）所示。

若一相断电，例如 U 相，该相双金属片冷却，使内导板 7 向右移，其余两相双金属片仍受热弯曲，使外导板 6 向左移动。这时在杠杆 10 的推动下，使常闭静触头 8 分断，如图 5－22（d）所示。

热继电器动作后，须查出过载原因，及时排除故障，待一切正常后，按下复位按钮 3 使热继电器复位，常闭触头闭合，电动机才可重新起动。

热继电器不起短路保护作用。在发生短路时，要求立即断开电路，而热继电器由于热惯性而不能立即动作。但这个热惯性也有好处，在电动机起动或短时超载时，热继电器不会动作，避免电动机不必要的停车。图 5-23 为热继电器图形符号。

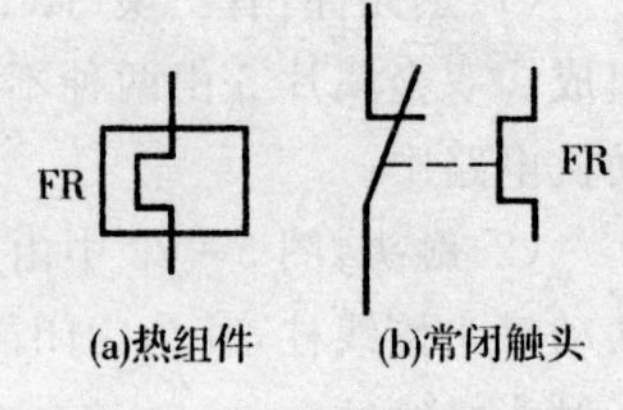

图 5-23 热继电器图形符号

表 5-5 是 JR0 和 JR16 型系列热继电器的技术数据。

表 5-5 JR0 和 JR16 型系列热继电器的技术数据

型号	额定电流/A	热元件等级		主要用途
		额定电流/A	刻度电流调节范围/A	
JR0-20/3 JR0-20/3D JR16-20/3 JR16-20/3D	20	0.35	0.25～0.35	供交流 500V 以下的电气回路中作为电动机的过载保护之用 D 型表示带有断相保护装置
		0.50	0.32～0.50	
		0.72	0.45～0.72	
		1.1	0.68～1.1	
		1.6	1.0～1.6	
		2.4	1.5～2.4	
		3.5	2.2～3.5	
		5	3.2～5	
		7.2	4.5～7.2	
		11	6.8～11	
		16	10～16	
		22	14～22	
JR0-40 JR16-40/3D	40	0.64	0.4～0.64	
		1	0.64～1	
		1.6	1～1.6	
		2.5	1.6～2.5	
		4	2.5～4	
		6.4	4～6.4	
		10	6.4～10	
		16	10～16	
		25	16～25	
		40	25～40	

3. 热继电器型号含义

选用热继电器，主要是根据电动机的额定电流来确定其型号、热元件的电流等级和整定电流。热继电器的型号含义如下：

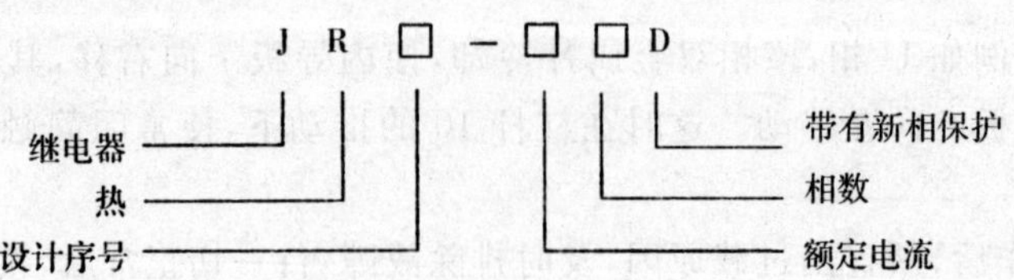

5.5　交流接触器

接触器是一种由于频繁地接通或断开交直流主电路、大容量控制电路等大电流电路的自动切换电器。在功能上，接触器除能自动切换外，还具有手动开关所缺乏的远距离操作功能和失压（或欠压）保护功能，但没有自动开关所具有的超载和短路保护功能。接触器生产方便，成本低，主要用于控制电动机、电热设备、电焊机、电容器组等，是电力拖动自动控制线路中应用最广泛的电器组件。

接触器主要由线圈、铁心、衔铁、动触头与静触头、灭弧装置等部分组成。按流过接触器触头电流的性质可分为交流接触器和直流接触器。本节只介绍常用的交流接触器。

5.5.1　交流接触器结构

交流接触器是用于控制电压至 380V、电流至 600A 的 50Hz 交流电路。铁心为双 E 型，由硅钢片叠成。在静铁心端面上嵌入短路环。对于 CJ0、CJ10 系列交流接触器，大都采用衔铁作直线运动的双 E 直动式或螺管式电磁机构。而 CJ12、CJ12B 系列交流接触器，则采用衔铁绕轴转动的拍合式电磁机构。线圈做成短而粗的形状，线圈与铁心之间留有空隙以增加铁心的散热效果。图 5－24 为 CJ0－型交流接触器结构图。

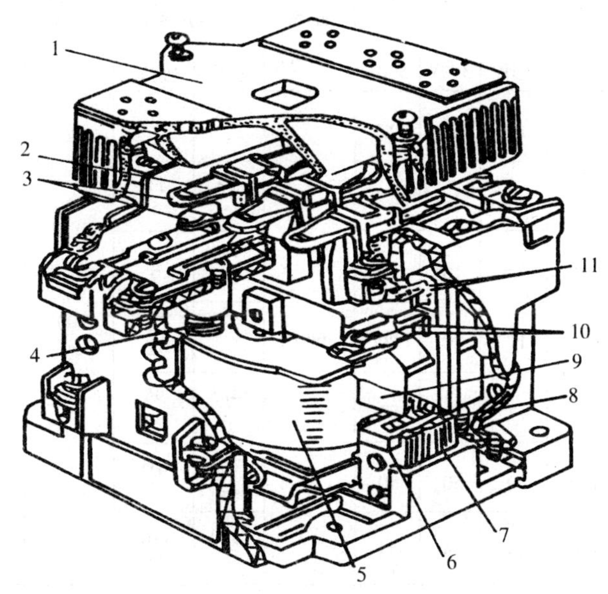

图 5－24　CJ0－20 型交流接触器结构图

1—灭弧罩　2—触头压力弹簧片　3—主触头　4—反作用弹簧　5—线圈　6—短路环　7—静铁心　8—弹簧　9—动铁心　10—辅助常开触头　11—辅助常闭触头

接触器的触头用于分断或接通电路。交流接触器一般有 3 对主触头，2 对辅助触头。主触头用于接通或分断主电路，辅助触头用在控制电路中，具有常闭、常开各 2 对。主触头和辅助触头一般采用双断点的桥式触头，电路的接通和分断由两个触头共同完成。由于这种双断点的桥式触头具有电动力吹弧的作用，所以 10A 以下的交流接触器一般无灭弧装置，而10A以上的交流接触器则采用栅片灭弧罩灭弧。

5.5.2 交流接触器工作原理

交流接触器工作时，一般当施加在线圈上的交流电压大于线圈额定电压值的85%时，接触器能够可靠地吸合。其原理为：在线圈上施加交流电压后在铁心中产生磁通，该磁通对衔铁产生克服复位弹簧拉力的电磁吸力，使衔铁带动触头动作。触头动作时，常闭先断开，常开后闭合。主触头和辅助触头是同时动作的。当线圈中的电压值降到某一数值时（无论是正常控制还是失压、欠压故障），铁心中的磁通下降，吸力减小到不足以克服复位弹簧的反力时，衔铁就在复位弹簧的反力作用下复位，使主触头和辅助触头的常开触头断开、常闭触头恢复闭合。这个功能正是接触器的失压保护功能。所谓触头的常开（闭）就是线圈中不通电时触头的状态。换句话说，常开（闭）触头就是线圈不带电时断开（闭合）的触头。

常用的交流接触器有CJ10系列，可取代CJ0、CJ8等老产品，CJ12、CJ12B系列可取代CJ1、CJ2、CJ3等老产品，其中CJ10是统一设计产品。表5-6为CJ10系列交流接触器的技术数据。

表5-6 CJ10系列交流接触器技术数据

型号	额定电压值 U_e(V)	额定电流值 I_e(A)	可控制电动机最大功率值 P_{max}(kW)			最大操作频率（次/h）	线圈消耗功率值（VA）/（W）		机械寿命（万次）	电寿命（万次）	动作时间（ms）	
			220V	380V	500V		起动	吸持			起动	释放
CJ10-5	380 500	5	1.2	2.2	2.2	600	35/–	6/2	300	60	–	–
CJ10-10		10	2.2	4	4		65/–	11/5			17	21
CJ10-20		20	5.5	10	10		140/–	22/9			16	18
CJ10-40		40	11	20	20		230/–	32/12			23	22
CJ10-60		60	17	30	30		485/–	95/26			65	40
CJ10-100		100	30	50	50		760/–	105/27			66	35
CJ10-150		150	43	75	75		950/–	110/28			75	38

5.5.3 接触器的主要技术参数及型号的含义

1. 技术参数

（1）额定电压。接触器铭牌上的额定电压是指主触头的额定电压。交流有127V、220V、380V、500V等档次；直流有110V、220V、440V等档次。

（2）额定电流。接触器铭牌上的额定电流是指主触头的额定电流。有5A、10A、20A、40A、60A、100A、150A、250A、400A和600A。

(3)吸引线圈的额定电压。交流有 36V、110V、127V、220V、380V;直流有 24V、48V、220V、440V。

(4)电气寿命和机械寿命。

(5)额定操作频率,次/h。

2. 型号含义

型号说明,例如:

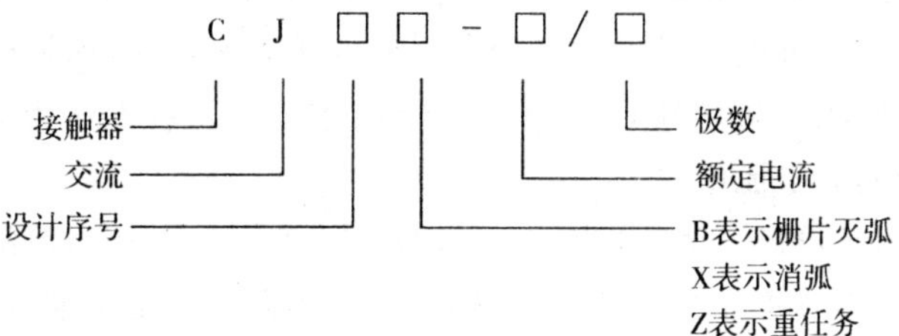

3. 接触器的图形符号和文字符号

接触器的图形符号如图 5 - 25 所示。其文字符号为 KM。

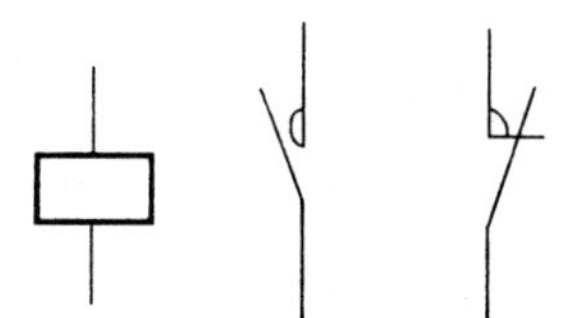

(a)线圈　(b)常开触头　(c)常闭触头

图 5 - 25　接触器的图形符号

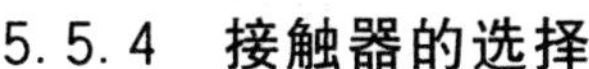

5.5.4　接触器的选择

1. 接触器的类型选择

根据接触器所控制的负载性质,选择直流接触器或交流接触器。

2. 额定电压的选择

接触器的额定电压应大于或等于所控制线路的电压。

3. 额定电流的选择

接触器的额定电流应大于或等于所控制电路的额定电流。对于电动机负载可按下列经验公式计算:

$$I_C = \frac{P_e \times 10^3}{KU_e}$$

式中,I_C 为接触器主触头电流,A;P_e 为电动机额定功率,kW;U_e 为电动机额定电压,V;K 为经验系数,一般取 1～1.4。

接触器的额定电流应大于 I_C,也可查手册根据技术资料确定。接触器如使用在频繁起动、制动和正反转的场合时,则额定电流应降一个等级选用。

4. 吸引线圈额电压选择

根据控制回路的电压选用。

5. 接触器触头数量、种类选择

触头数量和种类应满足主电路和控制线路的要求。

5.6 继电器

继电器是一种根据某种输入信号(参量)的变化,而接通或断开所控制的电路,实现自动控制或保护电动机的自动电器。

电磁式继电器是应用得较早、较多的一种电器,其工作原理和结构与接触器大致相同。在结构上都是由电磁系统和触头系统组成,它们的输出都是触头的动作,控制电路的通或断。两者的区别主要是:继电器可以对多种参量的变化作出反应,而接触器只能对电压变化作出反应;继电器的触头容量较小(5A 以下),常用于小电流控制电路,而接触器的主触头容量较大,常用来控制大电流电路。

继电器按输入的参量可分为:电流、电压、时间、速度、温度、压力等继电器。习惯上是以这种区分来称呼的。本节将介绍几种常用的继电器(前面已介绍热继电器)。

5.6.1 电流继电器

电流继电器是由电磁系统和触头等组成,有 JL14 型、JT4 型,图 5-26 是 JT4 型电流继电器的结构。图 5-27 是电磁式继电器的图形符号。

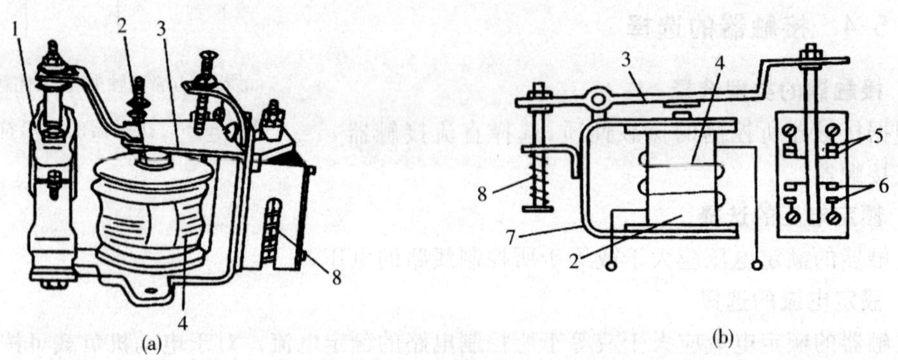

图 5-26 JT4 型电流继电器

1—触头 2—静铁心 3—衔铁 4—电流线圈 5—常闭触头 6—常开触头 7—磁轭 8—反作用弹簧

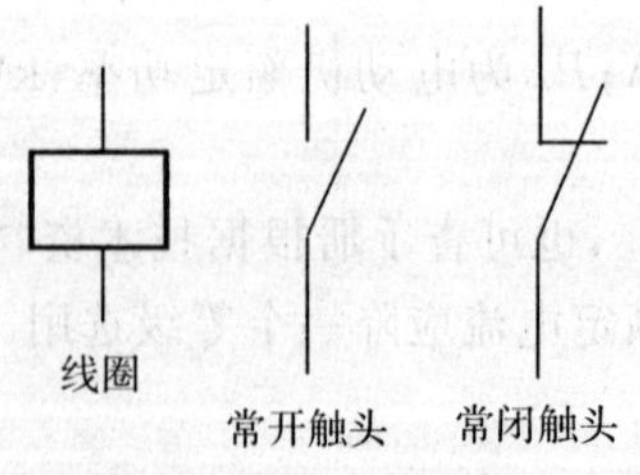

图 5-27 电磁式继电器图形符号

表 5-7 是 JT4 型过电流继电器技术数据。

电流继电器的吸引线圈应串接在被测量的电路中,以反映其电流的变化。为了不影响被测电路的工作,其匝数少,导线粗,阻抗小。

表 5-7　JT4 系列过电流继电器技术数据

型号	吸引线圈规格/A	消耗功率/W	触头数目	复位方式		动作电流	返回系数
				自动	手动		
JT4-L	5、10、15 20、40、80 150、300、600	5	2 常开 2 常闭或 1 常开 1 常闭	自动		吸引电流在线圈额定电流的 110%～350%范围内调节	0.1～0.3
JT4-S (手动复位)					手动		

电流继电器有过电流和欠电流两种。过电流继电器在电路正常工作时，衔铁不能吸合，只有当电流超过一定整定值(1.1～4 倍额定电流)时才动作。欠电流继电器则是在电路正常工作时，动铁心被吸合，在电流降低到一定整定值(0.1～0.2 倍额定电流)时，动铁心被释放。

电流整定值可通过调节恢复弹簧的弹力来调节。

5.6.2　电压继电器

电压继电器的结构与电流继电器相似，但电压继电器的线圈为电压线圈，匝数多，导线细，阻抗大，与被测电路并联。

电压继电器有过电压、欠电压和零电压之分。过电压继电器在电压为额定电压的 1.10～1.15 倍以上时动作；欠电压继电器在电压为额定电压的 0.4～0.7 倍时动作；零电压继电器在电压为额定电压的 0.05～0.25 倍时动作。

5.6.3　中间继电器

1. 中间继电器结构

中间继电器属于电压继电器，其结构和工作原理与接触器类似。图 5-28 是 JZ7 型中间继电器外形结构。

中间继电器的触头较多，一般有 8 对，没有主、辅之分。每对触头允许通过的电流大小是相同的，额定电流多数为 5A，有的为 10A。由于其触头多，故动作灵敏。

其主要用途是：信号传递和放大，实现多路同时控制，起到中间转换的作用，故称中间继电器。对于额定电流小于 5A 的电动机，也可进行直接控制。

2. 中间继电器应用

图 5-29 列出中间继电器的几种主要应用。

(1)其他电器输出功率较小或触头容量较小时，通过中间继电器的转换，可适当增大所能控制的容量。例如将晶体管开关电路所输出的小功率控制信号转换为大容量的触头动作。如图 5-29(a)所示。

(2)扩充其他电器的触头数量或种类，将一个输入信号变为多个输出信号，实现多路同时控制。如图 5-29(b)所示。

(3)当中间继电器处于自保状态时，可以用来将按钮等主令电器的短时动作，用继电器的状态长时间“保持”或“记忆”下来。如图 5-29(c)所示。

(4)用于手动电器控制电路的欠压和失压保护及其他保护性电路，如图 5-29(d)所示。

(5)进行互锁控制。如图 5-29(e)所示。

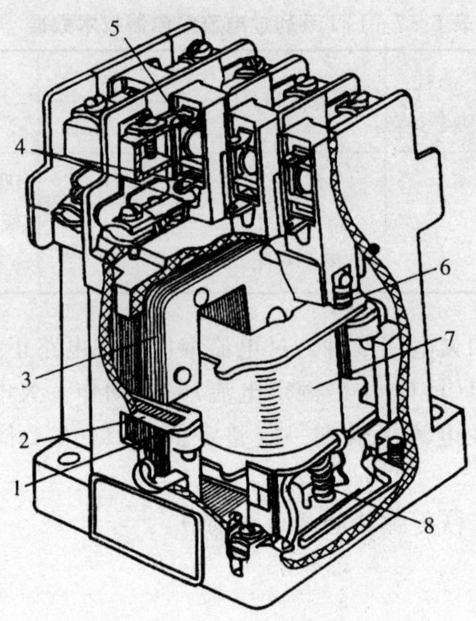

图 5－28 JZ7 型中间继电器

1—静铁心 2—短路环 3—动铁心 4—常开触头 5—常闭触头 6—恢复弹簧 7—线圈 8—缓冲弹簧

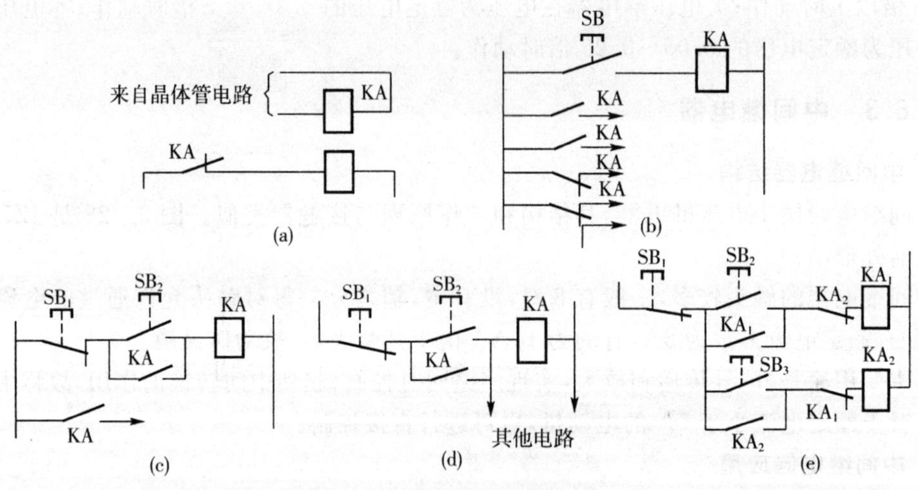

图 5－29 中间继电器的应用

3. 中间继电器型号含义

型号说明，例如：

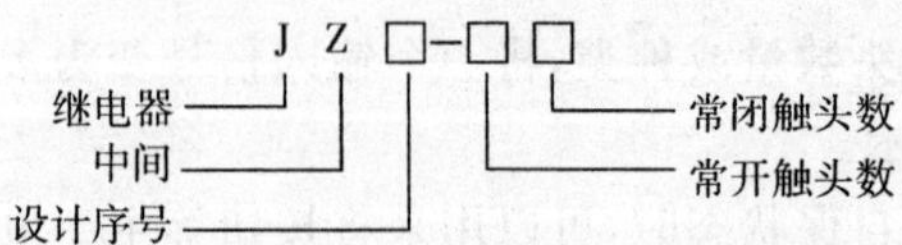

表 5-8 JZ7 系列中间继电器技术数据

型号	触头额定电压/V	触头额定电流/A	触头数量		吸引线圈电压/V	操作频率/(次/h)
			常开	常闭		
JZ7-44	500	5	4	4	12、24、36、48、	
JZ7-62	500	5	6	2	110、127、380、	1200
JZ7-80	500	5	8	0	420、440、500	

表 5-9 JZ12 中间继电器技术参数

触头额定电压/V	触头额定电流/A		触头数量	线圈额定电压/V	额定操作频率/(次/h)
	接通	分断			
交流 220	3	0.2	3 组	直流 24、28、110	1200
直流 100	0.2	0.2			

图 5-30 是 JZ12 型直流中间继电器的外形和结构。它是插座式的,拆换方便,体积小。在结构上的特点是:磁轭和衔铁都由整体的导磁材料制成;触头有三组(图中只画出一组)。

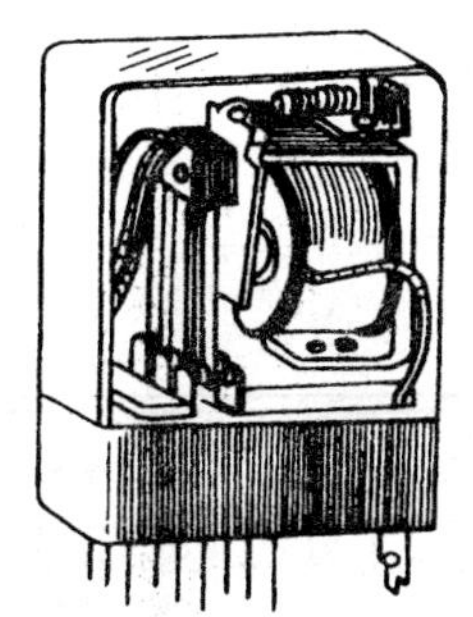

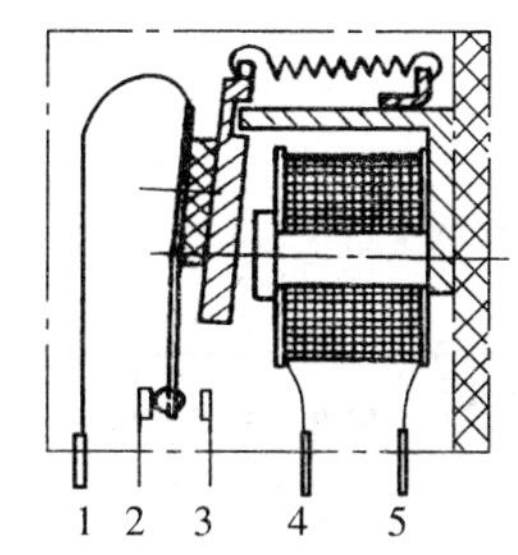

图 5-30 JZ12 型直流中间继电器

1—动触头 2—常闭触头 3—常开触头 4、5—线圈引线

5.6.4 时间继电器

在自动控制系统中,需要有瞬时动作的继电器,也需要延时动作的继电器。时间继电器就是利用某种原理实现触头延时动作的自动电器,经常用于按时间原则进行控制的场合。其种类主要有电磁阻尼式、空气阻尼式、晶体管式和电动机式。

1. 直流电磁式时间继电器

直流电磁式时间继电器的结构非常简单,只要在直流电磁式继电器的铁心上加上阻尼套,就可以在线圈断电时产生阻碍磁通减小的阻尼作用,延长触头分断的时间。由于在线圈通电时阻尼套阻碍磁通增加的阻尼作用很小。所以,可以认为,在线圈通电时触头是瞬间闭合的,没有延时,因此这种时间继电器仅能在线圈断电时产生短暂的延时。另外在线圈断电的同时将线圈短接,也可利用线圈的阻尼作用(此时因线圈短接,对铁心中逐渐减小的磁通也产生阻碍作用)扩大延时范围。尽管如此,电磁式继电器的延时范围也是很小的,一般不超过 5.5s,而且准确度低,只能适用于要求不高、延时范围小的断电延时的场合。其结构原理如图 5-31 所示。

2. 空气阻尼式时间继电器

空气阻尼式时间继电器利用空气通过小孔时产生阻尼的原理获得延时。其结构由电磁系统、延时机构和触头三部分组成。电磁机构为双 E 直动式，触头系统借用 LX5 型微动开关，延时机构采用气囊式阻尼器。

空气阻尼式时间继电器的电磁机构可以是直流的，也可以是交流的；既有通电延时型，也有断电延时型。只要改变电磁机构的安装方向，便可实现不同的延时方式：当衔铁位于铁心和延时机构之间时为通电延时(图 5-32(a))；当铁心位于衔铁和延时机构之间时为断电延时(图 5-32(b))。现以通电延时型为例介绍其工作原理。

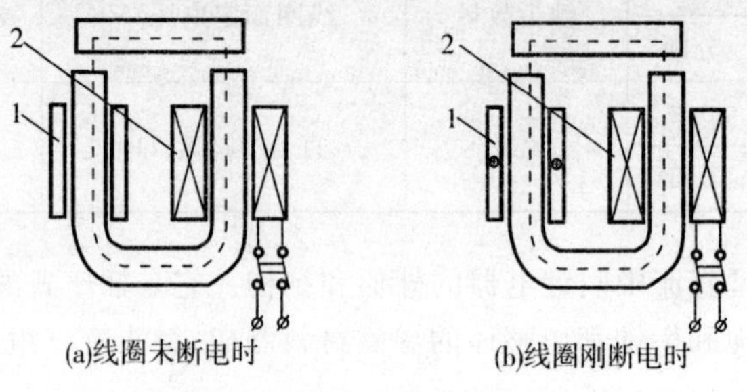

图 5-31　阻尼铜套工作原理

1—阻尼铜套　2—电磁线圈

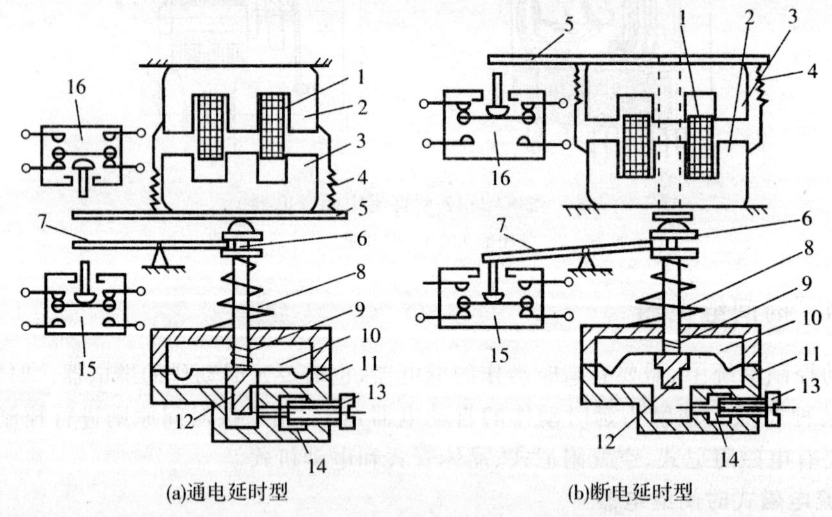

图 5-32　JS7-A 系列时间继电器动作原理

1—线圈　2—铁心　3—衔铁　4—反力弹簧　5—推板　6—活塞杆　7—杠杆　8—塔形弹簧　9—弱弹簧　10—橡皮膜　11—空气室壁　12—活塞　13—调节螺杆　14—进气孔　15、16—微动开关

当线圈 1 通电后，衔铁 3 被铁心 2 吸合而向上运动，此时活塞杆 6 失去依托，在弹簧 8 的作用下也向上运动。由于橡皮膜 10 下方的空气较稀薄形成负压，活塞杆 6 只能缓慢上移，其移动的速度决定了延时的长短。调整调节螺杆 13，改变进气孔 14 的大小，可以调整延时时间：进气孔大，移动速度快，延时短；进气孔小，移动速度慢，延时较长。在活塞杆向上

移动的过程中，杠杆7随之作反时针旋转。当活塞杆移动到与已吸合的衔铁接触时，活塞杆停止移动。同时，杠杆7压动微动开关15，使微动开关的常闭触头断开、常开触头闭合，起到通电延时（即线圈通电以后触头延时动作）的作用。延时时间为线圈通电到微动开关触头动作之间的时间间隔。当线圈1断电后，电磁吸力消失，衔铁3在反力弹簧4的作用下释放，并通过活塞杆6带动活塞12及橡皮膜10向下移动，并压缩弹簧8。这时，空气室下方的空气通过橡皮膜10、弱弹簧9和活塞12的肩部所形成的单向阀，迅速地从橡皮膜10上方的气室缝隙中排出，因此杠杆7和微动开关15能在瞬间复位。线圈1通电和断电时，微动开关16在推板5的作用下能够瞬时动作，所以是时间继电器的瞬动触头。

空气阻尼式时间继电器的特点是：延时范围较大，结构简单，寿命长，价格低。但其延时误差较大（±10%～±20%），无调节刻度指示，难以确定整定延时值。在对延时精度要求较高的场合，不宜使用这种时间继电器。

常用的JS7－A系列时间继电器的基本技术数据见表5－10。

表5－10 JS7－A型时间继电器的基本技术数据

型号	线圈额定电压（U/V）	触头参数								延时范围（t/s）	重复误差	最大操作频率/（次/h）
		数量						380V及$\cos\varphi$=0.3～0.4时的通断电流值（I/A）				
		通电延时		断电延时		瞬动						
		常开	常闭	常开	常闭	常开	常闭	接通	分断			
JS7－1A	交流24、36、110、127、220、380、420	1	1					3	0.3	分0.4～60及0.4～180两级	<15%	在通电持续率为40%时为600
JS7－2A		1	1	1	1	1	1					
JS7－3A				1	1	1	1					
JS7－4A												

3. 晶体管式时间继电器

晶体管式时间继电器也称半导体式时间继电器，具有延时范围广（最长可达3600s）、精度高（一般为5%左右）、体积小、耐冲击震动、调节方便和寿命长等优点，它的发展很快，使用也日益广泛。

晶体管式时间继电器是利用RC电路中电容电压不能跃变，只能按指数规律逐渐变化的原理——电阻尼特性获得延时的。所以，只要改变充电回路的时间常数即可改变延时时间。由于调节电容比调节电阻困难，所以多用调节电阻的方式来改变延时时间。

常用的产品有JSJ、JS13、JS14、JS15、JS20等型号。现以JSJ型为例，说明晶体管式时间继电器的工作原理。图5－33为JSJ型晶体管式时间继电器的原理图。

其工作原理为：接通电源后，变压器副边18V负电源通过K的线圈、R_5使V_5获得偏流而导通，从而V_6截止。此时K的线圈中只有较小的电流，不足以使K吸合，所以继电器K不动作。同时，变压器副边12V的正电源经V_2半波整流后，经过可调电阻R_1、R、继电器常闭触头K向电容C充电，使a点电位逐渐升高。当a点电位高于b点电位并使V_3导通时，在12V正电源作用下V_3截止，V_6通过R_3获得偏流而导通。V_6导通后继电器线圈K中的电流大幅度上升，达到继电器的动作值时使 K 动作，其常闭打开，断开 C 的充电回路，常开闭合，使 C 通过 R_4 放电，为下次充电作准备。继电器 K 的其他触头则分别接通或分断其他电路。当电源断电后，继电器 K 释放。所以，这种时间继电器是通电延时型的，断电延时只有几秒钟。电位器 R_1 用来调节延时范围。

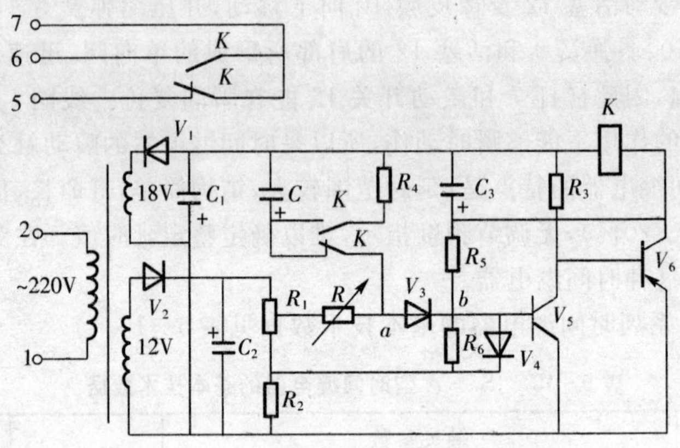

图 5-33　JSJ 型晶体管时间继电器原理

表 5-11 为 JSJ 型晶体管式时间继电器的基本技术数据。

表 5-11　JSJ 型晶体管时间继电器基本技术数据

型号	电源电压值 (U/V)	外电路触头			延时范围值 (t/s)	延时误差
		数量	交流容量	直流容量		
JSJ-01	直流 24、 48、110； 交流 36、 110、127、 220、380	1 常开 1 常闭 转换	380V 0.5A	110V 1A (无感负载)	0.1～1	小于±3%
JSJ-10					0.2～10	
JSJ-30					1～30	
JSJ-1					60	
JSJ-2					120	小于±6%
JSJ-3					180	
JSJ-4					240	
JSJ-5					300	

4. 电动机式时间继电器

电动机式时间继电器是用微型同步电动机带动减速齿轮系获得延时的，分为通电延时型和断电延时型两种。应当注意，这里所说的通电或断电并不是指接通电源或断开电源，而是指电动机式时间继电器中的离合电磁铁的线圈的通电或断电。延时时间指离合电磁铁通电或断电时刻至触头动作之间的时间间隔。常用的产品有 JS10 和 JS11 系列。这里以通电延时型 JS11 系列电动机式时间继电器为例介绍其结构(如图 5-35 所示)与工作原理。

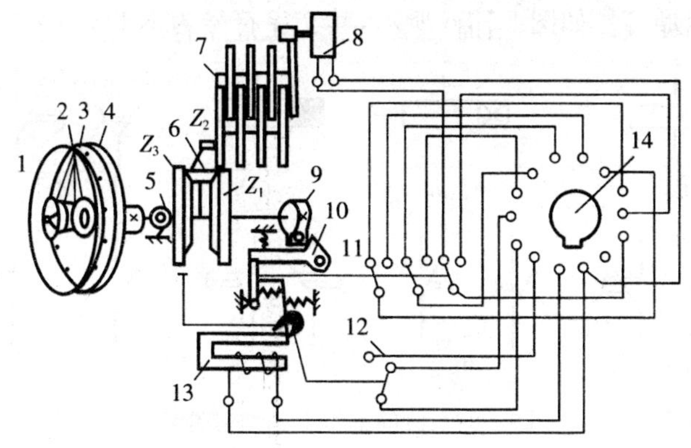

图 5-34 JS11 型时间继电器原理结构

1—延时整定处 2—指标定位 3—指标 4—刻度盘 5—复位游丝 6—差动轮系 7—减速齿轮 8—同步电动机 9—凸轮 10—脱扣机构 11—延时触头 12—瞬动触头 13—离合电磁铁 14—插头

JS11 型电动机式时间继电器由微型同步电动机 8、离合电磁铁 13、减速齿轮组 7、差动轮系 6、复位游丝 5、触头组 11 和 12、脱扣系统 10、延时整定装置 1 和 2 等组成。

其工作原理为：当接通同步电动机的电源时，齿轮 Z_2 和 Z_3 绕凸轮轴空转，凸轮轴是不转的。如需延时，就必须接通离合电磁铁的线圈电路，使离合电磁铁的衔铁吸合，瞬动触头 12 动作，同时通过杠杆的作用使刹片将 Z_3 刹住。此时，Z_2 除绕自身的轴水平旋转外，还沿着 Z_1、Z_3 的伞形齿面连同自身轴绕凸轮轴旋转并带动凸轮轴一起旋转。当凸轮轴和凸轮一起旋转到凸轮的凸块碰撞到脱扣机构时(脱扣机构示意图，见图 5-35)，延时触头组 11 动作，通过一对常闭触头分断，切除同步电动机的电源。当需要继电器复位时，只要切断离合电磁铁线圈的电源，所有机构都将在复位游丝和复位弹簧的作用下恢复到动作前的状态，为下次动作做好准备。由此可见，电动机式时间继电器的延时时间为离合电磁铁通电时刻(此时凸轮轴开始旋转)至凸轮的凸块碰撞脱扣机构，使触头动作之间的时间间隔。所以，调整延时范围实际上就是调节凸轮的凸块与脱扣机构的距离(角度)。

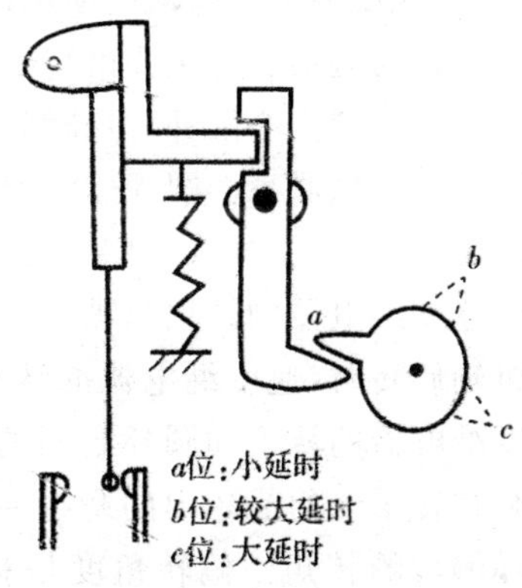

图 5-35 脱扣机构示意图

调节这个距离可以通过调节继电器表盘上的定位指标来实现。应当在离合电磁铁线圈断电(通电延时型)的状态下进行调整：角度越大，延时越长；角度越小，延时越短(如图 5-35 所示)。

电动机式时间继电器的延时范围宽，以 JS11 通电延时型时间继电器为例，延时范围分别为 0～8s、0～40s、0～4min、0～20min、0～2h、0～12h、0～72h。由于同步电动机的转速恒定，减速齿轮精度较高，延时准确度高达 1%。同时延时值不受电源电压波动和环境温度变化的影响。由于具有上述优点，就延时范围和准确度而言，是电磁式、空气阻尼式、晶体管式时间继电器无法比拟的。电动机式的主要缺点是结构复杂、体积大、寿命低、价格贵、准确度受电源频率的影响等。所以，这种时间继电器不宜轻易选用，只有在要求延时范围较宽和延时精度较高的场合才选用。

时间继电器的图形符号如图 5 - 36 所示,其文字符号为 KT。

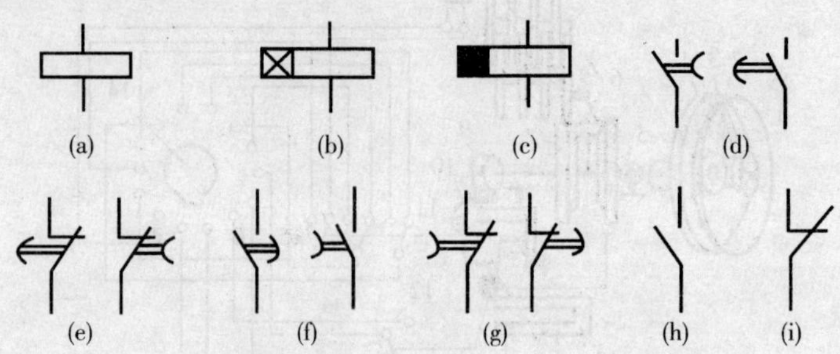

图 5 - 36　时间继电器的图形符号

(a)线圈一般符号　(b)通电延时线圈　(c)断电延时线圈　(d)延时闭合常开触头　(e)延时断开常闭触头　(f)延时断开常开触头　(g)延时闭合常闭触头　(h)瞬动常开触头　(i)瞬动常闭触头

5. 时间继电器的选用

在选用时间继电器时,首先应考虑满足控制系统所提出的工艺要求和控制要求,并应根据对延时方式的要求选用通电延时型和断电延时型。当要求的延时准确度不高和延时时间较短时,可以选用电磁式(只能断电延时)或空气阻尼式;当要求的延时准确度较高、延时时间较长时,可以选用晶体管式;若晶体管式不能满足要求时,再考虑使用电动机式。这是因为,虽然电动机式精度高、延时范围大,但体积大,成本高。总之,选用时除考虑延时范围和准确度外,还要考虑控制系统对可靠性、经济性、工艺安装尺寸等提出的要求。

5.6.5　速度继电器

速度继电器常用于笼型异步电动机的反接制动电路中。当电动机制动转速下降到一定值时,由速度继电器切断电动机控制电路。速度继电器是一种利用速度原则对电动机进行控制的自动电器。它主要由转子、定子和触头三部分组成。转子是一个圆柱形永久磁铁,定子是一个笼型空心圆环,由硅钢片叠成,并装有笼型的绕组。圆环(定子)套在转子上有一定气隙即无机械联系。图 5 - 37 为速度继电器的结构原理示意图。

速度继电器的转轴与被控电动机的轴相连接,当电动机轴旋转时,速度继电器的转子随之转动。这样就在速度继电器的转子和圆环之间的气隙中产生旋转磁场,空套在转子上的圆环内的绕组便切割旋转磁场,产生使圆环偏转的转矩。偏转角度是和电动机的转速成正比的。当偏转到一定角度时,与圆环连接的摆锤推动动触头,使常闭触头分断,当电动机转速进一步升高后,摆锤的继续偏转,使动触头与静触头的常开触头闭合;当电动机转速下降时,圆环偏转角度随之下降,动触头在簧片作用下复位(常开触头打开、常闭触头闭合)。常用的速度继电器有 YJ1 型和 JFZ0 型,一般速度继电器的动作速度为 120r/min,触头的复位速度值为 100r/min。

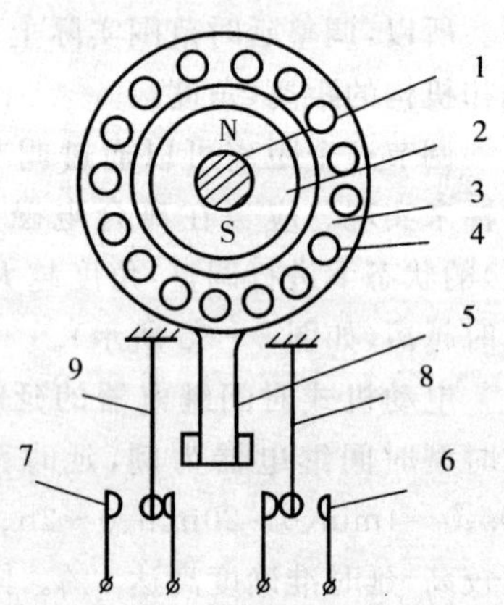

图 5 - 37　速度继电器结构原理示意图

1—转轴　2—转子　3—定子　4—绕组　5—摆锤　6、7—静触头　8、9—簧片在连续工作制中，能可靠地工作在 3000～3600r/min，允许操作频率每小时不超过 30 次。

使用速度继电器时，可根据实际需要调整动作值。图 5－38 为调整示意图。调整时把螺钉 1 向下旋转将弹簧压紧，使弹性触头 4 的强度加大，这就要求转轴有更大的速度，使定子(圆环)有更大的偏转转矩才能推动动触头簧片，从而使动作速度上升。反之，将螺钉上旋，减小弹簧压力，即可减小触头的动作速度值。为防止螺钉松动，在其下方有螺母 3，在调节时应先将螺母松开，调节好后再将螺母拧紧。

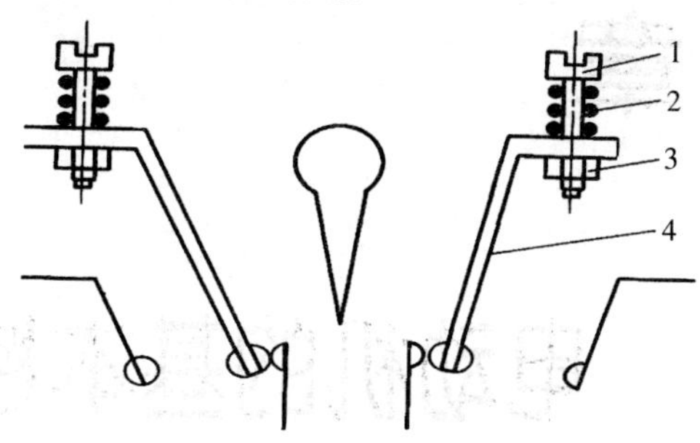

图 5－38　速度继电器的调整示意图

1—螺钉　2—弹簧　3—螺母　4—弹性触头

速度继电器的图形符号和文字符号如图 5－39 所示。

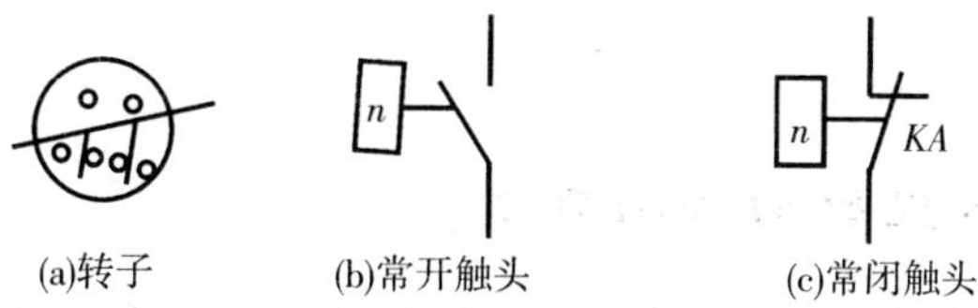

图 5－39　速度继电器的图形、文字符号

思考题与习题

1. 在工作中交流电磁铁的短路环断裂或脱落后，会出现什么现象？为什么？

2. 三相电磁铁有无短路环？为什么？

3. 通电触头在分断时，电弧产生的原因和灭弧的方法是什么？

4. 两个端面接触的触头，在电路分断时有无电动力灭弧作用？为什么把触头设计成双断口桥式结构？

5. 把交流电磁线圈误接入直流电源，把直流电磁线圈误接入交流电源会出现什么问题？为什么？把线圈电压为 200V 的交流接触器误接入 380V 交流电源，会发生什么问题？为什么？

6. 两个参数相同的电压线圈能否串联使用？两个参数相同的电流线圈能否并联使用？为什么？

7. 根据接触器的结构特征，如何区分是交流接触器还是直流接触器？

8. 试从结构和功能上论述接触器和自动开关的区别。

9. 试述接触器和继电器的异同点。

10. 试述电磁式、空气阻尼式、晶体管式、电动机式时间继电器的延时原理、延时精度、延时范围和调整方法。为什么通电延时型电动机式时间继电器要在离合电磁铁断电的情况下进行调整？

11. 熔断器能否用作过载保护？热继电器能否用作短路保护？

第6章

电动机的基本控制线路

内容提要与学习要求：

本章介绍了绘制、识读电气控制线路原理图的方法，重点讲述三相异步电动机起动控制线路，正反转控制线路，制动控制线路，调速控制线路的电路组成、工作原理及其优缺点。主要内容是电动机控制线路的基本控制单元。

我们已经知道，电力拖动是指用电动机作为原动机来拖动生产机械。如：车床、铣床、磨床等各种机床的运转及起重机、轧钢机、卷扬机等各类机械的运转都是电动机带动的。

由于不同生产机械的工作性质和加工工艺的不同，使得它们对电动机的运转要求也不相同。要使电动机按照生产机械的要求正常运转，必须配备一定的电器控制设备和保护设备，组成一定的控制线路，才能达到目的。常见电动机的基本控制线路有以下几种：点动控制、正转控制、正反转控制、位置控制、顺序控制、多地控制、降压起动控制、调速控制和制动控制等。而在生产实践中，一台比较复杂的机床或成套生产机械的控制线路，总是由一些基本控制线路组成的。因此，掌握好上述基本控制线路，对掌握各种机床、机械设备的电气控制线路的运行和维修是非常重要的。本章的主要内容就是分别介绍这些基本控制线路。

6.1　三相异步电动机的正转控制线路

6.1.1　点动正转控制线路

点动正转控制线路是用按钮、接触器来控制电动机运转的最简单的正转控制线路。接线示意图如图6－1所示。

所谓点动控制是指按下按钮电动机就得电运转，松开按钮电动机就失电停转。这种控制方法常用于电动葫芦的起重电动机控制和车床拖板箱快速移动的电机控制。

由图6－1可以看出，点动正转控制线路是由转换开关QS、熔断器FU、起动按钮SB、接触器KM及电动机M组成。其中以转换开关QS作电源隔离开关，熔断器FU作短路保护，由按钮SB控制接触器KM的线圈得电、失电，接触器KM的主触头控制电动机M的起动与停止。

线路工作原理如下：当电动机M需要点动时，先合上转换开关QS，此时电动机M尚未接通电源。按下起动按钮SB，接触器KM的线圈得电，使衔铁吸合，同时带动接触器KM的三对主触头闭合，电动机M便接通电源起动运转。当电动机需要停转时，只要松开起动按钮SB，使接触器KM的线圈失电，则衔铁在复位弹簧作用下复位，带动接触器KM的三对主触头恢复断开，电动机M失电停转。

图6－1点动正转控制接线示意图是用近似实物接线图的画法表示的，看起来比较直观，初学者易学易懂，但画起来却很麻烦，特别是对一些比较复杂的控制线路，由于所用电器较多，画成接线示意图的形式反而使人觉得繁杂难懂，很不实用。因此，控制线路通常不画接线示意图，而是采用国家统一规定的电器图形符号和文字符号，画成控制线路原理图。点动正转控制线路原理图如图6－2所示。它是根据实物接线电路绘制的，图中以符号代表电器元件，以线条代表连接导线。用它来表达控制线路的工作原理，故称为原理图。原理图在设计部门和生产现场都得到了广泛的应用。

在分析各种控制线路原理图时，为了简单、明了，通常就用电器文字符号和箭头配以少量文字来表示线路的工作原理。如点动正转控制线路的工作原理可叙述如下：

先合上电源开关QS，

起动：按下起动按钮SB⟶接触器KM线圈得电⟶KM主触头闭合⟶电动机M起动运转；

停止：松开起动按钮 SB→接触器 KM 线圈失电→KM 主触头断开→电动机 M 失电停转。

停止使用时，断开电源开关 QS。

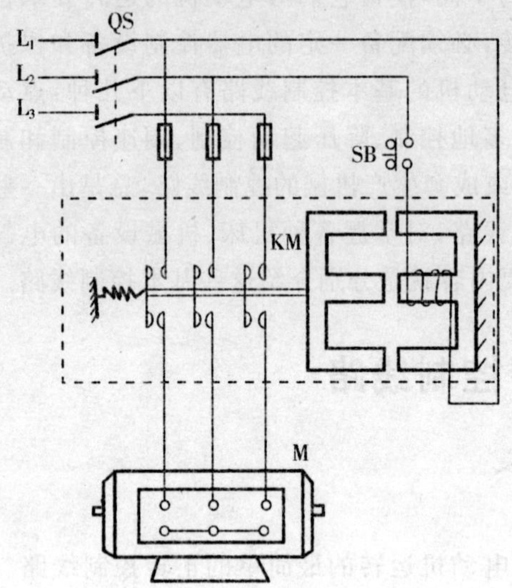

图 6-1　点动正转控制接线示意图

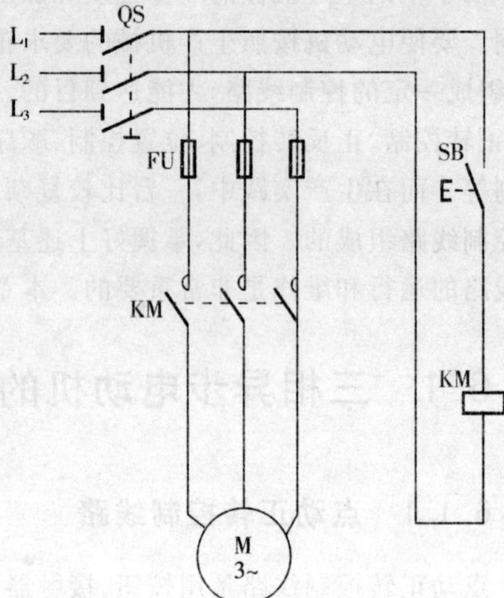

图 6-2　点动正转控制线路原理图

6.1.2　绘制、识读电气控制线路原理图的原则

在绘制、识读电气控制线路原理图时应遵循以下原则：

(1)原理图一般分电源电路、主电路、控制电路、信号电路及照明电路绘制。

电源电路画成水平线，三相交流电源相序 L_1、L_2、L_3 由上而下依次排列画出，中线 N 和保护地线 PE 画在相线之下。直流电源则正端在上、负端在下画出。电源开关要水平画出。

主电路是指受电的动力装置及保护电器，它通过的是电动机的工作电流，电流较大。主电路要垂直电源电路，画在原理图的左侧。

控制电路是指控制主电路工作状态的电路。信号电路是指显示主电路工作状态的电路。照明电路是指实现机床设备局部照明的电路。这些电路通过的电流都较小，画原理图时，控制电路、信号电路、照明电路要跨接在两相电源线之间，依次垂直画在主电路的右侧，且电路中的耗能元件(如接触器和断电器的线圈、信号灯、照明灯等)要画在电路的下方，而电器的触头要画在耗能元件的上方。

如图 6-2 点动控制线路中，三相交流电源线 L_1、L_2、L_3 依次水平地画在图的上方，电源开关 QS 水平画出；由熔断器 FU、接触器 KM 的三对主触头和电动机 M 组成的主电路垂直电源线画在图的左侧；由起动按钮 SB、接触器线圈 KM 组成的控制电路跨接在 L_1、L_2 两相电源线之间，垂直画在主电路的右侧，且耗能元件 KM 的线圈画在电路的下方，起动按钮 SB 则画在上方。图中没有专门的信号电路和照明电路。

(2)原理图中，各电器的触头位置都按电路未通电或电器未受外力作用时的常态位置画出。分析原理时，应从触头的常态位置出发。

(3)原理图中，各电器元件不画实际的外形图，而采用国标符号画出。

(4)原理图中，同一电器的各元件不按它们的实际位置画在一起，而是按其在线路中所起的作用分画在不同电路中，但它们的动作却是相互关联的，必须标以相同的文字符号。如图 6－2 中，接触器 KM 的线圈画在控制电路中，而三对常开主触头则画在主电路中。若线圈得电，主触头随即动作，因此均须标以相同的文字符号 KM，来表示它们属于同一个接触器的元件。若图中相同的电器较多时，需要在电器文字符号后面加上数字以示区别，如 KM_1、KM_2 等。

(5)原理图中，对有直接电联系的交叉导线连接点，要用小黑圆点表示，无直接电联系的交叉导线连接点则不画小黑圆点。

6.1.3　接触器自锁正转控制线路

当要求电动机起动后能连续运转时，采用上述点动正转控制线路就不行了。因为要使电动机 M 连续运转，起动按钮 SB 就不能断开，这显然是不符合生产实际要求的。为实现电动机的连续运转，可采用图 6－3 所示的接触器自锁正转控制线路。这种线路的主电路和点动控制线路的主电路相同，但在控制电路中又串接了一个停止按钮 SB_2，在起动按钮 SB_1 的两端并接了接触器 KM 的一对常开辅助触头。

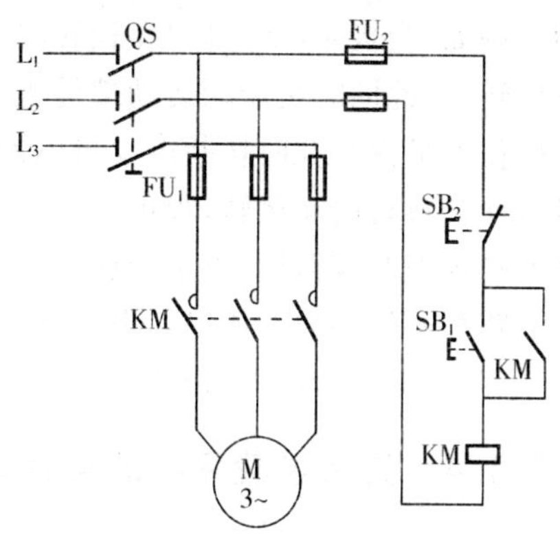

图 6－3　接触器自锁正转控制线路

线路的工作原理如下：先合上电源开关 QS，

起动：按下起动按钮 SB_1 → KM 线圈得电 → KM 常开辅助触头闭合 / KM 主触头闭合 → 电动机 M 起动连续运转。

当松开 SB_1，其常开触头恢复分断后，因为接触器 KM 的常开辅助触头闭合时已将 SB_1 短接，控制电路仍保持接通，所以接触器 KM 继续得电，电动机 M 实现连续运转。像这种当松开起动按钮 SB_1 后，接触器 KM 通过自身常开辅助触头而使线圈保持得电的作用叫做自锁(或自保)。与起动按钮 SB_1 并联起自锁作用的常开辅助触头叫自锁触头(或自保触头)。

停止：按下停止按钮 SB_2 → KM 线圈失电 → KM 自锁触头分断 / KM 主触头分断 → 电动机 M 失电停转。

当松开 SB_2，其常闭触头恢复闭合后，因接触器 KM 的自锁触头在切断控制电路时已分断，解除了自锁，SB_1 也是分断的，所以接触器 KM 不能得电，电动机 M 也不会转动。

接触器自锁控制线路不但能使电动机连续运转，而且还有一个重要的特点，就是具有欠压和失压(或零压)保护作用。

1. 欠压保护

欠压是指线路电压低于电动机应加的额定电压。欠压保护是指当线路电压下降到某一数值时，电动机能自动脱离电源电压停转，避免电动机在欠压下运行的一种保护。电动机为什么要有欠压保护呢？这是因为当线路电压下降时，电动机的转矩随之减小($M \propto u^2$)，电动机的转速也随之降低，从而使电动机的工作电流增大，影响电动机的正常运行。电压下降严重时还会引起“堵转”(即电动机接通电源但不转动)的现象，以致损坏电动机，发生事故。采用接触器自锁控制线路就可避免电动机欠压运行。这是因为当线路电压下降到一定值(一般指低于额定电压 85%以下)时，接触器线圈两端的电压也同样下降到此值，从而使接触器线圈磁通减弱，产生的电磁吸力减小。当电磁吸力减小到小于反作用弹簧的拉力时，动铁心被迫释放，带动着主触头，自锁触头同时断开，自动切断主电路和控制电路，电动机失电停转，达到了欠压保护的目的。

2. 失压(或零压)保护

失压保护是指电动机在正常运行中，当由于外界某种原因引起突然断电时，能自动切断电动机电源；当重新供电时，保证电动机不能自行起动。在实际生产中，失压保护是很有必要的。例如：当机床(如车床)在运转时，由于其他电气设备发生故障引起突然断电，电动机被迫停转，与此同时机床的运动部件也跟着停止运动，切削刀具的刃口便卡在工件表面上。如果操作人员没有及时切断电动机电源，又忘记退刀，那么当故障排除恢复供电时，电动机和机床便会自行起动运转，很可能导致工件报废或折断刀具等设备及人身伤亡事故。采用接触器自锁控制线路后，由于接触器自锁触头和主触头在电源断电时已经断开，使控制电路和主电路都不能接通。所以在电源恢复供电时，电动机就不会自行起动运转，这样操作人员可以从容地退出刀具，然后再重新起动电动机，从而保证了人身和设备的安全。

6.1.4 具有过载保护的自锁正转控制线路

上述线路由熔断器 FU 作短路保护，由接触器 KM 作欠压和失压保护，但还不够。因为电动机在运行过程中，如果长期负载过大或起动操作频繁，或者缺相运行等原因，都可能使电动机定子绕组的电流增大，超过其额定值。而在这种情况下，熔断器往往并不熔断，从而引起定子绕组过热导致温度升高。若温度超过允许温升就会使绝缘损坏，缩短电动机的使用寿命，严重时甚至会使电动机的定子绕组烧毁。因此，对电动机还必须采取过载保护措施。过载保护是指当电动机出现过载时能自动切断电动机电源，使电动机停转的一种保护。最常用的过载保护是由热继电器来实现的。如图 6-4 所示为具有过载保护的自锁正转控制线路。此线路与接触器自锁正转控制线路的区别是增加了一个热继电器 FR，并把其热元件串接在电动机三相主电路的任意两相上，把常闭触头串接在控制电路中。

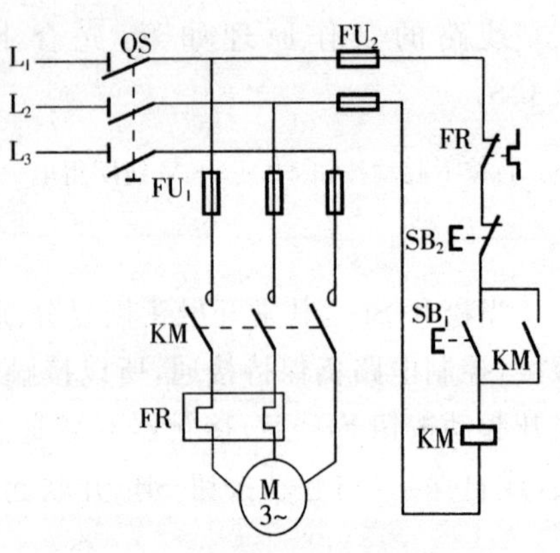

图 6-4 具有过载保护的自锁正转控制线路

如果电动机在运行过程中，由于过载或其他原因使电流超过额定值，那么经过一定时间，串接在主电路中的热继电器的热元件因受热发生弯曲，通过动作机构使串接在控制电路中的常闭触头断开，切断控制电路，接触器 KM 的线圈失电，其主触头、自锁触头断开，电动机 M 失电停转，达到了过载保护的目的。

我们知道，在照明、电加热等一般电路里，熔断器 FU 既可以作短路保护，也可以作过载保护。但对三相异步电动机控制线路来说，熔断器只能用作短路保护。这是因为三相异步电动机的起动电流很大(全压起动时的起动电流能达到额定电流的 4～7 倍),若用熔断器作过载保护,则选择熔断器的额定电流就应等于或略大于电动机的额定电流,这样电动机在起动时,由于起动电流大大超过了熔断器的额定电流,使熔断器在很短的时间内爆断,造成电动机无法起动。所以熔断器只能作短路保护,其额定电流应取电动机额定电流的 1.5～3 倍。

热继电器在三相异步电动机控制线路中也只能作过载保护,不能作短路保护。这是因为热继电器的热惯性大,即热继电器的双金属片受热膨胀弯曲需要一定的时间。当电动机发生短路时,由于短路电流很大,热继电器还没来得及动作,供电线路和电源设备可能已经损坏。而在电动机起动时,由于起动时间很短,热继电器还未动作,电动机已起动完毕。总之,热继电器与熔断器两者所起作用不同,不能相互代替。

线路的工作原理与接触器自锁正转控制线路的原理相同,可自行分析。

6.1.5　连续点动混合控制的正转控制线路

机床设备在正常工作时,一般需要电动机处在连续运转状态。但在试车或调整刀具与工件的相对位置时,又需要电动机能点动控制,实现这种工艺要求的线路是连续与点动混合控制的正转控制线路,如图 6－5 所示。

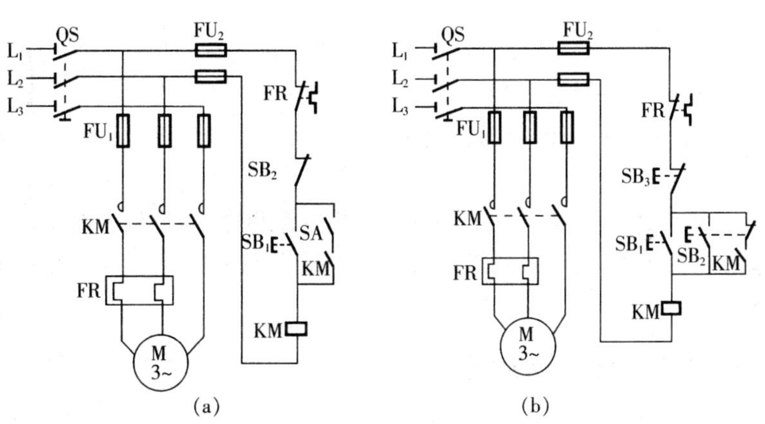

图 6－5　连续与点动混合控制的正转控制线路

图 6－5(b)是在自锁正转控制线路的基础上,增加了一个复合按钮 SB_2 来实现连续与点动混合正转控制的。

线路的工作原理如下:先合上电源开关 QS,

(1)连续控制:

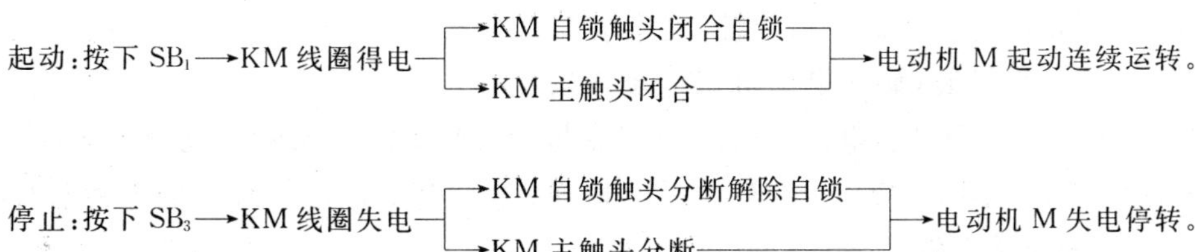

(2)点动控制：

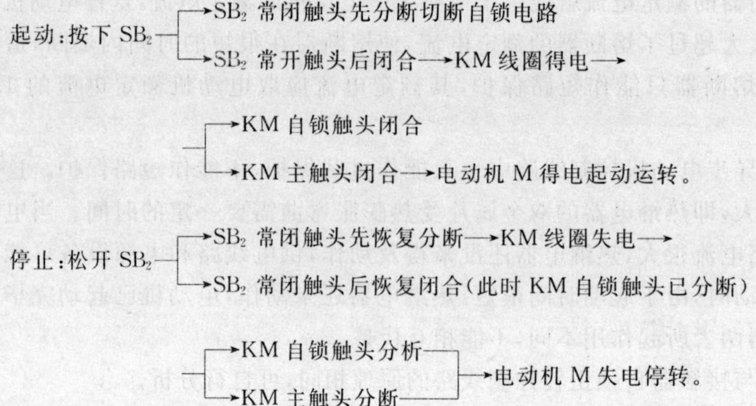

图 6-5(a)是在接触器自锁正转控制线路的基础上，把手动开关 SA 串接在自锁电路中实现的。显然，当把 SA 闭合或打开时，就可实现电动机的连续或点动控制。

6.2 三相异步电动机的正反转控制线路

前面讲的正转控制线路只能使电动机朝一个方向旋转，带动生产机械的运动部件朝一个方向运动。但许多生产机械往往要求运动部件能向正反两个方向运动。如机床工作台的前进与后退；万能铣主轴的正转与反转；起重机的上升与下降等等，这些生产机械要求电动机能实现正、反转控制。

我们知道，当改变通入电动机定子绕组的三相电源相序，即把接入电动机三相电源进线中的任意两根对调接线时，电动机就可以反转。根据这个原理，下面介绍几种常用的正反转控制线路。

6.2.1 倒顺开关正反转控制线路

倒顺开关也叫可逆转换开关，利用它可以改变电源相序来实现电动机的手动正反转控制。图 6-6 所示是倒顺开关正反转控制线路图。

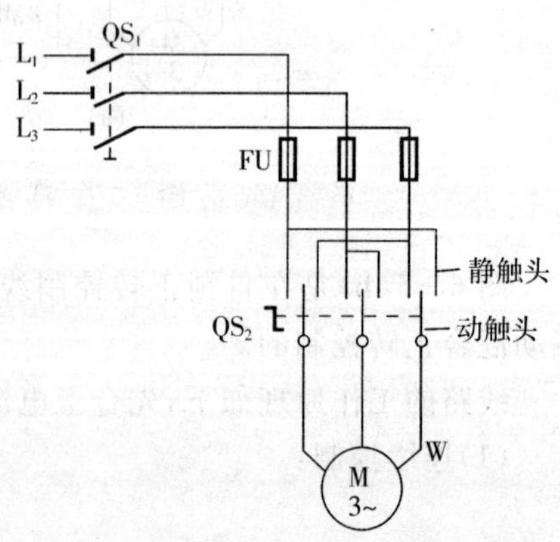

图 6-6 倒顺开关正反转控制线路图

其工作原理如下：

合上电源开关 QS_1，操作倒顺开关 QS_2：

当手柄处于“停”位置时，QS_2 的动、静触头不接触，电路不通，电动机不转；当手柄扳至“顺”位置时，QS_2 的动触头和左边的静触头相接触，电路按 L_1—U、L_2—V、L_3—W 接通，输入电动机定子绕组的电源电压相序为 L_1—L_2—L_3，电动机正转；当手柄扳至“倒”位置时，QS_2 的动触头和右边的静触头相接触，电路按 L_1—W，L_2—V，L_3—U 接通，输入电动机定子绕组的电源相序变为 L_3—L_2—L_1，电动机反转。

必须注意的是，当电动机处于正转状态时，要使它反转，应先把手柄扳到“停”的位置，使电动机先停转，然后再把手柄扳到“倒”的位置，使它反转。若直接把手柄由“顺”扳至“倒”的位置，电动机的定子绕组中会因为电源突然反接而产生很大的反接电流，易使电动机定子绕组因过热而损坏。

倒顺开关正反转控制线路虽然所用电器较少，线路也简单，但它是一种手动控制线路，在频繁换向时，操作人员劳动强度大，操作不安全，所以这种线路一般用于控制额定电流 10A、功率在 3kW 以下的小容量电动机。在生产实践中，更常用的是接触器正反转控制线路。

6.2.2 接触器联锁的正反转控制线路

接触器联锁的正反转控制线路如图 6－7 所示。线路中采用了两个接触器，即正转用的接触器 KM_1 和反转用的接触器 KM_2，它们分别由正转按钮 SB_1 和反转按钮 SB_2 控制。从主电路中可以看出，这两个接触器的主触头所接通的电源相序不同，KM_1 按 L_1—L_2—L_3 相序接线。KM_2 则对调了两相的相序，按 L_3—L_2—L_1 相序接线。相应地控制电路有两条，一条是由按钮 SB_1 和 KM_1 线圈等组成的正转控制电路；另一条是由按钮 SB_2 和 KM_2 线圈等组成的反转控制电路。

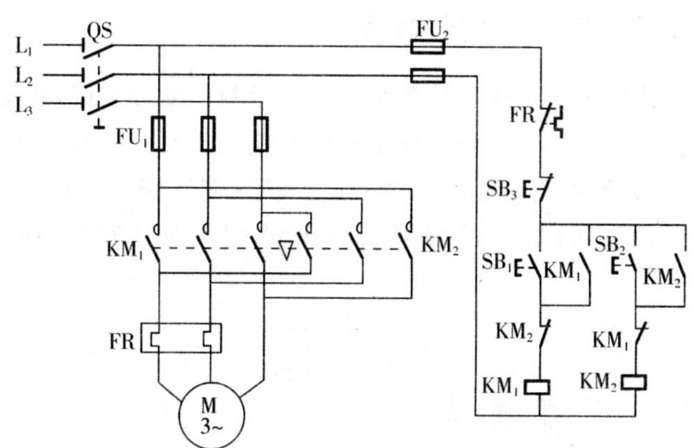

图 6－7　接触器联锁的正反转控制线路

必须指出，接触器 KM_1 和 KM_2 的主触头决不允许同时闭合，否则将造成两相电源（L_1 相和 L_3 相）短路事故。为了保证一个接触器得电动作时另一个接触器不能得电动作，以避免引起电源的相间短路，就要在正转控制电路中串接反转接触器 KM_2 的常闭辅助触头，而在反转控制电路中串接正转接触器 KM_1 的常闭辅助触头。这样，当 KM_1 得电动作时，串在反转控制电路中的 KM_1 的常闭触头分断，切断了反转控制电路，保证了 KM_1 主触头闭合时 KM_2 的主触头不能闭合。同样，当 KM_2 得电动作时，其 KM_2 的常闭触头分断，切断了正转控制电路，从而可靠地避免了两相电源短路事故的发生。像上述这种在一个接触器得电动作时，通过其常闭辅助触头使另一个接触器不能得电动作的作用叫联锁（或互锁）。实现联锁作用的常闭辅助触头称为联锁触头（或互锁触头）。联锁符号用“▽”表示。

线路的工作原理如下：先合上电源开关 QS，

(1)正转控制：

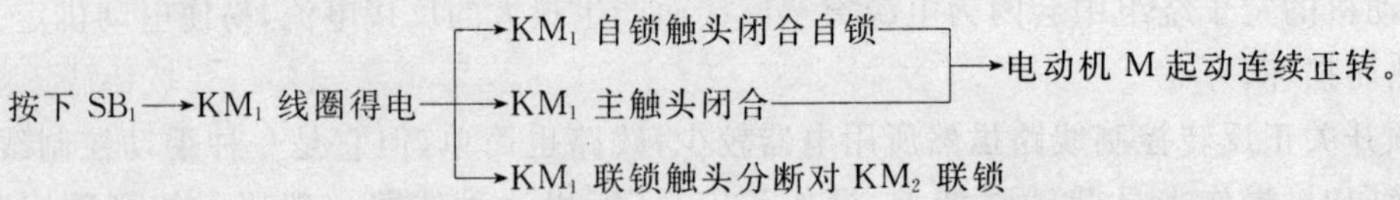

(2)反转控制：

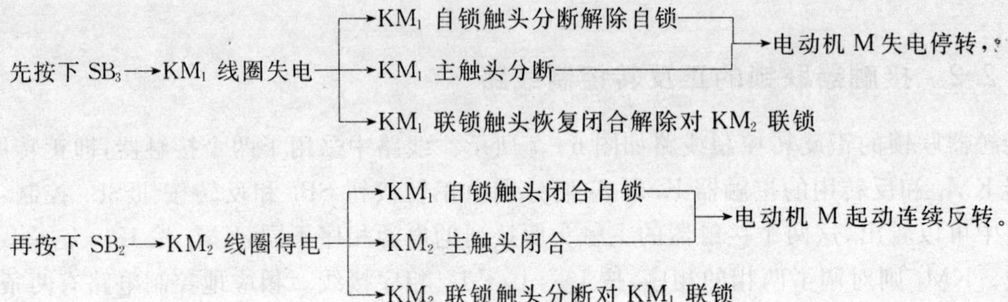

停止时，按下停止按钮 SB_3→控制电路失电→KM_1（或 KM_2）主触头分断→电动机 M 失电停转。

6.2.3 按钮联锁的正反转控制线路

把图 6-7 中的正转按钮 SB_1 和反转按钮 SB_2 换成两个复合按钮，并使复合按钮的常闭触头代替接触器的常闭联锁触头，从而构成了按钮联锁的正反转控制线路，如图 6-8 所示。

这种控制线路的工作原理与接触器联锁的正反转控制线路的工作原理基本相同，只是当电动机从正转改变为反转时，直接按下反转按钮 SB_2 即可实现，而不必先按停止按钮 SB_3。

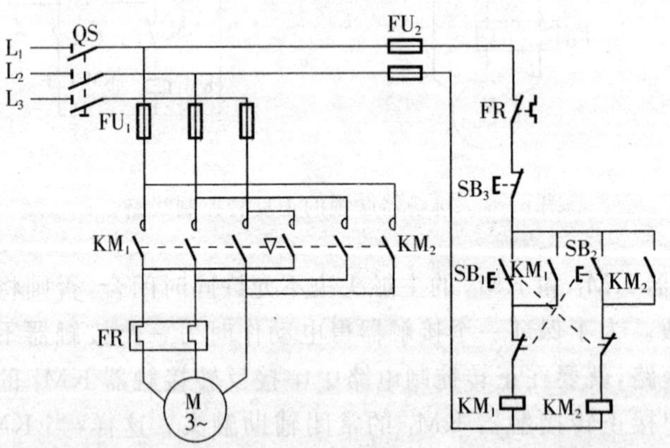

图 6-8 按钮联锁的正反转控制线路

因为当按下反转按钮 SB_2 时，串接在正转控制电路中 SB_2 的常闭触头先分断，使正转接触器 KM_1 线圈失电，KM_1 的主触头和自锁触头分断，电动机 M 失电惯性运转。SB_2 的常闭触头分断后，其常开触头才随后闭合，接通反转控制电路，电动机 M 便反转。这样既保证了 KM_1 和 KM_2 的线圈不会同时通电，又可不按停止按钮而直接按反转按钮实现反转。同样，若使电动机从反转运行变为正转运行时，也只要直接按下正转按钮 SB_1 即可。

6.2.4 按钮、接触器双重联锁的正反转控制线路

图 6－9 所示为按钮、接触器双重联锁的正反转控制线路。这种线路是在按钮联锁的基础上，又增加了接触器联锁，故兼有两种联锁控制线路的优点，使线路操作方便，工作安全可靠，因而在电力拖动中被广泛采用。如 Z3050 型摇臂钻床立柱松紧电动机的正反转控制及 X62W 型万能铣的主轴反接制动控制，均采用这种控制线路。

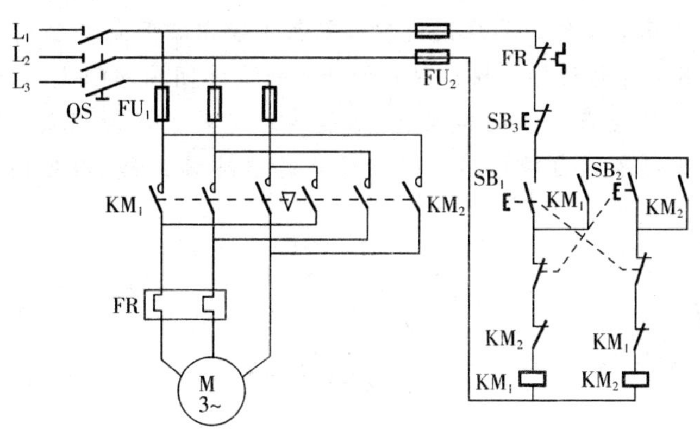

图 6－9　双重联锁的正反转控制线路

线路的工作原理如下：先合上电源开关 QS，

(1)正转控制：

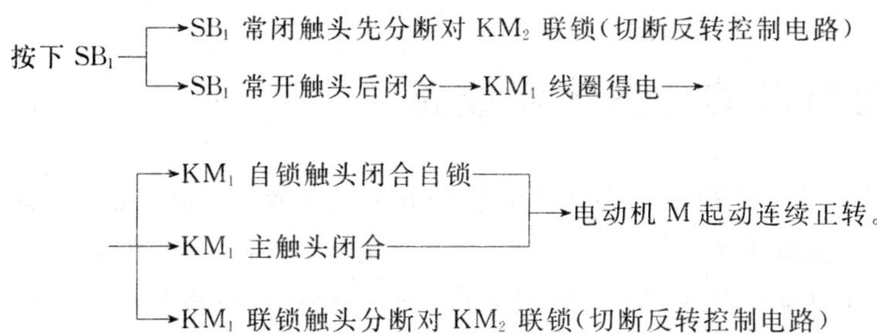

(2)反转控制：

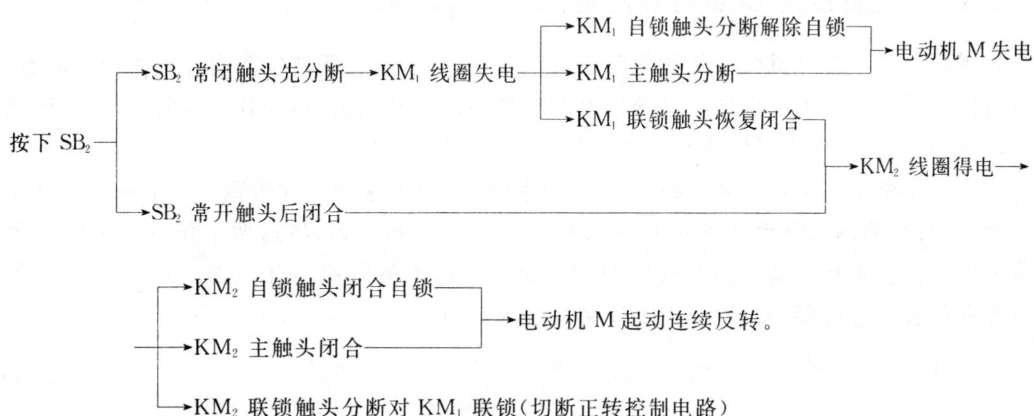

若要停止,按下 SB_3,整个控制电路失电—→主触头分断—→电动机 M 失电停转。

例 6-1 图 6-10 所示为几种正反转控制电路图,试分析各电路能否正常工作?若不能正常工作,请找出原因,并改正过来。

解:图 6-10(a)不能正常工作。其原因是联锁触头不能用自身接触器的常闭辅助触头。否则,不但起不到联锁作用,当按下起动按钮后,还会出现控制电路时通、时断的现象。应把图中两对联锁触头换接。

图 6-10(b)不能正常工作。其原因是联锁触头不能用常开辅助触头。否则,即使按下起动按钮接触器也不能得电动作。应把联锁触头换接成常闭辅助触头。

图 6-10(c)只能实现点动正反转控制,不能连续工作。其原因是自锁触头用对方接触器的常开辅助触头起不到自锁作用。若要使线路能连续工作,应把图中两对自锁触头换接。

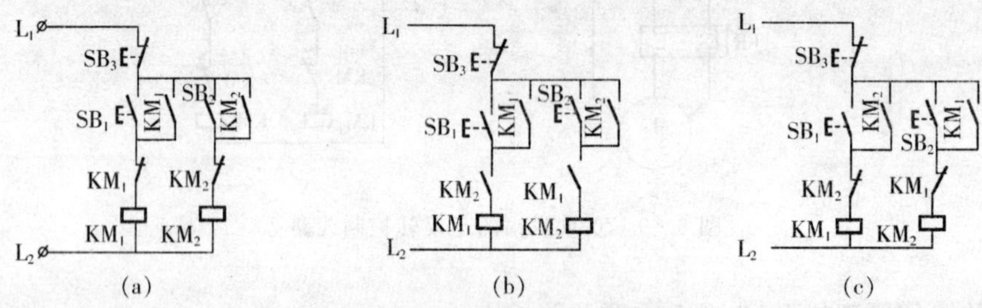

图 6-10 几种正反转控制电路图

6.3 位置控制与自动往返控制线路

在生产过程中,常遇到一些生产机械运动部件的行程或位置要受到限制,或者需要其运动部件在一定范围内自动往返循环等。如在摇臂钻床、万能铣床、镗床、桥式起重机及各种自动或半自动控制机床设备中就经常遇到这种控制要求。而实现这种控制要求所依靠的主要电器是位置开关(又称限制开关)。

6.3.1 位置控制(又称行程控制,限位控制)线路

位置开关是一种将机械信号转换为电气信号、以控制运动部件位置或行程的控制电器。而位置控制就是利用生产机械运动部件上的挡铁与位置开关碰撞,使其触头动作,以接通或断开电路,达到控制生产机械运动部件的位置或行程的一种方法。

图 6-11 所示是位置控制线路。工厂车间里的行车常采用这种线路。右下角是行车运动示意图,行车的两头终点处各安装一个位置开关 SQ_1 和 SQ_2,将这两个位置开关的常闭触头分别串接在正转控制电路和反转控制电路中。行车前后各装有挡铁 1 和挡铁 2,行车的行程和位置可通过移动位置开关的安装位置来调节。

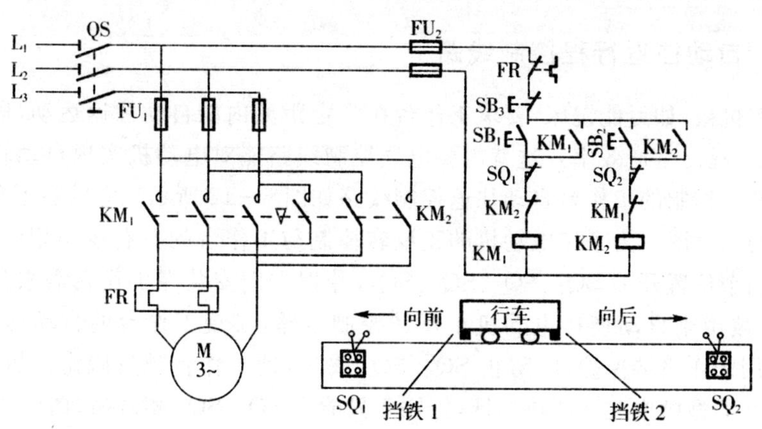

图 6-11　位置控制线路

线路的工作原理如下：先合上电源开关 QS，

(1)行车向前运动：

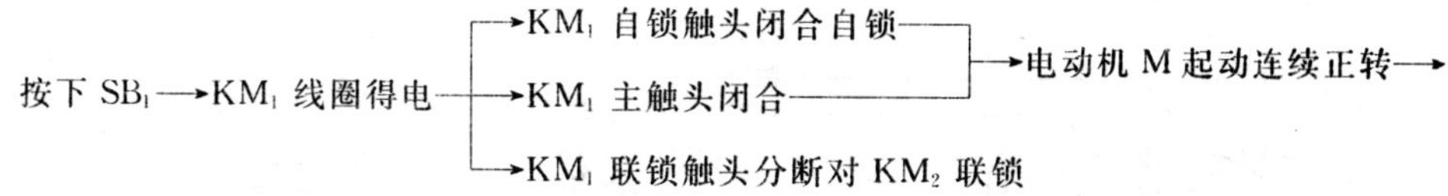

→行车前移→移至限定位置档铁 1 碰撞位置开关 SQ_1→SQ_1 常闭触头分断→KM_1 线圈失电→

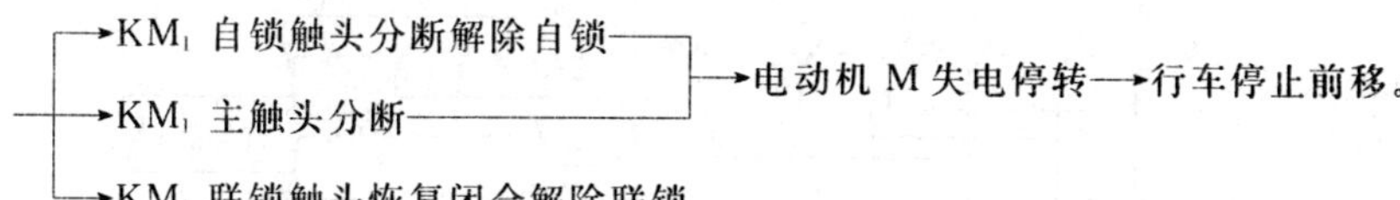

此时，即使再按下 SB_1，由于 SQ_1 常闭触头已分断，接触器 KM_1 线圈也不会得电，保证了行车不会超过 SQ_1 所在的位置。

(2)行车向后运动：

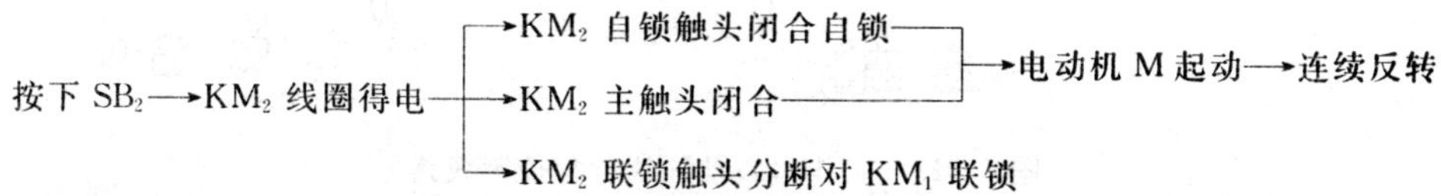

→行车后移(SQ_1 常闭触头恢复闭合)→移至限定位置挡铁 2 碰撞位置开关 SQ_2→

→SQ_2 常闭触头分断→KM_2 线圈失电→

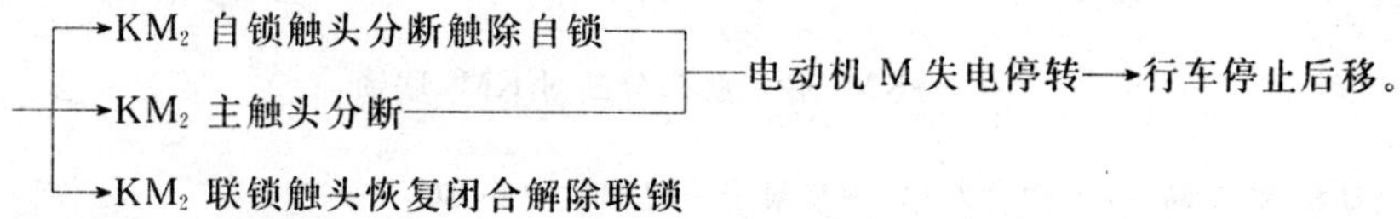

停车时，只需按下 SB_3 即可。

6.3.2 自动往返行程控制线路

有些生产机械，如万能铣床，要求工作台在一定距离内能自动往返运动，以便实现对工件的连续加工，提高生产效率。这就需要电气控制线路能对电动机实现自动转换正反转控制。由位置开关控制的工作台自动往返控制线路如图 6-12 所示。它的右下角是工作台自动往返运动的示意图。为了使电动机的正反转控制与工作台的左右运动相配合，在控制线路中设置了四个位置开关 SQ_1、SQ_2、SQ_3、SQ_4，并把它们安装在工作台需限位的地方。其中 SQ_1、SQ_2 被用来自动换接电动机正反转控制电路，实现工作台的自动往返行程控制；SQ_3、SQ_4 被用来作终端保护，以防止 SQ_1、SQ_2 失灵，使工作台越过限定位置而造成事故。在工作台边的 T 型槽中装有两块挡铁，挡铁 1 只能和 SQ_1、SQ_3 相碰撞，挡铁 2 只能和 SQ_2、SQ_4 相碰撞。当工作台运动到所限位置时，挡铁碰撞位置开关，使其触头动作，自动换接电动机正反转控制电路，通过机械传动机构使工作台自动往返运动。工作台行程可通过移动挡铁位置来调节，拉开两块挡铁间的距离行程就长，反之则短。自动往返行程控制线路的工作原理如下：

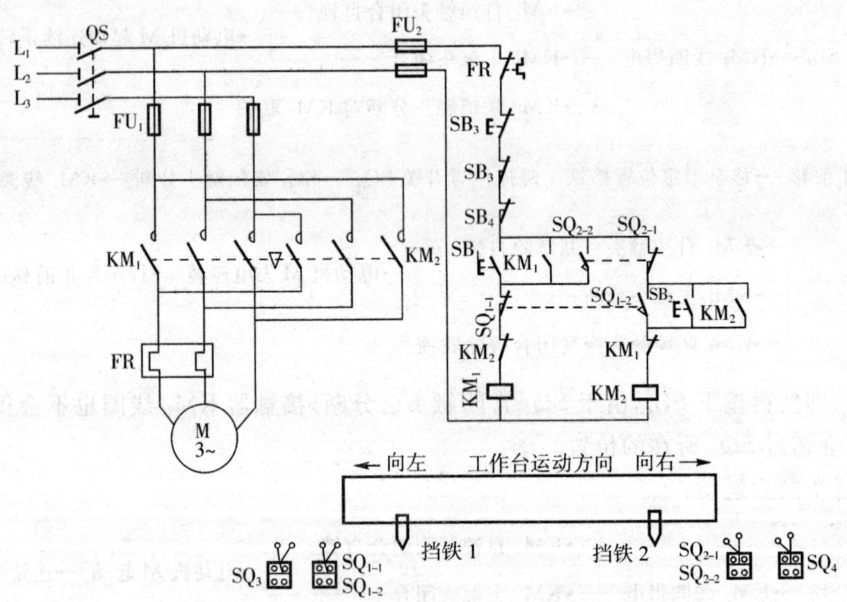

图 6-12 工作台自动往返行程控制线路

先合上电源开关 QS，

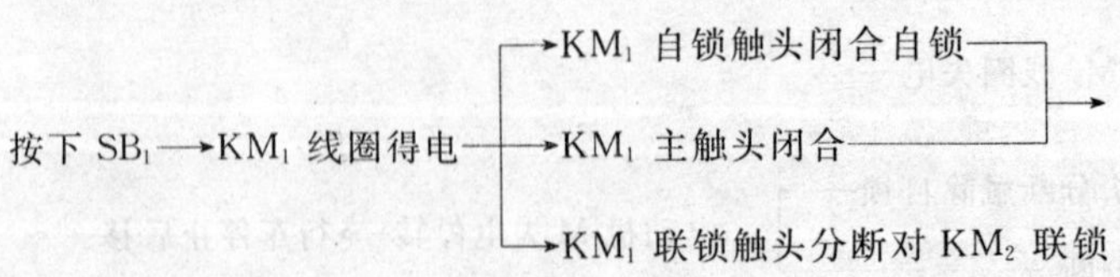

→电动机 M 正转→工作台左移→至限定位置档铁 1 碰 SQ_1→

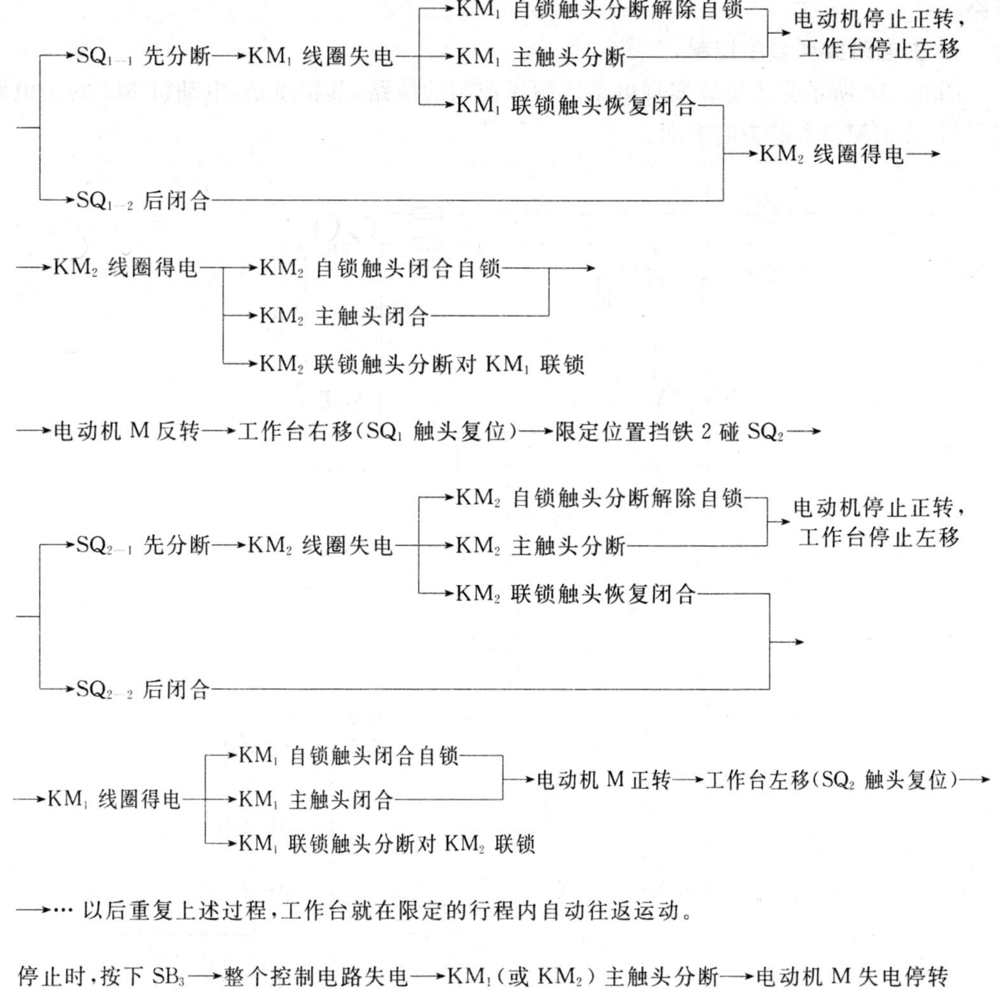

→… 以后重复上述过程，工作台就在限定的行程内自动往返运动。

停止时，按下 SB_3→整个控制电路失电→KM_1(或 KM_2)主触头分断→电动机 M 失电停转→工作台停止运动。

这里 SB_1、SB_2 分别作为正转起动按钮和反转起动按钮，若起动时工作台在左端，应按下 SB_2 进行起动。

6.4　顺序控制与多地控制线路

6.4.1　顺序控制线路

在装有多台电动机的生产机械上，各电动机所起的作用是不相同的，有时需按一定的顺序起动，才能保证操作过程的合理性和工作的安全可靠。例如：X62W 型万能铣床要求，主轴电动机起动后进给电动机才能起动；又如：M7120 型平面磨床的冷却液泵电动机，要求当砂轮电动机起动后才能起动。像这种要求一台电动机起动后另一台电动机才能起动的控制方式，叫做电动机的顺序控制。顺序控制线路有顺序起动、同时停止控制线路，有顺序起动、顺序停止控制线路，顺序起动、逆顺停止控制线路等几种。下面介绍几种常见的顺序控制线路。

1. 主电路实现顺序控制

图 6－13 所示为主电路实现电动机顺序控制的线路，其特点是，电动机 M2 的主电路接在 KM（或 KM_1）主触头的下面。

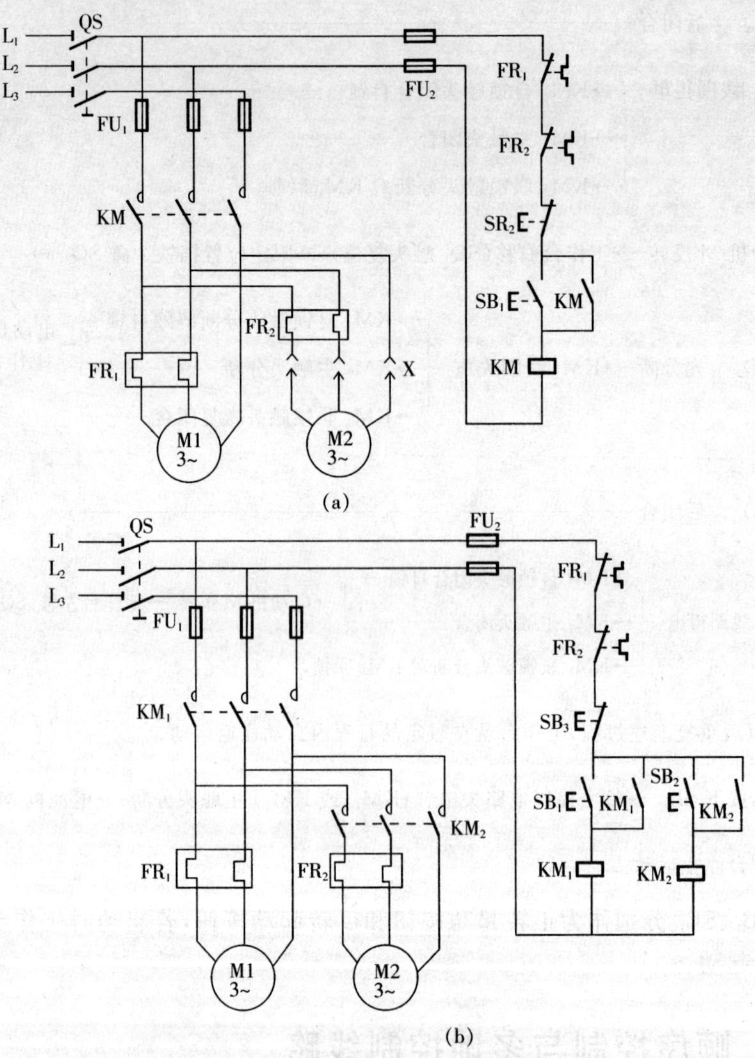

图 6－13　主电路实现顺序控制线路

图 6－13(a)所示线路中，电动机 M2 是通过接插器 X 接在接触器 KM 主触头的下面，因此，只有当 KM 主触头闭合，电动机 M1 起动运转后，电动机 M2 才可能接通电源运转。M7120 型平面磨床的砂轮电动机和冷却液泵电动机就采用这种顺序控制线路。

图 6－13(b)所示线路中，电动机 M1 和 M2 分别通过接触器 KM_1 和 KM_2 来控制，接触器 KM_2 的主触头接在接触器 KM_1 主触头的下面，这样就保证了当 KM_1 主触头闭合、电动机 M1 起动运转后 M2 才可能接通电源运转。

线路工作原理如下：先合上电源开关 QS，

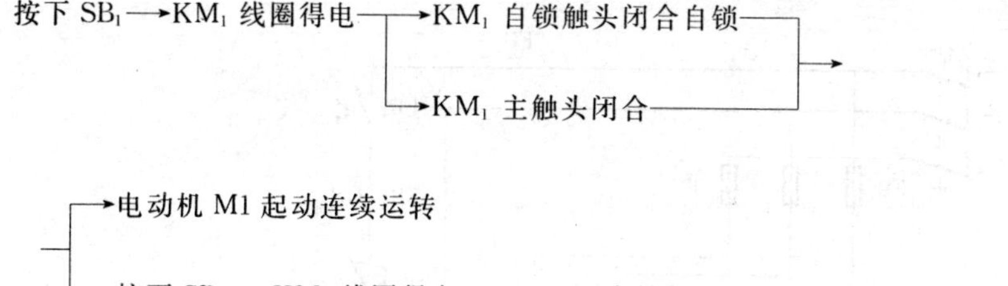

→按下 SB_2→KM_2 线圈得电→KM_2 自锁触头　KM_2 主触头闭→电动机 M2 起动连续运转。

M1、M2 停止：

按下 SB_3→控制电路失电→KM_1、KM_2 主触头分断→M1、M2 失电停转。

2. 控制电路实现顺序控制

图 6－14 所示为几种在控制电路实现电动机顺序控制的线路。

图 6－14(a)所示控制线路的特点是：电动机 M2 的控制电路先与接触器 KM_1 的线圈并接后再与 KM_1 的自锁触头串接，这样就保证了 M1 起动后 M2 才能起动的顺序控制要求。

线路的工作原理如下：先合上电源开关 QS，

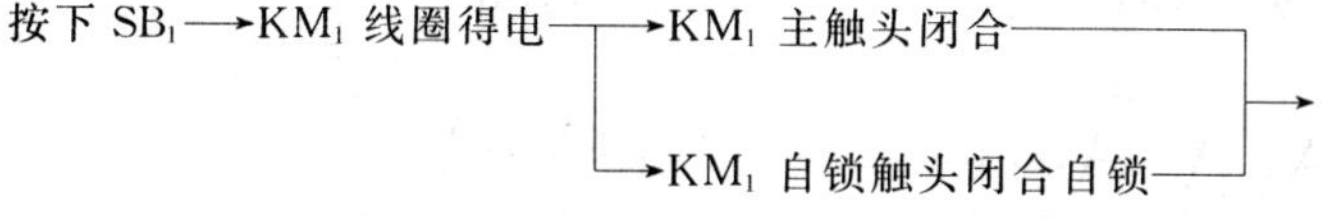

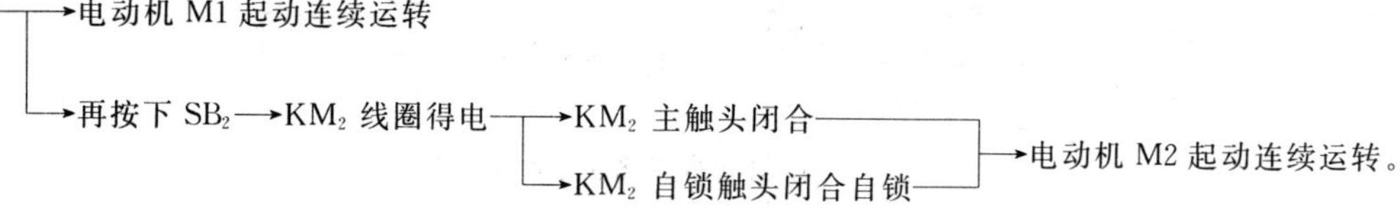

按下 SB_1→KM_1 线圈得电。

M1、M2 同时停转：

按下 SB_3→控制电路失电→KM_1、KM_2 主触头分断→电动机 M1、M2 同时停转。

图 6－14(b)所示控制线路的特点是：在电动机 M2 的控制电路中串接了接触器 KM_1 的常开辅助触头。显然，只要 M1 不起动，即使按下 SB_{21}，由于 KM_1 的常开辅助触头未闭合，KM_2 线圈也不能得电，从而保证了 M1 起动后 M2 才能起动的控制要求。线路中停止按钮 SB_{12} 控制两台电动机同时停止，SB_{22} 控制 M2 的单独停止。

图 6－14(c)所示控制线路，是在图 6－14(b)线路中，在 SB_{12} 的两端并接了接触器 KM_2 的常开辅助触头，从而实现了 M1 起动后 M2 才能起动，而 M2 停止后 M1 才能停止的控制要求，即 M1、M2 是顺序起动，逆序停止。

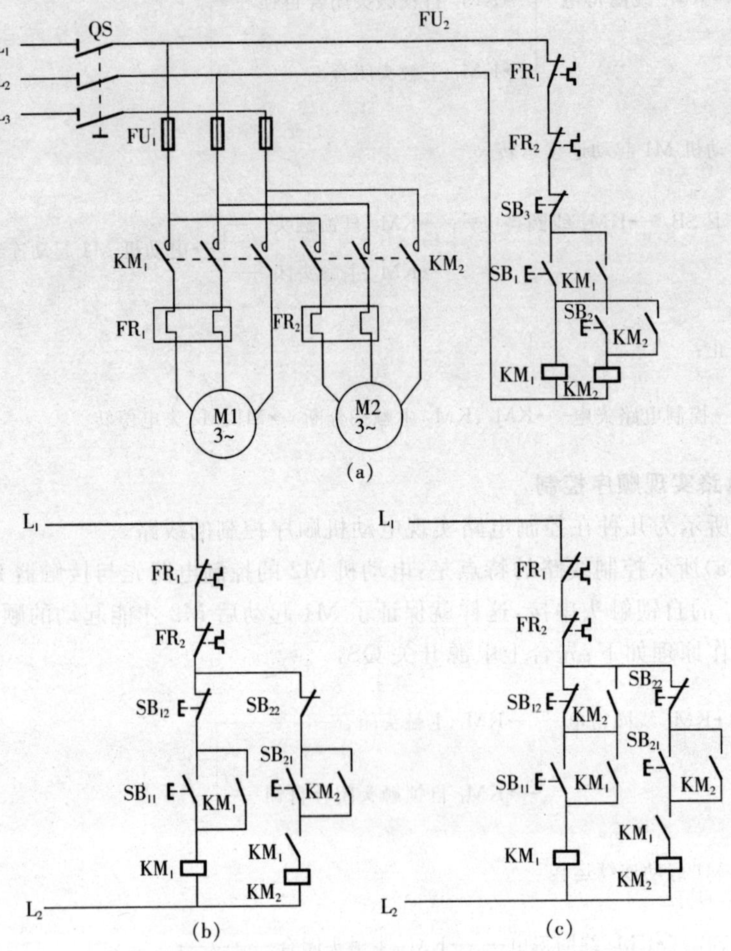

(a)

(b)　　　　(c)

图 6-14　控制电路实现顺序控制线路

例 6-2　图 6-15 所示是三条皮带运输机的示意图。对于这三条皮带运输机的电气要求是：

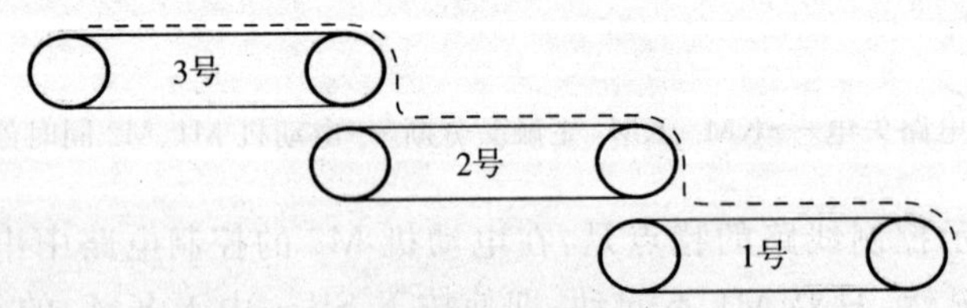

图 6-15　三条皮带运输机工作示意图

(1)起动顺序为 1 号、2 号、3 号，即顺序起动，以防止货物在皮带上堆积；

(2)停车顺序为 3 号、2 号、1 号，即逆序停止，以保证停车后皮带上不残存货物；

(3)当 1 号或 2 号出故障停车时，3 号能随即停车，以免继续进料。

试画出三条皮带运输机的电气控制线路图，并叙述工作原理。

解：图 6-16 所示控制线路可满足三条皮带运输机的电气控制要求。其工作原理叙述如下：

(1)先合上电源开关 QS,M1(1 号)、M2(2 号)、M3(3 号)依次顺序起动：

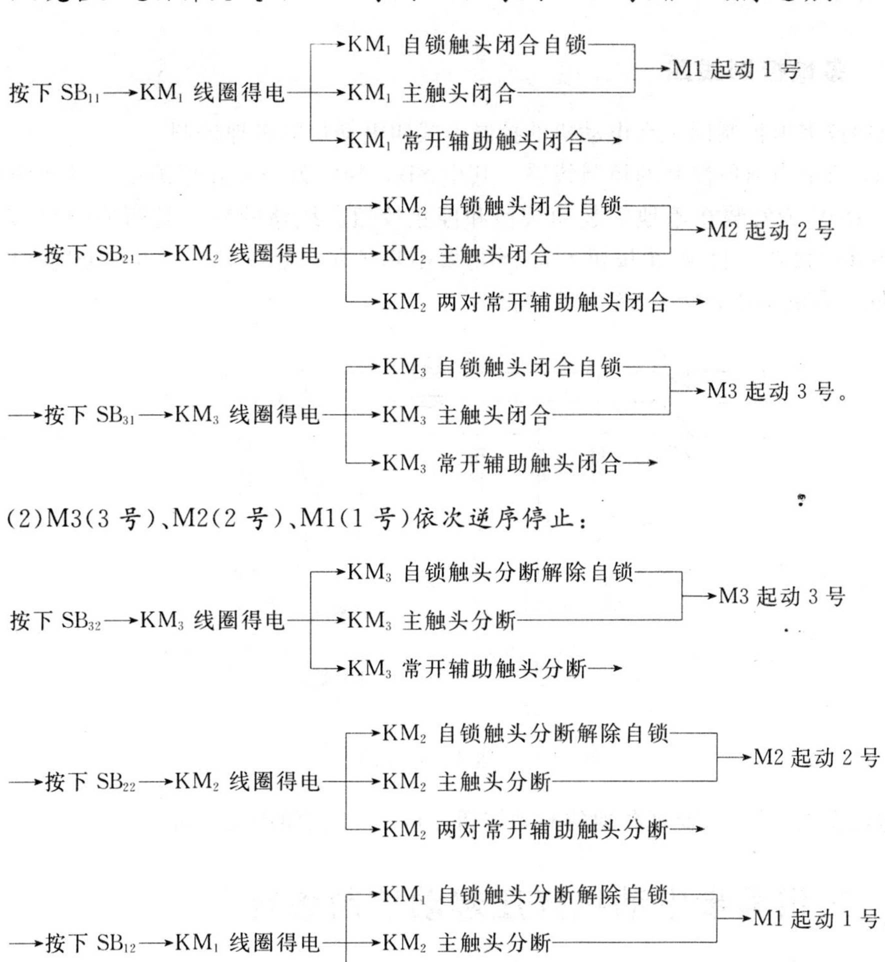

(2)M3(3 号)、M2(2 号)、M1(1 号)依次逆序停止：

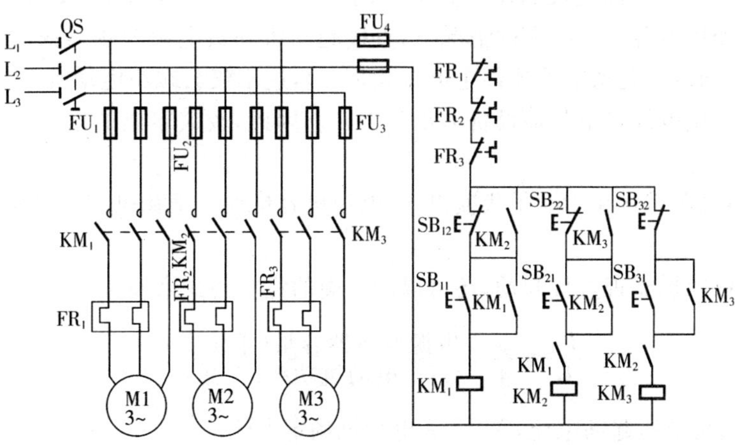

图 6-16　三条皮带运输机顺序起动、逆序停止控制线路

三台电动机都用熔断器和热电器作短路和过载保护，三台中任何一台出过载故障，三台电动机都会停车。

6.4.2 多地控制线路

能在两地或多地控制同一台电动机的控制方式叫电动机的多地控制。

图 6－17 所示为两地控制的控制线路。其中 SB_{11}、SB_{12} 为安装在甲地的起动按钮和停止按钮；SB_{21}、SB_{22} 为安装在乙地的起动按钮和停止按钮。线路的特点是两地的起动按钮 SB_{11}、SB_{21} 要并联接在一起，停止按钮 SB_{12}、SB_{22} 要串联接在一起。这样就可以分别在甲、乙两地起、停同一台电动机，达到操作方便的目的。

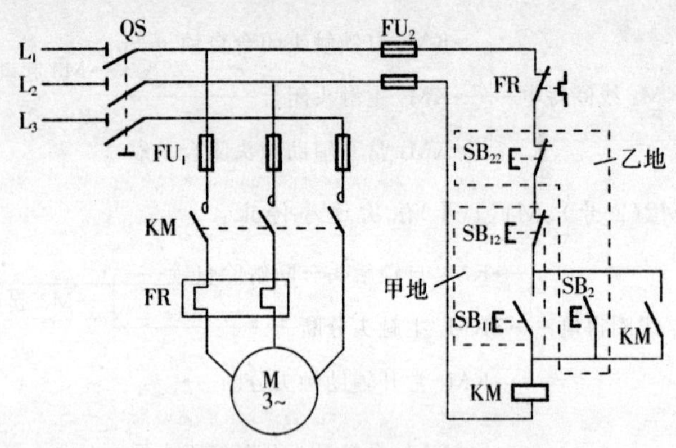

图 6－17 两地控制线路

对三地或多地控制，只要把各地的起动按钮并接，停止按钮串接就可以实现。

6.5 三相异步电动机降压起动控制线路

前面介绍的各种控制线路，起动时加在电动机定子绕组上的电压就是电动机的额定电压，都属于全压起动，也称直接起动。直接起动的优点是电气设备少、线路简单、维修量较小。但在电源变压器容量不够大的情况下，直接起动将导致电源变压器输出电压大幅度下降（因为异步电动机的起动电流比额定电流大很多），这不仅会减小电动机本身的起动转矩，而且会影响同一供电线路中其他设备的正常工作。因此，较大容量的电动机需要采取降压起动。

通常规定：电源容量在 180 千伏安以上，电动机容量在 7 千瓦以下的三相异步电动机可采用直接起动。

判断一台电动机能否直接起动，还可以用下面的经验公式来确定：

$$\frac{I_{ST}}{I_N} \leqslant \frac{3}{4} + \frac{\text{电源变压器容量（千伏安）}}{4 \times \text{电动机功率（千瓦）}}$$

式中，I_{ST} 为电动机全压起动电流，A；I_N 为电动机额定电流，A。

凡不满足直接起动条件的，均须采用降压起动。

降压起动是指利用起动设备将电压适当降低后加到电动机的定子绕组上进行起动，待电动机起动运转后，再使其电压恢复到额定值正常运转，由于电流随电压的降低而减小，所以降压起动达到了减小起动电流之目的。但同时由于电动机转矩与电压的平方成正比，所以降压起动也将导致电动机的起动转矩大为降低。因此，降压起动需要在空载或轻载下起动。

常见的降压起动方法有四种：定子绕组中串接电阻降压起动；自耦变压器降压起动；星形—三角形降压起动；延边三角形降压起动。下面分别予以介绍。

6.5.1 定子绕组串接电阻降压起动控制线路

定子绕组串接电阻降压起动是指在电动机起动时，把电阻串接在电动机定子绕组与电源之间，通过电阻的分压作用，来降低定子绕组上的起动电压，待起动后，再将电阻短接，使电动机在额定电压下正常运行，这种降压起动控制线路有手动控制、接触器控制、时间继电器控制和手动自动混合控制等四种形式。

1. 手动控制线路

图 6 - 18(a)所示为手动控制线路。其工作原理如下：

先合上电源开关 QS_1，电源电压通过串联电阻 R 分压后加到电动机的定子绕组上进行降压起动；当电动机的转速升高到一定值时，再合上 QS_2，这时电阻 R 被开关 QS_2 的触头短接，电源电压直接加到定子绕组上，电动机便在额定电压下正常运转。

2. 接触器控制线路

图 6 - 18(b)所示为按钮、接触器控制线路。

其工作原理如下：先合上电源开关 QS，降压起动，全压运行：

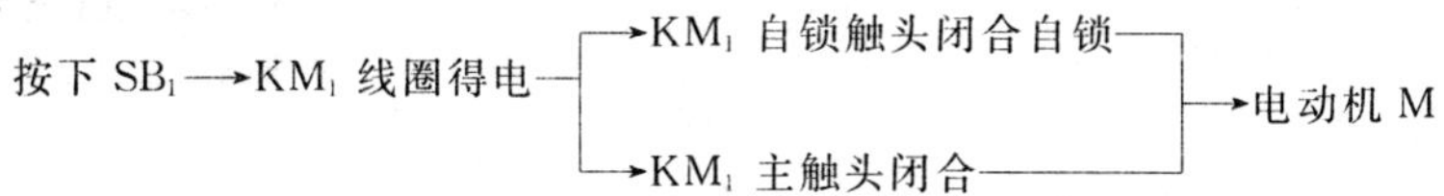

串电阻 R 降压起动 —至转速上升到一定值→ 按下升压按钮 SB_2 → 按下升压按钮 SB_2 → KM_2 线圈得电 →

→ KM_2 自锁触头闭合自锁

→ KM_2 主触头闭合 → R 被短接 → 电动机 M 全压运转

停止时，只须按下 SB_3，控制电路失电，电动机 M 失电停转。

图 6 - 18(a)、(b)所示线路，电动机从降压起动到全压运转是由操作人员操作转换开关 QS_2 或按钮 SB_2 来实现的，工作既不方便也不可靠。因此，实际的控制线路常采用时间继电器来自动完成短接电阻的要求，以实现自动控制。

3. 时间继电器自动控制线路

图 6 - 18(c)所示为时间继电器自动控制线路。这个线路中用时间继电器 KT 代替了图 6 - 18(b)线路中的按钮 SB_2，从而实现了电动机从降压起动到全压运行的自动控制。只要调整好时间继电器 KT 触头的动作时间，电动机由起动过程切换成运行过程就能准确可靠地完成。

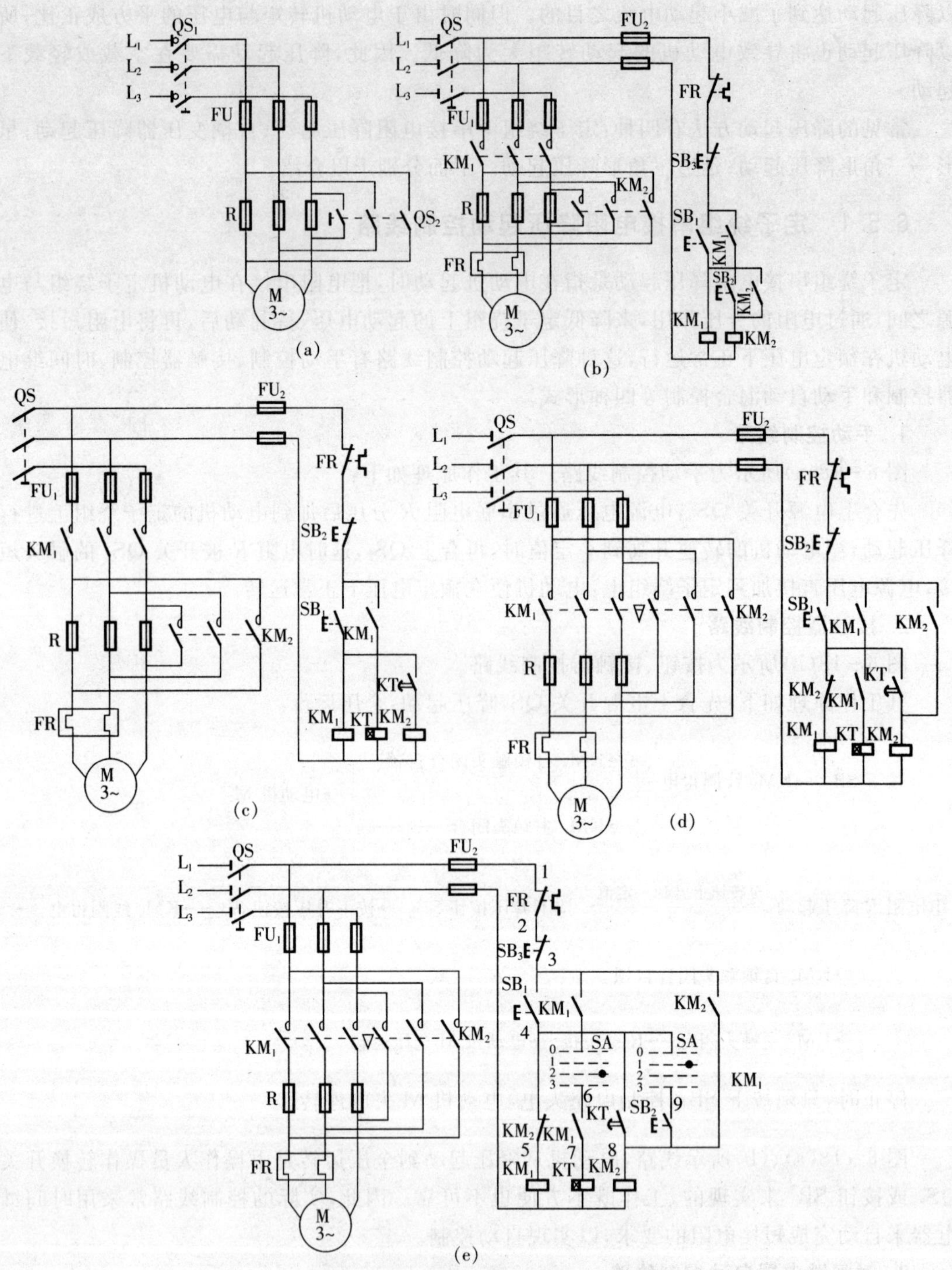

图 6-18 串联电阻降压起动控制线路

(a)手动控制 (b)接触器控制

(c)、(d)时间继电器自动控制 (e)手动自动混合控制

线路工作原理如下：合上电源开关 QS，

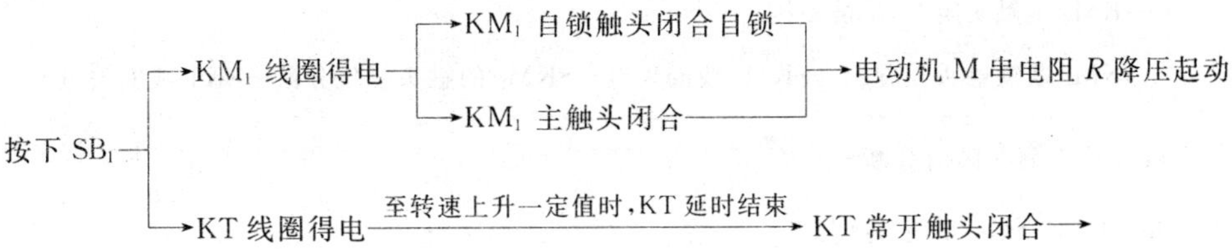

KM_2 线圈得电→KM_2 主触头闭合→R 被短接→电动机 M 全压运转。

停止时，按下 SB_2 即可实现。

图 6－18(c)线路，当电动机 M 全压正常运转时，接触器 KM_1 和 KM_2、时间继电器 KT 的线圈均需长时期通电，从而使能耗增加，电器寿命缩短。图 6－18(d)所示线路是针对上述线路的缺陷而改进的，在此线路的主电路中，KM_2 的三对主触头不是直接并接在 R 两端，而是把 KM_1 的三对主触头也并接了进去，这样接触器 KM_1 和时间继电器 KT 只作短时间的降压起动用，待电动机全压运转后就全部从线路中切除，从而延长了接触器 KM_1 和时间继电器 KT 的使用寿命，节省了电能，提高了电路的可靠性。

4. 手动自动混合控制线路

图 6－18(e)所示是一种手动，自动混合控制电动机串电阻降压起动的控制线路。与图 6－18(d)比较，可见在控制电路中增接了一个操作开关 SA 和一个升压按钮 SB_2。

线路工作原理如下：

先合上电源开关 QS，

(1)手动控制：把操作开关 SA 的手柄置于图中“1”的位置(见黑点所示)。

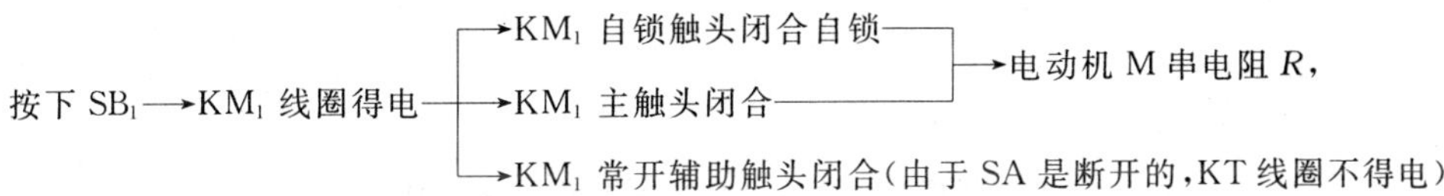

降压起动 —至转速上升到一定值时→ 按下 SB_2 →KM_2 线圈得电→

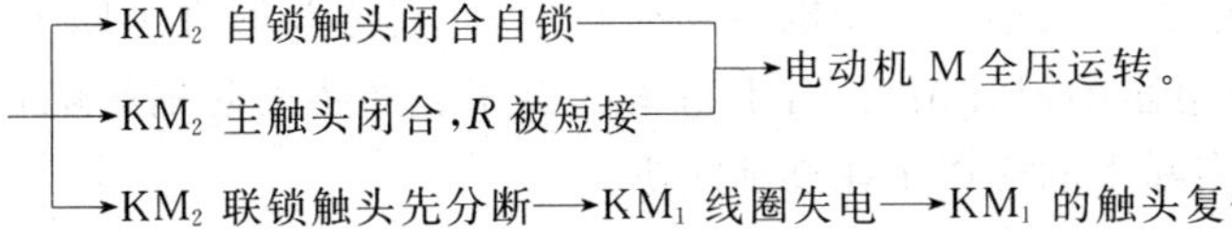

(2)自动控制：把操作开关 SA 的手柄置于图中“2”的位置。

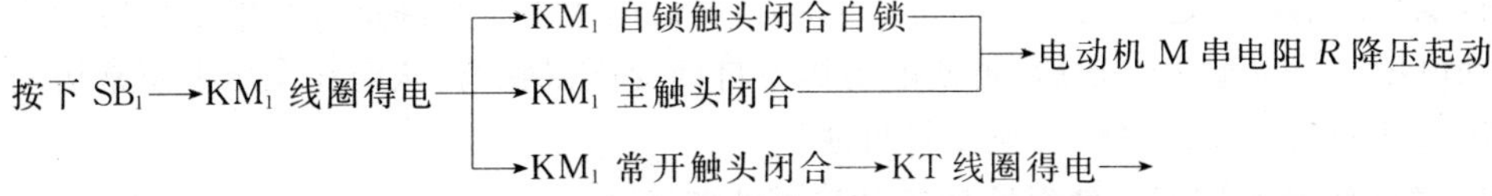

—待 M 转速上升到一定值时→ KT 常开触头延时闭合→KM_2 线圈得电→

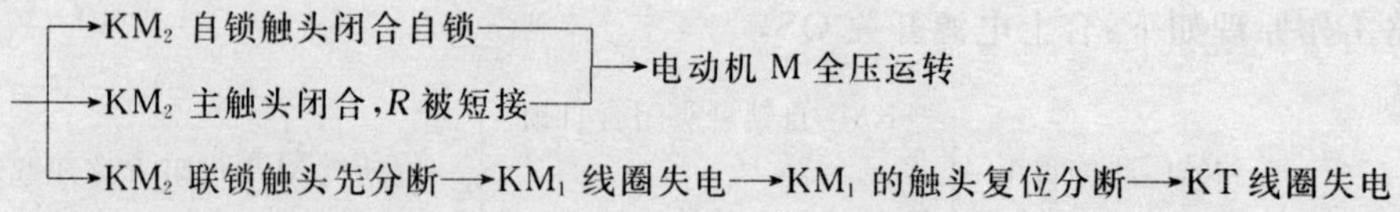

→KT 常开触头瞬时分断。

停止时，按下 SB_3 即可实现。

起动电阻 R 一般采用 ZX1、ZX2 系列铸铁电阻。铸铁电阻能够通过较大电流，功率大。起动电阻 R 可按下述近似公式确定：

$$R=190\times\frac{I_{ST}-I'_{ST}}{I_{ST}I'_{ST}}$$

式中，I_{ST} 为未串电阻前的起动电流，A；一般取 $I_{ST}=(4\sim7)I_N$；I'_{ST} 为串联电阻后的起动电流，A；一般取 $I'_{ST}=(2\sim3)I_N$；I_N 为电动机的额定电流，A；R 为电动机每相应串接的起动电阻值，Ω。

电阻功率可用 $P=I_N^2R$ 公式计算，由于起动电阻 R 仅在起动过程中接入，且起动时间又很短，所以实际选用的电阻功率可比计算值 $P=I_N^2R$ 减小 3～4 倍。

例 6-3 一台三相鼠笼式异步电动机，功率为 20kW。额定电流为 38.4A，电压为 380V，问各相应串联多大的起动电阻进行降压起动？

解：选取 $I_{ST}=6\times I_N=6\times38.4=230.4\text{A}$ $\quad I'_{ST}=2I_N=2\times38.4=76.8\text{A}$

起动电阻阻值：

$$R=190\times\frac{I_{ST}-I'_{ST}}{I_{ST}I'_{ST}}=190\times\frac{230.4-76.8}{230.4\times76.8}=1.65\Omega$$

起动电阻功率：

$$P=\frac{1}{3}I_N^2R=\frac{1}{3}\times38.4^2\times1.65=810\text{W}$$

答：各相应串联 1.65Ω、810W 的起动电阻进行降压起动。

串电阻降压起动的缺点是减小了电动机的起动转矩，同时起动时在电阻上功率消耗也较大。如果起动频繁，则电阻的温升很高，对于精密的机床会产生一定的影响，故目前这种降压起动的方法在生产实际中的应用正在逐渐减少。

6.5.2 自耦变压器降压起动控制线路

自耦变压器降压起动是指电动机起动时利用自耦变压器来降低加在电动机定子绕组上的起动电压。待电动机起动后，再使电动机与自耦变压器脱离，从而在全压下正常运动。这种降压起动分为手动控制和自动控制两种。

1. 按钮接触器控制补偿器降压起动控制线路

图 6-19 所示为按钮、接触器控制补偿器降压起动控制线路。

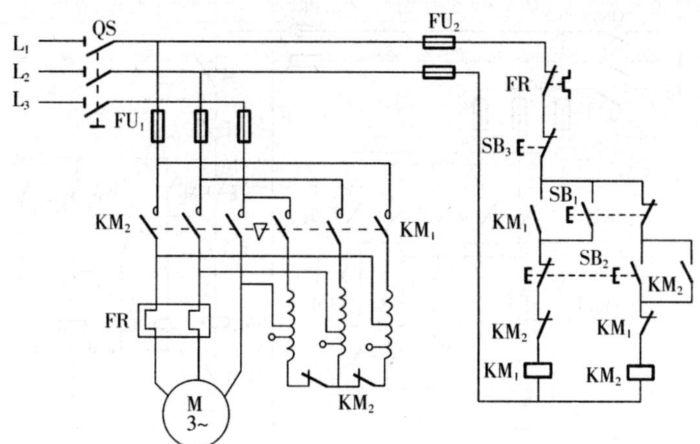

图 6-19　按钮、接触器控制补偿器降压起动线路

线路的工作原理如下：先合上电源开关 QS，

（1）降压起动：

按下 SB_1 —→ SB_1 常闭触头先分断对 KM_2 联锁
　　　　　　→ SB_1 常开触头后闭合→ KM_1 线圈得电→

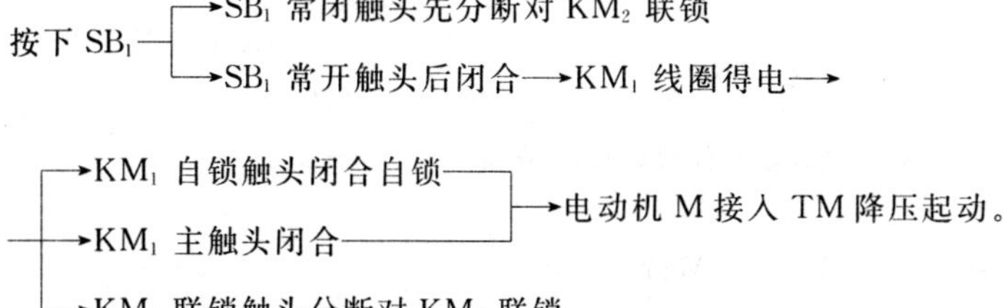

（2）全压运转：当电动机转速上升到一定值时，

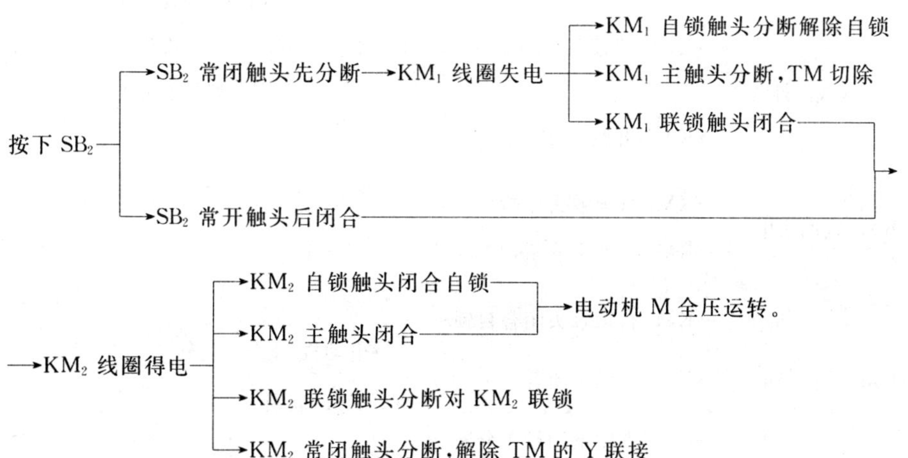

停止时，按下 SB_3 即可实现。

此线路的不足之处是，起动时若操作者直接误按 SB_2，则会造成电动机直接起动，为克服其不足，可采用图 6-20 所示的控制线路。

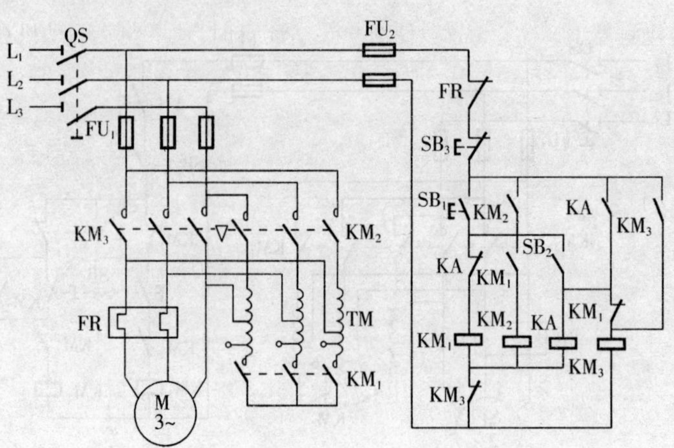

图 6－20　按钮、接触器、中间继电器控制的补偿器降压起动线路

其工作原理如下：先合上电源开关 QS，

(1)降压起动：

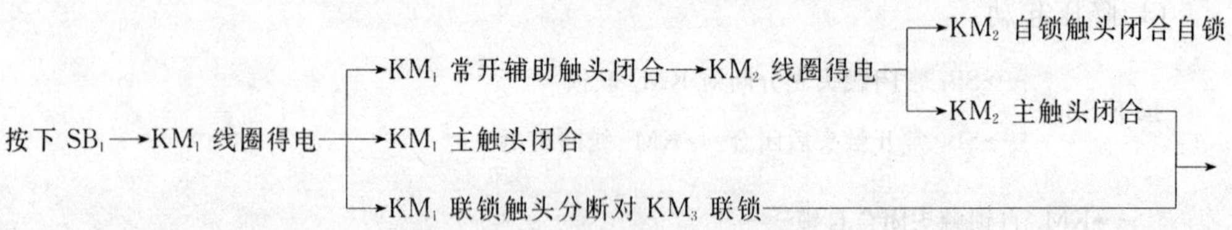

按下 SB_1→KM_1 线圈得电→电动机 M 接入 TM 降压起动。

(2)全压运转：当电动机转速上升到接近额定转速时，

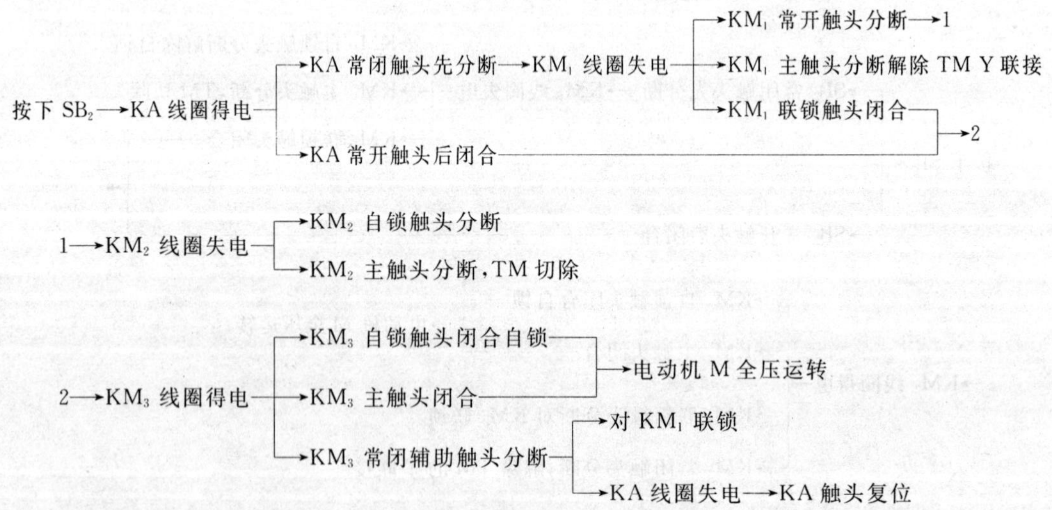

停止时，按下 SB_3 即可。

该控制线路有如下优点：

① 起动时若操作者直接误按 SB_2，接触器 KM_3 线圈也不会得电，避免电动机全压起动。

② 由于接触器 KM_1 的常开触头与 KM_2 线圈串联，所以当降压起动完毕后，接触器 KM_1、

KM_2 均失电，即使接触器 KM_3 出现故障使触头无法闭合时，也不会使电动机在低压下运行。

③ 接触器 KM_3 的闭合时间领先于接触器 KM_2 的释放时间，所以不会出现起动过程中电动机的间隙断电，也就不会出现第二次起动电流。

该线路的缺点是，从降压起动到全压运转需两次按动按钮，故操作不便，且间隔时间也不能准确掌握。

6.5.3　星形-三角形(Y-△)降压起动控制线路

星形-三角形降压起动是指电动机起动时，把定子绕组接成星形，以降低起动电压，限制起动电流；待电动机起动后，再把定子绕组改接成三角形，使电动机全压运行。凡是在正常运行时，定子绕组作三角形联接的异步电动机，均可采用这种降压起动方法。

电动机起动时，接成星形，加在每相定子绕组上的起动电压只有三角形接法的 $1/\sqrt{3}$，起动电流为三角形接法的 1/3，起动转矩也只有三角形接法的 1/3。所以这种降压起动方法，只适用于轻载或空载下起动。常用的 Y-△降压起动控制线路有以下几种。

1. 按钮、接触器控制 Y-△降压起动线路

图 6-21 所示是按钮和接触器控制 Y-△降压起动的控制线路。该线路使用了三个接触器、一个热继电器和三个按钮。接触器 KM 作引入电源用，接触器 KM_Y 和 $KM_\triangle$ 分别作星形起动用和三角形运行用，SB_1 是起动按钮，SB_2 是 Y-△换接按钮，SB_3 是停止按钮，FU_1 作为主电路的短路保护，FU_2 作为控制电路的短路保护，FR 作过载保护。

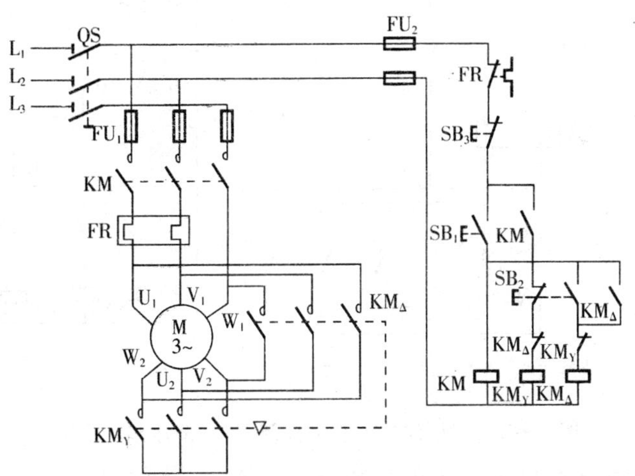

图 6-21　按钮、接触器控制 Y-△降压起动控制线路

线路的工作原理如下：先合上电源开关 QS，

(1)电动机 Y 接法降压起动：

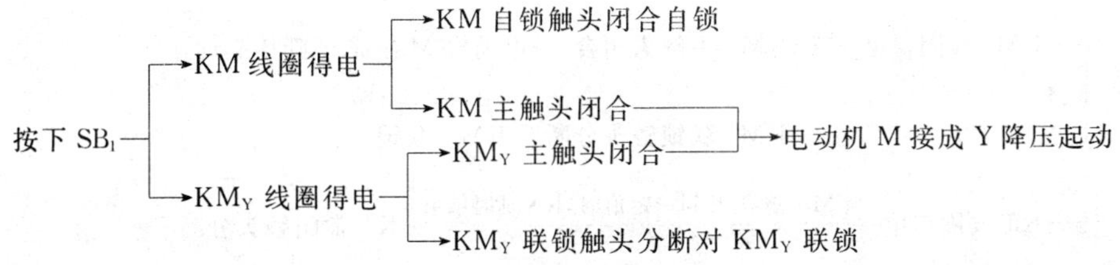

(2)电动机△接法全压运行:当电动机转速上升到接近额定值时,

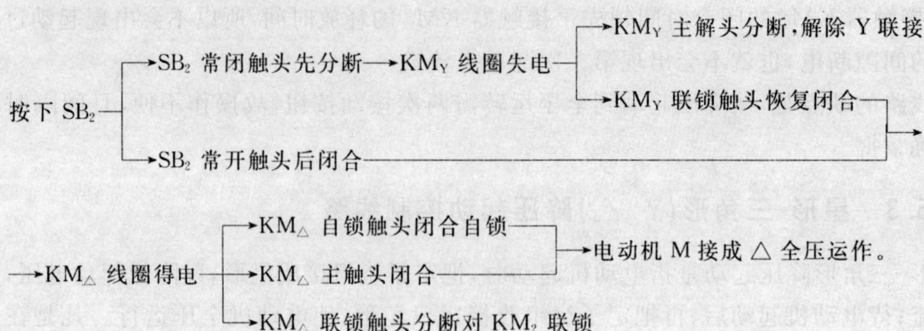

停止时,按下 SB_3 即可实现。

2. 时间继电器自动控制 Y-△降压起动线路

图 6-22 所示为时间继电器自动控制 Y-△降压起动线路。该线路由三个接触器、一个热继电器、一个时间继电器和两个按钮组成。时间继电器 KT 作控制 Y 形降压起动时间和完成 Y-△自动换接用,其他电器的作用与上述线路相同。

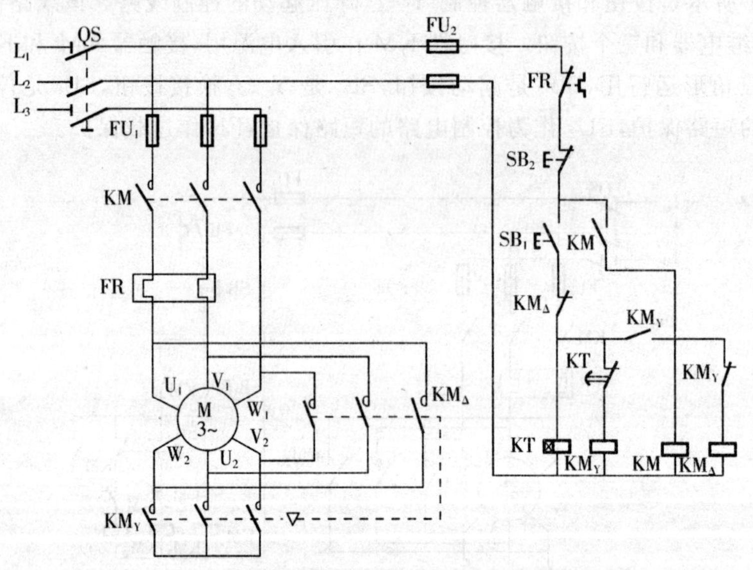

图 6-22 时间继电器自动控制 Y-△降压起动线路

线路的工作原理如下:先合上电源开关 QS,

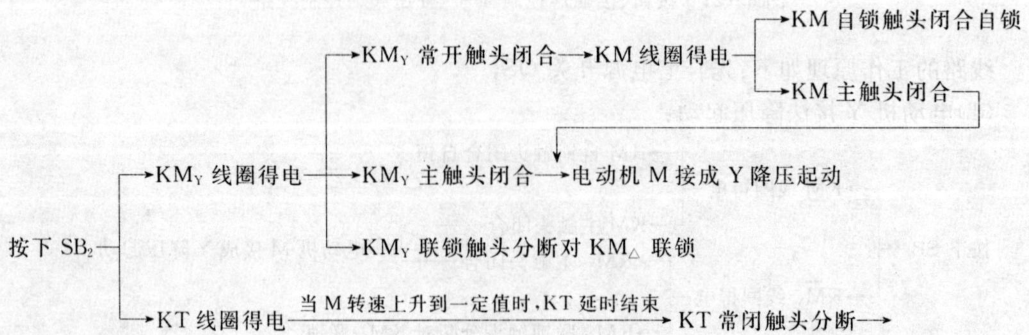

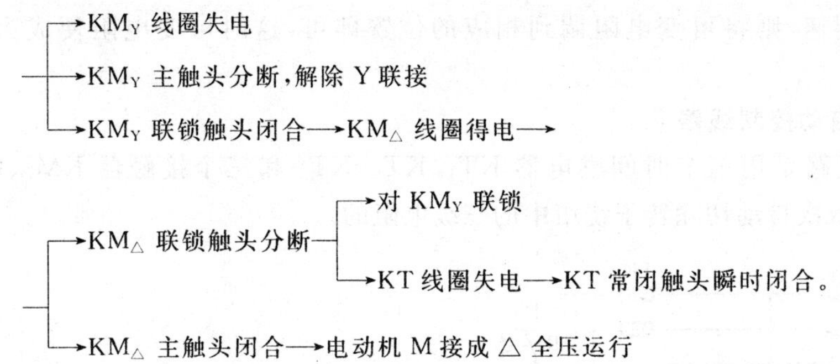

停止时，按下 SB_2 即可。

该线路中，接触器 KM_y 得电以后，通过 KM_y 的常开辅助触头使接触器 KM 得电动作，这样 KM_y 的主触头是在无负载的条件下进行闭合的，故可延长了接触器 KM_y 主触头的使用寿命。

6.5.4　绕线式异步电动机的起动与调速线路

上面介绍了三相鼠笼式异步电动机的各种降压起动控制线路，但在实际生产中，对要求起动转矩较大、且能平滑调速的场合，常常采用三相绕线式异步电动机。绕线式异步电动机的优点是，可以通过滑环在转子绕组中串接电阻来改善电动机的机械特性，从而达到减小起动电流、增大起动转矩以及平滑调速之目的。

起动时，在转子回路中接入作星形联接、分级切换的三相起动变阻器，并把可变电阻放到最大位置，以减小起动电流，获得较大的起动转矩。随着电动机转速的升高，可变电阻逐级减小。起动完毕后，可变电阻减小到零，转子绕组被直接短接，电动机便在额定状态下运行。

电动机转子绕组中串接的外加电阻在每段切除前和切除后，三相电阻始终是对称的，称为三相对称变阻器，如图 6－23(a)所示。其起动过程依次切除 R_1、R_2、R_3，最后全部电阻被切除。与上述相反，起动时串入的全部三相电阻是不对称的，而每段切除后三相仍不对称，称为三相不对称变阻器，如图 6－23(b)所示。其起动过程依次切除 R_1、R_2、R_3、R_4，最后全部电阻被切除。

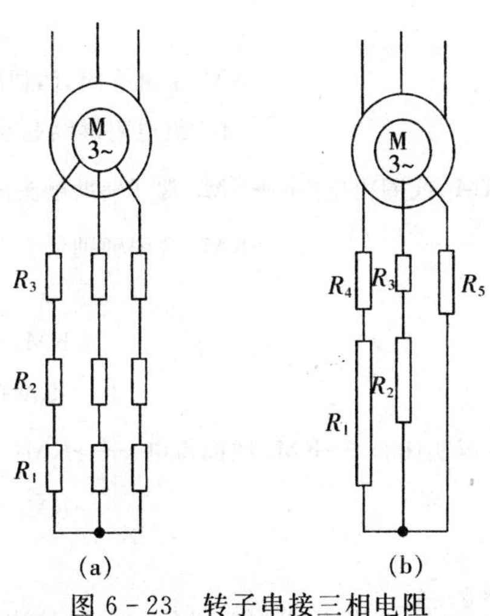

图 6－23　转子串接三相电阻

如果电动机要调速，则将可变电阻调到相应的位置即可，这时可变电阻便成为调速电阻。

1. 时间继电器自动控制线路

图 6－24 所示线路是用三个时间继电器 KT_1、KT_2、KT_3 和三个接触器 KM_1、KM_2、KM_3 的相互配合来依次自动切除转子绕组中的三级电阻的。

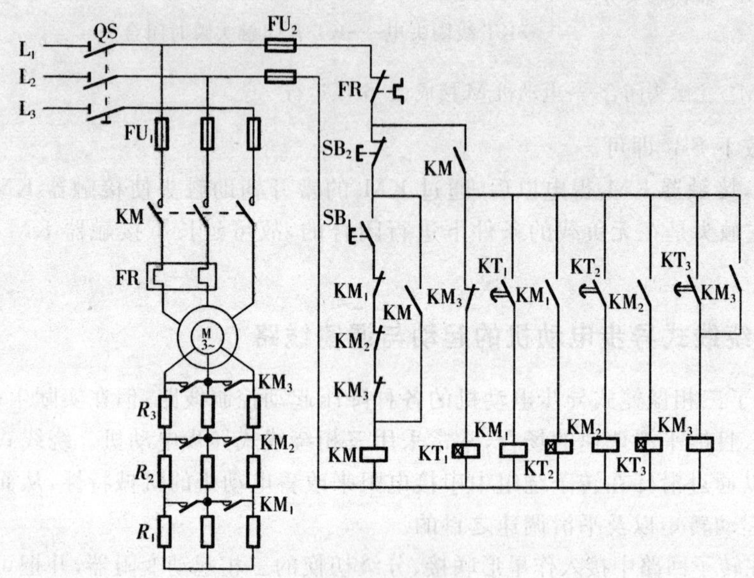

图 6－24　时间继电器自动控制线路

线路工作原理如下：合上电源开关 QS，

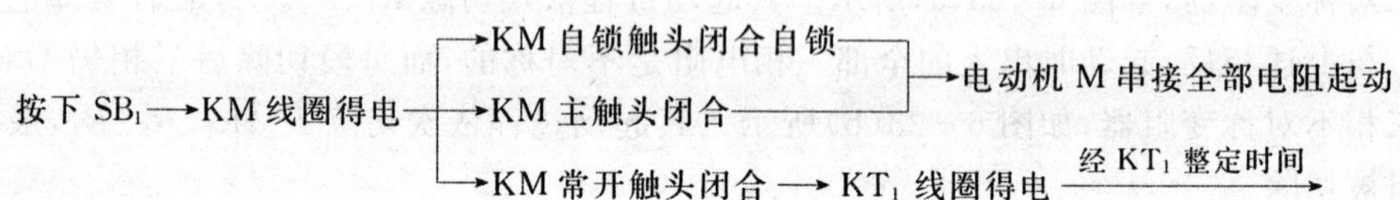

→KT_1 常开触头闭合→KM_1 线圈得电→

→KM_1 主触头闭合，切除第一组电阻 R_1，电动机M串接2组电阻继续起动

→KM_1 常开辅助触头闭合→KT_2 线圈得电→

→KM_1 常闭辅助触头分断

经 KT_2 整定时间→KT_2 常开触头闭合→KM_2 线圈得电→

→KM_2 主触头闭合，切除第二组电阻 R_2 电动机M串接1组电阻继续起动

→KM_2 常开辅助触头闭合→

→KM_2 常闭辅助触头分断

→KT_3 线圈得电 经 KT_3 整定时间→KT_3 常开触头闭开→KM_3 线圈得电→

→KM_3 自锁触头闭合自锁

→KM_3 主触头闭合，切除第三组电阻 R_3，电动机 M 起动结束正常运转

→KM_3 常闭辅助触头分断→使 KT_1、KM_1、KT_2、KM_3、KT_3 依次断电释放，触头复位。

→KM_3 常闭辅助触头分断

与起动按钮 SB_1 串接的接触器 KM_1、KM_2 和 KM_3 常闭辅助触头的作用是保证电动机在转子绕组中接入全部外加电阻的条件下才能起动。如果接触器 KM_1、KM_2 和 KM_3 中任何一个触头因熔焊或机械故障而没有释放时，起动电阻就没有被全部接入转子绕组中，从而使起动电流超过规定的值。把 KM_1、KM_2 和 KM_3 的常闭触头与 SB_1 串接在一起，就可避免这种现象的发生，因三个接触器中只要有一个触头没有恢复闭合，电动机就不可能接通电源直接起动。

停止时，按下 SB_2 即可。

2. 电流继电器自动控制线路

图 6－25 所示线路是用三个过电流继电器 KA_1、KA_2 和 KA_3 根据电动机转子电流变化，控制接触器 KM_1、KM_2 和 KM_3 依次得电动作，来逐级切除外加电阻的。三个电流继电器 KA_1、KA_2、KA_3 的线圈串接在转子回路中，它们的吸合电流都一样，但释放电流不同，KA_1 的释放电流最大，KA_2 次之，KA_3 最小。

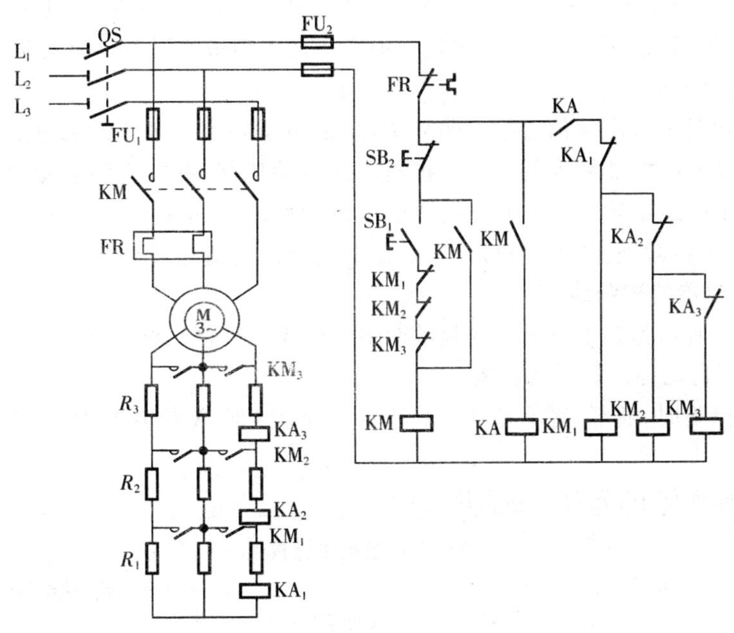

图 6－25　电流继电器自动控制线路

线路的工作原理如下：先合上电源开关 QS，

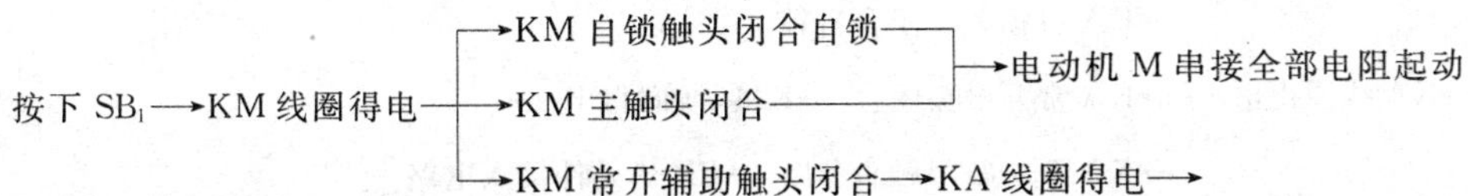

→KA 常开触头闭合，为 KM_1、KM_2、KM_3 得电做准备。

由于电动机 M 刚起动时转子电流很大，三个电流继电器 KA_1、KA_2、KA_3 都吸合，它们接在控制电路中的常闭触头都断开，使接触器 KM_1、KM_2、KM_3 的线圈都不能得电，接在转子电路中的常开触头都处于分断状态，全部电阻均被串接在转子绕组中。随着电动机转速的升高，转子电流逐渐减小，当减小至 KA_1 的释放电流时，KA_1 首先释放，使控制电路中 KA_1 的常闭触头恢复闭合，接触器 KM_1 线圈得电，其主触头闭合，短接切除第一组电阻 R_1。当 R_1 被切除后，转子电流重新增大，但随着电动机转速的继续升高，转子电流又会减小，当减小至 KA_2 的释放电流时，KA_2 释放，它的常闭触头 KA_2 恢复闭合，接触器 KM_2 线圈得电，主触头闭合，把第二组电阻 R_2 短接切除；如此继续下去，直到全部电阻被切除，电动机起动完毕，进入正常运转状态。

中间继电器 KA 的作用是，保证电动机在转子电路中接入全部电阻的情况下开始起动。因为电动机开始起动时，起动电流由零增大到最大值需一定的时间。这样就有可能出现 KA_1、KA_2、KA_3 还未动作，KM_1、KM_2、KM_3 的吸合而将把电阻 R_1、R_2、R_3 短接，相当于电动机直接起动。采用 KA 后，无论 KA_1、KA_2、KA_3 有无动作，开始起动时可由 KA 的常开触头来切断 KM_1、KM_2、KM_3 线圈的通电回路，保证了起动时串入全部电阻。

6.5.5 绕线式异步电动机转子绕组串接频敏变阻器起动控制线路

绕线式异步电动机转子绕组串接电阻的起动方法，要想获得良好的起动特性，一般需要较多的起动级数，所用电器多，控制线路复杂，设备投资大，维修不便，同时由于逐级切除电阻，会产生一定的机械冲击力。在工矿企业中广泛采用频敏变阻器代替起动电阻，来控制绕线式异步电动机的起动。

频敏变阻器是一种阻抗值随频率明显变化（敏感于频率）、静止的无触点电磁元件。它实质上是一个铁心损耗非常大的三相电抗器。在电动机起动时，将频敏变阻器串接在转子绕组中，由于频敏变阻器的等值阻抗随转子电流频率减小而减小，从而达到自动变阻的目的，因此只需用一级频敏变阻器就可以平稳地把电动机起动起来。

1. 频敏变阻器的控制线路

如图 6-26 所示为转子绕组串接频敏变阻器的起动控制线路。起动过程可以利用转换开关 SA 来实现自动控制和手动控制。

采用自动控制时，将转换开关 SA 扳到自动位置（即 A 位置），时间继电器 KT 将起作用。

线路工作原理如下：先合上电源开关 QS，

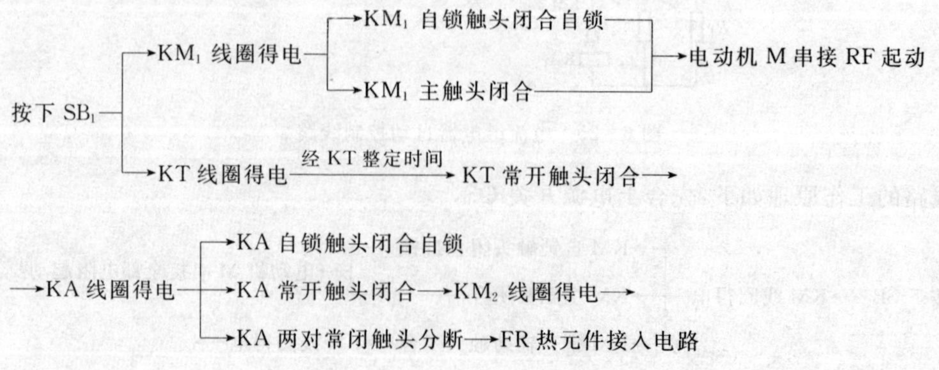

→KM_2 主触头闭合，短接切除频敏变阻器 RF，电动机 M 起动结束正常运转

→KM_2 常闭触头分断→KT 线圈失电→KT 触头瞬时复位

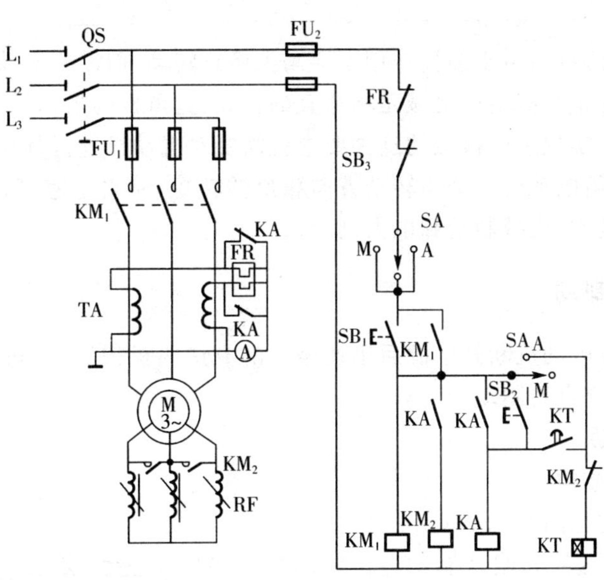

图 6 - 26　转子绕组串接频敏变阻器起动控制线路

起动过程中，中间继电器 KA 未得电，KA 的两对常闭触头将热继电器 FR 的热元件短接，以免因起动过程较长，而使热继电器过热产生误动作。起动结束后，中间继电器 KA 才得电动作，其两对常闭触头分断，FR 的热元件便接入主电路工作。图中 TA 为电流互感器，其作用是将主电路中的大电流变成小电流，串入热继电器的热元件反映过载程度。

采用手动控制中，将转换开关 SA 扳到手动位置(即 M 位置)。时间继电器 KT 不起作用，用按钮 SB_2 手动控制中间继电器 KA 和接触器 KM_2 的得电动作，完成短接频敏变阻器 RF 的工作，其工作原理读者可自行分析。

2. 频敏变阻器的调整

频敏变阻器上备有四个抽头。一个抽头在绕组的背面，标号为 N。另外三个抽头在绕组的正面，标号分别为 1、2、3。抽头 1～N 之间为 100％匝数，2～N 之间为 85％匝数，3～N 之间为 71％匝数。出厂时，线接在 2～N 抽头上。

变阻器上下铁心由两面四个拉紧螺栓固定，拧开拉紧螺栓上的螺母，可以在上下铁心之间增减非磁性垫片，即可调整空气隙。出厂时，上下铁心间的气隙为零。

在使用时如果出现下列情况，应调整频敏变阻器的匝数和气隙。

(1)当起动电流过大、起动太快时，应换接抽头，使匝数增加。匝数增加将使起动电流减小，但起动转矩也同时减小。

(2)当起动电流过小、起动转矩太小、起动太慢时，应换接抽头，使匝数减少。匝数减少将使起动电流增大，起动转矩增大。

(3)如果刚起动时，起动转矩偏大，机械有冲击现象；而起动完毕后，稳定转速又偏低，这时可在上下铁心间增加气隙。增加气隙将使起动电流略为增加，起动转矩稍有减小，但起动

完毕时转矩稍有增大，使稳定转速得以提高。

6.6 三相异步电动机的制动控制线路

电动机断开电源以后，由于惯性作用不会马上停止转动，而需要转动一段时间才会完全停下来。这种情况对于某些生产机械是不适宜的。如：起重机的吊钩需要准确定位；万能铣床要求立即停转等。实现生产机械的这种要求就需要对电动机进行制动。

所谓制动，就是给电动机一个与转动方向相反的转矩，使它迅速停转（或限制其转速）。制动的方法一般有两类：机械制动和电力制动。

6.6.1 机械制动

利用机械装置使电动机断开电源后迅速停转的方法叫机械制动，机械制动常用的方法有：电磁抱闸和电磁离合器制动。

1. 电磁抱闸制动

（1）电磁抱闸的结构

电磁抱闸的结构如图 6-27 所示。它主要由两部分组成：制动电磁铁和闸瓦制动器。制动电磁铁由铁心、衔铁和线圈三部分组成，并有单相和三相之分。闸瓦制动器包括闸轮、闸瓦、杠杆和弹簧等，闸轮与电动机装在同一根转轴上。

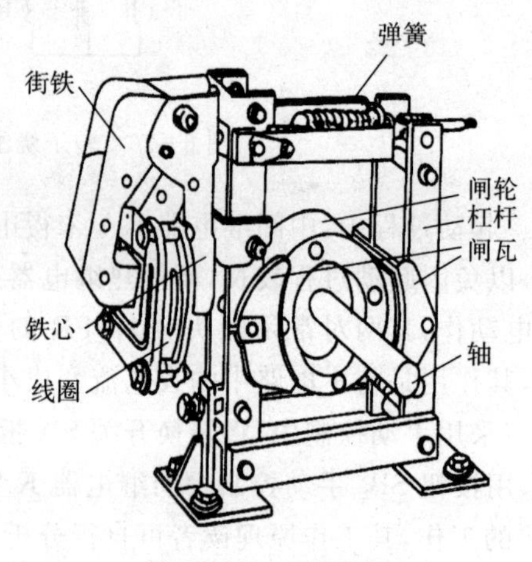

图 6-27 电磁抱闸

制动强度可通过调整机械结构来改变。电磁抱闸分为断电制动型和通电制动型两种。断电制动型的性能是：当线圈得电时，闸瓦与闸轮分开，无制动作用；当线圈失电时，闸瓦紧紧抱住闸轮制动。通电制动型的性能是：当线圈得电时，闸瓦紧紧抱住闸轮制动；当线圈失电时，闸瓦与闸轮分开，无制动作用。

（2）电磁抱闸断电制动控制线路

此线路如图 6-28 所示。线路工作原理如下：先合上电源开关 QS，

起动运转：按下起动按钮 SB_1→接触器 KM 线圈得电→其自锁触头和主触头闭合→电动机 M 便接通电源→同时电磁抱闸 YB 线圈得电→吸引衔铁与铁心闭合→衔铁克服弹簧拉力→制动杠杆向上移动→制动器的闸瓦与闸轮分开→电动机正常运转。

制动停转：按下停止按钮 SB_2→接触器 KM 线圈失电→其自锁触头和主触头分断→电动机 M 失电→同时电磁抱闸线圈 YB 也失电→衔铁与铁心分开→在弹簧拉力的作用下，闸瓦紧紧抱住闸轮→电动机被迅速制动而停转。

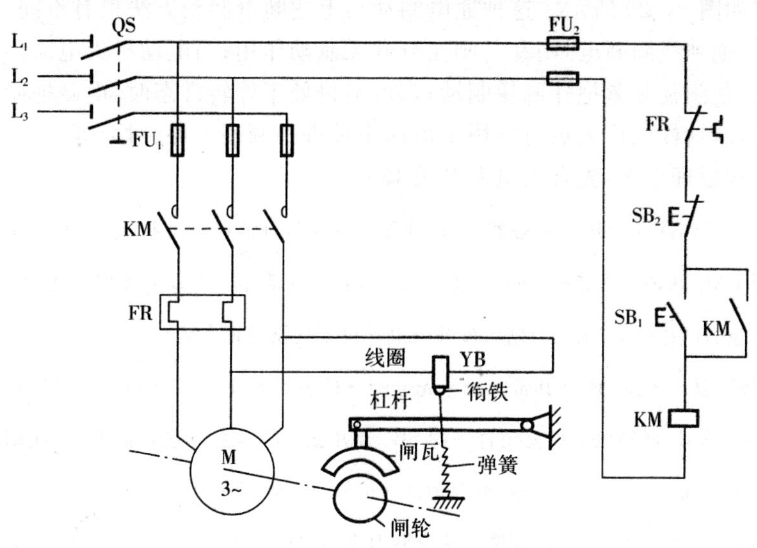

图 6－28　电磁抱闸断电制动控制线路

这种制动方法在起重机械上被广泛采用。其优点是能够准确定位，同时可防止电动机突然断电时重物的自行坠落。当重物起吊到一定高度时，按下停止按钮，电动机和电磁抱闸的线圈同时断电，闸瓦立即抱住闸轮，电动机立即制动停转，重物随之被准确定位。如果电动机在工作时，线路发生故障而突然断电时，电磁抱闸同样会使电动机迅速制动停转，从而避免了重物自行坠落的事故。这种制动方法的缺点是不经济。因电磁抱闸线圈耗电时间与电动机一样长。另外切断电源后，由于电磁抱闸的制动作用，使手动调整工件就很困难。因此，对要求电动机制动后能调整工件位置的机床设备不能采用这种制动方法，可采用下述通电制动控制线路。

(3)电磁抱闸通电制动控制线路

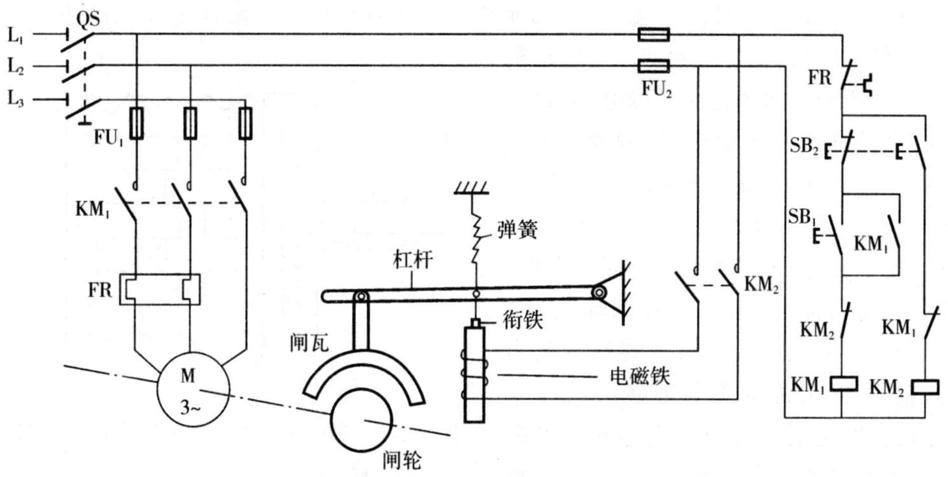

图 6－29　电磁抱闸通电制动控制线路

这种线路如图6－29所示。这种通电制动与上述断电制动方法稍有不同。当电动机得电运转时，电磁抱闸线圈断电，闸瓦与闸轮分开无制动作用；当电动机失电需停转时，电磁抱闸的线圈得电，使闸瓦紧紧抱住闸轮制动；当电动机处于停转常态时，电磁抱闸线圈也无电，闸瓦与闸轮分开，这样操作人员可以用手扳动主轴进行调整工件、对刀等。

线路的工作原理如下：先合上电源开关QS，

起动运转：按下起动按钮SB_1→接触器KM_1线圈得电→其自锁触头和主触头闭合→电动机M起动运转。由于接触器KM_1联锁触头分断，使接触器KM_2不能得电动作。所以电磁抱闸线圈无电→衔铁与铁心分开→在弹簧拉力的作用下，闸瓦与闸轮分开→电动机不受制动正常运转。

制动停转：按下复合按钮SB_2→其常闭触头先分断→接触器KM_1线圈失电→其自锁触头、主触头分断→电动机M失电→KM_1联锁触头恢复闭合→待SB_2常开触头闭合后→接触器KM_2线圈得电→KM_2主触头闭合→电磁抱闸YB线圈得电→铁心吸合衔铁→衔铁克服弹簧拉力，带动杠杆向下移动→闸瓦紧抱闸轮→电动机被迅速制动而停转。KM_2联锁触头分断对KM_1联锁。

2. 电磁离合器制动

电磁离合器制动的原理和电磁抱闸的制动原理类似。电动葫芦的绳轮常采用这种制动方法。图6－30所示为断电制动型电磁离合器的结构示意图。

其结构及制动原理简述如下：

(1)结构

电磁离合器主要由制动电磁铁(包括：静铁心1、动铁心2和激磁线圈3)、静摩擦片4、动摩擦片5以及制动弹簧6等组成。电磁铁的静铁心1靠导向轴(图中未画出)连接在电动葫芦本体上，动铁心2与静摩擦片4固定在一起，并只能做轴向移动而不能绕轴转动。

动摩擦片5通过连接法兰7与绳轮轴8(与电动机共轴)由键9固定在一起，可随电动机一起转动。

(2)制动原理

电动机静止时，激磁线圈3无电，制动弹簧6将静摩擦片4紧紧地压在动摩擦片5上，此时电动机通过绳轮轴8被制动。当电动机通电运转时，激磁线圈3也同时得电，电磁铁的动铁心2被静铁心1吸合，使静摩擦片4与动摩擦片5分开，于是动摩擦片5连同绳轮轴8在电动机的带动下正常起动运转。当电动机切断电源时，激磁线圈3也同时失电，制动弹簧6立即将静摩擦片4连同动铁心2推向转动着的动摩擦片5，强大的弹簧张力迫使动、静摩擦片之间产生足够大的摩擦力，使电动机断电后立即受制动停转。电磁离合器控制的制动线路与图6－30所示线路基本相同，读者可自行画出并进行分析。

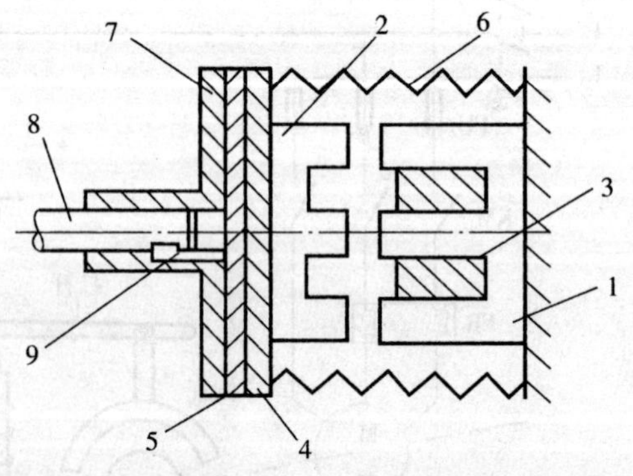

图6－30　断电制动式电磁离合器结构示意图

1—静铁心　2—动铁心　3—激磁线圈
4—静摩擦片　5—动摩擦片　6—制动弹簧
7—法兰　8—绳轮轴　9—键

6.6.2　电力制动

使电动机在切断电源停转的过程中，产生一个和电动机实际旋转方向相反的电磁力矩（制动力矩），迫使电动机迅速制动停转的方法叫电力制动。电力制动常用的方法有：反接制动、能耗制动、电容制动和再生发电制动等，下面分别予以介绍。

1. 反接制动

依靠改变电动机定子绕组的电源相序来产生制动力矩，迫使电动机迅速停转的方法叫反接制动。其制动原理如图 6－31 所示。

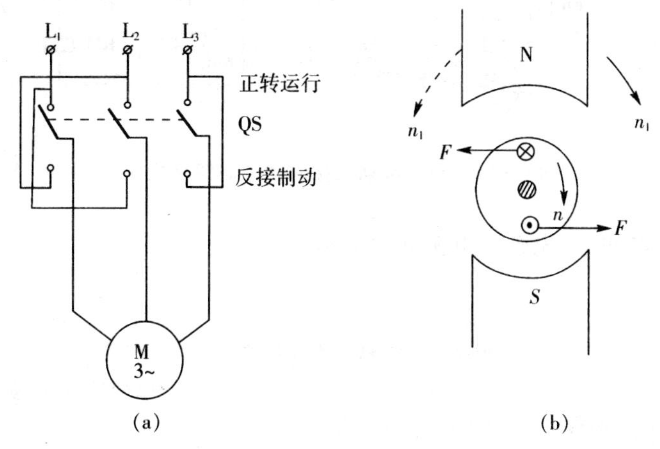

图 6－31　反接制动原理图

在图 6－31(a)中，当 QS 向上投合时，电动机定子绕组电源相序为 L_1—L_2—L_3，电动机将沿旋转磁场方向（如图 6－31(b)中顺时针方向）以 $n<n_1$ 的转速正常运转。当电动机需要停转时，可拉开开关 QS，使电动机先脱离电源（此时转子由于惯性仍按原方向旋转），随后，将开关 QS 迅速向下投合，由于 L_1、L_2 两相电源线对调，电动机定子绕组电源相序变为 L_2—L_1—L_3，旋转磁场反转（图 6－31(b)中逆时针方向），此时转子将以 n_1+n 的相对转速沿原转动方向切割旋转磁场，在转子绕组中产生感生电流，其方向用右手定则判断出如图 6－31(b)所示。而转子绕组一旦产生电流又受到旋转磁场的作用产生电磁转矩，其方向由左手定则判断。可见此转矩方向与电动机的转动方向相反，使电动机受制动迅速停转。

值得注意的是，当电动机转速接近零值时，应立即切断电动机电源。否则电动机将反转。为此，在反接制动设施中，为保证电动机的转速被制动到接近零值时，能迅速切断电源，防止反向起动，常利用速度继电器（又称反接制动继电器）来自动地及时切断电源。

(1)单向起动反接制动控制线路

单向起动反接制动控制线路如图 6－32 所示。该线路的主电路和正反转控制线路的主电路相同，只是在反接制动时增加了三个限流电阻 R。线路中 KM_1 为正转运行接触器，KM_2 为反接制动接触器，SR 为速度继电器，其轴与电动机轴相连（图中用点划线表示）。

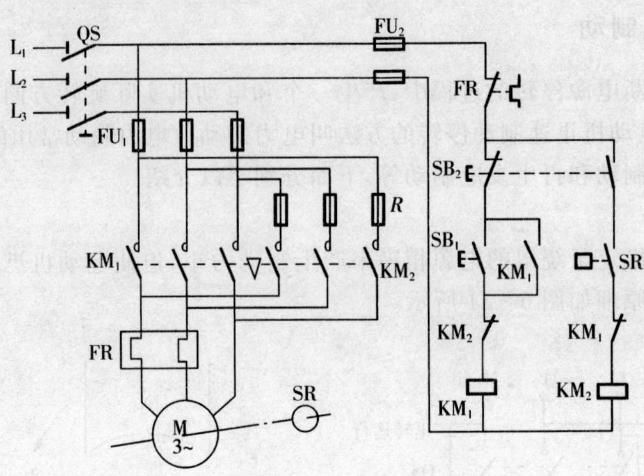

图 6－32　单向起动反接制动控制线路之一

线路的工作原理如下：先合上电源开关 QS，

单向起动：

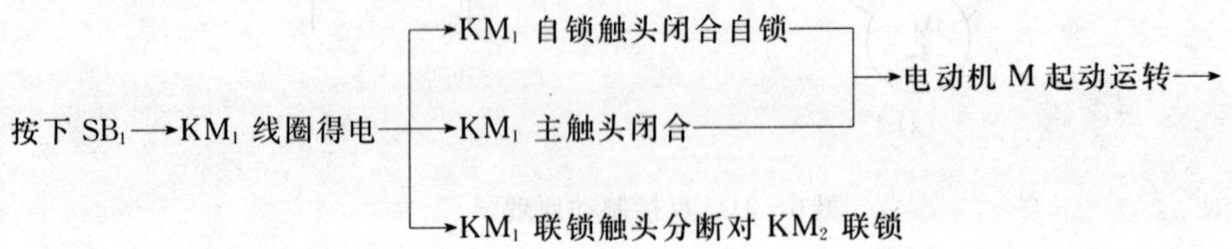

→至电动机转速上升到一定值（100r/min 左右）时→SR 常开触头闭合为制动作准备。

反接制动：

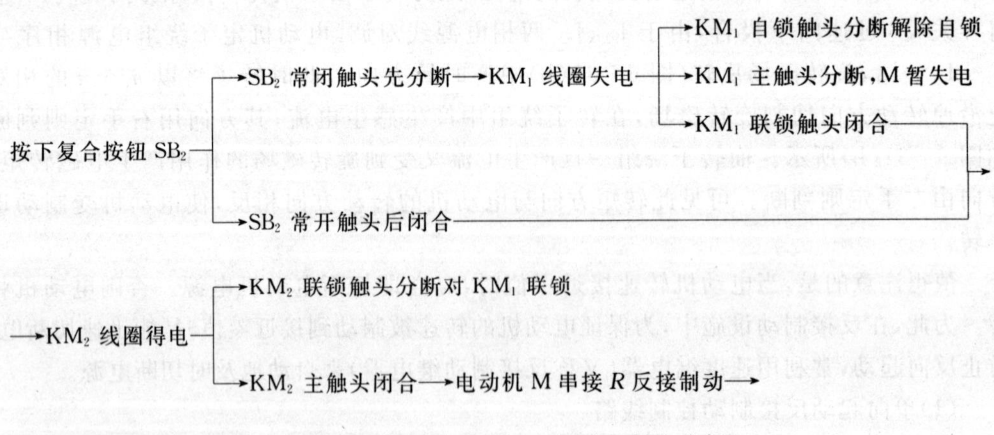

→至电动机转速上升到一定值（100r/min 左右）时→SR 常开触头分断

→KM_2 线圈失电
- →KM_2 联锁触头闭合解除联锁
- →KM_2 主触头分断→电动机 M 脱离电源停转，制动结束。

上述控制线路的缺点是：在整个反接制动过程中，停止复合按钮 SB_2 不能放松，如过早放松 SB_2，反接制动接触器 KM_2 会立即释放，而不能充分发挥反接制动的作用。若不用 SB_2 的常开触头，虽然可以克服以上缺点，但又产生了另一个新问题，即在电动机停车期间，操作人员因装夹工件或调整机件时，有时需用手转动机械转轴，这样就可能带动速度继电器 SR 转动而使其常开触头闭合，导致反接制动接触器 KM_2 动作；电动机接通电源而制动，显然这对操作人员来说是不安全的。为了弥补上述线路的不足，可在 SB_2 常开触头两端并接 KM_2 的一对常开辅助触头进行自锁，或在控制电路中增加一个中间继电器 KA_1，构成图 6－33 所示控制线路。其线路工作原理可自行分析。

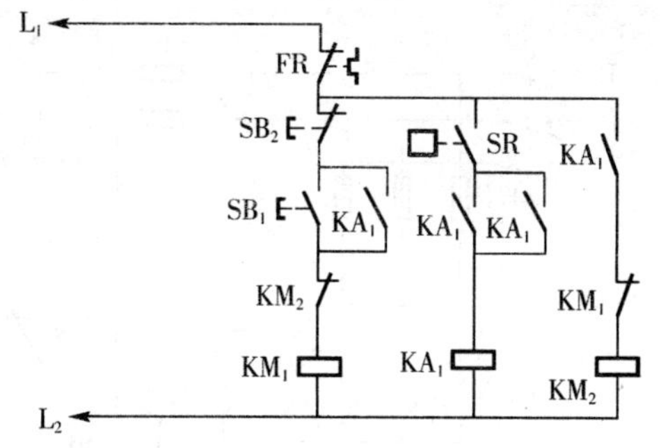

图 6－33　单向起动反接制动控制线路之二

反接制动时，由于旋转磁场与转子的相对转速（n_1+n）很高，故转子绕组中感生电流很大，致使定子绕组中的电流也很大，一般约为电动机额定电流的 10 倍左右。因此反接制动适用于 10kW 以下小容量电动机的制动，并且对 4.5kW 以上的电动机进行反接制动时，需在定子回路中串入限流电阻 R，以限制反接制动电流。限流电阻 R 的大小可参考下述经验计算公式进行估算：

在电源电压为 380V 时，若要使反接制动电流不大于电动机直接起动时的起动电流 I_{ST}，则三柜电路每相应串入的电阻 R 值可取为：

$$R=1.5\times\frac{220}{I_{ST}}(\Omega)$$

若使反接制动电流等于起动电流 I_{ST}，则每相串入的电阻 R'值可取为：

$$R'=1.3\times\frac{220}{I_{ST}}(\Omega)$$

如果反接制动时只在电源两相中串接电阻，则电阻值应加大，分别取上述电阻值的 1.5 倍。

（2）双向起动反接制动控制线路

双向起动反接制动控制线路如图 6－34 所示。该线路所用电器较多，其中 KM_1 既是正转运行接触器，又是反转运行时的反接制动接触器；KM_2 既是反转运行接触器，又是正转运行时的反接制动接触器；KM_3 作短接限流电阻 R 用；中间继电器 KA_1、KA_3 和接触器 KM_1、KM_3 配合完成电动机的正向起动。反接制动的控制要求；中间继电器 KA_2、KA_4 和接触器 KM_2、KM_3 配合完成电动机的反向起动、反接制动的控制要求；速度继电器 SR 有两对常开触头 SR_{-1}、SR_{-2}，分别作为控制电动机正转和反转时反接制动的时间；R 既是反接制动限流电阻，又是正反向起动的限流电阻。

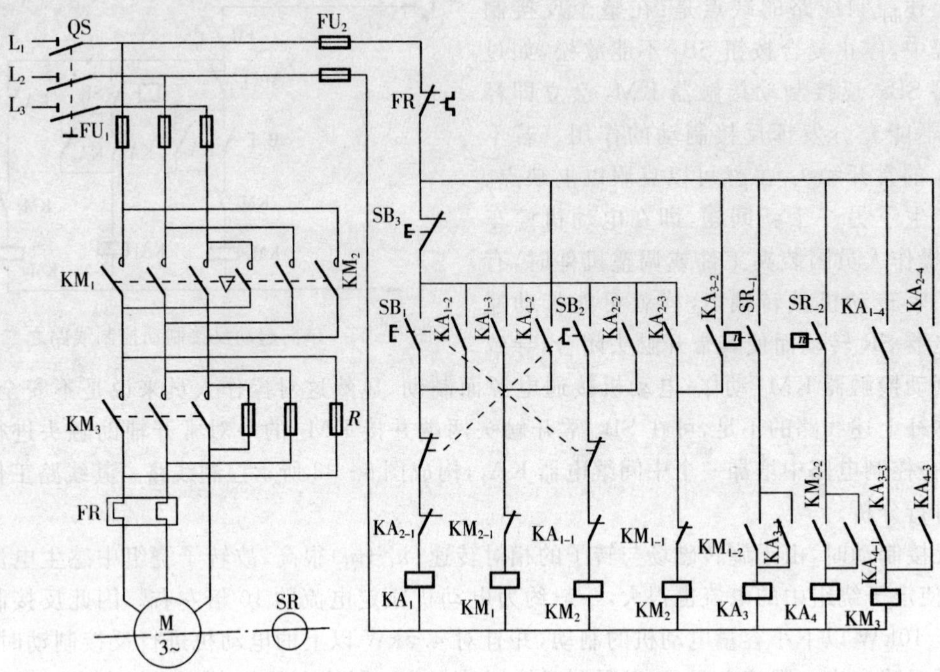

图 6-34　双向起动反接制动控制线路

线路的工作原理如下：先合上电源开关 QS，

正转起动运转：

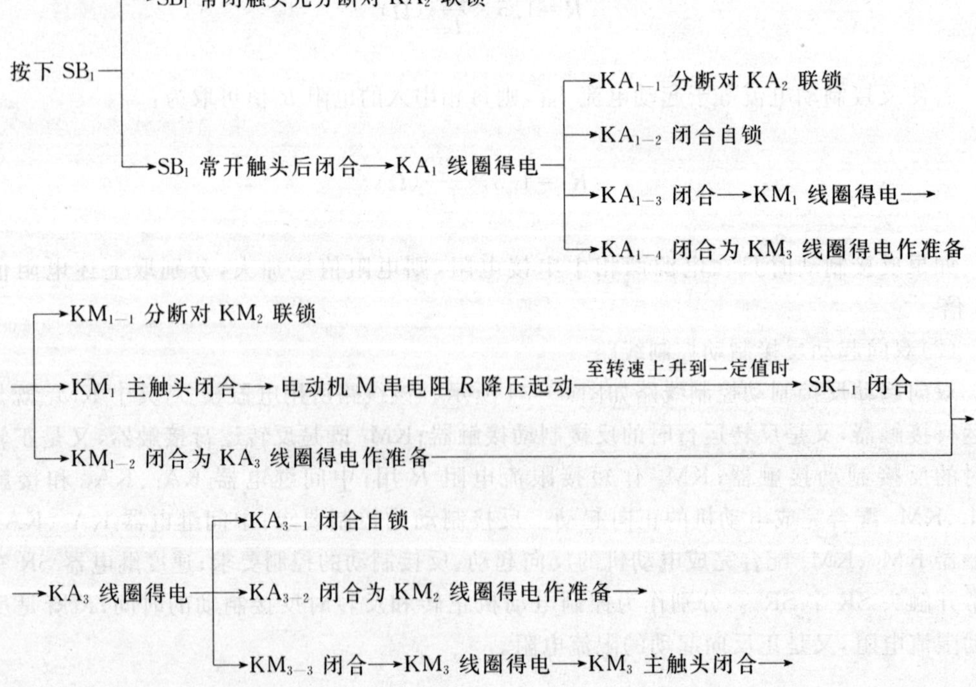

反接制动停转：

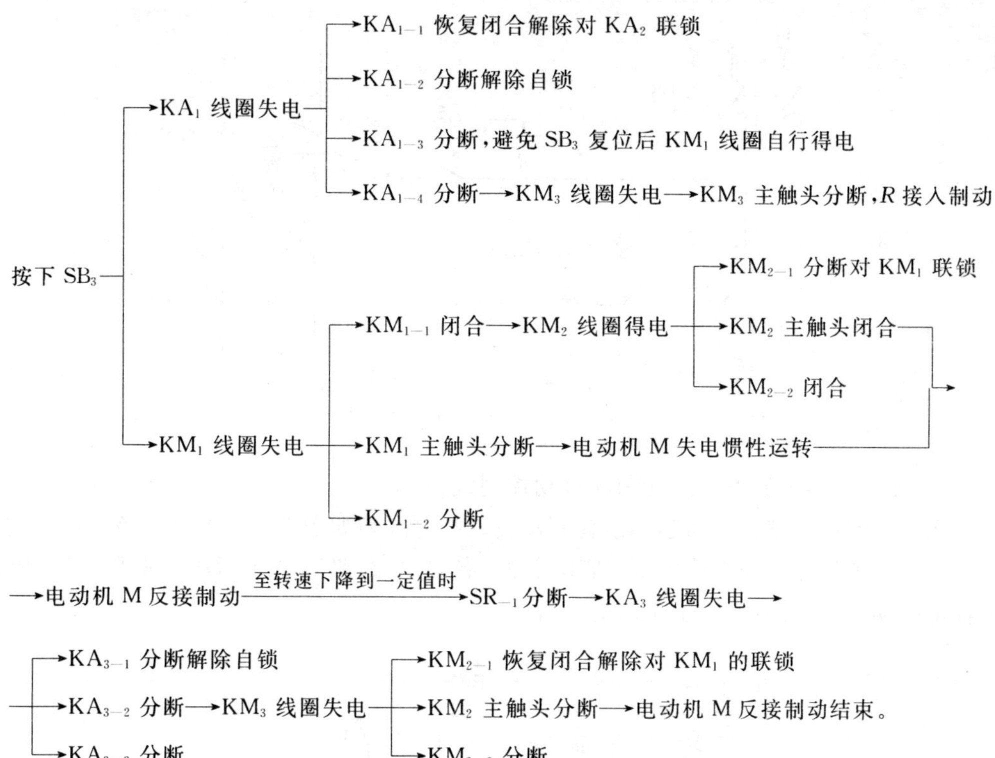

电动机的反向起动及反接制动控制是由起动按钮 SB_2、中间继电器 KA_2、KA_4、接触器 KM_2、KM_3、停止按钮 SB_3、速度继电器的常开触头 SR_{-2} 等电器来完成，其起动过程、制动过程和上述类同，可自行分析。

双向起动反接制动控制线路所用电器较多，线路也比较繁杂，但操作方便，运行安全可靠，是一种比较完善的控制线路。线路中的电阻 R 既能限制反接制动电流，又能限制起动电流；中间继电器 KA_3、KA_4 可避免停车时由于速度继电器 SR_{-1} 或 SR_{-2} 触头的偶然闭合而引起接通电源的不正常现象。

反接制动的优点是：制动力强，制动迅速。缺点是：制动准确性差，制动过程中冲击强烈，易损坏传动零件，制动能量消耗大，不宜经常制动。因此反接制动一般适用于制动要求迅速、系统惯性较大、不经常起动与制动的场合，如铣床、镗床、中型车床等主轴的制动控制。

2. 能耗制动

当电动机切断交流电源后，立即在定子绕组的任意二相中通入直流电，迫使电动机迅速停转的方法叫能耗制动。其制动原理如图 6-35 所示。

先断开电源开关 QS_1，切断电动机的交流电源，这时转子仍沿原方向惯性运转；随后立即合上开关 QS_2，并将 QS_1 向下合闸，电动机 V、W 两相定子绕组通入直流电，使定子中产生一个恒定的静止磁场，这样使惯性运转的转子因切割磁力线而在转子绕组中产生感生电流，其方向用右手定则判断出上面为⊗、下面为⊙。转子绕组中一旦产生了感生电流，又立即受副静止磁场的作用，产生电磁转矩，用左手定则判断出此转矩的方向正好与电动机的转向相反，使电动机受制动迅速停转。由于这种制动方法是在定子绕组中通入直流电以消耗转子惯性运转的动能来进行制动的，所以称为能耗制动，又称动能制动。

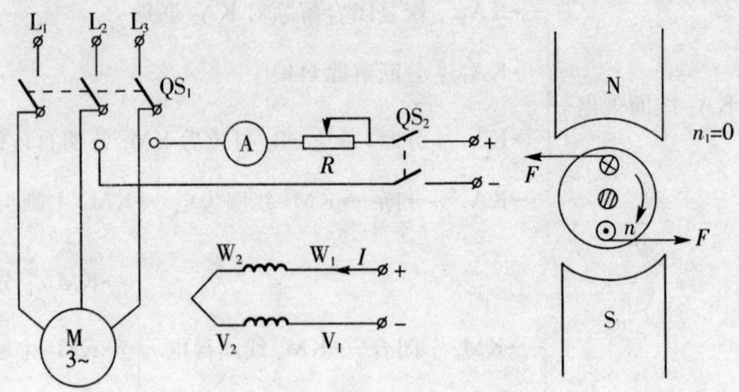

图 6－35　能耗制动原理图

(1)无变压器半波整流能耗制动自动控制线路

无变压器半波整流单向起动能耗制动自动控制线路如图 6－36 所示。该线路采用单只晶体管半波整流器作为直流电源，所用附加设备较少，线路简单，成本低，常用于 10kW 以下小容量电动机，且对制动要求不高的场合。

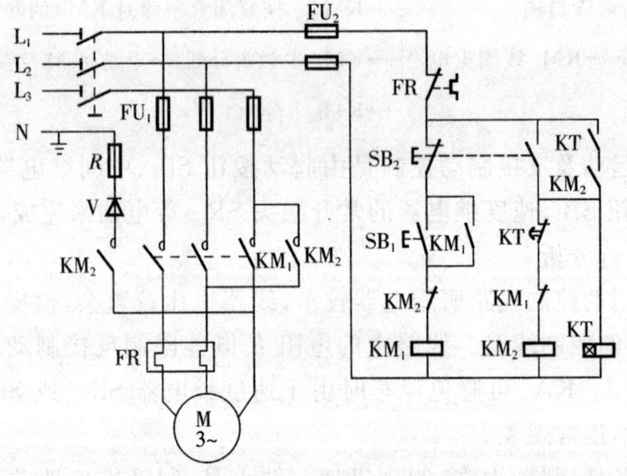

图 6－36　无变压器半波整流单向起动能耗制动控制线路

线路工作原理如下：先合上电源开关 QS，

单向起动运转：

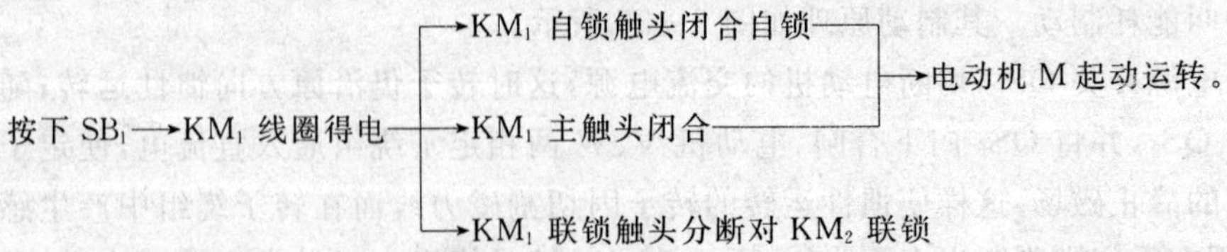

能耗制动停转：

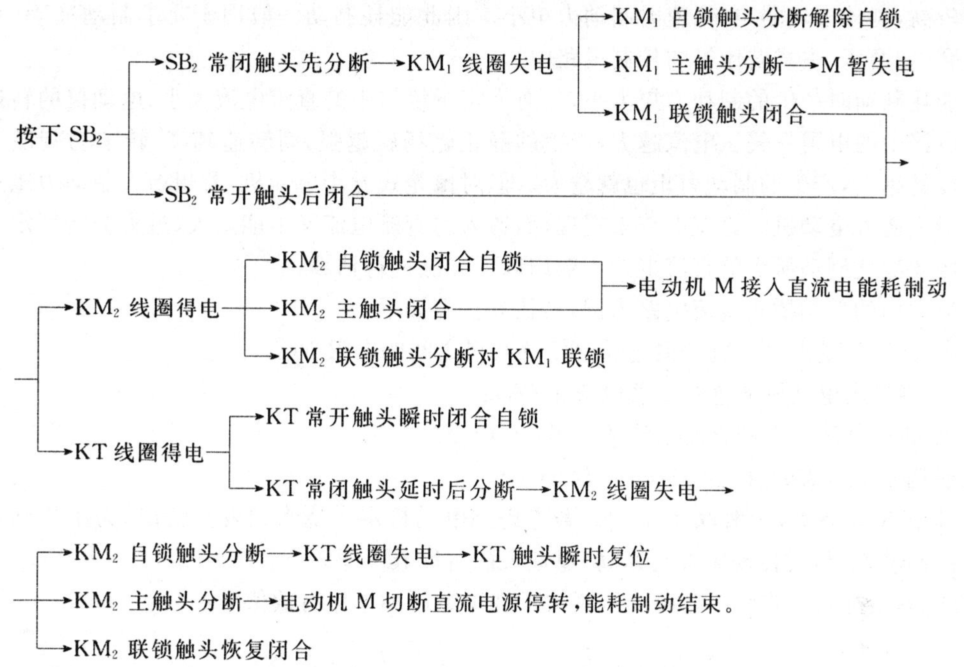

图中 KT 瞬时闭合常开触头的作用是当 KT 出现线圈断线或机械卡住等故障时，按下 SB_2 后能使电动机制动后脱离直流电源。

(2)有变压器全波整流能耗制动自动控制线路

对于 10kW 以上容量较大的电动机，多采用有变压器全波整流能耗制动自动控制线路。如图 6 - 37 所示为有变压器全波整流单向起动能耗制动自动控制线路，其中直流电源由单相桥式整流器 VC 供给，TC 是整流变压器，电阻 R 是用来调节直流电流的，从而调节制动强度，整流变压器原边与整流器的直流侧同时进行切换，有利于提高触头的使用寿命。

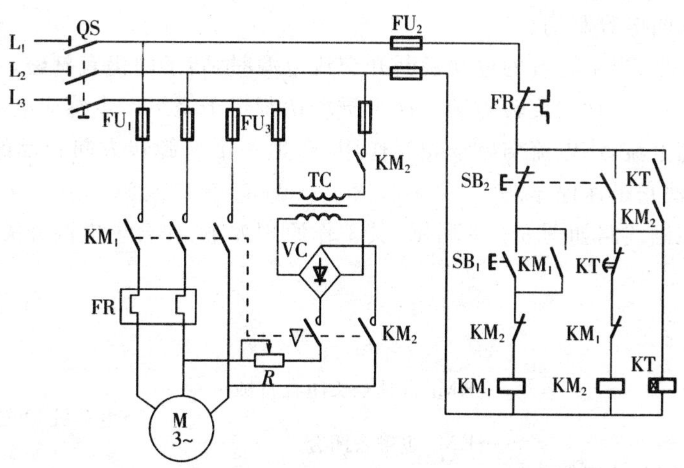

图 6 - 37　有变压器全波整流单向起动能耗制动控制线路

图 6 - 37 与图 6 - 35 的控制电路相同，所以其工作原理也相同，读者可自行分析。

能耗制动的优点是制动准确、平稳，能量消耗较小。缺点是需附加直流电源装置，设备费用较高，制动力较弱，在低速时制动力矩小。因此能耗制动一般用于要求制动准确、平稳的场合，如磨床、主式铣床等的控制线路中。

能耗制动时产生的制动力矩大小，与通入定子绕组中的直流电流大小、电动机的转速及转子电路中的电阻有关。电流越大，产生的静止磁场就越强，而转速越高，转子切割磁力线的速度就越大，产生的制动力矩也就越大。但对鼠笼式异步电动机，若想增大制动力矩只能通过增大通入电动机的直流电流来实现，而通入的直流电流又不能太大，过大会烧坏定子绕组。因此能耗制动所需的直流电源一般用以下方法进行估算。

以常用的单相桥式整流电路为例，其估算步骤如下：

① 首先测量出电动机三根进线中任意两根之间的电阻 $R(\Omega)$；

② 测量出电动机的进线空载电流 I_0(A)：

③ 能耗制动所需的直流电流 $I_2=KI_0$(A)

能耗制动所需的直流电压 $U_2=I_2R$(V)。

其中 K 是系数，一般取 3.5～4。若考虑到电动机定子绕组的发热情况，为了达到比较满意的制动效果，对传动装置转速高、惯性大的可取其上限。

④ 单相桥式全波整流电源变压器次级绕组电压和电流有效值为：

$$U_2=\frac{U_z}{0.9}(\text{V}) \qquad I_2=\frac{I_z}{0.9}(\text{A})$$

变压器计算容量为 $S=U_2I_2$(V·A)

考虑到制动不频繁，可取变压器实际容量为 $S'=\left(\frac{1}{3}\sim\frac{1}{4}\right)S(\text{V}\cdot\text{A})$

⑤ 可调电阻 $R=2\Omega$，电阻功率 $P_R=I_z^2R$(W)，实际选用时，电阻功率也可小些。

3. 电容制动

当电动机切断交流电源后，立即在电动机定子绕组的出线端接入电容器来迫使电动机迅速停转的方法叫电容制动。

其制动原理是：当旋转着的电动机断开交流电源时，转子内仍有剩磁。随着转子的惯性转动，有一个随转子转动的旋转磁场。这个磁场切割定子绕组产生感应电动势，并通过电容器回路形成感应电流，该电流与磁场相互作用，产生一个与旋转方向相反的制动转矩，对电动机进行制动，使它迅速停车。

电容制动控制线路如图 6-38 所示，其工作原理如下：先合上电源开关 QS，

起动运转：

电容制动停转：

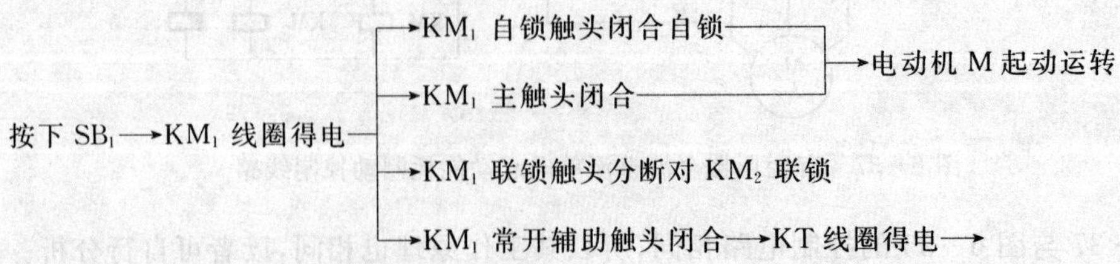

→KT 延时分断的常开触头瞬时闭合，为 KM₂ 得电作准备。

电容制动停转：

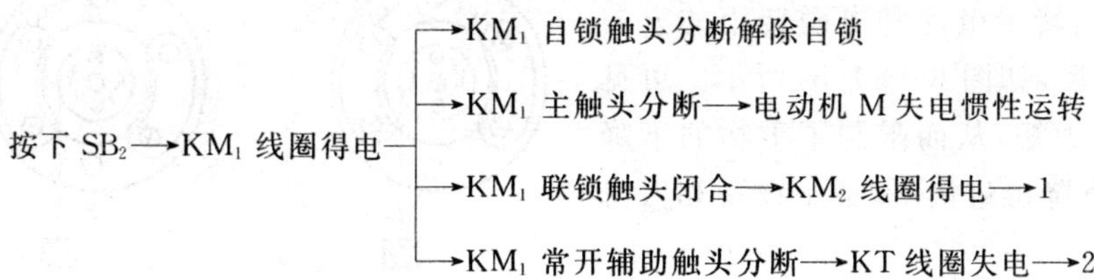

1 → KM_2 联锁触头分断对 KM_1 联锁
→ KM_2 主触头闭合 → 电动机 M 接入三相电容进行电容制动至停转。

2 —经 KT 整定时间→ KT 常开触头分断 → KM_2 线圈失电
→ KM_2 联锁触头恢复闭合
→ KM_2 主触头分断 → 三相电容被切除。

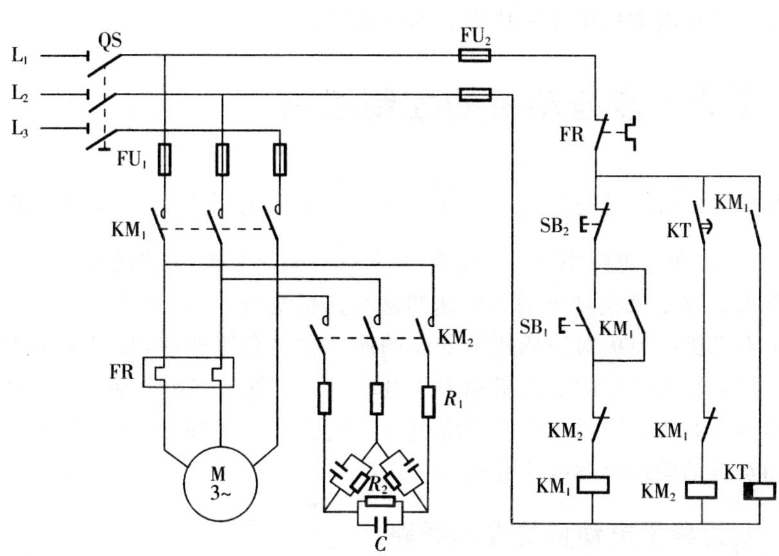

图 6 - 38　电容制动控制线路

实验说明，对于 5.5kW、△接法的三相异步电动机，无制动停车时间为 22s，采用电容制动后其停车时间仅需 1s。对于 5.5kW、Y 接法的三相异步电动机，无制动停车时间为 36s，采用电容制动后仅为 2s。所以电容制动是一种制动迅速、能量损耗小、设备简单的制动方法，一般用于 10kW 以下的小容量电动机，特别适用于存在机械摩擦和阻尼的生产机械和需要多台电动机同时制动的场合。

4. 发电制动（又称再生制动、回馈制动）

这种制动方法主要用在起重机械和多速异步电动机上。下面以起重机械为例说明其制动原理。

当起重机在高处开始下放重物时，电动机转速 n 小于同步转速 n_1，这时电动机处于电动运行状态，其转子电流和电磁转矩的方向如图 6 - 39(a) 所示。但由于重力的作用，在重物的下放过程中，会使电动机的转速 n 大于同步转速 n_1，这时电动机处于发电运行状态，转子相对于旋转磁场切割磁力线的运动方向发生了改变（沿顺时针），其转子电流和电磁转矩的方向都与电动运行时相反，如图 6-39(b)所示。可见电磁力矩变为制动力矩，从而限制了重物的下降速度，不至于重物下降得过快，保证了设备和人身安全。

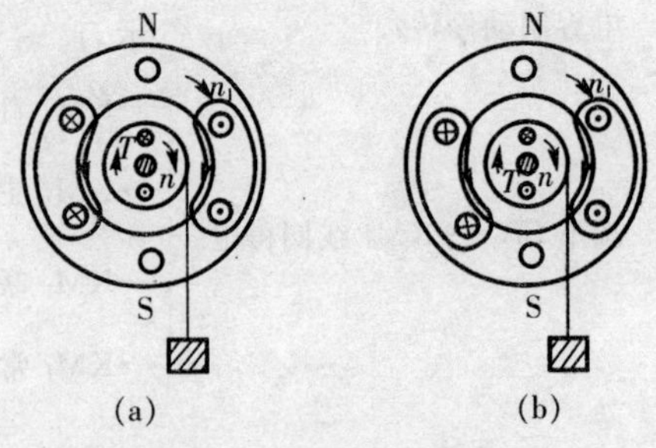

图 6-39　发电制动原理图

对多速电动机变速时，如使电动机由二级变为四级时，定子旋转磁场的同步转速 n_1，由 3000r/min 变为 1500r/min，而转子由于惯性仍以原来的转速 n（接近 3000r/min）旋转，此时 $n>n_1$，电动机产生发电制动作用。

发电制动是一种比较经济的制动方法。制动时不需改变线路即可从电动运行状态自动地转入发电制动状态，把机械能转换成电能再回馈到电网，节能效果显著。缺点是应用范围较窄，仅当电动机转速大于同步转速时才能实现发电制动。所以常用于起重机械在位能负载作用下和多速异步电动机由高速转为低速时的情况。

6.7　多速异步电动机的控制线路

由三相异步电动机的转速公式 $n=(1-s)\dfrac{60f_1}{p}$ 可知，改变异步电动机转速可通过三种方法来实现：一是改变电源频率 f_1；二是改变转差率 s；三是改变磁极对数 p。本节主要介绍通过改变磁极对数 p 来实现电动机调速的基本控制线路。

改变异步电动机的磁极对数调速称变极调速。它是有级调速，且只适用于鼠笼式异步电动机。凡磁极对数可改变的电动机称多速电动机。常见的多速电动机有双速、三速、四速等几种型式。变极调速是通过改变定子绕组的连接方式来实现的，下面就双速和三速异步电动机的起动及自动调速控制线路分析如下。

6.7.1　双速异步电动机的控制线路

1. 双速异步电动机定子绕组的联接

如图 6-40 所示为双速异步电动机定子绕组的△/YY 接线图。图中，三相定子绕组接成三角形，由三个连接点接出三个出线端 U_1、V_1、W_1，从每相绕组的中点各接出一个出线端 U_2、V_2、W_2，这样定子绕组共有六个出线端，通过改变这六个出线端与电源的连接方式，就可以得到两种不同的转速。要使电动机在低速工作时，就把三相电源分别接至定子绕组作三角形连接顶点的出线端 U_1、V_1、W_1 上，另外三个出线端 U_2、V_2、

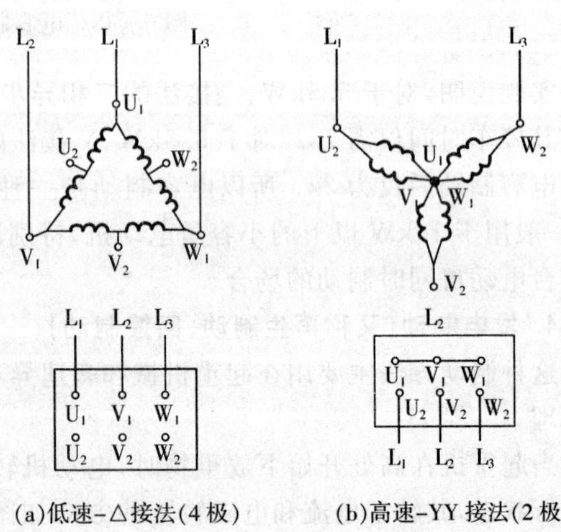

图 6-40　双速电动机三相定子绕组△/YY 接线圈

W_2 空着不接，如图 6－40(a)所示，此时电动机定子绕组接成△，设磁极为 4 极，则同步转速为 1500r/min；若要使电动机在高速工作时，就把三个出线端 U_1、V_1、W_1 接在一起，另外三个出线端 U_2、V_2、W_2 分别接到三相电源上，如图 6－40(b)所示，这时电动机定子绕组接成 YY，磁极为 2 极，同步转速为 3000r/min。可见双速电动机高速运转时的转速是低速运转转速的两倍。

2. 接触器控制双速电动机的控制线路

图 6－41 所示为用按钮和接触器控制的双速电动机的控制线路。其中 SB_1、KM_1 控制电动机低速运转；SB_2、KM_2、KM_3 控制电动机高速运转。

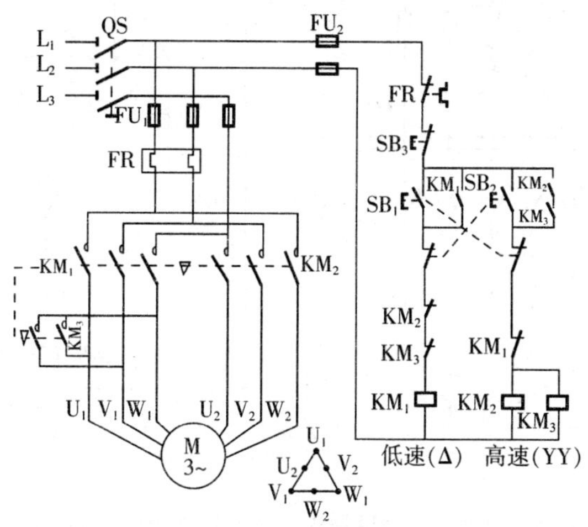

图 6－41　接触器控制双速电动机的控制线路

线路工作原理如下：先合上电源开关 QS，

低速起动运转：

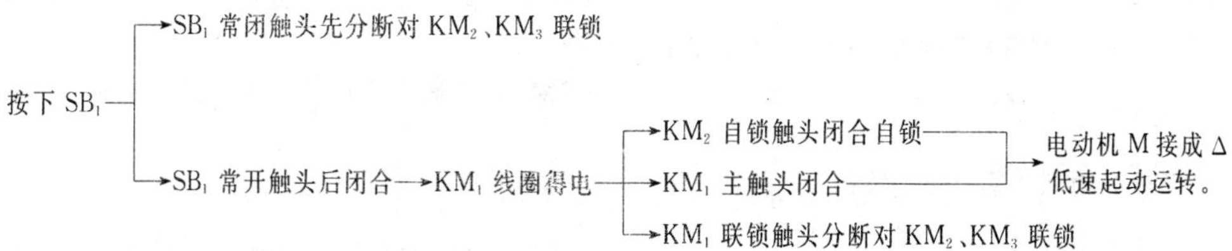

高速起动运转：

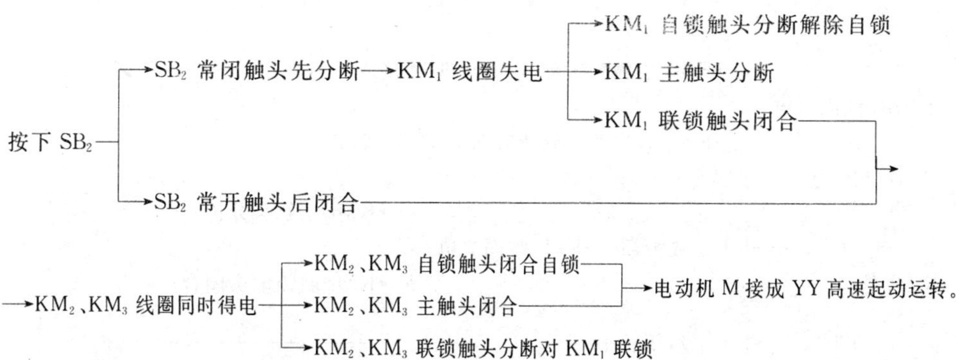

停转时，按下 SB_3 即可实现。

3. 时间继电器自动控制双速电动机的控制线路

图 6-42 所示为用时间继电器自动控制双速电动机的控制线路，其中 SA 是具有三个接点位置的转换开关；接触器 KM_1 控制电动机定子绕组接成△低速运转；KM_2、KM_3 控制电动机接成 YY 高速运转；时间继电器 KT 控制电动机△起动时间和△—YY 的自动换接运转。

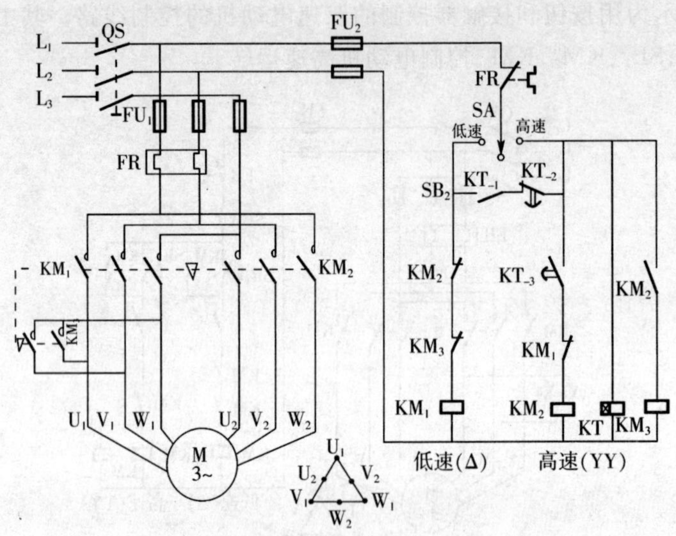

图 6-42　时间继电器控制双速电动机的控制线路

线路的工作原理如下：先合上电源开关 QS，

低速起动运转：

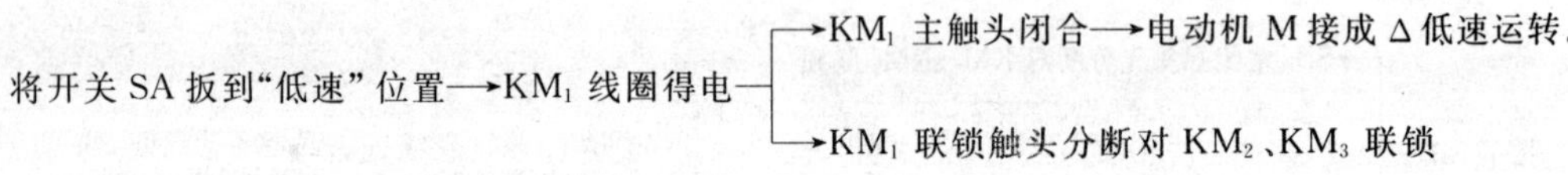

Δ 低速起动到 YY 高速运转：

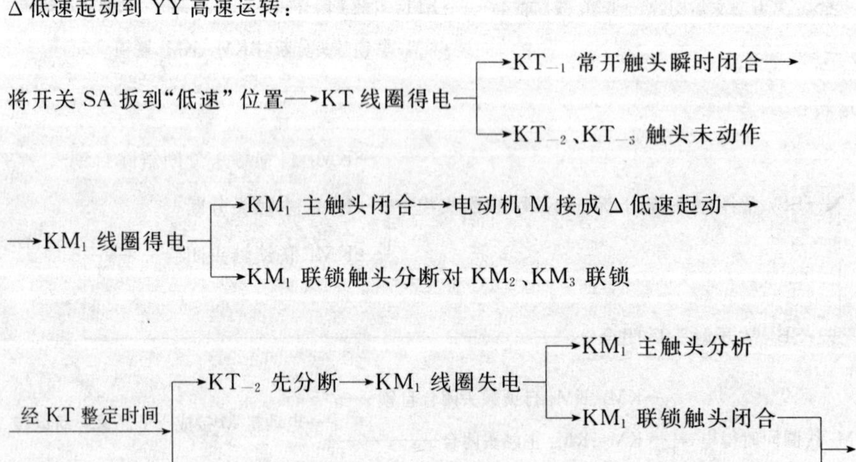

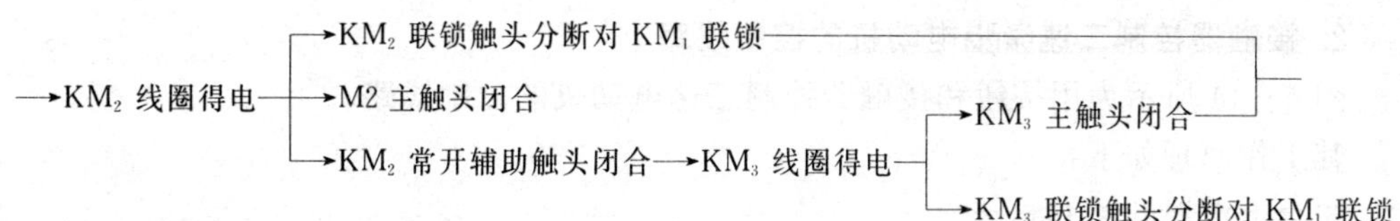

→电动机 M 接成 YY 高速运转。

停止时，把开关 SA 扳到中间位置即可。

6.7.2　三速异步电动机的控制线路

1. 三速异步电动机定子绕组的联接

三速异步电动机是在双速异步电动机的基础上发展起来的。它有两套定子绕组，分两层安放在定子槽内，第一套绕组（双速）有 7 个出线端 U_1、V_1、W_1、U_3、U_2、V_2、W_2，可作"△"或"YY"联接；第二套绕组单速有 3 个出线端 U_4、V_4、W_4，只作"Y"联接，如图 7－43(a)所示。当分别改变两套绕组的联接方式（即改变极对数）时，电动机就可以得到三种不同的运转速度。三速异步电动机定子绕组接线方法见表 6－2 和图 6－43(a)、(c)、(d)所示。

表 6－2　三速异步电动机定子绕组接线方法

转　速	电　源　接　线			并　头	连接方式
	L_1	L_2	L_3		
低　速	U_1	V_1	W_1	U_3W_1	△
中　速	U4	V4	W4	—	Y
高　速	U_2	V_2	W_2	$U_1V_1W_1U_3$	YY

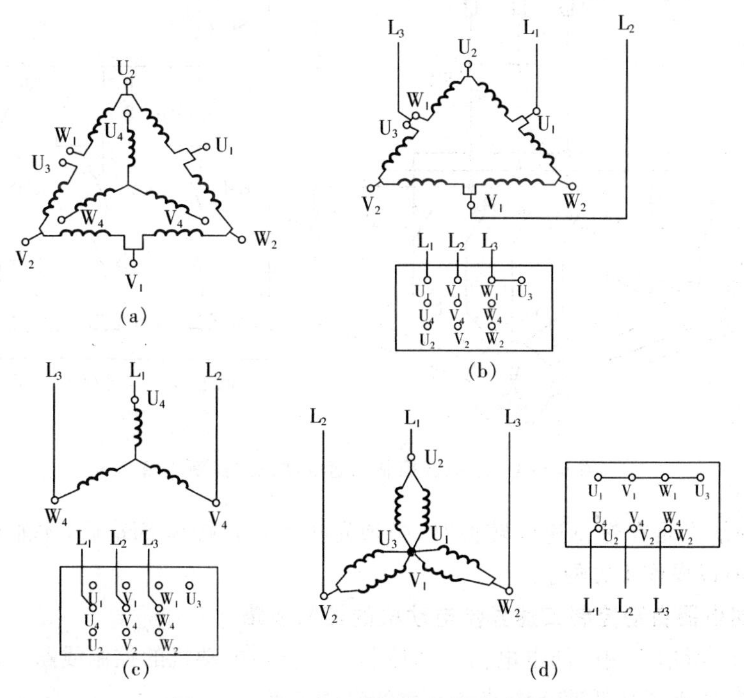

图 6－43　三速电动机定子绕组接线图

(a)三速电动机的两套绕组　(b)低速-△接法　(c)中速-y 接法　(d)高速-YY 接法

2. 接触器控制三速异步电动机的控制线路

图 6－44 所示为用按钮和接触器控制三速电动机的控制线路。

其工作原理如下：

先合上电源开关 QS，

低速起动运转：

按下 SB_1→接触器 KM_1 线圈得电，触头动作→电动机 M 第一套定子绕组出线端 U_1、V_1、W_1（U_3 通过 KM_1 常开触头与 W_1 并接）与三相电源接通→电动机 M 接成△低速运转。

低速转为中速运转：

先按下停止按钮 SB_4→KM_1 线圈失电，触头复位→电动机 M 失电，再按下 SB_2→KM_2 线圈得电，触头动作→电动机 M 第二套定子绕组出线端 U_4、V_4、W_4 与三相电源接通→电动机 M 接成 Y 中速运转。

中速转为高速运转：

先按下 SB_4→KM_2 线圈失电，触头复位→电动机 M 失电

再按下 SB_3→KM_3 线圈得电，触头动作→电动机 M 第一套定子绕组出线端 U_2、V_2、W_2 与三相电源接通（U_1、V_1、W_1、U_3 则通过 KM_3 的三对常开触头并接）→电动机 M 接成 YY 高速运转。

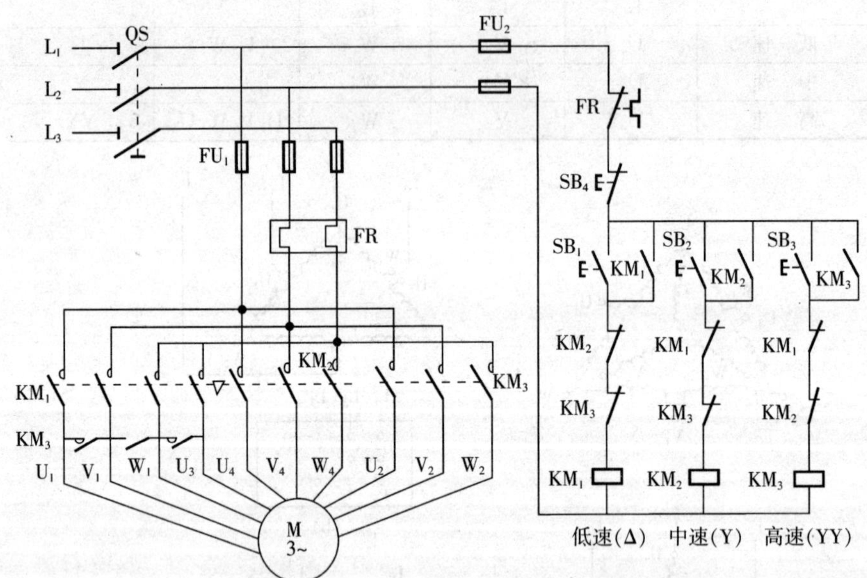

图 6－44　接触器控制三速电动机的控制线路

该线路的缺点是在进行速度转换时，必须先按下停止按钮 SB_4 后，才能再按相应的起动按钮变速，所以操作不方便。

3. 时间继电器自动控制三速异步电动机的控制线路

如图 6－45 所示为用时间继电器自动控制三速异步电动机的控制线路。该线路采用时间继电器控制，实现了从低速→中速→高速的自动变换。

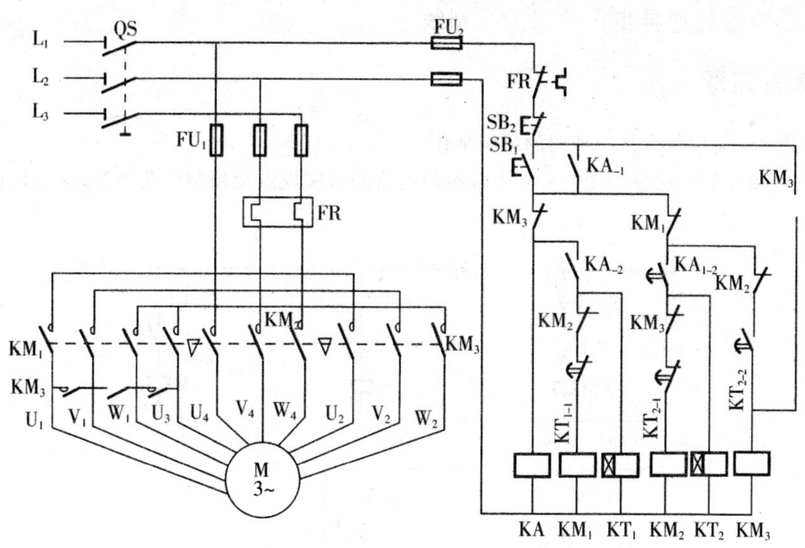

图 6-45　时间继电器自动控制三速异步电动机的控制线路

其工作原理如下：先合上电源开关 QS，

按下 SB_1 → KA 线圈得电 →
- → KA_{-1} 闭合自锁
- → KA_{-2} 闭合 →
  - → KM_1 线圈得电 →
    - → KM_1 联锁触头分断对 KM_2、KM_3 联锁
    - → KM_1 主触头闭合 → 电动机 M 接成 Δ 低速运转
  - → KT_1 线圈得电 —经 KT_1 整定时间→

→
- → KT_{-1} 先分断 → KM_1 线圈失电 →
  - → KM_1 主触头分 断 → 电动机 M 失电
  - → KM_1 联锁触头恢复闭合 —
- → KT_{-2} 后闭合 —
→

→
- → KM_2 线圈得电 →
  - → KM_2 两对联锁触头分断对 KM_1、KM_3 联锁
  - → KM_2 主触头闭合 → 电动机 M 接成 Y 中速运转
- → KT_2 线圈得电 —经 KT_3 整定时间→
  - → KT_{2-1} 先分断 → KM_2 线圈失电 →
    - → KM_2 主触头分断
    - → 电动机 M 失电
    - → KM_2 联锁触头恢复闭合 —
  - → KT_{2-2} 后闭合 —

→ KM_3 线圈得电 →
- → KM_3 自锁触头闭合自锁
- → KM_3 两对联锁触头分断对 KM_1、KM_2 的联锁
- → KM_3 主触头及常开辅助触头闭合

→ 电动机 M 接 YY 高速转动。

需停止时，按下 SB_2 即可实现。

思考题与习题

1. 绘制、识读电气控制线路原理图的原则是什么?

2. 什么是点动控制? 试分析图 6-46 中各控制电路能否实现点动控制? 若不能,试分析说明原因,并加以改正。

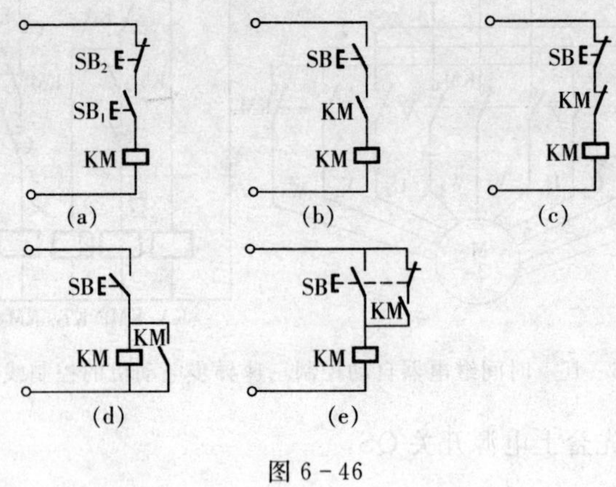

图 6-46

3. 什么叫自锁控制? 为什么说接触器自锁控制线路具有欠压和失压保护作用?

4. 试标出图 6-47 所示自锁控制电路中各电器元件的文字符号,检查各电路的接线有无错误,并加以改正。

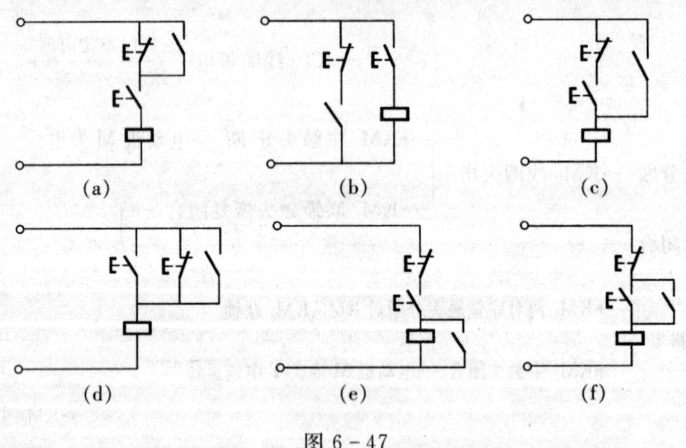

图 6-47

5. 在电动机的控制线路中能否用热继电器来实现短路保护? 为什么?

6. 按下列要求画出三相笼型异步电动机的控制线路:

(1)既能点动又能连续运转;(2)能正反转控制;(3)能在两处起停;(4)有必要的保护。

7. 设计一台电动机起动的控制电路,要求满足以下功能:

(1)采用手动和自动降压起动;

(2)能实现连续运转和点动控制,且要求当点动工作时处于降压运行状态;

(3)具有必要的联锁与保护环节。

8. 在接触器联锁正反转控制线路中,为什么必须在控制电路中接入联锁触头?

9. 试画出点动的双重联锁正反转控制线路。

10. 在图 6-48 中，要求按下起动按钮后能依次完成下列动作：

(1)运动部件 A 从 1 到 2；

(2)接着 B 从 3 到 4；

(3)接着 A 从 2 回到 1；

(4)接着 B 从 4 回到 3。

试画出电气控制线路。(提示：用四个位置开关，装在原位和终点)。

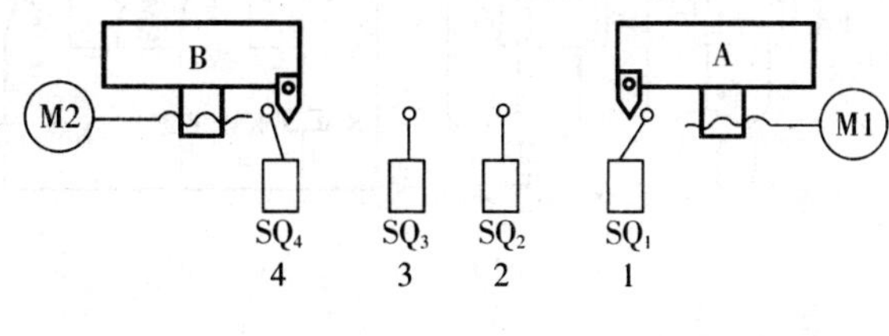

图 6-48

11. 如在上题中完成上述动作后能自动循环工作，试画出控制电路。

12. 设计一个控制三台三相异步电动机的控制电路，要求 M1 起动 20s 后，M2 自行起动，运行 5s 后，M1 停转，同时 M3 起动，再运行 5s 后，三台电动机全部停转。

13. 今要求三台鼠笼式异步电动机 M1、M2、M3 按下列顺序依次起动：M1 起动后，M2 才能起动；M2 起动后，M3 才能起动。并要求同时停止，试画出控制线路。

14. 某机床的主轴和润滑油泵分别由两台三相鼠笼式异步电动机来带动。并要求：

(1)油泵电动机起动后主轴电动机才能起动；

(2)主轴电动机能正反转，并能单独停车；

(3)具有短路、过载、欠压及失压保护。试画出其控制线路。

15. 图 6-49 是两条皮带运输机的示意图。请按下述要求画出两条皮带运输机的电气控制线路。

(1)1 号起动后，2 号才能起动；

(2)1 号必须在 2 号停止后才能停止；

(3)具有短路、过载、欠压及失压保护。

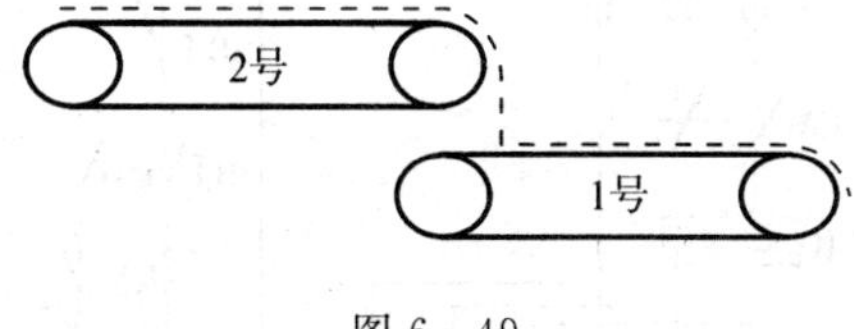

图 6-49

16. 设计一小车运行的电路图，要求动作过程如下：

(1)小车由原位开始前进，到终端后自动停止。

(2)在终端停留 2min 后，自动返回原位停止。

(3)在前进或后退途中任意位置都能停止或再起动。

17. 图 6-50 所示控制线路可实现以下控制要求：

(1)M1、M2 可以分别起动和停止；

(2)M1、M2 可以同时起动、同时停止；

(3)当一台电动机发生过载时，两台电动机能同时停止。试分析叙述线路的工作原理。

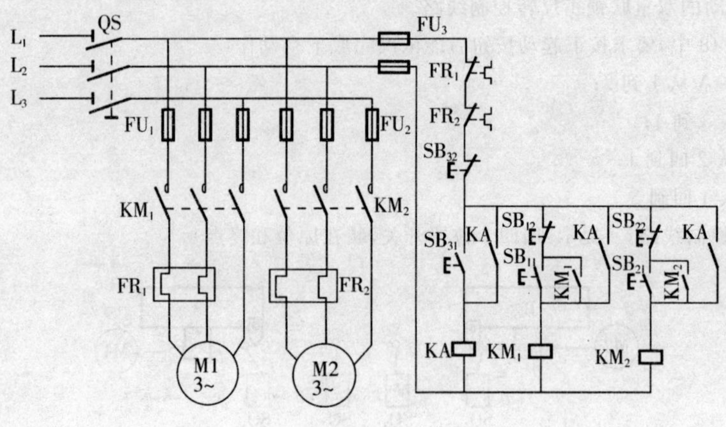

图 6-50

18. 什么叫降压起动？常用的降压起动方法有哪四种？

19. 画出图 6-22(d)用时间继电器自动控制电动机定子绕组串联电阻降压起动的控制线路，并叙述其工作原理。

20. 什么叫电力制动？常用的电力制动方法有哪几种？简要说明各种制动的原理。

21. 双速电动机高速运行时通常须先低速起动而后转入高速运行，这是为什么？

22. 图 6-51 是 Y-Δ 降压起动控制线路。检查图中哪些地方画错了？请把错处改正过来，并按改正后的线路叙述工作原理。

23. 现有一台双速笼型感应电动机(具有低速起动→低速运行和低速起动→高速运行两种起动、运行状态)，试按下列要求设计电路图：

(1)分别由两个按钮控制电动机的高速起动和低速起动，由同一个按钮控制电动机停止。

(2)电动机高速起动时，先接成低速，经延时后自动换接成高速。

(3)具有必要的保护。

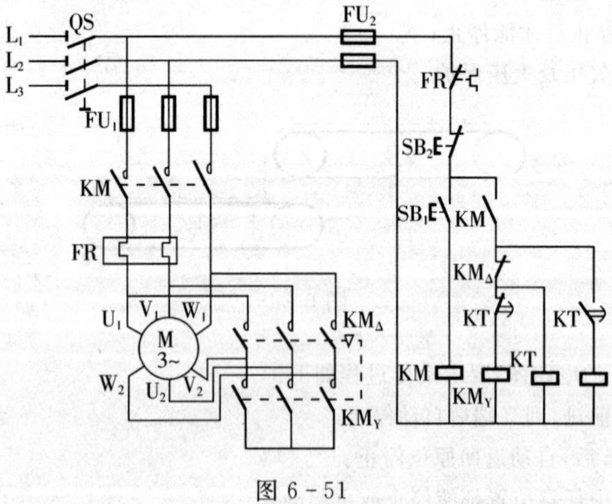

图 6-51

第 7 章

常用机床的电气控制

内容提要与学习要求:

本章通过对一些典型设备电气控制电路的分析,使读者掌握其分析方法,提高阅读电气图的能力;加深对电气控制设备中机械、液压与电气综合控制的理解;培养分析与解决电气控制设备电气故障的能力。掌握各种常用机床的电气控制线路的分析方法,为进一步学习电气控制电路的设计、安装、维护等技术打下基础。

机床的电气控制，不仅要求能够实现起动、制动、反向和调速等基本要求，更要满足生产工艺的各项要求，还要保证机床各运动的准确和相协调，具有各种保护装置，工作可靠，实现操作自动化等。

学习与分析机床电气控制电路时，应注意以下几个问题：

① 了解机床的基本结构、运动形式、加工工艺要求，明确控制要求。

② 了解机床机、电、液压等之间的配合关系。

③ 先分析主电路，了解整个电力拖动系统的组成，分析电动机的起动、运行、调速、制动等控制要求，分析电路或电动机的保护。接着分析控制电路。分析控制电路时，将整个控制电路按功能不同分成若干局部控制电路，逐一分析。分析时应注意各局部电路之间的联锁与互锁关系，然后再统观整个电路，形成一个整体概念。最后分析电气原理图中的其他辅助电路。

7.1 C650-2卧式车床电气控制电路

卧式车床是机械加工中广泛使用的一种机床，可以用来加工各种回转表面、螺纹和端面。卧式车床通常由一台主电动机拖动，经由机械传动链，实现切削主运动和刀具进给运动的输出，其运动速度由变速齿轮箱通过手柄操作进行切换。刀具的快速移动、冷却泵和液压泵等，常采用单独电动机驱动。不同型号的卧式车床，其主电动机的工作要求不同，因而由不同的控制电路构成，但是由于卧式车床运动变速是由机械系统完成的，且机床运动形式比较简单，相应的控制电路也比较简单。

C650-2型卧式车床型号的含义为：

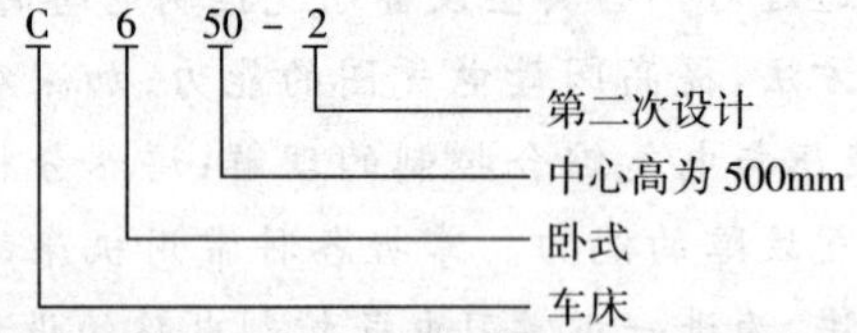

7.1.1 车床结构及运动形式

C650-2卧式车床属于中型车床，机床的结构形式如图7-1所示，图7-2为加工示意图。

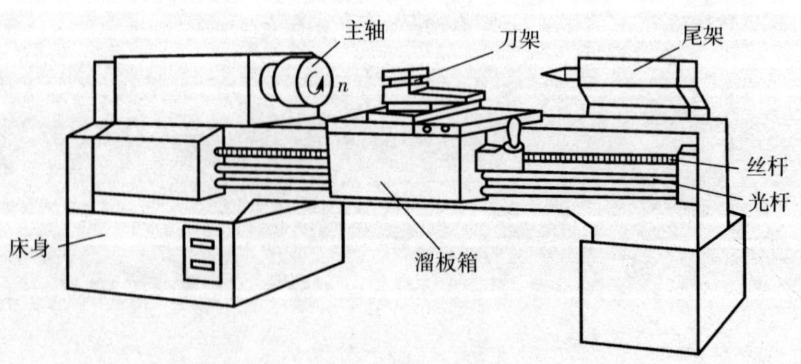

图7-1 卧式车床结构示意图

车床加工时，安装在床身上的主轴箱中的主轴转动，带动夹在其端头的工件转动；刀具安装在刀架上，与滑板一起随溜板箱沿主轴轴线方向实现进给移动。

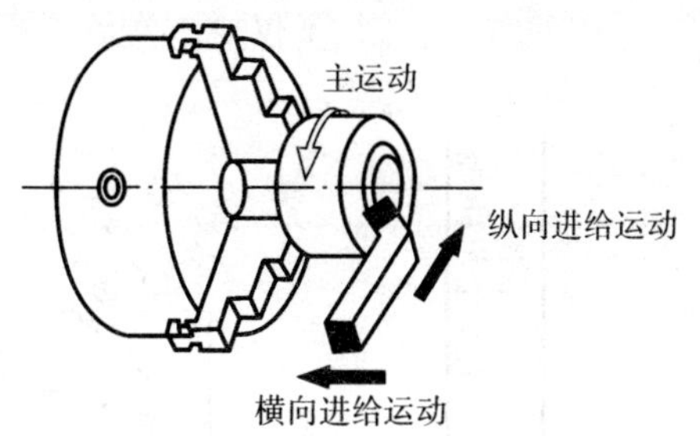

图 7-2　车床的加工示意图

车床的主运动为主轴通过卡盘带动工件的旋转运动；进给运动是溜板带动刀架的纵向和横向直线运动，其中纵向运动是指相对操作者向左或向右的运动，横向运动是指相对于操作者向前或向后的运动；辅助运动包括刀架的快速移动、工件的夹紧与松开等。

7.1.2　电力拖动及控制要求

C650-2 车床对电力拖动及控制的要求是：

(1)正常加工时一般不需反转，但加工螺纹时需反转退刀，且工件旋转速度与刀具的进给速度要保持严格的比例关系，为此主轴的转动和溜板箱的移动由同一台电动机拖动。主电动机 M1(功率为 20kW)，电动机采用直接起动的方式，可正反两个方向旋转，为加工调整方便，还具有点动功能。由于加工的工件比较大，加工时其转动惯量也比较大，需停车时不易立即停止转动，必须有停车制动的功能。C650-2 车床的正反向停车采用速度继电器控制的电源反接制动。

(2)电动机 M2 拖动冷却泵。车削加工时，刀具与工件的温度较高，需设一冷却泵电动机，实现刀具与工件的冷却。冷却泵电动机 M2 单向旋转，采用直接起动、停止的方式，且与主电动机有必要的联锁保护。

(3)快速移动电动机 M3。为减轻工人的劳动强度和节省辅助工作时间，利用 M3 带动刀架和溜板箱快速移动。电动机可根据使用需要，随时手动控制起停。

(4)采用电流表检测电动机负载情况。

(5)车削加工时，因被加工的工件材料、性质、形状、大小及工艺要求不同，且刀具种类也不同，所以要求切削速度也不同，这就要求主轴有较大的调速范围。车床大多采用机械方法调速，变换主轴箱外的手柄位置，可以改变主轴的转速。

7.1.3　车床电气控制系统分析

C650-2 型普通车床的电气控制系统原理如图 7-3 所示。

1. 主电路分析

图 7-3 所示的主电路中有三台电动机，隔离开关 QS 将三相电源引入，电动机 M1 电路接线分为三部分，第一部分由正转控制交流接触器 KM_1 和反转控制交流接触器 KM_2 的两组主触点构成电动机的正反转接线；第二部分为电流表 A 经电流互感器 TA 接在主电动机 M1 的动力回路上，以监视电动机绕组工作时的电流变化。为防止电流表被起动电流冲击损坏，利用一时间继电器的延时动断触点，在起动的短时间内将电流表暂时短接；第三部分为一串联电阻限流控制部分，交流接触器 KM_3 的主触点控制限流电阻 R 的接入和切除，在进行点动调整时，为防止连续的起动电流造成电动机过载，串入限流电阻 R，保证电路设备正常工作。速度继电器 KV 的速度检测部分与电动机的主轴同轴相连，在停车制动过程中，

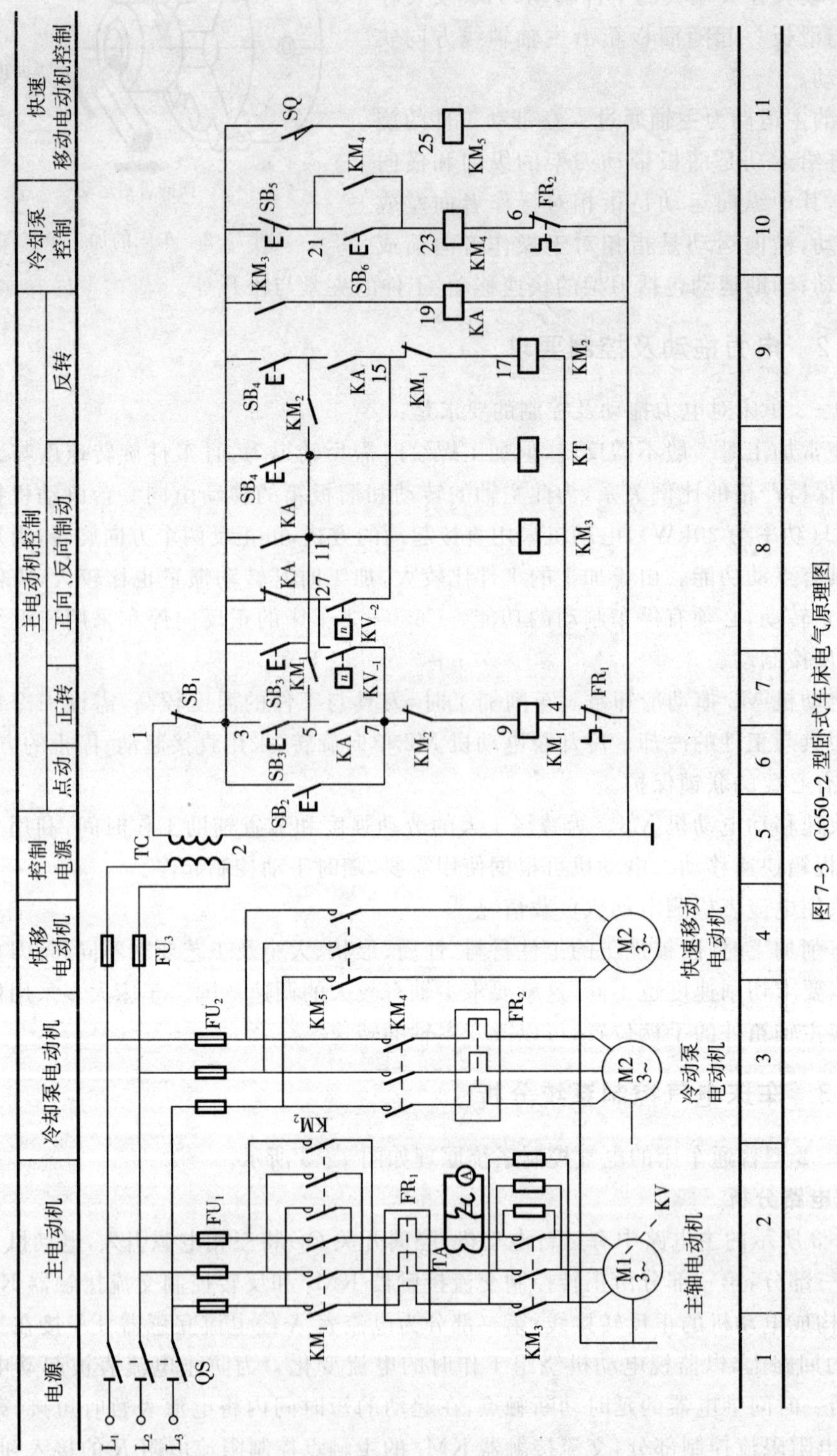

图7-3 C650-2 型卧式车床电气原理图

当主电动机转速接近零时，其动合触点可将控制电路中反接制动相应电路切断，完成停车制动。

电动机 M2 由交流接触器 KM_4 的主触点控制其电源的接通与断开；电动机 M3 由交流接触器 KM_5 控制。

为保证主电路的正常运行，主电路采用熔断器实现短路保护、采用热继电器对电动机进行过载保护。

2. 控制电路分析

(1)主电动机 M1 的点动调整控制

调整车床时，要求主电动机点动控制。线路中 KM_1 为 M1 电动机的正转接触器；KM_2 为反转接触器；KA 为中间继电器。工作过程如下：

按下 SB_2→KM_1 线圈通电→主触点闭合，电动机经限流电阻接通电源，在低速下起动→松开 SB_2→KM_1 断电，电动机断开电源，停车。

(2)主电动机 M1 的正、反转控制

① 正转：按下起动按钮 SB_3→KM_3 和 KT 线圈通电→KM_3 主触点动作使电阻被短接→KM_3 动合辅助触点闭合使 KA 通电→KA 动合辅助触点闭合(5—7)使接触器 KM_1 通电，电动机在全压下起动。KM_1 动合辅助触点(5—11)闭合、KA 的触点(3—11、5—7)闭合使 KM_1 自锁。

② 反转：起动按钮为 SB_4，控制过程与正转类似。KM_1 和 KM_2 的动断辅助触点分别串在对方的接触器线圈的回路中，起正反转的互锁作用。

(3)主电动机 M1 的反接制动控制

C650 车床采用速度继电器实现主电动机停车的反接制动。下面以正转为例分析反接制动的过程。

设主电动机原为正转运行，停车时按下停止按钮 SB_1→接触器 KM_3 断电→KM_3 主触点断开，限流电阻 R 串入主回路→KA 断电(3—11、5—7)断开→KM_1 断电，电动机断开正相序电源→KA 动断触点(3—27)闭合，由于此时电动机转速较高，KV_{-2} 为闭合状态，故 KM_2 通电，实现对电动机的电源反接制动→当电动机转速接近零时，KV_{-2} 动合触点断开，KM_2 断电，电动机断开电源，制动结束。

电动机反转时的制动与正转相似。

(4)刀架的快速移动与冷却泵控制

转动刀架快速移动手柄一压动限位开关 SQ→接触器 KM_5 通电，KM_5 主触点闭合，M3 接通电源起动。

M2 为冷却泵电动机，它的起动和停止通过按钮 SB_5 和 SB_6 来控制。

(5)其他辅助环节

监视主回路负载的电流表通过电流互感器接入。为防止电动机起动、点动和制动电流对电流表的冲击，电流表与时间继电器的延时动断触点并联。如起动时，KT 线圈通电，KT 的延时动断触点未动作，电流表被短接。起动后，KT 延时断开的动断触点打开，此时电流表接入互感器的二次回路对主回路的电流进行监视。

控制电路的电源通过控制变压器 TC 供电，使之更安全。此外，为便于工作，设置了工作照明灯。照明灯的电压为安全电压 36V(图中未画出)。

7.1.4 C650－2型卧式车床常见电气故障的诊断与检修

1. 主轴电动机不能起动

(1)M1主电路熔断器FU_1和控制电路熔断器FU_3熔体熔断,应更换。

(2)热继电器FR_1已动作过,动断触点未复位。要判断故障所在位置,还要查明引起热继电器动作的原因并排除。可能的原因有:长期过载;继电器的整定电流太小;热继电器选择不当。按原因排除故障后,将热继电器复位即可。

(3)控制电路接触器线圈松动或烧坏,接触器的主触点及辅助触点接触不良,应修复或更换接触器。

(4)起动按钮或停止按钮内的触点接触不良,应修复或更换按钮。

(5)各连接导线虚接或断线。

(6)主轴电动机损坏,应修复或更换。

2. 主轴电动机断相运行

按下起动按钮,电动机发出嗡嗡声不能正常起动,这是电动机断相造成的,此时应立即切断电源,否则易烧坏电动机。可能的原因是:

(1)电源断相。

(2)熔断器有一相熔体熔断,应更换。

(3)接触器有一对主触点没接触好,应修复。

3. 主轴电动机起动后不能自锁

故障原因是控制电路中自锁触点接触不良或自锁电路接线松开,修复即可。

4. 按下停止按钮主轴电动机不停止

(1)接触器主触点熔焊,应修复或更换接触器。

(2)停止按钮的动断触点被卡住,不能断开,应更换停止按钮。

5. 冷却泵电动机不能起动

(1)按钮SB_6触点不能闭合,应更换。

(2)熔断器FU_2熔体熔断,应更换。

(3)热继电器FR_2已动作过,未复位。

(4)接触器KM_4线圈或触点已损坏,应修复或更换。

(5)冷却泵电动机已损坏,应修复或更换。

6. 快速移动电动机不能起动

(1)行程开关SQ已损坏,应修复或更换。

(2)接触器KM_5线圈或触点已损坏,应修复或更换。

(3)快速移动电动机已损坏,应修复或更换。

7.2 M7130型平面磨床电气控制电路

磨床是用磨具和磨料(如砂轮、砂带、油石、研磨剂等)对工件的表面进行磨削加工的一种机床,它可以加工各种表面,如平面、内外圆柱面、圆锥面和螺旋面等。通过磨削加工,使工件的形状及表面的精度、粗糙度达到预期的要求;同时,它还可以进行切断加工。根据用途和采用的工艺方法不同，磨床可以分为平面磨床、外圆磨床、内圆磨床、工具磨床和各种专用磨床（如螺纹磨床、齿轮磨床、球面磨床、导轨磨床等），其中以平面磨床使用最多。平面磨床又分为卧轴和立轴、矩台和圆台四种类型，下面以 M7130 型卧轴矩台平面磨床为例介绍磨床的电气控制电路。

M7130 型平面磨床型号的含义为：

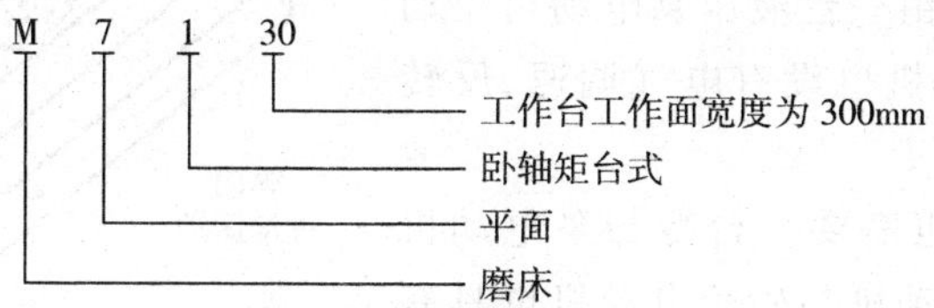

7.2.1　平面磨床的主要结构和运动形式

M7130 型卧轴矩形工作台平面磨床的主要结构包括床身、立柱、滑座、砂轮箱、工作台和电磁吸盘，如图 7-4 所示。磨床的工作台表面有 T 型槽，可以用螺钉和压板将工件直接固定在工作台上，也可以在工作台上装上电磁吸盘，用来吸持铁磁性的工件。平面磨床进行磨削加工的示意图如图 7-5 所示，砂轮与砂轮电动机均装在砂轮箱内，砂轮直接由砂轮电动机带动旋转；砂轮箱装在滑座上，而滑座装在立柱上。

磨床的主运动是砂轮的旋转运动，而进给运动则分为以下三种运动：

(1)工作台（带动电磁吸盘和工件）作纵向往复运动。

(2)砂轮箱沿滑座上的燕尾槽作横向进给运动。

(3)砂轮箱和滑座一起沿立柱上的导轨作垂直进给运动。

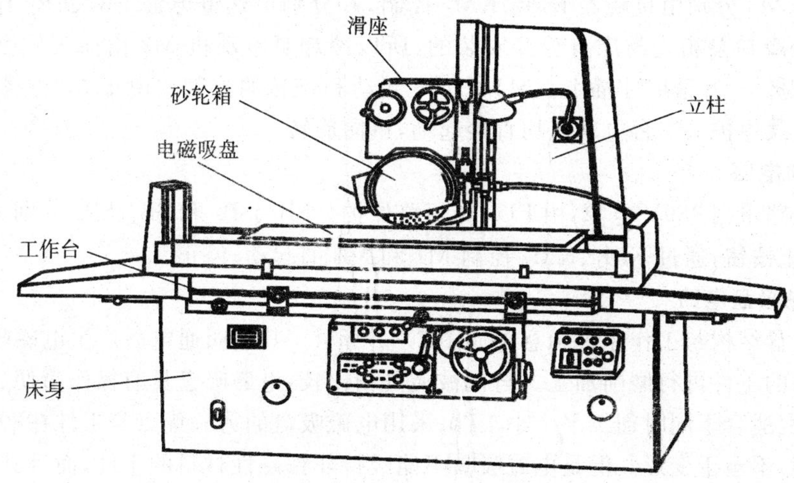

图 7-4　M7130 卧轴矩台平面磨床结构示意图

7.2.2　平面磨床的电力拖动形式和控制要求

M7130 型卧轴矩台平面磨床采用多台电动机拖动，其电力拖动和电气控制、保护的要求是：

(1)砂轮由一台笼型异步电动机拖动，因为砂轮的转速一般不需要调节，所以对砂轮电动机没有电气调速的要求，也不需要反转，可直接起动。

(2)平面磨床的纵向和横向进给运动一般采用液压传动，所以需要由一台液压泵电动机驱动液压泵，对液压泵电动机也没有电气调速、反转和降压起动的要求。

(3)同车床一样，也需要一台冷却泵电动机提供冷却液，冷却泵电动机与砂轮电动机也具有联锁关系，即要求砂轮电动机起动后才能开动冷却泵电动机。

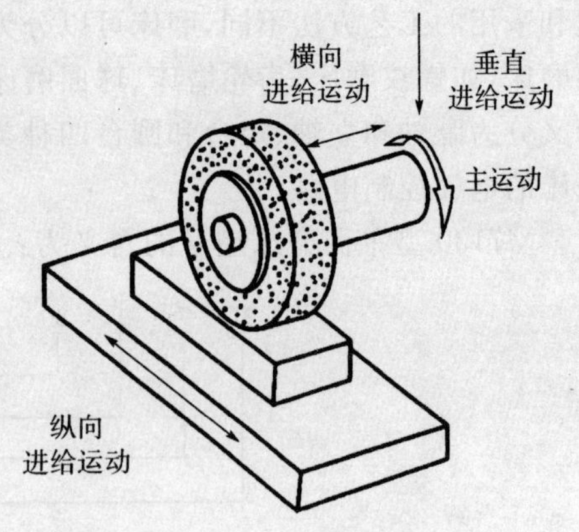

图 7-5 磨床的主运动和进给运动示意图

(4)平面磨床往往采用电磁吸盘来吸持工件。电磁吸盘要有退磁电路，同时，为防止在磨削加工时因电磁吸盘吸力不足而造成工件飞出，还要求有弱磁保护环节。

(5)具有各种常规的电气保护环节(如短路保护和电动机的过载保护)；具有安全的局部照明装置。

7.2.3 M7130 型平面磨床电气控制电路分析

M7130 型平面磨床的电气原理图如图 7-6 所示。

1. 主电路

三相交流电源由电源开关 QS 引入，由 FU_1 作全电路的短路保护。砂轮电动机 M1 和液压电动机 M3 分别由接触器 KM_1、KM_2 控制，并分别由热继电器 FR_1、FR_2 作过载保护。由于磨床的冷却泵箱是与床身分开安装的，所以冷却泵电动机 M2 由插头插座 X_1 接通电源，在需要提供冷却液时才插上。M2 受 M1 起动和停转的控制。由于 M2 的容量较小，因此不需要过载保护。三台电动机均直接起动，单向旋转。

2. 控制电路

控制电路采用 380V 电源，由 FU_2 作短路保护。SB_1、SB_2 和 SB_3、SB_4 分别为 M1 和 M3 的起动、停止按钮，通过 KM_1、KM_2 控制 M1 和 M3 的起动、停止。

3. 电磁吸盘电路

电磁吸盘结构与工作原理示意图如图 7-7 所示。其线圈通电后产生电磁吸力，以吸持铁磁性材料的工件进行磨削加工。与机械夹具相比较，电磁吸盘具有操作简便、不损伤工件的优点，特别适合于同时加工多个小工件；采用电磁吸盘的另一优点是工件在磨削时发热能够自由伸缩，不至于变形。但是电磁吸盘不能吸持非铁磁性材料的工件，而且其线圈还必须使用直流电。

如图 7-6 所示，变压器 T_1 将 220V 交流电降压至 127V 后，经桥式整流器 VC 变成 110V 直流电压供给电磁吸盘线圈 YH。SA_2 是电磁吸盘的控制开关，待加工时，将 SA_2 扳至右边的“吸合”位置，触点(301—303)、(302—304)接通，电磁吸盘线圈通电，产生电磁吸力将工件牢牢吸持。加工结束后，将 SA_2 扳至中间的“放松”位置，电磁吸盘线圈断电，可将工件取下。如果工件有剩磁难以取下，可将 SA_2 扳至左边的“退磁”位置，触点(301—305)、

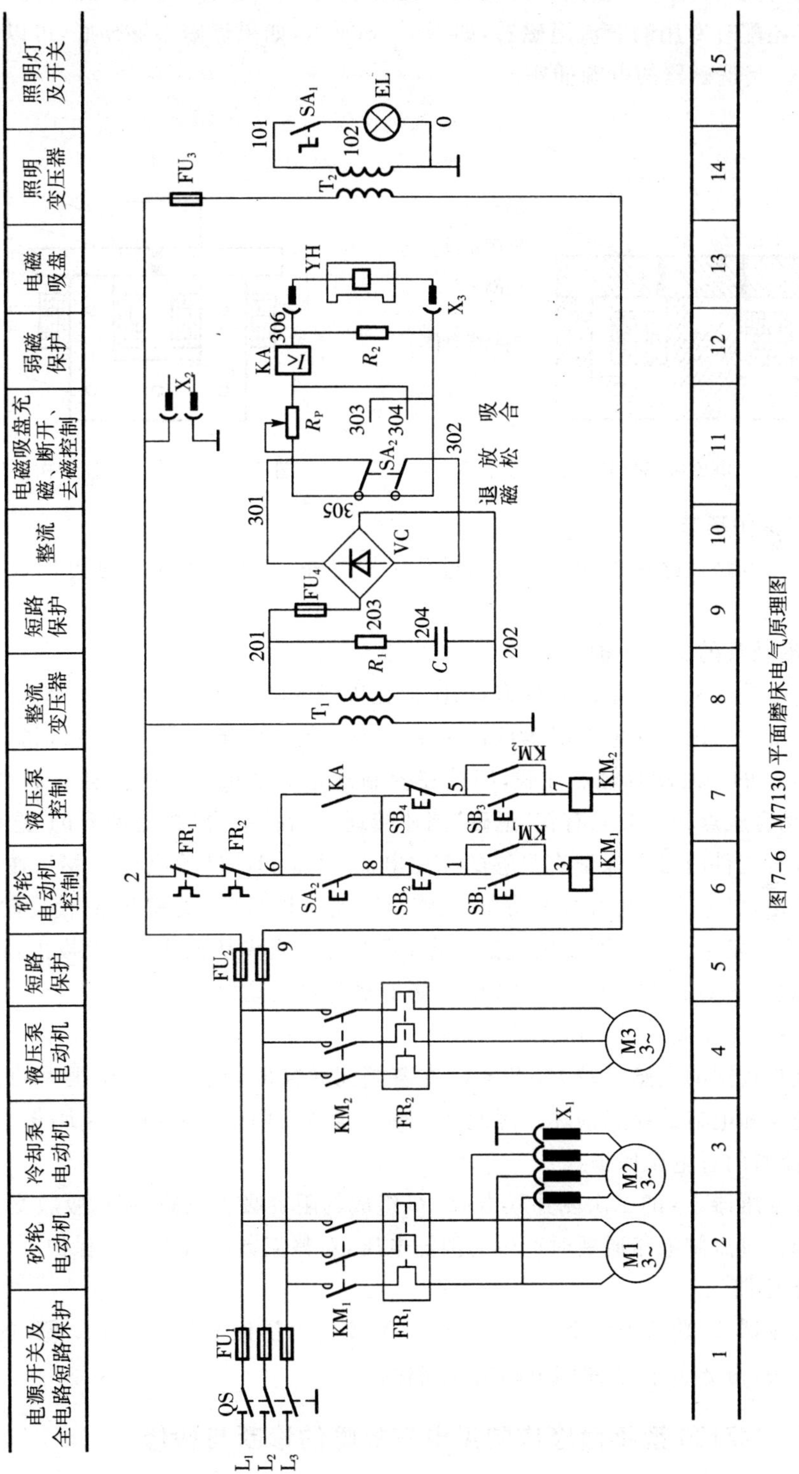

图 7-6 M7130 平面磨床电气原理图

(302—303)接通,可见此时线圈通以反向电流产生反向磁场,对工件进行退磁,注意这时要控制退磁的时间,否则工件会因反向充磁而更难取下。R_p用于调节退磁的电流。采用电磁吸盘的磨床还配有专用的交流退磁器,如图 7-8 所示,如果退磁不够彻底,可以使用退磁器退去剩磁,X_2 是退磁器的电源插座。

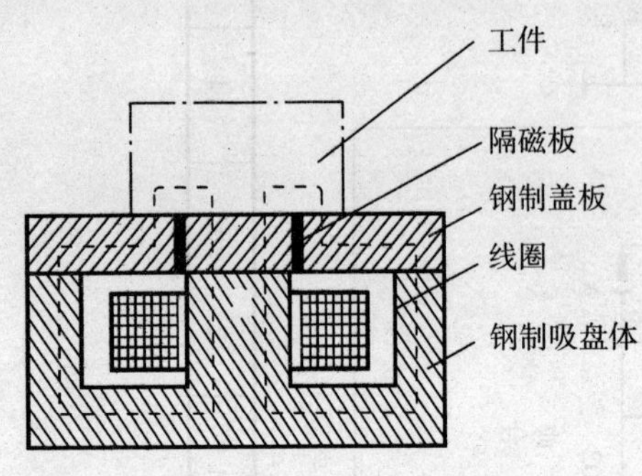

图 7-7 电磁吸盘结构与原理示意图

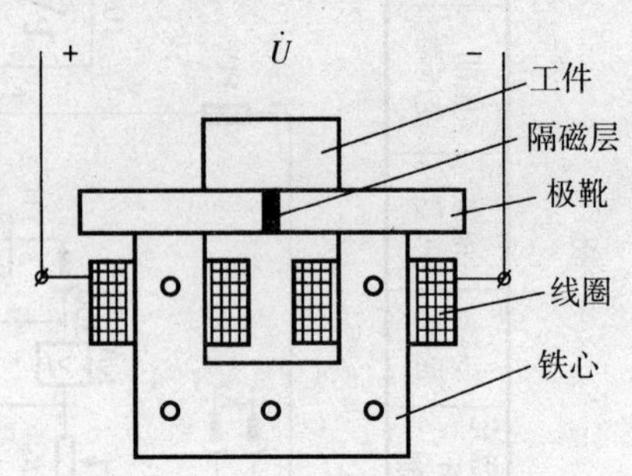

图 7-8 交流去磁器结构原理图

4. 电气保护环节

除常规的电路短路保护和电动机的过载保护之外,电磁吸盘电路还专门设有一些保护环节。

(1)电磁吸盘的弱磁保护

采用电磁吸盘来吸持工件有许多好处,但在进行磨削加工时一旦电磁吸力不足,就会造成工件飞出事故。因此在电磁吸盘线圈电路中串入欠电流继电器 KA 的线圈,KA 的动合触点上将 SA_2 的一对动合触点并联,串接在控制砂轮电动机 M1 的接触器 KM_1 线圈支路中,SA_2 的动合触点(6—8)只有在“退磁”挡才接通,而在“吸合”挡是断开的,这就保证了电磁吸盘在吸持工件时必须保证有足够的充磁电流,才能起动砂轮电动机 M1;在加工过程中一旦电流不足,欠电流继电器 KA 动作,能够及时地切断 KM_1 线圈电路,使砂轮电动机 M1 停转,避免事故发生。如果不使用电磁吸盘,可以将其插头从插座 X_3 上拔出,将 SA_2 扳至“退磁”挡,此时 SA_2 的触点(6—8)接通,不影响对各台电动机的操作。

(2)电磁吸盘线圈的过电压保护

电磁吸盘线圈的电感量较大,当 SA_2 在各挡间转换时,线圈会产生很大的自感电动势使线圈的绝缘和电器的触点损坏。因此在电磁吸盘线圈两端并联电阻器 R_2 作为放电回路。

(3)整流器的过电压保护

在整流变压器 T_1 的二次侧并联由 R_1、C 组成的阻容吸收电路,用以吸收交流电路产生的过电压和在直流侧电路通断时产生的浪涌电压,对整流器进行过电压保护。

5. 照明电路

照明变压器 T_2 将 380V 交流电压降至 36V 安全电压供给照明灯 EL,EL 的一端接地,SA_1 为灯开关,由 FU_3 提供照明电路的短路保护。

7.2.4 M7130 型平面磨床常见电气故障的诊断与检修

M7130 型平面磨床电路与其他机床电路的主要不同点是电磁吸盘电路,在此主要分析电磁吸盘电路的故障。

1. 电磁吸盘没有吸力或吸力不足

如果电磁吸盘没有吸力，首先应检查电源，从整流变压器 T_1 的一次侧到二次侧，再检查到整流器 VC 输出的直流电压是否正常；检查熔断器 FU_1、FU_2、FU_4；检查 SA_2 的触点、插头插座 X_3 是否接触良好；检查欠电流继电器 KA 的线圈有无断路；一直检查到电磁吸盘线圈 YH 两端有无 110V 直流电压。如果电压正常，电磁吸盘仍无吸力，则需要检查 YH 有无断线。如果是电磁吸盘的吸力不足，则多半是由于工作电压低于额定值，如桥式整流电路的某一桥臂出现故障，使全波整流变成半波整流，VC 输出的直流电压下降了一半；也可能是由于 YH 线圈局部短路，使空载时 VC 输出电压正常，而接上 YH 后电压低于正常值 110V。

2. 电磁吸盘退磁效果差

应检查退磁回路有无断开或元件损坏。如果退磁的电压过高，也会影响退磁效果，应调节 R_2 使退磁电压一般保持在 5～10V。此外，还应考虑是否有退磁操作不当的原因，如退磁时间过长。

3. 控制电路触点(6—8)的电器故障

平面磨床电路较容易产生的故障还有控制电路中由 SA_2 和 KA 的动合触点并联的部分。如果 SA_2 和 KA 的触点接触不良，使接点(6—8)间不能接通，则会造成 M1 和 M2 无法正常起动，平时应特别注意检查。

7.3　Z3050 摇臂钻床电气控制电路

钻床是一种用途广泛的孔加工机床。它主要是用钻头钻削精度要求不太高的孔，另外还可用来扩孔、铰孔、镗孔，以及刮平面、攻螺纹等。

钻床的结构形式很多，有立式钻床、卧式钻床、深孔钻床及多轴钻床等。摇臂钻床是一种立式钻床，它适用于单件或批量生产中带有多孔的大型零件的孔加工。本节以 Z3050 型摇臂钻床为例进行分析。

Z3050 型摇臂钻床的含义为：

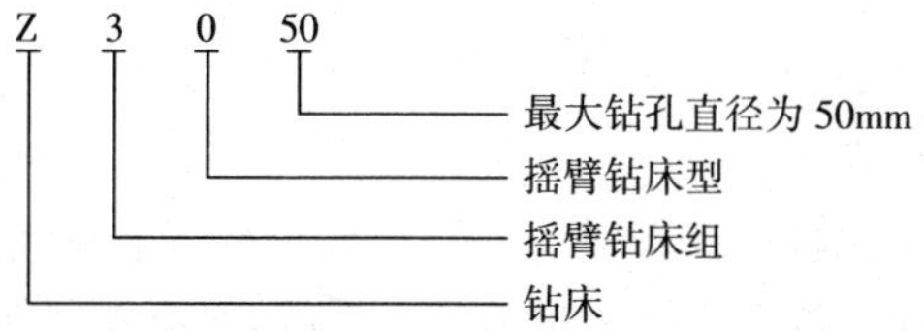

7.3.1　主要结构及运动形式

图 7－9 是 Z3050 摇臂钻床的结构示意图。Z3050 摇臂钻床主要由底座、内立柱、外立柱、摇臂、主轴箱、工作台等组成。内立柱固定在底座上，在它外面套着空心的外立柱，外立柱可绕着内立柱回转一周，摇臂一端的套筒部分与外立柱滑动配合，借助于丝杠，摇臂可沿着外立柱上下移动，但两者不能作相对转动，所以摇臂将与外立柱一起相对内立柱回转。主轴箱是一个复合的部件，它具有主轴及主轴旋转部件和主轴进给的全部变速和操纵机构。主轴箱可沿着摇臂上的水平导轨作径向移动。当进行加工时，可利用特殊的夹紧机构将外立柱紧固在内立柱上，摇臂紧固在外立柱上，主轴箱紧固在摇臂导轨上，然后进行钻削加工。

钻削加工时，主运动为主轴的旋转运动；进给运动为主轴的垂直移动；辅助运动为摇臂在外立柱上的升降运动、摇臂与外立柱一起沿内立柱的转动及主轴箱在摇臂上的水平移动。

7.3.2 摇臂钻床的电力拖动及控制要求

摇臂钻床是大型钻床，多台电动机拖动其对电力拖动及控制要求是：

(1)由于摇臂钻床的运动部件较多，为简化传动装置，需使用多台电动机拖动，主轴电动机承担主钻削及进给任务，摇臂升降、夹紧放松和冷却泵各用一台电动机拖动。

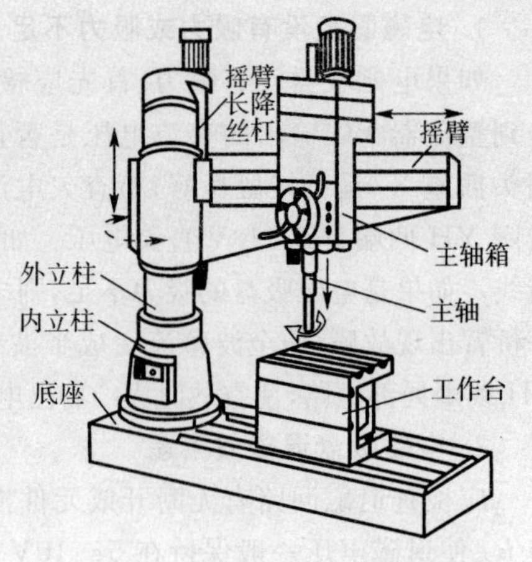

图 7-9 Z3050 摇臂钻床结构示意图

(2)为了适应多种加工方式的要求，主轴及进给应在较大范围内调速。但这些调速都是机械调速，用手柄操作变速箱调速，对电动机无任何调速要求。主轴变速机构与进给变速机构在一个变速箱内，由主轴电动机拖动。

(3)加工螺纹时要求主轴能正反转。摇臂钻床的正反转一般用机械方法实现，电动机只需单方向旋转。

(4)摇臂升降由单独的一台电动机拖动，要求能实现正反转。

(5)摇臂的夹紧与放松以及立柱的夹紧与放松由一台异步电动机配合液压装置来完成，要求这台电动机能正反转。摇臂的回转和主轴箱的径向移动在中小型摇臂钻床上都采用手动实现。

(6)钻削加工时，为对刀具及工件进行冷却，需要一台冷却泵电动机拖动冷却泵输送冷却液。

(7)各部分电路之间有必要的保护和联锁。

7.3.3 电气控制电路分析

图 7-10 是 Z3050 型摇臂钻床的电气控制电路的主电路和控制电路图。

1. 主电路分析

Z3050 型摇臂钻床共有四台电动机，除冷却泵电动机采用开关直接起动外，其余三台异步电动机均采用接触器直接起动。

M1 是主轴电动机，由交流接触器 KM_1 控制，只要求单方向旋转，主轴的正反转由机械手柄操作。M1 装在主轴箱顶部，带动主轴及进给传动系统，热继电器 FR_1 是过载保护元件。

M2 是摇臂升降电动机，装于主轴顶部，用接触器 KM_2 和 KM_3 控制正反转。因为该电动机短时间工作，故不设过载保护电器。

M3 是液压油泵电动机，可以作正向转动和反向转动。正向旋转和反向旋转的起动与停止由接触器 KM_4 和 KM_5 控制。热继电器 FR_2 是液压油泵电动机的过载保护电器。该电动机的主要作用是供给夹紧装置压力油、实现摇臂和立柱的夹紧与松开。

M4 是冷却泵电动机，功率很小，由开关直接起动和停止。

2. 控制电路分析

(1)主轴电动机 M1 的控制

在图 7-10 所示电路中，按起动按钮 SB_2，则接触器 KM_1 吸合并自锁，使主电动机 M1

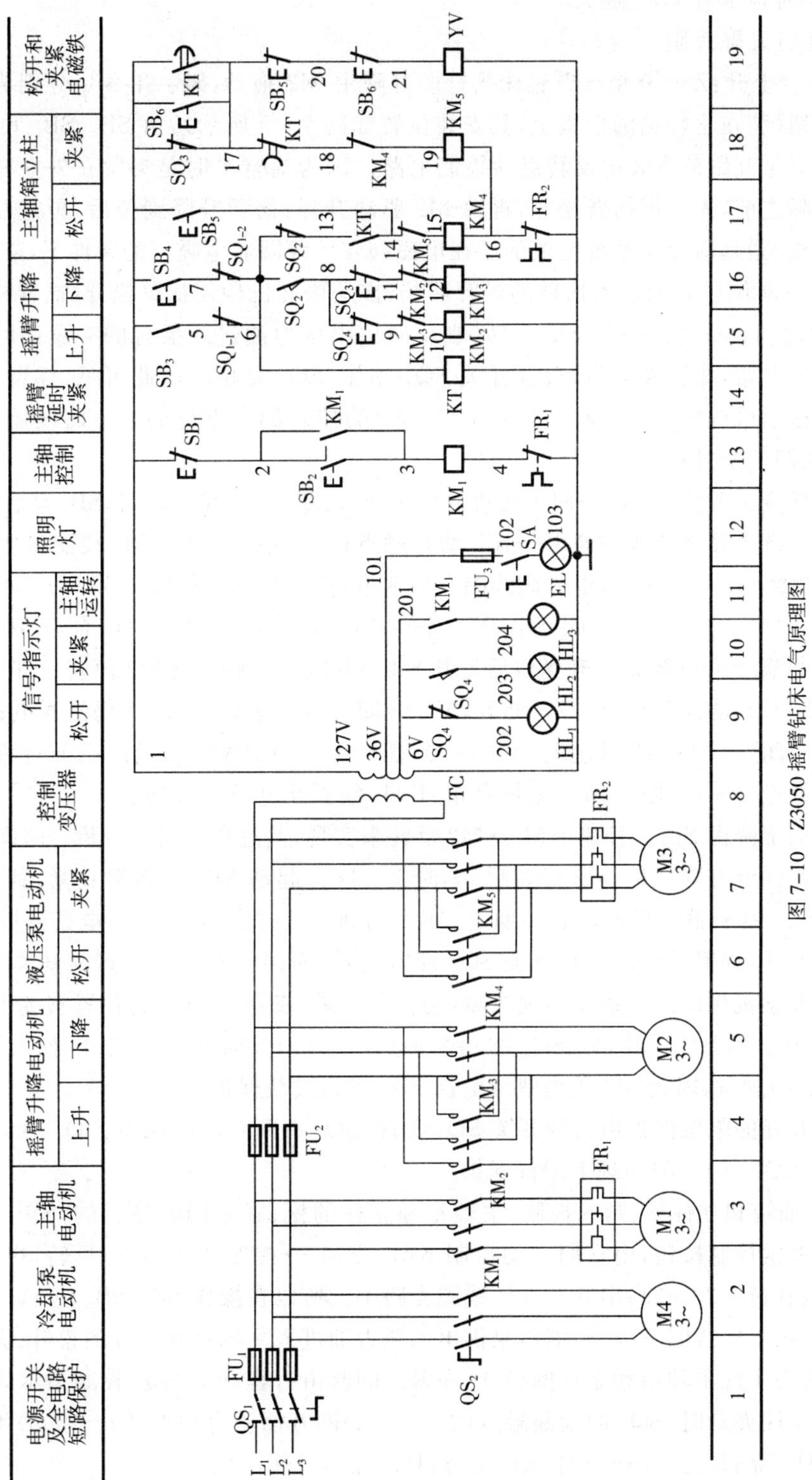

图 7-10　Z3050 摇臂钻床电气原理图

起动运行，同时指示灯 HL_3 亮。按停止按钮 SB_1，则接触器 KM_1 释放，使主电动机 M1 停止旋转，同时指示灯 HL_3 熄灭。

(2)摇臂升降控制

① 摇臂上升：Z3050 型摇臂钻床摇臂的升降由 M2 拖动，SB_3 和 SB_4 分别为摇臂升、降的点动按钮（装在主轴箱的面板上，其安装位置如图 7－9 所示），由 SB_3、SB_4 和 KM_2、KM_3 组成具有双重互锁的 M2 正反转点动控制电路。因为摇臂平时是夹紧在外立柱上的，所以在摇臂升降之前，先要把摇臂松开，再由 M2 驱动升降；摇臂升降到位后，再重新将它夹紧。而摇臂的松、紧是由液压系统完成的。在电磁阀 YV 线圈通电吸合的条件下，液压泵电动机 M3 正转，正向供压力油进入摇臂的松开油腔，推动松开机构使摇臂松开，摇臂松开后，行程开关 SQ_2 动作、SQ_3 复位；若 M3 反转，则反向供出压力油进入摇臂的夹紧油腔，推动夹紧机构使摇臂夹紧，摇臂夹紧后，行程开关 SQ_3 动作、SQ_2 复位。由此可见，摇臂升降的电气控制是与松紧机构液压-机械系统（M3 与 YV）的控制配合进行的。下面以摇臂的上升为例，分析控制的全过程：

按住摇臂上升按钮 SB_3→SB_3 动断触点断开，切断 KM_3 线圈支路；SB_3 动合触点（1—5）闭合→时间继电器 KT 线圈通电→KT 动合触点（13—14）闭合，KM_4 线圈通电，M3 正转；延时动合触点（1—17）闭合，电磁阀线圈 YV 通电，摇臂松开→行程开关 SQ_2 动作→SQ_2 动断触点（6—13）断开，KM_4 线圈断电，M3 停转；SQ_2 动合触点（6—8）闭合，KM_2 线圈通电，M2 正转，摇臂上升→摇臂上升到位后松开 SB_3→KM_2 线圈断电，M2 停转；KT 线圈断电一延时 1～3s，KT 动合触点（1—17）断开，YV 线圈通过 SQ_3（1—17）→仍然通电；KT 动断触点（17—18）闭合，KM_5 线圈通电，M3 反转，摇臂夹紧→摇臂夹紧后，压下行程开关 SQ_3，SQ_3 动断触点（1—17）断开，YV 线圈断电；KM_5 线圈断电，M3 停转。

摇臂的下降由 SB_4。控制 KM_3→M2 反转来实现，其过程可自行分析。时间继电器 KT 的作用是在摇臂升降到位、M2 停转后，延时 1～3s 再起动 M3，将摇臂夹紧，其延时时间视从 M2 停转到摇臂静止的时间长短而定。KT 为断电延时类型，在进行电路分析时应注意。

如上所述，摇臂松开由行程开关 SQ_2 发出信号，而摇臂夹紧后由行程开关 SQ_3 发出信号。如果夹紧机构的液压系统出现故障，摇臂夹不紧；或者因 SQ_3 的位置安装不当，在摇臂已夹紧后 SQ_3 仍不能动作，则 SQ_3 的动断触点（1—17）长时间不能断开，使液压泵电动机 M3 出现长期过载，因此 M3 须由热继电器 FR_2 进行过载保护。

摇臂升降的限位保护由行程开关 SQ_1 实现，SQ_1 有两对动断触点：SQ_{1-1}（5—6）实现上限位保护，SQ_{1-2}（7—6）实现下限位保护。

② 主轴箱和立柱松、紧的控制：主轴箱和立柱的松、紧是同时进行的，SB_5 和 SB_6 分别为松开与夹紧控制按钮，由它们点动控制 KM_4、KM_5→控制 M3 的正、反转，由于 SB_5、SB_6 的动断触点（17—20—21）串联在 YV 线圈支路中。所以在操作 SB_5、SB_6 使 M3 点动作的过程中，电磁阀 YV 线圈不吸合，液压泵供出的压力油进入主轴箱和立柱的松开、夹紧油腔，推动松、紧机构实现主轴箱和立柱的松开、夹紧。同时由行程开关 SQ_4 控制指示灯发出信号：主轴箱和立柱夹紧时，SQ_4 的动断触点（201—202）断开而动合触点（201—203）闭合，指示灯 HL_1 灭 HL_2 亮；反之，在松开时 SQ_4 复位，HL_1 亮而 HL_2 灭。

3. 辅助电路

辅助电路包括照明和信号指示电路。照明电路的工作电压为安全电压 36V，信号指示灯的工作电压为 6V，均由控制变压器 TC 提供。

7.3.4　Z3050 型摇臂钻床常见电气故障的诊断与检修

Z3050 型摇臂钻床控制电路的独特之处，在于其摇臂升降及摇臂、立柱和主轴箱松开与夹紧的电路部分。下面主要分析这部分电路的常见故障：

1. 摇臂不能松开

摇臂作升降运动的前提是摇臂必须完全松开。摇臂和主轴箱、立柱的松紧都是通过液压泵电动机 M3 的正反转来实现的，因此先检查一下主轴箱和立柱的松、紧是否正常。如果正常，则说明故障不在两者的公共电路中，而在摇臂松开的专用电路上。如时间继电器 KT 的线圈有无断线，其动合触点（1—17）、（13—14）在闭合时是否接触良好，限位开关 SQ_1 的触点 SQ_{1-1}（5—6）、SQ_{1-2}（7—6）有无接触不良，等等。

如果主轴箱和立柱的松开也不正常，则故障多发生在接触器 KM_4 和液压泵电动机 M3 这部分电路上。如 KM_4 线圈断线、主触点接触不良，KM_5 的动断互锁触点（14—15）接触不良等。如果是 M3 或 FR_2 出现故障，则摇臂、立柱和主轴箱既不能松开，也不能夹紧。

2. 摇臂不能升降

除前述摇臂不能松开的原因之外，可能的原因还有：

（1）行程开关 SQ_2 的动作不正常，这是导致摇臂不能升降最常见的故障。如 SQ_2 的安装位置移动，使得摇臂松开后，SQ_2 不能动作，或者是液压系统的故障导致摇臂放松不够，SQ_2 也不会动作，摇臂就无法升降。SQ_2 的位置应结合机械、液压系统进行调整，然后紧固。

（2）摇臂升降电动机 M2 控制其正反转的接触器 KM_2、KM_3 以及相关电路发生故障，也会造成摇臂不能升降。在排除了其他故障之后，应对此进行检查。

（3）如果摇臂是上升正常而不能下降，或是下降正常而不能上升，则应单独检查相关的电路及电器部件（如按钮开关、接触器、限位开关的有关触点等）。

3. 摇臂上升或下降到极限位置时，限位保护失灵

检查限位保护开关 SQ_1，通常是 SQ_1 损坏或是其安装位置移动。

4. 摇臂升降到位后夹不紧

如果摇臂升降到位后夹不紧（而不是不能夹紧），通常是行程开关 SQ_3 的故障造成的。如果 SQ_3 移位或安装位置不当，使 SQ_3 在夹紧动作未完全结束就提前吸合，M3 提前停转，从而造成夹不紧。

5. 摇臂的松紧动作正常，但主轴箱和立柱的松、紧动作不正常

应检查：控制按钮 SB_5、SB_6，其触点有无接触不良，或接线松动；液压系统是否出现故障。

7.4　X62W 型万能铣床电气控制电路

铣床是一种用途十分广泛的金属切削机床，其使用范围仅次于车床。铣床可用于加工平面、斜面和沟槽；如果装上分度头，可以铣削直齿齿轮和螺旋面；如果装上圆工作台，还可以加工凸轮和弧形槽等（见图 7－11）。铣床的种类很多，主要有卧式铣床、立式铣床、龙门铣床、仿形铣床及各种专用铣床等，其中卧式铣床的主轴是水平的，而立式铣床的主轴是垂直的。常用的万能铣床有 X62W 型卧式万能铣床和 X53K 型立式万能铣床，其电气控制电路经改进后两者通用。下面以 X62W 型万能铣床为例进行介绍。

X62W 型万能铣床型号的含义为：

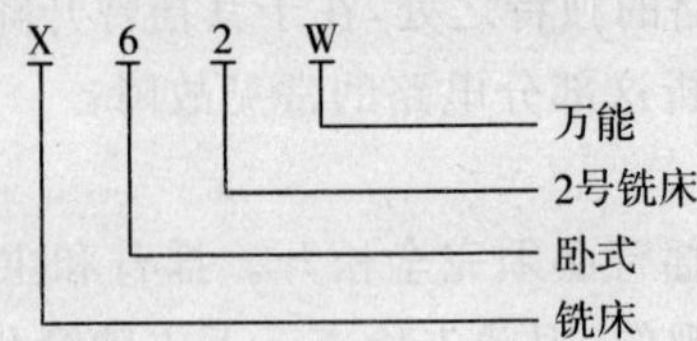

7.4.1 铣床的主要结构和运动形式

由于铣床的加工范围较广，运动形式较多，其结构也较为复杂。X62W 型万能铣床的主要结构如图 7－11 所示。床身固定于底座上，用于安装和支承铣床的各部件，在床身内还装有主轴部件、主传动装置及其变速操纵机构等。床身顶部的导轨上装有悬梁，悬梁上装有刀杆支架。铣刀则装在刀杆上，刀杆的一端装在主轴上，另一端装在刀杆支架上。刀杆支架可以在悬梁上水平移动，悬梁又可以在床身顶部的水平导轨上水平移动，因此可以适应各种不同长度的刀杆。床身的前部有垂直导轨，升降台可以沿导轨上下移动，升降台内装有进给运动和快速移动的传动装置及其操纵机构等。在升降台的水平导轨上装有滑座，可以沿导轨作平行于主轴轴线方向的横向移动。工作台又经过回转盘装在滑座的水平导轨上，可以沿导轨作垂直于主轴轴线方向的纵向移动。这样，紧固在工作台上的工件，通过工作台、回转盘、滑座和升降台，可以在相互垂直的三个方向上实现进给或调整运动。在工作台与滑座之间的回转盘还可以使工作台左右转动 45°角，因此工作台在水平面上除了可以作横向和纵向进给外，还可以实现在不同角度的各个方向上的进给，用以铣削螺旋槽。

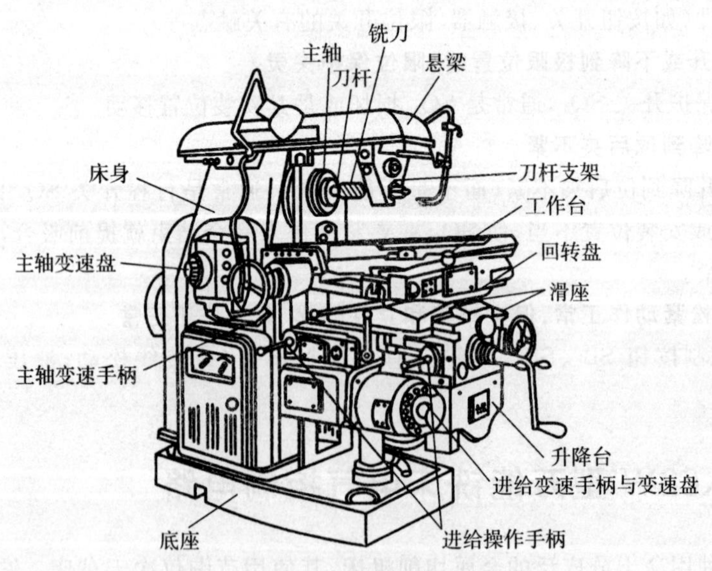

图 7－11 X62W 万能铣床结构示意图

由此可见，铣床的主运动是主轴带动刀杆和铣刀的旋转运动；进给运动包括工作台带动工件在水平的纵、横方向及垂直方向三个方向的运动；辅助运动则是工作台在三个方向的快速移动。图 7－12 为铣床几种主要的加工形式的主运动和进给运动示意图。

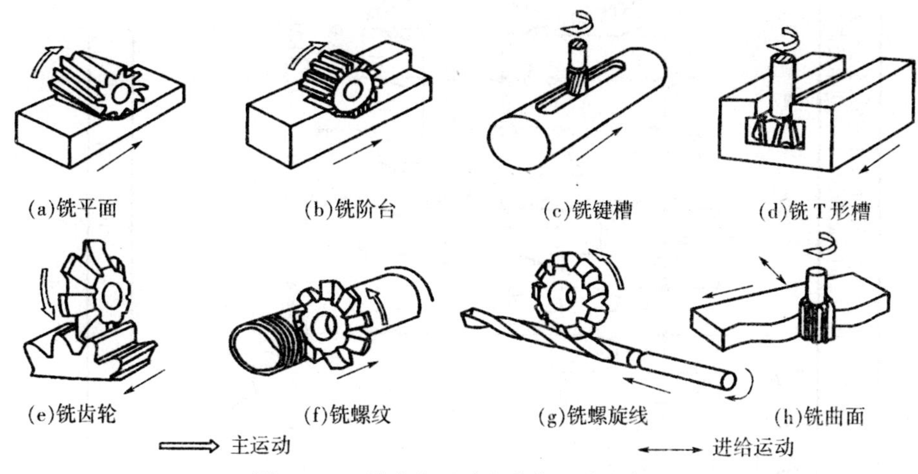

图 7－12 铣床主运动和进给运动示意图

7.4.2 铣床的电力拖动形式和控制要求

铣床的主运动和进给运动各由一台电动机拖动，这样铣床的电力拖动系统一般由三台电动机所组成：主轴电动机、进给电动机和冷却泵电动机。主轴电动机通过主轴变速箱驱动主轴旋转，并由齿轮变速箱变速，以适应铣削工艺对转速的要求，电动机则不需要调速。由于铣削分为顺铣和逆铣两种加工方式，分别使用顺铣刀和逆铣刀，所以要求主轴电动机能够正反转，但只要求预先选定主轴电动机的转向，在加工过程中则不需要主轴反转。又由于铣削是多刃不连续的切削，负载不稳定，所以主轴上装有飞轮，以提高主轴旋转的均匀性，消除铣削加工时产生的振动，这样主轴传动系统的惯性较大，因此还要求主轴电动机在停机时有电气制动。进给电动机作为工作台进给运动及快速移动的动力，也要求能够正反转，以实现三个方向的正反向进给运动；通过进给变速箱，可获得不同的进给速度。为了使主轴和进给传动系统在变速时齿轮能够顺利地啮合，要求主轴电动机和进给电动机在变速时能够稍微转动一下(称为变速冲动)。三台电动机之间还要求有联锁控制，即在主轴电动机起动之后另两台电动机才能起动运行。由此，铣床对电力拖动及其控制有以下要求：

(1)铣床的主运动由一台笼型异步电动机拖动，直接起动，能够正反转，并设有电气制动环节，能进行变速冲动。

(2)工作台的进给运动和快速移动均由同一台笼型异步电动机拖动，直接起动，能够正反转，也要求有变速冲动环节。

(3)冷却泵电动机只要求单向旋转。

(4)三台电动机之间有联锁控制，即主轴电动机起动之后，才能对其余两台电动机进行控制。

7.4.3 X62W 型万能铣床电气控制电路分析

X62W 型万能铣床的电气控制电路有多种，图 7－13 电路是经过改进的电路，为 X62W 型卧式和 X53K 型立式两种万能铣床所通用。

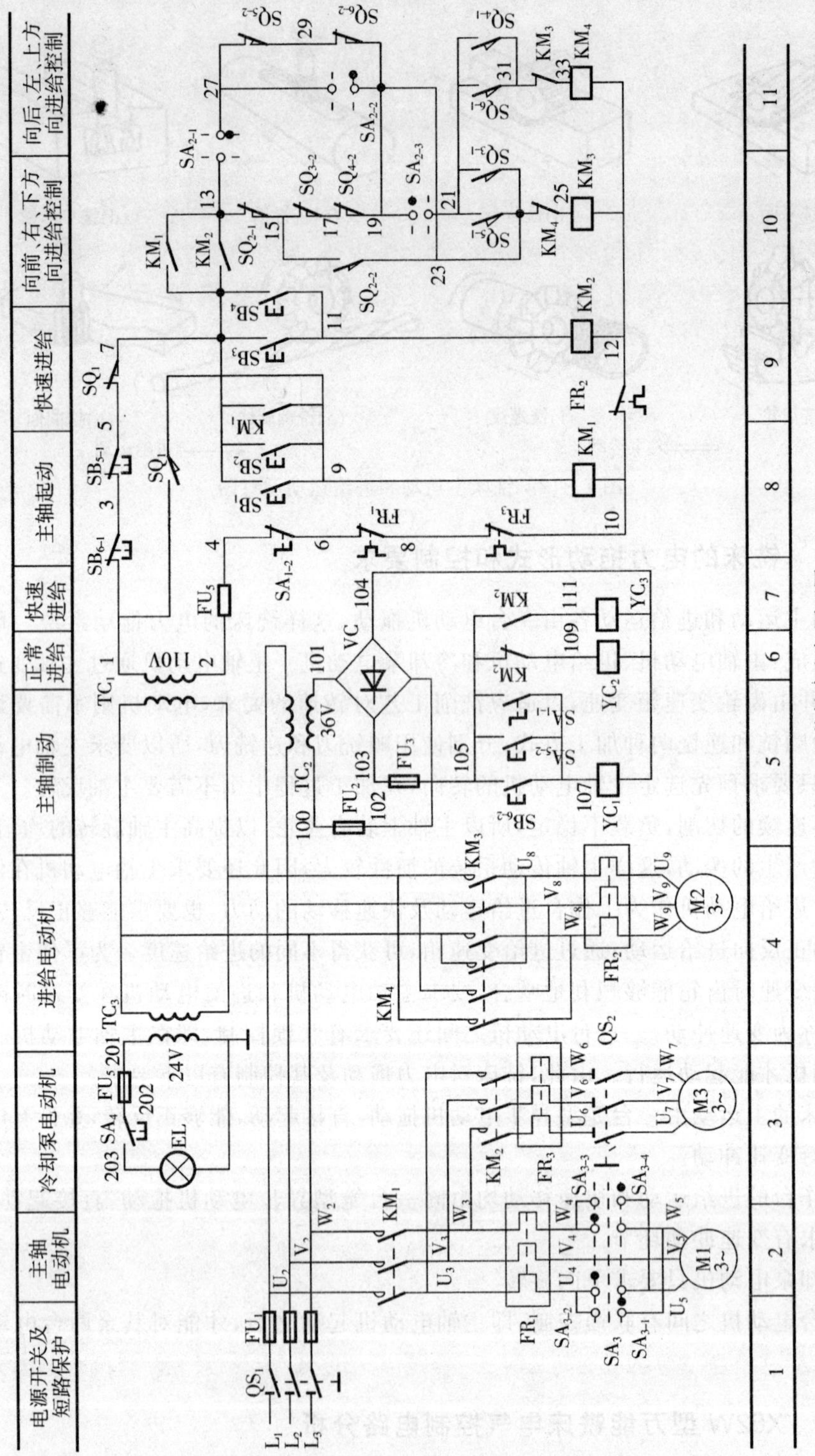

图 7-13 X62W 万能铣床电气原理图

1. 主电路

三相电源由电源引入开关 QS_1 引入，FU_1 作全电路的短路保护。主轴电动机 M1 的运行由接触器 KM_1 控制，由换相开关 SA_3 预选其转向。冷却泵电动机 M3 由 QS_2 控制其单向旋转，但必须在 M1 起动运行之后才能运行。进给电动机 M2 由 KM_3、KM_4 实现正反转控制。三台电动机分别由热继电器 FR_1、FR_2、FR_3 提供过载保护。

2. 控制电路

控制电路由控制变压器 TC_1 提供 110V 工作电压，FU_4 提供变压器二次侧的短路保护。该电路的主轴制动、工作台常速进给和快速进给分别由控制电磁离合器 YC_1、YC_2、YC_3 实现，电磁离合器需要的直流工作电压由整流变压器 TC_2 降压后经桥式整流器 VC 提供，FU_2、FU_3 分别提供交直流侧的短路保护。

(1)主轴电动机 M1 的控制

M1 由交流接触器 KM_1 控制，为操作方便，在机床的不同位置各安装了一套起动和停机按钮：SB_2 和 SB_6 装在床身上，SB_1 和 SB_5 装在升降台上。对 M1 的控制包括有主轴的起动、停机制动、换刀制动和变速冲动。

① 起动：在起动前先按照顺铣或逆铣的工艺要求，用组合开关 SA_3 预先确定 M1 的转向。按下 SB_1 或 SB_2→KM_1 线圈通电→M1 起动运行，同时 KM_1 动合辅助触点(7—13)闭合，为 KM_3、KM_4 线圈支路接通做好准备。

② 停车与制动：按下 SB_5 或 SB_6→SB_5 或 SB_6 动断触点(3—5 或 1—3)断开→KM_1 线圈断电，M1 停车→SB_5 或 SB_6 动合触点闭合(105—107)制动电磁离合器 YC_1 线圈通电→M1 制动。

制动电磁离合器 YC_1 装在主轴传动系统与 M1 转轴相连的第一根传动轴上，当 YC_1 通电吸合时，将摩擦片压紧，对 M1 进行制动。停转时，应按住 SB_5 或 SB_6 直至主轴停转才能松开，一般主轴的制动时间不超过 0.5s。

③ 主轴的变速冲动：主轴的变速是通过改变齿轮的传动比实现的。在需要变速时，将变速手柄(见图 7-11)拉出，转动变速盘至所需的转速，然后再将变速手柄复位。在手柄复位的过程中，在瞬间压动了行程开关 SQ_1，手柄复位后，SQ_1 也随之复位。在 SQ_1 动作的瞬间，SQ_1 的动断触点(5—7)先断开其他支路，然后动合触点(1—9)闭合，点动控制 KM_1，使 M1 产生瞬间的冲动，利于齿轮的啮合。如果点动一次齿轮还不能啮合，可重复进行上述动作。

④ 主轴换刀控制：在上刀或换刀时，主轴应处于制动状态，以避免发生事故。只要将换刀制动开关 SA_1 拨至“接通”位置，其动断触点 SA_{1-2}(4—6)断开控制电路，保证在换刀时机床没有任何动作；其动合触点 SA_{1-1}(105—107)接通 YC_1，使主轴处于制动状态。换刀结束后，要记住将 SA_1 扳回“断开”位置。

(2)进给运动控制

工作台的进给运动分为常速(工作)进给和快速进给，常速进给必须在 M1 起动运行后才能进行，而快速进给属于辅助运动，可以在 M1 不起动的情况下进行。工作台在六个方向上的进给运动是由机械操作手柄(见图 7-11)带动相关的行程开关 SQ_3～SQ_6，通过控制接触器 KM_3、KM_4 来控制进给电动机 M2 正反转来实现的。行程开关 SQ_5 和 SQ_6 分别控制工作台的向右和向左运动，而 SQ_3 和 SQ_4 则分别控制工作台的向前、向下和向后、向上运动。

进给拖动系统使用的两个电磁离合器 YC_2 和 YC_3 都安装在进给传动链中的第四根传动轴上。当 YC_2 吸合而 YC_3 断开时，为常速时给；当 YC3 吸合而 YC2 断开时，为快速时给。

① 工作台的纵向进给运动：将纵向进给操作手柄扳向右边→行程开关 SQ_5 动作→其动断触点 SQ_{5-2}（27—29）先断开，动合触点 SQ_{5-1}（21—23）后闭合→KM_3 线圈通过（13—15—17—19—21—23—25）路径通电→M2 正转→工作台向右运动。

若将操作手柄扳向左边，则 SQ_6 动作→KM_4 线圈通电→M2 反转→工作台向左运动。

SA_2 为圆工作台控制开关，此时应处于"断开"位置，其三组触点状态为：SA_{2-1}、SA_{2-3} 接通，SA_{-2} 断开。

② 工作台的垂直与横向进给运动：工作台垂直与横向进给运动由一个十字形手柄操纵。十字形手柄有上、下、前、后和中间五个位置，将手柄扳至"向下"或"向上"位置时，分别压动行程开关 SQ_3 或 SQ_4 控制 M2 正转或反转，并通过机械传动机构使工作台分别向下和向上运动；而当手柄扳至"向前"或"向后"位置时，虽然同样是压动行程开关 SQ_3 和 SQ_4，但此时机械传动机构则使工作台分别向前和向后运动。当手柄在中间位置时，SQ_3 和 SQ_4 均不动作。下面就以向上运动的操作为例分析电路的工作情况，其余的可自行分析。

将十字形手柄扳至"向上"位置，SQ_4 的动断触点 SQ_{4-2} 先断开，动合触点 SQ_{4-1} 后闭合→KM_4 线圈经（13—27—29—19—21—31—33）路径通电→M2 反转→工作台向上运动。

③ 进给变速冲动：与主轴变速时一样，进给变速时也需要使 M2 瞬间点动一下，使齿轮易于啮合。进给变速冲动由行程开关 SQ_2 控制，在操纵进给变速手柄和变速盘（见图 7-11）时，瞬间压动了行程开关 SQ_2，在 SQ_2 通电的瞬间，其动断触点 SQ_{2-1}（13—15）先断开而动合触点 SQ_{2-2}（15—23）后闭合，使 KM_3 线圈经（13—27—29—19—17—15—23—25）路径通电，M2 正向点动。由 KM_3 的通电路径可见：只有在进给操作手柄均处于零位（即 SQ_3～SQ_6 均不动作）时，才能进行进给变速冲动。

④ 工作台快速进给的操作：要使工作台在六个方向上快速进给，在按常速进给的操作方法操纵进给控制手柄的同时，还要按下快速进给按钮开关 SB_3 或 SB_4，（两地控制），使 KM_2 线圈通电，其动断触点（105—109）切断 YC_2 线圈支路，动合触点（105—111）接通 YC_3 线圈支路，使机械传动机构改变传动比，实现快速进给。由于与 KM_1 的动合触点（7—13）并联了 KM_2 的一个动合触点，所以在 M1 不起动的情况下，也可以进行快速进给。

（3）圆工作台的控制

在需要加工弧形槽、弧形面和螺旋槽时，可以在工作台上加装圆工作台。圆工作台的回转运动也是由进给电动机 M2 拖动的。在使用圆工作台时，将控制开关 SA_2 扳至"接通"的位置，此时 SA_{2-2} 接通而 SA_{2-1}、SA_{2-3} 断开。在主轴电动机 M1 起动的同时，KM_3 线圈经（13—15—17—19—29—27—23—25）的路径通电，使 M2 正转，带动圆工作台旋转运动（圆工作台只需要单向旋转）。由 KM_3 线圈的通电路径可见，只要扳动工作台进给操作的任何一个手柄，SQ_3～SQ_6 其中一个行程开关的动断触点断开，都会切断 KM_3 线圈支路，使圆工作台停止运动，从而保证了工作台的进给运动和圆工作台的旋转运动不会同时进行。

3. 照明电路

照明灯 EL 由照明变压器 TC_3 提供 24V 的工作电压，SA_4 为灯开关，FU_5 提供短路保护。

7.4.4 X62W型万能铣床常见电气故障的诊断与检修

X62W型万能铣床电气控制电路较常见的故障主要是主轴电动机控制电路和工作台进给控制电路的故障。

1. 主轴电动机控制电路故障

(1)M1不能起动

与前面已分析过的机床的同类故障一样,可从电源、QS_1、FU_1、KM_1的主触点、FR_1到换相开关SA_3,从主电路到控制电路进行检查。因为M1的容量较大,应注意检查KM_1的主触点、SA_3的触点有无被熔化,有无接触不良。

此外,如果主轴换刀制动开关SA_1仍处在"换刀"位置,SA_{1-2}断开;或者SA_1虽处于正常工作的位置,但SA_{1-2}接触不良,使控制电源未接通,M1也不能起动。

(2)M1停车时无制动

重点是检查电磁离合器YC_1,如YC_1线圈有无断线、接点有无接触不良,整流电路有无故障,等等。此外还应检查控制按钮SB_5和SB_6。

(3)主轴换刀时无制动

如果在M1停车时主轴的制动正常,而在换刀时制动不正常,从电路分析可知应重点检查制动控制开关SA_1。

(4)按下停车按钮后M1不停

故障的主要原因可能是:KM_1的主触点熔焊。如果在按下停车按钮后,KM_1不释放,则可断定故障是由KM_1主触点熔焊引起的。应注意此时电磁离合器YC_1正在对主轴起制动作用,会造成M1过载,并产生机械冲击。所以一旦出现这种情况,应马上松开停车按钮,进行检查,否则会很容易烧坏电动机。

(5)主轴变速时无瞬时冲动

主轴变速行程开关SQ_1在频繁动作后,造成开关位置移动,甚至开关底座被撞碎或触点接触不良,都将造成主轴无变速时的瞬时冲动。

2. 工作台进给控制电路故障

铣床的工作台应能够进行前、后、左、右、上、下六个方向的常速和快速进给运动,其控制是由电气和机械系统配合进行的,所以在出现工作台进给运动的故障时,如果对机、电系统的部件逐个进行检查,是难以尽快查出故障所在的。可依次进行其他方向的常速进给、快速进给、进给变速冲动和圆工作台的进给控制试验,来逐步缩小故障范围,分析故障原因,然后再在故障范围内逐个对电器元件、触点、接线和接点进行检查。在检查时,还应考虑机械磨损或移位使操纵失灵等非电气的故障原因。这部分电路的故障较多,下面仅以一些较典型的故障为例来进行分析。

(1)工作台不能纵向进给

此时应先对横向进给和垂直进给进行试验检查,如果正常,则说明进给电动机M2主电路、接触器KM_3、KM_4及与纵向进给相关的公共支路都正常,就应重点检查图7-13中的行程开关SQ_{2-1}、SQ_{3-2}及SQ_{4-2},即接线端编号为13—15—17—19的支路,因为只要这三对动断触点之中有一对不能闭合、接触不良或者接线松脱,纵向进给就不能进行。同时,可检查进给变速冲动是否正常，如果也正常，则故障范围已缩小到在 SQ_{2-1} 及 SQ_{5-1}、SQ_{6-1} 上了。一般情况下 SQ_{5-1}、SQ_{6-1} 两个行程开关的动合触点同时发生故障的可能性较小，而 SQ_{2-1}(13—15)由于在进给变速时，常常会因用力过猛而容易损坏，所以应先检查它。

(2)工作台不能向上进给

首先进行进给变速冲动试验，若进给变速冲动正常，则可排除与向上进给控制相关的支路 13—27—29—19 存在故障的可能性；再进行向左方向进给试验，若又正常，则又排除 19—21 和 31—33—12 支路存在故障的可能性。这样，故障点就已缩小到 SQ_{4-1}(21—31)的范围内，例如，可能是在多次操作后，行程开关 SQ_4 因安装螺钉松动而移位，造成操纵手柄虽已到位，但其触点 SQ_{4-1}(21—31)仍不能闭合，因此工作台不能向上进给。

(3)工作台各个方向都不能进给

此时可先进行进给变速冲动和圆工作台的控制，如果都正常，则故障可能在圆工作台控制开关 SA_{2-3} 及其接线(19—21)上；但若变速冲动也不能进行，则要检查接触器 KM_3 能否吸合。如果 KM_3 不能吸合，除了 KM_3 本身的故障之外，还应检查控制电路中有关的电器部件、接点和接线，如接线端 2—4—6—8—10—12、7—13 等部分；若 KM_3 能吸合，则应着重检查主电路，包括 M2 的接线及绕组有无故障。

(4)工作台不能快速进给

如果工作台的常速进给运行正常，仅不能快速进给，则应检查 SB_3、SB_4 和 KM_2，如果这三个电器无故障，电磁离合器电路的电压也正常，则故障可能发生在 YC_3 本身。常见的有 YC_3 线圈损坏或机械卡死，离合器的动、静摩擦片间隙调整不当等。

7.5 T68 型卧式镗床电气控制电路

镗床也是用于孔加工的机床。与钻床比较，镗床主要用于加工精确的孔和各孔间的距离要求较精确的零件，如一些箱体零件(机床主轴箱、变速箱等)。镗床的加工形式主要是用镗刀镗削在工件上已铸出或已粗钻的孔，除此之外，大部分镗床还可以进行铣削、钻孔、扩孔、铰孔等加工。

镗床的主要类型有卧式镗床、坐标镗床、金刚镗床和专用镗床等，其中以卧式镗床应用最广。本节介绍 T68 型卧式镗床的电气控制电路。

T68 型卧式镗床型号的含义为：

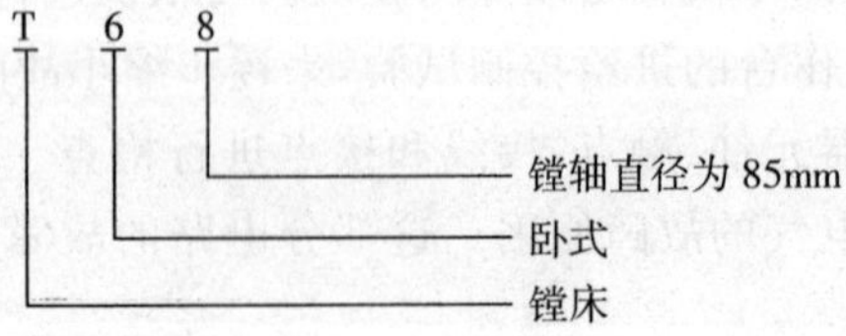

7.5.1 卧式镗床的主要结构和运动形式

卧式镗床的主要结构如图 7-14 所示，前立柱固定安装在床身的右端，在它的垂直导轨上装有可上下移动的主轴箱。主轴箱中装有主轴部件、主运动和进给运动的变速传动机构和操纵机构等。在主轴箱的后部固定着后尾筒，里面装有镗轴的轴向进给机构。后立柱固定在床身的左端，装在后立柱垂直导轨上的后支承架用于支承长镗杆的悬伸端，见图7-15(b)，后支承架可沿垂直导轨与主轴箱同步升降，后立柱可沿床身的水平导轨左右移动，在不需要时也可以卸下。工件固定在工作台上，工作台部件装在床身的导轨上，由下滑座、上滑座和工作台三部分组成。下滑座可沿床身的水平导轨作纵向移动，上滑座可沿下滑座的导轨作横向移动，工作台则可在上滑座的环形导轨上绕垂直轴线转位，使工件在水平面内调整至一定的角度位置，以便能在一次安装中对互相平行或成一定角度的孔与平面进行加工。根据加工情况不同，刀具可以装在镗轴前端的锥孔中，或装在平旋盘(又称为"花盘")与径向刀具溜板上。加工时，镗轴旋转完成主运动，并且可以沿其轴线移动，作轴向进给运动；平旋盘只能随镗轴旋转作主运动；装在平旋盘导轨上的径向刀具溜板除了随平旋盘一起旋转外，还可以沿着导轨移动作径向进给运动。

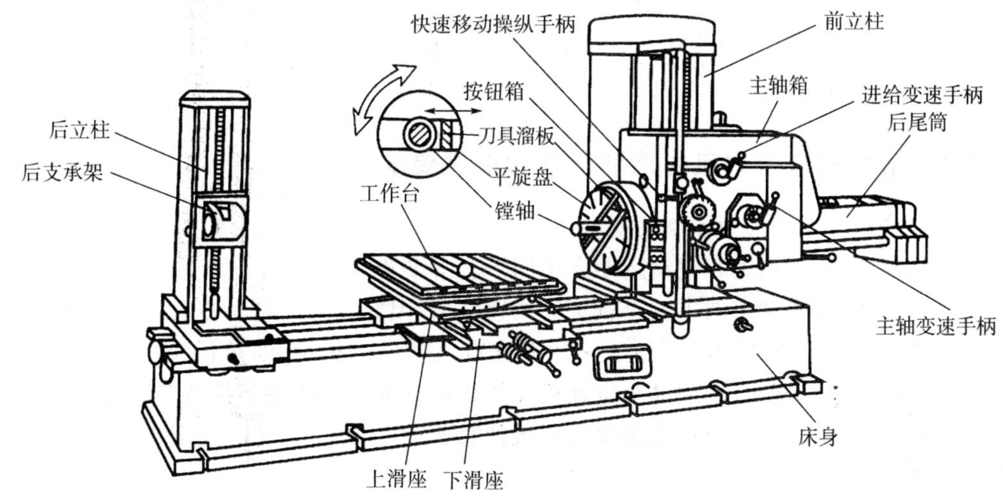

图7-14　卧式镗床结构示意图

卧式镗床的典型加工方法如图7-15所示。图7-15(a)为用装在镗轴上的悬伸刀杆镗孔，由镗轴的轴向移动进行纵向进给；图7-15(b)为利用后支承架支承的长刀杆镗削同一轴线上的前后两孔，图7-15(c)为用装在平旋盘上的悬伸刀杆镗削较大直径的孔，两者均由工作台的移动进行纵向进给；图7-15(d)为用装在镗轴上的端铣刀铣削平面，由主轴箱完成垂直进给运动；图7-15(e)、(f)为用装在平旋盘刀具溜板上的车刀车削内沟槽和端面，均由刀具溜板移动进行径向进给。

因此，卧式镗床的运动形式是：主运动为镗轴和平旋盘的旋转运动。进给运动包括：

(1)镗轴的轴向进给运动；

(2)平旋盘上刀具留板的径向进给运动；

(3)主轴箱的垂直进给运动；

(4)工作台的纵向和横向进给运动。

辅助运动包括：

(1)主轴箱、工作台等的进给运动上的快速调位移动；

(2)后立柱的纵向调位移动；

(3)后支承架与主轴箱的垂直调位移动；

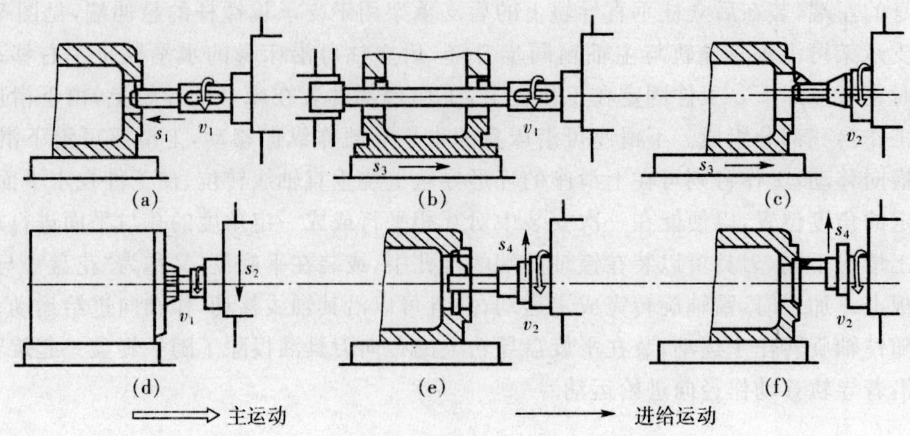

图 7－15　卧式镗床的主运动和进给运动示意图

(4)工作台的转位运动。

7.5.2　卧式镗床的电力拖动形式和控制要求

卧式镗床对电力拖动和控制的要求是：

(1)卧式镗床的主运动和进给运动多用同一台异步电动机拖动。为了适应各种形式和各种工件的加工，要求镗床的主轴有较宽的调速范围，因此多采用由双速或三速笼型异步电动机拖动的滑移齿轮有级变速系统。采用双速或三速电动机拖动，可简化机械变速机构。目前，采用电力电子器件控制的异步电动机无级调速系统已在镗床上获得广泛应用。

(2)镗床的主运动和进给运动都采用机械滑移齿轮变速，为有利于变速后齿轮的啮合，要求有变速冲动。

(3)要求主轴电动机能够正反转，可以点动进行调整；并要求有电气制动，通常采用反接制动。

(4)卧式镗床的各进给运动部件要求能快速移动，一般由单独的快速进给电动机拖动。

7.5.3　T68 型卧式镗床电气控制电路分析

T68 型卧式镗床电气原理图如图 7－16 所示。

1. 主电路

T68 卧式镗床电气控制电路有两台电动机：一台是主轴电动机 M1，作为主轴旋转及常速进给的动力，同时还带动润滑油泵；另一台为快速进给电动机 M2，作为各进给运动的快速移动的动力。

M1 为双速电动机，由接触器 KM_4、KM_5 控制：低速时 KM_4 吸合，M1 的定子绕组为三角形联结，$n_N=1\,460r/min$；高速时 KM_5 吸合，KM_5 为两只接触器并联使用，定子绕组为双星形联结，$n_N=2\,880r/min$。KM_1、KM_2 控制 M1 的正反转。KV 为与 M1 同轴的速度继电器，在 M1 停车时，由 KV 控制进行反接制动。为了限制起、制动电流和减小机械冲击，M1 在制动、点动及主轴和进给的变速冲动时串入了限流电阻器 R，运行时由 KM_3 短接。热继电器 FR 作 M1 的过载保护。

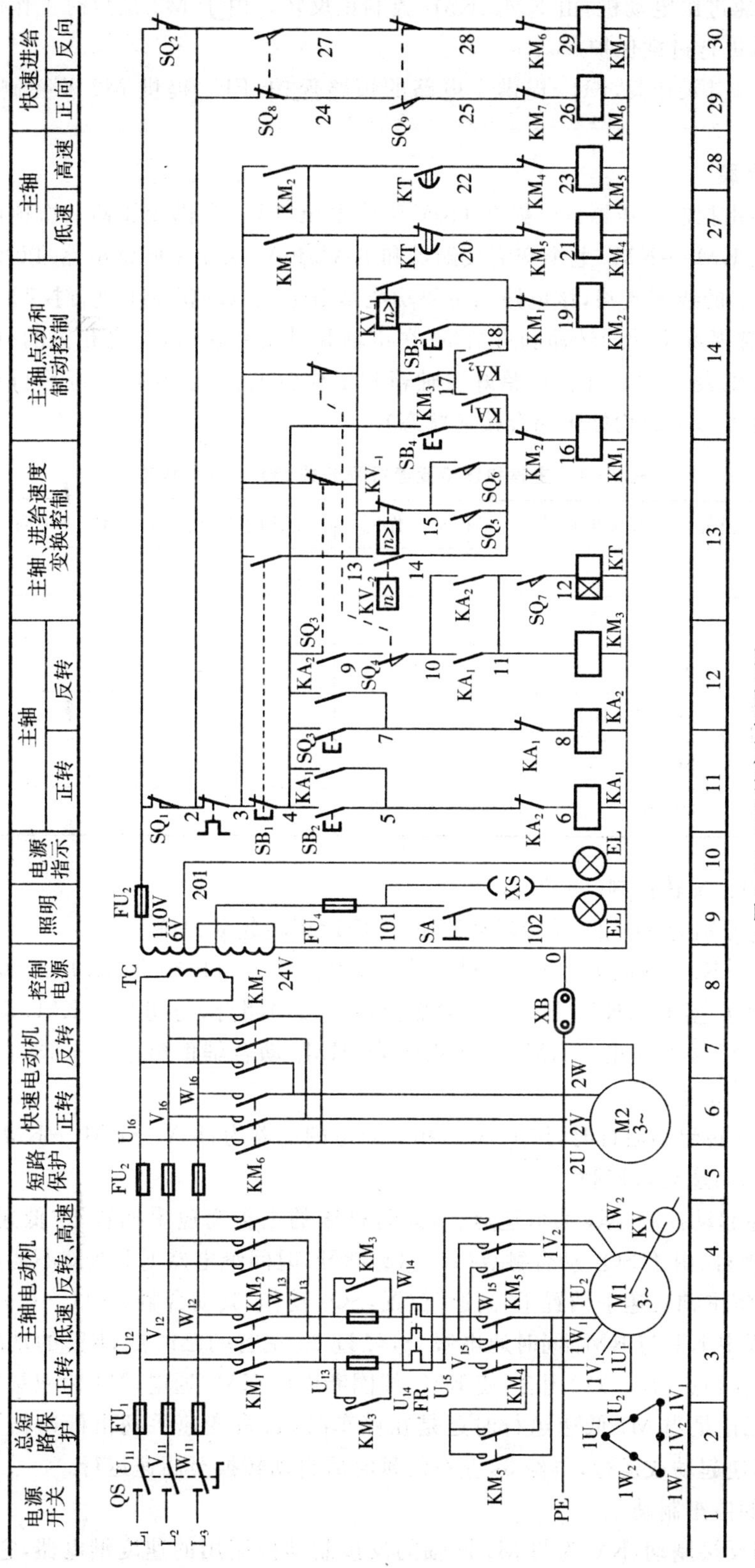

图 7-16　T68 镗床电气原理图

M2 为快速进给电动机，由 KM_6、KM_7 控制正反转。由于 M2 是短时工作制，所以不需要用热继电器进行过载保护。

QS 为电源引入开关，FU_1 提供全电路的短路保护，FU_2 提供 M2 及控制电路的短路保护。

2. 控制电路

控制电路由控制变压器 TC 提供 110V 工作电压，FU_3 提供变压器二次侧的短路保护。控制电路包括 KM_1～KM_7 七个交流接触器和 KA_1、KA_2 两个中间继电器，以及时间继电器 KT 共十个电器的线圈支路，该电路的主要功能是对主轴电动机 M1 进行控制。在起动 M1 之前，首先要选择好主轴的转速和进给量（在主轴和进给变速时，与之相关的行程开关 SQ_3～SQ_6 的状态见表 7-1），并且调整好主轴箱和工作台的位置（在调整好后行程开关 SQ_1、SQ_2 的动断触点（1—2）均处于闭合接通状态）。

表 7-1 主轴和进给变速行程开关 SQ_3～SQ_6 状态表

	相关行程开关的触点	①正常工作时	②变速时	③变速后手柄推不上时	备 注
主轴变速	SQ_3(4—9)	+	−	−	+表示接通； −表示断开。
	SQ_3(3—13)	−	+	+	
	SQ_5(14—15)	−	−	+	
进给变速	SQ_4(9—10)	+	−	−	
	SQ_4(3—13)	−	+	+	
	SQ_6(14—15)	−	+	+	

（1）M1 的正反转控制

SB_2、SB_3 分别为 M1 正、反转起动按钮，下面以正转起动为例：

按下 SB_2→KA_1 线圈通电自锁→KA_1 动合触点（10—11）闭合，KM_3 线圈通电→KM_3 主触点闭合短接电阻 R；KA_1 另一对动合触点（14—17）闭合，与闭合的 KM_3 动合辅助触点（4—17）使 KM_1 线圈通电→KM_1 主触点闭合；KM_1 动合辅助触点（3—13）闭合，KM_4 通电，电动机 M1 低速起动。

同理，在反转起动运行时，按下 SB_3，相继通电的电器为：KA_2→KM_3→KM_2→KM_4。

（2）M1 的高速运行控制

若按上述起动控制，M1 为低速运行，此时机床的主轴变速手柄置于“低速”位置，微动开关 SQ_7 不吸合，由于 SQ_7 动合触点（11—12）断开，时间继电器 KT 线圈不通电。要使 M1 高速运行，可将主轴变速手柄置于“高速”位置，SQ_7 动作，其动合触点（11—12）闭合，这样在起动控制过程中 KT 与 KM_3 同时通电吸合，经过 3s 左右的延时后，KT 的动断触点（13—20）断开而动合触点（13—22）闭合，使 KM_4 线圈断电而 KM_5 通电，M1 为双星形（YY）联结高速运行。无论是当 M1 低速运行时还是在停车时，若将变速手柄由低速挡转至高速挡，M1 都是先低速起动或运行，再经 3s 左右的延时后自动转换至高速运行。

（3）M1 的停车制动

M1 采用反接制动，KV 为与 M1 同轴的反接制动控制用的速度继电器，它在控制电路中有三对触点：动合触点（13—18）在 M1 正转时动作，另一对动合触点（13—14）在反转时闭合，还有一对动断触点(13—15)提供变速冲动控制。当 M1 的转速达到约 120r/min 以上时，KV 的触点动作；当转速降至 40r/min 以下时，KV 的触点复位。下面以 M1 正转高速运行、按下停车按钮 SB_1 停车制动为例进行分析：

按下 SB_1→SB_1，动断触点(3—4)先断开，先前得电的 KA_1、KM_3、KT、KM_1 和 KM_5 线圈相继断电→SB_1 动合触点(3—13)闭合，经 KV_{-1} 使 KM_2 线圈通电→KM_4 通电→M1 三角 D 形联结串电阻反接制动→电动机转速迅速下降至 KV 的复位值→KV_{-1} 动合触点断开，KM_2 断电→KM_2 动合触点断开，KM_4 断电，制动结束。

如果是 M1 反转时进行制动，则由 KV_{-2}(13—14)闭合，控制 KM_1、KM_4 进行反接制动。

(4)M1 的点动控制

SB_4 和 SB_5 分别为正反转点动控制按钮。当需要进行点动调整时，可按下 SB_4(或 SB_5)，使 KM_1 线圈(或 KM_2 线圈)通电，KM_4 线圈也随之通电。由于此时 KA_1、KA_2、KM_3、KT 线圈都没有通电，所以 M1 串入电阻低速转动。当松开 SB_4(或 SB_5)时，由于没有自锁作用，所以 M1 为点动运行。

5. 主轴的变速控制

主轴的各种转速是由变速操纵盘来调节变速传动系统而取得的。在主轴运转时，如果要变速，可不必停车。只要将主轴变速操纵盘的操作手柄拉出(如图 7 - 17 所示，将手柄拉至②的位置)，与变速手柄有机械联系的行程开关 SQ_3、SQ_5 均复位(见表 7 - 1)，此后的控制过程如下(以正转低速运行为例)：

将变速手柄拉出→SQ_3 复位→SQ_3 动合触点断开→KM_3 和 KT 都断电→KM_1 断电→KM_4 断电，M1 断电后由于惯性继续旋转。

SQ_3 动断触点(3—13)后闭合，由于此时转速较高，故 KV_{-1} 动合触点为闭合状态→KM_2 线圈通电→KM_4 通电，电动机 D 形联结进行制动，转速很快下降到 KV 的复位值→KV_{-1} 动合触点断开，KM_2、KM_4 断电，断开 M1 反向电源，制动结束。

转动变速盘进行变速，变速后将手柄推回→SQ_3 动作→SQ_3 动断触点(3—13)断开；动合触点(4—9)闭合，KM_1、KM_3、KM_4 重新通电，M1 重新起动。

由以上分析可知，如果变速前主电动机处于停转状态，那么变速后主电动机也处于停转状态。若变速前主电动机处于正向低速(D 形联结)状态运转，由于中间继电器仍然保持通电状态，变速后主电动机仍处于 D 形联结下运转。同样道理，如果变速前电动机处于高速(YY)正转状态，那么变速后，主电动机仍先连接成 D 形，再经 3s 左右的延时，才进入 YY 联结高速运转状态。

(6)主轴的变速冲动

SQ_5 为变速冲动行程开关，由表 7 - 1 可见，在不进行变速时，SQ_5 的动合触点(14—15)是断开的；在变速时，如果齿轮未啮合好，变速手柄就合不上，即在图 7 - 17 中处于③的位置，则 SQ_5 被压合→SQ_5 的动合触点(14—15)闭合→KM_1 由(13—15—14—16)支路通电→KM_4 线圈支路也通电→M1 低速串电阻起动→当 M1 的转速升至 120r/min

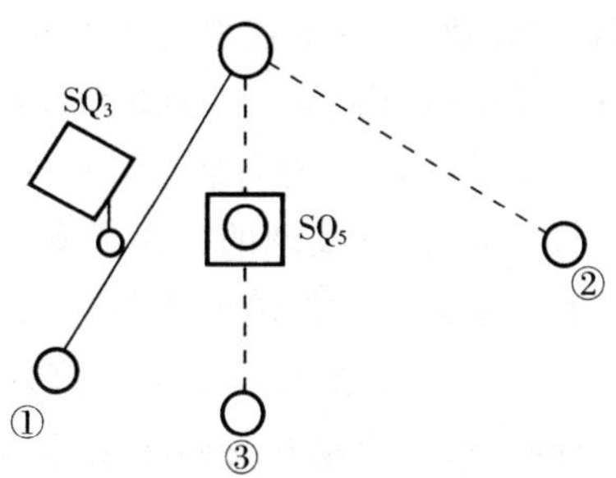

图 7 - 17　主轴变速手柄位置示意图

时→KV动作，其动断触点(13—15)断开→KM_1、KM_4 线圈支路断电→KV_{-1}动合触点闭合→KM_2 通电→KM_4 通电，M1进行反接制动，转速下降→当M1的转速降至KV复位值时，KV复位，其动合触点断开，M1断开制动电源；动断触点(13—15)又闭合→KM_1、KM_4 线圈支路再次通电→M1转速再次上升……这样使M1的转速在KV复位值和动作值之间反复升降，进行连续低速冲动，直至齿轮啮合好以后，方能将手柄推合至图7-17中①的位置，使 SQ_3 被压合，而 SQ_5 复位，变速冲动才告结束。

(7)进给变速控制

与上述主轴变速控制的过程基本相同，只是在进给变速控制时，拉动的是进给变速手柄，动作的行程开关是 SQ_4 和 SQ_6。

(8)快速移动电动机M2的控制

为缩短辅助时间，提高生产效率，由快速移动电动机M2经传动机构拖动镗头架和工作台作各种快速移动。运动部件及运动方向的预选由装在工作台前方的操作手柄进行，而控制则是由镗头架的快速操作手柄进行。当扳动快速操作手柄时，将压合行程开关 SQ_8 或 SQ_9，接触器 KM_6 或 KM_7 通电，实现M2快速正转或快速反转。电动机带动相应的传动机构拖动预选的运动部件快速移动。将快速移动手柄扳回原位时，行程开关 SQ_5 或 SQ_6 不再受压，KM_6 或 KM_7 断电，电动机M2停转，快速移动结束。

(9)联锁保护

为了防止工作台及主轴箱与主轴同时进给，将行程开关 SQ_1 和 SQ_2 的动断触点并联接在控制电路(1—2)中。当工作台及主轴箱进给手柄在进给位置时，SQ_1 的触点断开；而当主轴的进给手柄在进给位置时，SQ_2 的触点断开。如果两个手柄都处在进给位置，则 SQ_1、SQ_2 的触点都断开，机床不能工作。

3. 照明电路和指示灯电路

由变压器TC提供24V安全电压供给照明灯EL，EL的一端接地。SA为灯开关，由 FU_4 提供照明电路的短路保护。XS为24V电源插座。HL为6V的电源指示灯。

7.5.4 T68型卧式镗床常见电气故障的诊断与检修

镗床常见电气故障的诊断与检修与铣床大致相同，但由于镗床的机电联锁较多，且采用双速电动机，所以会有一些特有的故障，现举例分析如下：

1. 主轴的转速与标牌的指示不符

这种故障一般有两种现象：第一种是主轴的实际转速比标牌指示转数增加或减少一倍，第二种是M1只有高速或只有低速。前者大多是由于安装调整不当而引起的。T68型镗床有18种转速，是由双速电动机和机械滑移齿轮联合调速来实现的。第1,2,4,6,8,……挡是由电动机以低速运行驱动的，而第3,5,7,9,……挡是由电动机以高速运行来驱动的。由以上分析可知，M1的高低速转换是靠主轴变速手柄推动微动开关 SQ_7，由 SQ_7 的动合触点(11—12)通、断来实现的。如果安装调整不当，使 SQ_7 的动作恰好相反，则会发生第一种故障。而产生第二种故障的主要原因是 SQ_7 损坏(或安装位置移动)：如果 SQ_7 的动合触点(11—12)总是接通，则M1只有高速；如果总是断开，则M1只有低速。此外，KT的损坏(如线圈烧断、触点不动作等)，也会造成此类故障发生。

2. M1 **能低速起动，但置于“高速”挡时，不能高速运行而自动停机**

M1 能低速起动，说明接触器 KM_3、KM_1、KM_4 工作正常；而低速起动后不能换成高速运行且自动停机，又说明时间继电器 KT 是工作的，其动断触点（13—20）能切断 KM_4 线圈支路，而动合触点（13—22）不能接通 KM_5 线圈支路。因此，应重点检查 KT 的动合触点（13—22）；此外，还应检查 KM_4 的互锁动断触点（22—23）。按此思路，接下去还应检查 KM_5 有无故障。

3. M1 **不能进行正反转点动、制动及变速冲动控制**

出现这种情况，其原因往往是由于上述各种控制功能的公共电路部分出现故障，如果伴随着不能低速运行，则故障可能出在控制电路 13—20—21—0 支路中有断开点；否则，故障可能出在主电路的制动电阻尺及引线上有断开点。如果主电路仅断开一相电源，电动机还会伴有断相运行时发出的“嗡嗡”声。

7.6　桥式起重机控制线路

起重机是一种用来起吊和放下重物并使重物在短距离内水平移动的起重设备。起重设备有多种形式，有桥式、塔式、门式、旋转式和缆索式等。

不同形式的起重机分别应用在不同场合，如车站货场使用的门式起重机；建筑工地使用的塔式起重机；码头、港口使用的旋转式起重机；生产车间使用的桥式起重机。常见的桥式起重机有 5t、10t 单钩及 15/3t、20/5t 双钩等。桥式起重机一般通称行车或天车。由于桥式起重机具有一定的广泛性和典型性，本节以 15/3t（重级）桥式起重机（电动双梁吊车）为例，分析起重设备的电气控制线路。

7.6.1　桥式起重机的结构及运动形式

图 7 - 18 所示是桥式起重机的结构示意图（横截面图）。

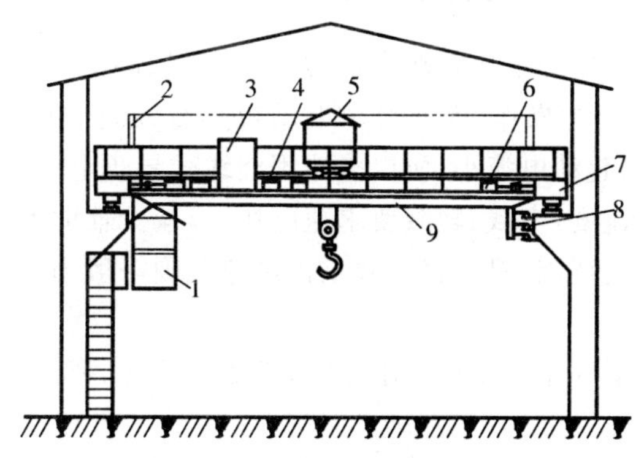

图 7 - 18　桥式起重机示意图

1—驾驶室　2—辅助滑线架　3—交流磁力控制屏　4—电阻箱　5—起重小车
6—大车拖动电动机　7—端梁　8—主滑线　9—主梁

桥式起重机主要有大车和小车组成桥架机构，主构（15t）和副钩（3t）组成提升机构。

大车的轨道敷设在沿车间两侧的立柱上，大车可在轨道上沿车间纵向移动；大车上有小轨道供小车横向移动；主钩和副钩都装在小车上，主钩用来提升重物，副钩除可提升轻物外，在它额定负载范围内也可协同主钩倾转或翻倒工件用。但不允许两钩同时提升两个物件。每个吊钩在单独工作时均只能起吊重量不超过额定重量的重物，当两个吊钩同时工作时，物件重量不允许超过主钩1起重量。这样，起重机可以在大车能够行走的整个车间范围内进行起重运输了。

7.6.2 桥式起重机的供电特点

桥式起重机的电源为380V，由公共的交流电源供给，由于起重机在工作时是经常移动的，同时，大车与小车之间、大车与厂房之间都存在着相对运动，因此，要采用可移动的电源设备供电。一种是采用软电缆供电，软电缆可随大、小车的移动而伸展和叠卷，多用于小型起重机；另一种常用的方法是采用滑触线和集电刷供电。三根主滑触线是沿着平行于大车轨道的方向敷设在车间厂房的一侧。三相交流电源经由三根主滑触线与滑动的集电刷引进起重机驾驶室内的保护控制柜上，再从保护控制柜引出两相电源至凸轮控制器，另一相称为电源的公用相，它直接从保护控制柜接到各电动机的定子接线端。

另外，为了便于供电及各电气设备之间的连接，在桥架的另一侧装设了辅助滑触线。本控制电路共有21根辅助滑触线，如图7-19(e)所示。它们的作用分别为：主钩部分十根，其中三根连接主钩电动机M5的定子绕组(5M1、5M2、5M3)接线端；三根连接转子绕组与转子附加电阻5R；主钩制动电磁铁YA_5、YA_6接交流磁力控制屏二根；主钩上升限位开关SQ_a接交流磁力控制屏与主令控制器二根。副钩部分六根，其中三根连接副钩电动机M1的转子绕组与转子附加电阻1R，二根连接定子绕组(1M1、1M3)接线端与凸轮控制器SA_1，一根为副钩上升限位开关SQ_b接在交流保护柜。小车部分五根，其中三根连接小车电动机M2的转子绕组与转子附加电阻2R，二根连接M2定子绕组(2M1、2M2)接线端与凸轮控制器SA_2。

滑触线通常用角钢、圆钢、V型钢或工字钢等刚性导体制成。

7.6.3 桥式起重机对电力拖动的要求

(1)由于桥式起重机工作环境比较恶劣，多灰尘、高温、高湿度，而且经常在重载下频繁进行起动、制动、反转、变速等操作，因此要求电动机具有较高的机械强度和较大的过载能力，同时要求起动转矩大、起动电流小，所以多选用绕线式异步电动机。

(2)要有合理的升降速度，空载、轻载要求速度快，以减少辅助工时，重载要求速度慢。

(3)应具有一定的调速范围，对于普通起重机调速范围一般为3∶1，要求较高的地方可以达到5∶1至10∶1。

(4)提升开始或重物下降至预定位置附近时，都需要低速，所以在30%额定速度内应分成几挡，以便灵活操作。

(5)提升的第一级作为预备级，是为了消除传动间隙和张紧钢丝绳，以避免过大的机械冲击。所以起动转矩不能大，一般限制在额定转矩的一半以下。

(6)当下放负载时，根据负载大小，电动机的运行状态可以自动转换为电动状态，倒拉反接状态或再生发电制动状态。

(7)制动装置(电气的或机械的)必须十分安全可靠。

(8)有完善可靠的电气保护环节。

7.6.4　桥式起重机电器设备及控制、保护装置

桥式起重机的大车桥架跨度一般较大，两侧装置两个主动轮，分别由两台相同规格的电动机 M3 和 M4 拖动，沿大车轨道纵向两个方向同速运动。

小车移动机构由一台电动机 M2 拖动，沿固定在大车桥架上的小车轨道横向两个方向运动。

主钩升降由一台电动机 M5 拖动。

副钩升降由一台电动机 M1 拖动。

电源总开关为 QS_1。凸轮控制器 SA_1、SA_2、SA_3 分别控制副钩电动机（M1）、小车电动机（M2）、大车电动机（M3、M4）。主令控制器 SA_4 配合磁力控制屏（PQR）完成对主钩电动机（M5）的控制。

整个起重机的保护环节是由交流保护控制柜（GQR）和交流磁力控制屏（PQR）来实现的。各控制电路均用熔断器 FU_1、FU_2 作为短路保护；总电源及每台电动机均采用过电流继电器 KA_0、KA_1、KA_2、KA_3、KA_4、KA_5 作过载保护；为了保障维修人员的安全，在驾驶室舱门盖上装有安全开关 SQ_c；在横梁两侧栏杆门上分别装有安全开关 SQ_d、SQ_e；为当发生紧急情况时操作人员能立即切断电源，防止事故扩大，在保护柜上还装有一只单刀单掷的紧急开关 QS_4。上述各开关在电路中均为常开触头，并与副钩、小车、大车的过电流继电器及总过电流继电器的常闭触头相串联。当驾驶室舱门或横梁栏杆门开启时，主接触器 KM 线圈不能获电运行或运行中断电释放，这样起重机的全部电动机都不能起动运行，从而保证了人身安全。

电源总开关 QS_1，熔断器 FU_1、FU_2，主接触器 KM，紧急开关 QS_4 以及过电流电器 KA_0～KA_5 都安装在保护柜上。保护柜、凸轮控制器及主令控制器均安装在驾驶室内，便于司机操作。

起重机各移动部分均采用限位开关作为行程限位保护。分别为：主钩上升限位开关 SQ_a；副钩上升限位开关 SQ_b；小车横向限位开关 SQ_1、SQ_2；大车纵向限位开关 SQ_3、SQ_4。利用移动部件上的挡铁压开限位开关将电动机断电并制动，以保证行车安全。

起重机设备上的移动电动机和提升电动机均采用电磁制动器抱闸制动，分别为：副钩制动电磁铁 YA_1；小车制动电磁铁 YA_2；大车制动电磁铁 YA_3、YA_4；主钩制动电磁铁 YA_5、YA_6。其中 YA_1～YA_4 为两相电磁铁，YA_5、YA_6 为三相电磁铁。当电动机通电时，电磁铁也获电松开制动器，电动机可以自由旋转；当电动机断电特别是正在运行时突然停电时，电磁铁也断电，电动机被制动器所制动。

起重机轨道及金属桥架应当进行可靠的接地保护。

7.6.5　电气线路分析

15/3t 交流桥式起重机的电气控制线路见图 7－19。

1. 主接触器 KM 的控制

控制过程如下：

（1）准备阶段

在起重机投入运行前应当将所有凸轮控制器手柄置于“零位”，零位联锁触头 SA_{1-7}、

SA_{2-7}、SA_{3-7}（9 区）处于闭合状态，合上紧急开关 QS_4，关好舱门和横梁栏杆门，使开关 SQ_c、SQ_d、SQ_e 也处于闭合状态(10 区)。

(2)起动运行阶段

操作人员按下保护控制柜上的起动按钮 SB(9 区)，主接触器 KM 线圈获电吸合(11 区)，三副常开主触头 KM 闭合(2 区)，使两相电源(V_2、W_2)进入各凸轮控制器，一相电源(U_3)直接引入各电动机定子接线端。此时由于各凸轮控制器手柄均在零位，故电动机不会运转。同时，主接触器 KM 两副常开辅助触头 KM 闭合自锁(7 区与 9 区)，当松开起动按钮 SB_1 后，主接触器 KM 线圈从另一条通路获电。

通路为电源 1→KM(自锁触头)→SA_{1-6}→SA_{2-6}→SQ_1→SQ_3→SA_{3-6}→KM(自锁触头)→SQ_c→SQ_d→SQ_e→SQ_4→KA_0→KA_1→KA_2→KA_3→KA_4→KM(线圈→电源 2)。

2. 凸轮控制器的控制

桥式起重机的大车、小车和副钩电动机容量较小，一般采用凸轮控制器控制。现以大车为例，说明控制过程。由于大车为两台电动机同时拖动，故大车凸轮控制器 SA_3 比 SA_1 及 SA_2 多了五副转子电阻控制触头，以供切除第二台电动机的转子电阻用。由图 7－19 可以看出，大车凸轮控制器 SA_3 共有 11 个位置，中间位置是零位，右边五个位置，左边五个位置，控制电动机 M3 和 M4 的正反转(即大车的前进和后退)。四副主触头控制电动机 M3 和 M4 的定子电源，并实现正反转换接(V_2—$3M_3$、$4M_1$，W_2—$3M_1$、$4M_3$，V_2—$3M_1$、$4M_3$，W_2—$3M_3$、$4M_1$)。10 副转子电阻控制触头分别切换电动机 M3 和 M4 的转子电阻 $3R$ 和 $4R$。另有三副辅助触头为联锁触头，其中 SA_{3-5}、SA_{3-6} 为电动机正反转联锁触头，SA_{3-7} 为零位联锁触头。

操作过程：合上电源总开关 QS_1，并使主接触器 KM 线图获电运行。

扳动凸轮控制器 SA_3 操作手柄向后位置 1，主触头 V_2—$3M_1$、$4M_3$ 接通，W_2—$3M_3$、$4M_1$ 接通，正反转联锁触头 SA_{3-6} 接通，SA_{3-5} 断开，SA_{3-7} 断开，电动机 M3、M4 接通三相电源，同时电磁铁 YA_3、YA_4 获电，使制动器放松，此时转子回路中串联着全部附加电阻，故电动机有较大的起动转矩、较小的起动电流，以最低速旋转，大车慢速向后运动。

扳动凸轮控制器 SA_3 操作手柄向后位置 2，转子电阻控制触头 $3R_5$、$4R_5$ 接通，电动机 M3、M4 转子回路中的附加电阻 $3R$、$4R$ 各切除一段电阻，电动机转速略有升高。当手柄置于位置 3 时，控制触头 $3R_4$、$4R_4$ 接通，转子回路中的附加电阻又被切除一段，电动机转速进一步升高。这样凸轮控制器 SA_3 手柄从位置 2 循序转到位置 5 的过程中，控制触头依次闭合，转子电阻逐段切除，电动机转速逐渐升高。当电动机转子电阻全部切除时，转速达到最高。

当凸轮控制器 SA_3 操作手柄扳至向前时，通过主触头将电动机电源换相，主触头 V_2—$3M_3$、$4M_1$ 接通，W_2—$3M_1$、$4M_3$ 接通，电动机反方向旋转。另外，正、反转联锁触头 SA_{3-5} 接通，SA_{3-6} 断开，其他工作过程与向后完全一样。

由于断电或操作手柄扳至零位，电动机电源断电，电磁铁线圈断电，制动器将电动机制动。

小车和副钩的控制过程与大车相同。

用凸轮控制器控制时，电动机是处于转子电阻不对称切除的情况下工作的。如图 7-19 所示（见文后插页）。

3. 主令控制器的控制

主钩电动机是桥式起重机容量最大的一台电动机，一般采用主令控制器配合磁力控制屏进行控制，即用主令控制器控制接触器，再由接触器控制电动机。为提高主钩电动机运行的稳定性，在切除转子附加电阻时，采取三相平衡切除，使三相转子电流平衡。

主钩运行有升降两个方向，主钩上升控制与凸轮控制器的工作过程基本相似，区别在于它是通过接触器来控制的。

主钩下降时与凸轮控制器的动作过程有较明显的差异。主钩下降有六挡位置。“J”、“1”、“2”挡为制动下降位置，防止在吊有重载下降时速度过快，电动机处于反接制动运行状态；“3”、“4”、“5”挡为强力下降位置，主要用于轻负载时快速强力下降。主令控制器在下降位置时，六个挡次的工作情况如下：

合上开关 QS_1（1 区）、QS_2（12 区）、QS_3（16 区）接通主电路和控制电路电源，主令控制器手柄置于零位，触头 S_1（18 区）处于闭合状态，电压继电器 KV（18 区）线圈获电动作，其常开触头 KV（19 区）闭合自锁，为主钩电动机 M5 起动控制做好准备。

（1）手柄扳到制动下降位置“J”挡

主令控制器 SA_4 常闭触头 S_1（18 区）断开，常开触头 S_3（21 区）、S_6（23 区）、S_7（26 区）、S_8（27 区）闭合，接触器 KM_2 线圈（23 区）获电吸合，常开主触头 KM_2（13 区）闭合，电动机 M5 定子绕组通入三相正相序电压，电动机 M5 产生的电磁转矩为提升方向。另外，常开辅助触头 KM_2（23 区）闭合自锁，常闭辅助触头 KM_2（22 区）断开联锁，常开辅助触头 KM_2（25 区）闭合，为制动电磁铁 KM_3 线圈获电做好准备；接触器 KM_4（26 区）、KM_5（27 区）线圈获电吸合，常开触头 KM_4、KM_5（13、14 区）闭合，转子电阻 $5R_6$、$5R_5$ 被切除，转子回路中接入四段电阻。此时，尽管电动机 M5 已接通电源，但由于主令控制器的常开触头 S_4（25 区）未闭合，接触器 KM_3（23 区）线圈不能获电，故制动电磁铁 YA_5 线圈也不能获电，制动器未释放，电动机 M5 仍处于抱闸制动状态，迫使电动机 M5 不能起动旋转。

这种操作常用于主钩上吊有很重的货物或工件，停留在空中或在空间移动时。因负载很重，防止抱闸制动失灵或打滑，所以使电动机产生一个向上的提升力，协助抱闸制动克服重负载所产生的下降力，以减轻抱闸制动的负担，保证运行安全。

（2）手柄扳到制动下降位置“1”挡

当主令控制器手柄扳至“1”挡时，除“J”挡时的 S_3、S_6、S_7 仍闭合，接触器 KM_2、KM_4、线圈仍获电吸合外，另有常开触头 S_4（25 区）闭合，接触器 KM_3 线圈获电吸合，常开主触头 KM_3（15 区）闭合，电磁铁 YA_5、YA_6（15 区）线圈获电动作，电磁抱闸制动放松，电动机 M5 得以旋转。常开触头 KM_3（27 区）闭合自锁，并与常开辅助触头 KM_1、KM_2（26、25 区）并联，主要保证电动机 M5 正反转切换过程中电磁铁 YA_5 有电，处于非制动状态，这样就不会产生机械冲击。

由于触头 S_8 的分断，接触器 KM_5 线圈断电释放，此时仅切除一段转子电阻 $5R_6$，使电动机 M5 产生的提升方向的电磁转矩减小。若此时负载足够大，则在负载重力作用下电动机作反向（下降方向）旋转，电磁转矩成为反接制动力矩，迫使重负载低速下降。

(3)手柄扳到制动下降位置“2”挡

此挡主令控制器触头 S_3、S_4、S_6 仍闭合，触头 S_7 分断，接触器 KM_4 线圈断电释放，附加电阻全部接入转子回路，使电动机向提升方向的电磁转矩又减小，重负载下降速度比“1”挡时加快。这样，操作者可根据重负载情况及下降速度要求，适当选择“1”挡或“2”挡作为重负载合适的下降速度。

(4)手柄扳到强力下降位置“3”挡

此挡主令控制器触头 S_3 分断 S_2(20 区)闭合，因为“3”挡为强力下降，故上升限位开关 SQ_a(21 区)失去保护作用，控制电源通路改由触头 S_2 控制。触头 S_6 分断，上升接触器 KM_2 线圈断电释放。触头 S_4、S_5、S_7、S_8 闭合，接触器 KM_1(22 区)线圈获电吸合，电动机电源相序切换反向旋转（向下降方向），常开辅助触头 KM_1(26 区)闭合自锁，常闭辅助触头 KM_1(23 区)断开联锁。同时接触器 KM_4、KM_5 线圈获电吸合，转子附加电阻 $5R_6$、$5R_5$ 被切除，这时轻负载便在电动机下降转矩作用下强制下落，又称强力下降。

(5)手柄扳到强力下降位置“4”挡

凸轮控制器的触头 S_2、S_4、S_5、S_7、S_8、S_9 闭合，接触器 KM_6(29 区)线圈获电吸合，转子附加电阻 $5R_4$ 被切除，电动机转速进一步增加，轻负载下降速度变快。另外，常开辅助触头 KM_6(30 区)闭合，为接触器 KM_7 线圈获电作准备。

(6)手柄扳到强力下降位置“5”挡

此挡凸轮控制器触头 S_2～S_{12} 全闭合，接触器 KM_7～KM_9 线圈依次获电吸合，转子附加电阻 $5R_3$、$5R_2$、$5R_1$ 依次被逐级切除，这样可以防止过大的冲击电流，同时使电动机旋转速度逐渐增加，待转子附加电阻全部被切除后，电动机以最高转速运行，负载下降速度也最快。此挡若负载重力作用较大使实际下降速度超过电动机同步转速时，由电动机运行特性可知，电磁转矩由驱动转矩转变为制动转矩，即发电制动，能起到一定的制动下降作用，保证下降速度不致太高。

桥式起重机在实际运行中，操作人员要根据具体情况选择不同的运行位置和挡位。比如主令控制器手柄在强力下降位置“5”挡时，因负载重力作用太大使下降速度过快，虽有发电制动控制，高速下降仍很危险。此时，就需要把主令控制器手柄扳回到制动下降位置“2”或“1”挡，进行反接制动控制下降速度。为了避免在转换过程中可能发生过高的下降速度，在接触器 KM_9 电路中常用辅助常开触头 KM_9(33 区)自锁。同时，为了不影响提升的调速，在该支路中再串联一个常开辅助触头 KM_1(28 区)。这样可以保证主令控制器手柄由强力下降位置向制动下降位置转换时，接触器 KM_9 线圈始终有电，只有手柄扳至制动下降位置后，接触器 KM_9 线圈才断电。在图 7-19(a)所示主令控制器 SA_4 触头开合表中可以看到，强力下降位置“4”、“3”挡上有“0”的符号便是这个意义，表示当手柄由“5”挡向零位回转时，触头 S_{12} 接通。否则，如果没有以上联锁装置，在手柄由强力下降位置向制动下降位置转换时，若操作人员不小心，误把手柄停在了“4”或“3”挡上，那么正在高速下降的负载速度不但不会得到控制，反而更为增加，则可能会造成恶性事故。

另外，串接在接触器 KM_2 支路中的常开触头 KM_2(23 区)与常闭触头 KM_9(24 区)并联，主要作用是：当接触器 KM_1 线圈断电释放后，只有在接触器 KM_9 线圈断电释放的情况下，接触器 KM_2 线圈才允许获电并自锁，这就保证了只有在转子电路中保持一定的附加电阻的前提下，才能进行反接制动，以防止反接制动时造成直接起动而产生过大的冲击电流。

表 7-2 为 15/3t 桥式起重机主要电器元件明细表。

表 7-2　15/3t 桥式起重机主要电器元件明细表

序号	符　号	名　　称	型号及规格	数量	用　途
1	M1	副钩电动机	JZR41-8 11kW　715r/min	1	驱动副钩
2	M2	小车电动机	JZR12-6 3.5kW　910r/min	1	驱动小车
3	M3、M4	大车电动机	JZR22-6 7.5kW 945r/min	2	驱动大车
4	M5	主钩电动机	JZR63-10 60kW　581r/min	1	驱动主钩
5	SA_1	副钩凸轮控制器		1	控制副钩电动机
6	SA_2	小车凸轮控制器	KTJ1-50/1	1	控制小车电动机
7	SA_3	大车凸轮控制器	KTJ1-50/5	1	控制大车电动机
8	SA_4	主钩主令控制器	LK1-12/90	1	控制主钩电动机
9	YA_1	副钩制动电磁铁	MZD1-300	1	制动副钩
10	YA_2	小车制动电磁铁	MZD1-100	1	制动小车
11	YA_3、YA_4	大车制动电磁铁	MZD1-200	2	制动大车
12	YA_5、YA_6	主钩制动电磁铁	MZS1—45H	2	制动主钩
13	1R	副钩电阻器	2K1-41-8/2	1	副钩电动机起动调速
14	2R	小车电阻器	2K1-12-6/1	1	小车电动机起动调速
15	3R、4R	大车电阻器	4K1-22-0/1	2	大车电动机起动调速
16	5R	主钩电阻器	4P5-63-10/9	1	主钩电动机起动调速
17	QS_1	总电源开关	HD-9-400/3	1	接通总电源
18	QS_2	主钩电源开关	HD11-200/2	1	接通主钩电动机电源
19	QS_3	主钩控制电源开关	DZ5-50	1	接通主钩电动机控制电源
20	QS_4	紧急开关	A-3161	1	发生紧急情况时断开
21	SB	起动按钮	LA19-11	1	起动主接触器
22	KM	主接触器	CJ2-400/3	1	接通大车、小车、副钩电源
23	KAO	总过电流继电器	JL4-150/1	1	总过流保护
24	KA_{1-4}	副钩、大、小车过电流继电器	JL4-40	4	过流保护

（续表）

序号	符　号	名　　称	型号及规格	数量	用　途
25	KA_5	主钩过电流继电器	JL4-150	1	过流保护
26	FU_{1-2}	控制、保护电源熔断器	RL1-15	4	短路保护
27	KM_1	主钩下降接触器	CJ2-250	1	控制主钩电动机旋转
28	KM_2	主钩上升接触器	CJ2-250	1	控制主钩电动机旋转
29	KM_3	主钩制动接触器	e20-63	1	控制主钩制动电磁铁
30	KM_{6-9}	主钩加速级接触器	CJ20-63	4	控制主钩转子附加电阻
31	KV	欠电压继电器	JT4-10P	1	欠压保护
32	SQ_a	主钩上升限位开关	JLXK1-311	1	限位保护
33	SQ_b	副钩上升限位开关	JLXK1-311	1	限位保护
34	SQ_{1-4}	大、小车限位开关	JLXK1-311	4	限位保护
35	SQ_c	舱口安全开关	JLXK1-311	1	舱口安全
36	SQ_d、SQ_e	横梁栏杆安全开关	JLXK1-311	2	横梁栏杆门安全
37	KM_{4-5}	主钩预备级接触器	CJ20-63	2	控制主钩转子附加电阻

7.6.6 电气线路常见故障分析

因为桥式起重机的工作环境比较恶劣，某些主要电器设备和元件的密封条件很困难，同时工作频繁，结构复杂，维修很不方便。常见故障现象及原因分述如下：

(1)合上空气开关 QS_1 并按起动按钮 SB 后，主接触器 KM 不吸合。原因：线路无电压；熔断器 FU_1 熔断；紧急开关 QS_4 或安全开关 SQ_c、SQ_d、SQ_e 未合上；主接触器 KM 线圈断路；各凸轮控制器手柄没在零位，则 SA_{1-7}、SA_{2-7}、SA_{3-7} 触头分断；过电流继电器 KA_0～KA_4 动作后未复位。

(2)主接触器 KM 吸合后，过电流继电器 FA_0～KA_4 立即动作。原因：凸轮控制器 SA_1～SA_3 电路接地；电动机 M1～M4 绕组接地；电磁铁 YA_1～YA_4 线圈接地。

(3)当电源接通扳动凸轮控制器手柄后，电动机不转动。原因：凸轮控制器主触头接触不良；滑触线与集电电刷接触不良；电动机定子绕组或转子绕组断路；电磁铁线圈断路或制动器未放松。

(4)扳动凸轮控制器后，电动机起动运转，但不能输出额定功率且转速明显减慢。原因：线路压降太大；制动器未全部松开；转子电路中的附加电阻未全部切除。

(5)凸轮控制器扳动过程中卡阻或扳不到位。原因：凸轮控制器动触头卡在静触头下面；定位机构松动。

(6)凸轮控制器扳动过程中火花过大。原因：动、静触头接触不良；控制容量过载。

(7)制动电磁铁线圈过热。原因：电磁铁线圈电压与线路电压不符；电磁铁的牵引力过载；电磁铁吸合后，动、静铁心间的间隙过大，制动器的工作条件与电磁铁线圈特性不符；电磁铁铁心歪斜或卡阻。

(8)电磁铁噪声大。原因：交流电磁铁短路环开路；电磁铁过载；动、静铁心端面有油污；磁路弯曲。

(9)主钩既不能上升又不能下降。原因：如欠电压继电器 KV 不吸合，可能是 KV 线圈断路，过电流继电器 KA_5 未复位，主令控制器 SA_4 零位联锁触头未闭合，熔断器 FU_2 熔断等。如欠电压继电器吸合，则可能是自锁触头未接通 I 令控制器的触头 S_2、S_3、S_4、S_5 或 S_6 接触不良，电磁铁线圈开路未松闸。

思考题与习题

1. 金属切削机床的机械运动分为哪几类？分别为什么运动？

2. 在各机床控制电路中，为什么冷却泵电动机一般都受主电动机的联锁控制，在主电动机起动后才能起动？为什么一旦主电动机停转，冷却泵电动机也同步停转？

3. 试述 C650－2 型车床主轴电动机的控制特点及时间继电器 KT 的作用。

4. 磨床采用电磁吸盘来夹持工件有什么好处？M7130 型平面磨床控制电路具有哪些保护环节？

5. X62W 型铣床进给变速能否在运行中进行？为什么？

6. T68 镗床与 X62W 铣床的变速冲动有什么不同？T68 镗床在进给时能否变速？

7. 在图 7－6 电路中，将 KA 与 SA_2 的动合触点并联(接线端编号 6－8)，其作用是什么？

8. Z3050 摇臂钻床的摇臂升降电动机 M2、冷却泵电动机 M4 都不需要用热继电器进行过载保护，分别是由于 M2 ____，M4 ____。

   A. 容量太小　　B. 不会过载　　C. 是短时工作制

9. M7130 型平面磨床控制电路中电阻 R_1、R_2、R_3 的作用分别是____、____、____。

   A. 限制退磁电流　　B. 电磁吸盘线圈的过电压保护

   C. 整流器的过电压保护

10. X62W 型万能铣床的主轴采用____制动，T68 型卧式镗床的主轴采用____制动。

    A. 反接　　B. 能耗　　C. 电磁离合器

11. 若 X62W 型万能铣床的主轴未起动，则工作台____。

    A. 不能有任何进给　　B. 可以进给　　C. 可以快速进给

12. T68 型卧式镗床的主轴电动机 M1 是一台双速异步电动机，低速时定子绕组为____联结，高速时定子绕组为____联结。

    A. 三角形　　B. 星形　　C. 双星形

13. 判断题：

(1)磨床的电磁吸盘可以使用直流电，也可以使用交流电。(　　)

(2)铣床在铣削加工过程中不需要主轴反转。(　　)

(3)T68 型卧式镗床主电路中电阻器的作用是限制起动电流。(　　)

(4)T68 型卧式镗床控制电路中速度继电器 KV 的动断触点(13—15)是提供反接制动控制的。(　　)

14. 画出 X62W 型万能铣床工作台进给的控制电路。

15. X62W 型万能铣床控制电路有哪四种联锁保护作用？

16. M7130 型平面磨床的电磁吸盘没有吸力或吸力不足，试分析可能的原因。

17. Z3050 型摇臂钻床的摇臂上升、下降动作相反，试由电气控制电路分析其故障的原因。

18. X62W 型万能铣床，如果出现以下故障，可能的原因有哪些？应如何分别处理？

(1)主轴正反转运行都很正常，但要停转时，按下停止按钮，主轴不停。

(2)工作台向右、向左、向前、向下，进给都正常，但不能向上、向后进给。

(3)工作台垂直与横向进给都正常，但无纵向进给。

19. T68 型卧式镗床能低速起动，但不能高速运行，试分析故障的原因。

20. 试设计一台机床的电气控制电路，该机床共有三台三相笼型异步电动机：主轴电动机 M1、润滑泵电动机 M2、冷却泵电动机 M3。设计要求如下：

(1)M1 直接起动，单向旋转，不需要电气调速，采用能耗制动，并可点动试车。

(2)M1 必须在 M2 工作 3min 之后才能起动。

(3)M2、M3 共用一只接触器控制。如不需要 M3 工作，可用转换开关 SA 切断。

(4)具有必要的保护环节。

(5)装有机床工作照明灯一盏，电压为 36V；电网电压及控制电路电压均为 380V。

第 8 章

可编程序控制器及其工作原理

内容提要与学习要求：

PLC 是将自动化、计算机等技术应用于工业控制领域的产品。从 20 世纪 60 年代产生第一台 PLC 以来，PLC 技术得到了迅猛的发展，已成为当代工业自动化的主要支柱之一。本章主要介绍 PLC 的定义、特点、一般构成和基本工作原理，并介绍了西门子 S7—200 的编程语言和软件。

8.1 可编程序控制器概述

可编程序控制器(Programmable Controller),简称PLC。它是在电器控制技术和计算机技术的基础上开发出来的,并逐渐发展成为以微处理器为核心,把自动化技术、计算机技术、通讯技术融为一体的一种新型工业自动化控制装置。它将传统的继电器控制技术和现代计算机信息处理技术的优点有机地结合起来,具有结构简单、性能优越、可靠性高等优点,在工业自动化控制领域得到了广泛的应用,被公认为现代工业自动化的三大支柱(PLC、机器人、CAD/CAM)之一。

8.1.1 PLC的定义

早期的可编程序控制器称作可编程序逻辑控制器(Programmable Logic Controller),简称PLC,它主要用来实现逻辑控制。但随着技术的发展,它不仅有逻辑运算功能,还有算术运算、模拟处理和通信联网等功能。PLC这一名称已不能准确反映它的功能。因此,1980年美国电气制造商协会(National Electrical Manufacturers,Association,NEMA)将它命名为可编程序控制器(Programmable Controller),并简称PC。但由于个人计算机(Personal Computer)也简称PC,为避免混淆,后来仍习惯称其为PLC。

为使PLC生产和发展标准化,1987年国际电工委员会(International Electrical Committee)颁布了可编程序控制器标准草案第三稿,对可编程序控制器定义如下:"可编程序控制器是一种数字运算操作的电子系统,专为在工业环境下应用而设计。它采用可编程序的存储器,用来在其内部存储执行逻辑运算、顺序控制、定时、计数和算术运算等操作的指令,并通过数字式和模拟式的输入和输出,控制各种类型的机械或生产过程。可编程序控制器及其有关外围设备,都应按易于与工业系统联成一个整体,易于扩充其功能的原则设计。"

定义强调了PLC应用于工业环境,必须具有很强的抗干扰能力、广泛的适应能力和广阔的应用范围,这是区别于一般微机控制系统的重要特征。

总之,可编程序控制器是专为工业环境应用而设计制造的计算机。它具有丰富的输入/输出接口,并具有较强的驱动能力。但可编程序控制器产品并不针对某一具体工业应用,在实际应用时,其硬件需根据实际需要进行选用配置,其软件需根据控制要求进行设计编制。

8.1.2 PLC的产生

20世纪60年代末,在可编程序控制器出现前,在工业电气控制领域中继电器控制占主导地位,应用广泛。当时由于市场的需要,工业生产正从大批量、少品种的生产方式逐渐转变为小批量、多品种的生产方式,而这种大规模生产线的控制大多是采用继电器控制系统控制,存在体积大、可靠性低、耗电多、查找和排除故障困难、改变生产程序非常困难,特别是其接线复杂、对生产工艺变化的适应性差等缺点。

1968年美国通用汽车公司(General Motors,GM),为了适应汽车型号不断更新,生产工艺不断变化,实现小批量、多品种生产的需求,希望能有一种新型工业控制器,能做到尽可能减少重新设计和更换继电器控制系统及接线,以达到降低成本、缩短周期的目的。公司提出了10项招标指标:

(1)编程简单,可在现场修改程序;

(2)维修方便,最好是插件式;

(3)可靠性高于继电器控制装置;

(4)数据可直接输入管理计算机中;

(5)输入电源可为市电 115V;

(6)输出电源可为市电 115V,负载电流要求 2A 以上,可直接驱动电磁阀和接触器等;

(7)用户存储器容量大于 4KB;

(8)体积小于继电器控制装置;

(9)扩展时原系统变更最少;

(10)成本与继电器控制装置相比,有一定竞争力。

1969 年,美国数字设备公司(Digital Equipment Corp.,DEC)按照这 10 项指标研制出了世界上第一台可编程序逻辑控制器,其型号为 PDP-14,用它来代替传统的继电器控制系统,在美国通用汽车公司生产线上应用并取得了成功,从此开创了可编程序逻辑控制器的时代。这一新型工业控制装置的出现,也受到了其他国家的高度重视。1971 年和 1973 年,日本和西欧各国分别从美国引进了这项新技术,很快研制出了他们的第一台 PLC。我国从 1974 年开始研制,于 1977 年开始工业应用。

从 20 世纪 60 年代后期开始,在不到 50 年的时间里,PLC 生产发展成了一个巨大的产业。据不完全统计,现在世界上生产 PLC 的厂家有 200 多家,生产大约有 400 多个品种的 PLC 产品。

8.1.3　PLC 的发展

1. PLC 发展历史

PLC 问世时间虽然不长,但是随着微处理器的出现,大规模、超大规模集成电路技术的迅速发展和数据通讯技术、自动控制技术、网络技术的不断进步,PLC 也在迅速发展。其发展过程大致可分五个阶段:

(1)从 1969 年到 20 世纪 70 年代初期

主要特点:CPU 由中小规模数字集成电路组成,存储器为磁芯存储器;控制功能比较简单,主要用于定时、计数及逻辑控制。产品没有形成系列,应用范围不是很广泛,与继电器控制装置比较,可靠性有一定的提高,但仅仅是其替代产品。

(2)20 世纪 70 年代末期

主要特点:采用 CPU 微处理器、半导体存储器,使整机的体积减小,而且数据处理能力获得很大提高,增加了数据运算、传送、比较、模拟量运算等功能。产品已初步实现了系列化,并具备软件自诊断功能。

(3)20 世纪 70 年代末期到 80 年代中期

主要特点:由于大规模集成电路的发展,PLC 开始采用 8 位和 16 位微处理器,使数据处理能力和速度大大提高;PLC 开始具有了一定的通信能力,为实现 PLC 分散控制、集中管理奠定了重要基础;软件上开发出了面向过程的梯形图语言及助记符语言,为 PLC 的普及提供了必要条件。在这一时期,发达的工业化国家在多种工业控制领域开始应用 PLC 控制。

(4)20世纪80年代中期到90年代中期

主要特点：超大规模集成电路促使PLC完全计算机化，CPU已经开始采用32位微处理器；数学运算、数据处理能力大大提高，增加了运动控制、模拟量PID控制等，联网通信能力进一步加强；PLC在功能不断增加的同时，体积在减小，可靠性更高。在此期间，国际电工委员会(IEC)颁布了PLC标准，使PLC向标准化、系列化发展。

(5)20世纪90年代中期至今

实现了特殊算术运算的指令化，通信能力进一步加强。

2. PLC发展展望

随着计算机技术的发展，可编程序控制器也同时得到迅速发展。计算机技术的新成果会更多地应用于可编程控制器的设计和制造上，会有运算速度更快、存储容量更大、智能更高的品种出现。

从产品规模上看，会进一步向超小型及超大型方向发展；从产品的配套性上看，产品的品种会更丰富，功能会不断增强，各种应用模块会不断推出，规格会更齐全，完美的人机界面、完备的通信设备会更好地适应各种工业控制场合的需求，产品将更加规范化、标准化，会出现国际通用的编程语言；从网络的发展情况来看，可编程控制器和其他工业控制计算机组网构成大型的控制系统是可编程控制器技术的发展方向。目前的计算机集散控制系统DCS中已有大量的可编程控制器应用。

伴随着新技术的发展，可编程序控制器作为自动化控制网络和国际通用网络的重要组成部分，将在众多领域发挥越来越大的作用。

8.1.4 PLC的特点

PLC之所以能成为当今增长速度最快的工业自动控制设备，是由于它具备了许多独特的优点，较好地解决了工业控制领域普遍关心的可靠、安全、灵活、方便、经济等问题。PLC的主要特点有：

1. 可靠性高，抗干扰能力强

可靠性高、抗干扰能力强是PLC最重要的特点之一。由于工业生产过程往往是连续的，工业现场环境恶劣，各种电磁干扰特别严重，因此PLC采用了一系列的硬件和软件的抗干扰措施，使得PLC的平均无故障时间可达几十万个小时。

(1)硬件方面

I/O通道采用光电隔离，有效地抑制了外部干扰源对PLC的影响；对供电电源及线路采用多种形式的滤波，从而消除或抑制了高频干扰；对CPU等重要部件采用良好的导电、导磁材料进行屏蔽，以减少空间电磁干扰；对有些模块设置了联锁保护、自诊断电路等。

(2)软件方面

PLC采用扫描工作方式，减少了由于外界环境干扰引起的故障；在PLC系统程序中设有故障检测和自诊断程序，能对系统硬件电路等故障实现检测和判断；当由外界干扰引起故障时，能立即将当前重要信息加以封存，禁止任何不稳定的读写操作，一旦外界环境正常后，便可恢复到故障发生前的状态，继续原来的工作。

2. 编程简单易学

PLC的编程大多采用类似于继电器控制线路的梯形图形式，对使用者来说，不需要具备计算机的专门知识。梯形图编程方式继承了传统的继电器控制线路的清晰直观感，考虑了大多数技术人员的读图习惯，因此很容易被一般工程技术人员所理解和掌握。

3. 配套齐全，功能完善，适用性强

PLC 发展到今天，已经形成了大、中、小各种规模的系列化产品，可以用于各种规模的工业控制场合。除了逻辑处理功能以外，现代 PLC 大多具有完善的数据运算能力，可用于各种数字控制领域。近年来 PLC 的功能单元大量涌现，使 PLC 渗透到了位置控制、温度控制、CNC 等各种工业控制中。加上 PLC 通信能力的增强及人机界面技术的发展，使用 PLC 组成各种控制系统变得非常容易。

4. 控制系统的设计、安装工作量小，维护方便，容易改造

PLC 用存储逻辑代替接线逻辑，大大减少了控制设备外部的接线，使控制系统设计及安装的周期大为缩短，同时维护也变得容易起来，更重要的是使同一设备经过改变程序从而改变生产过程成为可能，这很适合多品种、小批量的生产场合。

5. 体积小，重量轻，能耗低

由于 PLC 是专为工业控制而设计的，其结构紧凑、紧密坚固、体积小巧。以超小型 PLC 为例，新近出产的品种底部直径小于 100mm，重量小于 150g，功耗仅数瓦。由于体积小，很容易装入机器内部，是实现机电一体化的理想控制设备。

8.1.5 PLC 的分类

目前，PLC 的品种很多，性能和型号规格也不统一，结构形式、功能范围各不相同，一般按外部特性进行如下分类。

1. 按结构形式分

根据结构形式的不同，PLC 可分为整体式和模块式两种，如图 8－1 所示。

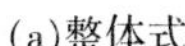

(a)整体式

(b)模块式

图 8－1　PLC 按结构形式分类

(1)整体式 PLC

将 I/O 接口电路、CPU、存储器、稳压电源封装在一个机壳内，通常称为主机。主机两侧分装有输入、输出接线端子和电源进线端子，并有相应的发光二极管指示输入/输出的状态。通常小型或超小型 PLC 常采用这种结构，适用于简单控制的场合。如西门子的 S7－200 系列产品、松下电工的 FP1 系列产品、三菱公司的 FX 系列产品。

(2)模块式 PLC

也称为积木式，为总线结构，在总线板上有若干个总线插槽，每个插槽上可安装一个

PLC 模块。不同的模块实现不同的功能，根据控制系统的要求配置相应的模块，如 CPU 模块（包括存储器）、电源模块、输入模块、输出模块以及其他高级模块、特殊功能模块等。大型的 PLC 通常采用这种结构，一般用于比较复杂的控制场合。此类 PLC 包括西门子公司的 S7－300、S7－400 的 PLC、三菱公司的 QnA/AnA 等系列产品。

2. 按 I/O 按点数分类

（1）小型 PLC

小型 PLC 的 I/O 点数一般在 128 点以下，其中 I/O 点数小于 64 点的为超小型或微型 PLC。其特点是体积小、结构紧凑，整个硬件融为一体，除了开关量 I/O 以外，还可以连接模拟量 I/O 以及其他各种特殊功能模块。它能执行包括逻辑运算、计时、计数、算术运算、数据处理和传送、通信联网以及各种应用指令。结构形式多为整体式。小型机是 PLC 中应用最多的产品。

（2）中型 PLC

中型 PLC 多采用模块化结构，其 I/O 点数一般在 256～2048 点之间。程序存储容量小于 13 千字节，可完成较为复杂的系统控制。I/O 的处理方式除了采用一般 PLC 通用的扫描处理方式外，还能采用直接处理方式。通信联网功能更强，指令系统更丰富，内存容量更大，扫描速度更快。

（3）大型 PLC

一般 I/O 点数在 2048 点以上，程序存储容量大于 13 千字节的称为大型 PLC。大型 PLC 的软、硬件功能极强，具有极强的自诊断功能。通讯联网功能强，强大的通信联网功能可与计算机构成集散型控制，以及更大规模的过程控制，形成整个工厂的自动化网络，实现工厂生产管理自动化。大型机结构形式为模块式。

3. 按功能分

（1）低档 PLC

主要以逻辑运算为主，具有逻辑运算、定时、计数、移位以及自诊断、监控等基本功能，还可有少量模拟量输入/输出、算术运算、数据传送和比较、通信等功能。一般用于单机或小规模生产过程。

（2）中档 PLC

除了具有低档 PLC 功能外，加强了对开关量、模拟量的控制，提高了数字运算能力，如算术运算、数据传送和比较、数制转换、远程 I/O、子程序等，而且加强了通信联网功能。可用于小型连续生产过程的复杂逻辑控制和闭环调节控制。

（3）高档 PLC

除了具有中档机功能外，增加了带符号算术运算、矩阵运算、位逻辑运算、平方根运算及其他特殊功能函数运算、制表及表格传送等。高档 PLC 机进一步加强了通信联网功能，适用于大规模的过程控制。

8.2 可编程序控制器的组成

PLC 生产厂家很多，产品的结构也各不相同，从结构上可分为整体式和模块式两种，但其内部组成基本相似，都采用计算机结构，如图 8－2 所示。由图可见，其主要由六个部分组成，包括 CPU（中央处理器）、存储器、输入/输出接口电路、电源、外设接口、I/O 扩展接口。

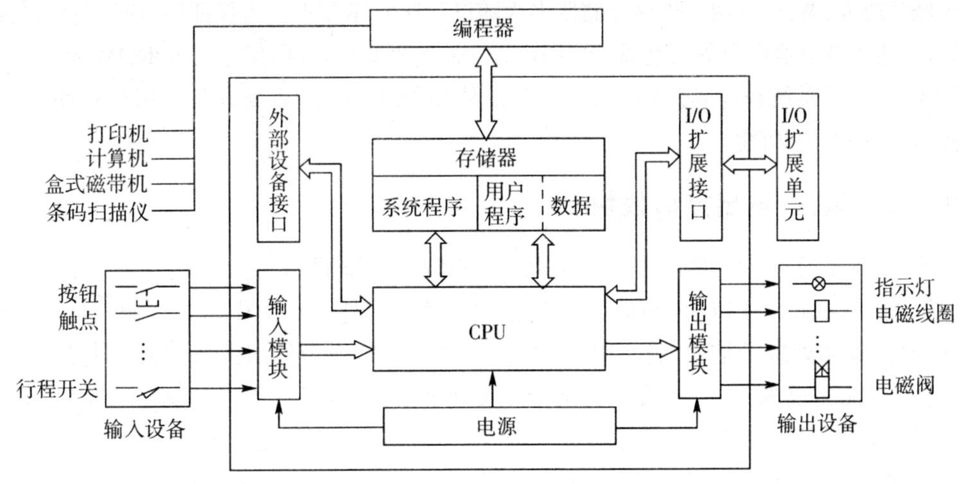

图 8-2　PLC 系统结构

8.2.1　中央处理器

中央处理器（Central Processing Unit，CPU）是 PLC 的核心，主要由控制电路、运算器和寄存器组成，由它实现逻辑运算，协调控制系统内部各部分的工作。它的运行是按照系统程序所赋予的任务进行的。PLC 在 CPU 的控制下使整机有条不紊地协调工作，实现对现场各个设备的控制。

在 PLC 中 CPU 按系统程序赋予的功能，指挥 PLC 有条不紊地进行工作，归纳起来主要有以下几个方面：

（1）接收从编程器输入的用户程序和数据，并送入存储器存储起来；

（2）按存入指令的顺序，从存储器中取出用户指令进行翻译；

（3）执行指令规定的操作，并将结果输出；

（4）接收输入、输出接口发来的中断请求，并进行中断处理，然后再返回主程序继续顺序执行。

8.2.2　存储器

存储器主要功能是存放程序和数据。常用的存储器主要有 PROM、EPROM、EEPROM、RAM 等几种，多数都直接集成在 CPU 单元内部。根据存储器在系统中的作用，可分为系统程序存储器和用户程序存储器。

（1）系统程序存储器

系统程序是指对整个 PLC 系统进行调度、管理、监视及服务的程序，它决定了 PLC 的基本智能，使 PLC 能完成设计者要求的各项任务。系统程序存储器用来存放这部分程序。系统程序由 PLC 制造厂商将其固化在可擦除可编程只读存储器（EPROM）中，用户不能够直接存取、修改，它和硬件一起决定了该 PLC 的各项性能。

（2）用户程序存储器

用户程序是用户在各自的控制系统中开发的程序，是针对具体问题编制的。用户程序存储器用来存放用户程序,以及存放输入/输出状态、计数/定时的值、中间结果等,由于这些程序或数据需要经常改变、调试,故用户程序存储器多为随机存储器(RAM)。为保证掉电时不会丢失存储的信息,一般用锂电池作为备用电源。当用户程序确定不变后,可将其写入 EPROM 中。

PLC 具备了系统程序,才能使用户有效地使用 PLC;PLC 系统具备了用户程序,通过运行才能发挥 PLC 的功能。

8.2.3 输入/输出接口模块

PLC 主要是通过各类接口模块的外接线,实现对工业设备和生产过程的检测与控制。输入、输出接口电路是 PLC 与现场 I/O 设备相连接的部件。它的作用是将输入信号转换为 CPU 能够接收和处理的信号,将 CPU 送出的弱电信号转换为外部设备所需要的强电信号。因此,它不仅能完成输入、输出接口电路信号传递和转换,而且有效地抑制了干扰,起到了与外部电的隔离作用。接口上通常还有状态指示,工作状况直观,便于维护。

PLC 提供了多种操作电平和驱动能力的 I/O 接口,有各种各样功能的 I/O 接口供用户选用,主要类型有 I/O 分为开关量输入(DI),开关量输出(DO),模拟量输入(AI),模拟量输出(AO)等模块。

(1)输入接口模块

输入接口模块可以用来接收和采集现场的信号。现场的信号一种是指由按钮开关、选择开关、数字拨码开关、限位开关、接近开关、光电开关、压力继电器或速度继电器等提供的开关量输入信号;另一种是指由电位器、热电偶、测速发电机或各种变送器等提供的连续变化的模拟信号。

常用的开关量输入接口按其使用的电源不同有三种类型:直流输入接口、交流输入接口和交/直流输入接口,如图 8-3 所示,当外部某个开关闭合后,就会有相应的发光二极管(LED)点亮。

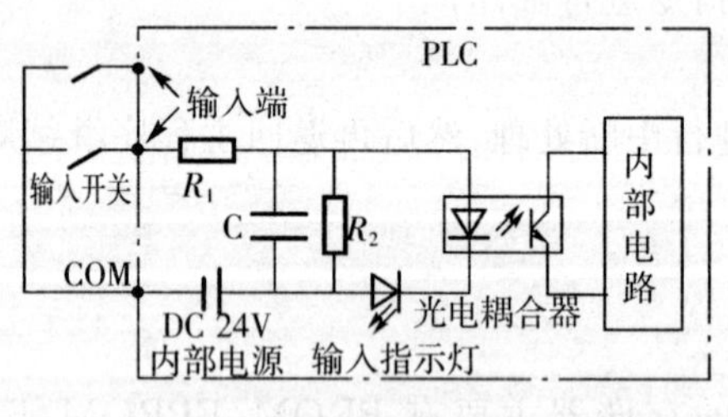

(a)直流输入单元

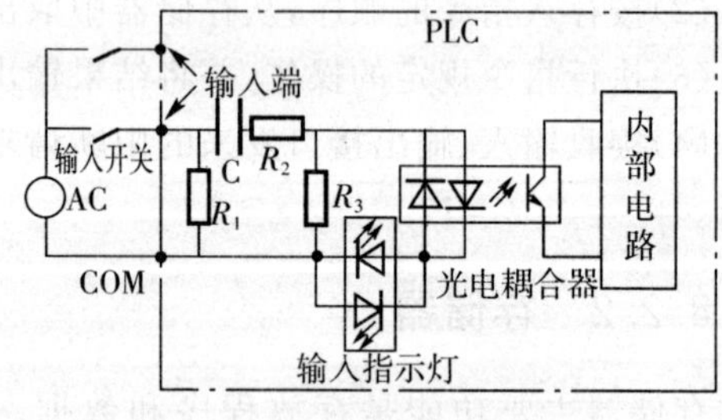

(b)交流输入单元

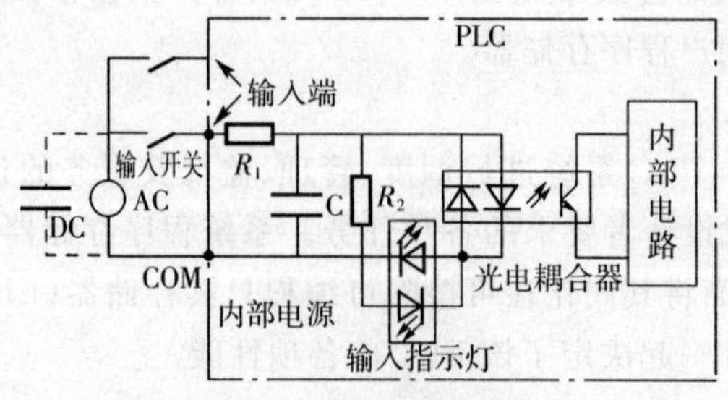

(c)交/直流输入单元

图 8-3 开关量输入单元

(2)输出接口模块

输出接口模块用来连接被控对象中各种执行元件，如接触器、电磁阀、指示灯、调节阀(模拟量)、调速装置(模拟量)等。它的作用是把 PLC 的内部信号转换成现场执行机构的各种开关信号或模拟信号。

常用的开关量输出接口模块按输出开关器件不同有三种类型：继电器输出、晶体管输出和双向晶闸管输出，其基本原理电路如图 8-4 所示。

(1)继电器输出型

在继电器输出型接口模块中，继电器作为开关器件，同时又是隔离器件，电路如图 8-4(a)所示。图中只画出对应于一个输出点的输出电路，各输出点所对应的输出电路相同。电阻 R 和发光二极管 LED 组成输出状态显示器。KA 为一小型直流继电器。当 PLC 输出一个接通信号时，内部电路使继电器线圈通电，继电器常开触点闭合使负载回路接通；同时发光二极管 LED 点亮，指示该点有输出。根据负载要求，可选用直流电源或交流电源。一般负载电流大于 2A，响应时间为 8～10ms，机械寿命大于 10^6 次。由于继电器从线圈得电到触点动作需要一定的时间，因此不适宜要求工作频率高的场合。

(2)晶体管输出型

在晶体管输出型模块中，输出电路的三极管工作在开关状态，电路如图8-4(b)所示。图中只画出对应一个输出点的输出电路，各输出点所对应的输出电路相同。图中 R_1 和发光二极管 LED 组成输出状态显示器。当 PLC 输出一个接通信号时，内部电路通过光电耦合使三极管 VT 导通，负载得电，同时发光二极管 LED 点亮，指示该点有输出。稳压管 VZ 用于输出端的过压保护。晶体管输出型要求带直流负载。由于是无触点输出，因此寿命长，响应速度快，响应时间小于 1ms，负载电流约为 0.5A。

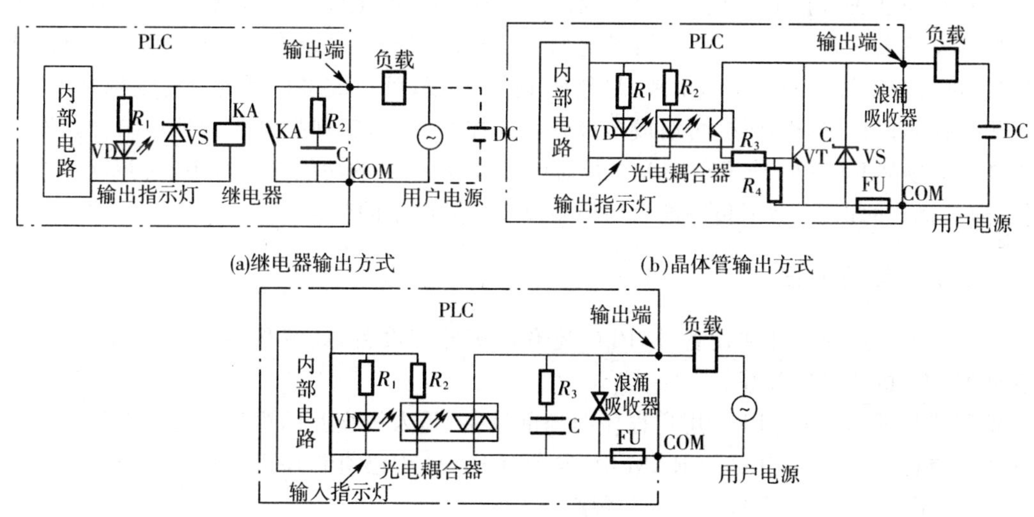

图 8-4　开关量输出模块的三种方式

(3)晶闸管输出型

在晶闸管输出型中，光控双向晶闸管为输出开关器件，电路如图8-4(c)所示。每一个输出点都对应一个这样的输出电路。当 CPU 发出一个接通信号时，通过光电耦合使双向晶闸管导通,负载得电;同时发光二极管 LED 点亮,表明该点有输出。R_2、C 组成高频滤波电路,以减少高频信号干扰。双向晶闸管是交流大功率半导体器件,负载能力强,响应速度快(μs 级)。

继电器输出接口可驱动交流或直流负载,但其响应时间长,动作频率低;而晶体管输出和双向晶闸管输出接口的响应速度快,动作频率高,但前者只能用于驱动直流负载,后者只能用于交流负载。

8.2.4 电源

PLC 一般使用 220V 的交流电源。PLC 本身配有开关电源,以供内部电路使用。与普通电源相比,PLC 电源的稳定性好、抗干扰能力强。对电网提供的电源稳定度要求不高,一般允许电源电压在其额定值±15%的范围内波动。许多 PLC 还向外提供直流 24V 稳压电源,用于对外部传感器供电。但要注意的是 S7 - 200PLC 的 24V DC 电源不能与外部的 24V DC 电源并联使用。

8.2.5 I/O 扩展接口

I/O 扩展接口是 PLC 主机为了扩展输入/输出点数和类型的部件,输入/输出扩展单元、远程输入/输出扩展单元、智能输入/输出单元等都通过它与主机相连。I/O 扩展接口有并行接口、串行接口等多种形式。当用户所需的输入/输出点数超过主机(控制单元)的输入/输出点数时,可通过 I/O 扩展接口与 I/O 扩展接口 I/O 扩展单元相接,以扩充 I/O 点数。A/D、D/A 单元一般通过该接口与主机相接。

8.2.6 外设 I/O 接口

PLC 配有各种外设 I/O 接口。PLC 通过这些接口可与监视器、打印机、其他 PLC、上位计算机等设备实现通信。PLC 与打印机连接,可将过程信息、系统参数等输出打印;与监视器连接,可将控制过程图像显示出来;与其他 PLC 连接,可组成多机系统或连成网络,实现更大规模控制;与计算机连接,可组成多级分布式控制系统,实现控制与管理相结合。外设 I/O 接口一般是 RS232C 或 RS422A 串行通信接口,该接口的功能是进行串行/并行数据的转换、通信格式的识别、数据传输的出错检验以及信号电平的转换等。

8.2.7 其他外设

除了以上所述的部件和设备外,PLC 还有许多外部设备,如编程器、EPROM 写入器、外存储器、人/机接口装置等。

编程器是编制、调试 PLC 用户程序的外部设备,是人机交互的窗口。通过编程器可以把新的用户程序输入到 PLC 的 RAM 中,或者对 RAM 中已有程序进行编辑。通过编程器还可以对 PLC 的工作状态进行监视和跟踪。

PLC 还可以配置其他外部设备,例如,配置存储器卡、盒式磁带机或磁盘驱动器,用于存储用户的应用程序和数据;配置 EPROM 写入器,用来将用户程序固化到 EPROM 中的一种 PLC 外部设备。为了使调试好的用户程序不易丢失,经常用 EPROM 写入器将 PLC 内的 RAM 保存到 EPROM 中。配置打印机等外部设备,用以打印记录过程参数、系统参数以及报警事故记录表等。

8.3 可编程序控制器工作原理及主要性能指标

8.3.1 PLC 工作原理

1. PLC 的扫描工作方式

当 PLC 运行时，是通过执行反映控制要求的用户程序来完成控制任务的，需要执行众多的操作，但 CPU 不可能同时去执行多个操作，它只能按分时操作（串行工作）方式，每一次执行一个操作，按顺序逐个执行。由于 CPU 的运算处理速度很快，所以从宏观上来看，PLC 外部出现的结果似乎是同时（并行）完成的。这种串行工作过程称为 PLC 的扫描工作方式。

用扫描工作方式执行用户程序时，扫描是从第一条程序开始的，在无中断或跳转控制的情况下，按程序存储顺序的先后，逐条执行用户程序，直到程序结束，然后再从头开始扫描执行，周而复始地重复运行。

PLC 控制系统的工作与继电器控制系统的工作原理明显不同。继电器控制装置采用硬逻辑的并行工作方式，如果某个继电器的线圈通电或断电，那么该继电器的所有常开和常闭触点不论处在控制线路的哪个位置上，都会立即同时动作；而 PLC 采用扫描工作方式（串行工作方式），如果某个软继电器的线圈被接通或断开，其所有的触点不会立即动作，必须等扫描到该线圈时才会动作。但由于 PLC 的扫描速度快，通常 PLC 与电器控制装置在 I/O 的处理结果上并没有什么差别。

2. PLC 扫描工作过程

PLC 的扫描工作过程中除了执行用户程序外，在每次扫描工作过程中还要完成内部处理、通信服务工作。如图 8－5 所示，整个扫描工作过程包括内部处理、通信服务、输入采样、程序执行、输出刷新五个阶段。整个过程扫描执行一遍所需的时间称为扫描周期。扫描周期与 CPU 运行速度、PLC 硬件配置及用户程序长短有关，典型值为 1ms～100ms。

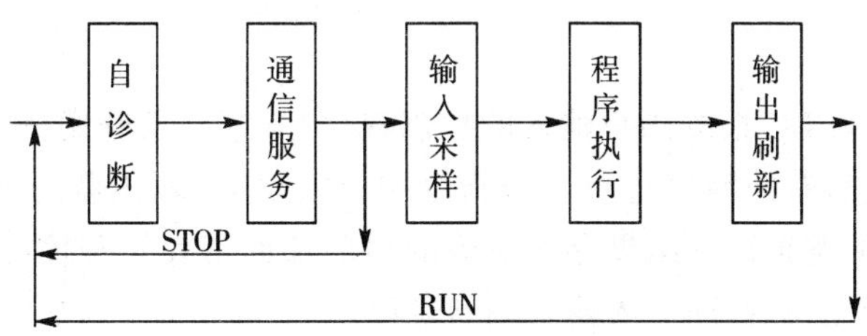

图 8－5　PLC 的扫描过程

在内部处理阶段，PLC 进行自检，检查内部硬件是否正常，将监视定时器（WDT）复位以及完成其他一些内部处理工作。

在通信服务阶段，PLC 与其他智能装置实现通信，响应编程器键入的命令，更新编程器的显示内容等。

当 PLC 处于停止（STOP）状态时，只完成内部处理和通信服务工作。当 PLC 处于运行（RUN）状态时，除完成内部处理和通信服务工作外，还要完成输入采样、程序执行、输出刷新工作。

PLC 的扫描工作方式简单直观，便于程序的设计，并为可靠运行提供了保障。当 PLC 扫描到的指令被执行后，其结果马上就被后面将要扫描到的指令所利用，而且还可通过 CPU 内部设置的监视定时器来监视每次扫描是否超过规定时间，避免由于 CPU 内部故障使程序执行进入死循环。

3. PLC 执行程序的过程

PLC 执行程序的过程分为三个阶段，即输入采样阶段、程序执行阶段、输出刷新阶段，如图 8－6 所示。

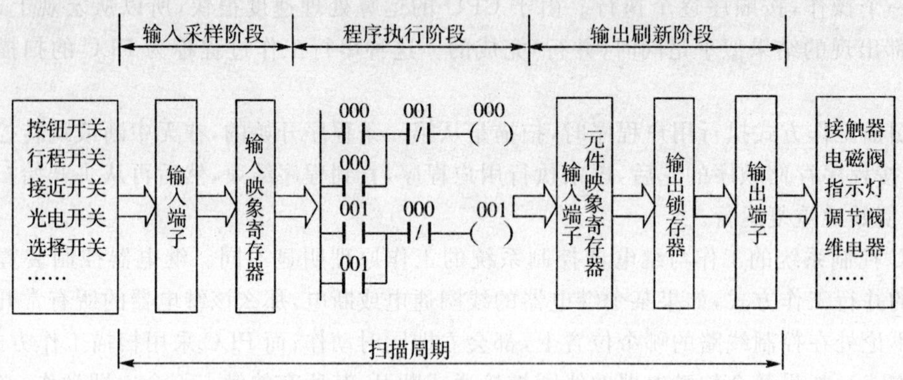

图 8－6　PLC 执行程序的过程

(1)输入采样阶段

在输入采样阶段，CPU 以扫描工作方式按顺序对所有输入端口进行采样，读取其状态并写入输入状态映象寄存器中，此时输入映象寄存器被刷新。完成输入采样工作后，将关闭输入端口，接着进入程序处理阶段，在程序执行阶段或其他阶段，即使输入状态发生变化，输入映象寄存器的内容也不会改变，这些变化必须等到下一工作周期的输入刷新阶段才能被读入。

(2)程序执行阶段

在程序执行阶段，PLC 根据用户输入的控制程序，从第一条开始按顺序进行扫描执行，即：按先上后下，先左后右的顺序进行。当指令中涉及输入、输出状态时，PLC 从映象寄存器中读出，并将相应的逻辑运算结果存入对应的内部辅助寄存器和输出状态寄存器。当最后一条控制程序执行完毕后，即转入输入刷新阶段。

(3)输出刷新阶段

当所有指令执行完毕后，进入输出处理阶段。在这一阶段里，PLC 将输出状态寄存器中的内容依次送到输出锁存电路(输出映象寄存器)，并通过一定的输出方式输出，驱动外部相应执行元件工作，这才形成 PLC 的实际输出。

因此，输入刷新、程序执行和输出刷新三个阶段构成 PLC 的一个工作周期。由此循环往复，称为循环扫描工作方式。由于输入刷新阶段是紧接输出刷新阶段后马上进行的，所以亦将这两个阶段统称为 I/O 刷新阶段。实际上，除了执行程序和 I/O 刷新外，PLC 还要进行各种错误检测(自诊断功能)并与编程工具通讯，这些操作统称为“监视服务”，一般在程序执行之后进行。

4. PLC的I/O滞后现象

从以上分析可知,由于每个扫描周期只进行一次I/O刷新,即每一个扫描周期,PLC只对输入、输出状态寄存器更新一次,所以系统存在输入输出滞后现象。我们把从PLC的输入端信号发生变化到PLC的输出端对该变化做出反应所需的时间称为滞后时间或响应时间。对一般的开关量控制系统,这种滞后是完全允许的。应该注意的是,这种响应滞后不仅是由于PLC扫描工作方式造成的,更主要的是PLC输入接口的滤波环节带来的输入延迟,以及输出接口中驱动器件的动作时间带来输出延迟,同时还与程序设计有关。滞后时间是设计PLC应用系统时应注意把握的一个参数,其长短与以下因素有关:

(1)输入滤波器对信号的延迟作用。PLC的输入电路中设置了滤波器。滤波器的时间常数越大,对输入信号的延迟作用越强。从输入端ON到输入滤波器输出所经历的时间为输入ON延时。

(2)输出继电器的动作延迟。对继电器输出型的PLC,把从锁存器ON到输出触点ON所经历的时间称为输出ON延时,一般需十几毫秒。所以在要求输入/输出有较快响应的场合,最好不要使用继电器输出型的PLC。

(3)PLC的循环扫描工作方式。扫描周期越长,滞后现象越严重。扫描周期的长短主要取决于程序的长短,一般扫描周期只有十几毫秒,最多几十毫秒,因此在慢速控制系统中,可以认为输入信号一旦变化,就立即能进入输入映象寄存器中。

在需要快速响应时,可采用高速计数模块、中断处理等措施来减少滞后时间。

8.3.2 PLC主要性能指标

1. 存储容量

程序容量决定了存放用户程序的长短。用户程序存储器的容量大,可以编制出复杂的程序。一般来说,小型PLC的用户存储器容量为几千字节,而大型机的用户存储器容量为几万字节。

2. I/O点数

I/O点数即PLC可以接受的输入信号和输出信号端子的个数总和,是PLC的主要指标。I/O点数越多,表明可以与外部相连接的设备越多,控制规模越大。PLC的I/O点数一般包括主机I/O点数和最大扩展I/O点数。一台主机I/O点数不够时,可外接I/O扩展单元。一般扩展内只有I/O接口电路、驱动电路,而没有CPU。它通过总线电缆与主机相接,由主机CPU进行寻址,因此最大扩展能力受主机最大扩展点数的限制。

3. 扫描速度

扫描速度是指PLC执行用户程序的速度,是衡量PLC性能的重要指标。一般以执行1000步指令所用的时间作为标准,即ms/千步;有时也以执行1步所用的时间μs/步为标准。PLC用户手册一般给出执行各条指令所用的时间,可以通过比较各种PLC执行相同的操作所用的时间,来衡量扫描速度的快慢。

4. 指令条数

不同的厂家生产的PLC指令条数是不同的。指令功能的强弱、数量的多少也是衡量PLC性能的重要指标。编程指令的功能越强、数量越多,PLC的处理能力和控制能力也越强，用户编程也越简单和方便，越容易完成复杂的控制任务。

5. **内部元件的种类与数量**

一个硬件功能较强的 PLC，内部继电器和寄存器的种类比较多，例如具有特殊功能的继电器可以为用户程序设计提供方便。因此内部继电器、寄存器的配置是 PLC 的一个主要指标。这些元件的种类与数量越多，表示 PLC 的存储和处理各种信息的能力越强。

6. **特殊功能单元**

特殊功能单元种类的多少与功能的强弱是衡量 PLC 产品的一个重要指标。近年来各 PLC 厂商非常重视特殊功能单元的开发，特殊功能单元种类日益增多，功能越来越强，如 A/D 和 D/A 转换模块、高级语言编辑模块等，使 PLC 的控制功能日益增强。因此人们常常以一台 PLC 特殊功能的多少以及高级模块的种类去评价这台机器的水平。

7. **可扩展能力**

PLC 的可扩展能力包括 I/O 点数的扩展、存储容量的扩展、联网功能的扩展、各种功能模块的扩展等。在选择 PLC 时，经常需要考虑 PLC 的可扩展能力。

8.4 STEP7 - Micro/WIN 编程软件的使用

STEP7 - Micro/WIN32 是西门子公司专为 SIMATIC S7 - 200 系列 PLC 研制开发的编程软件，它是基于 Windows 的应用软件，功能强大，为用户开发、编辑和监控自己的应用程序提供了良好的编程环境。其基本功能有：

● STEP7 - Micro/WIN 是在 Windows 平台上运行的 SIMATIC S7 - 200 PLC 编程软件，简单、易学，能够解决复杂的自动化任务。

● 适用于所有 SIMATIC S7 - 200 PLC 机型软件编程。

● 支持 IL、LAD、FBD 三种编程语言，可以在三者之间随时切换。

● 具有密码保护功能。

● STEP7 - Micro/WIN 提供软件工具帮助您调试和测试您的程序。这些特征包括：监视 S7 - 200 正在执行的用户程序状态，为 S7 - 200 指定运行程序的扫描次数，强制变量值等。

● 指令向导功能：PID 自整定界面；PLC 内置脉冲串输出（PTO）和脉宽调制（PWM）指令向导；数据记录向导；配方向导。

● 支持 TD 200 和 TD 200C 文本显示界面（TD 200 向导）。

下面将介绍该软件的安装、基本功能以及如何应用编程软件进行编程、调试和运行监控等内容。

8.4.1 STEP7 - Micro/WIN 编程软件的安装

1. **安装运行环境**

运行 STEP7 - Micro/WIN32 编程软件的计算机系统要求如表 8 - 1 所示。

表 8-1　系统要求

CPU	80486 以上的微处理器
内存	8MB 以上
硬盘	50MB 以上
操作系统	Windows 95,Windows 98,Windows ME,Windows 2000
计算机	IBMPC 及兼容机

2. 软件的安装

STEP7-Micro/WIN32 编程软件安装步骤如下：

(1)关闭所有应用程序，双击 STEP7-Micro/WIN32 的安装程序 setup.exe，则系统自动进入安装向导。

(2)在安装向导的帮助下完成软件的安装。软件安装路径可以使用默认的子目录，也可使用“浏览”按钮，在弹出的对话框中任意选择或新建一个子目录。

(3)在安装过程中，如果出现 PG/PC 接口对话框，可选择“取消”进行下一步。

(4)软件安装结束后，会提示用户现在浏览 Readme 文件或进入 STEP7-Micro/WIN32，此时，用户可根据需要自行选择。

安装完毕，可以用菜单命令“工具”→“选项”，打开“选项”对话框，在“一般”选项卡中选择语言为中文。

8.4.2　PLC 与计算机通信的建立和设置

1. PLC 与计算机的连接

为实现 PLC 与计算机之间的通信，需配备下列设备的一种：一根 PC/PPI 电缆、一块 MPI 卡和配套电缆、一个通信处理器(CP)卡和多点接口电缆。一般使用比较便宜的 PC/PPI 电缆。如图 8-7 所示，把 PC/PPI 电缆的 PC 端与计算机的 RS-232 通信口(COM1 或 COM2)连接，把 PC/PPI 电缆的 PPI 端与 PLC 的 RS-485 通信口(PORT0 或 PORT1)连接即可。PC/PPI 电缆中间有通信模块，可以通过拨 DIP 开关设置波特率，系统默认波特率为 9.6kbps。

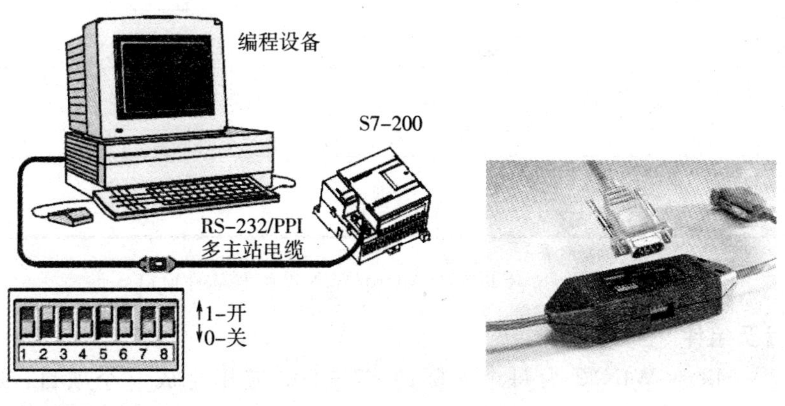

图 8-7　PLC 与计算机的连接

2. 通信参数的设置

为实现 PLC 与计算机的通信，需要完成下列设置，步骤如下：

(1)运行 STEP7 - Micro/WIN32 编程软件，在浏览条中的“检视”中单击“通信”图标，会出现“通信”对话框。

(2)在“通信”对话框中双击 PC/PPI 电缆图标，将会出现 PC/PG 接口的对话框。

(3)单击“属性”(Properties)按钮，将出现接口属性对话框，检查各参数是否正确，系统默认参数为站地址为 2，波特率为 9.6kbps。设置完成后需要把系统块下载到 PLC 后才会起作用。

3. 建立在线连接

建立与 S7 - 200 CPU 的在线联系，步骤如下：

(1)单击“通信”图标，出现一个通讯建立结果对话框，显示是否连接了 CPU 主机。

(2)双击对话框中的刷新图标，编程软件将检查所连接的所有 S7 - 200CPU 站。

(3)双击要进行通信的站，在通讯建立对话框中，可以显示所选的通信参数。

8.4.3 编程软件的基本使用方法

1. STEP7 - Micro/WIN32 编程软件窗口组件

STEP7 - Micro/WIN32 编程软件窗口组件，如图 8 - 8 所示。

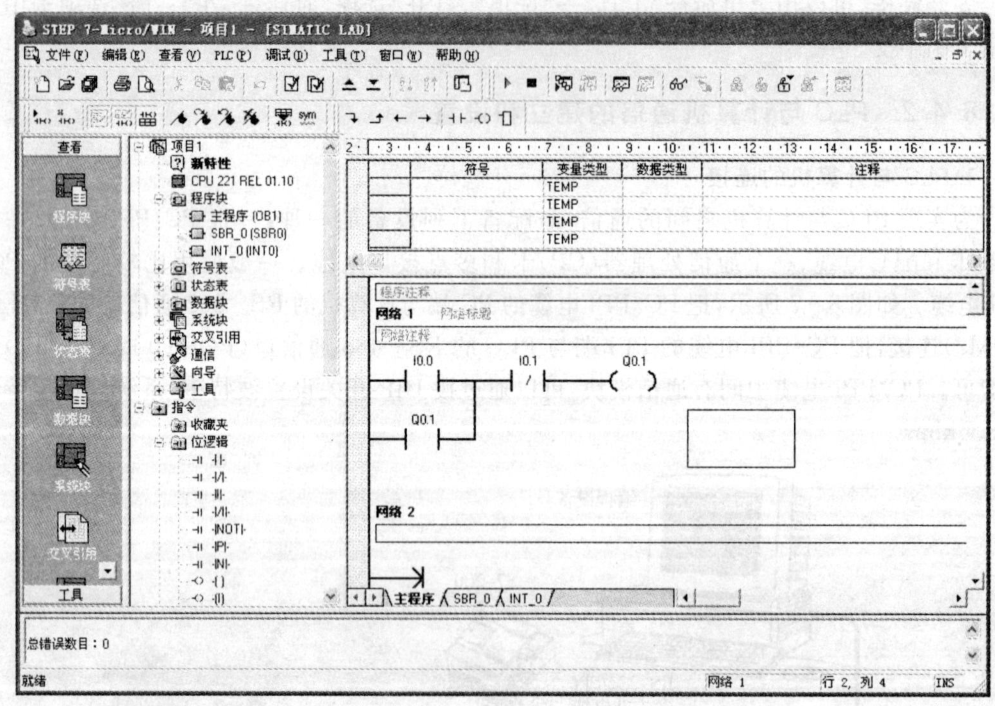

图 8 - 8　STEP7 - Micro/WIN32 编程软件窗口

2. 项目及组件

STEP7 - Micro/WIN32 为每个实际的 S7 - 200 应用生成一个项目，项目以扩展名为 .mwp的文件格式保存。打开一个 .mwp 文件，就打开了相应的工程项目。一个项目包括程序块、数据块、系统块、符号表、状态图、交叉引用表，如图8－9所示。其中程序块、数据块、系统块需下载到 PLC。

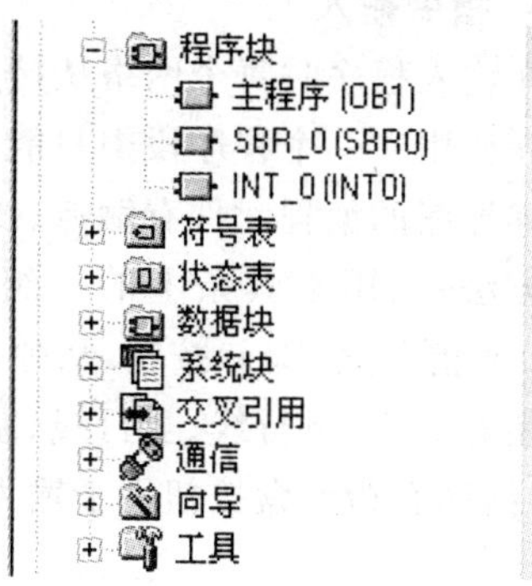

图 8－9 项目组成

程序块(Program Block)由可执行的程序代码和注释组成。程序代码由主程序(OB1)、可选的子程序(SBR0)和中断程序(INT0)组成。

符号表(Symbol Table)是允许程序员使用符号编址的一种工具，用来建立自定义符号与直接地址间的对应关系，并可附加注释，使得用户可以使用具有实际意义的符号作为编程元件，增加程序的可读性。例如，系统停止按钮的输入地址是 I0.0，则可以在符号表中将 I0.0 的地址定义为 stop，这样梯形图所有地址为 I0.0 的编程元件都由 stop 代替。当编译后，将程序下载到 PLC 中时，编译程序将所有的符号转换为绝对地址，符号表信息不下载至 PLC。

状态表(Status Chart)用于联机调试时监视各变量的状态和当前值。只需要在地址栏中写入变量地址，在数据格式栏中标明变量的类型，就可以在运行时监视这些变量的状态和当前值。状态图不下载至 PLC；而仅是监控 PLC(或模拟 PLC)活动的一种工具。

数据块(Data Block)由数据(初始内存值、常量值)和注解组成。可以对变量寄存器 V 进行初始数据的赋值或修改，并可附加必要的注释。数据被编译并下载至 PLC，注解则不被编译或下载。

系统块(System Block)由配置信息组成，主要用于系统组态。例如通讯参数、保留数据范围，模拟和数字输入过滤程序，用于 STOP(停止)转换的输出值和密码信息。系统块信息被下载至 PLC。

交叉引用(Cross Reference)可以提供交叉引用信息、字节使用情况和位使用情况信息，使得 PLC 资源的使用情况一目了然。只有在程序编辑完成后，才能看到交叉引用表的内容。在交叉引用表中双击某个操作数时，可以显示含有该操作数的那部分程序。

通信(Communications)可用来建立计算机与 PLC 之间的通信连接，以及通信参数的设置和修改。

在对 STEP7－Micro/WIN32 项目进行修改后，必须将修改下载至 PLC 之后才会对程序产生影响。

3. 建立新项目或打开已有项目

(1)建立新项目

可以用“文件(File)”菜单中的“新建(New)”项或工具条中的“新建(New)”按钮新建一个程序文件。

(2)打开已有项目

方法一：“文件”菜单→“打开”，打开对话框选择项目的路径和名称，单击“确定”按钮。

方法二：直接双击要打开的 .mwp 文件。

方法三：如果您最近在一个项目中工作过，该项目在“文件”菜单下列出，可直接选择，不必使用“打开”对话框。

4. 指令输入

在输入程序时每个网络从接点开始，以线圈或没有 ENO 输出的指令盒结束，线圈不允许串联使用。一个程序段中只能有一个“能流”通路，不能有两条互不联系的通路。

梯形图的编程元件有触点、线圈、指令盒、标号及连接线，可用两种方法输入。

方法一：用工具条上的一组编程按钮，如图 8－10 所示。单击触点（Contact）、线圈（Coil）或指令盒（Box）按钮，从弹出的窗口中选择要输入的指令，单击即可。工具条中的编程按钮有 9 个，下行线、上行线、左行线和右行线按钮用于输入连接线，形成复杂的梯形图；触点、线圈和指令盒按钮用于输入编程元件；插入网络和删除网络按钮用于编辑程序。

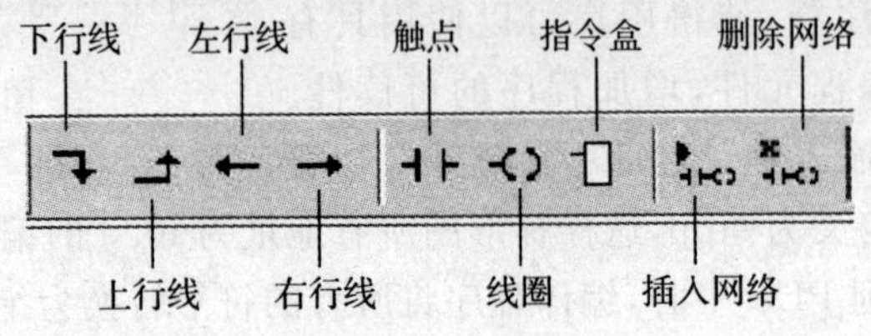

图 8－10　编辑按钮

方法二：根据要输入的指令类别，双击图 8－11 所示放入指令树中该类别的图标，选择相应的指令，单击即可。

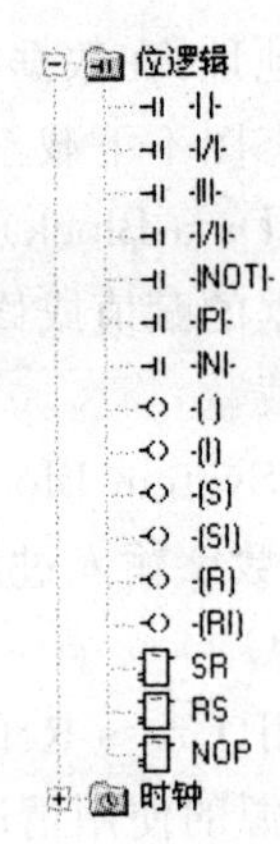

图 8－11　指令树中的位逻辑指令

5. 程序编辑

(1)插入和删除

编辑程序时，经常要进行插入或删除一行、一列、一个网络、一个字程序或一个中断程序的操作，实现上述操作的方法有两种。

方法一：右击程序编辑区中要进行插入（或删除）的位置，在弹出的菜单中选择“插入（Insert）”或“删除（Delete）”（如图 8－12 所示），继续在弹出的子菜单中单击要插入（或删除）的选项，如行（Row）、列（Column）、向下分支（Vertical）、网络（Network）、中断程序（Interrupt）和子程序（Subroutine）。

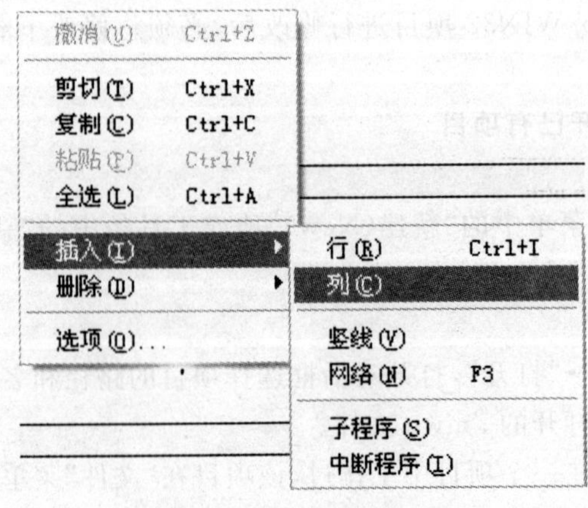

图 8－12　插入或删除操作

方法二:将光标移到要操作的位置,用“编辑(Edit)”菜单中“插入(Insert)”或“删除(Delete)”命令完成操作。

(2)复杂结构输入

如果想编辑图 8-13(a)的梯形图,可单击图 8-13(b)中网络 1 第一行的下方,然后在光标显示处输入触点,生成新的一行。输入完成后,将光标移回到刚输入的触点处,单击工具栏中“上行线(Line Up)”按钮即可。如果要在一行的某个元件后向下分支,可将光标移到该元件处,单击“下行线(Line Down)”按钮即可。

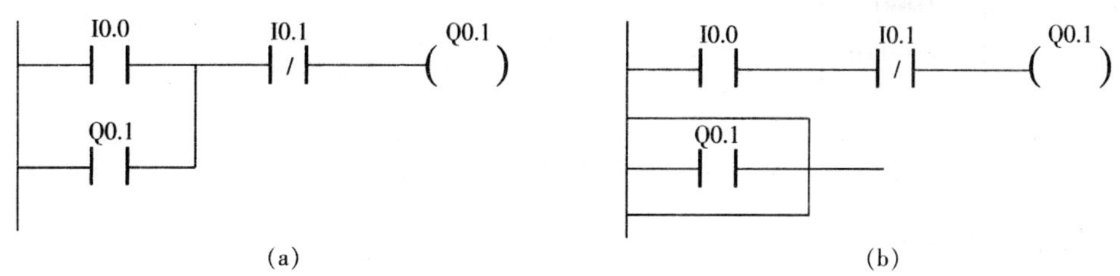

图 8-13　复杂结构输入

6. 项目的保存

使用工具条上的“保存”按钮保存,或从“文件”菜单选择“保存”和“另存为”选项保存。

7. 程序的编译

程序必须经过编译后,方可下载到 PLC。编译的方法如下:程序文件编辑完成后,可用“PLC”菜单中的“编译(Compile)”命令,或工具栏中的“编译(Compile)”按钮进行离线编译。编译完成后会在输出窗口显示编译结果。

8. 程序的下载和上载

(1)程序下载

程序只有在编译正确后才能下载到计算机中。下载前,PLC 必须处于“STOP”状态。如果不在 STOP 状态,可单击工具条中“停止(STOP)”按钮,或选择“PLC”菜单中的“停止(STOP)”命令,也可以将 CPU 模块上的方式选择开关直接扳到“停止(STOP)”位置。选择“文件”→“下载”,或单击“下载”按钮,出现“下载”对话框;单击“确定”,开始下载程序。如果下载成功,会显示:“下载成功。”下载成功后,如要运行程序,必须将 PLC 从 STOP(停止)模式转换回 RUN(运行)模式。单击工具条中的“运行”按钮,或选择“PLC”→“运行”即可。

(2)程序上载

上载是指将 PLC 中的程序上载到 STEP7-Micro/WIN 32 程序编辑器中。方法有三种:单击“上载”按钮,或使用快捷键组合“Ctrl+U”,或选择菜单命令“文件”→“上载”。

9. 监视程序

STEP7-Micro/WIN32 提供的三种程序编辑器(梯形图、语句表及功能表图)都可以在 PLC 运行时监视各个编程元件的状态以及各操作数的数值。这里只介绍在梯形图编辑器中监视程序的运行状态。

PLC 处于运行方式并与计算机建立起通信后,用“工具(Tools)”菜单中的“选项(Options)”命令打开选项对话框,选择“LAD 状态(LAD status)”项,然后再选择一种梯形图样式,在打开梯形图窗口后,单击工具条中“程序状态(Program status)”按钮。

在“程序状态”下，梯形图编辑器窗口中被点亮的元件表示处于接通状态，如图 8-14 所示。对于方框指令，在“程序状态”下，输入操作数和输出操作数不再是地址，而是具体的数值，定时器和计数器指令中的 Txx 或 Cxxx 显示实际的定时值和计数值。

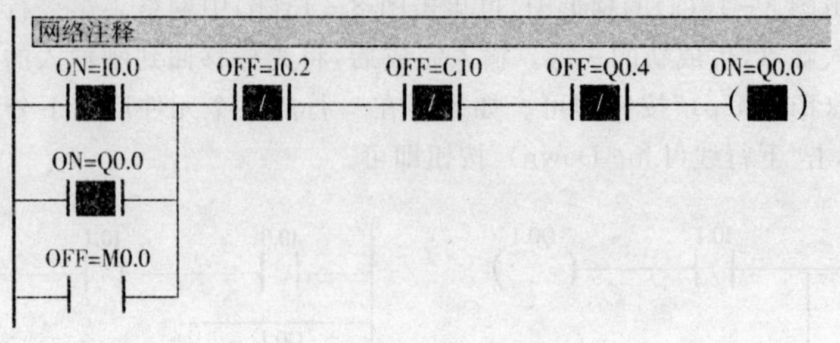

图 8-14 梯形图程序的状态监视

10. 打印程序文件

单击“文件(File)”菜单中的“打印(Print)”选项，在如图 8-15 所示的对话框中可以选择打印的内容，如阶梯(Ladder)、符号表(Symbol Table)、状态图(Status Chart)、数据块(Data Block)、交叉引用(Cross Reference)及元素使用(Element Usage)。还可以选择阶梯打印的范围，如全部(All)、主程序(OBI)、子程序(SBR)以及中断程序(INT)。

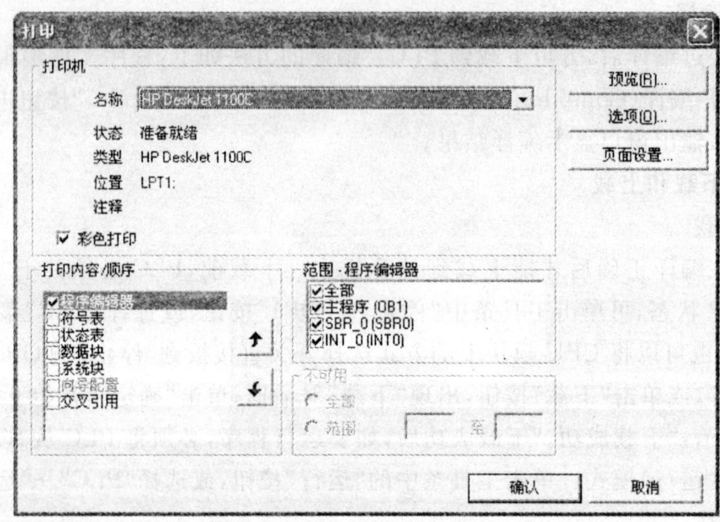

图 8-15 打印程序文件对话框

思考题与习题

1. 简述 PLC 的定义。
2. PLC 主要由哪几部分组成？各部分的作用是什么？
3. 简述 PLC 的特点。
4. 输入接口电路有哪几种形式？输出接口电路有哪几种形式？各有何特点？
5. PLC 主要性能指标有哪些？
6. S7-200 的程序组织方式一般由哪三部分构成？
7. STEP7-Micro/WIN32 提供哪几种程序编辑器？各有什么特点？

第 9 章

S7－200 系列可编程序控制器

内容提要与学习要求：

本章介绍了 S7－200 系列 PLC 系统构成、内部元件及寻址方式。重点讲述 S7－200 系列 PLC 的基本指令和功能指令的格式和用法，为正确设计 PLC 的应用程序奠定基础。

9.1 S7-200系列PLC系统构成

9.1.1 认识S7-200 CPU

S7-200 PLC是德国西门子公司生产的一种超小型、紧凑型的可编程序控制器，可以满足各种设备的自动化控制的需求。整个系统的硬件架构主要由整体式加积木式组成，即主机包含一定量的输入输出点，同时可以根据需要扩展I/O模块和各种功能模块。一个完整的PLC系统由主机、扩展单元、功能模块、编程设备、相关软件等组成。S7-200系列PLC有CPU21X和CPU22X两个系列。其中CPU22X系列是CPU21X系列的后续产品，常见的有CPU221、CPU222、CPU224、CPU226和CPU226XM等几种基本型号。

1. S7-200基本单元

S7-200 CPU的外形如图9-1所示。S7-200 CPU又称为PLC系统的主机或主单元，是将一个中央处理单元、集成电源和数字量I/O点集成在一个紧凑、独立的封装中，可以构成一个独立的控制系统。在下载了程序之后，S7-200的输入部分从现场设备中采集信号传送给CPU，输出部分将按照CPU的运算结果输出控制信号，以控制生产中的设备。

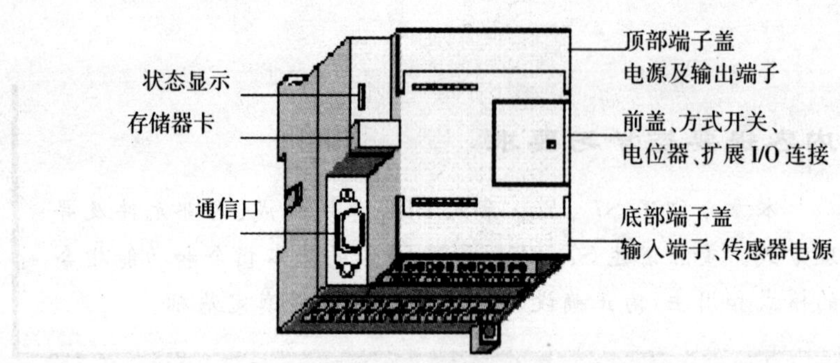

图9-1 S7-200 CPU外形图

在图9-1中，前盖板下的工作方式选择开关用于选择PLC的RUN，TERM和STOP工作方式。RUN(运行)：S7-200执行用户的程序。STOP(停止)：S7-200不执行程序，此时可以下载程序、数据和进行CPU系统设置。在程序编辑、上载、下载时必须把CPU置于STOP方式。

PLC的工作状态由状态LED显示，其中SF/DIAG状态LED亮表示系统出现故障，PLC停止工作；RUN状态LED亮(绿色指示灯)表示系统处于运行工作模式；STOP状态LED亮(红色指示灯)表示系统处于停止工作模式。

前盖板下还有模拟电位器和扩展端口。除CPU221、CPU222只有一个模拟电位器外，CPU224和CPU226均有两个模拟电位器0和1。模拟电位器可以用小型旋具进行调节，从而将0～255之间的数值存入特殊存储器字节SMB28和SMB29中。改功能可用于程序调试中，例如模拟电位器调节值作为定时器、计数器的预置值，过程量的控制参数。扩展端口通过扁平电缆连接PLC的各种扩展模块。

通信口用于PLC与个人计算机或手持编程器进行通信连接，除CPU 226和CPU

226XM 有两个 RS－485 通信口（PORT0、PORT1）外，CPU221、CPU222、CPU224 只有一个 RS－485 通信口。

各输入/输出点的状态由输入/输出状态 LED 显示，外部接线在输入/输出接线端子板上进行。另外，主机提供了一个可选卡插槽，可根据需要插入 EEPROM 卡、电池卡、时钟卡中的一种。

2. 扩展单元

S7－200CPU 为了扩展 I/O 点和执行特殊的功能，可以连接扩展单元。主要有如下几类：数字量 I/O 扩展模块 EM221、EM222、EM223，模拟量 I/O 扩展模块 EM231、EM232、EM235，通讯模块 EM277、EM241、CP243－1、CP243－1 IT、CP243－2。此外，S7－200 还提供了一些特殊模块，用以完成特殊的任务，如 SM253 位置控制模块、EM241 调制解调器模块等。在系统进行扩展时，可以在导轨的最左边安装 CPU 单元，在 CPU 单元的右边依次连接多个扩展模块。如果 S7－200 CPU 和扩展模块不能安装在一条导轨上，可以选用总线延长电缆，分两条导轨安装，但一个 S7－200 系统只能安装一条总路线延长电缆。S7－200 系列 PLC 部分扩展单元型号及输入、输出点数的分配如表 9－1 所示。

表 9－1　S7－200 系列部分扩展单元型号及输入、输出点数

类　型	型　号	输入点	输出点
数字量扩展模块	EM221	8	无
	EM222	无	8
	EM223	4/8/16	4/8/16
模拟量扩展模块	EM231	3	无
	EM232	无	2
	EM235	3	1

3. 编程器和编程软件

编程器主要用来进行用户程序的编制、存储和管理等，在调试过程中，还可以进行监控和故障检测。S7－200 系列 PLC 的编程器可分为简易型和智能型两种。简易型编程器是袖珍型的，简单实用，价格低廉，是一种很好的现场编程及监测工具，但显示功能较差，只能用指令表方式输入，使用不够方便。智能型编程器就是安装所有需要软件的现场用计算机。可直接采用梯形图语言编程，实现在线监测、调试及管理，非常直观，且功能强大。西门子公司还专门为 S7－200 系列 PLC 研制开发了编程软件 STEP7－Micro/WIN32。该软件已在第 8 章介绍过，在这不再重复。

4. 程序存储卡

一般小型 PLC 均设有外接 EEPROM 卡盒接口，通过该接口可以将卡盒的内容写入 PLC，也可将 PLC 内的程序及重要参数传到外接 EEPROM 卡盒内作为备份，以保证程序及重要参数的安全。S7－200 系列 PLC 的程序存储卡 EEPROM 有 6ES 7291－8GC00－0XA0 和 6ES 7291－8GD00－0XA0 两种型号，程序容量分别为 8K 和 16K。程序存储卡接口如图 9－1 所示。

5. **文本显示器 TD200**

TD200是用来显示系统信息的显示设备,也可作为操作控制单元,还可在程序运行时对某个量的数值进行修改,或直接设置输入/输出量。文本信息的显示用选择/确认的方法,最多可显示80条信息,每条信息最多4个状态。TD200面板上的8个可编程序的功能键,每个都分配了一个存储器位,这些功能键在起动和测试系统时,可以进行参数设置和诊断。

9.1.2 技术指标

一般来说,PLC的输出类型有晶体管、继电器、SSR三种输出方式,而西门子S7-200 PLC只有前两种输出方式。其型号为DC/DC/DC表示CPU直流供电,直流数字量输入,数字量输出点是晶体管直流电路类型;AC/DC/Relay表示CPU交流供电,直流数字量输入,数字量输出点是继电器触点类型。

S7-200 CPU技术指标如表9-2所示。

表9-2 S7-200 CPU技术指标

特性	CPU221	CPU222	CPU224	CPU226
外形尺寸(mm×mm×mm)	90×80×62	90×80×62	120.5×80×62	190×80×62
用户程序存储区/字节	4096	4096	8192	8192
用户数据存储区/字节	2048	2048	5120	5120
掉电保持时间/h	50	50	190	190
本机I/O	6入/4出	8入/6出	14入/10出	24入/16出
扩展模块数量	0	2	7	7
数字量I/O映象区大小	256	256	256	256
模拟量I/O映象区大小	0	16入/16出	32入/32出	32入/32出
高速计数器 单相/kHz	30(4路)	30(4路)	30(6路)	30(6路)
高速计数器 双相/kHz	20(2路)	20(2路)	20(4路)	20(4路)
脉冲输出(DC)/kHz	20(2路)	20(2路)	20(2路)	20(2路)
模拟电位器	1	1	2	2
实时时钟	配时钟卡	配时钟卡	内置	内置
通讯口	1RS-485	1RS-485	1RS-485	2RS-485
浮点数运算	有			
布尔指令执行速度	0.37μs/指令			
最大数字量I/O映象区	128点入、128点出			
最大模拟量I/O映象区	32点入、32点出			
内部标志位(M寄存器)	256位			
掉电永久保存	112位			
超级电容或电池保存	256位			

（续表）

特性	CPU221	CPU222	CPU224	CPU226
定时器总数 超级电容或电池保存 1ms定时器 10ms定时器 100ms定时器	256个 64个 4个 16个 236个			
计数器总数 超级电容或电池保存	256个 256个			
顺序控制继电器	256个			
定时中断 硬件输入边沿中断 可选滤波时间输入	2个,1ms分辨率 4个 7个,0.2～12.8ms			

9.1.3 S7-200端子接线图

下面以CPU226为例介绍S7-200端子是如何进行接线的。其他型号请参考技术手册。

CPU226型PLC共有24个输入点和16个输出点,分为DC/DC/DC和AC/DC/Relay两种类型。24个输入端子采用八进制进行编号:I0.0～I0.7、I1.0～I1.7、I2.0～I2.7。其输入电路采用双向光耦合器,24V直流极性可以任意选择,系统设置1M为输入端子(I0.0～I1.4)的公共端,2M为输入端子(I1.5～I2.7)的公共端。如图9-2所示。

16个输出端子(Q0.0～Q0.7、Q1.0～Q1.7)分晶体管输出和继电器输出两种:在晶体管输出电路中,PLC由24V直流供电,负载采用了MOSFET功率驱动器件,所以只能用直流电源给负载供电。输出端将数字量输出分为两组,每组有一个公共端,共有1L、2L两个公共端,可以接入不同等级的负载电源,如图9-2(a)所示。在继电器输出电路中,PLC由220V交流电源供电,负载采用了继电器驱动,所以既可以选用直流电源给负载供电,也可以用交流电源给负载供电。在继电器输出电路中,数字量输出分为3组,每组的公共端为本组的电源供给端,Q0.0～Q0.3共用1L,Q0.4～Q1.0共用2L,Q1.1～Q1.7共用3L,各组之间可以接入不同等级、不同性质的负载电源,如图9-2(b)所示。

9.2 S7-200系列PLC内部元件及寻址方式

9.2.1 S7-200 PLC编址方式和内部元件

PLC的每个输入/输出、内部存储单元、定时器和计数器等都称为内部元件或软元件。每种软元件都有其不同的功能和相应的地址。这些软元件实际上就是存储器单元。下面简单介绍S7-200 PLC编址方式和内部元件的功能。

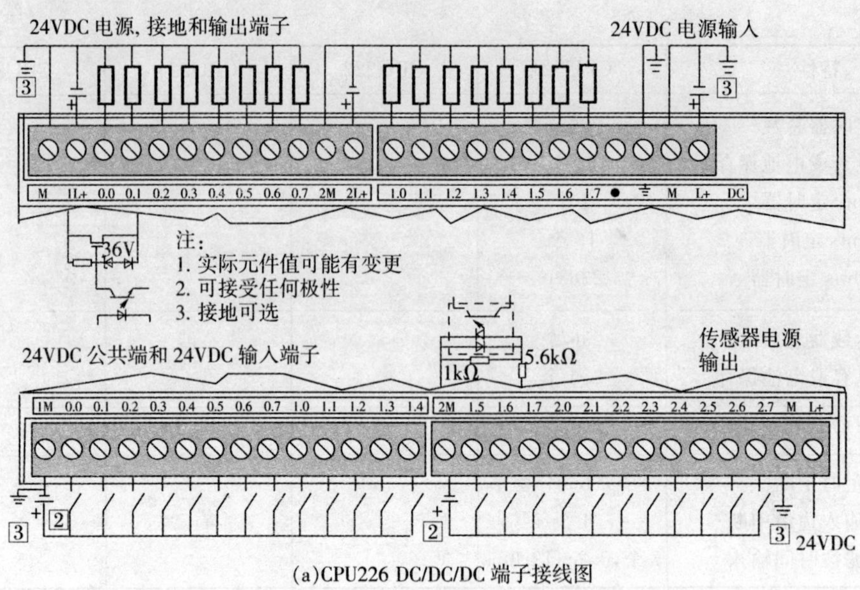

(a)CPU226 DC/DC/DC 端子接线图

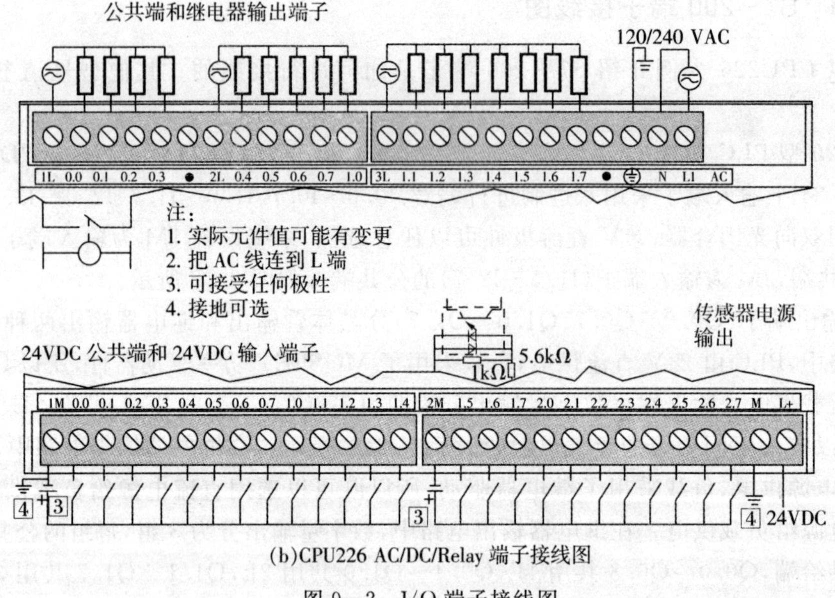

(b)CPU226 AC/DC/Relay 端子接线图

图 9-2 I/O 端子接线图

1. 编址方式

软元件的地址编号采用区域标志符加上区域内编号的方式,主要由输入/输出继电器区、定时器区、计数器区、通用辅助继电器、特殊辅助继电器区等,这些区域可以用 I、Q、T、C、M、SM 字母来表示。其编址方式可分为位(Bit)、字节(Byte)、字(Word)、双字(Double Word)编址。

位编址方式:(区域标志符)字节号. 位号,如 I0.0、Q0.0、M0.0。图 9-3 是一个位寻址的例子(也称为“字节.位”寻址)。在这个例子中,存储器区、字节地址(I 代表输入,3 代表字节 3)和位地址(第 4 位)之间用点号“.”隔开。

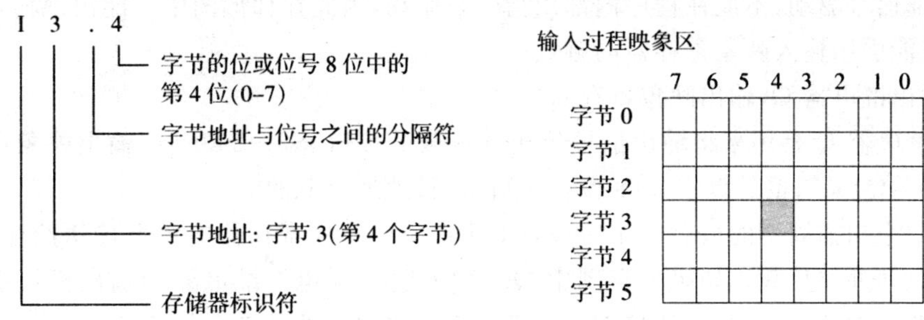

图9-3　位寻址举例

字节编址方式:(区域标识符)B(字节号),例如IB0表示由I0.0~I0.7这8位组成的字节。如图9-4中的VB100。

字编址方式:(区域标识符)W(起始字节号),最高有效字节为起始字节。例如VW0表示由VB0和VB1这两个字节组成的字。如图9-4中的VW100。

双字编址方式:(区域标识符)D(起始字节号),最高有效字节为起始字节。例如VD0表示由VB0和VB3这四个字节组成的双字。如图9-4中的VD100。

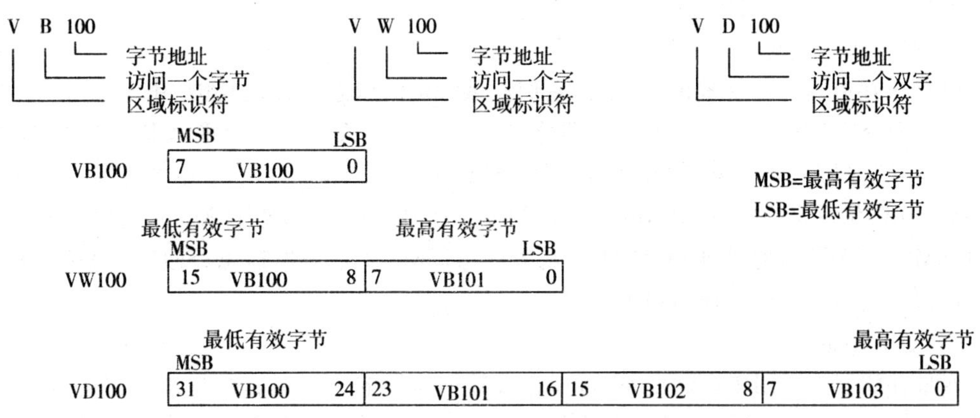

图9-4　对同一地址进行字节、字和双字存取操作的比较

可以进行位操作的存储区有I、Q、M、SM、L、V、S。可以进行字节操作的存储区有I、Q、M、SM、L、V、AC(只用低8位)、常数。可以进行字操作的存储区有I、Q、M、SM、T、C、L、V、AC(只用低16位)、常数。可以进行双字操作的存储区有I、Q、M、SM、T、C、L、V、AC(32位)、常数。

2. S7-200 PLC内部元件

(1)输入继电器I(输入映象寄存器)

输入继电器I和PLC的输入端子相连,是用来接收用户设备输入信号的。S7-200PLC输入继电器有I0.0~I15.7,是以字节(8位)为单位进行地址分配的。

在每个扫描周期的开始,CPU对输入点进行采样,并将采样结果存入输入映象寄存器中,外部输入电路接通时对应的映象寄存器为ON(1状态),在程序中表现为其常开触点闭合,常闭触点断开。输入端可以外接常开触点或常闭触点,也可以接多个触点组成的串并联电路。在梯形图中,可以多次引用输入位的常开触点和常闭触点。注意PLC的输入继电器只能由外部信号驱动，不能在程序内部用指令来驱动，因此在梯形图中不能出现输入继电器的线圈，只能引用输入映象寄存器的触点。

(2)输出继电器 Q(输出映象寄存器)

输出继电器 Q 是用来将输出信号传送到负载的接口，S7－200PLC 输出映象寄存器区域有 Q0.0～Q15.7，也是以字节(8 位)为单位进行地址分配的。

在每一个扫描周期的最后一个阶段，CPU 将输出映象寄存器的数据传送给输出模块，再由后者驱动外部负载。如果梯形图中 Q0.0 的线圈“通电”，继电器型输出模块中对应的硬件继电器的常开触点闭合，使接在标号为 Q0.0 的端子的外部负载工作。输出模块中的每一个硬件继电器仅有一对常开触点，但是在梯形图中，每一个输出位的常开触点和常闭触点都可以多次使用。输出继电器线圈的通断状态只能在程序内部用指令驱动。

(3)通用辅助继电器 M(位存储器)

通用辅助继电器用来保存控制继电器的中间操作状态，可采用位、字节、字或双字来存取。其地址范围为 M0.0～M31.7 共 32 个字节，其作用相当于继电器控制中的中间继电器，通用辅助继电器在 PLC 中没有输入/输出端与之对应，其线圈的通断状态只能在程序内部用指令驱动，其触点不能直接驱动外部负载，只能在程序内部驱动输出继电器的线圈，再用输出继电器的触点去驱动外部负载。

(4)特殊辅助继电器 SM(特殊标志位存储器)

PLC 中还有若干特殊辅助继电器，它们提供大量的状态和控制功能，用来在 CPU 和用户程序之间交换信息。特殊辅助继电器能以位、字节、字或双字来存取，CPU226 的 SM 的位地址编号范围为 SM0.0～SM549.7，其中 SM0.0～SM29.7 的 30 个字节为只读型区域。如：SM0.0 该位总是为“ON”；SM0.1 首次扫描循环时该位为“ON”；SM0.4 提供 1min 时钟脉冲；SM0.5 提供 1s 时钟脉冲；SM1.0 是零标志；SM1.1 是溢出标志；SM1.2 是负数标志。其他特殊存储器的用途可查阅相关手册。

(5)变量存储器 V

变量存储器主要用于存储变量，可以存放数据运算的中间运算结果或设置参数。在进行数据处理时，变量存储器会被经常使用。变量存储器可以是位寻址，也可按字节、字、双字为单位寻址，其位存取的编号范围根据 CPU 的型号有所不同，CPU221/222 为 V0.0～V2047.7 共 2KB 存储容量，CPU224/226 为 V0.0～V5119.7 共 5KB 存储容量。

(6)局部变量存储器 L

局部变量存储器主要用来存放局部变量，它和变量存储器 V 十分相似。两者的主要区别在于全局变量是全局有效，即同一个变量可以被任何程序(主程序、子程序和中断程序)访问；而局部变量只是局部有效，即变量只和特定的程序相关联。S7－200 有 L0.0～L63.7 型号，都有 64 个字节的局部变量存储器，其中 60 个字节可以作为暂时存储器，或给子程序传递参数。后 4 个字节作为系统的保留字节。局部变量存储器 L 也可以作为地址指针使用。

(7)定时器 T

S7－200PLC 所提供的定时器作用相当于继电器控制系统中的时间继电器，用于时间累计。每个定时器可提供无数对常开和常闭触点供编程使用，其设定时间由程序设置(定时时间＝预置值(PT)×时基)。CPU222、CPU224 及 CPU226 的定时器地址编号为 T0～T255，其分辨率(时基增量)分为 1ms、10ms 和 100ms 三种。

(8)计数器 C

计数器 C 用于累计计数输入端接收到的由断开到接通的脉冲个数。计数器可提供无数对常开和常闭触点供编程使用,结构与定时器基本相同,其设定值由程序设置,计数器的地址编号范围为 C0～C255。

(9)高速计数器 HC

一般计数器的计数频率受扫描周期的影响,不能太高。而高速计数器可用来累计比 CPU 的扫描速度更快的事件。高速计数器的当前值是一个双字长(32 位)的整数,且为只读值。CPU221/222 各有 4 个高速计数器,编号为 HC0～HC3,CPU224/226 各有 6 个高速计数器,编号为 HC0～HC5。

(10)累加器 AC

累加器 AC 是用来暂存数据的寄存器,它可以用来存放运算数据、中间数据和结果。CPU 提供了 4 个 32 位的累加器,其地址编号为 AC0～AC3。累加器的可用长度为 32 位,可采用字节、字、双字的存取方式,按字节、字只能存取累加器的低 8 位或低 16 位,双字可以存取累加器全部的 32 位。

(11)顺序控制继电器

顺序控制继电器是使用步进顺序控制指令编程时的重要状态元件,通常与步进指令一起使用,以实现顺序功能流程图的编程。地址编号范围为 S0.0～S31.7。

(12)模拟量输入/输出映象寄存器(AI/AQ)

S7 - 200 的模拟量输入电路是将外部输入的模拟量信号转换成 1 个字长的数字量存入模拟量输入映象寄存器区域,区域标志符为 AI。

模拟量输出电路是将模拟量输出映象寄存器区域的 1 个字长的数值转换为模拟电流或电压的输出,区域标志符为 AQ。由于模拟量为一个字长 16 位,即两个字节,且从偶数字节开始,所以必须用偶数字节地址(如 AIW0,AQW2)来存取和改变这些值。对模拟量输入/输出是以 2 个字(W)为单位分配地址,每路模拟量输入/输出占用 1 个字(2 个字节)。如有 2 路模拟量输入,需分配 3 个字(AIW0、AIW2、AIW4),其中 AIW4 没有被使用,但也不可被占用或分配给后续模块。如果有 1 路模拟量输出,需分配 2 个字(AQW0、AQW2),其中 AQW2 没有被使用,也不可被占用或分配给后续模块。

CPU222 的地址编号范围为 AIW0～AIW30、AQW0～AQW30;CPU224/226 的地址编号范围为 AIW0～AIW62、AQW0～AQW62。模拟量输入值为只读数据,模拟量输出值为只写数据,转换的精度是 12 位。

S7 - 200CPU 存储器范围及特性一览表可参考附录 3。

9.2.2　寻址方式

1. 数值的表示方式

(1)数值的类型和范围

S7 - 200PLC 在存储单元可以存放的数据类型有布尔型(BOOL)、整数型(INT)和实数型(REAL)三种。布尔型数据指字节型无符号整数;整数型数包括 16 位符号整数(INT)和 32 位符号整数(DINT)。实数型数据采用 32 位单精度数来表示。表 9 - 3 中给出了不同长度的数据所能表示的数值范围。

表 9-3 不同长度的数据表示的十进制和十六进制数范围

数制	字节(B)	字(W)	双字(D)
无符号整数	0 到 255 0 到 FF	0 到 65 535 0 到 FFFF	0 到 4 294 967 295 0 到 FFFF FFFF
符号整数	−128 到＋127 80 到 7F	−32 768 到＋32 767 8000 到 7FFF	−2 147 483 648 到＋2 147 483 647 8000 0000 到 7FFF FFFF
实数 IEEE 32 位浮点数	不用	不用	＋1.175495E−38 到＋3.402823E＋38(正数) −1.175495E−38 到−3.402823E＋38(负数)

(2)常数

在 S7-200 的指令中可以使用常数(可以是字节、字或双字类型),常数的类型可指定为十进制(1122)、十六进制(16#7A4C)、二进制(2#10100100)或 ASCII 字符('SIMATIC')。要注意的是存储时均是用二进制的形式存储的。

2. 寻址方式

PLC 编程语言的基本单位是语句,而构成语句的是指令,每条指令由两部分组成:一部分是操作码,另一部分是操作数。操作码指出这条指令的功能是什么,操作数则指明了操作码所需要的数据所在。S7-200 将信息存放于不同的存储器单元,每个存储器单元都有唯一确定的地址。通常我们把使用数据地址访问所有的数据称为寻址。它对数据的寻址方式可分为立即寻址、直接寻址和间接寻址三类。在数字量控制系统中一般采用直接寻址。S7-200 CPU 的寻址分三种:立即寻址、直接寻址和间接寻址。

(1)立即寻址

所谓立即寻址是指在一条指令中,如果操作码后面的操作数就是操作码所需要的具体数据,这种寻址方式就叫立即寻址。

例如,传送指令 MOVD 100,VD0 的功能就是将十进制数 100 传送到 VD0 中,该指令的源操作数是 100,其值已经在指令中了,不用再去寻找,这种寻址方式就是立即寻址方式。

(2)直接寻址

所谓直接寻址是指在一条指令中,如果操作码后面的操作数是以操作数所在地址的形式出现的,这种寻址方式就叫直接寻址。例如传送指令 MOVD VD40,VD50。直接寻址可以采用按位编址或按字节编址的方式进行寻址。寻址时,数据地址以代表存储区类型的字母开始,随后是表示数据长度的标记,然后是存储单元的编号。

例如,传送指令 MOVD VD400 VD500,采用直接寻址方式将 VD400 中的双字数据传给 VD500。

(3)间接寻址

所谓直接寻址是指在一条指令中,如果操作码后面的操作数是以操作数所在地址的地址形式出现的,这种寻址方式就叫间接寻址。间接寻址时操作数并不提供直接数据位置,而是通过使用地址指针来存取存储器中的数据。

例如,传送指令 MOVD 100 *VD10,目的操作数就是采用间接寻址的。假设 VD10 中存放的是 VB0,其功能就是将十进制数 100 传送给 VD0 地址。

在 S7－200 中允许使用指针对 I、Q、M、V、S、T、C(仅当前值)存储区进行间接寻址。使用间接寻址前,要先创建一指向该位置的指针。指针建立好后,利用指针存取数据。

9.3　S7－200 系列 PLC 基本指令

1. 标准触点指令

标准触点指令有 LD、LDN、＝、NOT、A、AN、O、ON 八条,这些指令对存储器位进行操作。如果有操作数,操作数为 BOOL 型,操作数范围是:I、Q、M、SM、T、C、S、V、L。图 9－5 和图 9－6 为标准触点指令的简单应用。

```
LD      I0.1
=       Q0.1

LDN     I0.1
=       Q0.1
```

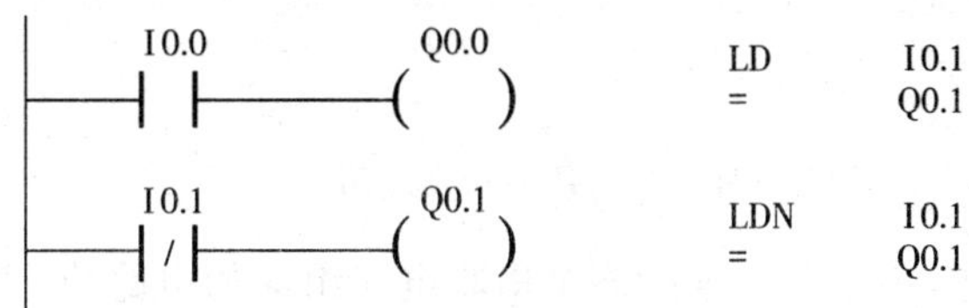

图 9－5　标准触点指令应用(一)

(1)LD bit:装载指令。以一常开触点来开始一逻辑运算,对应梯形图则为在左侧母线或线路分支点处初始装载一个常开触点。

(2)LDN bit:取反后装载。以一常闭触点来开始一逻辑运算,对应梯形图则为在左侧母线或线路分支点处初始装载一个常闭触点。

(3)＝ bit:输出指令。与梯形图中的线圈相对应。驱动线圈的触点电路接通时,有“能流”流过线圈,输出指令指定的位对应的映象寄存器的值为 1,反之为 0。被驱动的线圈在梯形图中只能使用一次。“＝”可以任意并联使用,但不能串联。

(4)NOT 取反指令。将它左边电路的逻辑运算结果取反。结果若为 1 则变为 0,为 0 则变为 1,该指令没有操作数。

(5)A bit 与操作,在梯形图中表示串联一个常开触点。

(6)AN bit 与非操作,在梯形图中表示串联一个常闭触点。

(7)O bit 或操作,在梯形图中表示并联一个常开触点。

(8)ON bit 或非操作,在梯形图中表示并联一个常闭触点。

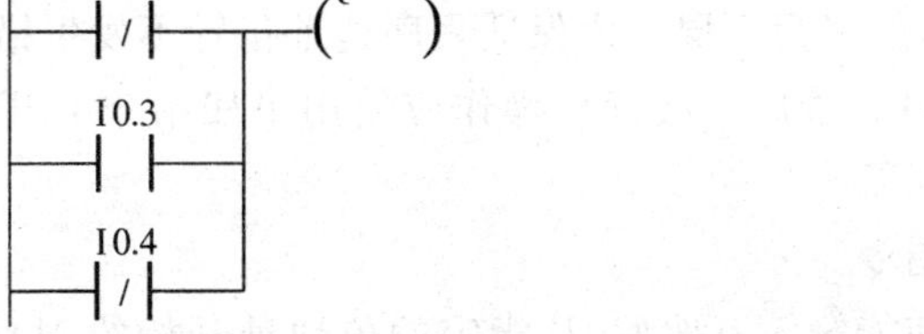

```
LD      I0.1
AN      I0.1
A       I0.2
=       Q0.1

LDN     I0.1
O       I0.3
ON      I0.4
=       Q0.1
```

图 9－6　标准触点指令应用(二)

2. 块操作指令

(1)ALD:块"与"操作,用于串联连接多个并联电路组成的电路块。分支的起点用 LD/LDN 指令,并联电路结束后使用 ALD 指令与前面电路串联。图 9-7 为块与指令的简单应用。

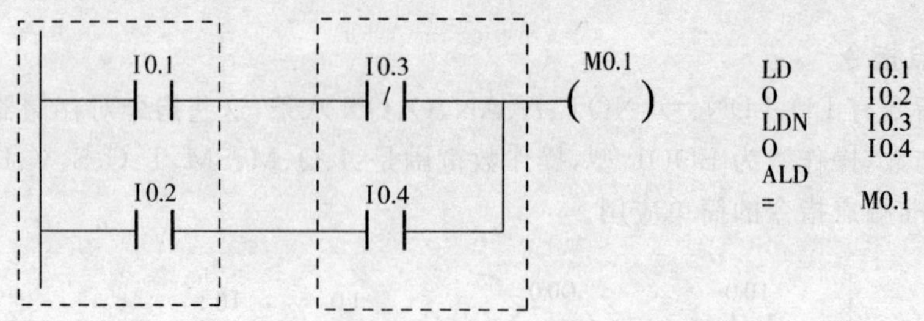

图 9-7 块与指令应用

(2)OLD:块"或"操作,用于并联连接多个串联电路组成的电路块。分支的起点以 LD、LDN 开始,并联结束后用 OLD。图 9-8 为块与指令的简单应用。

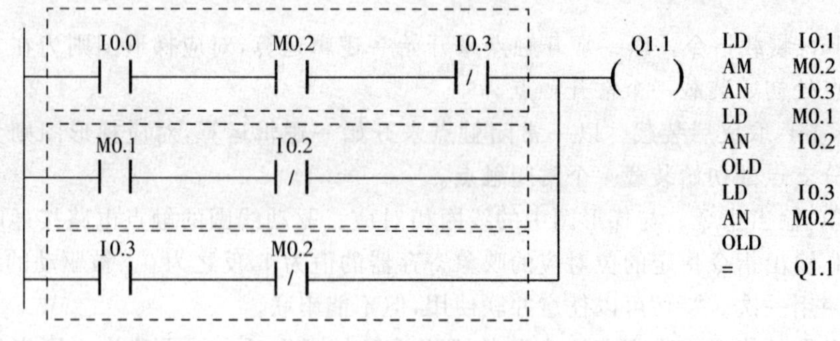

图 9-8 块或指令应用

3. 堆栈操作指令

(1)LPS(入栈)指令:LPS 指令把栈顶值复制后压入堆栈,栈中原来数据依次下移一层,栈底值压出丢失。

(2)LRD(读栈)指令:LRD 指令把逻辑堆栈第二层的值复制到栈顶,2~9 层数据不变,堆栈没有压入和弹出,但原栈顶的值丢失。

(3)LPP(出栈)指令:LPP 指令把堆栈弹出一级,原第二级的值变为新的栈顶值,原栈顶数据从栈内丢失。

逻辑堆栈指令可以嵌套使用,最多为 9 层。为保证程序地址指针不发生错误,入栈指令 LPS 和出栈指令 LPP 必须成对使用,最后一次读栈操作应使用出栈指令 LPP。图 9-9 为逻辑堆栈指令的简单应用。

4. 置位复位指令、边沿触发指令

置位指令 S、复位指令 R,在使能输入有效后,从指定的位地址开始的 N 个点的映象寄存器都被置"1"或清"0"并保持 N=1~255。对同一元件(同一寄存器的位)可以多次使用 S/R 指令;置位复位指令通常成对使用,也可以单独使用或与指令盒配合使用。在使用复位指令时，如果被指定复位的是定时器或计数器，将清除定时器/计数器的当前值。

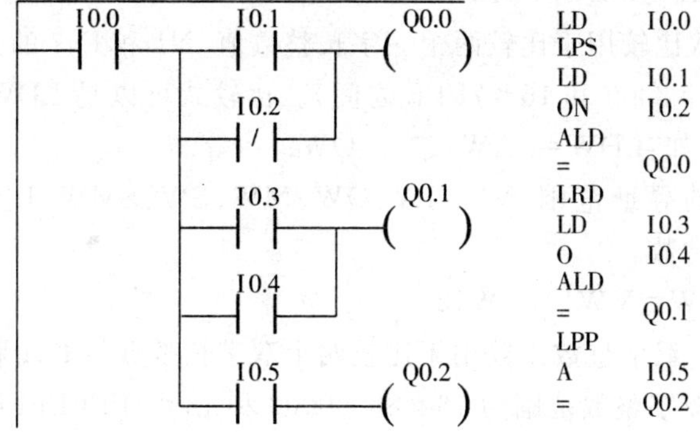

图 9－9　堆栈指令的应用

边沿触发指令也称为跳变触点检测指令，有正跳变触点检测 EU 指令和负跳变触点 ED 指令两条。当 EU 指令前的逻辑运算结果有一个上升沿时（OFF→ON），后面的输出线圈将接通一个扫描周期；当 ED 指令前有一个下降沿时（ON→OFF），后面的输出线圈将接通一个扫描周期。它们没有操作数，触点符号中间的"P"和"N"分别表示正跳变和负跳变。图 9－10为置位复位指令、边沿触发指令的简单应用。

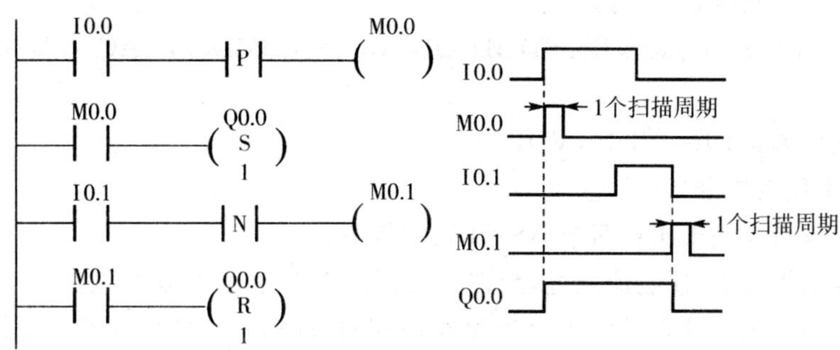

图 9－10　置位复位指令、边沿触发指令的应用

5. 比较指令

比较指令是将两个操作数按指定的条件比较，操作数可以是整数，也可以是实数，在梯形图中用带参数和运算符的触点表示比较指令，比较条件成立时，触点就闭合，否则断开。比较触点可以装入，也可以串、并联。比较指令包括数值比较和字符串比较两类。IN1、IN2 为输入的两个操作数，指令名称可以为以下名称：＝＝B、＝＝I、＝＝D、＝＝R、<>B、<>I、<>D、<>R、>＝B、>＝I、>＝D、>＝R、<＝B、<＝I、<＝D、<＝R、>B、>I、>D、>R、<B、<I、<D、<R。

（1）数值比较指令

① 字节比较。字节比较用于比较两个字节型整数值 IN1 和 IN2 的大小，字节比较是无符号的。比较式可以是 LDB、AB 或 OB 后直接加比较运算符构成。如：LDB＝、AB<>、OB>＝等。

整数 IN1 和 IN2 的寻址范围：VB、IB、QB、MB、SB、SMB、LB、＊VD、＊AC、＊LD 和

常数。

指令格式例如：LDB＝VB10，VB12

② 整数比较。整数比较用于比较两个一字长整数值IN1和IN2的大小，整数比较是有符号的(整数范围为16＃8000和16＃7FFF之间)。比较式可以是LDW、AW或OW后直接加比较运算符构成。如：LDW＝、AW<>。OW>＝等。

整数IN1和IN2的寻址范围：VW、IW、QW、MW、SW、SMW、LW、AIW、T、C、AC、＊VD、＊AC、＊LD和常数。

指令格式例如：LDW＝VW10，VW12

③ 双字整数比较。双字整数比较用于比较两个双字长整数值IN1和IN2的大小，双字整数比较是有符号的(双字整数范围为16＃80000000和16＃7FFFFFFF之间)。比较式可以是LDD、AD或OD后直接加比较运算符构成。如：LDD＝、AD<>、OD>＝等。

双字整数IN1和IN2的寻址范围：VD、ID、QD、MD、SD、SMD、LD、HC、AC、＊VD、＊AC、＊LD和常数。

指令格式例如：LDD＝VD10，VD12

④ 实数比较　实数比较用于比较两个双字长实数值IN1和IN2的大小，实数比较是有符号的(负实数范围为－1.175495E－38和－3.402823E＋38，正实数范围为＋1.175495E－38和＋3.402823E＋38)。比较式可以是LDR、AR或OR后直接加比较运算符构成。如：LDR＝、AR<>、OR>＝等。

实数IN1和IN2的寻址范围：VD、ID、QD、MD、SD、SMD、LD、AC、＊VD、＊AC、＊LD和常数。

指令格式例如：LDR＝VD10，VD12

(2)字符串比较指令

字符串比较指令用于比较两个ASCII码字符串。

如果比较结果为真，使能流通过，允许其后续指令执行，否则切断能流。

能够进行的比较运算有：IN1＝IN2(字符串相同)；IN1<>IN2(字符串不同)。

IN1、IN2的取值范围：VB，LB，＊VD，＊LD，＊AC。

6. 定时器指令

S7－200 CPU 22X系列PLC有256个定时器，按时基脉冲分为1ms、10ms、100ms三种，按工作方式分有通电延时定时器(TON)、断电延时型定时器(TOF)、记忆型通电延时定时器(TONR)。定时器号决定了定时器的时基，如表9－4所示。

表9－4　定时器的种类及指令格式

工作方式	TON/TOF			TONR		
分辨率/ms	1	10	100	1	10	100
最大定时范围/s	32.767	327.67	3276.7	32.767	327.67	3276.7
定时器编号	T32，T96	T33～T36，T97～T100	T37～T63，T101～T255	T0，T64	T1～T4，T65～T68	T5～T31，T69～T95

每个定时器均有一个16位的当前值寄存器用以存放当前值(16位符号整数)；一个16

位的预置值寄存器用以存放时间的设定值；还有一位状态位，反映其触点的状态。最小计时单位为时基脉冲的宽度，又为定时精度；从定时器输入有效，到状态位输出有效，经过的时间为定时时间，即：定时时间＝预置值(PT)×时基。

(1)通电延时定时器(TON)

通电延时定时器(TON)用于单一间隔的定时。当 IN 端接通时，定时器开始计时，当前值从 0 开始递增，计时到设定值 PT 时，定时器状态位置 1，其常开触点接通，其后当前值仍增加，但不影响状态位。当前值的最大值为 32767。当 IN 端分断时，定时器复位，当前值清零，状态位也清零。若 IN 端接通时间未到设定值就断开，定时器则立即复位，如图 9-11 所示。

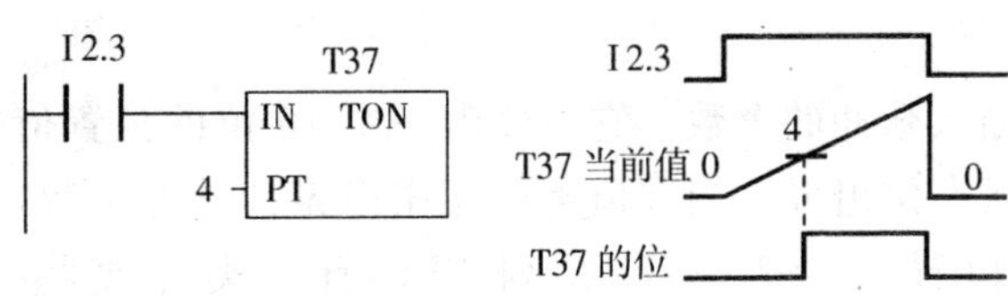

图 9-11　TON 定时器工作原理

(2)断电延时型定时器(TOF)

断电延时定时器(TOF)用来在输入(IN)电路断开后延时一段时间，再使定时器为 OFF。它用于输入从 ON 到 OFF 的负跳变起动定时。

接在定时器 IN 输入端的输入电路接通时，定时器位变为 ON，当前值被清零。输入电路断开后开始定时。当前值从 0 开始增大在当前值等于设定值时，输出位变为 OFF，当前值保持不变，直到输入电路接通，如图 9-12 所示。

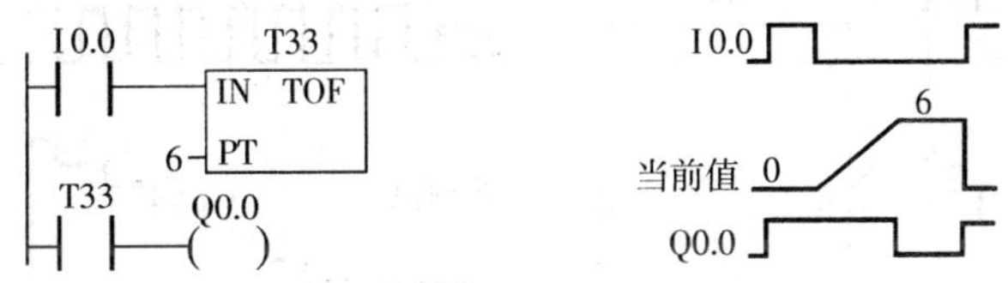

图 9-12　TOF 定时器的工作原理

TOF 与 TON 不能共享相同的定时器号，例如，不能同时使用 TON T32 和 TOF T32。

可用复位(R)指令复位定时器。复位指令使定时器位变为 OFF，定时器当前值被清零。在第一个扫描周期，TON 和 TOF 被自动复位，定时器位为 OFF，当前值为 0。

(3)记忆型通电延时定时器(TONR)

记忆型通电延时定时器(TONR)的输入电路接通时开始定时。当前值大于等于 PT 端指定的设定值时，定时器位变为 ON。达到设定值后，当前值仍继续计数，直到最大值为 32767。

输入电路断开时，当前值保持不变。可用 TONR 来累计输入电路接通的若干个时间间隔。复位(R)指令用来清除它的当前值，同时使定时器位为 OFF。图 9-13 中的时间间隔 $t_1+t_2\geqslant 100$ms 时，10ms 定时器 T2 的定时器位变为 ON。输入电路断开时，当前值保持不变。在第一个扫描周期，定时器位为 OFF。可以在系统块中设置 TONR 的当前值，有断电保持功能。

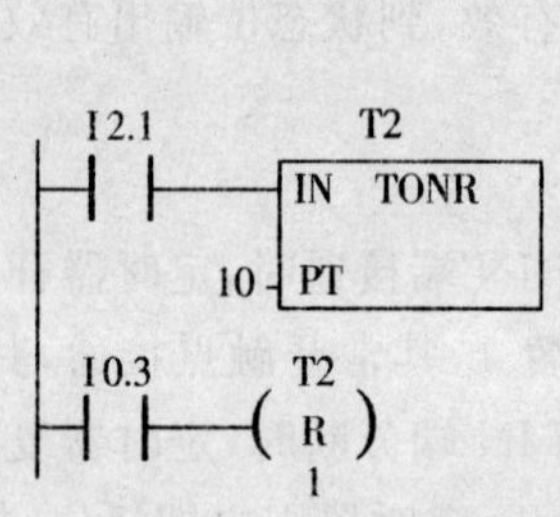

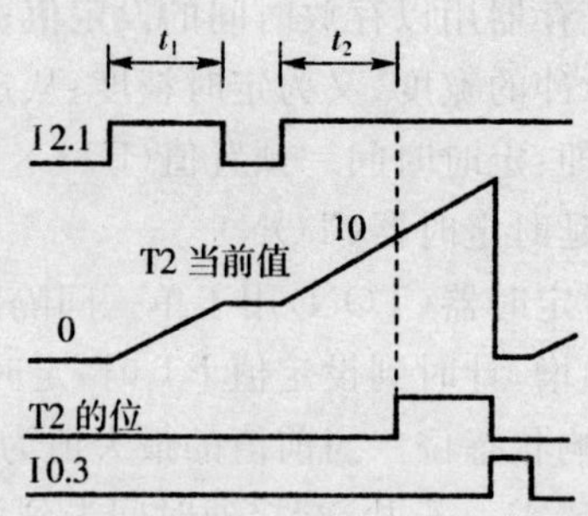

图 9-13 TONR 定时器工作原理

7. **计数器指令**

计数器用来累计输入脉冲的个数。它主要由一个 16 位的预置值寄存器、一个 16 位的当前值寄存器和一位状态位组成。当前值寄存器用以累计脉冲个数,计数器当前值大于或等于预置值时,状态位置 1。S7-200 系列 PLC 有三类计数器:CTU——加计数器,CTUD——加/减计数器,CTD——减计数器。

(1)加计数器指令(CTU)

当复位(R)输入电路断开,加计数脉冲输入(CU)电路由断开变为接通(即 CU 信号的上升沿),计数器的当前值加 1,直至计数最大值为 32767。当前值大于等于设定值(PV)时,该计数器位被置 1。当复位(R)输入为 ON 时,计数器被复位,计数器位变为 OFF,当前值被清零,如图 9-14 所示。

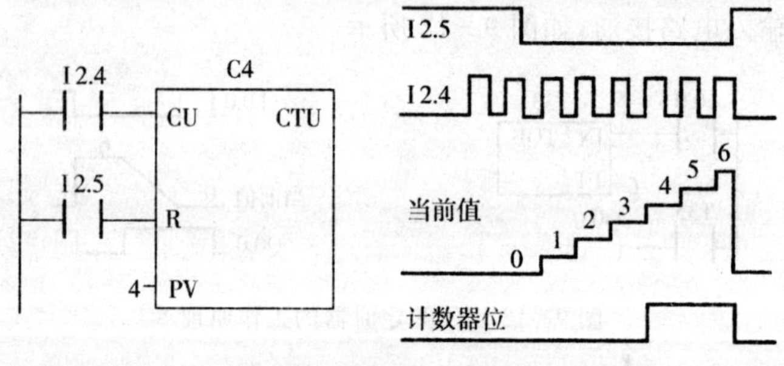

图 9-14 加计数器

在语句表中,栈顶值是复位输入(R),加计数输入值(CU)放在栈顶下面一层。

(2)减计数指令(CTD)

在减计数脉冲输入(CD)的上升沿(从 OFF 到 ON),从设定值开始,计数器的当前值减 1;减至 0 时,停止计数,计数器位被置 1。装载输入(LD)为 ON 时,计数器位被复位,并把设定值装入当前值,如图 9-15 所示。

在语句表中,栈顶值装载在输入 LD,减计数输入 CD 放在栈顶下面一层。

(3)加/减计数指令(CTUD)

在加计数脉冲输入(CU)的上升沿时,计数器的当前值加 1;在减计数脉冲输入(CD)的上升沿时,计数器的当前值减 1;当前值大于等于设定值(PV)时,计数器位被置位。复位(R)输入为 ON,或对计数器执行复位(R)指令时,计数器被复位,如图 9-16 所示。当前值为最大值 32767 时,下一个输入(CU)的上升沿使当前值变为最小值-32768。当前值为-32768 时,下一个输入(CD)的上升沿使当前值变为最大值 32767。

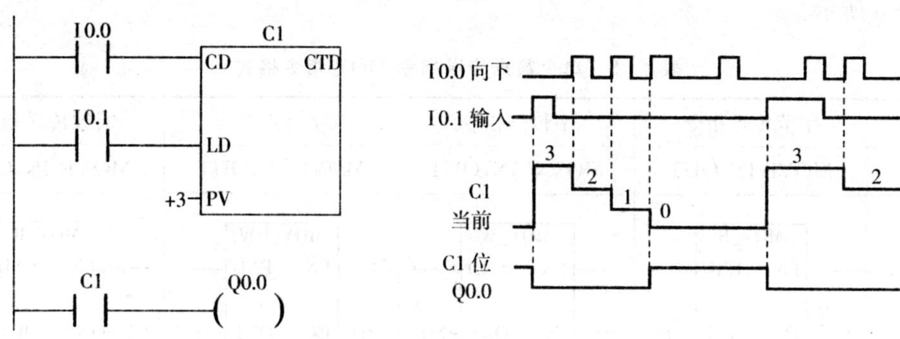

图 9-15 减法计数器

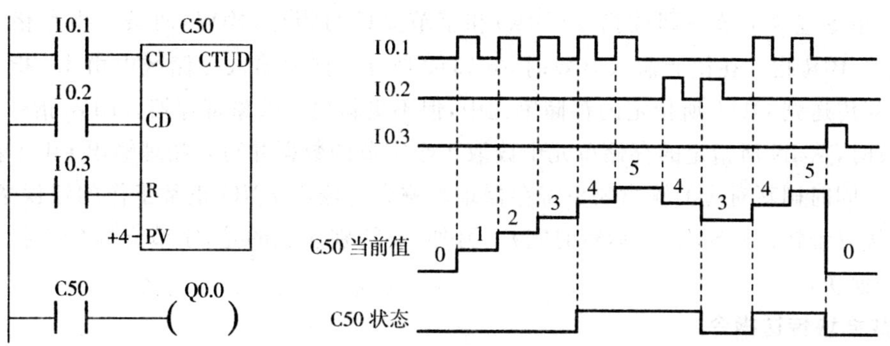

图 9-16 加/减计数器

在语句表中,栈顶值是复位输入 R,加计数输入 CU 放在堆栈的第 2 层,减计数输入 CD 放在堆栈的第 3 层。

计数器的编号范围为 C0～C255。不同类型的计数器不能共用同一计数器号。

9.4 S7-200 系列 PLC 功能指令

9.4.1 数据传送指令及应用

数据传送指令是用来完成 PLC 内部各存储单元之间的数据传送。既可进行单个数据传送,也可进行多个数据(数据块)传送。传送的数据类型可分为字节、字、双字和实数等几种情况。

1. 单一数据传送指令

该类指令包含:字节传送指令(MOVB)、字传送指令(MOVW)、双字传送指令(MOVD)和实数传送指令(MOVR)四条指令。其功能是,当使能输入有效时(即 EN=1 时),分别将一个字节、字、双字或实数从 IN 传送到 OUT 所指的存储单元中。在传送过程中数据的大小不被改变。传送后，输入存储器 IN 中的内容也不改变。影响允许输出 ENO 正常工作的错误条件是：SM4.3(运行时间)，0006(间接寻址错误)。单一数据传送指令格式如表 9-5 所示。

表 9-5 单个数据传送指令 MOV 指令格式

项目	字节传送指令	字传送指令	双字传送指令	实数传送指令
STL	MOVB IN,OUT	MOVW IN,OUT	MOVD IN,OUT	MOVR IN,OUT
LAD	MOV_B EN END ????-IN OUT-????	MOV_W EN END ????-IN OUT-????	MOV_DW EN END ????-IN OUT-????	MOV_R EN END ????-IN OUT-????

2. 字节立即传送指令

该类指令包含字节立即读指令(BIR)和字节立即写指令(BIW)两条。指令格式如表 9-6所示。BIR 指令在使能输入有效时，立即读取当前物理输入存储区中由 IN 指定的字节，并将其传送到 OUT 所指定的存储单元中，但不更新输入映象寄存器。BIW 指令在使能输入有效时，从 IN 所指定的存储单元中读取 1 个字节的数据并写入物理输出 OUT 指定的输出地址，同时刷新对应的输出映象寄存器。影响允许输出 ENO 正常工作的错误条件是：0006(间接寻址错误)，SM4.3(运行时间)。另外，要特别注意的是，字节立即传送指令不能访问扩展模块。

3. 数据块传送指令

数据块传送指令包括字节块传送指令(BMB)、字块传送指令(BMW)、双字块传送指令(BMD)三条。该类指令一次可进行多个数据(1～255 个)的传送。其指令格式如表 9-6 所示。

当使能输入有效，将从输入地址 IN 开始的 N 个连续数据(字节、字或双字)传送到输出地址 OUT 指定的地址开始的 N 个单元中。N 的取值范围为 1 至 255，数据类型为字节型。

影响允许输出 ENO 正常工作的错误条件是：SM4.3(运行时间)、0006(间接寻址错误)、0091(操作数超出范围)。

表 9-6 字节立即传送指令和数据块传送指令格式

项目	字节立即读	字节立即写	字节块传送指令	字块传送指令	双字块传送指令
STL	BIR IN,OUT	BIW IN,OUT	BMB IN,OUT,N	BMW IN,OUT,N	BMD IN,OUT,N
LAD	MOV_BIR EN END IN OUT	MOV_BIW EN END IN OUT	BLKMOV_B EN END IN OUT N	BLKMOV_W EN END IN OUT N	BLKMOV_D EN END IN OUT N

9.4.2　程序控制指令及应用

程序控制类指令主要是控制程序结构以及程序执行的相关指令。主要包括结束、暂停、看门狗、跳转、循环、顺序控制等指令。合理应用程序控制类指令可以优化程序结构，增强程序的功能。

1. 结束指令

结束指令有两条：条件结束指令（END）和无条件结束指令（MEND）。其功能是结束主程序，并返回到主程序的起点。结束指令没有操作数，只能在主程序中使用，不能在子程序或中断程序中使用。指令格式如表 9-7 所示。

条件结束指令（END）在梯形图中不能直接与左母线相连，而无条件结束指令（MEND）在梯形图中要直接与左母线相连。条件结束指令是用在无条件结束指令前以结束主程序。在调试程序时，可以在程序的适当位置插入 MEND 指令进行程序的分段调试。

用 Micro/WIN32 编程软件编程时，软件会在主程序的结尾自动生成 MEND 指令。用户不需要手工输入无条件结束指令。

2. 暂停指令

暂停指令（STOP）功能是指当使能输入有效时，使 CPU 工作方式由 RUN 转换到 STOP，从而停止执行用户程序。STOP 指令可以用在主程序、子程序以及中断程序中。若在中断程序中执行 STOP 指令，则该中断立即终止，并且忽略所有挂起的中断，继续执行主程序的剩余部分。在执行结束后，工作方式将从 RUN 切换到 STOP。暂停指令格式如表 9-7所示。

表 9-7　结束、暂停、看门狗指令格式

功能	LAD	STL
条件/无条件结束指令	——(END)	END/MEND
暂停指令	——(STOP)	STOP
看门狗指令	——(WDR)	WDR

STOP 和 END 指令通常都是用作对突发事件进行处理，两者的区别如图 9-17 所示。当 I0.0 接通，Q0.0 有输出，若 I0.1 也接通，则 END 指令执行，程序被终止，并返回主程序的起点。Q0.0 仍保持接通，但 END 下面的程序将不会被执行。若 I0.0 和 I0.1 断开，I0.2 和 I0.3 接通，则 Q0.1 有输出，当执行 STOP 指令后，程序立即终止执行，并且 Q0.0 和 Q0.1 均被复位，此时 CPU 切换到 STOP 工作方式。

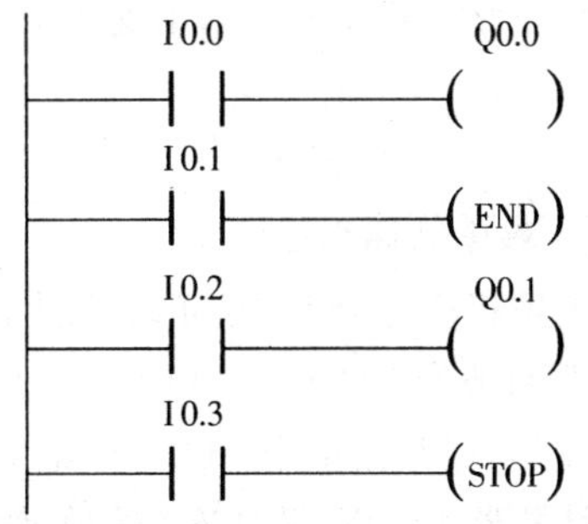

图 9-17　STOP 和 END 指令的区别

3. 看门狗复位指令

在 S7-200 中设有一看门狗定时器，其定时时间为 500ms。每次扫描看门狗都会被系统自动复位一次。而看门狗复位指令（WDR，又称警戒时钟刷新指令）是用于重新触发看门狗定时器，以延长扫描周期的时间，防止出现看门狗错误。

正常工作时，如果扫描周期小于 500ms，看门狗不起作用。如果干扰使 PLC 偏离正常的程序执行路线，看门狗定时时间一到，PLC 将停止运行。

为了防止在正常的情况下看门狗定时器动作，可将 WDR 插入到程序中适当的地方，重新触发看门狗定时器，以适当延长扫描时间。

使用看门狗复位指令时应当小心。如果使用循环指令阻止扫描完成或严重延迟扫描完成，下列程序只有在扫描周期完成后才能执行：通信（自由口方式除外）；I/O 更新（立即 I/O 除外）；强制更新；SM 更新（不更新 SM0、SM5 到 SM29）；运行时间诊断；中断程序中的 STOP 指令；超过 25s 的扫描时，10ms 和 100ms 计时器都不能正确地累计时间。图9－18所示的梯形图为 END、STOP 和 WDR 指令应用举例。

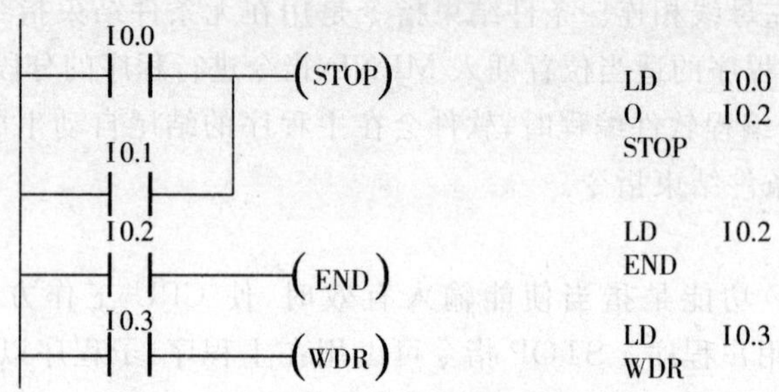

图 9－18 END、STOP 和 WDR 指令应用举例

4. 跳转指令

跳转指令可以使编程的灵活性大大提高，使 CPU 可以根据对不同条件的判断，选择不同的程序段执行。跳转是由跳转指令（JMP）和标号指令（LBL）配合实现的。

跳转指令 JMP，使能输入有效时，把程序流程跳转到同一程序中指定的标号 N 处执行。

标号指令 LBL，标记程序段，即指定跳转的目标位置。操作数 N 为 0～255 的字型数据。

跳转指令及标号必须配合使用，在同一程序块中（如同一主程序内、同一子程序内或同一中断服务程序内）。不能从主程序跳转到中断服务程序或子程序，也不能从中断服务程序或子程序跳转到主程序或其他的中断服务程序以及其他的子程序中。

指令格式：JMP N

LBL N

5. 程序循环指令

采用程序循环结构可以描述需重复执行一定次数的程序段。循环指令由 FOR 和 NEXT 两条指令构成。FOR 到 NEXT 之间的程序段我们一般称为循环体。

(1)循环开始指令 FOR：标记循环的开始。FOR 指令的指令盒有三个数据输入段：当前值计数器 INDX、循环次数初始值 INIT、循环计数终止值 FINAL。其中 INDX 的操作数为：VW、IW、QW、MW、SW、SMW、LW、T、C、AC 等。INIT 和 FINAL 的操作数为：VW、IW、QW、MW、SW、SMW、LW、T、C、AC、AIW、常数等。

(2)循环结束指令 NEXT：标记循环的结束。该指令无操作数。循环指令格式如图 9－19所示。

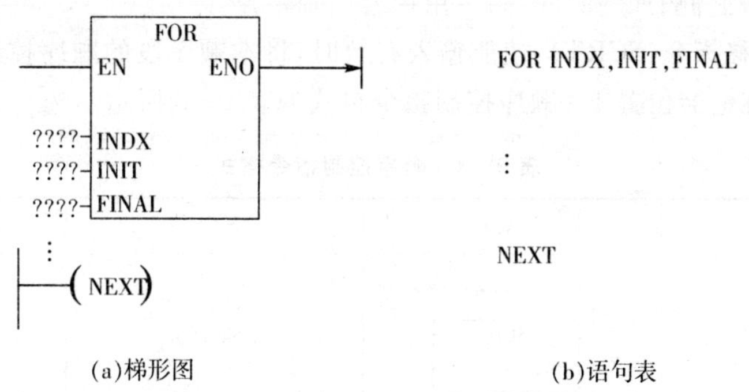

(a)梯形图　　(b)语句表

图 9-19　FOR/NEXT 指令格式

当 FOR 指令使能输入 EN 有效时,循环体开始执行,执行到 NEXT 指令时返回。每执行一次循环体,INDX 自加 1,当 INDX 达到终止值 FINAL 时,循环结束。

程序循环指令在使用时,需注意以下几点:FOR 和 NEXT 指令必须成对使用;循环允许嵌套,但嵌套次数不能超过 8 层;每次使能输入重新有效,指令自动将各参数复位;当 INDX 大于 FINAL 时,循环体不能被执行。

图 9-20 所示的梯形图为循环指令的简单应用。当 I0.0 为 ON 时,1 所示的外循环执行 10 次。当 I0.1 为 ON 时,外循环每执行 1 次,2 所示的内循环执行 10 次。

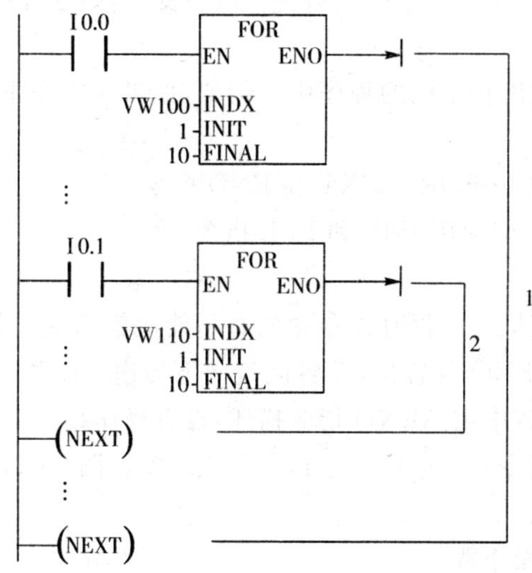

图 9-20　循环指令示例

6. 顺序控制继电器指令

顺序控制继电器指令可使功能图编程简单化和规范化。顺序控制程序设计包含两部分:一是定义顺序段(又称工步:一个较稳定的状态,由开始、结束和转移组成)。另一部分为设计各种顺序结构。S7-200PLC 提供三条顺序控制指令。

(1)顺序段开始指令(LSCR):从定义一个顺序控制段开始。当 Sn=1 时(标志该段的状态元件为 1),执行该顺序段。顺序段从 SCR n 开始,到 SCRE 指令结束。

(2)顺序段结束指令(SCRE):用来结束一个顺序控制段。顺序控制段的具体程序应放在 LSCR 和 SCRE 之间。

(3)顺序段转移指令(SCRT):使能输入有效时,将本顺序段的顺序控制继电器位清零,下一步顺序控制继电器位置 1。顺序控制指令格式如表 9-8 所示。

表 9-8　顺序控制指令格式

项目	LAD	STL	操作对象
顺序段开始指令	??? SCR	LSCR n	S(位)
顺序段结束指令	??? —(SCRE)	SCRT n	S(位)
顺序段转移指令	—(SCRE)	SCRE	无

顺序控制指令在应用时应注意以下几个事项:

① 顺序控制指令只对状态元件 S 有效。

② 在状态发生转移后,SCR 段中的元器件一般会复位,如遇特殊情况输出需要保持时,可使用 S/R 指令。

③ 同一编号的 S 不能用在不同的程序中。例如,如果在主程序中使用 S0.4,则不能在子程序中再使用。

④ 在 SCR 段中不能使用 FOR、NEXT 和 END 指令。

⑤ 在 SCR 段之间中不能使用 JMP 和 LBL 指令。

7. 与 ENO 指令

ENO 是梯形图和功能框图编程时指令盒的布尔能流输出端。如果指令盒的能流输入有效,同时执行没有错误,ENO 就置位,并将能流向下传递。ENO 可以作为允许位表示指令执行成功。在语句表语言中用 AENO 指令描述,没有操作数。

当用梯形图编程时,指令盒后串联一个指令盒或线圈。图 9-21 为与 ENO 指令使用举例。

指令格式:AENO(无操作数)

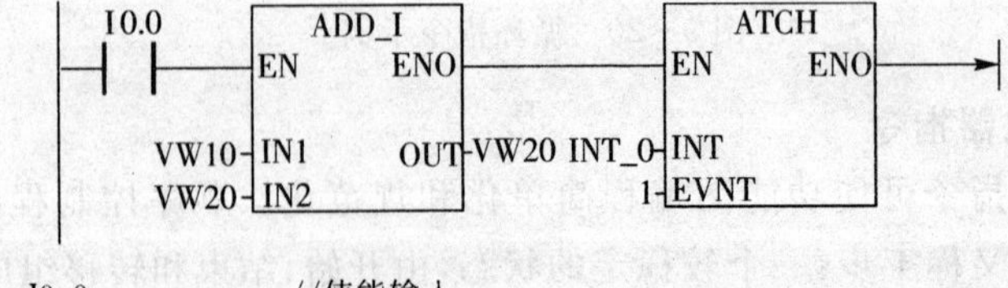


```
LD      I0.0           //使能输入
+I      VW10,VW20      //整数加法,VW10+VW20=VW20
AENO                   //与 ENO 指令
ATCH    INT_0,1        //如果整数加法指令执行正确,则调用 INT_0,中断事件号为 1
```

图 9-21　与 ENO 指令示例

9.4.3　循环移位指令及应用

移位指令分为左、右移位和循环左、右移位指令。左、右移位指令按移位数据的长度又可分为字节型、字型、双字型三种。

1. 左、右移位指令

左、右移位指令是将指定的无符号数按要求进行左移或右移。移位数据存储单元的移出端与溢出标志存储器 SM1.1 相连，最后移出的位被放到 SM1.1 中。另一端自动补 0。移位指令格式见表 9－9。

移位次数与移位数据的长度有关，如果所要移位次数大于数据的位数，超出的次数无效。例如字右移时，若移位次数设为 18，则实际只能移 16 次，多余的 2 次无效。如果移位后结果为 0，则零存储器标志位 SM1.0 置位为 1。

(1)左移位指令(SHL)：使能输入有效时，将输入 IN 的无符号数(字节、字或双字)中的各位向左移 N 位后，移出位自动补 0，将结果输出到 OUT 所指定的存储单元中。最后一次移出位保存在溢出存储器位 SM1.1 中。

(2)右移位指令(SHR)：使能输入有效时，将输入 IN 的无符号数(字节、字或双字)中的各位向右移 N 位后，移出位自动补 0，将结果输出到 OUT 所指定的存储单元中。最后一次移出位保存在溢出存储器位 SM1.1 中。

数据类型：输入输出均为字节(字或双字)，N 为字节型数据。左、右移位指令中，使 ENO＝0 的错误条件：0006(间接寻址错误)，SM4.3(运行时间)。表 9－9 所示的梯形图为左、右移位指令应用举例。

表 9－9　移位指令格式

	LAD	STL
左移位指令	SHL_B: EN END; ????-IN OUT-????; ????-N SHL_W: EN END; ????-IN OUT-????; ????-N SHL_DW: EN END; ????-IN OUT-????; ????-N	SLB OUT,N SLW OUT,N SLD OUT,N
右移位指令	SHR_B: EN END; ????-IN OUT-????; ????-N SHR_W: EN END; ????-IN OUT-????; ????-N SHR_DW: EN END; ????-IN OUT-????; ????-N	SRB OUT,N SRW OUT,N SRD OUT,N

2. 循环移位指令

循环移位指令包括循环左移指令(ROL)和循环右移指令(ROR)两类。其数据类型可以为字节、字或双字。循环移位指令的数据存储单元首尾是相连的，同时移出端又与溢出标志 SM1.1 相连，所以最后被移出的位在移到另一端的同时，也被放到 SM1.1 中保存。

移位次数与移位数据的长度有关，如果移位次数大于移位数据的位数，则在移位之前系统先对设定的移位次数取以移位数据的位数为底的模，将取模的结果作为实际循环移位的次数。循环移位指令的格式见表9－10。

(1)循环左移位指令(ROL)：使能输入有效时，将IN输入无符号数(字节、字或双字)循环左移N位后，移位的结果输出到OUT所指定的存储单元中，移出的最后一位的数值送到溢出标志位SM1.1中存放。

(2)循环右移位指令(ROR)：使能输入有效时，将IN输入无符号数(字节、字或双字)循环右移N位后，移位的结果输出到OUT所指定的存储单元中，移出的最后一位的数值送到溢出标志位SM1.1中存放。

当需要移位的数值是零时，零标志位SM1.0将被置为1。使ENO=0的错误条件是：0006(间接寻址错误)，SM4.3(运行时间)。

表9－10　循环左右移位指令格式

	LAD	STL
循环左移位指令	ROL_B: EN END; ????-IN OUT-????; ????-N ROL_W: EN END; ????-IN OUT-????; ????-N ROL_DW: EN END; ????-IN OUT-????; ????-N	RLB OUT,N RLW OUT,N RLD OUT,N
循环右移位指令	ROR_B: EN END; ????-IN OUT-????; ????-N ROR_W: EN END; ????-IN OUT-????; ????-N ROR_DW: EN END; ????-IN OUT-????; ????-N	RRB OUT,N RRW OUT,N RRD OUT,N

3. 寄存器移位指令

移位寄存器指令(SHRB)是既可以指定移位寄存器的长度，又可以指定移位方向的移位指令。其指令格式如图9－22所示。

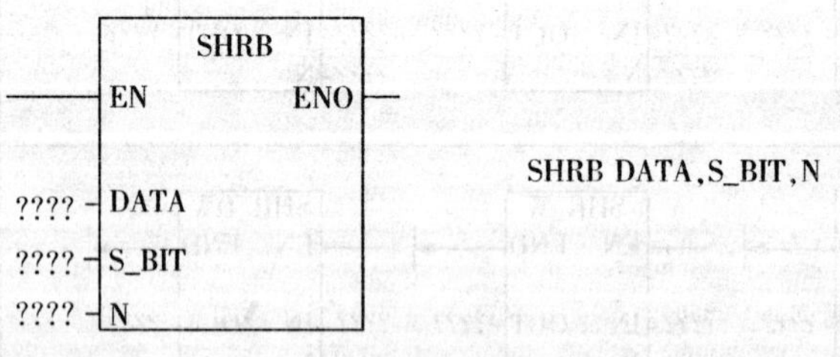

图9－22　寄存器移位指令格式

该指令在梯形图中有3个数据输入端：DATA为数值输入端，将该位的值移入移位寄存器；S_BIT为移位寄存器的最低位端；N指定移位寄存器的长度，N的值可为正数也可为负数。N为正数表示左移，输入数据(DATA)移入移位寄存器的最低位(S_BIT)，并移出移位寄存器的最高位，移出的数据放在SM1.1中。N为负数表示右移，输入数据移入移位寄存器的最高位中，并移出最低位(S_BIT)，移出的数据放在SM1.1中。每次使能输入有效时，整个移位寄存器按要求移动1位。

移位寄存器的长度是在指令中进行指定的，没有字节、字以及双字之分。可指定的最大长度为64位。使ENO=0的错误条件有：0006（间接地址），0091（操作数超出范围），0092（计数区错误）。

图9-23为移位寄存器应用举例。该程序的运行结果如表9-11所示。如程序中没有使用微分指令的话，程序运行结果又会如何？读者可自行分析一下。

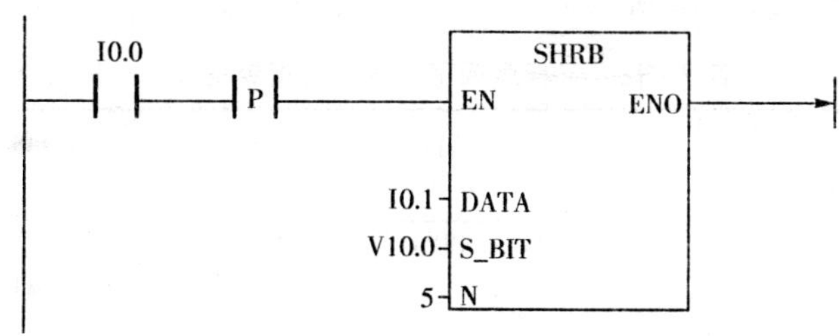

图9-23 寄存器移位指令举例

表9-11 指令SHRB执行结果

移位次数	I0.1值	VB10	SM1.1	说明
0	1	10110101	—	移位前，移位时从VB10.4移出
1	1	10101011	1	1移入SM1.1，I0.1的值送入右端
2	0	10110111	0	0移入SM1.1，I0.1的值送入右端
3	0	10101110	1	1移入SM1.1，I0.1的值送入右端
4	1	10111101	0	0移入SM1.1，I0.1的值送入右端

9.4.4 子程序的编写及调用

在结构化程序设计中应用子程序设计是一种非常方便有效的手段。S7-200PLC的指令系统中，与子程序相关的操作有：建立子程序、子程序的调用和子程序返回。

1. 建立子程序

建立子程序是通过编程软件完成的，可以在“编辑”菜单中，选择插入(Insert)/子程序(Subroutine)；或者在“指令树”中，用鼠标右键点击“程序块”图标，并从弹出菜单选择插入(Insert)/子程序(Subroutine)；或在“程序编辑器”窗口，用鼠标右键点击并从弹出菜单选择插入(Insert)/子程序(Subroutine)。操作完成后在指令树窗口就会出现新建的子程序图标，其默认的程序名是SBR_n(n的编号是从0开始按加1的顺序递增的)。子程序的程序名可以在图标上直接修改。编辑子程序时直接在指令树窗口双击其图标即可进行。S7-200PLC中除CPU 226XM最多可以有128个子程序外，其他CPU最多可以有64个子程序。

2. 子程序的调用和子程序的返回

主程序可以按要求用子程序调用指令来调用指定的某个子程序，而子程序执行完必须返回主程序中。

(1)子程序调用(CALL)

当使能输入有效时,主程序把程序控制权交给子程序 SBR_n。子程序调用时可以带参数,也可以不带参数。指令格式如表 9-12 所示。

(2)子程序条件返回指令

当使能输入有效时,结束子程序执行,并返回到主程序中调用该子程序处的下一条指令继续执行。指令格式如表 9-12 所示。

表 9-12 子程序调用和返回的指令格式

指令	LAD	STL
子程序调用命令	SBR_0 EN	CALL SBR_0
子程序条件返回	——(RET)	CRET

(3)应用举例

图 9-24 所示的程序是利用外部控制条件 I0.0 和 I0.1 分别调用子程序 SBR_0 和 SBR_1。子程序 SBR_0 和 SBR_1 的内容省略。

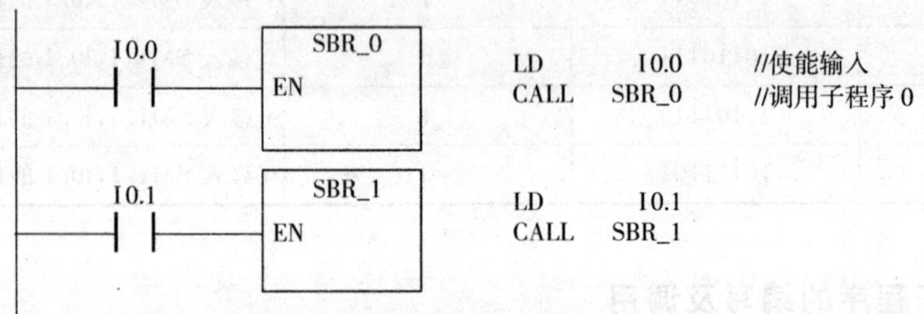

图 9-24 子程序调用举例

(4)注意事项

① CRET 多用于子程序的内部,根据前一个逻辑来判断是否结束子程序调用,在梯形图中左边不能直接和左母线相连。而 RET 用于子程序的结束,在使用 Micro/WIN32 软件进行编程时,软件自动在子程序结尾加 RET,无需手动输入。

② S7-200 指令系统允许子程序嵌套使用,即在某个子程序的内部可以调用另一子程序。但子程序的嵌套深度最多为 8 级。

③ 当一个子程序被调用时,当前的堆栈数据会被系统自动保存,并将栈顶置 1,而堆栈中的其他位被清零,子程序占有控制权。当子程序执行结束后,通过返回指令自动恢复原来的逻辑堆栈值,调用程序又重新获得控制权。

④ 累加器可在调用程序和被调用子程序之间自由传送,所以累加器的值在子程序调用时既不保存也不恢复。

⑤ 在子程序中不得使用 END(结束)指令。

9.4.5　算术运算、逻辑运算指令

算术运算指令包括加、减、乘、除运算和数学函数运算，逻辑运算包括逻辑与或非指令等。两者统称为运算指令。运算指令的应用使 PLC 对数据处理的能力大大提高了，并拓宽了 PLC 的应用领域。

1. 算术运算指令

(1)加减法指令

加减法指令按操作数的类型可分为整数加减法指令、双整数加减法指令、实数加减法指令。

整数加法(ADD - I)和整数减法(SUB - I)指令，是将两个 16 位符号整数相加或相减，产生一个 16 位的结果输出到 OUT。

双整数加法(ADD - D)和双整数减法(SUB - D)指令，是将两个 32 位符号整数相加或相减，产生一个 32 位结果输出到 OUT。

实数加法(ADD - R)和实数减法(SUB - R)指令，是将两个 32 位实数相加或相减，产生一个 32 位实数结果，从 OUT 指定的存储单元输出。

加减法指令的格式如表 9 - 13 所示。当 IN1、IN2 和 OUT 操作数的地址不同时，STL 先用数据传送指令将 IN1 中的数值送入 OUT，然后再执行加、减运算。当 IN1 或 IN2＝OUT 时，整数加法语句表指令为：＋I IN2，OUT，这样可以节省一条数据传送指令。本原则适用于所有的算术运算指令。

加减法指令影响算术标志位 SM1.0(零标志位)，SM1.1(溢出标志位)和 SM1.2(负数标志位)。

表 9 - 13　加减法指令格式

指令	整数加法	整数减法	双整数加法	双整数减法	实数加法	实数减法
LAD	ADD_I EN END IN1 OUT IN2	SUB_I EN END IN1 OUT IN2	ADD_DI EN END IN1 OUT IN2	SUB_DI EN END IN1 OUT IN2	ADD_R EN END IN1 OUT IN2	SUB_R EN END IN1 OUT IN2
STL	MOVW IN1,OUT +I IN2,OUT	MOVW IN1,OUT -I IN2,OUT	MOVD IN1,OUT +D IN2,OUT	MOVD IN1,OUT +D IN2,OUT	MOVD IN1,OUT +R IN2,OUT	MOVD IN1,OUT -R IN2,OUT
功能	IN1+IN2=OUT	IN1-IN2=OUT	IN1+IN2=OUT	IN1-IN2=OUT	IN1+IN2=OUT	IN1-IN2=OUT

图 9 - 25 所示是利用加法指令求 1000 与 400 的和。其中 1000 存放在数据存储器 VW100 中，结果存放在 ACO 中。

(2)乘除法指令

乘除法指令包含整数乘除法指令、完全整数乘除法指令、双整数乘除法指令和实数乘除法指令四类。

整数乘法指令(MUL－I):使能输入有效时,将两个 16 位符号整数 IN1 和 IN2 相乘,结果为一个 16 位整数积,从 OUT 指定的存储单元输出。若运算结果大于 32767 时,则产生溢出。

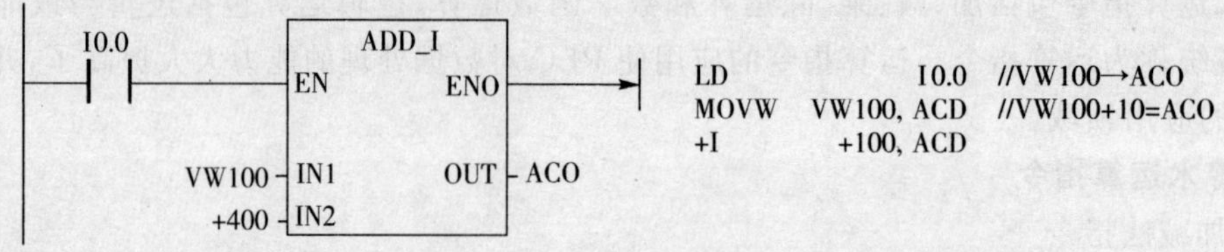

图 9－25　加法指令应用举例

① 完全整数乘法指令(MUL):使能输入有效时,将两个 16 位符号整数 IN1 和 IN2 相乘,结果为一个 32 位的双整数积,从 OUT 指定的存储单元输出。

② 双整数乘法指令(MUL－D):使能输入有效时,将两个 32 位符号整数相乘,结果为一个 32 位乘积,从 OUT 指定的存储单元输出。若运算结果大于 32 位的存取范围,则产生溢出。

③ 实数乘法指令(MUL－R):使能输入有效时,将两个 32 位实数相乘,结果为一个 32 位积,从 OUT 指定的存储单元输出。

④ 整数除法指令(DIV－I):使能输入有效时,将两个 16 位符号整数相除(IN1/IN2),并产生一个 16 位的商,从 OUT 指定的存储单元输出,不保留余数。如果输出结果大于一个字,则溢出位 SM1.1 置位为 1。

⑤ 完全整数除法指令(DIV):使能输入有效时,将两个 16 位整数相除,得出一个 32 位结果,从 OUT 指定的存储单元输出。其中高 16 位放余数,低 16 位放商。

⑥ 双整数除法指令(DIV－D):使能输入有效时,将两个 32 位整数相除,并产生一个 32 位商,从 OUT 指定的存储单元输出,不保留余数。

⑦ 实数除法指令(DIV－R):使能输入有效时,将两个 32 位实数相除,并产生一个 32 位商,从 OUT 指定的存储单元输出。

乘法指令格式和除法指令格式分别如表 9－14 和表 9－15 所示。

乘除法指令对标志位的影响:SM1.0(零标志位),SM1.1(溢出),SM1.2(负数),SM1.3(除数为 0)。使 ENO＝0 的错误条件:0006(间接地址),SM1.1(溢出),SM1.3(除数为 0)。

表 9－14　乘法指令格式

	整数乘法	完全整数乘法	双整数乘法	实数乘法
LAD	MUL_I EN END IN1 OUT IN2	MUL EN END IN1 OUT IN2	MUL_DI EN END IN1 OUT IN2	MUL_R EN END IN1 OUT IN2
STL	MOVW IN1,OUT * I IN2,OUT	MOVW IN1,OUT MUL IN2,OUT	MOVD IN1,OUT * D IN2,OUT	MOVD IN1,OUT * R IN2,OUT
功能	IN1 * IN2＝OUT	IN1 * IN2＝OUT	IN1 * IN2＝OUT	IN1 * IN2＝OUT

表 9 - 15　除法指令格式

	整数除法	完全整数除法	双整数除法	实数除法
LAD	DIV_I EN　END IN1　OUT IN2	DIV EN　END IN1　OUT IN2	DIV_DI EN　END IN1　OUT IN2	DIV_R EN　END IN1　OUT IN2
STL	MOVW IN1,OUT /I IN2,OUT	MOVW IN1,OUT DIV IN2,OUT	MOVD IN1,OUT /D IN2,OUT	MOVD IN1,OUT /R IN2,OUT
功能	IN1/IN2＝OUT	IN1/IN2＝OUT	IN1/IN2＝OUT	IN1/IN2＝OUT

(3)数学函数功能指令

数学函数指令包括平方根、自然对数、指数、三角函数等。除平方根指令之外，数学函数需要 CPU224 1.0 以上的版本支持。

① 平方根指令(SQRT)：取一个双字节的 32 位实数 IN 的平方根，平方根也为 32 位实数结果，并将结果置于 OUT 指定的存储单元中。

② 自然对数指令(LN)：对 IN 中的数值进行自然对数计算，并将结果置于 OUT 指定的存储单元中。

③ 自然指数指令(EXP)：将 IN 取以 e 为底的指数，并将结果置于 OUT 指定的存储单元中。

④ 三角函数指令：设一个实数的弧度值 IN 分别求 SIN、COS、TAN，得到实数运算结果，将结果置于 OUT 指定的存储单元中。

数学函数功能指令格式及功能如表 9 - 16 所示。其 IN 和 OUT 的操作数的数据类型均应为实型。

表 9 - 16　函数指令格式

指令	平方根	自然对数	自然指数	正弦	余弦	正切
LAD	SQRT EN　END IN　OUT	LN EN　END IN　OUT	EXP EN　END IN　OUT	SIN EN　END IN　OUT	COS EN　END IN　OUT	TAN EN　END IN　OUT
STL	SQRT IN,OUT	LN IN,OUT	EXP IN,OUT	SIN IN,OUT	COS IN,OUT	TAN IN,OUT
功能	SQRT(IN)＝OUT	LN(IN)＝OUT	EXP(IN)＝OUT	SIN(IN)＝OUT	COS(IN)＝OUT	TAN(IN)＝OUT

使 ENO＝0 的错误条件：SM1.1(溢出)、0006(间接地址)。受影响的标志位：SM1.0(结果为零)、SM1.1(溢出)、SM1.2(结果为负)。

(4)递增、递减指令

递增、递减指令是把输入的数据(IN)加 1 或减 1 的操作，并把结果存放在输出单元

OUT 中。字节递增、递减指令操作数是无符号数，字递增、递减指令是有符号的（16＃8000和16＃7FFF之间），双字递增、递减指令是有符号的（16＃80000000和16＃7FFFFFFF之间）。

指令格式如表9－17所示。

表9－17　递增、递减指令格式

功能	字节加1	字节减1	字加1	字减1	双字加1	双字减1
STL	INCB OUT	DECB OUT	INCW OUT	DECW OUT	INCD OUT	DECD OUT
LAD	INC_B EN　END IN　OUT	DEC_B EN　END IN　OUT	INC_W EN　END IN　OUT	DEC_W EN　END IN　OUT	INC_DW EN　END IN　OUT	DEC_DW EN　END IN　OUT

使ENO＝0的错误条件：SM4.3（运行时间），0006（间接地址），SM1.1（溢出）。影响标志位：SM1.0（零），SM1.1（溢出），SM1.2（负数）。

2. **逻辑运算指令**

逻辑运算是对无符号数按位进行与、或、异或和取反等操作。操作数的长度有字节、字、双字。

（1）字节逻辑运算指令

字节逻辑运算指令包括字节逻辑与指令（WAND）、字节逻辑或指令（WOR）、字节逻辑异或指令（WXOR）、字节取反指令（INV）四条。指令格式如表9－18所示。

① 字节逻辑与指令 WAND：将输入的两个1字节数据IN1和IN2按位相与，得到一个1字节的逻辑运算结果放入OUT指定的存储单元中。

② 字节逻辑或指令 WOR：将输入的两个1字节数据IN1和IN2按位相或，得到一个1字节的逻辑运算结果放入OUT指定的存储单元中。

③ 字节逻辑异或指令 WXOR：将输入的两个1字节数据IN1和IN2按位相异或，得到的1字节的逻辑运算结果放入OUT指定的存储单元中。

④ 字节取反指令 INV：将输入一个1字节数据IIN按位取反，将得到的1字节的逻辑运算结果放入OUT指定的存储单元。

（2）字逻辑运算指令

字逻辑运算指令包括字逻辑与指令（ANDW）、字逻辑或指令（ORW）、字逻辑异或指令（XORW）、字取反指令（INVW）四条。指令格式如表9－18所示。其操作数均为1字长的逻辑数。算法和结果的存放位置和字节逻辑运算指令相同。

（3）双字逻辑运算指令

双字逻辑运算指令包括双字逻辑与指令ANDD、双字逻辑或指令ORD、双字逻辑异或指令XORD、双字取反指令INVD四条。指令格式如表9－18所示。其操作数均为双字长的逻辑数。算法和结果的存放位置和字节逻辑运算指令相同。

使ENO＝0的错误条件：0006（间接地址），SM4.3（运行时间）。对标志位的影响：SM1.0（零）。

表 9 - 18　逻辑运算指令格式

	与	或	异或	取反
字节逻辑运算指令	WAND_B EN END IN1 OUT IN2 ANDB IN1,OUT	WOR_B EN END IN1 OUT IN2 ORB IN1,OUT	WXOR_B EN END IN1 OUT IN2 XORB IN1,OUT	INV_B EN END IN OUT INVB OUT
字逻辑运算指令	WAND_W EN END IN1 OUT IN2 ANDW IN1,OUT	WOR_W EN END IN1 OUT IN2 ORW IN1,OUT	WXOR_W EN END IN1 OUT IN2 XORW IN1,OUT	INV_W EN END IN OUT INVW OUT
双字逻辑运算指令	WAND_DW EN END IN1 OUT IN2 ANDD IN1,OUT	WOR_DW EN END IN1 OUT IN2 ORD IN1,OUT	WXOR_DW EN END IN1 OUT IN2 XORD IN1,OUT	INV_DW EN END IN OUT INVD OUT
功能	IN1,IN2 按位相与	IN1,IN2 按位相或	IN1,IN2 按位异或	对 IN 取反

图 9 - 26 为逻辑运算指令编程举例，其运算结果如表 9 - 19 所示。

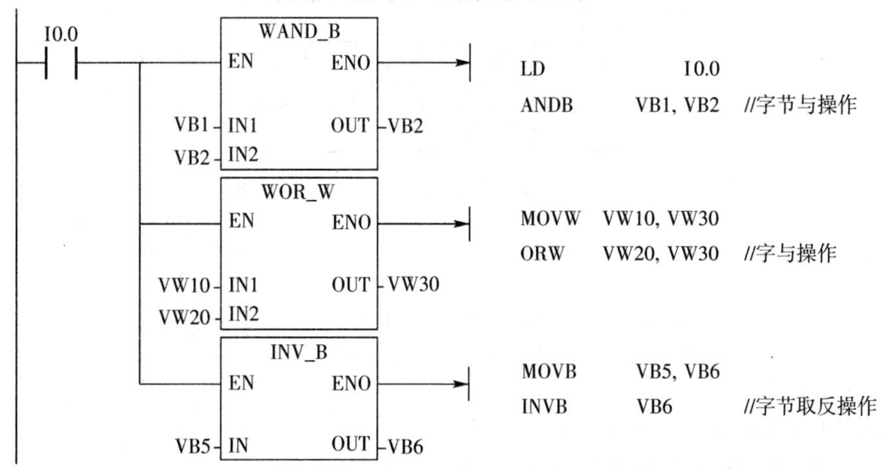

图 9 - 26　逻辑运算编程举例

表 9-19 运算结果

指令	IN1	IN2	OUT
WAND	VB1:0001 1101	VB2:1100 1101	VB2:0000 1101
WOR	VW10:0101 1101 1111 1010	VW20:1010 0000 1101 1100	VW30:1111 1101 1111 1110
INV	VB5:1111 0000		VB6:0000 1111

思考题与习题

1. 简述改变 S7-200 CPU 工作方式有哪些方法。

2. 简述 S7-200 PLC 编址方式和内部元件的种类及作用。

3. 设计满足如图 9-27 所示波形的梯形图。

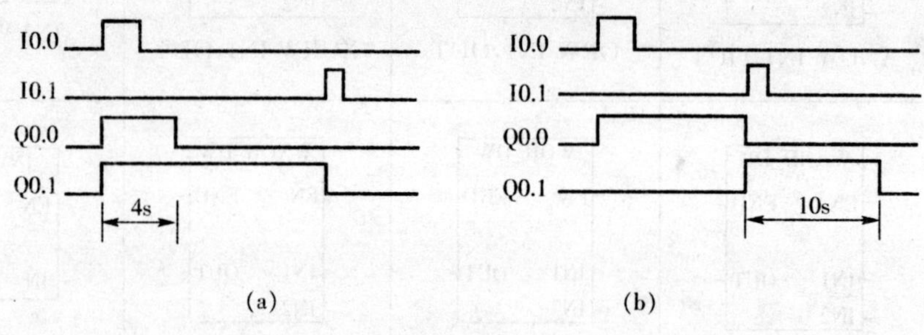

图 9-27

4. 图 9-28 所示是闪烁电路的波形图，设开始时 T37 和 T38 均为 OFF，当 I0.0 为 ON 后，T37 开始定时，2s 之后，Q0.0 点亮；同时 T38 开始定时，3s 之后，Q0.0 熄灭；T37 又开始定时，2s 之后，Q0.0 又点亮；同时 T38 又开始定时 3s，如此周期性变化，试设计对应的梯形图。

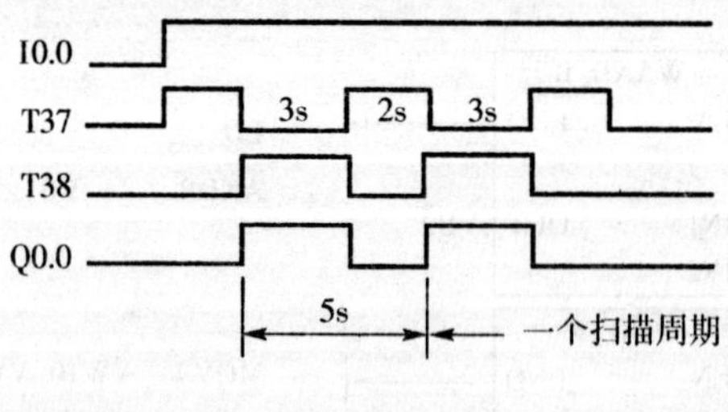

图 9-28

5. 设计一个小车自动运行的电路图，控制要求：小车由 A 点开始向 B 点前进，到 B 点后自动停止，停留 10s 后返回 A 点，在 A 点停留 10s 后又向 B 点运动，如此往复。要求：可以在任意位置使小车停止或再次起动，继续运行。

6. 编写一段程序计算 cos40°的值。

7. 编写一段梯形图程序，实现将由 VB20 开始的 100 个字型数据移到由 VB400 开始的存储区，这 100 个数据的相对位置在移动前后不发生变化。

8. 某自动运输线由两台电动机 M1 和 M2 拖动。要求如下：

(1)M1 先起动，延时 10s 后 M2 才允许起动；

(2)M2 停止后，才允许 M1 停止。

设计要求：

(1)设计并绘出采用 S7 - 200 系列 PLC 控制的安装接线图；

(2)绘出 PLC 梯形图。

9. 设计三相异步电动机正、反转控制线路。要求如下：

(1)电路具有正、反转互锁功能；

(2)从正转→反转，或从反转→正转时，可直接转换。

设计要求：

(1)设计并绘出采用 S7 - 200 系列 PLC 控制的安装接线图；

(2)绘出 PLC 梯形图。

第 10 章

可编程序控制器的程序设计

内容提要与学习要求：

本章主要介绍 PLC 应用系统的设计原则、步骤以及内容，PLC 系统设计中常见的问题，PLC 的安装与维护，可编程序控制器网络及通信，并用实例介绍了 PLC 应用系统设计内容。

10.1　PLC 应用系统设计的内容和步骤

10.1.1　PLC 应用系统设计原则和主要内容

1. 设计原则

PLC 应用系统设计时，应遵循以下基本原则：

(1)最大限度地满足被控对象的控制要求。在系统设计前，设计人员应深入现场进行调查研究，搜集资料，并要与机械部分的设计人员和实际操作人员密切配合，共同确定电气控制方案，协同解决设计中出现的各类问题，使设计成果满足控制要求。

(2)在能满足控制要求的前提下，尽量使设计的控制系统性价比高、结构简单、使用及维修方便。

(3)确保设计的控制系统安全可靠，正确及合理地选择元器件。

(4)PLC 选型时，应适当对 I/O 点数以及存储器容量留有一定余量，为生产发展和工艺改进的需要做准备。

2. 设计内容

PLC 应用系统设计的主要内容大致可分为以下几个部分：

(1)一般以设计任务书的形式来确定控制系统设计的技术条件，这一步是整个设计的依据和基础；

(2)选择电气传动的形式以及电动机、电磁阀等执行机构；

(3)确定 PLC 的型号；

(4)绘制 PLC 的 I/O 分配表、PLC 外部接线图以及相关电气原理图；

(5)根据系统设计的要求编写软件说明书，然后利用相应的编程语言(一般使用梯形图)进行程序设计；

(6)对人机界面尽量进行人性化设计，以增强人机间的友善关系；

(7)设计操作台、电气柜及其他非标准电器元部件；

(8)编写设计以及使用等相关说明书。

在实际设计时，可以根据具体任务，对以上内容进行适当增减。

10.1.2　PLC 应用系统设计与调试的主要步骤

PLC 应用系统设计与调试的主要步骤如图 10－1 所示。主要有以下几个步骤：

1. 深入了解和分析被控对象的工艺条件和控制要求

被控对象是指系统中受控的机电设备、生产线或生产过程等。控制要求主要指控制的基本方式、应完成的动作、自动工作循环的组成、必要的保护及联锁等。对较复杂的控制系统，还可将控制任务分成几个独立部分进行设计，化整为零，有利于编程和调试。该步骤是整个系统设计的基础。

2. 确定输入输出设备

根据被控对象对 PLC 应用系统的功能要求，确定系统所需的用户输入元件、输出元件及由输出元件驱动的控制对象。在 PLC 控制系统中，常用的输入元件有按钮、选择开关、行程开关、传感器等;常用的输出元件有继电器、接触器、指示灯、电磁阀等。当输出元件确定后,相对应的输出电源的种类、电压等级及容量就可以一并确定。

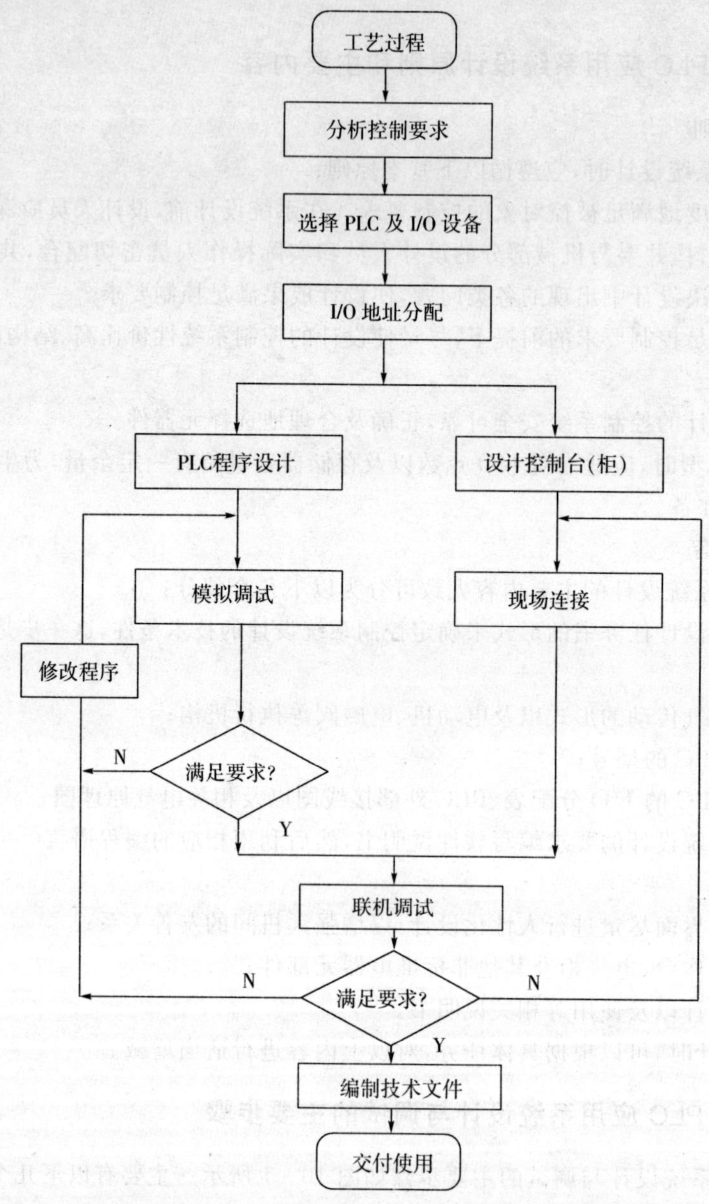

图 10-1　PLC 应用系统设计与调试的主要步骤

3. 选择合适的 PLC 型号

选择 PLC 应在满足控制系统要求的前提下,在保证系统安全可靠、维护简单、性价比要高、有适当的余量等原则下进行。

4. I/O 地址分配

进行输入/输出点的分配,并编制输入/输出分配表或者绘制 PLC 系统外部接线图。为便于程序设计,也可以将定时器、计数器、内部辅助继电器等元件按类编制表格,写出元件名、设定值以及具体作用。

完成以上内容后，就可以进行 PLC 程序设计。在程序设计的同时也可以进行控制柜（或操作台）的设计以及现场施工。

5. 设计应用系统的 PLC 梯形图程序

编程是指根据流程图或工作功能图表等设计出梯形图的过程。它是整个 PLC 系统设计的核心部分，也是比较困难的一步。要设计梯形图，首先必须要十分熟悉系统的控制要求，同时设计人员还应具备一定的电气设计的实践经验。

6. 将程序输入 PLC

将程序输入 PLC 有两种方法：一种是用手持编程器输入；另一种是用带编程软件的计算机通过通信电缆下载到 PLC。在使用手持编程器输入程序时需使用指令表语言，因比较麻烦，现在已基本不用。如今在工业现场，大多是利用编程软件在计算机上编程，然后通过连接计算机和 PLC 的通讯电缆将程序直接下载到 PLC 中去。

7. 软件模拟调试

程序输入 PLC 后，应先进行模拟调试工作。因为在程序设计过程中，难免会有疏漏的地方，因此在将 PLC 连接到现场设备之前，必须进行软件调试，以排除程序中的错误。另外，软件调试时，应充分考虑实际使用时可能出现的各种故障并进行模拟调试，若不能满足的应及时修改程序。

软件模拟调试是整体调试的基础，有效的模拟调试将会缩短整体调试的周期。另外。一般编程软件都提供监控功能，我们可以利用监控功能进行软件调试。

8. 现场调试

在以上步骤完成后，就可以进行整个系统的联机调试。把 PLC 安装到实际的控制系统中，连上实际的输入信号和负载设备，然后进行现场调试。在调试中出现的问题，要逐一排除，直至调试成功。

如果控制系统是由几个部分组成，可以先做局部调试，然后再进行整体调试。如果控制程序的时间较长，也可先进行分段调试，然后再进行整体调试。另外，在调试中可以整定一些需调整的参数，让其符合工艺要求中的技术指标。特别要注意的是，现场调试一定要在软件模拟调试通过后才能进行，以避免不必要的麻烦。

9. 编制技术文件

整理好 PLC 外部接线图、相关电气控制原理图、带注释的 PLC 软件程序和必要的文字说明、设备清单、电器布置图、电气元件明细表、操作说明书、调试流程步骤等系统技术文件，为系统交付使用及以后的维护与改进等做好准备。

10.2　PLC 应用中的若干问题

10.2.1　PLC 选型问题

目前，在市场上可供选用的 PLC 品牌及型号非常多。用户在进行 PLC 选型时应以满足系统功能为前提，不能盲目贪大求全而造成浪费。要全面权衡利弊、合理选型以达到经济实用的目的。一般 PLC 选型可从以下几点来进行综合考虑。

1. 根据 I/O 点数多少进行选择

仔细分析要设计的系统，弄清楚该系统所需要的 I/O 点数，再按实际所需点数的 10%左右留出备用量（预留备用量是考虑到将来工艺改进及生产发展的需要）后确定所需 PLC 的点数。

另外，还要考虑选用的 PLC 输出点是采用何种接法的。PLC 的输出点可分为共点式、分组式和隔离式几种接法。隔离式的 PLC 各组输出点间可以采用不同的电压种类和电压等级，但这种 PLC 平均每点的价格较高。如果控制系统输出信号之间不需要隔离，从成本的角度考虑，就应优先选择采用共点式或分组式输出方式的 PLC。

2. 根据存储器大小进行选择

选择存储器容量时应先对用户程序进行粗略的估算。在开关量控制的系统中，可以用输入总点数的 10 倍加上输出总点数的 5 倍来估算；含有计数器和定时器时，可以按每一个 3～5 字进行估算；有运算处理时按 5～10 字/量估算；在有模拟信号输入输出时，可以按每一路模拟量 100 字左右的存储容量来估算；有通信处理时按每个接口 200 字以上进行估算。最后，一般按估算总容量的 25%左右留有备用量。

3. 根据 I/O 响应时间进行选择

输入输出的响应时间包括输入延迟、输出延迟以及扫描方式引起的延迟等。对开关量控制的系统，PLC 输入输出的响应时间一般都能满足实际要求，可不必考虑响应问题。但对模拟量控制的系统，特别是闭环系统进行设计时该问题不能忽视。

4. 根据输出负载类型进行选择

PLC 根据输出负载的特点可分为继电器输出型、晶体管输出型以及晶闸管输出型三类。不同类型的负载对 PLC 的输出方式有不同的要求。继电器输出型的导通压降小，有隔离作用，价格相对较便宜，承受瞬时过电压和过电流的能力较强，其负载电压灵活且电压等级范围大等。所以动作不频繁的交、直流负载可以选择继电器输出型的 PLC，而频繁通断的感性负载，就应选择晶体管或晶闸管输出型的。

5. 根据是否联网通信进行选择

若 PLC 控制系统需要联入网络，则 PLC 需具有通信联网功能，即要求 PLC 应提供可连接其他设备的相应接口。一般情况下，大、中型机和大部分小型机都具有通信功能。

6. 根据 PLC 的结构进行选择

PLC 按结构可分为整体式和模块式两类。功能相似的前提下，由于整体式 PLC 是把 CPU、存储器、I/O 接口电路等集成在一起，所以比模块式价格要低。但模块式具有扩展灵活、维修方便、易判断故障点等优点，所以在选择结构时，要依据实际要求等各方面因素进行综合考虑。

10.2.2 干扰及抗干扰措施

1. 干扰来源

影响控制系统的干扰源大都产生在电流或电压剧烈变化的部位。原因主要是由于电流改变产生磁场，对设备产生电磁辐射。通常电磁干扰按干扰模式不同，分为共模干扰和差模干扰。PLC 系统中干扰的主要来源有：

（1）强电干扰

PLC 系统的正常供电电源均为电网供电。由于电网覆盖范围广，会受到所有空间电磁干扰产生在线路上的感应电压影响。尤其是电网内部的变化，大型电力设备起停、交直流传动装置引起的谐波，电网短路暂态冲击等，都会通过输电线传到电源。

（2）柜内干扰

控制柜内的高压电器、大的感性负载、杂乱的布线都容易对 PLC 造成一定程度的干扰。

（3）来自信号线引入的干扰

这种干扰有两种，一是通过变送器供电电源或共用信号仪表的供电电源串入的电网干扰；二是信号线上的外部感应干扰。

（4）来自接地系统混乱时的干扰

正确的接地，既能减少电磁干扰的影响，又能抑制设备向外发出干扰；而错误的接地，反而会引入严重的干扰信号，使 PLC 系统无法正常工作。

（5）来自 PLC 系统内部的干扰

主要由系统内部元器件及电路间的相互电磁辐射产生，如逻辑电路相互辐射及其对模拟电路的影响等。

（6）变频器干扰

变频器起动及运行过程中产生谐波会对电网产生传导干扰，引起电压畸变，影响电网的供电质量。另外变频器的输出也会产生较强的电磁辐射干扰，影响周边设备的正常工作。

2. 主要抗干扰措施

（1）采用性能优良的电源，抑制电网引入的干扰

在 PLC 控制系统中，电源占有极重要的地位。电网干扰串入 PLC 控制系统主要通过 PLC 系统的供电电源（如 CPU 电源、I/O 电源等）、变送器供电电源和与 PLC 系统具有直接电气连接的仪表供电电源等耦合进入的。现在对于 PLC 系统供电的电源，一般都采用隔离性能较好的电源，以减少 PLC 系统的干扰。

（2）正确选择电缆和实施分槽走线

不同类型的信号分别由不同电缆传输。信号电缆应按传输信号种类分层敷设，严禁用同一电缆的不同导线同时传送动力电源和信号，如动力线、控制线以及 PLC 的电源线和I/O线应分别配线。应将 PLC 的 I/O 线和大功率线分开走线，如果必须在同一线槽内，可加隔离板，以将干扰降到最低限度。

（3）硬件滤波及软件抗干扰措施

信号在接入计算机前，在信号线与地间并接电容，以减少共模干扰；在信号两极间加装滤波器可减少差模干扰。

由于电磁干扰的复杂性，要从根本上消除干扰影响是不可能的，因此在 PLC 控制系统的软件设计和组态时，还应在软件方面进行抗干扰处理，以进一步提高系统的可靠性。常用的一些提高软件结构可靠性的措施包括：数字滤波和工频整形采样，可有效消除周期性干扰；定时校正参考点电位，并采用动态零点，可防止电位漂移；采用信息冗余技术，设计相应的软件标志位；采用间接跳转、设置软件保护等。

(4)正确选择接地点,完善接地系统

接地的目的一是为了安全,二是可以抑制干扰。完善的接地系统是PLC控制系统抗电磁干扰的重要措施之一。

(5)对变频器干扰的抑制

变频器的干扰处理一般有下面几种方式:①加隔离变压器。主要是针对来自电源的传导干扰,可以将绝大部分的传导干扰阻隔在隔离变压器之前;②使用滤波器。滤波器具有较强的抗干扰能力,能有效防止将设备本身的干扰传导给电源,有些还兼有尖峰电压吸收功能;③使用输出电抗器。在变频器到电动机之间增加交流电抗器,主要是减少变频器输出在能量传输过程中线路产生电磁辐射,影响其他设备正常工作。

10.2.3 节省I/O点数的方法

1. 节省输入点数的方法

(1)采用分组输入。在实际系统中,大都有手动操作和自动操作两种状态。由于手动和自动不会同时操作,所以可将手动和自动信号叠加在一起,按不同控制状态进行分组输入。如图10-2(a)所示,系统中有自动和手动两种工作方式。将这两种工作方式的输入信号分成两组:自动工作方式开关 S_1、S_2、S_3,手动工作方式开关 S_4、S_5、S_6。共用输入点I0.0、I0.1、I0.7。用工作方式选择开关SA切换工作方式,并利用I1.0判断是自动方式还是手动方式。图中的二极管是为了防止出现寄生电流、产生错误输入信号而设置的。

(2)采用合并输入。在进行PLC外部电路设计时,尽量把某些具有相同功能的输入点串联或并联后再输入到PLC中,如图10-2(b)所示。某系统有两个起动信号,三个停止信号,我们可以将两个起动信号并联,将三个停止信号串联。这样不仅节省了输入点个数,而且简化了程序设计。

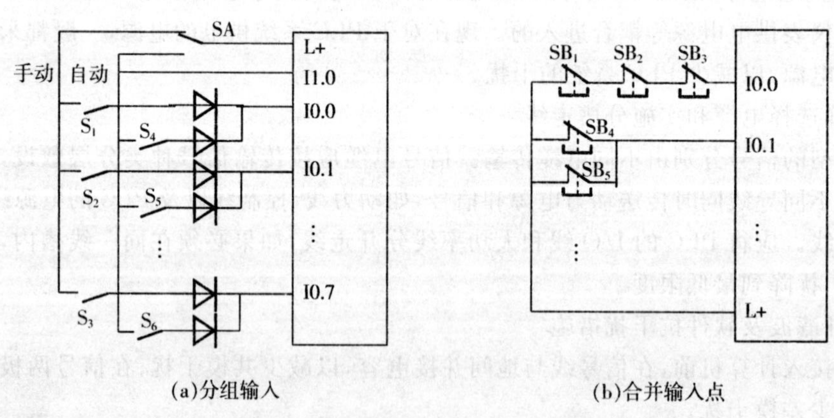

图10-2 节省输入点数的方法

(3)将某些信号设在PLC的外部接线中。控制系统中的某些信号功能单一,如热继电器FR、手动操作按钮等输入信号没有必要作为PLC输入信号,可以设置在PLC外部接线中。

2. 节省输出点数的方法

(1)在输出功率允许的前提下,某些工作状态完全相同的负载可以并联在一起共用一个输出点。如在十字路口交通灯控制系统中，东边红灯和西边红灯就可以并联共用一输出点。

(2)尽量减少数字显示所需的输出点数。例如在需要数码管显示时，可利用 CD4513 译码驱动芯片。在显示数字较多的场合，可使用 TD200 文本显示器等设备以减少输出点数。

10.2.4 PLC 的安装与维护

1. PLC 的工作环境

(1)温度

一般 PLC 要求工作环境温度在 0℃～55℃，保存温度在 −40℃～85℃。所以安装时不能放在发热量大的元件上面，并且在 PLC 四周要留有空间，以利于通风散热。另外有条件的话，可以在控制柜中安装风扇，通过过滤网把自然风引进柜中，以降低工作环境温度。

在低温工作环境下，可以在控制柜中安装加热器，并选择合适的温度传感器，以便在低温时自动接通电源，在高温时能自动切断电源。在控制系统不运行时，可以不关闭 PLC 模块的电源，靠其自身发热来升温。

(2)湿度

为了保证 PLC 的绝缘性能，工作环境的相对湿度一般为 10%～90%。在温度变化快、易发生凝结水的地方是不能安装 PLC 的。

(3)震动

一般类型的 PLC 能承受的振动频率为 10Hz～55Hz，振幅为 0.5mm，加速度为 2g，能承受的冲击为 10g。超过时会引起 PLC 内部机械结构松动，连接器接触不良，电气部件疲劳损坏。所以应使 PLC 远离强烈的震动源，当工作环境中有强烈的震动源时，就必须采取减震措施，如采用减震胶等。

(4)空气

PLC 的工作环境中不能有腐蚀或易燃的气体、粉尘、导电尘埃、水分、有机溶剂和盐分等，否则会造成 PLC 误动作、接触不良、绝缘性能变差以及内部短路等故障。对于必须在这种环境下工作的，则可将 PLC 安装在封闭性较好的控制室或控制柜中。

2. PLC 的安装

S7-200 既可以进行底板安装，也可以安装在标准 DIN 导轨上。底板安装是利用 PLC 机体外壳四个角上的安装孔，用螺钉将其固定在底板上。DIN 导轨安装是利用模块上的 DIN 夹子，把模块固定在一个标准的 DIN 导轨上。导轨安装既可以水平安装，也可以垂直安装。

在安装时，CPU 模块和扩展模块通过总线连接电缆连接在一起，排成一排。在模块较多时，也可以用扩展连接电缆把两组模块分成两排进行安装，如图 10-3 所示。S7-200CPU 和扩展模块是采用自然对流散热的，每单元的上、下方均应留至少 25mm 的散热空间，与后板间的深度应大于 75mm。

模块安装到导轨上的步骤：先打开模块底部 DIN 导轨的夹子，把模块放在导轨上，再合上 DIN 夹子，然后检查一下模块是否固定好了。在进行多个模块安装时，应注意将 CPU 模

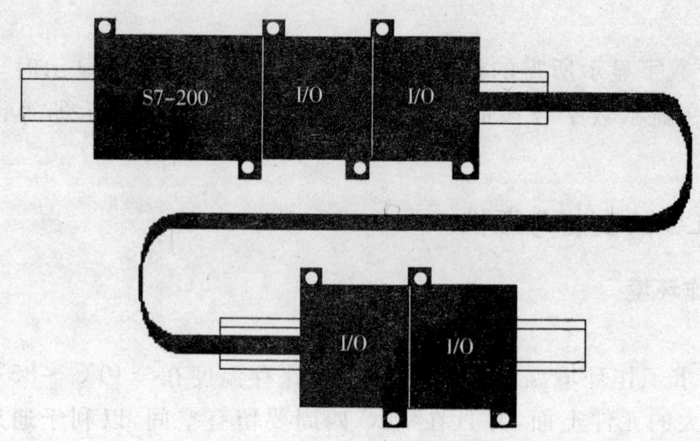

图 10-3 利用扩展连接电缆分两排安装

块放在最左边，其他模块依次放在 CPU 的右边。在固定好各个模块后，将总线连接电缆依次连接即可。在拆卸时，顺序相反，先拆除模块上的连接电缆和外部接线后，松开 DIN 导轨夹子，取下模块即可。值得注意的是，在安装或拆卸各模块前，必须先断开电源，否则有可能导致设备损坏。

3. PLC 的检修与维护

PLC 是由半导体器件组成，长期使用后老化现象是不可避免的。所以，应对 PLC 定期进行检修与维护。检修时间一般一年 1～2 次比较合适，若工作的环境恶劣，应根据实际情况加大检修与维护的频率。检修的主要项目有以下几个：

(1)检修电源：可在电源端子处检测电压的变化范围是否在允许的±10%之间。

(2)工作环境：重点检查温度、湿度、振动、粉尘、干扰等是否符合标准工作环境。

(3)输入输出用电源：可在相应端子处测量电压变化范围是否满足规格。

(4)检查各模块与模块相连的各导线及模块间的电缆是否松动，元件是否老化。

(5)检查后备电池电压是否符合标准、金属部件是否锈蚀等。

在检修与维护的过程中，若发现有不符合要求的情况，应及时调整、更换、修复以及记录备查。

4. PLC 的故障诊断

PLC 系统的常见故障，一方面可能来自 PLC 内部，如 CPU、存储器、电源、I/O 接口电路等；另一方面也可能来自外部设备，如各种传感器、开关以及负载等。

由于 PLC 本身可靠性较高，并且具有自诊断功能，通过自诊断程序可以非常方便地找到出故障的部件。而大量的工程实践表明，外部设备的故障发生率远高于 PLC 自身的故障率。针对外部设备的故障，我们可以通过程序进行分析。例如在机械手抓紧工件和松开工件的过程中，有两个相对的限位开关，这两个开关不可能同时导通，如果同时导通，说明至少有一个开关出现故障，应停止运行进行维护。在程序中，可以将这两个限位开关对应的常开触点串联来驱动一个表示限位开关故障的存储器位。表 10-1 所示为 PLC 常见故障及其解决方法。

表 10-1 PLC 常见故障及其解决方法

问题	故障原因	解决方法
PLC 不输出	程序有错误 输出的电气浪涌使被控设备出现故障 接线不正确 输出过载 强制输出	修改程序 当接电动机等感性负载时，需接抑制电路 检查接线 检查负载 检查是否有强制输出
CPU SF 灯亮	程序错误：看门狗错误 0003、间接寻址 0011、非法浮点数 0012 电气干扰：0001～0009 元器件故障：0001～0010	检查程序中循环、跳转、比较等指令的使用 检查接线 找出故障原因并更换元器件
电源故障	电源线引入过电压	把电源分析器连接到系统，检查过电压尖峰的幅值和持续时间，并给系统配置合适的抑制设备
电磁干扰问题	不合适的接地 在控制柜中有交叉配线 对快速信号配置了输入滤波器	进行正确的接地 进行合理布线。把 DC24V 传感器电源的 M 端子接地 增加输入滤波器的延迟时间
当连接一个外部设备时通信网络故障	如果所有的非隔离设备连在一个网络中，而该网络没有一个共同的参考点。通信电缆会出现一个预想不到的电流，导致通信错误或损坏设备	检查通信网络；更换隔离型 PC/PPI 电缆；使用隔离型 RS485 中继器

10.3 PLC 在逻辑控制系统中的应用实例

10.3.1 三相异步电动机正反转 PLC 改造

在工业生产中，常利用电动机的正反转控制方向相反的两个运动，如小车的左行与右行、机械手的上升与下降等。试运用 PLC 来改造电动机的正反转控制。图 10-4 为三相异步电动机正反转双重连锁控制电路原理。

按下正转按钮 SB_2，接触器 KM_1 线圈得电，使动合触点闭合，电动机正向起动运行。按停止按钮 SB_1，KM_1 失电释放，电动机停转。按反转按钮 SB_3，接触器 KM_2 线圈得电，电动机反向起动运行。按停止按钮 SB_1，KM_2 失电释放，电动机停转。因采用了 KM_1、KM_2 的动断辅助触点串入对方接触器线圈电路中，形成互锁，所以当电动机正转时，即使误按反转按钮，接触器 KM_2 也不会得电，反之亦然。

通过上述工作过程的分析可知，这个系统输入触点有 4 个，输出点有 2 个，输入输出点数共有 6 个。选用 S7-200 进行控制，PLC 外部接线图如图 10-5 所示。系统的 I/O 地址分配见表 10-2 所示，参考程序见图 10-6 所示。

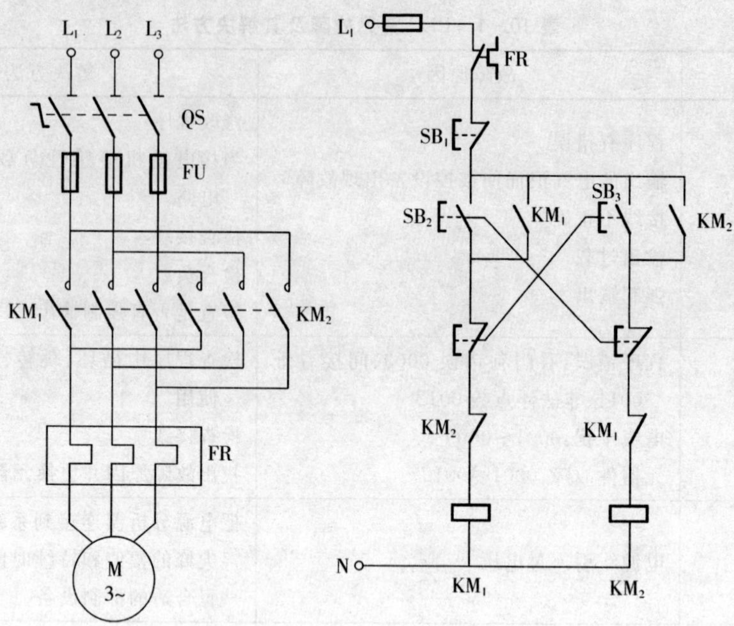

图 10-4 三相异步电动机正反转双重连锁控制电路原理

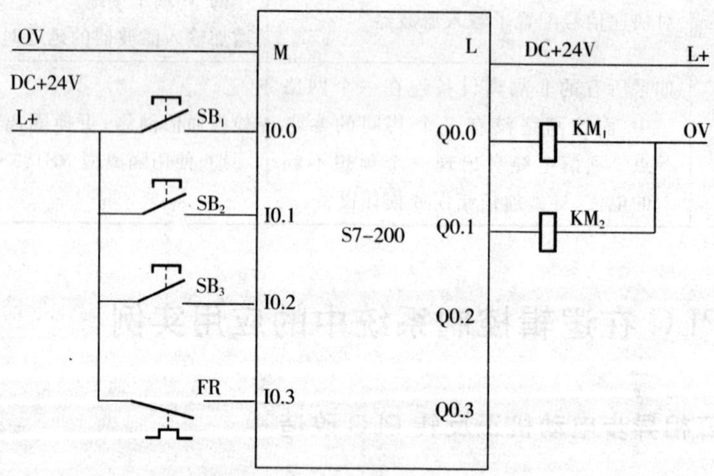

图 10-5 PLC 外部接线图

表 10-2 I/O 地址分配

输入信号			输出信号		
元件名称	元件代号	输入点编号	元件名称	元件代号	输入点编号
停止按钮	SB_1	I0.0	正转	KM_1	Q0.0
正转按钮	SB_2	I0.1	反转	KM_2	Q0.1
反转按钮	SB_3	I0.2			
热继电器	FR	I0.3			

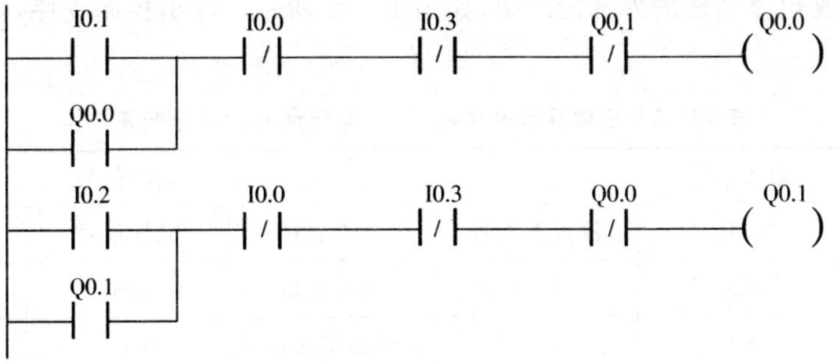

图 10－6　参考程序

10.3.2　三相异步电动机 Y－△减压起动 PLC 改造

对如图 10－7 所示的三相异步电动机 Y－△减压起动自动控制线路进行 PLC 改造。要求选用 S7－200 进行控制。当合上开关 QS 后，按下起动按钮 SB_1，接触器 KM_1 线圈、$KM_{\triangle}$ 线圈以及通电延时型时间继电器 KT 线圈通电，电动机接成星形起动；同时通过 KM_1 的动合辅助触点自锁，时间继电器开始定时。当电动机接近于额定转速（即时间继电器 KT 延时时间已到），KT 的延时断开动断触点断开，切断 $KM_{\triangle}$ 线圈电路，$KM_{\triangle}$ 断电释放，其主触点和辅助触点复位；同时，KT 的延时动合触点闭合，使 KM_Y 线圈通电并自锁，主触点闭合，电动机接成三角形运行。时间继电器 KT 线圈也因 KM_Y 动断触点断开而失电，时间继电器复位，为下一次起动做好准备。图中的 KM_Y、KM_3 动断触点是互锁控制，用来防止 $KM_{\triangle}$、KM_Y 线圈同时得电而造成电源短路。

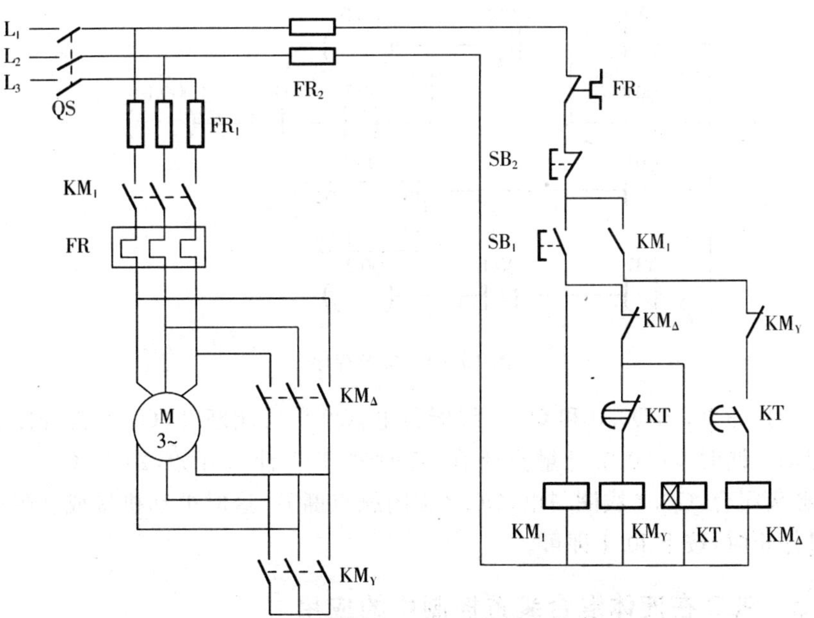

图 10－7　三相异步电动机 Y－△减压起动自动控制线路

按照上述控制要求，可列出系统的输入、输出信号以及I/O地址分配，如表10-3所示。根据I/O分配，画出该系统的外部接线图，如图10-8所示。写出控制程序，参考程序如图10-9所示。

表10-3　三相异步电动机Y-△形起动的I/O分配表

输入信号			输出信号		
元件名称	元件代号	输入点编号	元件名称	元件代号	输入点编号
起动按钮	SB_1	I0.0	主接触器	KM_1	Q0.0
停止按钮	SB_2	I0.1	星型控制接触器	KM_Y	Q0.1
			三角控制接触器	$KM_\triangle$	Q0.2

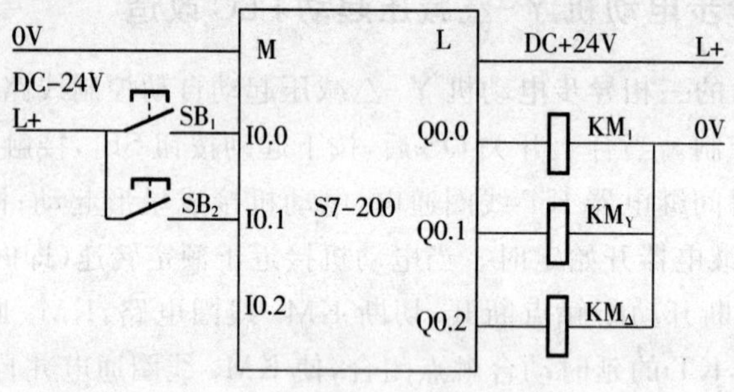

图10-8　外部接线图

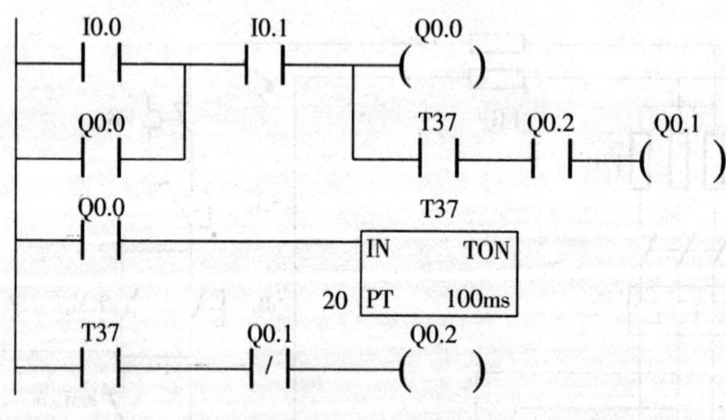

图10-9　参考程序

按下起动按钮I0.0，Q0.0和Q0.1线圈得电，Q0.1常闭断开，Q0.0常开闭合，电动机接成星形起动。同时Q0.0常开触点闭合，定时器T37计时开始，2s后Q0.1线圈失电，Q0.1常闭触头闭合，Q0.2线圈得电，Q0.2常闭触点断开，这时电动机接成△形全压起动。需要电动机停止时，按下I0.1即可。

10.3.3　PLC在液体混合装置控制中的应用

图10-10所示为某生产原料混合装置的工作示意图，用于将两种液体原料A和B按

照一定的比例进行充分混合。图中 SL_1 、 SL_2 、 SL_3 为 3 个液位传感器，当液面达到相应传感器位置时，该传感器送出 ON 信号，低于传感器位置时送出 OFF 信号。A、B 两种液体原料的流入和混合原料 C 的流出分别由电磁阀 YV_1 、 YV_2 、 YV_3 控制。M 为搅拌电动机。液体原料混合装置的工作过程如下：

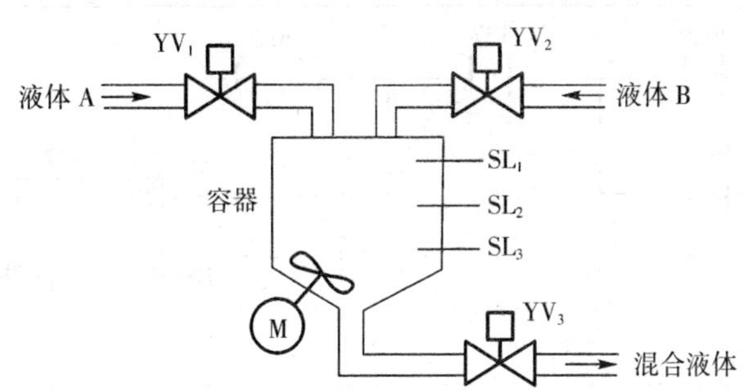

图 10－10 液体原料混合装置示意图

(1)在按下起动按钮后，装置开始按以下规定动作工作。首先打开混合原料排出的控制阀门并延时 10s 后关闭，主要是防止搅拌容器内有残液。然后电磁阀 YV_1 导通，使控制原料 A 的阀门打开，原料 A 开始流入搅拌容器。

(2)当液位高度到达 SL_2 时，液位传感器 SL_2 触点接通，此时电磁阀 YV_1 断电关闭，原料 A 的阀门停送液体 A，电磁阀 YV_2 通电，打开原料 B 阀门，原料 B 流入容器。

(3)当液位高度到达 SL_1 时，液位传感器 SL_1 触点接通，这时电磁阀 YV_2 断电关闭，原料 B 不再流入搅拌容器，同时起动电动机 M 进行搅拌。

(4)当电动机搅拌 60s 后停止，这时可认为 A、B 液体已搅拌均匀。电磁阀 YV_3 通电打开，混合原料排出阀门打开，开始排放混合原料。

(5)当液面下降到 SL_3 时，SL_3 触点断开，再经过 10s 以后，搅拌容器排空，这时关闭混合原料阀门，为下一周期操作做准备。

通过上述工作过程的分析可知，这个系统输入触点有 5 个，输出点有 4 个，输入输出点数共有 9 个。可选用 S7－200 进行控制。系统的 I/O 地址分配如表 10－4 所示。参考程序如图 10－11 所示。

表 10－4 I/O 分配表

输入信号		输入信号	
元件名称	输入点编号	元件名称	输入点编号
液位传感器 SL_1	I0.0	搅拌电动机 M	Q0.0
液位传感器 SL_2	I0.1	原料 A 阀门 YV_1	Q0.1
液位传感器 SL_3	I0.2	原料 B 阀门 YV_2	Q0.2
起动按钮	I0.3	混合原料 C 阀门 YV_3	Q0.3
停止按钮	I0.4		

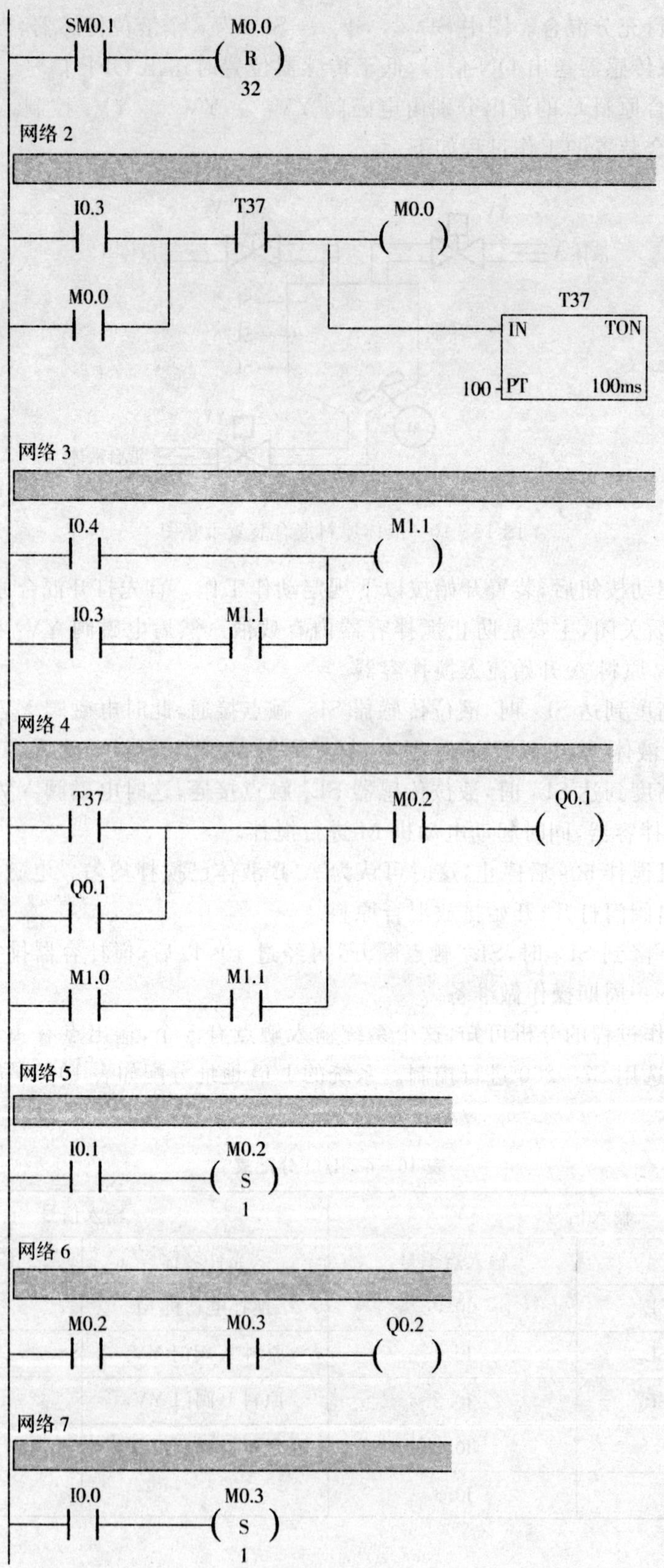
SM0.1
M0.0
R
32
网络 2
I0.3
T37
M0.0
M0.0
T37
IN
TON
100
PT
100ms
网络 3
I0.4
M1.1
I0.3
M1.1
网络 4
T37
M0.2
Q0.1
Q0.1
M1.0
M1.1
网络 5
I0.1
M0.2
S
1
网络 6
M0.2
M0.3
Q0.2
网络 7
I0.0
M0.3
S
1

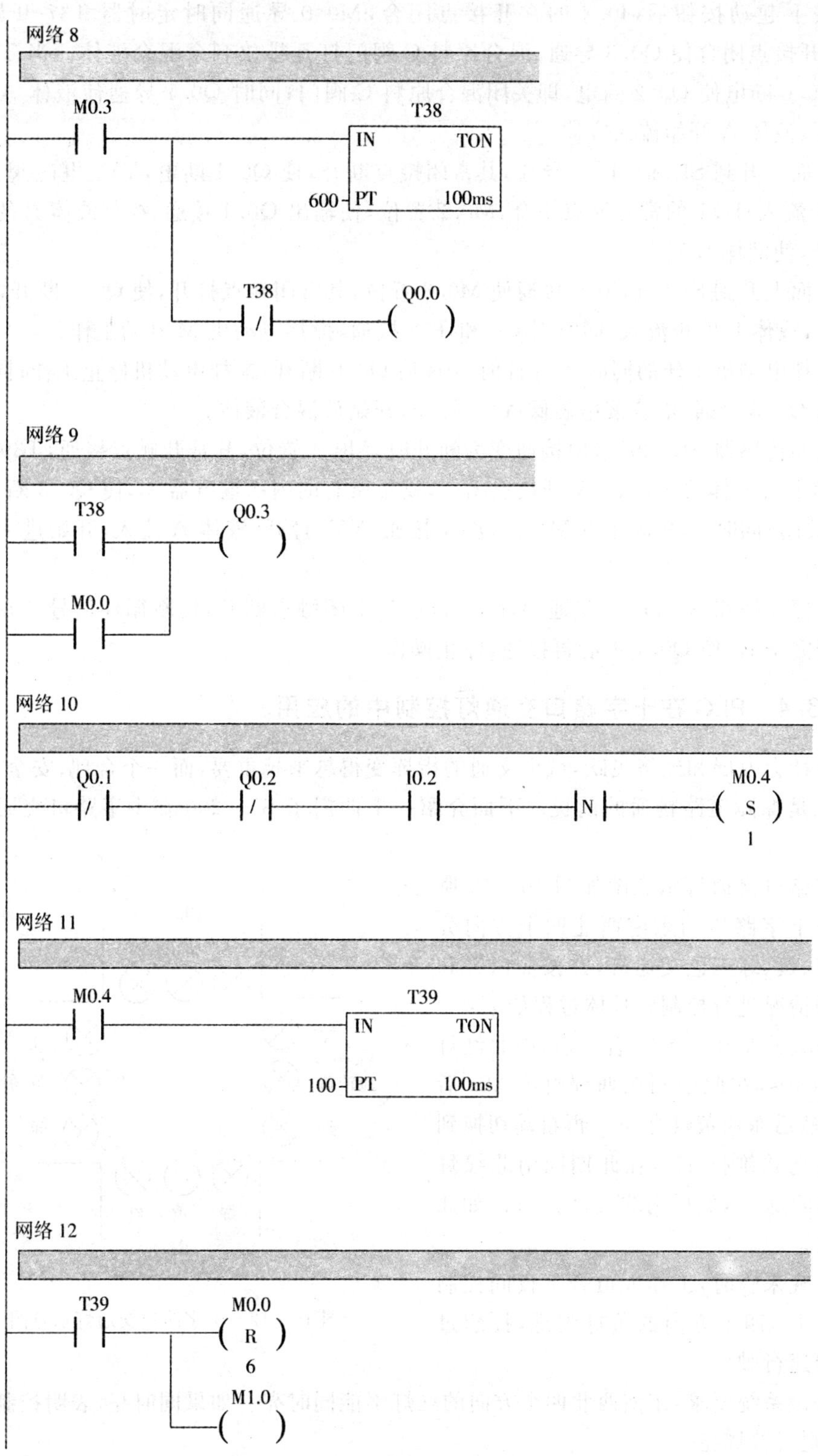

图 10－11　液体混合参考程序

在按下起动按钮后，I0.3 的常开接点闭合，M0.0 导通同时定时器 T37 开始计时。M0.0 常开接点闭合使 Q0.3 导通，混合原料 C 阀门打开排放剩余混合液体。当 T37 计时 10s 后 M0.0 断电使 Q0.2 断电，即关闭混合原料 C 阀门；同时 Q0.1 导通使液体 A 电磁阀 YV_1 打开，液体 A 开始流入容器。

当液面上升到 SL_2 时，I0.1 导通，其常闭接点断开，使 Q0.1 断电，YV_1 电磁阀关闭，液体 A 停止流入；I0.1 的常开触点闭合，M0.2 置位，使输出 Q0.1 接通，控制液体 B 的电磁阀 YV_2 打开，使液体 B 流入。

当液面上升到 SL_1 时，I0.0 接通使 M0.3 置位，其常闭触点打开，使 Q0.2 断开，YV_2 电磁阀关闭，液体 B 停止流入；同时 Q0.0 和 T38 接通，搅拌电动机 M 开始工作。

在搅拌电动机工作的同时 T38 计时，60s 后 Q0.0 断开，搅拌电动机停止工作；同时 T38 触点控制 Q0.3 接通，混合液电磁阀 YV_3 打开，开始放混合液体。

当液面传感器 SL_3(I0.2)由接通变为断开时，M0.4 置位，其常开触点接通，T39 开始工作，10s 后混合液体放完，T39 常开接点闭合，复位所有的内部继电器 M，使 Q0.3 断开，电磁阀 YV_3 关闭；同时 T39 常开使 M1.0、Q0.1 接通，YV_1 打开，液体 A 流入，开始进入下一个循环。

按下停止按钮 SB_2，I0.4 接通，M1.1 得电，其常闭触点断开，切断循环信号。在当前的操作处理完毕后，使 Q0.1 不能再接通，停止操作。

10.3.4 PLC 在十字路口交通灯控制中的应用

随着社会发展和经济飞跃，城市交通的指挥变得越来越重要，而一个合理、安全、可靠的指挥系统是保障道路畅通的前提。下面介绍一下西门子 S7－200 在十字路口交通灯中的应用。

十字路口交通灯示意图如图 10－12 所示。在该十字路口的东南西北四个方向分别装有红、黄、绿三色交通灯，并按照白天和夜间两种情况进行控制。具体过程如下：

当白天控制开关 SA_1 合上后，南北红灯亮并维持 40s，在此期间东西绿灯亮 32s 后闪烁 5s，然后东西黄灯亮 3s。再自动切换到东西红灯亮并维持 40s，在此期间南北绿灯亮 32s 后闪烁 5s，然后南北黄灯亮 3s。如此循环往复。

当夜晚来临时，工作人员合上夜间控制开关 SA_2 后，四个方向的黄灯闪烁，提醒过往人员慢速行驶。

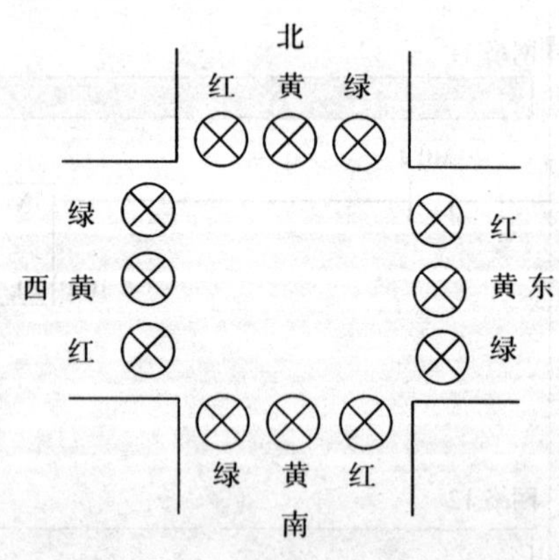

图 10－12　十字路口交通灯示意图

另外该系统要求，东南西北四个方向的红灯不能同时亮。如果同时亮，表明控制系统出了故障，则报警灯亮。

根据以上工作过程可知，该系统输入点有 2 个，输出点有 7 个。参考 I/O 地址分配如表 10－5 所示。程序如图 10－13 所示。

表 10-5　I/O 分配表

输入信号		输出信号	
元件名称	输入点编号	元件名称	输入点编号
白天控制按钮 SA_1	I0.0	东西绿灯	Q0.0
夜间控制按钮 SA_2	I0.1	东西黄灯	Q0.1
		东西红灯	Q0.2
		南北绿灯	Q0.3
		南北黄灯	Q0.4
		南北红灯	Q0.5
		报警信号	Q0.6

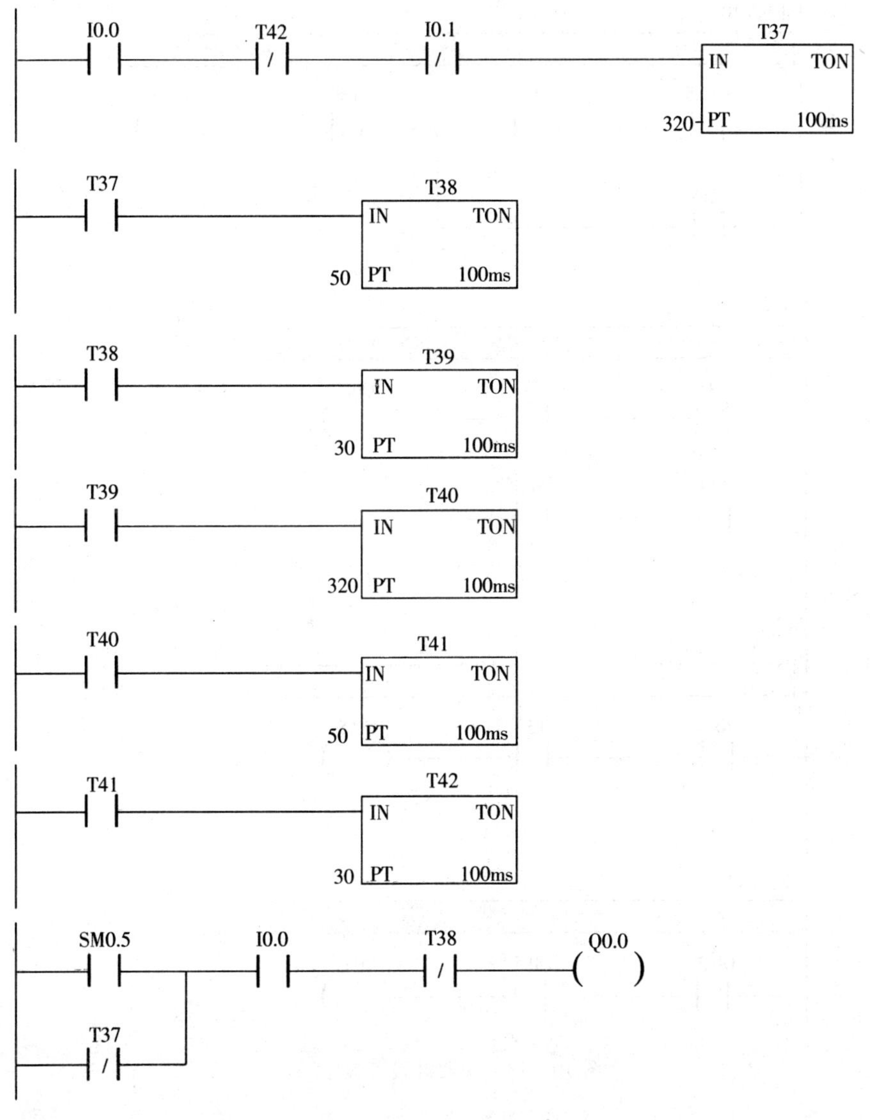

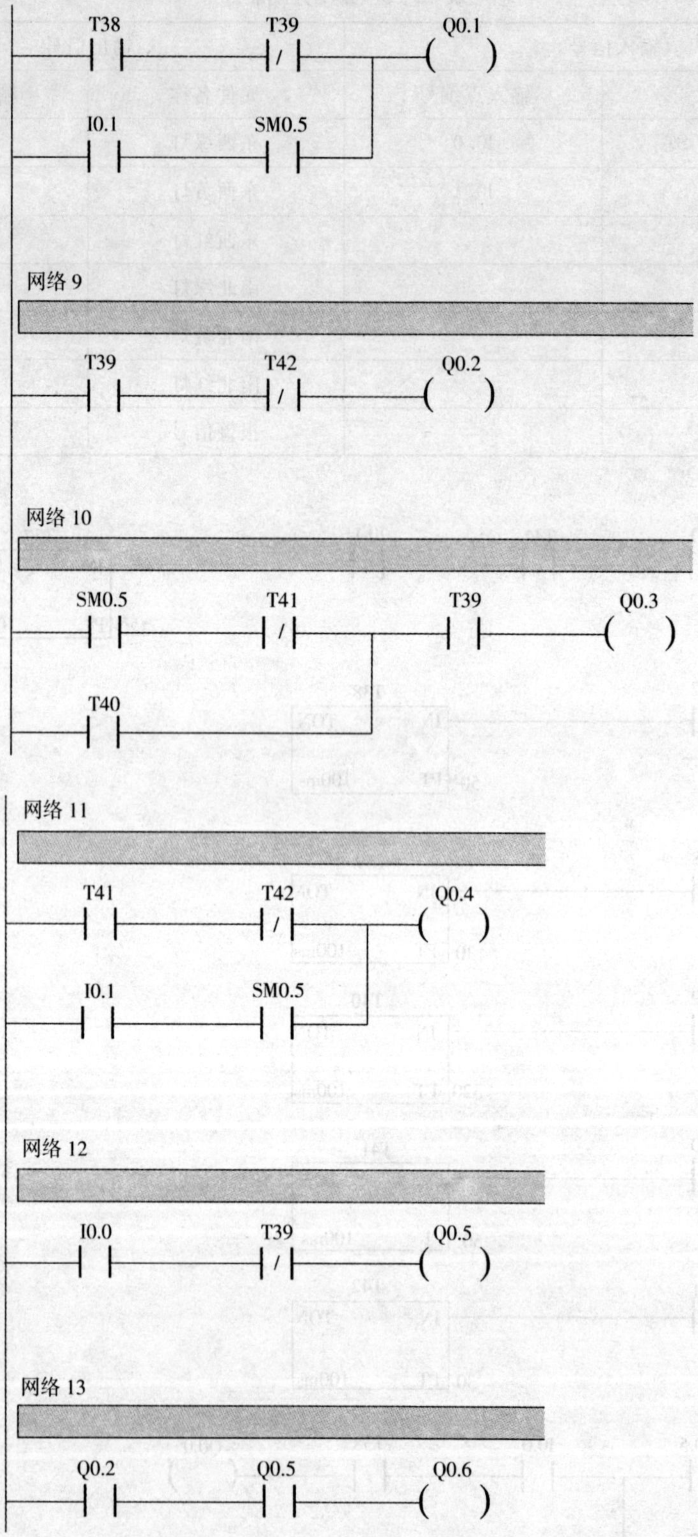

网络 9

网络 10

网络 11

网络 12

网络 13

图 10－13　交通灯参考程序

当白天控制开关 SA_1 合上后，I0.0 导通，开始计时，Q0.0～Q0.5 六个输出信号根据六个定时器的常开与常闭控制四个方向的交通灯按正常时序动作。当 SA_2 合上后，T37～T42 六个定时器依次被复位并不再定时，I0.1 的常开触点闭合并与上 SM0.5 相接，使四盏黄灯持续闪烁。当 Q0.2 和 Q0.5 同时导通后，Q0.6 也导通报警灯亮。

10.4　可编程序控制器网络及通信

10.4.1　通信的基本知识

通信的基本方式可分为并行通信和串行通信两种。并行通信是将组成数据字节的各位同时发送或接收，一个并行数据占多少位二进制数，就需要多少根传输线。这种方式的特点是通信速度快，但传输线根数多，只适用于近距离的通信，一般通信距离应小于 30m。串行通信是指数据一位一位地按顺序传送。它的特点是占有传输线少，与外部设备的连接简单，可以降低传输成本，串行通信适合远距离通信。

1. 串行通信方式

按照数据的传输方式，串行通信可以分为异步通信和同步通信两类。异步通信是一种利用字符的再同步技术的通信方式，同步通信是按照软件识别同步字符来实现数据的发送和接收的。

(1)异步通信

异步通信的特点是数据在线路上的传送是不连续的。在异步通信中，数据或字符是一帧一帧地传送。在帧格式中，一个字符由四个部分组成：起始位、数据位、奇偶校验位和停止位。起始位占一位，用低电平“0”表示；数据位可以是 5～8 位；奇偶校验位占一位，该位可省略或作其他控制位用，因此该位可根据需要设置；停止位表示一个字符的结束，它一定是高电平“1”，停止位可以是 1 位、1.5 位或 2 位。接收端接收到停止位后，知道上一字符已传送完毕，同时也为接收下一个字符做好准备。若字符是间断传送，则在两个字符间插入若干个空闲位。空闲位为高电平，表示线路处于等待状态。异步通信的典型格式(11 位)如图 10 - 14所示。

异步通信的特点是不需要传送同步脉冲，字符帧长度也不受限制，故硬件结构比同步通信方式简单。但此种传送方式中包含有起始位和停止位而降低了有效数据的传输速率。

(2)同步通信

同步传送的特点是数据是连续传送的，即数据是以数据块为单位传送的。在同步通信中，数据块开始处要用 1～2 个同步字符来指示，并由时钟来实现发送端和接收端同步，即检测到规定的同步字符后，下面就连续按顺序传送数据，直到通信告一段落。同步传送时，字符和字符之间没有间隙，也不用起始位和停止位，仅在数据块开始时用同步字符来指示，其格式如图 10 - 15 所示。图 10 - 15(a)为单同步字符帧结构，图 10 - 15(b)为双同步字符帧结构。

在同步通信中，同步字符可以采用统一标准格式，也可由用户约定。在单同步字符帧结构中，同步字符常采用 ASCII 码中规定的 SYN(即 16H)代码，在双同步字符结构中，同步字符一般采用国际通用标准代码 EB90H。

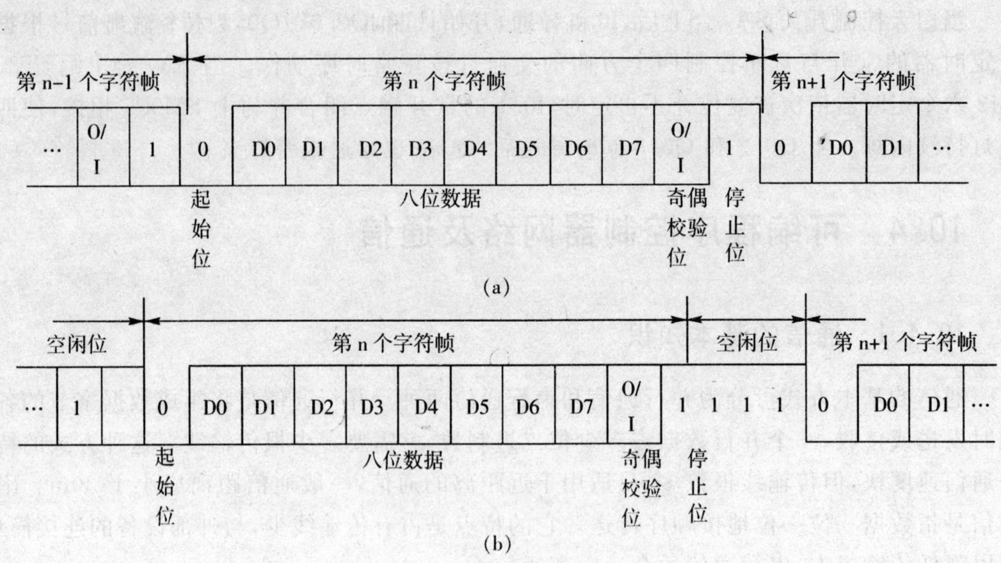

图 10-14 异步通信典型格式

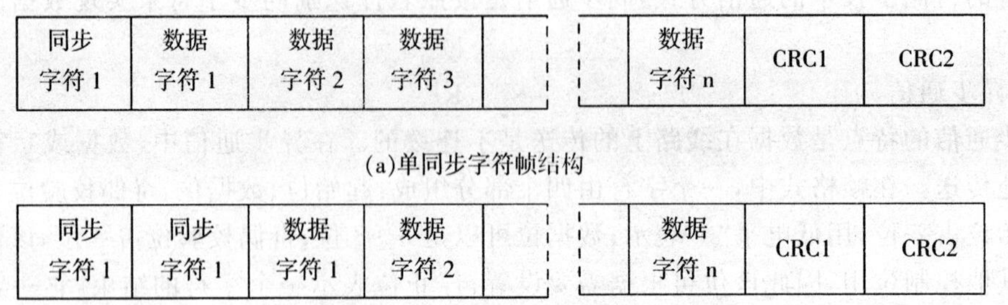

图 10-15 同步通信数据格式

因为同步通信数据块传送时去掉了字符开始和结束的标志，所以其速度高于异步传送，但在硬件上需要插入同步字符和相应的检测部件，增加了硬件设计的难度。

2. 串行通信的传送方向

在串行通信中，若 A、B 两机的串行接口既能发送又能接收，即数据可以双向传送，则称为双工通信。

在双工通信中，若 A、B 两机数据用一根传输线传送，两个方向上的数据不能同时传送，只能单向传输。这种传送方式称为半双工通信，如图 10-16(a)所示。

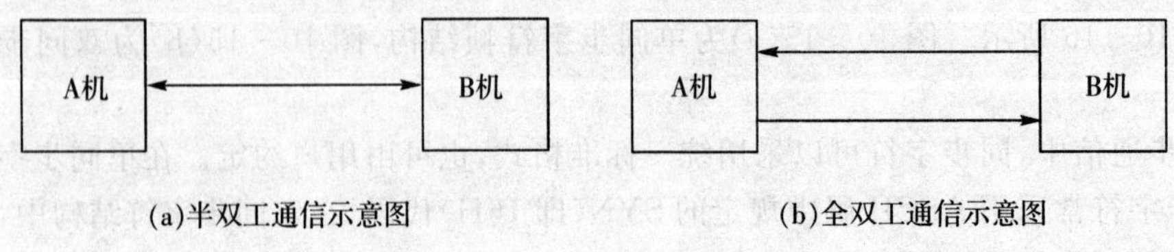

图 10-16 串行通信的传送方向

如果用两根传输线连接在 A、B 两机各自的发送器和接收器上，每根传输线担负一个方向上的数据传送，则发送和接收能同时进行。这种方式称为全双工通信，如图 10-16(b)所示。

3. 波特率

波特率即数据传送速率，是串行通信的重要指标。定义为每秒钟传送二进制数码的位数(亦称比特数)，单位是 bps(bit per second)，即位/秒。

4. 信号的调制和解调

当异步通信的距离在 30m 以内时，计算机之间可以直接通信；而当传输距离较远时，通常是用电话线进行传送。由于电话线的带宽限制以及信号传送中的衰减，会使信号发生明显的畸变，所以，在这种情况下，发送时要用调制解调器(Modulator)把数字信号转换为模拟信号，并加以放大再传送，这个过程称为调制。在接收时，再用解调器(Demodulator)检测此模拟信号，并把它转换成数字信号再送入计算机，这个过程称为解调。

10.4.2　S7-200 通信设备简介

与 S7-200 PLC 通信相关的主要有以下几个设备。

1. 通信端口

S7-200 PLC 内部集成的 PPI 接口符合欧洲 EN50170 中 PROFIBUS 标准物理特性。其为 RS-485 的串行口，9 针 D 型，外形如图 10-17 所示。端口各引脚名称及意义见表 10-6。

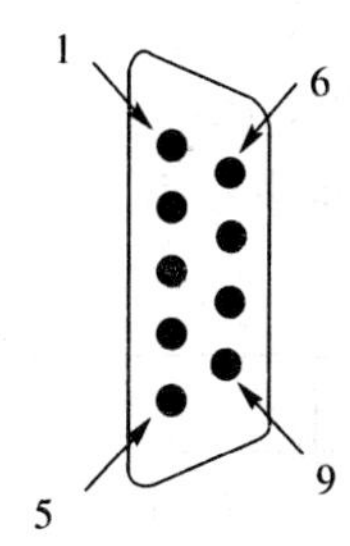

图 10-17　RS-485 串行接口外形

表 10-6　S7-200 通信口各引脚名称

引脚	PROFIBUS 名称	端口 0/端口 1
1	屏蔽	机壳地
2	24V 返回	逻辑地
3	RS-485 信号 B	RS-485 信号 B
4	发送申请	RTS(TTL)
5	5V 返回	逻辑地
6	+5V	+5V，100Ω 串联电阻
7	+24V	+24V
8	RS-485 信号 A	RS-485 信号 A
9	不用	10 位协议选择(输入)
连接器外壳	屏蔽	机壳接地

2. PC/PPI 电缆

在用计算机编程时，一般使用 PC/PPI 电缆连接计算机与 S7-200。PC/PPI 电缆外形如图 10-18 所示。

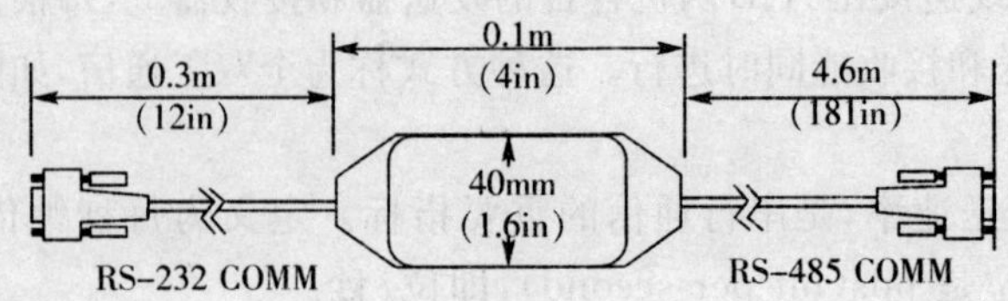

图 10-18　PC/PPI 电缆外形

PC/PPI 电缆一端为 RS-485 端口(标有 PPI 标志),另一端为 RS-232 端口(标有 PC 标志)。RS-485 端用来连接 PLC 的通信口,而 RS-232 端用来连接计算机的 RS-232 口,连接时只需轻轻插入并拧紧两边的螺丝即可。

值得注意的是,PC/PPI 电缆上的 DIP 开关选择的波特率应与编程软件中设置的波特率一致,见表 10-7,默认值 9600bps。DIP4 号开关为 1 时,选择 10 位模式,4 号开关为 0 时选择 11 位模式;5 号开关为 0 时,选择 RS-232 口设置为数据通信设备模式(DCE),5 号开关为 1 时,选择 RS-232 口设置为数据终端设备模式(DTE)。在不使用调制解调器时,4 号和 5 号开关均应设为 0。

表 10-7　开关设置与波特率的关系

开关	1、2、3					4			5		
状态	000	001	010	011	100	状态	0	1	状态	0	1
波特率	38400	19200	9600	4800	2400	格式	11 位	10 位	类型	DCE	DTE

3. 网络连接器

利用网络连接器很容易把多个设备连到网络中。在西门子公司提供的两种网络连接器中,一种网络连接器仅提供连接到 CPU 的接口,而另一种网络连接器增加了一个编程接口,如图 10-19 所示。通过网络连接器上的选择开关可以对网络进行偏置和终端匹配。

在进行网络连接时,要将通信电缆所连接的设备进行隔离,或者连接的设备共享一个参考点,以防止不必要的电流。若参考点不同时,在连接电缆中会产生电流,造成设备损坏或通信故障。

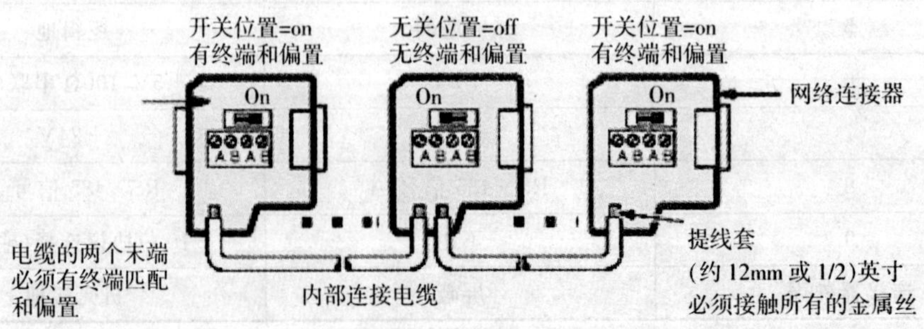

图 10-19　网络连接器

4. 网络中继器

利用中继器可以延长网络通信的距离,允许在网络中加入设备,并且提供隔离不同的网络的方法。每个中继器为网络段提供偏置和终端匹配。

在网络中最多可以使用 9 个网络中继器。每个网络中继器允许再加入另外 32 个设备。

10.4.3 S7－200PLC 的通信协议与通信方式

1. 通信协议

与 S7－200 联网通信有关的网络协议包括 PPI、MPI、PROFIBUS、ModBus 等协议。

(1)PPI 协议

PPI 通信协议是西门子专为 S7－200 系列 PLC 开发的一个通信协议，采用主从式的通信方式，通过令牌传递网实现的，符合欧洲标准 EN50170 中的过程现场总线标准。可以使用普通的两芯屏蔽双绞电缆进行联网，其波特率为 9.6kbit/s、19.2kbit/s 和 187.5kbit/s。

PPI 通信网络，在不加中继器的情况下，最多可以由 31 个 S7－200 系列的 PLC、TD200、OP/TP 面板或上位机插 MPI 卡为站点构成 PPI 网。

(2)MPI 协议

MPI 协议是西门子专用通信协议，对于通信速率要求不高、通信数据量不大的系统，可采用这种经济简单的通信方式。MPI 通信协议没有公开，但西门子公司的 PRODAVE 软件提供了库函数。使用这些库函数，PC 可以通过 MPI 网络与 PLC 通信，实现上层监控，同时把控制层的数据传输到管理层。

MPI 协议允许主主和主从两种通信方式。选择何种方式取决于设备类型。如果是 S7－300，由于所有的 S7－300CPU 都必须是网络主站，所以就进行主主通信方式；如果设备是 S7－200，那么就进行主从通信方式。

(3)ModBus 协议

Modbus 协议由 Modicon 公司首先开发出来，支持传统的 RS－232、RS－422、RS－485 和以太网设备，包括 ASCII、RTU、TCP 等，并没有规定物理层。定义了控制器能够认识和使用的消息结构，而不管它们是经过何种网络进行通信的。

STEP7－Micro/WIN 指令库包含有专门为 Modbus 通信设计的、预先定义的专门的子程序和中断服务程序，从而与 Modbus 主站通信简单易行。使用一个 Modbus 从站指令可以将 S7－200 组态为一个 Modbus 从站，与 Modbus 主站通信。当在用户编制的程序中加入 Modbus 从站指令时，相关的子程序和中断程序会自动加入到所编写的项目中。

(4)PROFIBUS 协议

PROFIBUS 是世界上第一个开放式现场总线标准，是一种用于工厂自动化车间级监控和现场设备层数据通信与控制的现场总线技术，可实现现场设备层到车间级监控的分散式数字控制和现场通信网络，从而为实现工厂综合自动化和现场设备智能化提供了可行的解决方案。与其他现场总线系统相比，最大的优点在于稳定，符合国际标准 EN50170，并经过实践验证。PROFIBUS 由三个兼容部分组成：PROFIBUS－DP、PROFIBUS－PA、PROFIBUS－FMS。PROFIBUS－DP 是一种高速低成本通信，用于设备级控制系统与分散式 I/O 的通信；PORFIBUS－PA 专为过程自动化设计，可使传感器和执行机构联在一根总线上；PROFIBUS－FMS 用于车间级监控网络，是一个令牌结构，实时多主网络。

在 S7－200 系列 PLC 的 CPU 中，CPU22X 都可以通过增加 EM277 PROFIBUS－DP 扩展模块的方法支持 PROFIBUS DP 网络协议。PROFIBUS 连接的系统由主站和从站组成，主站能够控制总线，当主站获得控制权后，可主动发送信息；从站接收并给予响应，但不能控制总线。PRORFIBUS 除了支持主从模式，还支持多主多从的模式。

(5)工业以太网

随着网络控制技术的发展和成熟，自动控制技术、计算机、通信、网络技术、信息交换的网络正迅速全面覆盖，早期阻碍以太网应用与实时控制的难点已被解决，工业以太网已经成为工业控制系统的一种新的工业通信网。

其中应用最为广泛的工业以太网之一是西门子公司研发的 SIMATIC NET 工业以太网。它提供了开放的、适用于工业环境下各种控制级别的不同的通信系统，这些通信系统均基于国家和国际标准，符合 ISO/OSI 网络参考模型。SIMATIC NET 工业以太网主要体系结构是由网络硬件、网络部件、拓扑结构、通行处理器和 SIMATIC NET 软件等部分组成。

2. 通信方式

S7-200 的通信功能强，有多种通信方式可供用户选择。下面简单介绍一下这几种通信方式。

(1)单主站方式

计算机作为单主站与一个或多个从站通过 PC/PPI 电缆相连，见图 10-20。这样单主站可以访问网络上的所有 CPU，但每次只能和一个 S7-200CPU 进行通信。

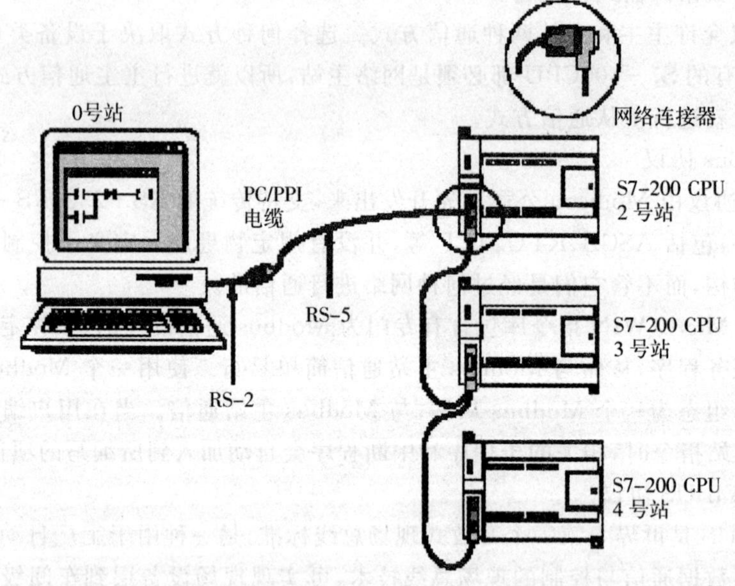

图 10-20 单主站方式

(2)多主站方式

多主站方式下的通信网络中有多个主站，一个或多个从站。如图 10-21 所示，带 CP 卡的计算机和文本显示器 TD200、操作面板 OP15 是主站，各个 S7-200 CPU 为从站。

(3)远程通信方式

S7-200 系列 PLC 单主站通过调制解调器与一个或多个作为从站的 S7-200CPU 相连。利用 PC/PPI 电缆与调制解调器连接可以通信。串行通信中串行设备可以是 DTE，也可以是 DCE。当数据从 RS-485 传送到 RS-232 口时，PC/PPI 电缆上的 DIP 开关 5 要设置为 1；当数据从 RS－232 传送到 RS－485 口时，PC/PPI 电缆上的 DIP 开关 5 要设置为 0 的位置。

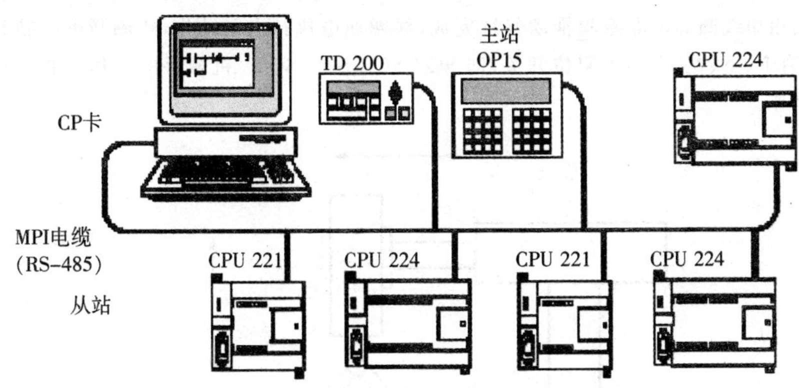

图 10－21　多主站方式

(4)自由端口通信方式

这种方式，由用户程序控制串口通信，不需要增加投资，灵活性好，特别适合于小规模的控制系统。

思考题与习题

1. 简述 PLC 系统设计的一般步骤。

2. PLC 选型时应综合考虑哪些因素？

3. PLC 在使用时应注意哪些问题？

4. 什么是并行传输？什么是串行传输？

5. 为什么要对信号调制和解调？

6. PC/PPI 电缆上的 DIP 开关如何设定？

7. 编制梯形图以完成以下控制要求：南北红灯亮并维持 25s，在此期间东西绿灯亮 20s 后闪烁 3s(亮 0.5s 熄 0.5s)，然后东西黄灯亮 2s。再自动切换到东西红灯亮并维持 25s，在此期间南北绿灯亮 20s 后闪烁 3s(亮 0.5s 熄 0.5s)，然后南北黄灯亮 2s。如此循环往复，直到停止按钮被按下为止。

8. 某一生产线的末端有一台三级皮带运输机，分别由 M_1、M_2、M_3 三台电动机拖动，起动时要求按 10s 的时间间隔，并按 $M_1 \rightarrow M_2 \rightarrow M_3$ 的顺序起动；停止时按 15s 的时间间隔，并按 $M_3 \rightarrow M_2 \rightarrow M_1$ 的顺序停止。皮带运输机的起动和停止分别由起动按钮和停止按钮来控制。

9. 要求利用西门子 S7－200PLC 设计控制要求如下的一台自动售货机。假设该系统中汽水 2 元 1 杯，咖啡 3 元 1 杯。

(1)此售货机可投 1 角、5 角或 1 元硬币；

(2)当投入的硬币总值超过 2 元时汽水按钮指示灯亮；当投入的硬币总值超过 3 元时汽水和咖啡按钮指示灯都亮；

(3)当汽水按钮指示灯亮时，按汽水按钮则汽水排出，8s 后自动停止，在这段时间内汽水指示灯闪烁；

(4)当咖啡按钮指示灯亮时，按咖啡按钮则咖啡排出，8s 后自动停止，在这段时间内咖啡指示灯闪烁；

(5)若投入硬币总值超过所购买饮料的价格(汽水 2 元、咖啡 3 元)时，找钱指示灯亮并退出多余的钱。

10. 设计如图 10－22 所示的一气动控制机械手。该机械手是将工件由 A 处传送到 B 处。其上升、下降、左移和右移的执行是利用双线圈二位电磁阀推动气缸完成。采用气动控制，只要某个电磁阀线圈通电，就一直保持对应的机械动作不变，直到相反动作的电磁阀通电为止。例如，一旦上升的电磁阀线圈通电，机械手上升，即使线圈再断电，仍保持现有的上升动作状态，直到相反方向下降的线圈通电为止。另外，夹紧与放松由单线圈二位电磁阀推动气缸完成，线圈通电执行夹紧动作，线圈断电时执行放松动作。要求设备上装有上、下、左、右四个限位开关，即 SQ_2、SQ_1、SQ_4、SQ_3。机械手的工作过程如图 10－23 所示，共有八个动作。

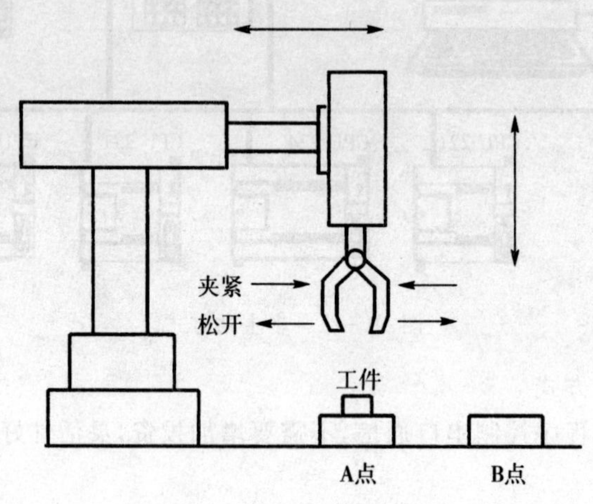

图 10－22　机械手示意图

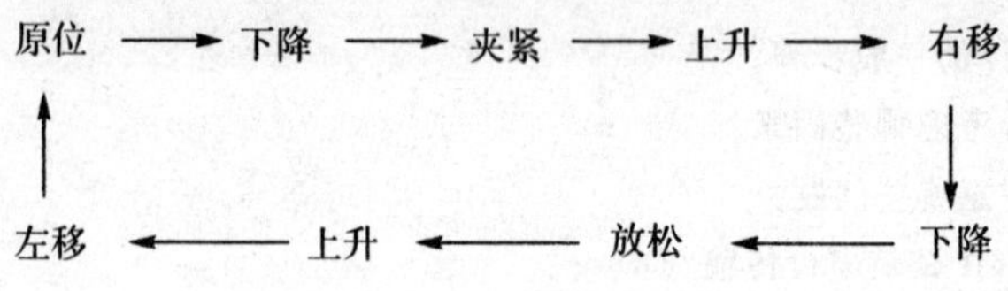

图 10－23　机械手工作过程

按照控制要求，列出机械手的输入、输出信号以及 I/O 地址分配，画出该系统的外部接线图，并写出控制程序。

附录 1　电气常用图形符号和文字符号新旧标准对照表

编号	名称	旧标准		新标准	
		图形符号	文字代号	图形符号	文字代号
1	直流	 或		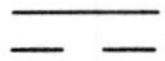	
2	交流				
3	交直流				
4	接地一般符号				
5	等电位				
6	故障				
7	导线的连接				
8	导线的不连接	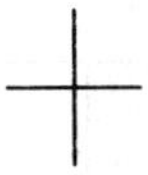		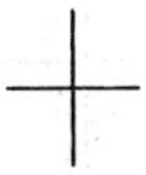	
9	直流发电机	 F	ZF	 G	G
10	交流发电机	 F	JF	 G	
11	直流电动	 D	ZD	 M	M
12	三相笼型异步电动机		YD、JD	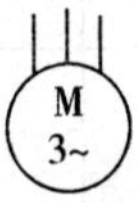 M 3~	

（续表）

编号	名称	旧标准		新标准	
		图形符号	文字代号	图形符号	文字代号
13	三相绕线型异步电动机		YD、JD	M 3~	M
14	单相变压器		B		T
15	三相变压器(Y-Y)		B		I
16	三相变压器(Y-△)		B		
17	脉冲变压器电流互感器	或	MB、LH	或	TP、TA
18	原电池蓄电池		E		GB
19	电抗器扼圈		L、EQ		L
20	电流表	A	A	A	PA
21	电压表	V	V	V	PV
22	信号灯		XD		HL
23	照明灯		ZD		EL

（续表）

编号	名称	旧标准		新标准	
		图形符号	文字代号	图形符号	文字代号
24	电铃		DL		HA
25	蜂鸣器		FM		HA
26	插头		CX		XP
27	插座		CZ		XS
28	熔断器		RD		FU
29	普通刀开关控制开关		K		Q
30	三相刀开关组合开关		K		QS
31	起动按钮		QA		SB
32	停止按钮		TA		
33	接触器常开触头		C		M
34	接触器常闭触头		C		
35	继电器常开触头		J		KA
36	继电器常闭触头		J		KA
37	热继电器常闭触头		JR		FR

（续表）

编号	名称	旧标准		新标准	
		图形符号	文字代号	图形符号	文字代号
38	延时闭合的常开触头		SJ		KT
39	延时断开的常开触头		SJ		
40	延时闭合的常闭触头		SJ		
41	延时断开的常闭触头		SJ		
42	限位开关常开触头				Q
43	限位开关常闭触头				
44	热继电器的热元件		JF		FR
45	变通电阻		R		R
46	电位器		W		RP
47	变通电容器		C		C
48	电解电容器		C	+	

附录 2　S7－200 可编程序控制器寻址范围及特殊标志存储器

表 1　S7－200CPU 存储器范围和特性总汇

概述	范围				存取格式			
	CPU221	CPU222	CPU224	CPU226	位	字节	字	双字
用户程序区(kW)	2	2	4	4				
用户数据区(kW)	1	1	2.5	2.5				
输入映象寄存器	I0.0～I15.7	I0.0～I15.7	I0.0～I15.7	I0.0～I15.7	Ix.y	IBx	IWx	IDx
输出映象寄存器	Q0.0～Q15.7	Q0.0～Q15.7	Q0.0～Q15.7	Q0.0～Q15.7	Qx.y	QBx	QWx	QDx
模拟输出(只读)		AIW0～AIW30	AIW0～AIW30	AIW0～AIW30			AIWx	
模拟输出(只写)		AQW0～AQW30	AQW0～AQW30	AQW0～AQW30			AQWx	
变量存储器(V)	VB0.0～VB2047.7	VB0.0～VB2047.7	VB0.0～VB5119.7	VB0.0～VB5119.7	Vx.y	VBx	VWx	VDx
局部存储器(L)	LB0.0～LB63.7	LB0.0～LB63.7	LB0.0～LB63.7	LB0.0～LB63.7	Lx.y	LBx	LWx	LDx
位存储器(M)	M0.0～M31.7	M0.0～M31.7	M0.0～M31.7	M0.0～M31.7	Mx.y	MBx	MWx	MDx
特殊存储器 SM(只读)	SM0.0～SM179.7	SM0.0～SM179.7	SM0.0～SM179.7	SM0.0～SM179.7	SMx.y	SMBx	SMWx	SMDx
定时器	256	256	256	Tx		Tx		
	T0～T225	T0～T225	T0～T225	T0～T225				
保持接通延时 1ms	T0～T64	T0～T64	T0～T64	T0～T64				
保持接通延时 10ms	T1～T4	T1～T4	T1～T4	T1～T4				
	T65～T68	T65～T68	T65～T68	T65～T68				
保持接通延时 100ms	T5～T31	T5～T31	T5～T31	T5～T31				
	T69～T95	T69～T95	T69～T95	T69～T95				
接通/断开延时 1ms	T32～T96	T32～T96	T32～T96	T32～T96				
接通/断开延时 10ms	T33～T36	T33～T36	T33～T36	T33～T36				
	T94～T100	T94～T100	T94～T100	T94～T100				
接通/断开延时 100ms	T37～T63	T37～T63	T37～T63	T37～T63				
	T101～T255	T101～T255	T101～T255	T101～T255				
计数器	C0～C255	C0～C255	C0～C255	C0～C255	Cx		Cx	
高速计数器	HC0,HC3、HC4,HC5	HC0,HC3、HC4,HC5	HC0～HC5	HC0～HC5				HCx
顺控继电器(S)	S0.0～S31.7	S0.0～S31.7	S0.0～S31.7	S0.0～S31.7	Sx.y	SBx	SWx	SDx
累加器	AC0～AC3	AC0～AC3	AC0～AC3	AC0～AC3		ACx	ACx	ACx
跳转标号	0～255	0～255	0～255	0～255				
调用子程序	0～63	0～63	0～63	0～63				
中断程序	0～127	0～127	0～127	0～127				
PID 回路	0～7	0～7	0～7	0～7				
通讯口	0	0	0	0				

表2 特殊存储器位信息(SMB0、SMB1)

符号名	SM·地址	用户程序读取SMB状态数据
Always_On	SM0.0	该位总是打开
First_Scan_On	SM0.1	首次扫描周期时该位打开，一种用途是调用初始化子程序
Retentive_Lost	SM0.2	如果保留性数据丢失，该位为一次扫描周期打开。该位可用作错误内存位或激活特殊起动顺序的机制
RUN_Power_Up	SM0.3	从电源开启条件进入RUN(运行)模式时，该位为一次扫描周期打开。该位可用于在起动操作之前提供机器预热时间
Clock_60s	SM0.4	该位提供时钟脉冲，该脉冲在1min的周期时间内OFF(关闭)30s，ON(打开)30s。该位提供便于使用的延迟或1min时钟脉冲
Clock_1s	SM0.5	该位提供时钟脉冲，该脉冲在1s的周期时间内OFF(关闭)0.5s，ON(打开)0.5s。该位提供便于使用的延迟或1s时钟脉冲
Clock_Scan	SM0.6	该位是扫描周期时钟，为一次扫描打开，然后为下一次扫描关闭。该位可用作扫描计数器输入
Mode_Switch	SM0.7	该位表示"模式"开关的当前位置(关闭="终止"，打开="运行")。开关位于RUN时，您已使用该位启用自由口模式，可使用转换至"终止"位置的方法重新启用带PC/编程设备的正常通讯
Result_0	SM1.0	当操作结果为零时，某些指令的执行打开该位
Overflow_Illegal	SM1.1	当溢出结果或检测到非法数字数值时，某些指令的执行打开该位
Neg_Result	SM1.2	数学操作产生负结果时，该位打开
Divide_By_0	SM1.3	尝试除以零时，该位打开
Table_Overflow	SM1.4	"增加至表格"指令尝试过度填充表格时，该位打开
Table_Empty	SM1.5	LIFO或FIFO指令尝试从空表读取时，该位打开
Not_BCD	SM1.6	尝试将非BCD数值转换为二进制数值时，该位打开
Not_Hex	SM1.7	当ASCII数值无法转换成有效的十六进制数值时，该位打开

附录 3 S7－200 系列 PLC 有效编程范围

寻址长度	软元件	CPU221	CPU222	CPU224	CPU226
位（字节．位）	V	0.0～2047.7	0.0～2047.7	0.0～5119.7(V1.22) 0.0～8191.7(V2.00)	0.0～5119.7(V1.23) 0.0～10239.7(V2.00)
	I	0.0～15.7	0.0～15.7	0.0～15.7	0.0～15.7
	Q	0.0～15.7	0.0～15.7	0.0～15.7	0.0～15.7
	M	0.0～31.7	0.0～31.7	0.0～31.7	0.0～31.7
	SM	0.0～179.7	0.0～299.7	0.0～549.7	0.0～549.7
	S	0.0～31.7	0.0～31.7	0.0～31.7	0.0～31.7
	T	0～255	0～255	0～255	0～255
	C	0～255	0～255	0～255	0～255
	L	0.0～59.7	0.0～59.7	0.0～59.7	0.0～59.7
字节	VB	0～2047	0～2047	0～5119(V1.22) 0～8191(V2.00)	0～5119(V1.23) 0～10239(V2.00)
	IB	0～15	0～15	0～15	0～15
	QB	0～15	0～15	0～15	0～15
	MB	0～31	0～31	0～31	0～31
	SMB	0～179	0～299	0～549	0～549
	SB	0～31	0～31	0～31	0～31
	LB	0～59	0～59	0～59	0～59
	AC	0～3	0～3	0～3	0～3
字	VW	0～2046	0～1022	0～5118(V1.22) 0～8190(V2.00)	0～5118(V1.23) 0～10238(V2.00)
	IW	0～14	0～14	0～14	0～14
	QW	0～14	0～14	0～14	0～14
	MW	0～30	0～30	0～30	0～30
	SMW	0～178	0～298	0～548	0～548
	T	0～255	0～255	0～255	0～255
	C	0～255	0～255	0～255	0～255
	LW	0～58	0～58	0～58	0～58
	AC	0～3	0～3	0～3	0～3
	AIW	0～30	0～30	0～62	0～62
	AQW	0～30	0～30	0～62	0～62
	SW	0～30	0～30	0～30	0～30

（续表）

寻址长度	软元件	CPU221	CPU222	CPU224	CPU226
双字	VD	0～2044	0～2044	0～5116(V1.22) 0～8188(V2.00)	0～5116(V1.23) 0～10236(V2.00)
	ID	0～12	0～12	0～12	0～12
	QD	0～12	0～12	0～12	0～12
	MD	0～28	0～28	0～28	0～28
	SMD	0～176	0～296	0～546	0～546
	SD	0～28	0～28	0～28	0～28
	LD	0～56	0～56	0～56	0～56
	AC	0～3	0～3	0～3	0～3
	HC	0～5	0～5	0～5	0～5

参考文献

1. 赵承荻主编．电机与应用．北京:高等教育出版社,2003

2. 张勇主编．电机拖动与控制．北京:机械工业出版社,2001

3. 赵仁良主编．电力拖动控制线路．北京:中国劳动出版社,1994

4. 常辉主编．可编程控制器技术与应用．北京:电子工业出版社,2008

5. 吴作明主编．工控组态软件与 PLC 应用技术．北京:北京航空航天大学出版社,2007

6. 鲁远栋主编．PLC 机电控制系统应用设计技术．北京:电子工业出版社,2006

7. 廖常初主编．S7－200PLC 基础教程．北京:机械工业出版社,2006

8. 常辉主编．PLC 技术实训指导教程．合肥:安徽大学出版社,2008

图书在版编目(CIP)数据

电机拖动与 PLC 技术/袁清萍主编．—合肥：合肥工业大学出版社，2009.9(2015.7 重印)
ISBN 978-7-5650-0068-3

Ⅰ．电… Ⅱ．袁… Ⅲ．①电机—电力传动②电机—可编程序控制器 Ⅳ．TM30

中国版本图书馆 CIP 数据核字(2009)第 179676 号

电机拖动与 PLC 技术

主编 袁清萍　　责任编辑 权 怡 马成勋　　责任校对 方 丹

出　版	合肥工业大学出版社	**版　次**	2009 年 10 月第 1 版
地　址	合肥市屯溪路 193 号	**印　次**	2015 年 7 月第 2 次印刷
邮　编	230009	**开　本**	787 毫米×1092 毫米 1/16
电　话	总 编 室：0551-62903038	**印　张**	23
	市场营销部：0551-62903198	**字　数**	550 千字
网　址	www.hfutpress.com.cn	**印　刷**	合肥学苑印务有限公司
E-mail	hfutpress@163.com	**发　行**	全国新华书店

ISBN 978-7-5650-0068-3　　定价：38.00 元